有限元法原理与
ANSYS 应用

夏建芳　叶南海　编著

国防工业出版社

·北京·

内 容 简 介

本书共分14章,内容包括有限元基本理论和有限元软件应用两个部分。第1章~第2章介绍了有限元解题思想和应用领域、学习有限单元法必备的力学基础知识。第3章介绍了有限单元法的一般原理、刚度矩阵的求解以及非节点载荷等效移置方法。第4章~第8章介绍了杆系结构(包括桁架、框架)、平面问题、轴对称问题、空间问题、板壳问题等六大专题的单元特性和工程实例。第9章介绍了ANSYS11.0的模块组成、界面风格。第10章~第11章介绍了ANSYS实体建模技术、网格生成技术。第12章介绍了载荷与约束的施加以及ANSYS的总体刚度方程求解模块。第13章介绍了ANSYS强大的后处理技术。第14章介绍了ANSYS在6大工程问题中的工程应用,展示了各类问题的ANSYS求解全过程。

本书以高等院校本科生、研究生正式教材为出发点,结合多年来的教学经验和应用技术,精心打造的面向21世纪的教材,并可作为从事有限元工程计算的技术人员的参考资料。

图书在版编目(CIP)数据

有限元法原理与 ANSYS 应用 / 夏建芳,叶南海编著.
—北京:国防工业出版社,2011.10
ISBN 978 - 7 - 118 - 07627 - 1

Ⅰ. ①有... Ⅱ. ①夏...②叶... Ⅲ. ①有限元
分析 - 应用程序,ANSYS Ⅳ. ①O241.82

中国版本图书馆 CIP 数据核字(2011)第 195495 号

※

*国防工业出版社*出版发行

(北京市海淀区紫竹院南路23号 邮政编码100048)
涿中印刷厂印刷
新华书店经售

*

开本787×1092 1/16 印张25 字数572千字
2011年10月第1版第1次印刷 印数1—4000册 定价48.00元

(本书如有印装错误,我社负责调换)

国防书店:(010)68428422   发行邮购:(010)68414474
发行传真:(010)68411535   发行业务:(010)68472764

前　言

有限单元法是一种通用的数值方法,它是工程结构分析、传热分析、热力耦合分析以及流体分析、电磁分析等问题主要仿真分析技术。随着计算技术和计算机技术的发展,商业化的有限元分析软件功能不断完善,以及求解速度与计算稳定性不断提高,有限元法的工程分析能力和可靠性得到一致认同。目前,有限元法广泛应用于核工业、铁道、石油化工、航空航天、机械工程、能源、汽车交通、国防军工、电子、土木工程、造船、生物医学、轻工、地矿、水利、日用家电等工程领域,它是工程设计与研究人员必备的一门技术。因此,有限单元法已成为高等院校理、工科类一门重要的技术课程。工程设计院所也相继购买了商业化有限元软件进行自身产品的分析和产品研发。

在通用有限元原理表达方面,作者以力学概念最为清楚的桁架问题描述结构离散的概念与意义,应用位移法用杆单元推导单元刚度方程和单元刚度矩阵,进而推导有离散单元建立总体刚度矩阵的方法以及单元应力和约束反力求解方法,并用实例进行计算过程演示。在此基础上推导连续结构的有限元分析问题,且以实例进行计算过程演示,通过简单的自然离散问题、连续结构问题有限元分析特点,总结有限元通用解题过程,进而分专题介绍不同工程问题如杆系问题、框架问题、平面问题、轴对称问题、空间问题、板壳问题等。理论部分计算实例解题模式与有限元软件求解模式相一致,以形成统一的解题模式。有限元软件部分选用集结构、热、流体、电磁、声学于一体的大型通用有限元分析软件 ANSYS,以 ANSYS 11.0 为背景介绍了软件的模块组成、文件结构、界面特征和通用应用技术,并针对理论部分杆系问题、框架问题、平面问题、轴对称问题、空间问题和板壳问题等 6 个专题进行经典实例应用操作。全书力求表达简练、易懂、准确的编写风格和内容实用、选题经典、难度适中的特色。

本书是有限元基本理论和有限元软件应用技术相结合的理想教程,虽然以结构分析为主,但通过结构分析能全面掌握有限元的理论和应用技术。有限元高级应用如热力耦合问题、非线性问题、动力学问题、结构优化问题、强大功能模块 WORKBENCH 应用问题，将在后续系列教材中实现。

本书由中南大学夏建芳教授主编，湖南大学叶南海副教授参加了部分编写工作。本书得到中南大学重点教改项目支持，编写过程中参阅了大量文献资料，在此对参考文献的作者表示衷心的感谢。本书难免有不妥之处，恳请广大读者批评指正。CAI 多媒体教案请与本书作者联系。作者邮箱：xia－jian-fang@163.com

编　者

2011 年 3 月

目 录

第1章 绪论 …………………………………………………………………… 1

1.1 有限单元法产生的背景 ………………………………………………… 1

1.1.1 常规力学分析方法存在的问题 ……………………………… 1

1.1.2 数值分析法 ……………………………………………………… 2

1.2 有限元单元法的基本解题思想 ……………………………………… 2

1.3 有限单元法的发展及应用领域 ……………………………………… 3

1.4 有限单元法的特点 …………………………………………………… 4

1.5 有限元常用软件简介 ………………………………………………… 4

1.6 工程应用的结构分析问题分类 ……………………………………… 5

1.6.1 结构静力学分析问题 ………………………………………… 5

1.6.2 结构动力学分析问题 ………………………………………… 6

1.6.3 热分析与热力耦合问题 ……………………………………… 6

1.7 结构静力分析问题的模型简化 ……………………………………… 6

1.7.1 杆系结构问题 ………………………………………………… 7

1.7.2 平面问题 ……………………………………………………… 8

1.7.3 轴对称问题与周期对称结构问题 …………………………… 9

1.7.4 板壳体结构问题 ……………………………………………… 9

第2章 有限单元法力学基础 ……………………………………………… 11

2.1 弹性力学中的基本假设 ……………………………………………… 11

2.2 弹性力学中的基本概念 ……………………………………………… 12

2.2.1 弹性体外部载荷 ……………………………………………… 12

2.2.2 弹性体内部应力 ……………………………………………… 12

2.2.3 弹性体的形变与位移 ………………………………………… 16

2.3 弹性力学的基本方程 ………………………………………………… 18

2.4 圣维南原理 …………………………………………………………… 22

2.5 弹性力学中的虚位移原理 …………………………………………… 22

2.6　基本失效理论 ……………………………………………… 24

第3章　有限单元法的一般原理 …………………………………… 27

3.1　有限单元法的基本要素 ……………………………………… 27

3.2　有限单元法的解题过程 ……………………………………… 27

  3.2.1　结构离散 …………………………………………… 27

  3.2.2　单元特性分析 ……………………………………… 31

  3.2.3　单元组集 …………………………………………… 33

  3.2.4　解结构有限元方程求得所有节点位移 …………… 33

3.3　自然离散结构有限元刚度方程的建立过程 ………………… 33

3.4　连续体结构有限单元法的一般原理 ………………………… 39

  3.4.1　集合的基本原则 …………………………………… 39

  3.4.2　3节点三角形单元刚度方程 ……………………… 40

  3.4.3　3节点三角形单元离散的结构刚度方程 ………… 41

  3.4.4　3节点三角形单元内任意一点的位移 …………… 42

  3.4.5　3节点三角形单元内任意一点的应变 …………… 44

  3.4.6　3节点三角形单元内任意一点的应力 …………… 44

  3.4.7　3节点三角形单元刚度矩阵的求解 ……………… 44

3.5　单元阶次简介 ………………………………………………… 46

3.6　总体刚度矩阵的建立技术 …………………………………… 47

3.7　结构刚度矩阵的性质 ………………………………………… 48

3.8　非节点载荷的等效移置及通用公式 ………………………… 49

  3.8.1　非节点载荷移置通用公式 ………………………… 50

  3.8.2　非节点载荷移置应用实例 ………………………… 50

3.9　结构有限元方程求解方法 …………………………………… 53

3.10　有限单元法的通用方程 ……………………………………… 54

第4章　杆系结构的有限单元法 …………………………………… 55

4.1　二力杆系结构的有限元分析 ………………………………… 55

  4.1.1　平面二力杆系结构的有限元分析 ………………… 55

  4.1.2　空间二力杆单元的有限元分析 …………………… 59

4.2　桁架结构解题应用实例 ……………………………………… 59

4.3　梁单元的有限元分析 ………………………………………… 68

  4.3.1　平面梁单元的有限元分析 ………………………… 68

　　　4.3.2　空间梁单元的有限元分析 ···································· 78

　4.4　框架结构有限元解题应用实例 ·· 79

第5章　平面问题的有限单元法 ·· 84

　5.1　平面问题概述 ·· 84

　　　5.1.1　平面应力问题 ·· 84

　　　5.1.2　平面应变问题 ·· 86

　　　5.1.3　平面问题中的主应力 ·· 88

　5.2　平面线性单元特性分析 ·· 89

　　　5.2.1　3节点三角形单元 ··· 89

　　　5.2.2　4节点矩形单元 ··· 91

　5.3　面积坐标的应用 ·· 95

　5.4　平面二次单元 ·· 98

　　　5.4.1　6节点三角形单元 ··· 99

　　　5.4.2　8节点矩形单元 ·· 106

　5.5　平面等参数单元 ··· 108

　　　5.5.1　普通不规整高阶单元存在的问题 ································ 108

　　　5.5.2　普通不规整高阶单元边界不协调的处理方法——几何映射 ······ 109

　　　5.5.3　平面问题母单元 ··· 110

　　　5.5.4　平面坐标变换 ··· 112

　　　5.5.5　6节点三角形等参单元 ·· 115

　　　5.5.6　8节点四边形等参单元 ·· 118

　　　5.5.7　等参单元使用注意事项 ·· 121

　5.6　平面问题有限单元法应用实例 ······································ 121

第6章　轴对称问题的有限单元法 ·· 128

　6.1　轴对称问题单元 ··· 128

　　　6.1.1　微元平衡微分方程 ·· 129

　　　6.1.2　微元几何方程 ··· 130

　　　6.1.3　微元物理方程 ··· 131

　　　6.1.4　微元虚功方程 ··· 131

　6.2　3节点三角形环单元 ·· 132

　　　6.2.1　单元位移模式 ··· 132

　　　6.2.2　单元的应变和应力 ·· 133

　　　6.2.3　单元刚度矩阵 ·· 134

　6.3　四边形环状等参单元 ·· 135

　　　6.3.1　单元的位移模式和坐标变换式 ···································· 135

　　　6.3.2　单元应变和应力 ·· 136

　　　6.3.3　单元刚度矩阵 ·· 137

　6.4　轴对称问题应用实例 ·· 137

第7章　板壳问题的有限元法 ·· 140

　7.1　薄板弯曲问题概述 ·· 140

　　　7.1.1　薄板的小挠度弯曲理论 ·· 140

　　　7.1.2　薄板弯曲几何方程 ·· 141

　　　7.1.3　薄板弯曲物理方程 ·· 142

　　　7.1.4　薄板弯曲虚功方程 ·· 143

　　　7.1.5　薄板一般问题处理 ·· 144

　7.2　矩形薄板单元 ·· 144

　　　7.2.1　位移函数 ·· 145

　　　7.2.2　单元的形变和力矩 ·· 146

　　　7.2.3　单元刚度矩阵 ·· 147

　　　7.2.4　单元等效节点力 ·· 148

　7.3　三角形薄板单元 ·· 149

　　　7.3.1　位移函数 ·· 149

　　　7.3.2　单元形变和力矩 ·· 151

　　　7.3.3　单元刚度矩阵 ·· 152

　　　7.3.4　单元等效节点力 ·· 152

　7.4　薄壳问题概述 ·· 153

　7.5　平面矩形壳体单元 ·· 153

　　　7.5.1　壳体平面矩形单元特性分析 ······································ 153

　　　7.5.2　壳体平面矩形单元的解题步骤 ···································· 156

　7.6　三角形壳体单元 ·· 156

　7.7　应用实例 ·· 157

第8章　空间问题有限单元法 ·· 159

　8.1　常用空间问题单元简介 ·· 159

　8.2　4节点四面体单元 ·· 160

    8.2.1　单元的位移模式与形函数 ·············· 160

    8.2.2　单元的应变和应力 ·············· 162

    8.2.3　单元刚度矩阵 ·············· 164

    8.2.4　单元的等效节点载荷 ·············· 165

  8.3　体积坐标简介 ·············· 165

    8.3.1　体积坐标与直角坐标的关系 ·············· 165

    8.3.2　体积坐标函数积分与求导 ·············· 166

  8.4　10 节点四面体单元简介 ·············· 166

  8.5　8 节点六面体单元 ·············· 167

    8.5.1　单元的位移模式 ·············· 168

    8.5.2　单元的应变和应力 ·············· 169

    8.5.3　单元的刚度矩阵 ·············· 170

  8.6　20 节点六面体单元简介 ·············· 170

  8.7　空间等参单元 ·············· 172

    8.7.1　六面体等参单元 ·············· 172

    8.7.2　四面体等参单元 ·············· 178

第9章　ANSYS 软件概述 ·············· 180

  9.1　ANSYS 软件简介 ·············· 180

  9.2　ANSYS 软件的模块组成 ·············· 180

    9.2.1　通用前处理模块 ·············· 180

    9.2.2　分析计算模块 ·············· 181

    9.2.3　通用后处理模块 ·············· 182

  9.3　ANSYS 软件的特点 ·············· 183

  9.4　ANSYS 运行环境的预配置 ·············· 183

  9.5　ANSYS 图形界面的交互操作 ·············· 184

    9.5.1　ANSYS11.0 的启动与 IDE ·············· 184

    9.5.2　ANSYS 的菜单操作 ·············· 186

    9.5.3　图元拾取操作 ·············· 187

    9.5.4　图形显示控制菜单的使用 ·············· 189

  9.6　ANSYS 的文件管理与数据库操作 ·············· 191

    9.6.1　ANSYS 的数据文件 ·············· 191

    9.6.2　ANSYS 数据库文件操作 ·············· 192

    9.6.3　ANSYS 中的. Log 文件 ·············· 193

9.7　退出 ANSYS 环境 ·· 193

第 10 章　ANSYS 几何模型建模 ··· 195

10.1　有限元实体建模基础 ·· 195

10.1.1　坐标系 ·· 195

10.1.2　坐标系菜单操作 ·· 198

10.1.3　工作平面 ··· 199

10.1.4　工作平面显示、状态查询与选项设置 ·································· 199

10.1.5　工作平面位置的调整 ··· 200

10.2　工作环境设置 ··· 202

10.3　几何模型建模技术 ·· 204

10.3.1　基本几何图素个体的创建 ·· 205

10.3.2　图形窗口中模型的视角调整、平移、缩放与旋转操作 ··········· 212

10.3.3　复杂几何图素的创建 ··· 212

10.3.4　图元的显示、编号、复制、镜像及删除 ······························· 215

10.4　图元选择集的建立 ·· 218

10.5　组建复杂几何模型——布尔运算 ·· 219

10.5.1　布尔运算设置 ··· 220

10.5.2　布尔操作 ·· 220

10.6　建模实例 ··· 223

第 11 章　ANSYS 几何模型网格划分 ·· 240

11.1　有限元网格生成方法 ·· 240

11.1.1　有限元网格生成方法分类 ·· 240

11.1.2　有限元网格生成方法选择 ·· 241

11.2　定义单元属性 ··· 242

11.2.1　单元概述 ·· 242

11.2.2　定义单元类型 ··· 243

11.2.3　定义单元实常数 ·· 245

11.2.4　定义材料特性 ··· 245

11.2.5　定义截面类型 ··· 247

11.3　分配单元属性 ··· 247

11.3.1　默认单元属性 ··· 248

11.3.2　手动分配单元属性 ·· 249

X

11.4 设定网格尺寸和网格形状 ································· 250

    11.4.1 设定单元网格尺寸 ································· 251

    11.4.2 设定单元网格形状 ································· 252

11.5 自由网格划分与映射网格划分 ························· 252

    11.5.1 自由网格划分 ································· 253

    11.5.2 映射网格划分 ································· 254

    11.5.3 快速网格划分——网格划分工具 Mesh Tool ········· 256

11.6 体的扫掠网格划分 VSWEEP ························· 257

    11.6.1 扫掠之前的准备工作 ························· 257

    11.6.2 扫掠网格划分的补充说明 ························· 258

    11.6.3 实例——六方孔螺钉头用扳手的体及网格生成 ········· 259

11.7 面网格拉伸生成体及网格 ························· 263

11.8 网格局部细化 ································· 264

第12章 施加载荷与求解 ································· 265

12.1 载荷种类 ································· 265

12.2 加载方式 ································· 266

12.3 载荷的施加 ································· 267

    12.3.1 施加自由度(DOF)约束 ························· 268

    12.3.2 施加力载荷 ································· 274

12.4 载荷显示与删除 ································· 280

12.5 求解过程控制 ································· 282

12.6 载荷步的设置和求解操作 ························· 284

第13章 ANSYS 分析结果的后处理 ························· 288

13.1 后处理器与结果文件 ································· 288

13.2 通用后处理器 POST1 ································· 288

    13.2.1 结果文件中的数据读入内存数据库 ················· 289

    13.2.2 通用后处理的一些选项控制 ························· 290

    13.2.3 结果数据的图像化显示 ························· 290

    13.2.4 单元表 ································· 297

13.3 结果数据的列表显示 ································· 302

    13.3.1 支座反力列表显示 ································· 302

    13.3.2 节点载荷列表显示 ································· 302

13.3.3　单元数据矢量列表显示 ···················· 304

13.3.4　沿预先定义的几何路径列出指定数据 ············ 304

13.3.5　单元表数据列表显示 ······················ 305

13.3.6　按求解结果排序列表显示数据 ················ 305

第 14 章　ANSYS 工程应用实例 ························ 308

14.1　结构静力学问题常用到的单元类型 ·············· 308

14.2　桁架问题 ·································· 309

14.3　框架问题 ·································· 327

14.4　平面问题 ·································· 339

14.5　轴对称问题 ································ 353

14.6　空间问题 ·································· 357

14.7　板壳问题 ·································· 376

参考文献 ·· 386

第1章 绪 论

1.1 有限单元法产生的背景

机械设计中的一个重要环节是研究机械零部件的应力和变形问题,为强度和刚度等的设计计算提供依据。

1.1.1 常规力学分析方法存在的问题

材料力学主要通过应力、变形的力学概念来描述构件内部的状态,建立起构件强度、刚度、稳定性等方面的计算与分析方法,并用来解决在机械设计中杆、梁、圆筒、圆盘等特殊构件的强度、刚度、稳定性方面的分析问题,且构件材料是各向同性的。由于机械构件几何形状、材料特性、边界条件、载荷类型等诸多方面的复杂性,显然材料力学对于机械设计来说是远远不够的。

弹性力学的任务与材料力学、结构力学类似,也是研究构件(杆、梁、板、壳、块体)在外部因素(载荷、温度变化等)作用下,在弹性变形阶段的应力和位移,校核构件的强度和刚度。弹性力学研究构件应力和变形时,假想物体内部由无数个平行六面体单元组成,表面(表层)由无数个四面体单元组成,且对变形状态和应力的分布规律等不做假设。弹性力学解题过程:

1. 弹性力学方程的建立

(1) 考虑这些单元体的平衡,按静力平衡条件可以写出一组平衡微分方程,但由于未知应力数多于微分方程数,因此弹性理论问题是超静定的,必须考虑变形协调条件。

(2) 由于物体在变形之后仍保持连续,所以单元之间的变形必须是协调的,由此可以产生一组表示变形连续性的微分方程。

(3) 用广义胡克定律表示应力与形变之间的关系(物理方程)。

(4) 在弹性体表面上还需考虑体内应力与外载荷之间的平衡,称为边界条件。

联立上述四组微分方程则可以求解未知应力、形变和位移。因此,弹性力学的研究方法是从受力体中取出一无限小的微元体,从静力平衡条件、几何变形条件和本构关系(物理方程)等方面,建立弹性体内各点的位移和应力之间的基本的、普遍的关系式,再根据边界条件求得解答。

2. 弹性力学方程组的求解

上述这些微分方程还可以综合简化为以应力为基本未知函数的微分方程,或以位移为基本未知函数的微分方程,但这些都是偏微分方程,其解往往难于求得。所以弹性力学常用"逆解法",即先假设一解答,如这个解能满足所有的偏微分,同时满足边界条件,则这个解答就是正确的,也是唯一的。或用"半逆解法",即先假设一部分解答,另一部分在解题过程中求出。若问题稍复杂,则这些偏微分方程组往往不能求得通解,因此,弹性力学在实际应用中有很大的局限性。

引申一步来讲,从数学角度看,许多工程分析问题,如固体力学中的位移/应力场及振动特性分析、传热学中的温度场分析、电磁学中的电磁场分析、流体力学中的流场分析等,都可以归结为在给定边界条件下求解微分方程(常微分或偏微分)组的问题。但是由于方程本身的复杂程度和求解域及边界条件的复杂性,常很难或根本得不到上述偏微分方程组的精确求解(解析解)。解决这类问题通常有两种方法:一是引入简化假设,将方程和边界条件简化为能够处理的问题,从而得到它在简化状态下的解,这种方法只有在有限的情况下是可行的,因为过多的假设将可能导致不正确的甚至是错误的解;二是在广泛吸收现代数学、力学理论的基础上,借助于计算机来获得满足工程要求的数值解,即数值分析法。

1.1.2 数值分析法

在有限单元法产生以前,近似数值分析方法基本上可以分为两大类:一类是有限差分法;另一类是等效积分法(如加权残值法、最小二乘法、加辽金法、里兹法、力矩法等)。虽然这两类方法在不同领域上均有成功的应用实例,但由于它们均是在整个求解区域上假设近似函数,因此对结构几何形状复杂的问题仍然不能给出满足近代工程技术精度要求的近似解,另外对于复杂几何形状问题甚至求解发生困难。

随着电子计算机的迅速发展和普遍应用,开发了另一种近似数值分析法——有限单元法(Finite Element Method,FEM),有限单元法是数值分析方法研究领域内的重大突破性进展。

1.2 有限元单元法的基本解题思想

有限元法避开在整个求解区域上寻找连续解析函数这一难点,转为寻求在满足整个物体边界条件和连续条件下的各个子域(单元)上适应控制方程。

有限单元法的基本思想:

(1)结构离散。将一个连续的求解域离散化,即将连续体划分为有限个具有规则形状的微小块体,把每个微小块体称为单元,两相邻单元之间只通过若干点相互连接,每个连接点称为节点,单元与单元之间仅通过节点传递力(注:作用于各单元上的非节点外载荷向单元节点等效移置,即转化成单元的等效节点载荷)。

(2)单元特性分析。以单元节点位移为未知参数并假设单元体内位移函数的近似模式,找出单元体中节点力和节点位移之间的关系,即单元刚度方程 $[F^e] = [K^e][\delta^e]$,其中单元刚度矩阵 $[K^e]$ 已知。

(3)整体分析。通过节点平衡方程,由各个单元的单元刚度方程组合成以节点位移为未知参数的方程组,即整体刚度方程 $[R] = [K][\delta]$,其中节点载荷列阵 $[R]$、整体刚度矩阵 $[K]$ 均为已知。

(4)方程求解。求解这个方程组,得出各节点的未知参数——位移。

(5)后处理。利用单元节点位移,代入单元位移模式方程,求出位移模式待定系数,得到具体的单元位移函数。进而利用弹性力学几何方程、物理方程求出单元内任一点的应变、应力。

单元节点未知量除选取节点位移为未知量外,还可以选取节点力为未知量。根据节点未知量选取的不同,有限单元法分为力型有限单元法、位移型有限单元法和混合型有限单元法,常用的是位移型有限单元法。如果单元位移函数选取合适,单元分得越多、越细,得到的计算结果就越精确。当单元数趋于无穷时,计算结果就收敛于精确解。但是单元数增加,节点数就大大增加,计算工作量和存储信息量就会迅速增加,这就要求计算机具备较好的性能。因此一般都是根据具体问题对精度的要求,只取一定数量的(有限个)的单元进行分析。

有限元法的概念浅显,容易掌握,解题步骤是固定的模式,其主要研究工作就集中在构造计算简单、精度高、适用性强的单元模式上。一旦有了各种单元,如梁单元、杆单元、壳单元、平面单元、环单元、多面体单元等,就可以用来分析各种形状复杂的问题。

1.3 有限单元法的发展及应用领域

有限单元法是在 20 世纪 50 年代中期,最早以解决结构力学、弹性力学问题发展起来的。后来进一步研究表明,它不是计算某个特殊问题的专用解法,而是一种通用的数值方法,可以推广到其他领域。

有限单元法不受物体几何形状限制,可以计算复杂结构的场问题。这是因为单元能按各种不同的连接方式组合在一起,且单元本身又可以有不同的几何形状,因此可以模拟几何形状复杂的结构。目前,有限单元法已经远远超出了原有的应用范畴,已从弹性力学扩展到了弹塑性力学、岩石力学、地质力学、流体力学、热传学、气动力学、计算物理学等学科,且开始向纳米级的分子动力学渗透。有限单元法广泛用于核工业、铁道、石油化工、航空航天、机械工程、能源、汽车交通、国防军工、电子、土木工程、造船、生物医学、轻工、地矿、水利、日用家电等一般工业领域。

各个领域的广泛使用已使设计水平发生了质的飞跃,主要表现在以下几个方面:
(1) 增加产品和工程的可靠性;
(2) 在产品的设计阶段发现潜在的问题;
(3) 经过分析计算,采用优化方案,降低原材料成本;
(4) 缩短产品投向市场的时间;
(5) 模拟试验方案,减少试验次数,从而减少试验经费。
有限单元法解题实例数之不尽,图 1-1 和图 1-2 示出的是机械工程中个别的应用实例。

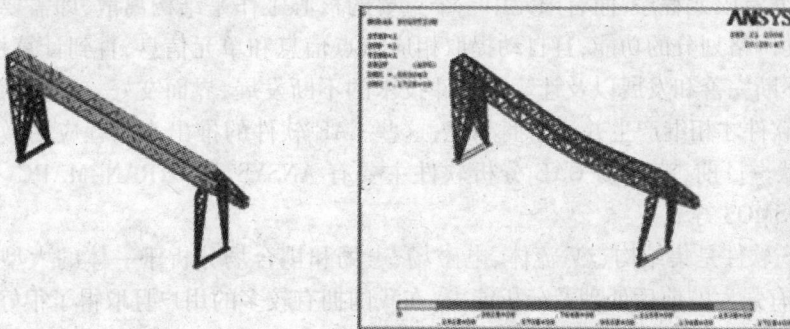

图 1-1 龙门吊应用实例

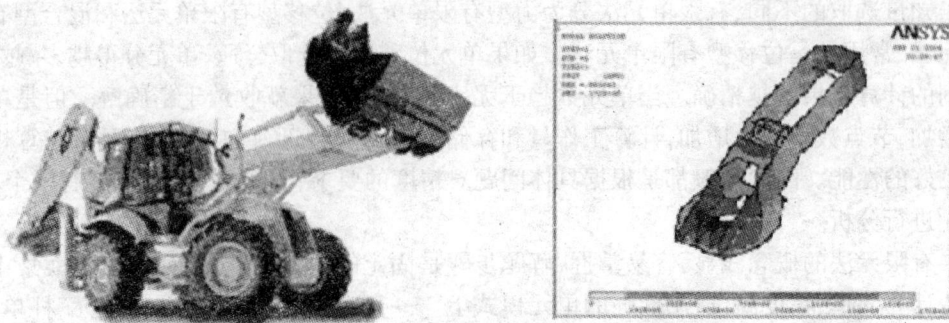

图 1-2 装载机应用实例

1.4 有限单元法的特点

（1）概念清晰，深入浅出。理论上进行深入研究和探索，建立相应的数学模型和理论框架，进而扩大其应用领域，提高数值分析精度，同时也可以通过非常直观的物理解释去理解，并可方便而现实地求解各类工程问题。

（2）具有统一、规范的表达形式。由于各单元的计算程式都相同，解题有固定的模式，所以有限元法的解题步骤已经系统化、标准化。为便于计算机编程，有限元方程采用矩阵形式。

（3）求解过程计算稳定、收敛。总体刚度方程的系数矩阵是一个稀疏矩阵，即所有元素都分布在矩阵的主对角线附近，且是对称的正定矩阵，方程间的联系较弱，这种方程可以降低计算规模和存储规模，且稳定性好。研究发现，有限单元法的理论基础就是变分原理，于是关于这个方法的稳定性、收敛性就得到了证明。

（4）有限单元法具有很强的适用性，应用范围极其广泛。

1.5 有限元常用软件简介

结构整体刚度方程是个庞大的代数方程组，计算工作量大，如果靠人工求解，其工作量之大是不可想象的，且容易出错。国际上早在 20 世纪 60 年代初就开始投入大量的人力、物力开发有限元程序，而有限元中一个重要的核心工作是结构离散，即需要对结构图形具有自动网格划分的功能，且自动提取相应节点信息和单元信息，直到计算机技术、计算数学的不断完善和发展以及计算机硬件技术的不断发展，界面友好、功能完善、快速求解的 CAE 软件才相继产生并逐渐商品化，这些 CAE 软件的推出为工程应用做出了不可磨灭的贡献。目前，流行的 CAE 分析软件主要有 ANSYS、NASTRAN、MARC、ABAQUS、ADINA、COSMOS 等。

ANSYS 软件是集结构、热、流体、电磁场、声场和耦合场分析于一体的大型有限元分析软件，具有强大的前后处理及分析能力，在我国拥有较多的用户且取得了很好的应用效果。典型的应用有三峡工程、二滩电站、黄河下游特大型公路斜拉桥、国家大剧院、浦东国际机场、上海科技城太空城、深圳南湖路花园大厦、高速铁路等，在结构设计时都采用了

4

ANSYS 作为分析工具。

1.6　工程应用的结构分析问题分类

结构分析的任务是研究结构在外部载荷作用下所产生的应力、应变和位移以及其他响应。对于不同的结构分析问题，必须采用不同计算理论，因此，首先必须区分问题的类型。对于有限元软件的应用来讲，就是选取相应问题的单元、载荷和相应的计算分析模块。机械工程应用中，按计算方法常见的结构分析问题可以分为结构静力分析问题、结构动力学分析问题、结构运动学分析问题、热分析及热力耦合问题等。

1.6.1　结构静力学分析问题

结构静力分析用来分析由于稳态外载荷引起的系统或部件的位移、应力、应变和力，适合于求解惯性及阻尼的时间相关作用对结构响应并不显著的问题。静力分析可以分为线性静力分析和非线性静力分析。这里的线性、非线性指的是应力和应变之间的关系是线性关系还是非线性关系。非线性静力分析问题可以分为几何非线性、材料非线性和状态非线性三大类。非线性静力分析允许有大变形、应力刚化、蠕变、接触问题、超弹性问题等。

几何非线性问题是由结构的大变形(大位移)所造成的，也称大应变效应。如果结构经受大变形，变化的几何形状可能会引起结构的非线性效应。例如，钓鱼竿在轻微的垂向载荷作用下会产生很大的变形，且随着垂向载荷的增大，杆不断弯曲，以至于动力臂明显地减少，结构刚度增加。一般来说，随着位移增大，一个有限单元已移动的坐标将改变结构刚度。当一个单元的节点经历位移后，单元对总体结构刚度的贡献可能因单元本身形状改变或单元取向改变而改变。这类问题总是非线性的，需要进行迭代获得一个有效的解。

另外，结构的面外刚度可能极大地受到结构中面内应力状态的影响。面内应力和横向刚度之间的耦合称为应力刚化。它在薄的、高应力的结构中，如缆索或薄膜中是最明显的。一个鼓面，当它绷紧时会产生垂向刚度，这是应力刚化结构的一个普通例子，又如图1-3所示的应力刚化梁。如果应用有限元软件模拟分析一个受到弯曲或拉伸载荷的薄结构，在计算收敛困难时应将应力刚化打开。

图 1-3　应力刚化梁

材料非线性是指材料的物理定律是非线性的，即不再服从线性胡克定律。材料非线性又可分为非线性弹性和非线性弹塑性，在本质上它们是相同的。许多因素可以影响材料的应力—应变性质，包括加载历史(如在弹—塑性响应状态下)、环境状况(如温度)、加载的时间总量(如在蠕变响应状况下)。

状态非线性是指结构刚度与结构状态相关的非线性行为。例如,只能承受张力的缆索的松弛和张紧,滚轮与支撑的接触与脱开等,随着它们状态的变化,其刚度显著变化。其中,接触是一种很普通的非线性行为,它是状态变化非线性类型中一个特殊而重要的子集,是一种高度非线性行为。一般接触分为刚体—柔体接触、柔体—柔体接触,ANSYS 支持面—面接触、点—面接触、点—点接触三种方式,不同的接触分析类型有不同的特点。

1.6.2 结构动力学分析问题

实际工程结构的设计工作中,动力学设计和分析是必不可少的一部分,几乎所有的工程结构都面临着动力问题,特别是航空航天、船舶、汽车等行业更为突出。在这些行业中将会接触大量的、重要的旋转结构(如轴、轮盘等结构),结构的损坏主要是由于振动造成的,要求对这些关键部件进行完整的动力学分析。

动力分析的工作主要由系统的动力特性分析(求解结构的固有频率和振型)和系统在受到一定载荷时的动力响应分析两部分组成。根据系统的特性,可分为线性动力学分析和非线性动力分析;根据载荷随时间的变化关系,可以分为稳态动力分析和瞬态动力分析。

动力学分析包括模态分析、谐响应分析、谱分析。其中,模态分析用于确定设计中的结构或部件的振动特性(固有频率和振型),它们是承受动态载荷结构设计中的重要参数,也可作为其他动力学分析问题的前期分析过程,如谐响应分析、谱分析、瞬态动力学分析;谐响应分析是用于确定线性结构在承受随时间按正弦(简谐)规律变化的载荷时稳态响应的一种技术;谱分析主要用于确定结构对随机载荷或随时间变化载荷的动力响应情况。

瞬态动力学分析也称时间历程分析,是用于确定承受任意随时间变化载荷的结构的动力学响应的一种方法。可以用瞬态动力学分析确定结构在静载荷、瞬态载荷和简谐载荷的随意组合下的随时间变化的位移、应变、应力及力。载荷和时间的相关性使得惯性力和阻尼作用比较重要。

1.6.3 热分析与热力耦合问题

热分析用于计算一个系统或部件的温度分布及其他热物理参数,如热量的获取或损失、热梯度、热流密度(热通量)等。热—结构耦合问题是结构分析中经常遇到的。由于结构温度场的分布不均会引起结构的热应力,或者结构部件在高温环境中工作,材料受到温度的影响会发生性能的改变,这些都是进行结构分析时需要考虑的因素。为此,需要先进行相应的热分析,然后再进行结构分析。

热耦合分析包括热—结构耦合分析、热—流体耦合分析、热—电耦合分析、热—磁耦合分析、热—电—磁—结构耦合分析等。当一个结构加热或冷却时会发生膨胀或收缩,如果结构各部分之间膨胀收缩程度不同或结构的膨胀、收缩受到限制,就会产生热应力。热—结构耦合分析是求结构在温度载荷、力载荷共同作用下的结构应力、应变和位移等的分析。

1.7 结构静力分析问题的模型简化

任何结构分析问题都是三维问题,严格地讲必须按空间问题来处理。但若结构具有特殊的力学行为或只需考虑某方面的力学行为,往往通过模型的简化来简化数学推导和求解过程,也是所有应用学科研究中经常采用的方法。但这种简化是有条件的,必须保证计算误差在允许工程误差范围之内。

综合结构的几何特征、载荷特征、约束特征,空间结构分析问题可以简化为杆系结构问题、平面问题、轴对称问题、板壳体结构问题。

1.7.1 杆系结构问题

当考察的构件长度远大于截面尺寸,这类构件称为杆件,简称杆。轴线为直线的杆称为直杆(包括等截面直杆和变截面直杆),否则为曲杆。在材料力学中,杆件可以承受剪切、扭转和弯曲。在有限元中,杆单元只能承受轴线方向的作用力,即承受轴线方向的拉伸和压缩,因此又称为二力杆;若是曲杆或还承受有剪切、扭转、弯曲的杆件,均只能按梁单元处理。

最简单的杆系结构为单独的一个杆,如一根二力杆或一根单独的梁,二力杆用 LINK 类型单元自然离散,自然离散指一根二力杆就是一个单元,即取其自然形式。梁用 BEAM 类型单元离散。二力杆、梁的不同组合可以构成复杂的杆系结构,包括桁架结构、刚架结构和组合结构。

(1)桁架结构:由直杆组成,所有杆件之间的连接节点均为铰接,如图1-4所示。为了简化计算,通常认为载荷只作用于桁架的节点处,称为节点载荷;而将非节点处作用的载荷转化为节点载荷,即等效节点载荷。因此,桁架的杆件只产生轴向力,需用杆单元 LINK 来处理。

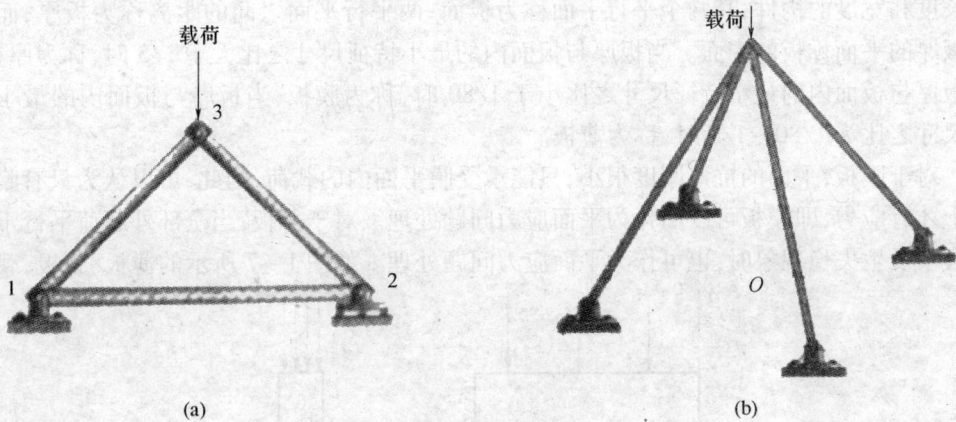

图1-4 桁架结构示意图
(a)平面桁架结构;(b)空间桁架结构。

(2)刚架结构:由直杆组成,所有杆件之间的连接节点均为刚接点,如图1-5所示。为了简化计算,认为刚架在变形过程中各杆之间在连接处的夹角保持不变。因此,组成刚架的杆件除承受轴向力外还承受弯矩和剪力,需用梁单元 BEAM 和耦合约束来处理。

(3)组合结构:由桁架与梁、桁架与刚架组合在一起的结构,如图1-6所示。其中有

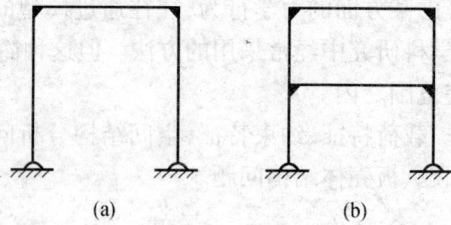

图 1-5 刚架结构

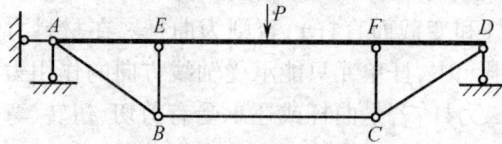

图 1-6 轻便钢桥组合机构

些杆件只承受轴力,另一些杆件同时承受弯矩和剪力,因此需用杆梁混合单元和耦合约束来处理。

1.7.2 平面问题

平面问题是指应力或应变集中在一个平面内,另外两个平面内可以忽略不计。若应力集中在一个平面内,则称为平面应力问题;若应变在一个平面内,则称为平面应变问题。

1. 平面应力问题

平面应力问题主要出现在平板结构分析中。板是由两个平行平面围成且厚度远小于其长度和宽度的构件,其两个平行平面称为板面,两平行平面之间的距离称为板厚,而平分板厚的平面称板的中面。当板厚与板面内的最小特征尺寸之比大于 1/5 时,称为厚板;当板厚与板面内的最小特征尺寸之比小于 1/80 时,称为膜板;当板厚与板面内的最小特征尺寸之比为 1/80～1/5 时,称为薄板。

对于膜板,平面的抗弯刚度很小,只能承受膜平面内的载荷,因此,可以认为只有膜平面上才有应力,即膜板可以简化为平面应力问题处理。对于薄板,当全部外载荷平行于中面且不发生失稳现象时,也可作为平面应力问题处理。如图 1-7 所示的薄板/膜板,载荷

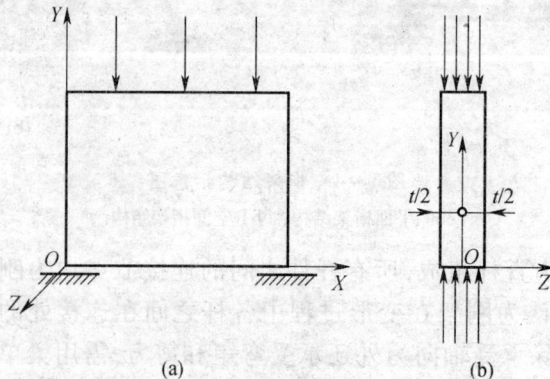

图 1-7 薄板/膜板平面应力问题

平行于板面且对称于中性面,可以认为应力只发生在 XY 平面内,即 $\sigma_z=0$。平行于 XY 任意截面上的应力分量和应变分量都是 X 和 Y 的函数,与 Z 无关。平面应力问题按薄板平面应力问题的理论来计算分析。对于厚板,则不能简化,只能按三维空间问题理论计算分析。

2. 平面应变问题

如图 1-8 所示,结构沿着一个坐标轴(如 Z 轴)方向的长度很长,且所有垂直 Z 轴的横截面都相同,亦即为一个等直柱体;位移约束条件或支撑条件沿着 Z 轴方向也是相同的;柱体侧表面承受的表面力以及体积力均垂直于 Z 轴,而且分布规律是不随 Z 轴变化。这样的柱体可以认为远离物体两端的截面将没有 Z 轴位移,即 $\varepsilon_z=0$。沿 X 和 Y 方向的位移在各截面上都是相同的,任意截面上的应力分量和应变分量都是 X 和 Y 的函数,与 Z 无关。

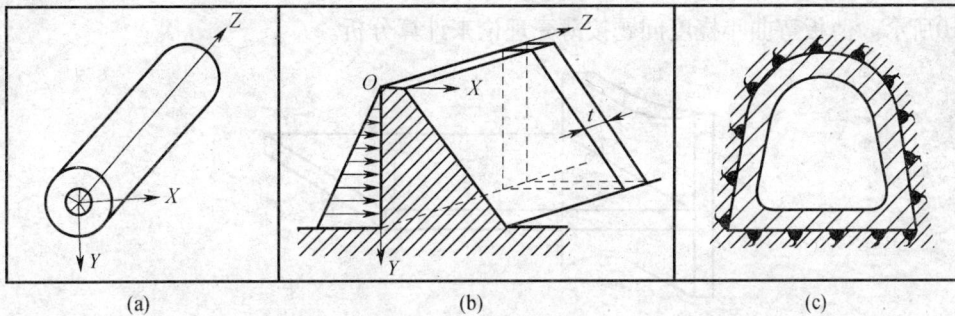

图 1-8 平面形变问题

1.7.3 轴对称问题与周期对称结构问题

如果结构的几何形状、所受的外力以及约束情况都是绕某一轴对称的(通过这个轴的任意平面都是对称面),则所有的应力、形变和位移也都对称于该轴,这种空间问题可以简化为轴对称问题。轴对称问题需要用环单元来离散,用轴对称问题的计算理论计算。

如果结构绕其轴旋转一个角度 α,结构、载荷、约束均与旋转前相同,则将这种结构称为周期对称结构。符合这一条件的最小旋转角称为旋转周期,从结构中任意取出夹角 α 的部分称结构的基本扇区,由基本扇区绕其轴旋转复制 N 份($N=\dfrac{2\pi}{\alpha}$,N 为整数),则可得到整个完整的结构,在工程中典型的周期对称结构是涡轮的叶—盘结构。此时,对结构的一个基本扇区进行分析也可以得到整个结构的结果,从而节省大量的计算机资源。

1.7.4 板壳体结构问题

壳体是由两空间平行曲面围成且厚度远小于其板面尺寸的构件,或者说是由薄板经空间弯曲成形的结构,且壳体有弯曲载荷。从几何形状考察,壳体与板的区别在于:板的中面是平面,曲率等于0;而壳体的中面是曲面,曲率不等于0。由于曲率的存在使壳体的几何方程变得更为复杂。壳体分为薄壳和厚壳,工程中常见的且最为简单的就是薄壳,如

图1-9所示。板壳结构可以用板壳理论来计算分析。

图 1-9 壳体结构

当平板全部外载荷都垂直于板的中面时,则主要发生弯曲变形。在板发生弯曲变形时,中面上各点沿垂直方向的位移称为板的挠度。如果挠度和板厚之比不大于1/5,可以认为是板的小挠度问题,否则为板的大挠度问题(属于非线性问题)。薄板弯曲如图1-10所示。薄板弯曲小挠度问题按薄壳理论来计算分析。

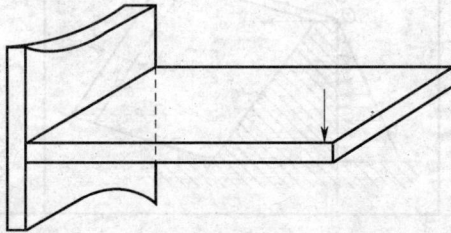

图 1-10 薄板弯曲问题

结构分析的目的在于,知道结构在给定载荷作用下会有什么样的响应。具体如下:

(1) 研究结构在载荷等因素作用下的内力,用于结构设计中的强度校核;

(2) 研究结构在载荷等因素作用下的变形,用于结构的刚度校核;

(3) 研究结构的稳定性问题,确定结构的临界载荷,给出结构在不改变其承载方式的临界状态;

(4) 研究结构的动力学响应;

(5) 各种物理场分析,如应力场、位移场、温度场、电磁场和速度场。

第2章 有限单元法力学基础

用有限元法求解弹性力学问题,虽然不需要掌握弹性力学中很多的理论,但须对其中的某些基本概念和基本方程有所了解。为此,本章将简单介绍这些概念和方程,作为介绍弹性力学有限元法的导引。

工程界应用的绝大多数材料几乎都是弹性体,因此弹性力学是研究工程问题的基础。严格地说,弹性体都是三维的,也就是空间立体结构。为了数学推导和求解的方便,常对其计算模型进行简化以便于付诸实施,这也是所有应用学科研究中采用的方法。但这种简化是有条件的,必须保证计算误差在允许工程误差范围之内。通过这种简化,将一般数学弹性力学问题转化为应用弹性力学问题。

2.1 弹性力学中的基本假设

实际物体是各种各样、千变万化的,因而它受力后所表现出来的力学性能是相当复杂的,需要找出一般的规律和计算方法,通过略去一些次要方面,将其进行简化和概括,并作出能反映其主要方面的基本假设,使其求解成为可能。

弹性力学中采用的基本假设如下:

(1)假设物体是连续的,即假设整个物体的体积都被组成这个物体的介质填满,没有任何空隙。这样,物体内的一些物理量,如应力、应变、位移等才可能是连续的,因此才可以用它所占空间坐标的连续函数来表示。

(2)假设物体是完全弹性的,即认为物体在引起变形的外力被撤除后能完全恢复原形而没有任何剩余变形。这样的物体在任一瞬时的变形完全取决于它在这一瞬时所受的外力,与其载荷历史和加载顺序无关。完全弹性物体服从胡克定律,也就是应变与引起该应变的应力成正比,弹性常数不随应力或应变的大小而改变。

(3)假设物体是各向同性的:即物体(如钢材)内所有各点在各个方向上材料的力学性质都是相同的,弹性常数不随方向而改变。其中非晶体材料完全符合这一假设。

(4)假设位移和变形是微小的,即物体在受力以后,整个物体所有各点的位移都远远小于物体原来的尺寸,而且应变远小于1。这样,在建立物体变形后的平衡方程时,就可以用变形以前的尺寸来代替变形后的尺寸,而不至于引起显著的误差。并且,在考察物体的变形和位移时,转角或应变二次项可以省去。这就使得弹性力学里的代数方程和微分方程都简化为线性方程,可以应用叠加原理。

(5)无初应力,物体在未受到外部影响作用之前,可能存在一定的应力,这种应力称为初应力。初应力的性质和数值与变形体形成的历史有关。根据假设可得,外载荷作用前,物体内部没有应力,是处于自然状态的。此外,当物体发生塑性变形时,初应力为零的这个假设仍然适用。

上述假设,是为了研究问题的方便,根据研究对象的性质和求解问题的范围,而作出的假设。

2.2　弹性力学中的基本概念

2.2.1　弹性体外部载荷

弹性力学外载荷大致分为体力、面力和集中力三种。

1. 体力 R_V

体力是指分布在物体体积内的外力,作用在物体的每一个质点上,通常与物体的质量成正比,且是各质点位置的函数,如重力、运动物体的惯性力等。物体内某点的体力是一个矢量,其大小是以作用于其上的单位体积的作用力来衡量的,一般沿坐标轴上投影,用分量 R_{VX}、R_{VY}、R_{VZ} 表示,这三个投影称为该点的体力分量。

2. 面上分布力 R_S

面上分布力是作用在物体表面某一表面积上的分布载荷,如一个物体对另一个物体表面作用的压力、静水压力等。物体表面上某点的面力是一矢量,一般沿坐标轴投影,用分量 R_{SX}、R_{SY}、R_{SZ} 表示,这三个投影称为该点的面力分量。

3. 面上集中力 R_P

一般来说,当作用面积很小时,就抽象为一个点,认为力集中作用于这一点,这种力称为集中力。集中力在实际中并不存在,它是分布力理想化的模型。力学上把通过力的作用点而代表力的方位的直线,称为力的作用线。矢量 R_P 一般沿坐标轴投影,用分量 R_{PX}、R_{PY}、R_{PZ} 表示,这三个投影称为该点的集中力分量。

为便于表示,三种外载荷统一用 R 表示,分量用 R_X、R_Y、R_Z 表示。不同的分析软件都有自己一套力的正、负约定体系,如 ANSYS 有限元软件。

2.2.2　弹性体内部应力

1. 应力(正应力与剪应力)

物体在外力的作用下处于平衡状态,此时物体内部将产生抵抗变形的内力,如图 2-1 所示。为研究物体内任意一点 P 的内力,假想一个平面 S 通过点 P 把该物体分成 A、B 两部分,A 和 B 两部分将产生相互作用力(就是内力),它们大小相等、方向相反。在截面 S 上的 P 点取一微小面积 ΔA,假设作用在 ΔA 上的内力为 ΔF,并假设在截面 S 上是连续分布的,则定义物体在截面 S 上 P 点的应力为

$$S = \lim_{\Delta A \to 0} \frac{\Delta F}{\Delta A}$$

对于应力 S,由于它沿坐标方向的应力分量与物体的形变及材料的强度都没有直接关系,所以一般不用它沿坐标方向的分量表示,而是将应力 S 沿截面 ΔA 的法向和切向分解,相应的分量就是正应力 σ 和剪应力 τ。

由基本假设中弹性体的连续性可知,整个弹性体可以看作由无数个微小六面体组成。为了描述弹性体内任意一点 P 的应力状态,可通过该点从弹性体内切取一微小正方体,

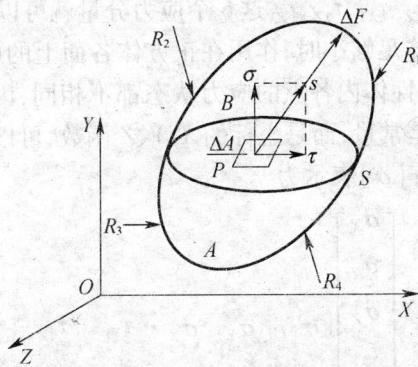

图 2 - 1　物体的受力图

正方体的棱线与坐标轴平行,如图 2 - 2 所示。

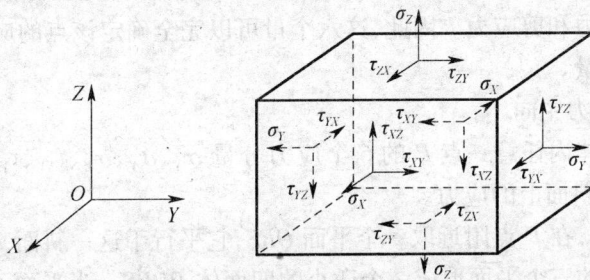

图 2 - 2　直角坐标系下的应力分量

正方体的各个面上的应力可分解为一个正应力和两个剪应力,分别与三个坐标轴平行。为表示应力的作用面和作用方向,应力符号附带角码。由于正应力的作用面法向和作用方向一致,则用一个角码表示,例如正应力 σ_X 表示作用面法向、作用方向均为 X 轴。剪应力加上两个角码,前一个角码表明作用面法向,后一个角码表明作用方向,例如,剪应力 τ_{XY} 表示作用面法向为 X 方向、作用方向为 Y 轴方向。

应力的正、负号规定:如果某一个面上的外法线是沿着坐标轴的正方向,这个面上的应力就以沿坐标轴正方向为正,沿坐标轴负方向为负;相反,如果某一个面上的外法线是沿着坐标轴的负方向,这个面上的应力就以沿坐标轴负方向为正,沿坐标轴正方向为负。由此可知,图 2 - 2 中的应力全是正的。正应力的正、负号规定和材料力学中的规定是一样的(压应力为负,而拉应力为正),但剪应力的正、负号与材料力学中的规定是不完全相同的。

由于微六面体处于平衡状态,根据图 2 - 2 中微小正方体的力矩平衡方程,可得

$$\tau_{XY} = \tau_{YX}, \tau_{YZ} = \tau_{ZY}, \tau_{ZX} = \tau_{XZ}$$

这就是剪应力互等定律,即作用在两个相互垂直的面上并且垂直于该两面交线的剪应力是互等的(大小相等,符号也相同)。由此可见,剪应力的两个角码是可以任意对换的。通常情况下,用 τ_{XY} 统一的代表 τ_{YX} 和 τ_{YX},用 τ_{YZ} 统一代表 τ_{YZ} 和 τ_{ZY},用 τ_{ZX} 统一代表 τ_{ZX} 和 τ_{XZ}。

再根据三个轴向的力平衡方程,可以进一步证明:作用在微小正方体相对平行的两面上的正应力分量均大小相等、方向相反。

13

这样,只要用 σ_X、σ_Y、σ_Z、τ_{XY}、τ_{YZ}、τ_{ZX} 这 6 个应力分量就可以完全描述作用在微小正方体上各面的应力。当正方体足够小时,作用在正方体各面上的应力分量就可以视为 P 点的应力分量。一般说来,弹性体内各点的应力状态都不相同,因此,描述弹性体应力状态的上述 6 个应力分量并不是常量,而是坐标的 X、Y、Z 函数,可以用一个列阵 $[\sigma]$ 表示。因此,P 点的应力分量用列阵 $[\sigma]$ 表示为

$$
[\dot{\sigma}] = \begin{bmatrix} \sigma_X \\ \sigma_Y \\ \sigma_Z \\ \tau_{XY} \\ \tau_{YZ} \\ \tau_{ZX} \end{bmatrix} \begin{bmatrix} \sigma_X & \sigma_Y & \sigma_Z & \tau_{XY} & \tau_{YZ} & \tau_{ZX} \end{bmatrix}^{\mathrm{T}}
$$

下面将证明,如果 σ_X、σ_Y、σ_Z、τ_{XY}、τ_{YZ}、τ_{ZX} 这 6 个量在 P 点是已知的,就可以求得该点的任何面上的正应力和剪应力。因此,这六个量可以完全确定该点的应力状态,它们就称为在该点的应力分量。

2. 主应力及应力主向

现在假设弹性体内任意一点 P 的 6 个应力分量 σ_X、σ_Y、σ_Z、τ_{XY}、τ_{YZ}、τ_{ZX} 是已知的,试求经过 P 点的任一斜面上的应力。

如图 2-3 所示,在 P 点附近取一个平面 QRS,它平行于这一斜面,且该平面与经过 P 点而垂直于坐标轴的三个平面形成一个微小的四面体 $PQRS$。当平面 QRS 无限接近于 P 点时,平面 QRS 上的应力就趋近于该斜面上的应力。

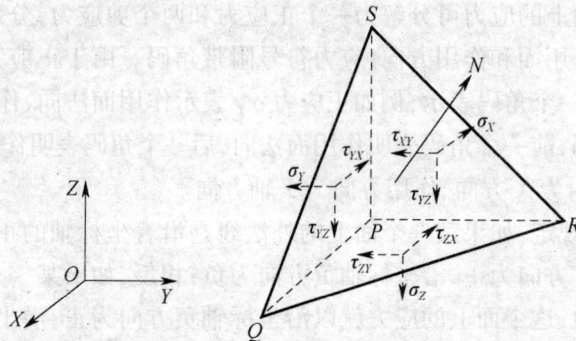

图 2-3 P 点的应力状态

令斜面 QRS 的外法线为 N,而 N 的方向余弦为

$$
\cos(N,X) = l, \cos(N,Y) = m, \cos(N,Z) = n \tag{2-1}
$$

若三角形 QRS 的面积为 ΔA,则三角形 PRS、PSQ、PQR 的面积分别为 $l\Delta A$、$m\Delta A$、$n\Delta A$。令 S_{NX}、S_{NY}、N_{NZ} 分别为三角形 QRS 上的全应力在坐标轴上的投影。由该四面体的平衡条件 $\sum F_X = 0$ 得

$$
S_{NX}\Delta A - \sigma_X l\Delta A - \tau_{YX} m\Delta A - \tau_{ZX} n\Delta A = 0 \tag{2-2}
$$

同理,由平衡条件 $\sum F_Y = 0$ 及 $\sum F_Z = 0$ 可得出与上面相似的两个方程。整体后得

$$S_{NX} = l\sigma_X + m\tau_{YX} + n\tau_{ZX}$$

$$S_{NY} = \dot{m}\sigma_Y + n\tau_{ZY} + l\tau_{XY} \qquad (2-3)$$

$$S_{NZ} = n\sigma_Z + l\tau_{XZ} + m\tau_{YZ}$$

这里没有考虑作用于微小四面体的体积力,因为当平面 QRS 趋近于 P 点时,四面体的体积与各面的表面积相比是高一阶的微量,可以不计。

由式(2-3)可以求出平面 QRS 的全应力为

$$S_N = \sqrt{S_{NX}^2 + S_{NY}^2 + Z_{NZ}^2} \qquad (2-4)$$

令图 2-3 斜面 QRS 上的正应力为 σ_N,则通过投影可得

$$\sigma_N = lS_{NX} + mS_{NY} + nS_{NZ} \qquad (2-5)$$

将式(2-3)代入式(2-5)中,并根据剪应力互等,可得

$$\sigma_N = l^2\sigma_X + m^2\sigma_Y + n^2\sigma_Z + 2lm\tau_{XY} + 2mn\tau_{YZ} + 2nl\tau_{ZX} \qquad (2-6)$$

令图 2-3 斜面 QRS 上的剪应力为 τ_N,则有:

$$\tau_N^2 = S_N^2 - \sigma_N^2 \qquad (2-7)$$

由此可见,在弹性体的任意一点,只要已知该点的六个应力分量,就可以求得该点任一斜面上的正应力和剪应力。

如果经过 P 点的某一斜面上没有剪应力,只有正应力,那么该斜面上的正应力称为 P 点的一个主应力,该斜面称为 P 点的一个应力主面,而该斜面的法向(即该主应力的方向)称为 P 点的一个应力主向。

假定已知 P 点的 6 个应力分量,且在 P 点有一个应力主面存在,其外法线 N 的方向余弦分别为 l,m,n,则该面上的剪应力等于零,全应力等于该面上的正应力,也就等于主应力 σ。这时,该面上的全应力在坐标轴上的投影为

$$S_{NX} = l\sigma, S_{NY} = m\sigma, S_{NZ} = n\sigma \qquad (2-8)$$

将式(2-8)代入式(2-3),得

$$\begin{cases} l\sigma_X + m\tau_{YX} + n\tau_{ZX} = l\sigma \\ m\sigma_Y + n\tau_{ZY} + l\tau_{XY} = m\sigma \\ n\sigma_Z + l\tau_{XZ} + m\tau_{YZ} = n\sigma \end{cases} \qquad (2-9)$$

此外,考虑到方向余弦之间的关系:

$$l^2 + m^2 + n^2 = 1 \qquad (2-10)$$

如果把式(2-9)和式(2-10)联立求解,可获得 σ、l、m、n 的一组解答,从而得到一个主应力以及与之对应的应力主面和应力主向。此解还可通过另外一种方法求得。

将式(2-9)移项,并用 τ_{XY}、τ_{YZ}、τ_{ZX} 分别代替 τ_{YX}、τ_{ZY}、τ_{XZ},则

$$\begin{cases} (\sigma_X - \sigma)l + \tau_{XY}m + \tau_{ZX}n = 0 \\ \tau_{XY}l + (\sigma_Y - \sigma)m + \tau_{YZ}n = 0 \\ \tau_{ZX}l + \tau_{YZ}m + (\sigma_Z - \sigma)n = 0 \end{cases} \qquad (2-11)$$

于是得到 l、m、n 的齐次线性方程组。由式(2-10)可知,l、m、n 不能全等于零,所以该方程组的系数行列式应该等于零,即

$$\begin{vmatrix} \sigma_X - \sigma & \tau_{XY} & \tau_{ZX} \\ \tau_{XY} & \sigma_Y - \sigma & \tau_{YZ} \\ \tau_{ZX} & \tau_{YZ} & \sigma_Z - \sigma \end{vmatrix} = 0 \qquad (2-12)$$

将行列式展开,得到一个求解 σ 的三次方程,即

$$\sigma^3 - (\sigma_X + \sigma_Y + \sigma_Z)\sigma^2 + (\sigma_X\sigma_Y + \sigma_Y\sigma_Z + \sigma_Z\sigma_X - \tau_{XY}^2 - \tau_{YZ}^2 - \tau_{ZX}^2)\sigma -$$

$$(\sigma_X\sigma_Y\sigma_Z - \sigma_X\tau_{YZ}^2 - \sigma_Y\tau_{ZX}^2 - \sigma_Z\tau_{XY}^2 + 2\tau_{XY}\tau_{YZ}\tau_{ZX}) = 0$$

$$(2-13)$$

求解这个方程,如果得出三个实根 σ_1、σ_2、σ_3 那么,它们就是在 P 点的三个主应力。令主应力 σ_1 的方向余弦为 l_1、m_1、n_1,则由式(2-6)、式(2-7)有

$$\begin{cases} \tau_{XY}\dfrac{m_1}{l_1} + \tau_{ZX}\dfrac{n_1}{l_1} + (\sigma_X - \sigma_1) = 0 \\[2mm] (\sigma_Y - \sigma_1)\dfrac{m_1}{l_1} + \tau_{YZ}\dfrac{n_1}{l_1} + \tau_{XY} = 0 \\[2mm] \tau_{YZ}\dfrac{m_1}{l_1} + (\sigma_Z - \sigma_1)\dfrac{n_1}{l_1} + \tau_{ZX} = 0 \end{cases} \qquad (2-14)$$

$$l_1 = \pm \frac{1}{\sqrt{1 + \left(\dfrac{m_1}{l_1}\right)^2 + \left(\dfrac{n_1}{l_1}\right)^2}} \qquad (2-15)$$

由式(2-14)可求出比值 $\dfrac{m_1}{l_1}$ 及 $\dfrac{n_1}{l_1}$,然后将其代入式(2-15)即可求出 l_1,进而求得 m_1 及 n_1。同理,可求得与 σ_2 相对应的 l_2、m_2、n_2,以及与 σ_3 相对应的 l_3、m_3、n_3。

可以证明,在给定的应力状态下,方程(2-12)的三个根 σ_1、σ_2、σ_3 都是实根,而且与这三个主应力相对应的三个应力主向总是互相垂直的。也就是说,在弹性体的任意一点,一定存在且只存在三个互相垂直的主应力,且它们的大小和方向只与物体所受的外力有关,而与坐标系的选择无关。

注意,任何斜面上的正应力都介于三个主应力中的最大值和最小值之间,它既不会大于三个主应力中最大的一个,也不会小于三个主应力中最小的一个。也就是说,在弹性体的任意一点,最大正应力就是三个主应力中最大的一个,最小正应力就是三个主应力中最小的一个。

2.2.3 弹性体的形变与位移

弹性体在外力作用下将发生位置的移动和形状的改变。物体的形变分为正应变和剪应变。正应变为线段的每单位长度的伸缩,用字母 ε 表示。ε_X 表示 X 方向的线段的正应变,其余类推。正应变以伸长时为正、缩短时为负,与正应力的正、负号规定相对应(σ_X 与 ε_X 的正、负号相同)。剪应变为线段之间的直角的改变,用字母 γ 表示。γ_{XY} 表示 X 和 Y 两方向的线段之间的直角的改变,其余类推。剪应变以直角变小时为正、变大时为负,与剪应力的正、负号规定相对应(τ_{XY} 与 γ_{XY} 的正、负号相同)。

若弹性体在外力作用下只发生位置的移动而不发生形变,称这种位移为刚体位移,这是约束不够造成的,在有限元分析中不允许出现这种情况。用坐标轴 X、Y、Z 上的投影 U、V、W 来表示弹性体内任意一点的位移,以沿坐标轴正方向为正,沿坐标轴负方向为

负。这三个投影称为该点的位移分量。

为了描述弹性体内任一点 P 的形变,从物体内 P 点处取一微小正六面体,它的三个棱边长分别为 dX,dY,dZ。当物体受力变形时,它的棱边长度和棱边间的夹角都将发生变化。为研究方便,把微元体分别投影到三个坐标面上,取 OXY 坐标面上的投影进行分析,如图 2-4 所示。

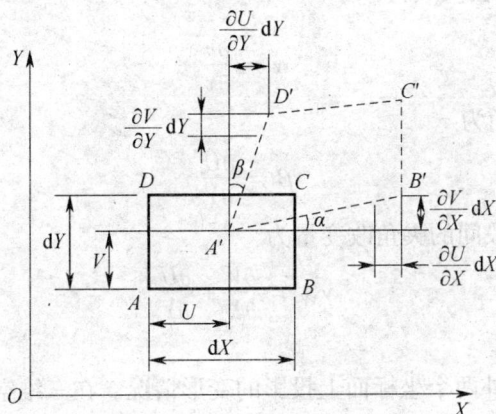

图 2-4 物体的形变

若假设 A 点沿坐标方向的位移分量分别为 U、V,根据物体内各点的位移都是坐标的单值位移函数,可得 B 点的位移分量分别为 $U + \dfrac{\partial U}{\partial X}dX$、$V + \dfrac{\partial V}{\partial X}dX$;同理,$D$ 点的位移分量分别为 $U + \dfrac{\partial U}{\partial Y}dY$、$V + \dfrac{\partial V}{\partial Y}dY$。因此,可得

$$\overline{A'B'}^2 = \left(dX + \frac{\partial U}{\partial X}dX\right)^2 + \left(\frac{\partial V}{\partial X}dX\right)^2 \tag{2-16}$$

根据正应变的定义,可得 AB 段的正应变为

$$\varepsilon_X = \frac{\overline{A'B'} - \overline{AB}}{\overline{AB}}$$

变换得

$$\overline{A'B'} = (1 + \varepsilon_X)\overline{AB} = (1 + \varepsilon_X)dX \tag{2-17}$$

将式(2-16)代入式(2-17),得

$$2\varepsilon_X + \varepsilon_X^2 = 2\frac{\partial U}{\partial X} + \left(\frac{\partial U}{\partial X}\right)^2 + \left(\frac{\partial V}{\partial X}\right)^2 \tag{2-18}$$

由于是微小变形,略去高阶项,得

$$\varepsilon_X = \frac{\partial U}{\partial X}$$

当微元体趋于无限小时,即 AB 线段趋于无限小时,P 点的沿 X 方向的正应变就等于 AB 线段的正应变。同理,P 点沿 Y 方向的正应变为

$$\varepsilon_Y = \frac{\partial V}{\partial Y}$$

根据剪应变的定义,再来分析 AB 与 AD 之间的夹角变化。从图中可以看出 AB 线段的转

17

角变化为

$$\alpha \approx \tan\alpha = \frac{\dfrac{\partial V}{\partial X}\mathrm{d}X}{\mathrm{d}X + \dfrac{\partial U}{\partial X}\mathrm{d}X} = \frac{\dfrac{\partial V}{\partial X}}{1 + \dfrac{\partial U}{\partial X}}$$

式中，$\dfrac{\partial U}{\partial X}$ 远小于 1，可略去。故得

$$\alpha = \frac{\partial v}{\partial x}$$

同理，得 AD 线段的转角为

$$\beta = \frac{\partial U}{\partial Y}$$

进而得出 AB 与 AD 线段间的夹角改变量为

$$\gamma_{XY} = \frac{\partial V}{\partial X} + \frac{\partial U}{\partial Y} \tag{2-19}$$

即 P 点的剪应变为 γ_{XY}。

同理，可以得到另外两个坐标面上投影的变形情况。在三维空间中，变形体内部任意一点共有 6 个应变分量 ε_X、ε_Y、ε_Z、γ_{XY}、γ_{YZ}、γ_{ZX}，可以证明，如果这 6 个量在 P 点是已知的，就可以求得经过该点的任一微小线段的正应变和剪应变。因此，这 6 个量可以完全确定该点的形变状态，也称之为在该点的形变分量。一般说来，形变分量也是坐标 X、Y、Z 的函数。

把任一点的 6 个应变分量用矩阵 $[\varepsilon]$ 表示为

$$[\varepsilon] = \begin{bmatrix} \varepsilon_X \\ \varepsilon_Y \\ \varepsilon_Z \\ \gamma_{XY} \\ \gamma_{YZ} \\ \gamma_{ZX} \end{bmatrix} = \begin{bmatrix} \varepsilon_X & \varepsilon_Y & \varepsilon_Z & \gamma_{XY} & \gamma_{YZ} & \gamma_{ZX} \end{bmatrix}^{\mathrm{T}} \tag{2-20}$$

2.3 弹性力学的基本方程

弹性力学分别从静力学、几何学和物理学对研究对象进行分析，推导出物体内应力分量与面力、体力分量之间的关系式，应变与位移之间的关系式，以及应变分量与应力分量之间的关系式，即下面所列举的平衡微分方程、几何方程变形协调方程和物理方程，推导过程略。

1. 平衡微分方程

$$\begin{cases} \dfrac{\partial \sigma_X}{\partial X} + \dfrac{\partial \tau_{YX}}{\partial Y} + \dfrac{\partial \tau_{ZX}}{\partial Z} + Q_{VX} = 0 \\[2mm] \dfrac{\partial \tau_{XY}}{\partial X} + \dfrac{\partial \sigma_Y}{\partial Y} + \dfrac{\partial \tau_{ZY}}{\partial Z} + Q_{VY} = 0 \\[2mm] \dfrac{\partial \tau_{XZ}}{\partial X} + \dfrac{\partial \tau_{YZ}}{\partial Y} + \dfrac{\partial \sigma_Z}{\partial Z} + Q_{VZ} = 0 \end{cases} \tag{2-21}$$

式中：Q_{VX}、Q_{VY}、Q_{VZ} 为单位体积上作用的体积力在 X、Y、Z 三个坐标轴上的分量。

2. 几何方程

如果只考虑微小位移和微小变形,略去它们的二次或更高次幂,则应变矢量和位移矢量间的几何关系为

$$[\varepsilon] = \left\{ \begin{array}{c} \dfrac{\partial U}{\partial X} \\[4pt] \dfrac{\partial V}{\partial Y} \\[4pt] \dfrac{\partial W}{\partial Z} \\[4pt] \dfrac{\partial U}{\partial Y} + \dfrac{\partial V}{\partial X} \\[4pt] \dfrac{\partial V}{\partial Z} + \dfrac{\partial W}{\partial Y} \\[4pt] \dfrac{\partial W}{\partial X} + \dfrac{\partial U}{\partial Z} \end{array} \right\} = \left[\dfrac{\partial U}{\partial X} \quad \dfrac{\partial V}{\partial Y} \quad \dfrac{\partial W}{\partial Z} \quad \dfrac{\partial U}{\partial Y} + \dfrac{\partial V}{\partial X} \quad \dfrac{\partial V}{\partial Z} + \dfrac{\partial W}{\partial Y} \quad \dfrac{\partial W}{\partial X} + \dfrac{\partial U}{\partial Z} \right]^{\mathrm{T}}$$

$$(2 - 22)$$

由式(2-22)不难看出,当物体的位移分量完全确定时,形变分量就被完全确定;反过来,当应变分量完全确定时,位移分量却不完全被确定。这是因为,具有一定形变的物体,还可能产生不同的刚体位移。例如,当各应变分量为零时,即

$$\varepsilon_X = \varepsilon_Y = \varepsilon_Z = \gamma_{XY} = \gamma_{YZ} = \gamma_{ZX} = 0$$

对式(2-22)积分,得

$$\begin{cases} U = U_0 + \omega_Y Z - \omega_Z Y \\ V = V_0 + \omega_Z X - \omega_X Z \\ W = W_0 + \omega_X Y - \omega_Y X \end{cases} \qquad (2 - 23)$$

式中：U_0、V_0、W_0、ω_X、ω_Y、ω_Z 为积分常数。

假设弹性体中任意一点的位移分量为 $U = U_0, V = 0, W = 0$,这就是说,弹性体的所有各点只沿 X 方向移动同样的距离 U_0,即 U_0 代表弹性体沿 X 方向的刚体移动。同理,V_0、W_0 分别代表弹性体沿 Y 方向及 Z 方向的刚体移动。

假设只有 ω_Z 不为零时,由式(2-23)可见,弹性体中任意一点的位移分量为 $U = -\omega_Z Y, V = \omega_Z X, W = 0$。由此可得,任意一点 $P(X, Y, Z)$ 沿 X、Y 方向的位移分别为 $-\omega_Z Y$、$\omega_Z X$,如图2-5所示,则它们的合成位移为

$$\sqrt{U^2 + V^2} = \sqrt{(-\omega_Z Y)^2 + (\omega_Z X)^2} =$$

$$\omega_Z \sqrt{X^2 + Y^2} = \omega_Z r$$

令 α 为合成位移与 y 轴的夹角,则

$$\tan\alpha = \omega_Z Y / \omega_Z X = Y/X = \tan\theta$$

$$(2 - 24)$$

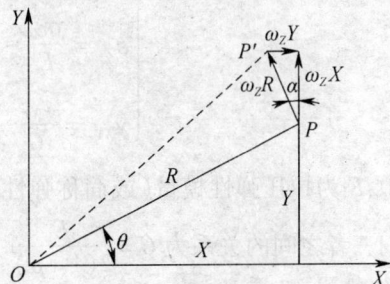

图 2-5　仅 $\omega_Z \neq 0$ 时任一点 P 的位移

由式(2-24)可知,合成位移的方向与径向线 OP 垂直,即是沿着切向的。既然弹性体的所有各点移动的方向都是沿着切向,且移动的位移等于径向距离 R 乘以 ω_Z,可知 ω_Z 表示弹性体绕 Z 轴的刚体转动。同理,ω_X、ω_Y 分别代表弹性体绕 X 轴和 Y 轴的刚体转动。显然,当它们取不同数值时,刚体位移是不一样的。因此,在分析求解时,必须引入充分的约束条件来确定这 6 个刚体位移,即 U_0、V_0、W_0、ω_X、ω_Y、ω_Z。

3. 变形协调方程

变形协调方程也称变形连续方程,或叫做相容方程,它描述了应变之间存在的微分关系。变形协调方程描述了弹性体在外力作用下保持连续性,而不发生裂缝或重叠,如图 2-6 所示。

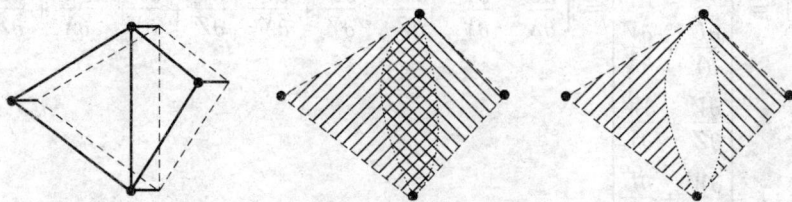

图 2-6　相邻单元边界位移情况

由几何方程可以推得

$$
\begin{cases}
\dfrac{\partial^2 \varepsilon_X}{\partial Y^2} + \dfrac{\partial^2 \varepsilon_Y}{\partial X^2} = \dfrac{\partial^2 \gamma_{XY}}{\partial X \partial Y} \\[3mm]
\dfrac{\partial^2 \varepsilon_Y}{\partial Z^2} + \dfrac{\partial^2 \varepsilon_Z}{\partial Y^2} = \dfrac{\partial^2 \gamma_{YZ}}{\partial Y \partial Z} \\[3mm]
\dfrac{\partial^2 \varepsilon_Z}{\partial X^2} + \dfrac{\partial^2 \varepsilon_X}{\partial Z^2} = \dfrac{\partial^2 \gamma_{ZX}}{\partial Z \partial X}
\end{cases}
\tag{2-25}
$$

4. 物理方程

对于各向同性的完全弹性体,其应力分量与应变分量之间的关系为线性关系,服从广义虎克定理,即

$$
\begin{cases}
\varepsilon_X = \dfrac{\sigma_X}{E} - \mu \dfrac{\sigma_Y}{E} - \mu \dfrac{\sigma_Z}{E} \\[3mm]
\varepsilon_Y = \dfrac{\sigma_Y}{E} - \mu \dfrac{\sigma_Z}{E} - \mu \dfrac{\sigma_X}{E} \\[3mm]
\varepsilon_Z = \dfrac{\sigma_Z}{E} - \mu \dfrac{\sigma_X}{E} - \mu \dfrac{\sigma_Z}{E} \\[3mm]
\gamma_{XY} = \dfrac{\tau_{XY}}{G} \qquad \gamma_{YZ} = \dfrac{\tau_{YZ}}{G} \qquad \gamma_{ZX} = \dfrac{\tau_{ZX}}{G}
\end{cases}
\tag{2-26}
$$

式中:E 为拉压弹性模量(或简称弹性模量);G 为剪切弹性模量;μ 为泊松系数。

它们三者之间的关系为 $G = \dfrac{E}{2(1+\mu)}$。

弹性常数 E、G、μ 是材料的属性,不随位置坐标、方向而改变,也不随应力的大小而改变。通过式(2-26)的转换,得出物理方程的另一种形式为

$$\begin{cases} \sigma_X = \dfrac{E(1-\mu)}{(1+\mu)(1-2\mu)}\left(\varepsilon_X + \dfrac{\mu}{1+\mu}\varepsilon_Y + \dfrac{\mu}{1-\mu}\varepsilon_Z\right) \\[3mm] \sigma_Y = \dfrac{E(1-\mu)}{(1+\mu)(1-2\mu)}\left(\dfrac{\mu}{1-\mu}\varepsilon_X + \varepsilon_Y + \dfrac{\mu}{1-\mu}\varepsilon_Z\right) \\[3mm] \sigma_Z = \dfrac{E(1-\mu)}{(1+\mu)(1-2\mu)}\left(\dfrac{\mu}{1-\mu}\varepsilon_X + \dfrac{\mu}{1-\mu}\varepsilon_Y + \varepsilon_Z\right) \\[3mm] \tau_{XY} = \dfrac{E}{2(1+\mu)}\gamma_{XY} \quad \tau_{YZ} = \dfrac{E}{2(1+\mu)}\gamma_{YZ} \quad \tau_{ZX} = \dfrac{E}{2(1+\mu)}\gamma_{ZX} \end{cases} \tag{2-27}$$

把式(2-27)用矩阵表示为

$$\begin{bmatrix} \sigma_X \\ \sigma_Y \\ \sigma_Z \\ \tau_{XY} \\ \tau_{YZ} \\ \tau_{ZX} \end{bmatrix} = \frac{E(1-\mu)}{(1+\mu)(1-2\mu)} \begin{bmatrix} 1 & \frac{\mu}{1-\mu} & \frac{\mu}{1-\mu} & 0 & 0 & 0 \\[2mm] \frac{\mu}{1-\mu} & 1 & \frac{\mu}{1-\mu} & 0 & 0 & 0 \\[2mm] \frac{\mu}{1-\mu} & \frac{\mu}{1-\mu} & 1 & 0 & 0 & 0 \\[2mm] 0 & 0 & 0 & \frac{1-2\mu}{2(1-\mu)} & 0 & 0 \\[2mm] 0 & 0 & 0 & 0 & \frac{1-2\mu}{2(1-\mu)} & 0 \\[2mm] 0 & 0 & 0 & 0 & 0 & \frac{1-2\mu}{2(1-\mu)} \end{bmatrix} \begin{bmatrix} \varepsilon_X \\ \varepsilon_Y \\ \varepsilon_Z \\ \gamma_{XY} \\ \gamma_{YZ} \\ \gamma_{ZX} \end{bmatrix}$$

或简写为

$$[\sigma] = [D][\varepsilon] \tag{2-28}$$

其中

$$[D] = \begin{bmatrix} 1 & \frac{\mu}{1-\mu} & \frac{\mu}{1-\mu} & 0 & 0 & 0 \\[2mm] \frac{\mu}{1-\mu} & 1 & \frac{\mu}{1-\mu} & 0 & 0 & 0 \\[2mm] \frac{\mu}{1-\mu} & \frac{\mu}{1-\mu} & 1 & 0 & 0 & 0 \\[2mm] 0 & 0 & 0 & \frac{1-2\mu}{2(1-\mu)} & 0 & 0 \\[2mm] 0 & 0 & 0 & 0 & \frac{1-2\mu}{2(1-\mu)} & 0 \\[2mm] 0 & 0 & 0 & 0 & 0 & \frac{1-2\mu}{2(1-\mu)} \end{bmatrix}$$

式中:[D]为弹性矩阵,完全决定于弹性常数 E 和 μ。

5. 边界条件

在弹性力学中，物体边界上的点，既受到来自物体内相邻部分的作用，又受到外载荷的作用，为了使物体边界上的点处于平衡状态，作用在该点的外载荷应与该点的内力平衡。

2.4　圣维南原理

在求解弹性力学问题时，不仅要使应力、应变、位移分量在求解域内满足前面的基本方程，而且在边界上也要满足给定的边界条件。当外载荷比较复杂时，完全按照外力作用的详细分布情况来满足边界条件是比较困难的，而且往往也是不必要的。因此，有时在不考虑局部影响的情况下，将边界面上的力系进行适当的变换，从而完成对这类问题的解答。

圣维南原理（局部影响原理）可以表述如下：物体一小部分边界上的力系如果在此边界上用一个静力等效（合力相等，合力矩偶相等）的力系代替，那么在新力系作用下，仅在加载区域邻近应力有所改变，而距离该区域较远处应力分布几乎没有影响。对于圣维南原理，目前只有相关的理论分析，还没有十分严密的理论证明，但是该原理已被日常生活经验和许多实验（如光测弹性力学）的结果所证实。

如图 2-7 所示用钳子夹板件，无论 P 多大，板件所受的应力都局限于 A 区域。

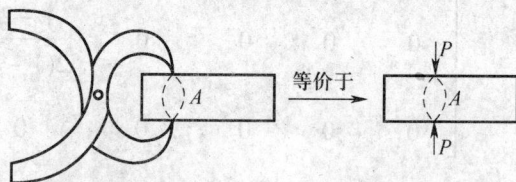

图 2-7　钳子夹板件等效平衡力系图

根据圣维南原理可以推断：如果物体表面某个极小部分 A 上作用着一个平衡力系，那么该平衡力系在物体内引起的应力将随着对于 A 部分的距离加大而迅速减小。圣维南原理是结构离散后非节点载荷在其单元上进行移置的依据。

使用圣维南原理应注意以下几点：

（1）两个力系必须是按照刚体力学原则的"等效力系"；

（2）替换所在的表面必须小，并且替换导致在小表面附近失去精确解；

（3）平衡力系作用的范围与该受力处之最小尺寸比起来必须是不大的。

2.5　弹性力学中的虚位移原理

虚位移原理：当物体在给定的外载荷下，物体内部或边界处的应力处于平衡状态，若给弹性体一个虚位移，则外力虚功恒等于虚应变能。它是力学中应用范围很广的原理之一，可以用它来研究弹性体的平衡问题。

虚位移在结构内部必须是连续的，在结构边界上必须满足运动学边界条件。例如对悬臂梁来说,在固定端处,虚位移及其斜率必须等于零。

设一弹性体在外载荷作用下处于平衡状态,如图 2-8 所示,它在 i 点所受的外载荷沿坐标轴分量为 R_{iX}、R_{iY}、R_{iZ},在 j 点所受的外载荷沿坐标轴的分量 R_{jX}、R_{jY}、R_{jZ} 等。

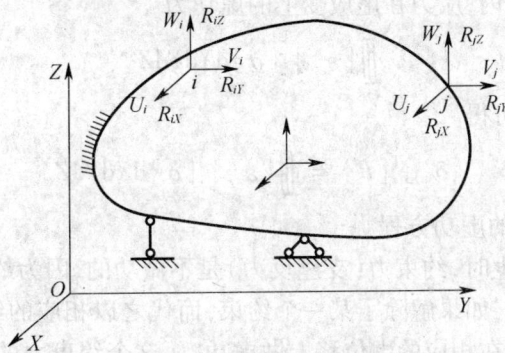

图 2-8 弹性体外载荷沿坐标轴方向分解图

将外载荷用列阵 $[R]$ 表示,外载荷在结构内任一点引起的应力用列阵 $[\sigma]$ 表示,则

$$[R] = \begin{bmatrix} R_{iX} \\ R_{iY} \\ R_{iZ} \\ R_{jX} \\ R_{jY} \\ R_{jZ} \\ \vdots \end{bmatrix}, [\sigma] = \begin{bmatrix} \sigma_X \\ \sigma_Y \\ \sigma_Z \\ \tau_{XY} \\ \tau_{YZ} \\ \tau_{ZX} \end{bmatrix}$$

若现在弹性体发生了某种虚位移,假设与各个外载荷分量相应的虚位移分量为 U_i^*、V_i^*、W_i^*、U_j^*、V_j^*、W_j^* 等,把它们用列阵 $[\delta^*]$ 表示,另外这些虚位移引起的虚应变用列阵 $[\varepsilon^*]$ 表示,则

$$[\delta^*] = \begin{bmatrix} U_i^* \\ V_i^* \\ W_i^* \\ U_j^* \\ V_j^* \\ W_j^* \\ \vdots \end{bmatrix}, [\varepsilon^*] = \begin{bmatrix} \varepsilon_X^* \\ \varepsilon_Y^* \\ \varepsilon_Z^* \\ \gamma_{XY}^* \\ \gamma_{YZ}^* \\ \gamma_{ZX}^* \end{bmatrix}$$

注意:这个虚位移和虚应变一般并不是上述实际外载荷引起的,而是分析问题时假想在弹性体中发生的。

通过把虚位移原理应用于连续弹性体,可以导出引理:如果在虚位移发生之前弹性体处于平衡状态,那么在整个弹性体内当虚位移发生时外载荷在虚位移上的虚功等于应力在虚应变上的虚功。

在虚位移发生时,外载荷在虚位移上的虚功为

$$R_{iX}U_i^* + R_{iY}V_i^* + R_{iZ}W_i^* + R_{jX}U_j^* + R_{jY}V_j^* + R_{jZ}W_j^* + \cdots = [\delta^*]^{\mathrm{T}}[R]$$

在弹性体的单位体积内,应力在虚应变上的虚功为:

$$\sigma_X\varepsilon_X^* + \sigma_Y\varepsilon_Y^* + \sigma_Z\varepsilon_Z^* + \tau_{XY}\gamma_{XY}^* + \tau_{YZ}\gamma_{YZ}^* + \tau_{ZX}\gamma_{ZX}^* = [\varepsilon^*]^{\mathrm{T}}[\sigma]$$

那么在整个弹性体内,应力在虚应变上的虚功为

$$\iiint [\varepsilon^*]^{\mathrm{T}}[\sigma]\mathrm{d}X\mathrm{d}Y\mathrm{d}Z$$

根据虚位移原理,可得

$$[\delta^*]^{\mathrm{T}}[R] = \iiint [\varepsilon^*]^{\mathrm{T}}[\sigma]\mathrm{d}X\mathrm{d}Y\mathrm{d}Z \qquad (2-29)$$

式(2-29)即为弹性体的虚功方程。

注意:在虚位移发生时,约束力(支座反力)是不做功的,因为约束力在其所约束的方向是没有位移的。但是,如果解除了某一个约束,而代之以相应的约束力,那么在虚位移发生时这个约束力就要在相应的虚位移上做虚功,而这个约束力的分量及其相应的虚位移分量就应当作为列阵$[R]$及$[\delta^*]$中的元素进入虚功方程。

2.6 基本失效理论

在弹性体应力分析中,失效性是我们研究目标之一。但是,要预测自然界中的东西是否失效是很复杂的,因此有许多研究人员都致力于研究这个课题。虽然应用有限元法可以计算出结构内任一点的6个应力分量以及主应力σ_1、σ_2、σ_3,但是如何确定所分析的物体在所施加的载荷作用下会产生永久变形或失效呢?

一般应力状态下材料强度失效有屈服与断裂两种形式。相应地,强度理论也分成两类:一类是解释断裂失效的,其中有最大拉应力理论和最大伸长线应变理论;另一类是解释屈服失效的,其中有最大剪应力理论和变形能理论。由于对材料的具体性能了解还不够全面、对载荷考虑不全面以及计算误差影响,因此需要引入一个安全系数n,它定义为

$$n = \frac{\sigma_{\max}}{[\sigma]}$$

式中:$\sigma_{\max}$为引起材料断裂或屈服时极限应力。

下面介绍四种强度理论的失效形式、失效原因、失效判断准则和设计准则。

1. 最大拉应力理论(第一强度理论)

这一理论认为最大拉应力是引起断裂的主要因素。即认为无论是什么应力状态,只要最大拉应力达到与材料性质有关的某一极限值$\sigma_{\max}$,则材料就发生断裂。而最大拉应力的极限值与应力状态无关,于是就可用单向应力状态确定这一极限值。单向拉伸只有$\sigma_1(\sigma_2 = \sigma_3 = 0)$,而当$\sigma_1$达到强度极限$\sigma_{\mathrm{b}}$时发生断裂。因此,第一强度理论的失效准则和设计准则为

失效准则

$$\sigma_1 \geqslant \sigma_{\max} = \sigma_{\mathrm{b}}$$

设计准则

$$\sigma_1 \leqslant \sigma_{\text{许用应力}} = \frac{\sigma_{\mathrm{b}}}{n}$$

第一强度理论适用于铸铁等脆性材料在单向拉伸或扭转的应力状态失效判断。单向拉伸时断裂发生于拉应力最大的横截面,脆性材料的扭转沿拉应力最大的斜面发生断裂。这一理论没有考虑其他两个应力的影响,对没有拉应力的状态(如单向压缩、三向压缩等)无法应用。

2. 最大伸长线应变理论(第二强度理论)

这一理论认为最大伸长线应变是引起断裂的主要因素。即认为无论什么应力状态,只要最大伸长线应变 ε_1 达到与材料性质有关的某一极限值,材料即发生断裂。ε_1 的极限值既然与应力状态无关,就可由单向拉伸来确定。假设单向拉伸直到断裂仍可用胡克定律计算应变,则拉断时伸长线应变的极限值为 $\varepsilon_{max} = \dfrac{\sigma_b}{E}$。按照这一理论,任意应力状态下,只要 ε_1 达到极限值 $\dfrac{\sigma_b}{E}$,材料就发生断裂。由广义胡克定律有:$\varepsilon_1 = \dfrac{1}{E}[\sigma_1 - \mu(\sigma_2 - \sigma_3)]$。因此,当 $\varepsilon_1 \geqslant \varepsilon_{max} = \dfrac{\sigma_b}{E}$ 时材料发生断裂。整理得第二强度理论失效判断准则和设计准则为

失效准则

$$\sigma_1 - \mu(\sigma_2 - \sigma_3) \geqslant \sigma_b$$

设计准则

$$\sigma_1 - \mu(\sigma_2 - \sigma_3) \leqslant \sigma_{许用应力} = \frac{\sigma_b}{n}$$

第二强度理论适用于石料或混凝土等脆性材料受单向压缩应力状态失效判断。脆性材料轴向压缩时,试块将沿垂直于压力的方向裂开,裂开的方向也就是 ε_1 的方向。铸铁在拉—压二向应力且压应力较大的情况下,试验结果也与这一理论接近。

3. 最大剪应力理论(第三强度理论)

这一理论认为最大剪应力是引起屈服的主要因素。即认为无论什么应力状态,只要最大剪应力 τ_{max} 达到与材料性质有关的某一极限值,材料就发生屈服。单向拉伸下,当与轴线成 $45°$ 的斜截面上的 $\tau_{max} = \dfrac{\sigma_s}{2}$ 时出现屈服。可见,$\dfrac{\sigma_s}{2}$ 就是导致屈服的最大剪应力的极限值。因为这一极限值与应力状态无关,任意应力状态下,只要 τ_{max} 达到 $\dfrac{\sigma_s}{2}$ 就引起材料的屈服。任意应力状态下,$\tau_{max} = \dfrac{\sigma_1 - \sigma_3}{2}$,因此第三强度理论的失效判断准则是 $\tau_{max} \geqslant \dfrac{\sigma_s}{2}$,整理得第三强度理论的失效准则和设计准则为

失效准则

$$\sigma_1 - \sigma_3 \geqslant \sigma_s$$

设计准则

$$\sigma_1 - \sigma_3 \leqslant \sigma_{许用应力} = \frac{\sigma_s}{n}$$

第三强度理论适用于塑性材料的失效判断。

4. 畸变能密度理论(第四强度理论)

这一理论认为畸变能密度是引起屈服的主要因素。即认为无论什么压力状态,只要畸变能密度达到与材料性质有关的某一极限值,材料就发生屈服。单向拉伸下屈服应力为 σ_s,畸变能密度为 $\dfrac{1+\mu}{6E}(2\sigma_s^2)$,这就是导致屈服的畸变能密度的极限值。任意应力状态下,只要畸变能密度达到 $\dfrac{1+\mu}{6E}(2\sigma_s^2)$,便引起材料的屈服。任意应力状态下的畸变能密度为 $\dfrac{1+\mu}{6E}[(\sigma_1-\sigma_2)^2+(\sigma_2-\sigma_3)^2+(\sigma_3-\sigma_1)^2]$,整理后得第四强度的失效判断准则和设计准则为

失效准则

$$\sqrt{\frac{1}{2}[(\sigma_1-\sigma_2)^2+(\sigma_2-\sigma_3)^2+(\sigma_3-\sigma_1)^2]} \geqslant \sigma_s$$

设计准则

$$\sqrt{\frac{1}{2}[(\sigma_1-\sigma_2)^2+(\sigma_2-\sigma_3)^2+(\sigma_3-\sigma_1)^2]} \leqslant [\sigma] = \frac{\sigma_s}{n}$$

畸变能密度理论也称为 Mises – Hencky 理论,等效应力: $\sqrt{\dfrac{1}{2}[(\sigma_1-\sigma_2)^2+(\sigma_2-\sigma_3)^2+(\sigma_3-\sigma_1)^2]}$ 称为米塞斯(von Mises)等效应力。

第四强度理论是适用于预测塑性材料失效的最常用理论。

应当指出的是,①材料的失效形式与应力状态有关,即同一材料在不同应力状态下可能发生不同的失效形式。②无论是塑性材料还是脆性材料,在三向拉应力相近的情况下,都将以断裂的形式失效,宜采用最大拉应力理论,在三向压应力相近的情况下,都可以引起塑性变形,宜采用第三或第四强度理论。

第3章 有限单元法的一般原理

3.1 有限单元法的基本要素

有限单元法的基本要素：

(1) 节点：组成单元的要素，也是单元与单元实现相互连接和传递力的唯一"媒介"。节点本身具有其位置坐标信息和自由度信息，分别用来定义节点位置和位移方向。

(2) 单元：由节点与节点相连而成，构成一个局部求解域，单元大小、构成单元节点的数目直接决定着域上求解精度。一个有限元系统必须至少有一个以上的单元，单元与单元之间通过节点相互连接。单元内只能包含一种材料。单元有单元坐标系和单元自由度，单元自由度是组成该单元全部节点自由度的和。

(3) 自由度(Degree of Freedom, DOF)：分为系统自由度、单元自由度和节点自由度。

(4) 约束：在分析中需要对整个系统的自由度进行适当的约束，以防止结构发生刚体位移。

(5) 载荷：指施加在结构上的外载荷，不包括约束反力。

3.2 有限单元法的解题过程

3.2.1 结构离散

结构离散化是有限单元法分析的第一步，其主要任务：

(1) 选择合适的单元类型，把结构分割成有限个单元；

(2) 把结构边界上的约束用适当的节点约束来代替；

(3) 把作用在结构上的非节点载荷等效地移置为节点载荷。

1. 单元类型概述

单元是具有单元特性的，如单元结构、单元节点数、节点自由度数、单元刚度矩阵等，不同的单元有不同的单元特性。设置不同单元类型的目的主要是用于求解不同工程问题，同时也兼顾求解精度。到目前为止，共设计开发了百余种单元，机械工程问题中用到的单元大致可以分为杆系问题单元、平面问题单元、轴对称问题单元、空间问题单元和板壳问题单元。

1) 杆系问题单元

杆系问题单元有二力杆单元 LINK、梁单元 BEAM。二力杆单元用于桁架结构、梁单元用于框架结构。桁架结构就是杆件通过铰接连接起来，除铰接点外杆上无载荷的结构；框架结构则是杆件之间用焊接或螺栓刚接起来，沿杆件方向任何位置上可以作用有载荷的结构。

二力杆单元只能承受轴向载荷,因而只产生轴向拉升或压缩,二力杆分为平面二力杆单元和空间二力杆单元。平面二力杆单元有 2 个节点,每个节点有 2 个自由度:X 轴方向的平动、Y 轴方向的平动。空间二力杆单元有 2 个节点,每个节点有 3 个自由度:X 轴方向的平动、Y 轴方向的平动、Z 轴方向的平动(图 3 - 1)。由于二力杆只能承受轴向载荷,因此,二力杆单元在自己的单元坐标系下,y 轴向位移和力均等于 0。

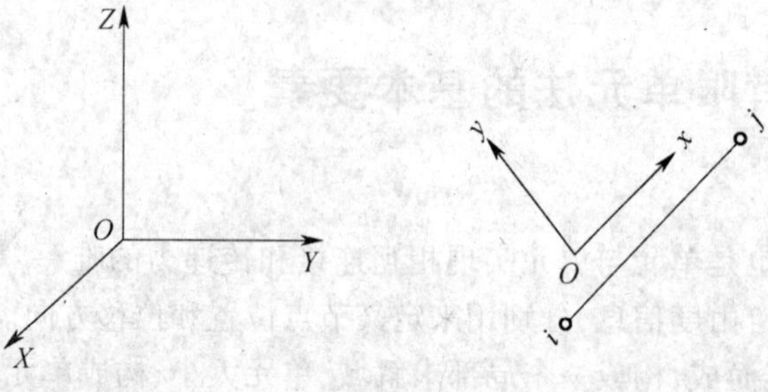

(a)　　　　　(b)

注:2节点4自由度平面杆单元或2节点6自由度空间杆单元。

图 3 - 1　二力杆单元 LINK
(a) 整体坐标系;(b) 单元坐标系。

桁架结构被自然离散后,单元节点相互铰接以传递载荷。杆单元问题需要两个坐标系来描述:固定的整体坐标系 XY 或 XYZ 和单元坐标系 xy。其中固定的整体坐标系用来:①描述桁架中各二力杆件单元节点的坐标;②施加约束、载荷;③表示问题的解,即在整体坐标方向上每个节点的位移。每个二力杆单元都有自己独立的单元坐标系,单元坐标系用来描述杆件的轴向效应,即轴向力、轴向位移、应力等。

梁单元可以承受轴向载荷、横向载荷,这种载荷会引起单元轴向拉压变形和弯曲变形。梁单元有平面梁单元和空间梁单元。平面梁单元有 2 个节点,每个节点 3 个自由度:X、Y 轴方向的平动以及绕 Z 轴的转动;空间梁单元有 2 个节点,每个节点 6 个自由度:X、Y、Z 轴方向的平动和绕 X、Y、Z 轴的转动(图 3 - 2)。

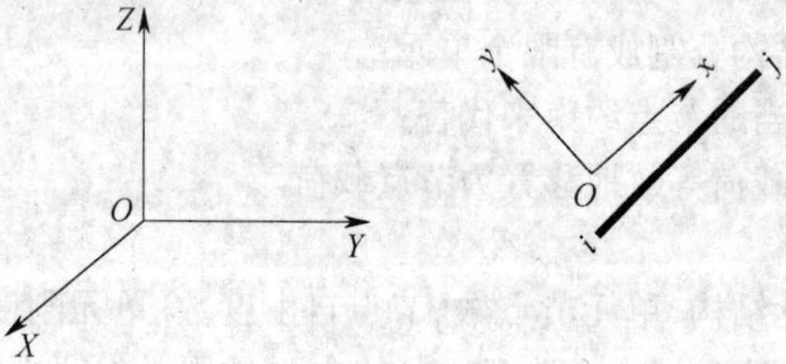

(a)　　　　　(b)

注:2节点6自由度平面梁单元或2节点12自由度空间梁单元。

图 3 - 2　梁单元 BEAM
(a) 整体坐标系;(b) 单元坐标系。

框架单元也需要两个参照坐标系,即整体坐标系 XY 或 XYZ 和单元坐标系 xy。其中固定的整体坐标系用来:①描述桁架中各二力杆件单元节点的坐标;②施加约束、载荷;③表示问题的解,即在整体坐标方向上每个节点的位移。每个梁单元都有自己独立的单元坐标系,单元坐标系用来描述梁的轴向效应和横向效应,即轴向力、轴向位移、轴向应力、挠度、弯曲应力等。

2）平面问题单元

在弹性平面问题中,常用的有 3 节点三角形单元、4 节点矩形单元、6 节点三角形单元、4 节点任意四边形单元、8 节点曲边四边形单元,如图 3-3 所示。

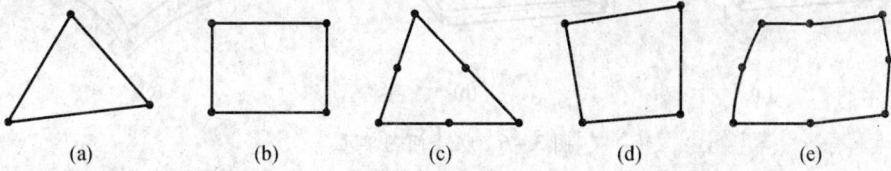

图 3-3　平面问题单元

(a) 3 节点三角形单元;(b) 4 节点矩形单元;(c) 6 节点三角形单元;

(d) 4 节点任意四边形单元;(e) 8 节点曲边四边形单元。

3）轴对称问题单元

轴对称问题采用环单元进行结构离散。环单元有 3 节点三角形环单元、6 节点三角形环单元、4 节点四边形环单元和 8 节点四边形环单元。环单元每个节点 3 个自由度:X、Y、Z 轴方向的平动。轴对称问题单元如图 3-4 所示。

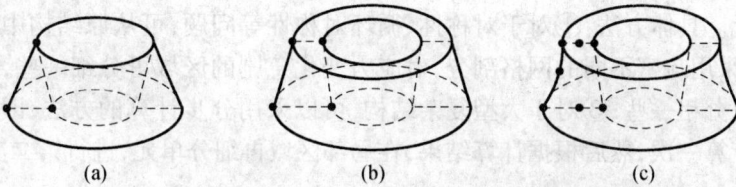

图 3-4　轴对称问题单元

(a) 三角形环单元;(b) 4 节点四边形环单元;(c) 8 节点曲边四边形环单元。

4）空间问题单元

空间问题采用空间单元进行结构离散。常用的空间单元有四面体单元和六面体单元。如 4 节点四面体单元、8 节点六面体单元、20 节点六面体单。空间单元每个节点 3 个自由度:X、Y、Z 轴方向的平动。空间问题单元如图 3-5 所示。

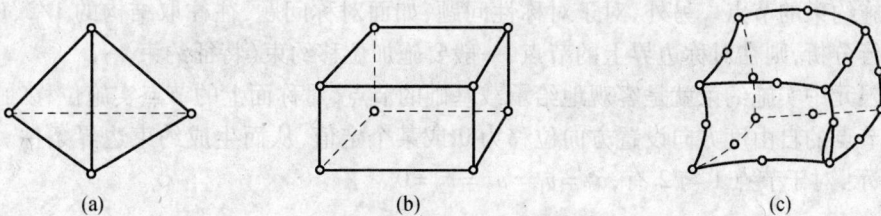

图 3-5　空间问题单元

(a) 四面体单元;(b) 8 节点六面体单元;(c) 20 节点六面体单元。

5）板壳问题单元

板壳问题采用板单元、壳单元进行结构离散。常用的板壳单元有 3 节点三角形板单元、4 节点四边形板单元、8 节点曲边四边形板单元或壳单元。每个节点有 6 个自由度,即 X、Y、Z 轴方向的平动和绕 X、Y、Z 轴的转动。板壳单元如图 3-6 所示。

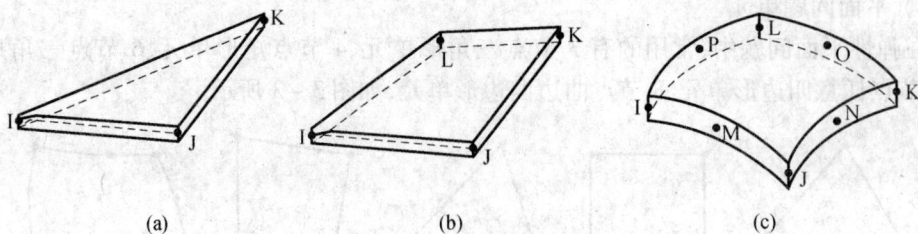

图 3-6　板壳问题单元

(a) 3 节点三角形板单元；(b) 4 节点板单元；(c) 8 节点壳单元。

2. 单元网格划分应遵循的原则

（1）任一单元的顶点必须同时是相邻单元的顶点，而不能是相邻单元的内点；单元之间互不重叠，也没有间隙。

（2）同一单元的各边长（或各顶角）不应相差太大，即单元划分中不应出现太大的钝角或过小的锐角；否则，在计算中会出现较大的误差。为使整个求解区域计算结果的精度大体一致，当划分单元时其大小尽量不要相差太悬殊。

（3）单元数目应根据精度要求和计算机容量来确定。在保证精度的前提下，力求采用较少的单元。具体方法：①对于对称性、循环对称性等问题，可从原结构中取出一部分进行分析；②采用疏密不同的网格剖分，对应力变化急剧的区域可分细一些，应力变化平缓的区域可以分粗一些；③对于大型复杂结构，可以采用分步计算的方法，即先用比较均匀的粗网格计算一次，然后根据计算结果，在局部区域再细分单元，进行第二次计算，或者采用子结构法。

（4）不要把不同材料特性的区域划在同一单元里（如不同材料的过渡结合区等），不要把几何过渡台阶两侧划在同一个单元里（如平面问题中物体厚度突变位置）。

3. 施加约束

对结构施加约束就是对结构部分节点施加位移限制，目的是防止结构有限元模型产生刚体位移。一般说来，任何结构都有其支承基础，承载基础是一个固定不动的实体，它不仅承受结构传来的载荷，而且约束了结构的方向位移，所以支承基础位置上的节点就是需要实施约束的节点。另外，对于对称性问题，如面对称问题，往往取结构的 1/2、1/4 等部分进行分析，则在对称边界上的节点，一般要施加位移约束（特征约束）。

有限元中实施约束就是客观地给承载基础的节点、对称面上的节点实施位移约束，即沿这些节点的自由度方向设置方向位移为 0 或某个定值，从而生成约束边界条件。如图 3-7 所示，对于节点 1 与 2 有，$u_1 = v_1 = u_2 = v_2 = 0$。

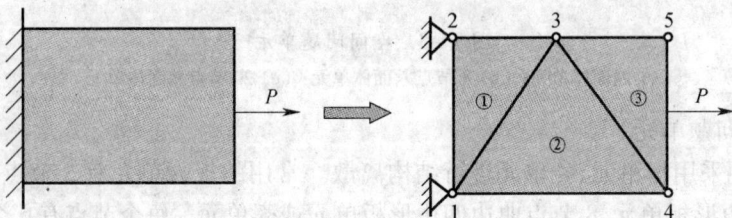

图 3-7　施加约束

30

4. 非节点载荷等效移置

在有限元分析中,单元与单元之间仅通过节点相互联系。因此,在结构离散化过程中,如果外载荷不是直接作用在节点上,那么就需要将非节点载荷向节点等效移置,也就是把作用在结构上的真实外载荷理想化为作用在节点上的集中载荷。这个过程称为非节点载荷向节点的移置,移置到节点后的载荷称为等效节点载荷。

单元非节点载荷等效移置与单元位移函数模式有关(也可说与单元形函数有关),这在后面单元分析时再予以介绍。

3.2.2 单元特性分析

在位移法有限元中,首先要针对所选定的单元类型选择一简单多项式函数近似表达单元内各位移分量的分布规律,并把单元内任意点的位移分量写成统一形式的节点位移插值函数形式,从而通过单元节点位移表达出单元内任意点的位移、应变和应力;其次,利用虚功原理或变分原理建立单元节点力与节点位移之间的特性关系,称为单元刚度方程。刚度方程用矩阵形式表示为

$$[F^e] = [K^e][\delta^e]$$

式中:$[F^e]$ 为单元节点载荷列阵;$[K^e]$ 为单元刚度矩阵;$[\delta^e]$ 为单元节点位移列阵。

单元刚度矩阵 K^e 反映了单元节点力与单元节点位移之间的特性关系。不难看出,建立单元刚度矩阵 K^e 是单元分析的核心,也是单元分析的主要任务,事实上也是整个有限元分析中的关键性步骤。

1. 单元位移模式

将单元内任一点位移与其坐标的关系函数称为单元位移模式或位移函数,它反映了单元的位移形态并决定着单元的力学特性。对于一个数值计算方法,一般总是希望随着网格的逐步细分所得到的解答能够收敛于问题的精确解。在有限元分析中,一旦确定了单元的形状后,位移模式的选择是极为关键的。由于非节点载荷的移置、应力矩阵和刚度矩阵的建立等,都依赖于单元的位移模式,所以如果所选择的位移模式与真实的位移分布有很大的差别,就很难获得良好的数值解。

可以证明,对于一个给定的位移模式,其刚度系数的数值比精确值要大,所以在给定的载荷之下,有限元计算模型的变形将比实际结构的变形要小。因而,当单元网格分得越来越细时,位移的近似解将由下方收敛于精确解,即得到真实解的下界。

1) 收敛准则

由于位移函数在解题前是未知的,而在单元分析时又必须用到,为此可以事先假定一个函数,人为规定位移分量为坐标的某种函数。为保证选择的位移函数使有限元收敛于真实解,位移函数必须满足以下条件:

(1) 位移函数必须包含单元的刚体位移。刚体位移是指弹性体不发生应变时位移,这是弹性体可能发生的一种基本位移。因此,单元的位移函数既要能够描述单元自身的应变,又能描述单元的刚体位移,即在位移函数中必须有常数项。

(2) 位移函数必须包含单元的常量应变。弹性体的应变可以分为与坐标无关的常量应变及随坐标变化的可变应变。当单元尺寸逐渐缩小时,单元的应变将趋于常量,因此在位移函数中必须包含有常量应变,即在位移函数中必须包含线性项。

（3）位移函数在单元内部必须是连续函数（单元内部的连续性）。当选择多项式来构成位移模式时，单元内部的连续性要求总是得到满足。

（4）位移函数应使相邻单元间的位移协调（单元边界的连续性）。单元边界的连续性确保相邻单元在交界面上变形后既不开裂，也不重叠，从而保证了整个结构的位移连续。通常，当单元交界面上的位移取决于该交界面上节点的位移时，就可以保证边界位移的协调性。

上述 4 个条件是有限元解收敛于真实解的充分条件，即当结构的单元划分得越来越精细时，近似的数值解将收敛于真实解。

在有限元法中，有些单元的位移函数不能全部满足以上条件，把满足条件（1）、（2）的单元，称为完备单元；满足条件（3）、（4）的单元称为协调单元或保续单元。同时满足（1）、（2）、（3）、（4）的单元称为完备的协调单元。在某些梁、板及壳体分析中，很难满足条件（4），即完备不协调单元。完备不协调单元其收敛性也能够令人满意，且已经获得很多成功的应用。对于不协调单元，主要缺点是不能事先确定其刚度与真实刚度之间的大小关系。但值得指出的是，不协调单元一般不像协调单元那样硬（比较柔软），因此可能会比协调单元收敛得快。因此前 3 项条件是有限元解收敛于真实解的必要条件。显然，假定的位移函数在节点上的值应等于节点位移。

2）单元位移模式的选取

（1）考虑解答的收敛性（单元完备性要求和协调性要求）。选取多项式时，常数项和坐标的一次项必须完备，位移函数中的常数项和一次项分别反映了单元刚体位移和常应变的特性。实践证明，解答的收敛性确实是所要考虑的重要因素，但不是唯一的因素。单元中的位移模式一般采用以广义坐标 α 为待定系数的有限项多项式作为近似函数。因为多项式函数满足完备性要求和单元内部连续性要求；另外，多项式的数学处理比较容易，尤其便于微分与积分运算。当然，只有无限次的多项式才与真实解相对应。但为了实用，通常只取有限次多项式来近似。

（2）所选的位移模式应该与局部坐标系的方位无关（这一性质称为几何各向同性）。对于线性多项式位移模式，各向同性就是要求位移模式不应该有一个偏移的坐标方向，也就是位移模式不应该随局部坐标的更换而改变。可以证明，实现几何各向同性的有效方法是取对称项。

（3）多项式中的项数必须等于或稍大于单元节点数。通常，项数与单元节点数相等。

综合（1）（2）（3）可知，位移模式的选取方法：位移模式至少包含常数项、一次项，多项式的选取应由低阶到高阶，多项式的项数与单元节点数相同，选取对称多项式，并且一个坐标方向的次数不应超过完全多项式的次数。当确定二维多项式的项数时，需参照图 3-8 所示的二维帕斯卡三角形。在二维多项式中，若包含有帕斯卡三角形对称轴一侧的任意一项，则必须同时包含它在另一侧的对应项。

例如，3 节点三角形单元位移函数的广义坐标可表示为

$$\begin{cases} U(X,Y) = \alpha_1 + \alpha_2 X + \alpha_3 Y \\ V(X,Y) = \alpha_4 + \alpha_5 X + \alpha_6 Y \end{cases}$$

3 节点三角形单元位移函数有三项，即两个方向的位移 u、v 各取三项多项式，广义坐标数共有 6 个。显然，3 节点三角形单元内任意一点的位移是坐标变量的线性函数。

$$
\begin{array}{ccccccc}
 & & & 1 & & & \\
 & & X & \vdots & Y & & \\
 & & X^2 & XY & Y^2 & & \\
 & X^3 & X^2Y & \vdots & Y^2X & Y^3 & \\
 X^4 & X^3Y & X^2Y^2 & & Y^3X & Y^4 & \\
X^5 & X^4Y & X^3Y^2 & \vdots & Y^3X^2 & Y^4X & Y^5
\end{array}
$$

图 3-8　二维帕斯卡三角形

2. 分析单元的力学特性

分析单元的力学特性,就是找出单元节点力和节点位移的关系式:

$$[F^e] = [K^e][\delta^e]$$

也就是推导单元刚度矩阵的求解方法。单元刚度矩阵的推导可采用以下方法:

(1)直接刚度法。对于简单的构件(如质量弹簧系统、杆、梁等),可以利用材料力学或结构力学的已知结果直接求出刚度矩阵的每一个元素,这种方法称为直接刚度法。

(2)能量原理法。当用位移型有限元法进行结构分析时,一般采用虚功原理法或最小势能原理。对于非结构问题,如流场、温度场、电磁场等,一般均采用变分法。

3.2.3　单元组集

单元组集即总体分析,只有通过总体分析建立联立方程组才能求解出各节点未知参数。单元组集的方法是利用结构力的平衡条件把各个单元按原来的结构重新连接起来,形成整体的有限元方程,即整体刚度方程:

$$[R] = [K][\delta] \tag{3-1}$$

式中:$[R]$为结构节点载荷列阵;$[K]$为结构刚度矩阵;$[\delta]$为结构节点位移列阵。

3.2.4　解结构有限元方程求得所有节点位移

根据方程组的具体特点选择合适的计算方法,解方程(3-1)得出结构节点位移,进而通过各单元节点位移求出单元内任意一点的位移、应变和应力。

通过上述分析可以看出,有限元法的基本思想是"一分一合",分是为了进行单元分析,合则是为了对整体结构进行综合分析。只有通过整体有限元方程才能求得全部节点位移。

3.3　自然离散结构有限元刚度方程的建立过程

由于有限元法用于杆系具有十分清晰的物理意义,所以为了既便于说明有限元解题的基本思路与过程,又能说明刚度矩阵的概念,本例以图3-9所示的平面桁架结构作为分析实例。

1. 结构离散

对于平面桁架结构,选用平面二力杆单元进行自然离散。一共离散成5个单元、4个节点。节点1在X轴方向、Y轴方向实施约束,节点3在Y轴方向实施约束。外载荷作用在节点4上,如图3-8所示。

2. 单元特性分析

以一般位置的平面二力杆单元来分析,令其节点为 i、j。单元节点位移列阵用矩阵表示为

$$[\boldsymbol{\delta}^e] = [\begin{matrix} U_i & V_i & U_j & V_j \end{matrix}]^{\mathrm{T}}$$

单元节点力列阵用矩阵表示为

$$[\boldsymbol{F}^e] = [\begin{matrix} F_{iX} & F_{iY} & F_{jX} & F_{jY} \end{matrix}]^{\mathrm{T}}$$

1) 单元刚度方程的建立

当 $U_i = 1$,$V_i = U_j = V_j = 0$ 时,这相当于在节点 i 处安置了一个只允许产生水平位移的连杆铰支座,在节点 j 处安置了固定铰支座,如图 3-10 所示。

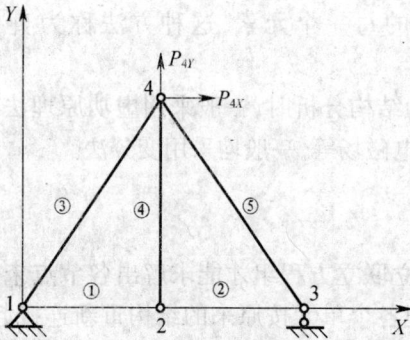

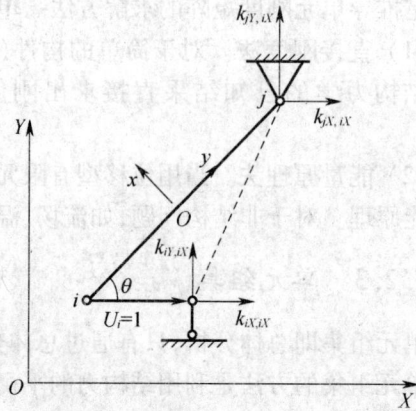

图 3-9　平面桁架　　　　　　　　图 3-10　当 $U_i = 1$ 时的二力杆单元

这时在 i、j 两节点的 X、Y 轴方向所产生的抵抗 U_i 变形的力(刚度)为

$$\begin{cases} F_{iX} = k_{iX,iX}, F_{iY} = k_{iY,iX} \\ F_{jX} = k_{jX,iX}, F_{jY} = k_{jY,iX} \end{cases}$$

式中:刚度元素符号的第一个下标表明所产生力的节点号和方向,第二个下标说明存在单位位移的节点号和方向。

同样,当 $V_i = 1$,其他方向的位移为 0 时,各节点沿 X、Y 轴方向所产生的抵抗 V_i 变形的力为

$$\begin{cases} F_{iX} = k_{iX,iX}, F_{iY} = k_{iY,iY} \\ F_{jX} = k_{jX,iX}, F_{jY} = k_{jY,iY} \end{cases}$$

其他依此类推。

当各节点位移分量同时存在,在线弹性范围内,则各节点力分量为各个位移分量所产生的节点力分量的线性叠加,即

$$\begin{cases} F_{iX} = k_{iX,iX}U_i + k_{iX,iY}V_i + k_{iX,jX}U_j + k_{iX,jY}V_j \\ F_{iY} = k_{iY,iX}U_i + k_{iY,iY}V_i + k_{iY,jX}U_j + k_{iY,jY}V_j \\ F_{jX} = k_{jX,iX}U_i + k_{jX,iY}V_i + k_{jX,jX}U_j + k_{jX,jY}V_j \\ F_{jY} = k_{jY,iX}U_i + k_{jY,iY}V_i + k_{jY,jX}U_j + k_{jY,jY}V_j \end{cases}$$

34

将上式写成矩阵形式,即

$$\begin{bmatrix} F_{iX} \\ F_{iY} \\ \hline F_{jX} \\ F_{jY} \end{bmatrix} = \begin{bmatrix} k_{iX,iX} & k_{iX,iY} & k_{iX,jX} & k_{iX,jY} \\ k_{iY,iX} & k_{iY,iY} & k_{iY,jX} & k_{iY,jY} \\ \hline k_{jX,iX} & k_{jX,iY} & k_{jX,jX} & k_{jX,jY} \\ k_{jY,iX} & k_{jY,iY} & k_{jY,jX} & k_{jY,jY} \end{bmatrix} \begin{bmatrix} U_i \\ V_i \\ U_j \\ V_j \end{bmatrix}$$

即

$$\left[\boldsymbol{F}^e \right] = \left[\boldsymbol{K}^e \right] \left[\boldsymbol{\delta}^e \right] \tag{3-2}$$

式中:$[\boldsymbol{K}^e]$ 为单元刚度矩阵,上标 e 表示为一个单元的参数。

一般用子刚表示对应节点力、节点刚度块阵、节点位移,记为

$$\boldsymbol{K}_{ii} = \begin{bmatrix} k_{iX,iX} & k_{iX,iY} \\ k_{iY,iX} & k_{iY,iY} \end{bmatrix}, \boldsymbol{K}_{ij} = \begin{bmatrix} k_{iX,jX} & k_{iX,jY} \\ k_{iY,jX} & k_{iY,jY} \end{bmatrix}$$

$$\boldsymbol{K}_{ji} = \begin{bmatrix} k_{jX,iX} & k_{jX,iY} \\ k_{jY,iX} & k_{jY,iY} \end{bmatrix}, \boldsymbol{K}_{jj} = \begin{bmatrix} k_{jX,jX} & k_{jX,jY} \\ k_{jY,jX} & k_{jY,jY} \end{bmatrix}$$

$$\boldsymbol{F}_i = \begin{bmatrix} F_{iX} \\ F_{iY} \end{bmatrix}, \boldsymbol{F}_j = \begin{bmatrix} F_{jX} \\ F_{jY} \end{bmatrix}, \boldsymbol{\delta}_i = \begin{bmatrix} U_i \\ V_i \end{bmatrix}, \boldsymbol{\delta}_j = \begin{bmatrix} U_j \\ V_j \end{bmatrix}$$

则对于 $i \backslash j$ 两节点 LINK 单元,用子刚表示的单元矩阵方程为

$$\begin{bmatrix} F_i \\ F_j \end{bmatrix} = \begin{bmatrix} K_{ii} & K_{ij} \\ K_{ji} & K_{jj} \end{bmatrix} \begin{bmatrix} \delta_i \\ \delta_j \end{bmatrix}$$

$$\left[\boldsymbol{F}^e \right] = \left[\boldsymbol{K}^e \right] \left[\boldsymbol{\delta}^e \right]$$

2)单元刚度矩阵推导

二力杆单元的刚度矩阵可用直接法简单求出,推导过程在后续具体章节中介绍。具体为

$$\left[\boldsymbol{K}^e \right] = k_{eq} \begin{bmatrix} C^2 & CS & -C^2 & -CS \\ CS & S^2 & -CS & -S \\ -C^2 & -CS & C^2 & CS \\ -CS & -S^2 & CS & S^2 \end{bmatrix}$$

式中:k_{eq} 为杆件的轴向刚度系数,$k_{eq} = EA/L$(相当于弹簧系数,E 为弹性模量,A 为杆件横截面积,L 为杆长);C 代表 $\cos\theta$;S 代表 $\sin\theta$。

由上述分析可见,单元刚度矩阵的阶数 = 单元节点数 × 单个节点的自由度数。如杆单元的单元刚度矩阵阶数 = 2×2 = 4,由此推得平面三角形单元的单元刚度矩阵阶数 = 2×3 = 6。单元刚度矩阵的物理意义就是单元抵抗变形的能力。与单向弹簧拉伸刚度不同的是,当存在一个单位位移时,杆单元所产生的节点力不是 1 个而是 4 个节点力分量。任何 1 个节点力分量都是由 4 个节点位移分量变化所产生的综合结果。可以证明,单元刚度矩阵是实对称方阵。

3. 整体分析

结构总体刚度方程由单元刚度方程组合而成,方法是通过节点力平衡方程将单元联系起来。

将图 3-9 的桁架结构自然离散图进一步展开,并将各单元节点力、节点序号、单元序号均标注在图上,如图 3-11 所示。根据变形协调条件,即在相互连接的公共节点处,各单元的节点位移必须相等,如 4 号公共节点,同时属于③、④、⑤单元,其位移为

$$U_4^{\circled{3}} = U_4^{\circled{4}} = U_4^{\circled{5}} = U_4, V_4^{\circled{3}} = V_4^{\circled{4}} = V_4^{\circled{5}} = V_4$$

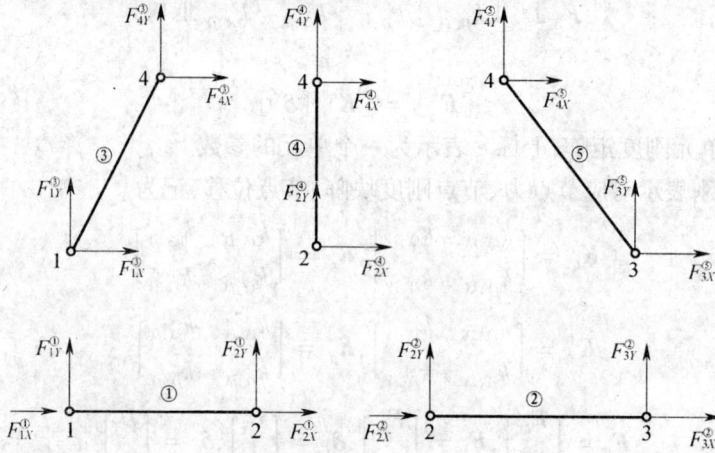

图 3-11　桁架杆件单元展开图

对于单元③的刚度方程,由杆单元通用方程(3-2),并将 i、j 替换为 1、4,可以直接写出其单元刚度方程:

单元③:

$$
\begin{bmatrix} F_{1X}^{(3)} \\ F_{1Y}^{(3)} \\ F_{4X}^{(3)} \\ F_{4Y}^{(3)} \end{bmatrix} =
\begin{bmatrix}
k_{1X,1X}^{(3)} & k_{1X,1Y}^{(3)} & k_{1X,4X}^{(3)} & k_{1X,4Y}^{(3)} \\
k_{1Y,1X}^{(3)} & k_{1Y,1Y}^{(3)} & k_{1Y,4X}^{(3)} & k_{1Y,4Y}^{(3)} \\
k_{4X,1X}^{(3)} & k_{4X,1Y}^{(3)} & k_{4X,4X}^{(3)} & k_{4X,4Y}^{(3)} \\
k_{4Y,1X}^{(3)} & k_{4Y,1Y}^{(3)} & k_{4Y,4X}^{(3)} & k_{4Y,4Y}^{(3)}
\end{bmatrix}
\begin{bmatrix} U_1 \\ V_1 \\ U_4 \\ V_4 \end{bmatrix}
$$

类似地,可以写出单元①、②、④、⑤的刚度方程:

单元①:

$$
\begin{bmatrix} F_{1X}^{(1)} \\ F_{1Y}^{(1)} \\ F_{2X}^{(1)} \\ F_{2Y}^{(1)} \end{bmatrix} =
\begin{bmatrix}
k_{1X,1X}^{(1)} & k_{1X,1Y}^{(1)} & k_{1X,2X}^{(1)} & k_{1X,2Y}^{(1)} \\
k_{1Y,1X}^{(1)} & k_{1Y,1Y}^{(1)} & k_{1Y,2X}^{(1)} & k_{1Y,2Y}^{(1)} \\
k_{2X,1X}^{(1)} & k_{2X,1Y}^{(1)} & k_{2X,2X}^{(1)} & k_{2X,2Y}^{(1)} \\
k_{2Y,1X}^{(1)} & k_{2Y,1Y}^{(1)} & k_{2Y,2X}^{(1)} & k_{2Y,2Y}^{(1)}
\end{bmatrix}
\begin{bmatrix} U_1 \\ V_1 \\ U_2 \\ V_2 \end{bmatrix}
$$

单元②:

$$
\begin{bmatrix} F_{2X}^{(2)} \\ F_{2Y}^{(2)} \\ F_{3X}^{(2)} \\ F_{3Y}^{(2)} \end{bmatrix} =
\begin{bmatrix}
k_{2X,2X}^{(2)} & k_{2X,2Y}^{(2)} & k_{2X,3X}^{(2)} & k_{2X,3Y}^{(2)} \\
k_{2Y,2X}^{(2)} & k_{2Y,2Y}^{(2)} & k_{2Y,3X}^{(2)} & k_{2Y,3Y}^{(2)} \\
k_{3X,2X}^{(2)} & k_{3X,2Y}^{(2)} & k_{3X,3X}^{(2)} & k_{3X,3Y}^{(2)} \\
k_{3Y,2X}^{(2)} & k_{3Y,2Y}^{(2)} & k_{3Y,3X}^{(2)} & k_{3Y,3Y}^{(2)}
\end{bmatrix}
\begin{bmatrix} U_2 \\ V_2 \\ U_3 \\ V_3 \end{bmatrix}
$$

36

单元④：

$$
\begin{bmatrix} F_{2X}^{(4)} \\ F_{2Y}^{(4)} \\ F_{4X}^{(4)} \\ F_{4Y}^{(4)} \end{bmatrix} = \begin{bmatrix} k_{2X,2X}^{(4)} & k_{2X,2Y}^{(4)} & \vdots & k_{2X,3X}^{(4)} & k_{2X,3Y}^{(4)} \\ k_{2Y,2X}^{(4)} & k_{2Y,2Y}^{(4)} & \vdots & k_{2Y,3X}^{(4)} & k_{2Y,3Y}^{(4)} \\ \cdots & \cdots & \vdots & \cdots & \cdots \\ k_{4X,2X}^{(4)} & k_{4X,2Y}^{(4)} & \vdots & k_{4X,4X}^{(4)} & k_{4X,4Y}^{(4)} \\ k_{4Y,2X}^{(4)} & k_{4Y,2Y}^{(4)} & \vdots & k_{4Y,4X}^{(4)} & k_{4Y,4Y}^{(4)} \end{bmatrix} \begin{bmatrix} U_2 \\ V_2 \\ U_4 \\ V_4 \end{bmatrix}
$$

单元⑤：

$$
\begin{bmatrix} F_{3X}^{(5)} \\ F_{3Y}^{(5)} \\ F_{4X}^{(5)} \\ F_{4Y}^{(5)} \end{bmatrix} = \begin{bmatrix} k_{3X,3X}^{(5)} & k_{3X,3Y}^{(5)} & \vdots & k_{3X,4X}^{(5)} & k_{3X,4Y}^{(5)} \\ k_{3Y,3X}^{(5)} & k_{3Y,3Y}^{(5)} & \vdots & k_{3Y,4X}^{(5)} & k_{3Y,4Y}^{(5)} \\ \cdots & \cdots & \vdots & \cdots & \cdots \\ k_{4X,3X}^{(5)} & k_{4X,3Y}^{(5)} & \vdots & k_{4X,4X}^{(5)} & k_{4X,4Y}^{(5)} \\ k_{4Y,3X}^{(5)} & k_{4Y,3Y}^{(5)} & \vdots & k_{4Y,4X}^{(5)} & k_{4Y,4Y}^{(5)} \end{bmatrix} \begin{bmatrix} U_3 \\ V_3 \\ U_4 \\ V_4 \end{bmatrix}
$$

按力的平衡条件 $\sum F_x = 0$，$\sum F_y = 0$，$\sum M = 0$，就是在相互连接的公共节点处，各单元对节点的作用力与作用在该节点的外载荷必须相等：

节点1：

$$
\begin{cases} Q_{1X} = F_{1X}^{(1)} + F_{1X}^{(3)} \\ Q_{1Y} = F_{1Y}^{(1)} + F_{1Y}^{(3)} \end{cases}
$$

节点2：

$$
\begin{cases} 0 = F_{2X}^{(1)} + F_{2X}^{(3)} + F_{2X}^{(4)} \\ 0 = F_{2Y}^{(1)} + F_{2Y}^{(3)} + F_{2Y}^{(4)} \end{cases}
$$

节点3：

$$
\begin{cases} 0 = F_{3X}^{(2)} + F_{3X}^{(5)} \\ Q_{3Y} = F_{3Y}^{(2)} + F_{3Y}^{(5)} \end{cases}
$$

节点4：

$$
\begin{cases} P_{4X} = F_{4X}^{(3)} + F_{4X}^{(4)} + F_{4X}^{(5)} \\ P_{4Y} = F_{4Y}^{(3)} + F_{4Y}^{(4)} + F_{4Y}^{(5)} \end{cases}
$$

将全部节点按顺序写成矩阵表示节点总外载荷与位移之间的关系，得到如下方程：

$$
\begin{bmatrix} Q_{1X} \\ Q_{1Y} \\ 0 \\ 0 \\ 0 \\ Q_{3Y} \\ P_{4X} \\ P_{4Y} \end{bmatrix} = \begin{bmatrix} k_{1X,1X}^{(1)+(3)} & k_{1X,1Y}^{(1)+(3)} & k_{1X,2X}^{(1)} & k_{1X,2Y}^{(1)} & 0 & 0 & k_{1X,4X}^{(3)} & k_{1X,4Y}^{(3)} \\ k_{1Y,1X}^{(1)} & k_{1Y,1Y}^{(1)} & k_{1Y,2X}^{(1)+(2)+(4)} & k_{1Y,2Y}^{(1)+(2)+(4)} & 0 & 0 & k_{1Y,4X}^{(1)} & k_{1Y,4Y}^{(1)} \\ k_{2X,1X}^{(1)} & k_{2X,1Y}^{(1)} & k_{2X,2X}^{(1)+(2)+(4)} & k_{2X,2Y}^{(1)+(2)+(4)} & k_{2X,3X}^{(2)} & k_{2X,3Y}^{(2)} & k_{2X,4X}^{(4)} & k_{2X,4Y}^{(4)} \\ k_{2Y,1X}^{(1)} & k_{2Y,1Y}^{(1)} & k_{2X,2X}^{(1)+(2)+(4)} & k_{2Y,2Y}^{(1)+(2)+(4)} & k_{2Y,3X}^{(2)} & k_{2Y,3Y}^{(2)} & k_{2Y,4X}^{(4)} & k_{2Y,4Y}^{(4)} \\ 0 & 0 & k_{3X,2X}^{(2)} & k_{3X,2Y}^{(2)} & k_{3X,3X}^{(2)+(5)} & k_{3X,3Y}^{(2)+(5)} & k_{3X,4X}^{(5)} & k_{3X,4Y}^{(5)} \\ 0 & 0 & k_{3Y,2X}^{(2)} & k_{3Y,2Y}^{(2)} & k_{3Y,3X}^{(2)+(5)} & k_{3Y,3Y}^{(2)+(5)} & k_{3Y,4X}^{(5)} & k_{3Y,4Y}^{(5)} \\ k_{4X,1X}^{(3)} & k_{4X,1Y}^{(3)} & k_{4X,2X}^{(3)} & k_{4X,2Y}^{(3)} & k_{4X,3X}^{(5)} & k_{4X,3Y}^{(5)} & k_{4X,4X}^{(3)+(4)+(5)} & k_{4X,4Y}^{(3)+(4)+(5)} \\ k_{4Y,1X}^{(3)} & k_{4Y,1Y}^{(3)} & k_{4Y,2X}^{(4)} & k_{4Y,2Y}^{(4)} & k_{4Y,3X}^{(5)} & k_{4Y,3Y}^{(5)} & k_{4Y,4X}^{(3)+(4)+(5)} & k_{4Y,4Y}^{(3)+(4)+(5)} \end{bmatrix} \begin{bmatrix} U_1 \\ V_1 \\ U_2 \\ V_2 \\ U_3 \\ V_3 \\ U_4 \\ V_4 \end{bmatrix}
$$

式中：P_{4X}、P_{4Y}为作用在结构上的外载荷；Q_{1X}、Q_{1Y}、Q_{3Y}为支座反力，即约束反力。

很显然，实例桁架结构总体刚度方程有无穷多个解，不可能得出唯一解，其物理解释是：由于所研究的桁架未给予约束，可以产生刚体位移，致使节点位移分量值得不出唯一的解。在具体结构上，由于支座限制了刚体位移，即 $U_1 = V_1 = V_3 = 0$，将其代入方程就可求出其余 5 个位移分量和 3 个支座反力分量。

$$
\begin{bmatrix} Q_{1X} \\ Q_{1Y} \\ 0 \\ 0 \\ 0 \\ Q_{3Y} \\ P_{4X} \\ P_{4Y} \end{bmatrix} = \begin{bmatrix} k_{1X,1X}^{(1)+(3)} & k_{1X,1Y}^{(1)+(3)} & k_{1X,2X}^{(1)} & k_{1X,2Y}^{(1)} & 0 & 0 & k_{1X,4X}^{(3)} & k_{1X,4Y}^{(3)} \\ k_{1Y,1X}^{(1)} & k_{1Y,1Y}^{(1)} & k_{1Y,2X}^{(1)+(2)+(4)} & k_{1Y,2Y}^{(1)+(2)+(4)} & 0 & 0 & k_{1Y,4X}^{(1)} & k_{1Y,4Y}^{(1)} \\ k_{2X,1X}^{(1)} & k_{2X,1Y}^{(1)} & k_{2X,2X}^{(1)+(2)+(4)} & k_{2X,2Y}^{(1)+(2)+(4)} & k_{2X,3X}^{(2)} & k_{2X,3Y}^{(2)} & k_{2X,4X}^{(4)} & k_{2X,4Y}^{(4)} \\ k_{2Y,1X}^{(1)} & k_{2Y,1Y}^{(1)} & k_{2Y,2X}^{(1)+(2)+(4)} & k_{2Y,2Y}^{(1)+(2)+(4)} & k_{2Y,3X}^{(2)} & k_{2Y,3Y}^{(2)} & k_{2Y,4X}^{(4)} & k_{2Y,4Y}^{(4)} \\ 0 & 0 & k_{3X,2X}^{(2)} & k_{3X,2Y}^{(2)} & k_{3X,3X}^{(2)+(5)} & k_{3X,3Y}^{(2)+(5)} & k_{3X,4X}^{(5)} & k_{3X,4Y}^{(5)} \\ 0 & 0 & k_{3Y,2X}^{(2)} & k_{3Y,2Y}^{(2)} & k_{3Y,3X}^{(2)+(5)} & k_{3Y,3Y}^{(2)+(5)} & k_{3Y,4X}^{(5)} & k_{3Y,4Y}^{(5)} \\ k_{4X,1X}^{(3)} & k_{4X,1Y}^{(3)} & k_{4X,2X}^{(4)} & k_{4X,2Y}^{(4)} & k_{4X,3X}^{(5)} & k_{4X,3Y}^{(5)} & k_{4X,4X}^{(3)+(4)+(5)} & k_{4X,4Y}^{(3)+(4)+(5)} \\ k_{4Y,1X}^{(3)} & k_{4Y,1Y}^{(3)} & k_{4Y,2X}^{(4)} & k_{4Y,2Y}^{(4)} & k_{4Y,3X}^{(5)} & k_{4Y,3Y}^{(5)} & k_{4Y,4X}^{(3)+(4)+(5)} & k_{4Y,4Y}^{(3)+(4)+(5)} \end{bmatrix} \begin{bmatrix} 0 \\ 0 \\ U_2 \\ V_2 \\ U_3 \\ 0 \\ U_4 \\ V_4 \end{bmatrix}
$$

若设 $[Q] = [Q_{1X}\ Q_{1Y}\ 0\ 0\ 0\ Q_{3Y}\ 0\ 0]^{\mathrm{T}}$，$[R] = [0\ 0\ 0\ 0\ 0\ 0\ P_{4X}\ P_{4Y}]^{\mathrm{T}}$，则恒等变换为

$$
\begin{bmatrix} Q_{1X} \\ Q_{1Y} \\ 0 \\ 0 \\ 0 \\ Q_{3Y} \\ 0 \\ 0 \end{bmatrix} + \begin{bmatrix} 0 \\ 0 \\ 0 \\ 0 \\ 0 \\ 0 \\ P_{4X} \\ P_{4Y} \end{bmatrix} = \begin{bmatrix} k_{1X,1X}^{(1)+(3)} & k_{1X,1Y}^{(1)+(3)} & k_{1X,2X}^{(1)} & k_{1X,2Y}^{(1)} & 0 & 0 & k_{1X,4X}^{(3)} & k_{1X,4Y}^{(3)} \\ k_{1Y,1X}^{(1)} & k_{1Y,1Y}^{(1)} & k_{1Y,2X}^{(1)+(2)+(4)} & k_{1Y,2Y}^{(1)+(2)+(4)} & 0 & 0 & k_{1Y,4X}^{(1)} & k_{1Y,4Y}^{(1)} \\ k_{2X,1X}^{(1)} & k_{2X,1Y}^{(1)} & k_{2X,2X}^{(1)+(2)+(4)} & k_{2X,2Y}^{(1)+(2)+(4)} & k_{2X,3X}^{(2)} & k_{2X,3Y}^{(2)} & k_{2X,4X}^{(4)} & k_{2X,4Y}^{(4)} \\ k_{2Y,1X}^{(1)} & k_{2Y,1Y}^{(1)} & k_{2Y,2X}^{(1)+(2)+(4)} & k_{2Y,2Y}^{(1)+(2)+(4)} & k_{2Y,3X}^{(2)} & k_{2Y,3Y}^{(2)} & k_{2Y,4X}^{(4)} & k_{2Y,4Y}^{(4)} \\ 0 & 0 & k_{3X,2X}^{(2)} & k_{3X,2Y}^{(2)} & k_{3X,3X}^{(2)+(5)} & k_{3X,3Y}^{(2)+(5)} & k_{3X,4X}^{(5)} & k_{3X,4Y}^{(5)} \\ 0 & 0 & k_{3Y,2X}^{(2)} & k_{3Y,2Y}^{(2)} & k_{3Y,3X}^{(2)+(5)} & k_{3Y,3Y}^{(2)+(5)} & k_{3Y,4X}^{(5)} & k_{3Y,4Y}^{(5)} \\ k_{4X,1X}^{(3)} & k_{4X,1Y}^{(3)} & k_{4X,2X}^{(4)} & k_{4X,2Y}^{(4)} & k_{4X,3X}^{(5)} & k_{4X,3Y}^{(5)} & k_{4X,4X}^{(3)+(4)+(5)} & k_{4X,4Y}^{(3)+(4)+(5)} \\ k_{4Y,1X}^{(3)} & k_{4Y,1Y}^{(3)} & k_{4Y,2X}^{(4)} & k_{4Y,2Y}^{(4)} & k_{4Y,3X}^{(5)} & k_{4Y,3Y}^{(5)} & k_{4Y,4X}^{(3)+(4)+(5)} & k_{4Y,4Y}^{(3)+(4)+(5)} \end{bmatrix} \begin{bmatrix} 0 \\ 0 \\ U_2 \\ V_2 \\ U_3 \\ 0 \\ U_4 \\ V_4 \end{bmatrix}
$$

很显然有

$$[Q] + [R] = [K][\delta] \qquad (3-3)$$

式中：[约束反力矩阵] + [载荷矩阵] = [结构刚度矩阵][位移列阵]

系统方程中包含了两种不同类型的未知数——位移和反作用力。为了在求解过程中不同时考虑未知的反作用力和位移，而集中考虑未知的位移，可利用已知的边界条件消除系统方程中的未知反作用力，得到只有未知位移的方程。

38

$$
\begin{bmatrix} 0 \\ 0 \\ \hline 0 \\ 0 \\ \hline 0 \\ 0 \\ \hline P_{4X} \\ P_{4Y} \end{bmatrix} =
\begin{bmatrix}
k_{1X,1X}^{(1)+(3)} & k_{1X,1Y}^{(1)+(3)} & k_{1X,2X}^{(1)} & k_{1X,2Y}^{(1)} & 0 & 0 & k_{1X,4X}^{(3)} & k_{1X,4Y}^{(3)} \\
k_{1Y,1X}^{(1)} & k_{1Y,1Y}^{(1)} & k_{1Y,2X}^{(1)+(2)+(4)} & k_{1Y,2Y}^{(1)+(2)+(4)} & 0 & 0 & k_{1Y,4X}^{(1)} & k_{1Y,4Y}^{(1)} \\
k_{2X,1X}^{(1)} & k_{2X,1Y}^{(1)} & k_{2X,2X}^{(1)+(2)+(4)} & k_{2X,2Y}^{(1)+(2)+(4)} & k_{2X,3X}^{(2)} & k_{2X,3Y}^{(2)} & k_{2X,4X}^{(4)} & k_{2X,4Y}^{(4)} \\
k_{2Y,1X}^{(1)} & k_{2Y,1Y}^{(1)} & k_{2Y,2X}^{(1)+(2)+(4)} & k_{2Y,2Y}^{(1)+(2)+(4)} & k_{2Y,3X}^{(2)} & k_{2Y,3Y}^{(2)} & k_{2Y,4X}^{(4)} & k_{2Y,4Y}^{(4)} \\
0 & 0 & k_{3X,2X}^{(2)} & k_{3X,2Y}^{(2)} & k_{3X,3X}^{(2)+(5)} & k_{3X,3Y}^{(2)+(5)} & k_{3X,4X}^{(5)} & k_{3X,4Y}^{(5)} \\
0 & 0 & k_{3Y,2X}^{(2)} & k_{3Y,2Y}^{(2)} & k_{3Y,3X}^{(2)+(5)} & k_{3Y,3Y}^{(2)+(5)} & k_{3Y,4X}^{(5)} & k_{3Y,4Y}^{(5)} \\
k_{4X,1X}^{(3)} & k_{4X,1Y}^{(3)} & k_{4X,2X}^{(4)} & k_{4X,2Y}^{(4)} & k_{4X,3X}^{(5)} & k_{4X,3Y}^{(5)} & k_{4X,4X}^{(3)+(4)+(5)} & k_{4X,4Y}^{(3)+(4)+(5)} \\
k_{4Y,1X}^{(3)} & k_{4Y,1Y}^{(3)} & k_{4Y,2X}^{(4)} & k_{4Y,2Y}^{(4)} & k_{4Y,3X}^{(5)} & k_{4Y,3Y}^{(5)} & k_{4Y,4X}^{(3)+(4)+(5)} & k_{4Y,4Y}^{(3)+(4)+(5)}
\end{bmatrix}
\begin{bmatrix} 0 \\ 0 \\ \hline U_2 \\ V_2 \\ \hline U_3 \\ 0 \\ \hline U_4 \\ V_4 \end{bmatrix}
$$

即

$$[R] = [K][\delta] \tag{3-4}$$

式中：[结构载荷矩阵] = [结构刚度矩阵]·[结构位移列阵]

这样处理并不影响位移求解结果，因为在降阶法求解时消去了约束所在行和列。求出位移后，约束反力求解如下：

$$[Q] = [K][\delta] - [R] \tag{3-5}$$

3.4　连续体结构有限单元法的一般原理

设有如图3-12所示连续体结构，其力学特性为平面应力问题。为简单起见，现以二维3节点三角形单元进行网格划分，将它离散成2个单元，单元与单元之间通过有限个节点相连构成结构组合体，从中任取一个单元分析单元特性。

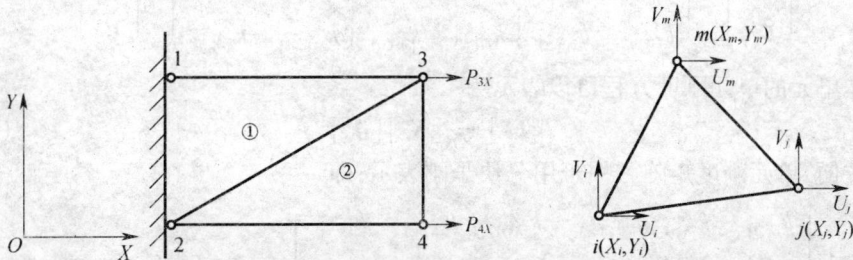

图3-12　连续体结构

3.4.1　集合的基本原则

（1）在相互连接的公共节点处，诸单元的节点位移必须相等，即必须满足变形协调条件。

对于图3-13所示的结构，在公共节点 i 处的位移必须满足变形协调条件，即

$$\begin{bmatrix} U_i^{(1)} \\ V_i^{(1)} \end{bmatrix} = \begin{bmatrix} U_i^{(2)} \\ V_i^{(2)} \end{bmatrix} = \begin{bmatrix} U_i^{(3)} \\ V_i^{(3)} \end{bmatrix} = \begin{bmatrix} U_i^{(4)} \\ V_i^{(4)} \end{bmatrix} = \begin{bmatrix} U_i \\ V_i \end{bmatrix}$$

因此节点位移不需要按单元来划分，节点 i 处的位移 $\delta_i = [U_i, V_i]^T$，结构节点位移列阵 $[\delta]$ 只需按节点号递增的顺序直接写出，即 $[\delta] = [U_1, V_1, U_2, V_2, U_3, V_3, \cdots]^T$。

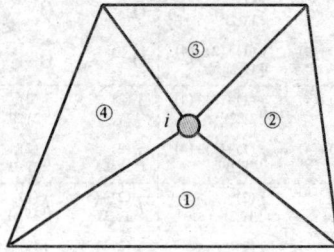

图 3 – 13

（2）在相互连接的公共节点处，诸单元对节点的作用力（诸单元节点力的反力）与作用在该节点上的外载荷 R_i 之间必须满足静力平衡条件。对于如图 3 – 13 所示的结构，在公共节点 i 处有

$$R_i = F_i^{(1)} + F_i^{(2)} + F_i^{(3)} + F_i^{(4)} = \sum_{e=(1)}^{(4)} F_i^e$$

3.4.2 3 节点三角形单元刚度方程

由杆系结构的推导可知，3 节点三角形单元的刚度方程为

$$\begin{bmatrix} F_{iX} \\ F_{iY} \\ F_{jX} \\ F_{jY} \\ F_{mX} \\ F_{mY} \end{bmatrix} = \begin{bmatrix} k_{iX,iX} & k_{iX,iY} & k_{iX,jX} & k_{iX,jY} & k_{iX,mX} & k_{iX,mY} \\ k_{iY,iX} & k_{iY,iY} & k_{iY,jX} & k_{iY,jY} & k_{iY,mX} & k_{iY,mY} \\ k_{jX,iX} & k_{jX,iY} & k_{jX,jX} & k_{jX,jY} & k_{jX,mX} & k_{jX,mY} \\ k_{jY,iX} & k_{jY,iY} & k_{jY,jX} & k_{jY,jY} & k_{jY,mX} & k_{jY,mY} \\ k_{mX,iX} & k_{mX,iY} & k_{mX,jX} & k_{mX,jY} & k_{mX,mX} & k_{mX,mY} \\ k_{mY,iX} & k_{mY,iY} & k_{mY,jX} & k_{mY,jY} & k_{mY,mX} & k_{mY,mY} \end{bmatrix}_{6\times6} \begin{bmatrix} U_i \\ V_i \\ U_j \\ V_j \\ U_m \\ V_m \end{bmatrix}$$

即连续体单元的单元刚度方程可以表示为

$$[F^e] = [K^e][\delta^e] \qquad (3-6)$$

为表示方便，单元刚度矩阵习惯于用分块子刚表示，即

$$\begin{bmatrix} k_{iX,iX} & k_{iX,iY} & k_{iX,jX} & k_{iX,jY} & k_{iX,mX} & k_{iX,mY} \\ k_{iY,iX} & k_{iY,iY} & k_{iY,jX} & k_{iY,jY} & k_{iY,mX} & k_{iY,mY} \\ k_{jX,iX} & k_{jX,iY} & k_{jX,jX} & k_{jX,jY} & k_{jX,mX} & k_{jX,mY} \\ k_{jY,iX} & k_{jY,iY} & k_{jY,jX} & k_{jY,jY} & k_{jY,mX} & k_{jY,mY} \\ k_{mX,iX} & k_{mX,iY} & k_{mX,jX} & k_{mX,jY} & k_{mX,mX} & k_{mX,mY} \\ k_{mY,iX} & k_{mX,iY} & k_{mY,jX} & k_{mY,jY} & k_{mY,mX} & k_{mY,mY} \end{bmatrix} = \begin{bmatrix} K_{ii} & K_{ij} & K_{im} \\ K_{ji} & K_{jj} & K_{jm} \\ K_{mi} & K_{mj} & K_{mm} \end{bmatrix}$$

元素 K_{rs}（$r,s = i,j,m$ 轮换）为 2×2 的分块矩阵，意义是当 S 点上产生单位位移，其他点的位移为 0 时，节点 r 所产生抵抗 S 点单位变形的力。在连续体网格划分后，各单元的单元类型、节点坐标及自由度、单元材料特性均被确定，则单元刚度矩阵被确定，其具体求解方法在后面介绍，为便于下面总刚矩阵的求解，这里不妨假设各单元矩阵已经求得。

40

3.4.3 3节点三角形单元离散的结构刚度方程

仿照杆系结构的推导过程,同样可以通过力的平衡条件写出结构刚度方程形式。按节点顺序表示:

结构节点载荷列阵为

$$[R] = [P_{1X}\ P_{1Y}\ P_{2X}\ P_{2Y}\ P_{3X}\ P_{3Y}\ P_{4X}\ P_{4Y}]^{\mathrm{T}}$$

结构节点位移列阵为

$$[\delta] = [U_1\ V_1\ U_2\ V_2\ U_3\ V_3\ U_4\ V_4]^{\mathrm{T}}$$

结构刚度矩阵是由单元刚度矩阵对应叠加起来的,在求出全部单元刚度矩阵后,只要一次将各单元刚度矩阵元素填入结构刚度矩阵的对应位置,然后相加即可。对于本例中的 1 号单元,节点按逆时针从小到大的顺序为 $i \to j \to m(1 \to 2 \to 3)$,对应的结构刚度矩阵定位为

$$
\begin{bmatrix} F_{1X} \\ F_{1Y} \\ F_{2X} \\ F_{2Y} \\ F_{3X} \\ F_{3Y} \\ F_{4X} \\ F_{4Y} \end{bmatrix} \Leftrightarrow [K^{(1)}] =
\begin{bmatrix}
k^{(1)}_{1X,1X} & k^{(1)}_{1X,1Y} & k^{(1)}_{1X,2X} & k^{(1)}_{1X,2Y} & k^{(1)}_{1X,3X} & k^{(1)}_{1X,3Y} & 0 & 0 \\
k^{(1)}_{1Y,1X} & k^{(1)}_{1Y,1Y} & k^{(1)}_{1Y,2X} & k^{(1)}_{1Y,2Y} & k^{(1)}_{1Y,3X} & k^{(1)}_{1Y,3Y} & 0 & 0 \\
k^{(1)}_{2X,1X} & k^{(1)}_{2X,1Y} & k^{(1)}_{2X,2X} & k^{(1)}_{2X,2Y} & k^{(1)}_{2X,3X} & k^{(1)}_{2X,3Y} & 0 & 0 \\
k^{(1)}_{2Y,1X} & k^{(1)}_{2Y,1Y} & k^{(1)}_{2Y,2X} & k^{(1)}_{2Y,2Y} & k^{(1)}_{2Y,3X} & k^{(1)}_{2Y,3Y} & 0 & 0 \\
k^{(1)}_{3X,1X} & k^{(1)}_{3X,1Y} & k^{(1)}_{3X,2X} & k^{(1)}_{3X,2Y} & k^{(1)}_{3X,3X} & k^{(1)}_{3X,3Y} & 0 & 0 \\
k^{(1)}_{3Y,1X} & k^{(1)}_{3Y,1Y} & k^{(1)}_{3Y,2X} & k^{(1)}_{3Y,2Y} & k^{(1)}_{3Y,3X} & k^{(1)}_{3Y,3Y} & 0 & 0 \\
0 & 0 & 0 & 0 & 0 & 0 & 0 & 0 \\
0 & 0 & 0 & 0 & 0 & 0 & 0 & 0
\end{bmatrix}
\Leftrightarrow
\begin{bmatrix} U_1 \\ V_1 \\ U_2 \\ V_2 \\ U_3 \\ V_3 \\ U_4 \\ V_4 \end{bmatrix}
$$

对于本例中的 2 号单元,节点按逆时针从小到大的顺序为 $i \to j \to m(2 \to 4 \to 3)$,对应的结构刚度矩阵定位为

$$
\begin{bmatrix} F_{1X} \\ F_{1Y} \\ F_{2X} \\ F_{2Y} \\ F_{3X} \\ F_{3Y} \\ F_{4X} \\ F_{4Y} \end{bmatrix} \Leftrightarrow [K^{(2)}] =
\begin{bmatrix}
0 & 0 & 0 & 0 & 0 & 0 & 0 & 0 \\
0 & 0 & 0 & 0 & 0 & 0 & 0 & 0 \\
0 & 0 & k^{(2)}_{2X,2X} & k^{(2)}_{2X,2Y} & k^{(2)}_{2X,3X} & k^{(2)}_{2X,3Y} & k^{(2)}_{2X,4X} & k^{(2)}_{2X,4Y} \\
0 & 0 & k^{(2)}_{2Y,2X} & k^{(2)}_{2Y,2Y} & k^{(2)}_{2Y,3X} & k^{(2)}_{2Y,3Y} & k^{(2)}_{2Y,4X} & k^{(2)}_{2Y,4Y} \\
0 & 0 & k^{(2)}_{3X,2X} & k^{(2)}_{3X,2Y} & k^{(2)}_{3X,3X} & k^{(2)}_{3X,3Y} & k^{(2)}_{3X,4X} & k^{(2)}_{3X,4Y} \\
0 & 0 & k^{(2)}_{3Y,2X} & k^{(2)}_{3Y,2Y} & k^{(2)}_{3Y,3X} & k^{(2)}_{3Y,3Y} & k^{(2)}_{3Y,4X} & k^{(2)}_{3Y,4Y} \\
0 & 0 & k^{(2)}_{4X,2X} & k^{(2)}_{4X,2Y} & k^{(2)}_{4X,3X} & k^{(2)}_{4X,3Y} & k^{(2)}_{4X,4X} & k^{(2)}_{4X,4Y} \\
0 & 0 & k^{(2)}_{4Y,2X} & k^{(2)}_{4Y,2Y} & k^{(2)}_{4Y,3X} & k^{(2)}_{4Y,3Y} & k^{(2)}_{4Y,4X} & k^{(2)}_{4Y,4Y}
\end{bmatrix}
\Leftrightarrow
\begin{bmatrix} U_1 \\ V_1 \\ U_2 \\ V_2 \\ U_3 \\ V_3 \\ U_4 \\ V_4 \end{bmatrix}
$$

若用分块子刚矩阵表示单元矩阵在结构矩阵的定位,则有

$$
[K^{(1)}] =
\begin{bmatrix}
K^{(1)}_{11} & K^{(1)}_{12} & K^{(1)}_{13} & 0 \\
K^{(1)}_{21} & K^{(1)}_{22} & K^{(1)}_{23} & 0 \\
K^{(1)}_{31} & K^{(1)}_{32} & K^{(1)}_{33} & 0 \\
0 & 0 & 0 & 0
\end{bmatrix}
\qquad
[K^{(2)}] =
\begin{bmatrix}
0 & 0 & 0 & 0 \\
0 & K^{(2)}_{22} & K^{(2)}_{23} & K^{(2)}_{24} \\
0 & K^{(2)}_{32} & K^{(2)}_{33} & K^{(2)}_{34} \\
0 & K^{(2)}_{42} & K^{(2)}_{43} & K^{(2)}_{44}
\end{bmatrix}
$$

1 号单元: $i \to j \to m = 1 \to 2 \to 3$ 2 号单元: $i \to j \to m = 2 \to 4 \to 3$

$$
[K] = [K^{(1)}] + [K^{(2)}] = \begin{bmatrix} K_{11}^{(1)} & K_{12}^{(1)} & K_{13}^{(1)} & 0 \\ K_{21}^{(1)} & K_{22}^{(1)+(2)} & K_{23}^{(1)+(2)} & K_{24}^{(2)} \\ K_{31}^{(1)} & K_{32}^{(1)+(2)} & K_{33}^{(1)+(2)} & K_{34}^{(2)} \\ 0 & K_{42}^{(2)} & K_{43}^{(2)} & K_{44}^{(2)} \end{bmatrix}_{4\times2,4\times2}
$$

结构刚度方程为

$$
[R] = [K][\delta] \tag{3-7}
$$

因为结构外载荷已知及总刚矩阵已知,因此通过求解总刚方程(3-7)便可得到全部节点位移。

3.4.4 3节点三角形单元内任意一点的位移

在单元节点位移已知的情况下,可将单元内任意点的位移分量用与节点位移分量有关的某种简单形式近似表达出来。按照位移模式的选取原则,令单元内任意一点 $P(X,Y)$ 的位移分量近似表达为

$$
\begin{cases} U(X,Y) = \alpha_1 + \alpha_2 X + \alpha_3 Y \\ V(X,Y) = \alpha_4 + \alpha_5 X + \alpha_6 Y \end{cases} \tag{3-8}
$$

上式为单元的位移函数, $\alpha_i(i=1\sim6)$ 为待定系数, α_i 的个数必须与单元总自由度数相等。把各节点坐标代入式(3-8),得

$$
\begin{cases} U_i = \alpha_1 + \alpha_2 X_i + \alpha_3 Y_i \\ U_j = \alpha_1 + \alpha_2 X_j + \alpha_3 Y_j \\ U_m = \alpha_1 + \alpha_2 X_m + \alpha_3 Y_m \end{cases}
$$

$$
\begin{cases} V_i = \alpha_4 + \alpha_5 X_i + \alpha_6 Y_i \\ V_j = \alpha_4 + \alpha_5 X_j + \alpha_6 Y_j \\ V_m = \alpha_4 + \alpha_5 X_m + \alpha_6 Y_m \end{cases}
$$

应用克莱姆法则联立求解上式左右边方程,求得 $\alpha_1\sim\alpha_6$,并按节点位移所在列进行行列式展开,有

$$
\alpha_1 = \frac{1}{2\Delta} \begin{vmatrix} U_i & X_i & Y_i \\ U_j & X_j & Y_j \\ U_m & X_m & Y_m \end{vmatrix} = \frac{1}{2\Delta}(a_i U_i + a_j U_j + a_m U_m)
$$

$$
\alpha_2 = \frac{1}{2\Delta} \begin{vmatrix} 1 & U_i & Y_i \\ 1 & U_j & Y_j \\ 1 & U_m & Y_m \end{vmatrix} = \frac{1}{2\Delta}(b_i U_i + b_j U_j + b_m U_m)
$$

$$
\alpha_3 = \frac{1}{2\Delta} \begin{vmatrix} 1 & X_i & U_i \\ 1 & X_j & U_j \\ 1 & X_m & U_m \end{vmatrix} = \frac{1}{2\Delta}(c_i U_i + c_j U_j + c_m U_m)
$$

42

$$\alpha_4 = \frac{1}{2\Delta} \begin{vmatrix} V_i & X_i & Y_i \\ V_j & X_j & Y_j \\ V_m & X_m & Y_m \end{vmatrix} = \frac{1}{2\Delta}(a_i V_i + a_j V_j + a_m V_m)$$

$$\alpha_5 = \frac{1}{2\Delta} \begin{vmatrix} 1 & V_i & Y_i \\ 1 & V_j & Y_j \\ 1 & V_m & Y_m \end{vmatrix} = \frac{1}{2\Delta}(b_i V_i + b_j V_j + b_m V_m)$$

$$\alpha_6 = \frac{1}{2\Delta} \begin{vmatrix} 1 & X_i & V_i \\ 1 & X_j & V_j \\ 1 & X_m & V_m \end{vmatrix} = \frac{1}{2\Delta}(c_i V_i + c_j V_j + c_m V_m)$$

式中

$$2\Delta = \begin{vmatrix} 1 & X_i & Y_i \\ 1 & X_j & Y_j \\ 1 & X_k & Y_k \end{vmatrix}$$

其中:Δ 为三角形 $\triangle ijm$ 的面积(注:为了使三角形面积不为负值,i、j、m 应按逆时针排列)

$a_i , b_i , c_i \Rightarrow 2\Delta$ 行列式第 1 行对应元素代数余子数:

$$a_i = X_j Y_m - X_m Y_j, b_i = Y_j - Y_m, c_i = X_m - X_j$$

$a_j , b_j , c_j \Rightarrow 2\Delta$ 行列式第 2 行对应元素代数余子数:

$$a_j = X_m Y_i - X_i Y_m, b_j = Y_m - Y_i, c_j = X_i - X_m$$

$a_m , b_m , c_m \Rightarrow 2\Delta$ 行列式第 3 行对应元素代数余子数:

$$a_m = X_i Y_j - X_j Y_i, b_i = Y_i - Y_j, c_m = X_j - X_i$$

将 $\alpha_1 \sim \alpha_6$ 代入式(3-8),得

$$U = \frac{1}{2\Delta}\big[(a_i + b_i X + c_i Y) U_i + (a_j + b_j X + c_j Y) U_j + (a_m + b_m X + c_m Y) U_m \big] =$$

$$N_i U_i + N_j U_j + N_m U_m$$

$$V = \frac{1}{2\Delta}\big[(a_i + b_i X + c_i Y) V_i + (a_j + b_j X + c_j Y) V_j + (a_m + b_m X + c_m Y) V_m \big] =$$

$$N_i V_i + N_j V_j + N_m V_m$$

令

$$N_i = \frac{(a_i + b_i X + c_i Y)}{2\Delta} \quad (i、j、m \ 轮换) \tag{3-9}$$

则位移函数可表示为

$$\begin{cases} U(x,y) = N_i U_i + N_j U_j + N_m U_m \\ V(x,y) = N_i V_i + N_j V_j + N_m V_m \end{cases} \tag{3-10}$$

用矩阵形式简化为

$$[\boldsymbol{d}] = \begin{bmatrix} U \\ V \end{bmatrix} = \begin{bmatrix} N_i & 0 & \vdots & N_j & 0 & \vdots & N_m & 0 \\ 0 & N_i & \vdots & 0 & N_j & \vdots & 0 & N_m \end{bmatrix} [\boldsymbol{\delta}^e] = [\boldsymbol{N}][\boldsymbol{\delta}^e] \qquad (3-11)$$

3.4.5　3 节点三角形单元内任意一点的应变

利用据弹性力学几何方程对位移函数插值表达式求导,则线应变、剪应变列阵为

$$[\boldsymbol{\varepsilon}] = \begin{bmatrix} \varepsilon_X \\ \varepsilon_Y \\ \gamma_{XY} \end{bmatrix} = \begin{bmatrix} \dfrac{\partial U}{\partial X} \\ \dfrac{\partial V}{\partial Y} \\ \dfrac{\partial U}{\partial Y} + \dfrac{\partial V}{\partial X} \end{bmatrix} = \frac{1}{2\Delta} \begin{bmatrix} b_i & 0 & \vdots & b_j & 0 & \vdots & b_m & 0 \\ 0 & c_i & \vdots & 0 & c_j & \vdots & 0 & c_m \\ c_i & b_i & \vdots & c_j & b_j & \vdots & c_m & b_m \end{bmatrix} \begin{bmatrix} U_i \\ V_i \\ U_j \\ V_j \\ U_m \\ V_m \end{bmatrix} = [\boldsymbol{B}][\boldsymbol{\delta}^e]$$

$$(3-12)$$

式中: $[\boldsymbol{B}]$ 为单元几何矩阵。

上述方程称为应变方程。该式的物理意义是将单元内任意点的应变分量也用节点位移分量表示。

3.4.6　3 节点三角形单元内任意一点的应力

利用广义胡克定律,通过应变求出单元应力方程为

$$[\boldsymbol{s}] = \begin{bmatrix} s_X \\ s_Y \\ \tau_{XY} \end{bmatrix} = [\boldsymbol{D}][\boldsymbol{e}] = [\boldsymbol{D}][\boldsymbol{B}][\boldsymbol{\delta}^e] \qquad (3-13)$$

式中: $[\boldsymbol{D}]$ 为材料的弹性矩阵,它反映了单元材料方面的特性。

对于平面应力问题,有

$$[\boldsymbol{D}] = \frac{E}{1-\mu^2} \begin{bmatrix} 1 & \mu & 0 \\ \mu & 1 & 0 \\ 0 & 0 & \dfrac{1-\mu}{2} \end{bmatrix}$$

对于平面应变问题,只需把 $[\boldsymbol{D}]$ 中 E 换成 $\dfrac{E}{1-\mu^2}$, μ 换成 $\dfrac{\mu}{1-\mu}$ 。

3.4.7　3 节点三角形单元刚度矩阵的求解

确定单元刚度矩阵的方法主要有直接刚度法和能量原理法。对于像三角形这样稍复杂的单元是较难采用直接刚度法确定单元刚度矩阵的,这时可采用弹性力学中的虚功原理法。

若平面 3 节点三角形单元节点产生虚位移为

$$[\boldsymbol{\delta}^{*e}] = [U_i^*, V_i^*, U_j^*, V_j^*, U_k^*, V_k^*]^{\mathrm{T}}$$

则单元内各点将产生相应的虚位移 U^*、V^* 和虚应变 ε_X^*、ε_Y^*、γ_{XY}^*，由单元应变方程、单元应力方程可知，它们都是坐标 X、Y 的函数。

（1）单元节点力的虚功：

$$A_F^* = U_i^* F_{iX} + V_i^* F_{iY} + U_j^* F_{jX} + V_j^* F_{jY} + U_m^* F_{mX} + V_m^* F_{mY} = \left(\left[d^{*e}\right]\right)^{\mathrm{T}}\left[F^e\right]$$

（2）单元内力的虚功：单元内任意点虚位移为

$$\left[d^*\right] = \begin{bmatrix} U^* \\ V^* \end{bmatrix} = [N][d^{*e}]$$

单元内任意点虚应变为

$$[\varepsilon^*] = \begin{bmatrix} \varepsilon_X^* \\ \varepsilon_Y^* \\ \gamma_{XY}^* \end{bmatrix} = [B][\delta^{*e}]$$

则单元内力（应力）所做的虚功为

$$A_\sigma^* = \int_V (\varepsilon_X^* \sigma_X^* + \varepsilon_Y^* \sigma_Y^* + \gamma_{XY}^* \tau_{XY}^*)\mathrm{d}V = \int_V [\varepsilon^*]^{\mathrm{T}}[\sigma^*]\mathrm{d}V =$$

$$\int_V [\delta^{*e}]^{\mathrm{T}}[B]^{\mathrm{T}}[D][B][\delta^{*e}]\mathrm{d}V$$

式中：$[\delta^{*e}]^{\mathrm{T}}$、$[\delta^{*e}]$ 均与坐标 X、Y 无关，可以从积分符号中提出，即

$$A_\sigma^* = \int_V [\delta^{*e}]^{\mathrm{T}}[B]^{\mathrm{T}}[D][B][\delta^{*e}]\mathrm{d}V = [\delta^{*e}]^{\mathrm{T}}\int_V [B]^{\mathrm{T}}[D][B]\mathrm{d}V[\delta^{*e}]$$

根据虚功方程有

$$[\delta^{*e}]^{\mathrm{T}}[F]^e = [\delta^{*e}]^{\mathrm{T}}\int_V [B]^{\mathrm{T}}[D][B]\mathrm{d}V \cdot [\delta^{*e}]$$

故单元刚度矩阵为

$$[K^e] = \int_V [B]^{\mathrm{T}}[D][B]\mathrm{d}V \qquad (3-14)$$

上式为单元刚度矩阵的普遍公式，它适用于各种类型的单元。

对于三角形常应变单元，其位移函数为坐标的线性函数，因此公式中的 $[B]$、$[D]$ 均为常量矩阵，它们可以提到积分号外面，此外 $\mathrm{d}V$ 是单元内微分体的体积，即 $\mathrm{d}V = t\mathrm{d}X \cdot \mathrm{d}Y$（$t$ 为单元厚度）。对每一单元而言，其厚度 t 通常为常量，则式（3-14）可表示为

$$[K] = \int_V [B]^{\mathrm{T}}[D][B]\mathrm{d}V = \int_V [B]^{\mathrm{T}}[D][B]t\mathrm{d}X \cdot \mathrm{d}Y = [B]^{\mathrm{T}}[D][B]t\Delta$$

而应变矩阵 B 可用分块矩阵表示为

$$B = \frac{1}{2\Delta}\begin{bmatrix} b_i & 0 & \vdots & b_j & 0 & \vdots & b_m & 0 \\ 0 & c_i & \vdots & 0 & c_j & \vdots & 0 & c_m \\ c_i & b_i & \vdots & c_j & b_j & \vdots & c_m & b_m \end{bmatrix}$$

令

$$B = \begin{bmatrix} B_i & \vdots & B_j & \vdots & B_m \end{bmatrix}$$

式中

45

$$B_i = \frac{1}{2\Delta}\begin{bmatrix} b_i & 0 \\ 0 & c_i \\ c_i & b_i \end{bmatrix} (i、j、m \; 轮换)$$

则三角形常应变单元 $[\boldsymbol{K}^e]$ 可用子矩阵表示为

$$[\boldsymbol{K}^e] = t\Delta[B_i \quad B_j \quad B_m][D][B_i \quad B_j \quad B_m] = t\Delta\begin{bmatrix} B_i^{\mathrm{T}} \\ B_j^{\mathrm{T}} \\ B_m^{\mathrm{T}} \end{bmatrix}[D][B_i \quad B_j \quad B_m]$$

$$[\boldsymbol{K}^e] = t\Delta\begin{bmatrix} B_i^{\mathrm{T}}DB_i & B_i^{\mathrm{T}}DB_j & B_i^{\mathrm{T}}D_m \\ B_j^{\mathrm{T}}DB_i & B_j^{\mathrm{T}}DB_j & B_j^{\mathrm{T}}D_m \\ B_m^{\mathrm{T}}DB_i & B_m^{\mathrm{T}}DB_j & B_m^{\mathrm{T}}DB_m \end{bmatrix} = \begin{bmatrix} K_{ii} & K_{ij} & K_{im} \\ K_{ji} & K_{jj} & K_{jm} \\ K_{mi} & K_{mj} & K_{mm} \end{bmatrix} \qquad (3-15)$$

式中的子刚阵为

$$K_{\mathrm{rs}} = t\Delta[B_r^{\mathrm{T}}]_{2\times3}[D]_{3\times3}[B_s]_{3\times3}$$

即 K_{rs} 是 2×2 的矩阵。

对于平面应力问题,将 D 代入上式,展开后得

$$K_{\mathrm{rs}} = t\Delta\frac{1}{2\Delta}\begin{bmatrix} b_r & 0 & c_r \\ 0 & c_r & b_r \end{bmatrix}\frac{E}{1-\mu^2}\begin{bmatrix} 1 & \mu & 0 \\ \mu & 1 & 0 \\ 0 & 0 & \frac{1-\mu}{2} \end{bmatrix}\frac{1}{2\Delta}\begin{bmatrix} b_s & 0 \\ 0 & c_s \\ c_s & b_s \end{bmatrix} =$$

$$\frac{Et}{4\Delta(1-\mu^2)}\begin{bmatrix} b_rb_s + \dfrac{1-\mu}{2}c_rc_s & \mu b_rb_s + \dfrac{1-\mu}{2}c_rb_s \\ \mu\, b_rb_s + \dfrac{1-\mu}{2}c_rb_s & \mu c_rc_s + \dfrac{1-\mu}{2}b_rb_s \end{bmatrix} \qquad (r,s = i,j,m) \quad (3-16)$$

由上述公式可知,单元刚度矩阵诸元素的数值取决于该单元的形状、大小和单元的材料性质,它不随单元或坐标轴的平移而改变。

3.5 单元阶次简介

在位移型有限元中,单元位移函数是用广义坐标多项式形式表示的。推导可知,广义坐标多项式形式可转化为插值表达形式,这种插值表达形式不但概念清晰且便于计算,也即通过结构总刚方程求出全部节点位移后,单元内任一点的位移则可通过单元节点位移插值求得。显然参与插值的节点越多,插值精度就越高。为了提高单元的计算精度,可以通过增加每条边上的节点数目来实现,相应也提高了插值函数的阶次。

若将位移函数表达式中某广义坐标分量的最高次数称为单元的次数,则有一次单元、二次单元、三次单元、高次单元等之分,如图 3-14 ~ 图 3-16 所示。对于一次变化的单元即线性单元,角节点之间的边界上没有内节点。二次变化的单元,在角节点之间的边

界上必须适当的配置一个边内节点(该节点一般取此边的中点)。三次变化的单元,则必须在每个边界上配置两个边内节点。高阶变化单元是在端(或角)节点之间的边界上适当配置两个或两个以上的边内节点。有时为了最大提高插值精度,还需在单元内部配置节点。由于内部节点的存在将增加表达式和计算上的复杂性,除非必须,一般不予考虑。

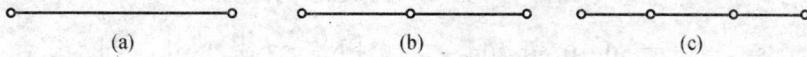

图 3-14　一维单元
(a) 线性单元;(b) 二次单元;(c) 三次单元。

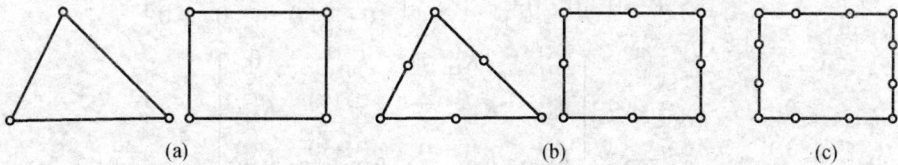

图 3-15　二维单元
(a) 线性单元;(b) 二次单元;(c) 三次单元。

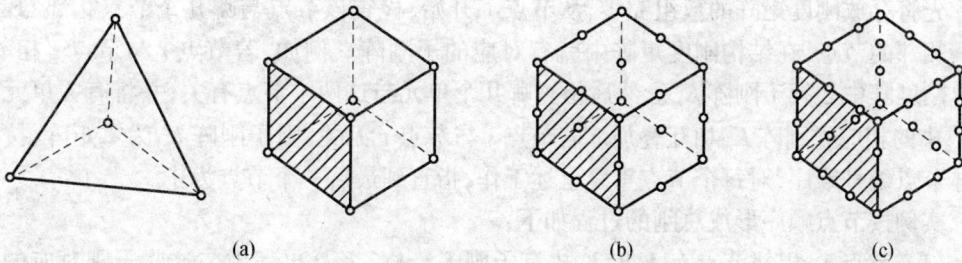

图 3-16　三维单元
(a) 线性单元;(b) 二次单元;(c) 三次单元。

3.6　总体刚度矩阵的建立技术

前面可以看出:①单元刚度矩阵的阶数等于单元自由度数,结构刚度矩阵阶数等于结构自由度数;②总刚矩阵是由单元矩阵中的分块矩阵组合而成的,也就是说,每一个单元矩阵的分块矩阵对总刚矩阵都有贡献;③按节点从小到大的顺序来构造总体刚度方程,即按节点顺序构造节点载荷列阵、总刚矩阵、节点位移列阵。因此,构建总体刚度矩阵时首先必须坚守这一原则。在求出全部单元刚度矩阵后,怎样由单元刚度矩阵组装成总体刚度矩阵呢?下面以图 3-17 为例介绍两种常用方法。

1. 按单元形成结构刚度矩阵

先将存放结构刚度矩阵的数组充零,然后从第一个单元开始,计算单元刚度矩阵 K^e,并将 K^e 的每个元素存放到结构刚度矩阵的相应位置上。若在送入某单元刚度元素时某子刚阵位置上已有数值,则需要叠加上去。当依次做完最后一个单元时,便形成了结构刚度矩阵$[K]$。按单元子刚形成总刚的过程如下:

47

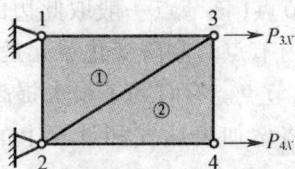

图 3 - 17 总刚矩阵快速建立实例

$$[K] = \begin{bmatrix} 0 & 0 & 0 & 0 \\ 0 & 0 & 0 & 0 \\ 0 & 0 & 0 & 0 \\ 0 & 0 & 0 & 0 \end{bmatrix} + [K^{(1)}] \Rightarrow \begin{bmatrix} K_{11}^{(1)} & K_{12}^{(1)} & K_{13}^{(1)} & 0 \\ K_{21}^{(1)} & K_{22}^{(1)} & K_{23}^{(1)} & 0 \\ K_{31}^{(1)} & K_{32}^{(1)} & K_{33}^{(1)} & 0 \\ 0 & 0 & 0 & 0 \end{bmatrix}$$

$$+ [K^{(2)}] \Rightarrow \begin{bmatrix} K_{11}^{(1)} & K_{12}^{(1)} & K_{13}^{(1)} & 0 \\ K_{21}^{(1)} & K_{22}^{(1)+(2)} & K_{23}^{(1)+(2)} & K_{24}^{(2)} \\ K_{31}^{(1)} & K_{32}^{(1)+(2)} & K_{33}^{(1)+(2)} & K_{34}^{(2)} \\ 0 & K_{42}^{(2)} & K_{43}^{(2)} & K_{44}^{(2)} \end{bmatrix}$$

2. 按节点形成结构刚度矩阵

先将存放刚度矩阵的数组充零,从节点 1 开始,检查该节点与哪几个节点相邻,凡是与其相邻的节点,在结构刚度矩阵中就有对应的子刚阵。例如,若节点 r 与节点 s 相邻,则总刚度阵中必有子刚阵 K_{rs}。然后检查哪几个单元与这两个节点有关,并将有关单元的 $[K^e]$ 中的相应子刚阵 K_{rs} 相互叠加。若节点 s 与节点 r 无关,则子刚阵 K_{rs} 为零矩阵,按照总体节点编号顺序,对每个节点重复上述工作,指直到最后一个节点为止。

实例按节点顺序形成总刚的过程如下:

(1) 节点 1:相邻节点有 1、2、3,故有子刚 K_{11}、K_{12}、K_{13},再考虑与这些子刚对应的单元,得结构刚度矩阵的第一行为 $K_{11}^{(1)}$,$K_{12}^{(1)}$,$K_{13}^{(1)}$,0。

(2) 节点 2:相邻节点有 1、2、3、4,故有子刚 K_{21}、K_{22}、K_{23}、K_{24},再考虑与这些子刚对应的单元,得结构刚度矩阵的第二行为 $K_{21}^{(1)}$,$K_{22}^{(1)+(2)}$,$K_{23}^{(1)+(2)}$,$K_{24}^{(2)}$。

(3) 节点 3:相邻节点有 1、2、3、4,故有子刚 K_{31}、K_{32}、K_{33}、K_{34},再考虑与这些子刚对应的单元,得结构刚度矩阵的第二行为 $K_{31}^{(1)}$,$K_{32}^{(1)+(2)}$,$K_{33}^{(1)+(2)}$,$K_{34}^{(2)}$。依次类推。

3.7 结构刚度矩阵的性质

结构刚度矩阵是由单元刚度矩阵集合而成的,因此它具有单元刚度矩阵的某些性质,如对称性、奇异性等。在进行有限元程序设计时,利用这些性质可以减少计算工作量,并节省计算机的存储量。

(1) 结构刚度矩阵是一个对称方阵。因为单元刚度矩阵是对称方阵,因此由单元刚度矩阵依次叠加而成的结构刚度矩阵必然也是对称方阵。在进行有限元程序设计时,利用这一性质可以只计算及存储结构刚度矩阵的上三角或下三角,从而大大减少了计算工作量及对计算机存储要求。

(2) 结构刚度矩阵是一个奇异矩阵。从物理上讲,在建立结构刚度矩阵的过程中,并没有对结构施加约束,因而没有消除结构的刚体位移;从数学上讲,可以证明结构刚度矩阵的逆阵不存在,因此它是奇异矩阵。只有引入位移边界条件,对结构刚度矩阵进行适当处理后,才能消除它的奇异性,使之成为正定矩阵,从而保证线性代数方程组有唯一解。

(3) 结构刚度矩阵是一个稀疏矩阵。由前面得知,对于结构中的任一节点 r,若节点 s 与其相邻,则结构刚度矩阵中必有非零的子刚阵 K_{rs};反之,若节点 s 与节点 r 不相邻,则结构刚度矩阵中的相应子刚阵 K_{rs} 为零矩阵。当一个结构被离散化以后,尽管单元与节点的数目很多,但每个节点只与周围的有限个单元有关。对于任一节点 r 而言,与其相邻的节点为数并不多。因此,在结构刚度矩阵中必然存在大量的零元素,所以结构刚度矩阵是一个具有大量零元素的稀疏矩阵(图 3-18(a))。

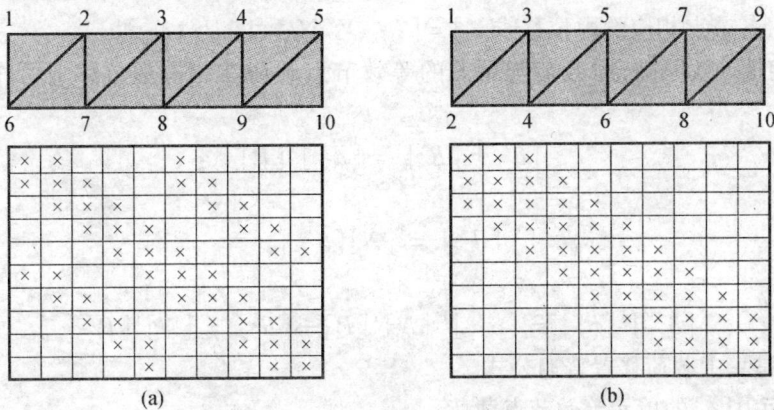

图 3-18 具有大量零元素的稀疏矩阵

第二种方式与第一种方式相比,结构刚度矩阵非零元素的排列方式不同,呈带状(图 3-18(b))。由此可见,结构刚度矩阵中非零元素的排列方式与节点编号方式有关。计算实践表明,带状稀疏矩阵不仅可以节省计算机的存储量,而且还可以提高计算效率。因此,在节点编号时,应力求使同一单元的节点号比较接近,即同一单元内的最大节点号差值尽可能小,从而使结构刚度矩阵接近于带状。

(4) 结构刚度矩阵仅与结构的几何形状、单元划分形式、尺寸以及材料性能有关,而与结构所承受的载荷无关。

3.8 非节点载荷的等效移置及通用公式

在有限元分析中,认为单元与单元之间仅通过节点相互联系。因此,在结构离散化过程中,如果外载荷不是直接作用在节点上,那么就需要将非节点载荷向节点等效移置。非节点载荷向节点的移置遵循如下原则:

(1) 非节点载荷只在所属单元范围内进行移置,即将各单元所受的非节点外载荷分别移置到各单元相应的节点上。按照圣维南原理,在局部区域内,外载荷等效移置后,只可能在该区域内产生误差,而不会影响整个结构的变形或应力状态。在有限元分析中,一般所取的单元较小,则单元载荷在单元内向节点移置对结果不会带来很大的影响。因此只需介绍单元载荷移置问题。

49

（2）单元载荷移置遵循能量等效原则，即单元的实际载荷与移置后的节点载荷在相应的虚位移上所做的功相等。

（3）在公共节点处应用力的叠加原理，可求出该节点上的全部等效节点载荷。

3.8.1 非节点载荷移置通用公式

1. 非节点集中力[P]的单元等效节点载荷

设单元 ijm 中任一点 (X,Y) 处作用有集中力 $[P]=[P_X \quad P_Y]^T$，移置后的等效节点载荷列阵 $[R^e]=[R_{iX} \quad R_{iY} \quad R_{jX} \quad R_{jY} \quad R_{mX} \quad R_{mY}]^T$。

假设单元发生一微小虚位移，则集中力 P 的作用点 (X,Y) 处的相应虚位移 $[d^*]=[U^*,V^*]^T$，各节点相应的虚位移 $[d^{*e}]=[U_i^*,V_i^*,U_j^*,V_j^*\ U_m^*,V_m^*]^T$。

根据能量等效原则，原载荷与单元的等效节点载荷在相应虚位移上所作的虚功相等，有

$$[\delta^{*e}]^T[R^e]=[d^*]^T[P]$$

因为

$$[d^*]=[N][\delta^{*e}]$$

代入上式有

$$[\delta^{*e}]^T[R^e]=[\delta^{*e}]^T[N]^T[P]\Rightarrow[R^e]=[N]^T[P] \qquad (3-17)$$

式(3-17)是集中载荷移置普遍公式。

2. 表面力[q]的单元等效节点载荷

设单元 ijm 的 jm 边上作用有表面力 $[q]=[q_X,q_Y]^T$，可以将微元面积 ds 上的表面力 qds 当作集中力 P，利用集中力载荷移置普遍公式，有

$$[R]^e=\int_s[N]^T[q]\mathrm{d}s \qquad (3-18)$$

式(3-18)是表面力载荷移置普遍公式。即表面力移置后的等效节点载荷等于形函数转置形式与表面力的乘积在表面力单元作用范围面上进行面积分。

3. 体积力[g]的单元等效节点载荷

设单元 ijm 上作用有体积力，单位体积密度 $[g]=[g_X,g_Y]^T$，可以将微元体 dv 上的体力 $[g]dv$ 当作集中力 P，利用集中力载荷移置普遍公式，有

$$[R^e]=\int_v[N]^T[g]\mathrm{d}v \qquad (3-19)$$

式(3-19)为体积力载荷移置普遍公式。即体积力移置后的等效节点载荷等于形函数转置形式与体积力的乘积在单元体范围上进行体积分。

当单元存在多个非节点载荷作用时，单元等效节点力用叠加法求出。需要指出的是：载荷移置必须在结构的局部区域内进行。

3.8.2 非节点载荷移置应用实例

[实例1] 以单元自重或作用在单元形心处的集中力为例，说明如何利用普遍公式化进行单元的载荷移置。设在三角形单元 ijm 形心 c 处作用有一垂直向下的集中载荷 W，如图3-19所示，求单元的等效节点载荷 $[R^e]$。

解:集中力$[P] = [0, -W]^\mathrm{T}$,作用在形心c处。由集中力载荷移置普遍公式有

$$[F^e] = [N]^\mathrm{T}[P] = \begin{bmatrix} N_i & 0 \\ 0 & N_i \\ N_j & 0 \\ 0 & N_j \\ N_m & 0 \\ 0 & N_m \end{bmatrix} \begin{bmatrix} 0 \\ -W \end{bmatrix} = \begin{bmatrix} 0 \\ -N_i W \\ 0 \\ -N_j W \\ 0 \\ -N_m W \end{bmatrix}$$

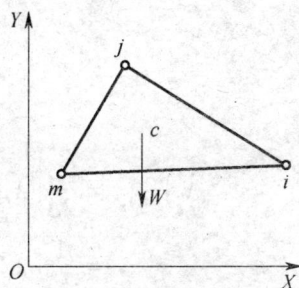

图3-19　三角形形心处集中载荷移置

而

$$N_i\big|_{(X_c, Y_c)} = \frac{1}{2\Delta}(a_i + b_i X_c + c_i Y_c), X_c = \frac{1}{3}(X_i + X_j + X_m), Y_c = \frac{1}{3}(Y_i + Y_j + Y_m)$$

代入有

$$N_i\big|_{(X_c, Y_c)} = \frac{1}{2\Delta}\Big[a_i + \frac{1}{3}(X_i + X_j + X_m)b_i + \frac{1}{3}(Y_i + Y_j + Y_m)c_i\Big] =$$

$$\frac{1}{6\Delta}[(a_i + X_i b_i + Y_i c_i) + (a_i + X_j b_i + Y_j c_i) + (a_i + X_m b_i + Y_m c_i)] =$$

$$\frac{1}{6\Delta}[2\Delta + 0 + 0] = \frac{1}{3}$$

同理,可以求得

$$N_j\big|_{(X_c, Y_c)} = N_m\big|_{(X_c, Y_c)} = \frac{1}{3}$$

故

$$[R^e] = \frac{-W}{3}\begin{bmatrix} 0 & 1 & 0 & 1 & 0 & 1 \end{bmatrix}^\mathrm{T}$$

[实例2] 单元边界上的集中力。

设单元在ij边上受有x轴方向的集中力P,其作用点a距i、j节点分别为l_i、l_j,如图3-20所示。

此处的集中力$[P] = [P, 0]^\mathrm{T}$,作用在a处。根据载荷移置普遍公式有

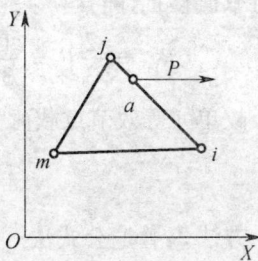

图3-20　三角形单元边界上的集中载荷移置

$$[F^e] = [N]^\mathrm{T}[P] = \begin{bmatrix} N_i & 0 \\ 0 & N_i \\ N_j & 0 \\ 0 & N_j \\ N_m & 0 \\ 0 & N_m \end{bmatrix} \begin{bmatrix} P \\ 0 \end{bmatrix} = \begin{bmatrix} N_i P \\ 0 \\ N_j P \\ 0 \\ N_m P \\ 0 \end{bmatrix}$$

而

$$N_i\big|_{(X_a Y_a)} = \frac{1}{2\Delta}(a_i + b_i X_a + c_i Y_a), X_a = \frac{l_j}{l_i + l_j}(X_i - X_j) + X_j, Y_a = \frac{l_j}{l_i + l_j}(Y_i - Y_j) + Y_j$$

51

令

$$\lambda_j = \frac{l_j}{l_i + l_j}$$

则有

$$N_i\big|_{(X_a Y_a)} = \frac{1}{2\Delta}\big[\lambda_j(a_i + b_i X_i + c_i Y_i) + (1 - \lambda_j)(a_i + b_i X_j + c_i Y_j)\big]$$

$$= \frac{1}{2\Delta}\big[\lambda_j 2\Delta + (1 - \lambda_j)0\big] = \lambda_j$$

同理,可求得

$$N_j = 1 - \lambda_j, N_m = 0$$

故单元载荷列阵为

$$[R^e] = [R_{iX}, R_{iY}, R_{jX}, R_{jY}, R_{mX}, R_{mY}]^{\mathrm{T}} = P\left[\frac{l_j}{l_i + l_j}, 0, \frac{l_i}{l_i + l_j}, 0, 0, 0\right]^{\mathrm{T}}$$

由前面分析结果可知,对于线性位移函数单元,在进行非节点载荷等效移置时,若按刚体静力等效原则,也可得到相同的结果。

[实例 3] 3 节点三角形单元 ij 边界上沿 X 轴方向受有三角形分布载荷(图 3 – 21)。

方法 1:刚体静力等效原则。

ij 边上的三角形分布载荷可以看成是作用于 b 点的集中力 $P = \frac{1}{2}qlt$,沿 X 轴方向。作用位置 b 应为三角形分布载荷的形心处,即距节点 i 为 $l_i = 1/3$,距节点 j 为 $l_j = 2/3$。

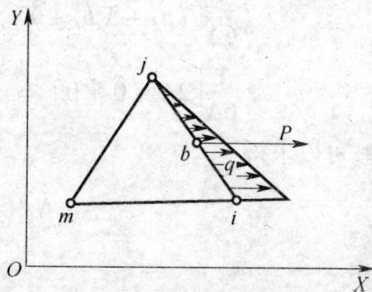

对于线性位移单元,可根据刚体静力等效原则进行载荷移置,即有

图 3 – 21 三角形单元边界分布载荷移置

$$R_{iX}^e = \frac{2}{3}P = \frac{1}{3}qlt, R_{jX}^e = \frac{1}{3}P = \frac{1}{6}qlt, R_{iY}^e = R_{jY}^e = R_{mX}^e = R_{mY}^e = 0$$

故单元等效节点载荷为

$$[R^e] = \frac{1}{2}qlt\left[\frac{2}{3}\quad 0\quad \frac{1}{3}\quad 0\quad 0\quad 0\right]^{\mathrm{T}}$$

方法 2:普遍公式法。

沿边界 $i \to j$ 取局部坐标 s,则 $p_{sX} = \frac{l-s}{l}q, p_{sY} = 0$ 表面载荷为 $p_s = \left[\frac{l-s}{l}q\quad 0\right]^{\mathrm{T}}$

$$[R^e] = \int\begin{bmatrix} N_i & 0 \\ 0 & N_i \\ N_j & 0 \\ 0 & N_j \\ N_m & 0 \\ 0 & N_m \end{bmatrix}\begin{bmatrix} \frac{l-s}{l}q \\ 0 \end{bmatrix}t\mathrm{d}s = \int\begin{bmatrix} N_i \\ 0 \\ N_j \\ 0 \\ N_m \\ 0 \end{bmatrix}\frac{l-s}{l}qt\mathrm{d}s = \begin{bmatrix} 2/3 \\ 0 \\ 1/3 \\ 0 \\ 0 \\ 0 \end{bmatrix}qh\int\frac{l-s}{l}\mathrm{d}s = \frac{1}{2}qtl\begin{bmatrix} 2/3 \\ 0 \\ 1/3 \\ 0 \\ 0 \\ 0 \end{bmatrix}$$

3.9 结构有限元方程求解方法

用有限元法进行结构应力分析时,解题的一般步骤是:首先将计算对象的结构形状进行简化,并根据承载状况、边界条件转化为力学模型;然后将结构理想化成有限个单元的组合体(结构离散化),因而确定了单元的各种信息(如节点的坐标及编号等),经过计算单元刚度矩阵,形成结构总体刚度矩阵和总体载荷列阵,引入几何边界条件,解线性代数方程组

$$[K][\delta] = [R]$$

求出节点位移;最后计算位移、应变和应力。

有限元分析的效率很大程度上取决于求解这个庞大的线性代数方程组,解方程组的时间在整个解题时间中占有很大比重。若采用不适当的解题方法,不仅计算时间增多,计算费用加大,更严重的有可能导致求解过程的不稳定或求解失败。

求解线性代数方程组大致分为如下两类方法:

1. 直接法

直接法是通过有限个算术运算来求出方程组的解,它以高斯消去法为基础,求解效率高,在方程组的阶数不太高时(如不超过 10000 阶)通常采用直接法,如高斯消去法。

高斯消去法是一种古老而又比较成熟的解线性代数方程组的方法。在计算机问世以来,它仍然是解线性代数方程组最常用和最有效的方法之一。其基本思想是逐行逐次消去一个未知数,最后将原方程变成一个等价的三角形方程,再经逐个回代,解出全部未知数。现以下列结构刚度方程来说明高斯消去法的计算步骤。

设有刚度方程

$$
\begin{bmatrix}
K_{11} & K_{12} & \cdots & K_{1n} \\
K_{21} & K_{22} & \cdots & K_{2n} \\
\vdots & \vdots & \vdots & \vdots \\
K_{n1} & K_{n2} & \cdots & K_{nn}
\end{bmatrix}
\begin{bmatrix}
\delta_1 \\ \delta_2 \\ \vdots \\ \delta_n
\end{bmatrix}
=
\begin{bmatrix}
R_1 \\ R_2 \\ \vdots \\ R_n
\end{bmatrix}
\tag{3-20}
$$

将式(3-20)改写成

$$
\begin{cases}
K_{11}\delta_1 + K_{12}\delta_2 + \cdots + K_{1n}\delta_n = R_1 \\
K_{21}\delta_1 + K_{22}\delta_2 + \cdots + K_{2n}\delta_n = R_2 \\
\quad\quad\quad \cdots\cdots \\
K_{n1}\delta_1 + K_{n2}\delta_2 + \cdots + K_{nn}\delta_n = R_n
\end{cases}
$$

在有限元法中,由于刚度矩阵为正定矩阵,即矩阵各主子阵

$$
K_{11} > 0, \quad
\begin{vmatrix}
K_{11} & K_{12} \\
K_{21} & K_{22}
\end{vmatrix} > 0, \quad
\begin{vmatrix}
K_{11} & K_{12} & K_{13} \\
K_{21} & K_{22} & K_{23} \\
K_{31} & K_{32} & K_{33}
\end{vmatrix} > 0
$$

因此可以用高斯消去法求解。还可以用三角分解法以及适用于更大型方程组求解的波前法、块追赶法和子结构法等方法求解。

当方程组的阶数过高时,由于计算机有效位数的限制,直接法中的舍入误差,以及消

元中有效位数的损失等都将会影响方程求解的精度,这时可采用迭代法。

2. 迭代法

迭代法是用某一极限过程去逐步逼近真实解,不能进行无穷多次的反复计算,而只能用有限次运算达到某一预定的精度,如赛得尔法和超松弛法等。

3.10 有限单元法的通用方程

(1) 单元刚度方程及单元刚度矩阵、单元等效节点载荷:

$$[F^e] = [K^e][\delta^e]$$

$$[K^e] = \int_{ve} [B]^T[D][B]dv$$

$$[R^e] = [N]^T[P] + \int_{dv} [N]^T[g_v]dv + \int_{ds} [N]^T[\rho_A]ds$$

式中:$[B]$ 为单元几何矩阵,它反映单元任一点应变与单元节点位移之间的关系。

(2) 结构刚度方程及结构刚度矩阵、结构载荷列阵:

$$[R] = [K][\delta]$$

式中

$$[R] = \sum_{e=1}^{NE} [G]^T[R^e], [K] = \sum_{e=1}^{NE} [G]^T[K^e][G]$$

其中:NE 为单元数。

(3) 单元内任意一点 $P(X,Y,Z)$ 的应变、应力、位移:

$$[\varepsilon]_{P(X,Y,Z)} = [B][\delta^e]$$

$$[\sigma]_{P(X,Y,Z)} = [D][\varepsilon]_{P(X,Y,X)} = [D][B][\delta^e]$$

$$[d]_{P(X,Y,Z)} = [IN_i, IN_j, IN_m, \cdots][\delta^e] = [N][\delta^e]$$

第4章 杆系结构的有限单元法

机械工程领域中杆件的应用非常广泛,例如,起重运输机的动臂、汽车车架、输变电塔架、油田抽油机和港口输油臂、大型广告牌等,都是由金属杆件所组成。对于这类复杂的杆系结构,由于结构和受力情况复杂,超静定次数较高,难以做精确分析,通常采用有限元法来进行分析。应该注意的是,尽管杆件系统的有限元法与结构力学中的经典位移法并没有很大的区别,但在有限元法中,其"基本结构"的选取有所不同。在有限元法中,凡是杆系的交叉点、边界点、集中力作用点都应取为节点,而节点之间的杆件均可作为单元,即用单元取代了经典位移法中的"基本结构"。

最简单的杆系结构是单独一根二力杆或梁。二力杆有平面二力杆、空间二力杆,梁有平面梁和空间梁,它们的单元特性是分析复杂杆系结构的基础。

4.1 二力杆系结构的有限元分析

根据杆件的取向,二力杆有平面二力杆和空间二力杆。在同一平面内的若干二力杆件若以铰接的方式连接起来的结构,若其所承受的载荷也在该平面内,称此结构为平面二力杆系结构(图4-1);否则,为空间二力杆系结构(图4-2)。二力杆件的分析只需求出杆的变形(拉伸或压缩量)、杆内应力以及杆上两个端点(节点)的位移。

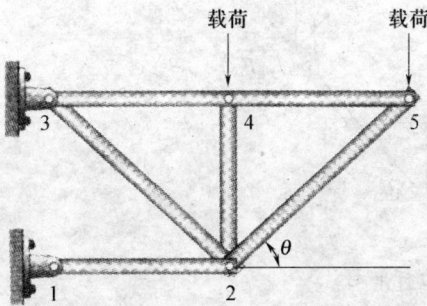

图4-1 平面二力杆系结构

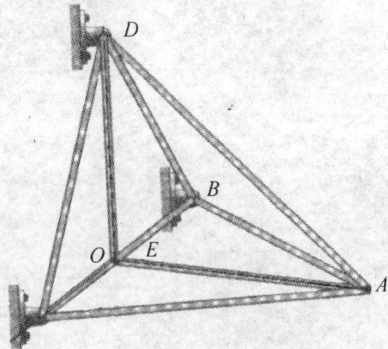

图4-2 空间二力杆系结构

4.1.1 平面二力杆系结构的有限元分析

任何二力杆的平均应力和平均应变(图4-3)分别为

$$\sigma = \frac{F}{A}, \varepsilon = \frac{\Delta L}{L} \tag{4-1}$$

在弹性阶段,应力和应变服从胡克定律:

$$\sigma = E\varepsilon \tag{4-2}$$

结合式(4-1)和(4-2),有

$$F = \left(\frac{AE}{L}\right)\Delta L \qquad (4-3)$$

而有限元的刚度方程为 $F = KX$,则等截面轴心二力
杆的等效刚度为

$$K = \frac{AE}{L} \qquad (4-4)$$

一般来说,杆系结构单元需要两个坐标系来描述,即
整体坐标系 XYZ 和局部坐标系 xyz,局部坐标系常称为单
元坐标系。其中,固定的整体坐标系 XYZ 的作用是:①描
述每个节点的位置,使用角度 θ 记录杆件(单元)的方向;
②施加约束及载荷(表示问题的解),即在整体坐标方向
上每个节点的位移。局部坐标系 xyz 的作用是:描述单元
轴向的力和变形情况,因为二力杆只承受轴向力和产生
轴向变形,这是计算分析需要获得的重要结果。

图4-3　承受力 F 的平面二力杆

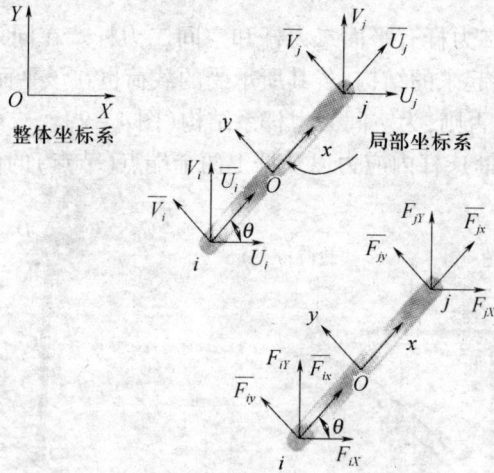

从图4-1平面二力杆系结构中取出一个二力杆单元,设两端的节点分别为 i、j,局部
坐标系和整体坐标系之间的关系如图4-4所示。

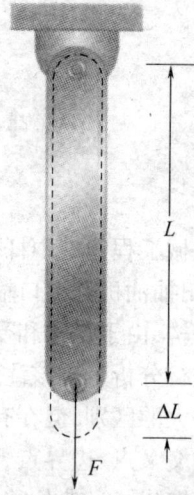

图4-4　平面二力杆单元

为表示方便,将平面二力杆单元 $i-j$ 在整体坐标系和局部坐标系下的单元位移列阵、
单元内力列阵分别记为

$$[F^e] = \begin{bmatrix} F_{iX} \\ F_{iY} \\ F_{jX} \\ F_{jY} \end{bmatrix}, [\delta^e] = \begin{bmatrix} U_i \\ V_i \\ U_j \\ V_j \end{bmatrix}, [\overline{F}^e] = \begin{bmatrix} \overline{F}_{ix} \\ \overline{F}_{iy} \\ \overline{F}_{jx} \\ \overline{F}_{jy} \end{bmatrix}, [\overline{\delta}^e] = \begin{bmatrix} \overline{U}_i \\ \overline{V}_i \\ \overline{U}_j \\ \overline{V}_j \end{bmatrix} \qquad (4-5)$$

56

1. 局部坐标系下的平面二力杆单元特性分析

二力杆单元的应力、应变均是相对单元局部坐标系而言的。需要特别说明的是,在局部坐标系下,二力杆单元节点 y 方向上的位移和力为0,即内力和变形总是沿 x 轴方向的,如图4-5所示。不将这些值设置为0,以便保持对矩阵的一般描述,这将更加容易推导出单元刚度矩阵。

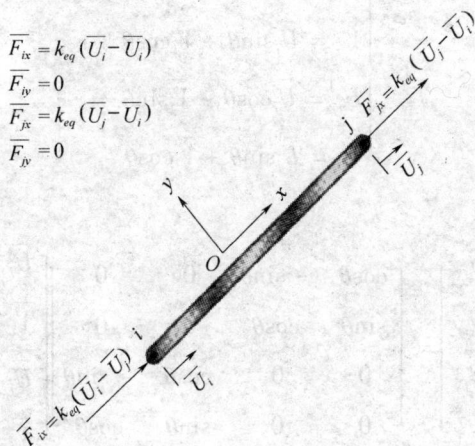

图4-5 二力杆单元的内力图

从图4-5可以看出,局部坐标系下的节点内力矩阵与节点位移列阵之间的关系为

$$\begin{bmatrix} \overline{F}_{ix} \\ \overline{F}_{iy} \\ \overline{F}_{jx} \\ \overline{F}_{jy} \end{bmatrix} = \begin{bmatrix} k_{eq} & 0 & -k_{eq} & 0 \\ 0 & 0 & 0 & 0 \\ -k_{eq} & 0 & k_{eq} & 0 \\ 0 & 0 & 0 & 0 \end{bmatrix} \cdot \begin{bmatrix} \overline{U}_i \\ \overline{V}_i \\ \overline{U}_j \\ \overline{V}_j \end{bmatrix} \qquad (4-6)$$

式中:$k_{eq} = \dfrac{AE}{L}$。

若令 $[\overline{K}^{(e)}] = \begin{bmatrix} k_{eq} & 0 & -k_{eq} & 0 \\ 0 & 0 & 0 & 0 \\ -k_{eq} & 0 & k_{eq} & 0 \\ 0 & 0 & 0 & 0 \end{bmatrix}$

则式(4-6)可简化为

$$[\overline{F}^e] = [\overline{K}^e][\overline{\delta}^e] \qquad (4-7)$$

平面杆单元的应力为

$$\sigma = \frac{F}{A} = \frac{\overline{F}_{ix}}{A} \qquad (4-8)$$

平面杆单元的应变为

$$\varepsilon = \frac{\sigma}{E} \qquad (4-9)$$

2. 整体坐标系下的二力杆单元特性分析

结构有限元方程是以总体坐标系为参照的,因此单元上的节点位移、节点力、载荷、刚度矩阵都必须变换到整体坐标下,才能实现单元的组装。

整体坐标系下的单元节点位移与局部坐标系下的单元节点位移之间的关系为

$$\begin{cases} U_i = \overline{U}_i\cos\theta - \overline{V}_i\sin\theta \\ V_i = \overline{U}_i\sin\theta + \overline{V}_i\cos\theta \\ U_j = \overline{U}_j\cos\theta - \overline{V}_j\sin\theta \\ V_j = \overline{U}_j\sin\theta + \overline{V}_j\cos\theta \end{cases}$$

写成矩阵形式,有

$$\begin{bmatrix} U_{iX} \\ U_{iY} \\ U_{jX} \\ U_{jY} \end{bmatrix} = \begin{bmatrix} \cos\theta & -\sin\theta & 0 & 0 \\ \sin\theta & \cos\theta & 0 & 0 \\ 0 & 0 & \cos\theta & -\sin\theta \\ 0 & 0 & \sin\theta & \cos\theta \end{bmatrix} \begin{bmatrix} \overline{U}_i \\ \overline{V}_i \\ \overline{U}_j \\ \overline{V}_j \end{bmatrix} \qquad (4-10)$$

简化为

$$[\delta^e] = [T][\overline{\delta^e}] \qquad (4-11)$$

式中:$[T]$ 为局部坐标系到整体坐标系的坐标变换矩阵,可表示为

$$[T] = \begin{bmatrix} \cos\theta & -\sin\theta & 0 & 0 \\ \sin\theta & \cos\theta & 0 & 0 \\ 0 & 0 & \cos\theta & -\sin\theta \\ 0 & 0 & \sin\theta & \cos\theta \end{bmatrix} \qquad (4-12)$$

$$[T]^{-1} = \begin{bmatrix} \cos\theta & \sin\theta & 0 & 0 \\ -\sin\theta & \cos\theta & 0 & 0 \\ 0 & 0 & \cos\theta & \sin\theta \\ 0 & 0 & -\sin\theta & \cos\theta \end{bmatrix}$$

类似地,整体力与局部力之间的关系为

$$F_{iX} = \overline{F}_{ix}\cos\theta - \overline{F}_{iy}\sin\theta$$
$$F_{iY} = \overline{F}_{ix}\sin\theta + \overline{F}_{iy}\cos\theta$$
$$F_{jX} = \overline{F}_{jx}\cos\theta - \overline{F}_{jy}\sin\theta$$
$$F_{jY} = \overline{F}_{jx}\sin\theta + \overline{F}_{jy}\cos\theta$$

同样,用矩阵表示为

$$\begin{bmatrix} F_{iX} \\ F_{iY} \\ F_{jX} \\ F_{jY} \end{bmatrix} = \begin{bmatrix} \cos\theta & -\sin\theta & 0 & 0 \\ \sin\theta & \cos\theta & 0 & 0 \\ 0 & 0 & \cos\theta & -\sin\theta \\ 0 & 0 & \sin\theta & \cos\theta \end{bmatrix} \begin{bmatrix} \overline{F}_{ix} \\ \overline{F}_{iy} \\ \overline{F}_{jx} \\ \overline{F}_{jy} \end{bmatrix} \qquad (4-13)$$

简记为

$$[F^e] = [T][\overline{F^e}] \tag{4-14}$$

由式(4-7)和式(4-11),有

$$[F^e] = [T][\overline{K^e}][T]^{-1}[\delta^e]$$

根据单元刚度方程的一般形式$[F^e] = [K^e][\delta^e]$,有

$$[K^e] = [T][\overline{K^e}][T]^{-1} = \frac{AE}{L}\begin{bmatrix} \cos^2\theta & \sin\theta\cos\theta & -\cos^2\theta & -\sin\theta\cos\theta \\ \sin\theta\cos\theta & \sin^2\theta & -\sin\theta\cos\theta & -\sin^2\theta \\ -\cos^2\theta & -\sin\theta\cos\theta & \cos^2\theta & \sin\theta\cos\theta \\ -\sin\theta\cos\theta & -\sin^2\theta & \sin\theta\cos\theta & \sin^2\theta \end{bmatrix} \tag{4-15}$$

用分块矩阵表示为

$$\begin{bmatrix} F_i^e \\ F_j^e \end{bmatrix} = \begin{bmatrix} K_{ii}^e & K_{ij}^e \\ K_{ji}^e & K_{jj}^e \end{bmatrix}\begin{bmatrix} \delta_i^e \\ \delta_j^e \end{bmatrix}$$

4.1.2 空间二力杆单元的有限元分析

空间二力杆的有限元公式是平面二力杆的推广。在整体坐标系下,空间二力杆单元 $i-j$ 的每个节点有 3 个位移未知量,即空间二力杆单元有 6 个自由度:U_i、V_i、W_i、U_j、V_j、W_j,如图 4-6 所示。

空间二力杆单元的推导思路与平面二力杆单元相同,即首先将整体坐标系下的节点位移、节点内力和局部坐标系下的节点位移、节点内力联系起来,得到变换矩阵$[T]$,然后利用二力杆的特性求出$[\overline{K^e}]$,再根据方程(4-15)得到 6 阶单元刚度矩阵$[K^e]$。限于篇幅,其具体过程和公式推导略。

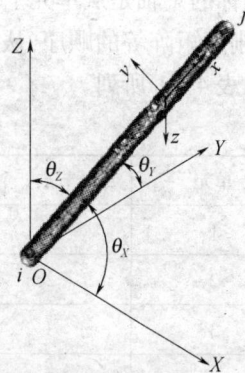

图 4-6 空间二力杆及其和 X、Y、Z 轴形成的角度方向

4.2 桁架结构解题应用实例

设有如图 4-7 所示的桁架,具体尺寸及所受力已标注如图。假设所有杆件为木质材料,弹性模量 $E = 1.90 \times 10^6 \text{lb/in}^2$($\text{lb/in}^2 = 6.89 \times 10^3\text{Pa}$),且横截面积为 8in^2($1\text{in}^2 = 6.45 \times 10^{-4}\text{m}^2$)。试确定每个节点的变形以及每个杆件的平均应力。

解:(1) 前处理阶段:结构离散,产生单元、节点。每个桁架的杆件可看作一个单元,每个连接杆的结合点可看作一个节点。因此,给定的桁架可以 6 个单元和 5 个节点来建模,如图 4-7 所示。

(2) 建立刚度方程:① 单元等效刚度常数。对于单元 1、单元 3、单元 4、单元 6 具有相同的长度、相同的横截面积以及相同的弹性模量,这些杆单元的等效刚度常数为

$$k_{eq} = \frac{AE}{L} = \frac{8 \times 1.90 \times 10^6}{3 \times 12} = 4.22 \times 10^5 (\text{lb/in})$$

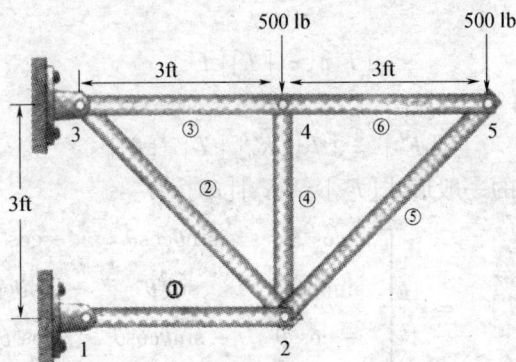

图 4 - 7 桁架(1ft = 3.048 × 10⁻¹ m)

单元 2 和单元 5 的刚度常数为

$$k_{eq} = \frac{AE}{L} = \frac{8 \times 1.90 \times 10^6}{3 \times 12/\sin 45°} = 2.98 \times 10^5 (\text{lb/in})$$

② 单元刚度矩阵计算。单元刚度矩阵计算涉及局部坐标相对整体坐标角度 θ,而局部坐标的 x 轴是从单元上小节点 i 到大节点 j,这样才能对应结构总体位移列阵、载荷列阵、刚度矩阵等的顺序,从而确保单元刚度矩阵在整体矩阵中的对应位置。6 个单元的情况见表 4 - 1 所列。

表 4 - 1 6 个单元的情况

单元	节点 i	节点 j	单元局部坐标系相对结构整体坐标系的角度 $\theta/(°)$
1	1	2	0
2	2	3	135
3	3	4	0
4	2	4	90
5	2	5	45
6	4	5	0

由平面二力杆单元刚度公式,单元

$$[K^e] = k_{eq} \begin{bmatrix} \cos^2\theta & \sin\theta\cos\theta & -\cos^2\theta & -\sin\theta\cos\theta \\ \sin\theta\cos\theta & \sin^2\theta & -\sin\theta\cos\theta & -\sin^2\theta \\ -\cos^2\theta & \sin\theta\cos\theta & \cos^2\theta & \sin\theta\cos\theta \\ -\sin\theta\cos\theta & -\sin^2\theta & \sin\theta\cos\theta & \sin^2\theta \end{bmatrix}$$

有

$$[K^{(1)}] = 4.22 \times 10^5 \begin{bmatrix} \cos^2 0° & \sin 0°\cos 0° & -\cos^2 0° & -\sin 0°\cos 0° \\ \sin 0°\cos 0° & \sin^2 0° & -\sin 0°\cos 0° & -\sin^2 0° \\ -\cos^2 0° & \sin 0°\cos 0° & \cos^2 0° & \sin 0°\cos 0° \\ -\sin 0°\cos 0° & -\sin^2 0° & \sin 0°\cos 0° & \sin^2 0° \end{bmatrix}$$

60

$$= 4.22 \times 10^5 \begin{bmatrix} 1 & 0 & -1 & 0 \\ 0 & 0 & 0 & 0 \\ -1 & 0 & 1 & 0 \\ 0 & 0 & 0 & 0 \end{bmatrix} = 10^5 \begin{bmatrix} 4.22 & 0 & -4.22 & 0 \\ 0 & 0 & 0 & 0 \\ -4.22 & 0 & 4.22 & 0 \\ 0 & 0 & 0 & 0 \end{bmatrix} = \begin{bmatrix} K_{11}^{(1)} & K_{12}^{(1)} \\ K_{21}^{(1)} & K_{22}^{(1)} \end{bmatrix}$$

单元 1 的刚度矩阵在整体刚度矩阵中的位置为

$$
\begin{array}{c}
\quad\quad\quad\quad 1X \quad 1Y \quad 2X \quad 2Y \quad 3X \quad 3Y \; 4X \quad 4Y \quad 5X \quad 5Y \\
\begin{array}{c} R_{1X} \\ R_{1Y} \\ R_{2X} \\ R_{2Y} \\ R_{3X} \\ R_{3Y} \\ R_{4X} \\ R_{4Y} \\ R_{5X} \\ R_{5Y} \end{array}
\mapsto \left[K^{(1G)} \right] = 10^5
\left[
\begin{array}{cccc:cccccc}
4.22 & 0 & -4.22 & 0 & & & & & & \\
0 & 0 & 0 & 0 & & & & & & \\ \hdashline
-4.22 & 0 & 4.22 & 0 & & & & & & \\
0 & 0 & 0 & 0 & & & & & & \\ \hdashline
& & & & & & & & & \\
& & & & & & & & & \\ \hdashline
& & & & & & & & & \\
& & & & & & & & & \\ \hdashline
& & & & & & & & & \\
& & & & & & & & & \\
\end{array}
\right]
\end{array}
$$

这里,将节点位移列阵附在整体刚度矩阵的右侧,有助于观察单元刚度矩阵在整体刚度矩阵中的位置。

单元 2 的刚度矩阵为

$$
\begin{aligned}
\left[K^{(2)} \right] &= 2.98 \times 10^5 \begin{bmatrix} \cos^2 135^\circ & \sin 135^\circ \cos 135^\circ & -\cos^2 135^\circ & -\sin 135^\circ \cos 135^\circ \\ \sin 135^\circ \cos 135^\circ & \sin^2 135^\circ & -\sin 135^\circ \cos 135^\circ & -\sin^2 135^\circ \\ -\cos^2 135^\circ & \sin 135^\circ \cos 135^\circ & \cos^2 135^\circ & \sin 135^\circ \cos 135^\circ \\ -\sin 135^\circ \cos 135^\circ & -\sin^2 135^\circ & \sin 135^\circ \cos 135^\circ & \sin^2 135^\circ \end{bmatrix} \\
&= 2.98 \times 10^5 \begin{bmatrix} 0.5 & -0.5 & -0.5 & 0.5 \\ -0.5 & 0.5 & 0.5 & -0.5 \\ -0.5 & 0.5 & 0.5 & -0.5 \\ 0.5 & -0.5 & -0.5 & 0.5 \end{bmatrix} \\
&= 10^5 \left[\begin{array}{cc:cc} 1.49 & -1.49 & -1.49 & 1.49 \\ -1.49 & 1.49 & 1.49 & -1.49 \\ \hdashline -1.49 & 1.49 & 1.49 & -1.49 \\ 1.49 & -1.49 & -1.49 & 1.49 \end{array} \right] = \begin{bmatrix} K_{22}^{(2)} & K_{23}^{(2)} \\ K_{32}^{(2)} & K_{33}^{(2)} \end{bmatrix}
\end{aligned}
$$

单元 2 的刚度矩阵在整体刚度矩阵中的位置为

$$
\mapsto [K^{(2G)}] = 10^5
\begin{array}{c}
\\ R_{1X} \\ R_{1Y} \\ R_{2X} \\ R_{2Y} \\ R_{3X} \\ R_{3Y} \\ R_{4X} \\ R_{4Y} \\ R_{5X} \\ R_{5Y}
\end{array}
\begin{array}{ccccccccccc}
1X & 1Y & 2X & 2Y & 3X & 3Y & 4X & 4Y & 5X & 5Y \\
\end{array}
$$

	1X	1Y	2X	2Y	3X	3Y	4X	4Y	5X	5Y
R_{1X}										
R_{1Y}										
R_{2X}			1.49	− 1.49	− 1.49	1.49				
R_{2Y}			− 1.49	1.49	1.49	− 1.49				
R_{3X}			− 1.49	1.49	1.49	− 1.49				
R_{3Y}			1.49	− 1.49	− 1.49	1.49				
R_{4X}										
R_{4Y}										
R_{5X}										
R_{5Y}										

单元 3 的刚度矩阵为

$$
[K^{(3)}] = 10^5
\begin{bmatrix}
4.2 & 0 & -4.2 & 0 \\
0 & 0 & 0 & 0 \\
-4.2 & 0 & 4.2 & 0 \\
0 & 0 & 0 & 0
\end{bmatrix}
=
\begin{bmatrix}
K_{33}^{(3)} & K_{34}^{(3)} \\
K_{43}^{(3)} & K_{44}^{(3)}
\end{bmatrix}
$$

单元 3 的刚度矩阵在整体刚度矩阵中的位置为

	1X	1Y	2X	2Y	3X	3Y	4X	4Y	5X	5Y
R_{1X}										
R_{1Y}										
R_{2X}					4.22	0	− 4.22	0		
R_{2Y}					− 4.22	0	0	0		
R_{3X}					− 4.22	0	4.22	0		
R_{3Y}					0	0	0	0		
R_{4X}										
R_{4Y}										
R_{5X}										
R_{5Y}										

$\mapsto [K^{(3G)}] = 10^5$

62

单元 4 的刚度矩阵为

$$[K^{(4)}] = 4.22 \times 10^5 \begin{bmatrix} \cos^2 90° & \sin 90° \cos 90° & -\cos^2 90° & -\sin 90° \cos 90° \\ \sin 90° \cos 90° & \sin^2 90° & -\sin 90° \cos 90° & -\sin^2 90° \\ -\cos^2 90° & \sin 90° \cos 90° & \cos^2 90° & \sin 90° \cos 90° \\ -\sin 90° \cos 90° & -\sin^2 90° & \sin 90° \cos 90° & \sin^2 90° \end{bmatrix}$$

$$= 4.22 \times 10^5 \begin{bmatrix} 0 & 0 & 0 & 0 \\ 0 & 1 & 0 & -1 \\ 0 & 0 & 0 & 0 \\ 0 & -1 & 0 & -1 \end{bmatrix} = 10^5 \begin{bmatrix} 0 & 0 & 0 & 0 \\ 0 & 4.22 & 0 & -4.22 \\ 0 & 0 & 0 & 0 \\ 0 & -4.2 & 0 & -4.22 \end{bmatrix} = \begin{bmatrix} K_{22}^{(4)} & K_{24}^{(4)} \\ K_{42}^{(4)} & K_{44}^{(4)} \end{bmatrix}$$

单元 4 的刚度矩阵在整体刚度矩阵中的位置为

$$
\begin{array}{c}
\phantom{R_{1X}} \\
R_{1X} \\
R_{1Y} \\
R_{2X} \\
R_{2Y} \\
R_{3X} \\
R_{3Y} \\
R_{4X} \\
R_{4Y} \\
R_{5X} \\
R_{5Y}
\end{array}
\mapsto [K^{(4G)}] = 10^5
\begin{array}{cccccccccc}
1X & 1Y & 2X & 2Y & 3X & 3Y & 4X & 4Y & 5X & 5Y \\
\end{array}
$$

	1X	1Y	2X	2Y	3X	3Y	4X	4Y	5X	5Y
R_{2X}			0	0			0	0		
R_{2Y}			0	4.22			0	-4.22		
R_{4X}			0	0			0	0		
R_{4Y}			0	-4.22			0	4.22		

单元 5 的刚度矩阵为

$$[K^{(5)}] = 2.98 \times 10^5 \begin{bmatrix} \cos^2 45° & \sin 45° \cos 45° & -\cos^2 45° & -\sin 45° \cos 45° \\ \sin 45° \cos 45° & \sin^2 45° & -\sin 45° \cos 45° & -\sin^2 45° \\ -\cos^2 45° & \sin 45° \cos 45° & \cos^2 45° & \sin 45° \cos 45° \\ -\sin 45° \cos 45° & -\sin^2 45° & \sin 45° \cos 45° & \sin^2 45° \end{bmatrix}$$

$$= 2.98 \times 10^5 \begin{bmatrix} 0.5 & 0.5 & -0.5 & -0.5 \\ 0.5 & 0.5 & -0.5 & -0.5 \\ -0.5 & -0.5 & 0.5 & 0.5 \\ -0.5 & -0.5 & 0.5 & 0.5 \end{bmatrix}$$

$$= 10^5 \begin{bmatrix} 1.49 & 1.49 & -1.49 & -1.49 \\ 1.49 & 1.49 & -1.49 & -1.49 \\ -1.49 & -1.49 & 1.49 & 1.49 \\ -1.49 & -1.49 & 1.49 & 1.49 \end{bmatrix} = \begin{bmatrix} K_{22}^{(5)} & K_{25}^{(5)} \\ K_{52}^{(5)} & K_{55}^{(5)} \end{bmatrix}$$

单元 5 的刚度矩阵在整体刚度矩阵中的位置为

$$
R_{1X},\ R_{1Y},\ R_{2X},\ R_{2Y},\ R_{3X},\ R_{3Y},\ R_{4X},\ R_{4Y},\ R_{5X},\ R_{5Y}\ \mapsto [\boldsymbol{K}^{(5G)}] = 10^{5}
$$

	1X	1Y	2X	2Y	3X	3Y	4X	4Y	5X	5Y
R_{1X}										
R_{1Y}										
R_{2X}			1.49	1.49					−1.49	−1.49
R_{2Y}			1.49	1.49					−1.49	−1.49
R_{3X}										
R_{3Y}										
R_{4X}										
R_{4Y}										
R_{5X}			−1.49	−1.49					1.49	1.49
R_{5Y}			−1.49	−1.49					1.49	1.49

单元 6 的刚度矩阵为

$$
[\boldsymbol{K}^{(6)}] = 4.22 \times 10^{5}
\begin{bmatrix}
\cos^2 0^\circ & \sin 0^\circ \cos 0^\circ & -\cos^2 0^\circ & -\sin 0^\circ \cos 0^\circ \\
\sin 0^\circ \cos 0^\circ & \sin^2 0^\circ & -\sin 0^\circ \cos 0^\circ & -\sin^2 0^\circ \\
-\cos^2 0^\circ & \sin 0^\circ \cos 0^\circ & \cos^2 0^\circ & \sin 0^\circ \cos 0^\circ \\
-\sin 0^\circ \cos 0^\circ & -\sin^2 0^\circ & \sin 0^\circ \cos 0^\circ & \sin^2 0^\circ
\end{bmatrix}
$$

$$
= 4.22 \times 10^{5}
\begin{bmatrix}
1 & 0 & -1 & 0 \\
0 & 0 & 0 & 0 \\
-1 & 0 & 1 & 0 \\
0 & 0 & 0 & 0
\end{bmatrix}
= 10^{5}
\left[
\begin{array}{cc:cc}
4.22 & 0 & -4.22 & 0 \\
0 & 0 & 0 & 0 \\ \hdashline
-4.22 & 0 & 4.22 & 0 \\
0 & 0 & 0 & 0
\end{array}
\right]
=
\begin{bmatrix}
\boldsymbol{K}^{(6)}_{44} & \boldsymbol{K}^{(6)}_{45} \\
\boldsymbol{K}^{(6)}_{54} & \boldsymbol{K}^{(6)}_{55}
\end{bmatrix}
$$

单元 6 的刚度矩阵在整体刚度矩阵中的位置为

$$
R_{1X},\ R_{1Y},\ R_{2X},\ R_{2Y},\ R_{3X},\ R_{3Y},\ R_{4X},\ R_{4Y},\ R_{5X},\ R_{5Y}\ \mapsto [\boldsymbol{K}^{(6G)}] = 10^{5}
$$

	1X	1Y	2X	2Y	3X	3Y	4X	4Y	5X	5Y
R_{1X}										
R_{1Y}										
R_{2X}										
R_{2Y}										
R_{3X}										
R_{3Y}										
R_{4X}							4.22	0	−4.22	0
R_{4Y}							0	0	0	0
R_{5X}							−4.22	0	4.22	0
R_{5Y}							0	0	0	0

③ 单元组合。将各个单元刚度矩阵组合起来可得到整体刚度矩阵,即

$$[K^{(G)}] = [K^{(1G)}] + [K^{(2G)}] + [K^{(3G)}] + [K^{(4G)}] + [K^{(5G)}] + [K^{(6G)}]$$

或按快速生成总刚矩阵的方法,由单元分块矩阵表达总刚矩阵,即

$$[K^{(G)}] = \begin{bmatrix} K_{11}^{(1)} & K_{12}^{(1)} & 0 & 0 & 0 \\ K_{21}^{(1)} & K_{22}^{(1)+(2)+(3)+(4)+(5)} & K_{23}^{(2)} & K_{24}^{(4)} & K_{25}^{(5)} \\ 0 & K_{32}^{(2)} & K_{33}^{(2)+(3)} & K_{34}^{(3)} & 0 \\ 0 & K_{42}^{(4)} & K_{43}^{(3)} & K_{44}^{(3)+(4)+(6)} & K_{45}^{(6)} \\ 0 & K_{52}^{(5)} & 0 & K_{54}^{(6)} & K_{55}^{(5)+(6)} \end{bmatrix}$$

简化整理,得总刚矩阵为

$$[K^{(G)}] = 10^5 \begin{bmatrix} 4.22 & 0 & -4.22 & 0 & 0 & 0 & 0 & 0 & 0 & 0 \\ 0 & 0 & 0 & 0 & 0 & 0 & 0 & 0 & 0 & 0 \\ -4.22 & 0 & 7.2 & 0 & -1.49 & 1.49 & 0 & 0 & -1.49 & 1.49 \\ 0 & 0 & 0 & 7.2 & 1.49 & -1.49 & 0 & -4.22 & -1.49 & -1.49 \\ 0 & 0 & -1.49 & 1.49 & 5.71 & -1.49 & -4.22 & 0 & 0 & 0 \\ 0 & 0 & 1.49 & -1.49 & -1.49 & 1.49 & 0 & 0 & 0 & 0 \\ 0 & 0 & 0 & 0 & -4.22 & 0 & 8.44 & 0 & -4.22 & 0 \\ 0 & 0 & 0 & -4.22 & 0 & 0 & 0 & 4.22 & 0 & 0 \\ 0 & 0 & -1.49 & -1.49 & 0 & 0 & -4.22 & 0 & 5.71 & 1.49 \\ 0 & 0 & -1.49 & -1.49 & 0 & 0 & 0 & 0 & 1.49 & 1.49 \end{bmatrix}$$

④ 应用边界条件,并施加外载荷。节点1、节点3是固定的,即 $\overline{U}_1 = 0$,$\overline{V}_1 = 0$,$\overline{U}_3 = 0$,$\overline{V}_3 = 0$。节点4和节点5上有外载荷:$F_{4Y} = -500\text{lb}$,$F_{5Y} = -500\text{lb}$。则总体外载荷列阵为

$$R = [R_1 \quad R_2 \quad R_3 \quad R_4 \quad R_5]^T$$

$$= [0 \quad 0 \ \vdots \ 0 \quad 0 \ \vdots \ 0 \quad 0 \ \vdots \ 0 \quad -500 \ \vdots \ 0 \quad -500]^T$$

⑤ 建立总刚方程。依据有限元刚度方程 $[R] = [K][\delta]$,得到总体刚度方程为

$$\begin{bmatrix} 0 \\ 0 \\ 0 \\ 0 \\ 0 \\ 0 \\ 0 \\ -500 \\ 0 \\ -500 \end{bmatrix} = 10^5 \begin{bmatrix} 4.22 & 0 & -4.22 & 0 & 0 & 0 & 0 & 0 & 0 & 0 \\ 0 & 0 & 0 & 0 & 0 & 0 & 0 & 0 & 0 & 0 \\ -4.22 & 0 & 7.2 & 0 & -1.49 & 1.49 & 0 & 0 & -1.49 & 1.49 \\ 0 & 0 & 0 & 7.2 & 1.49 & -1.49 & 0 & -4.22 & -1.49 & -1.49 \\ 0 & 0 & -1.49 & 1.49 & 5.71 & -1.49 & -4.22 & 0 & 0 & 0 \\ 0 & 0 & 1.49 & -1.49 & -1.49 & 1.49 & 0 & 0 & 0 & 0 \\ 0 & 0 & 0 & 0 & -4.22 & 0 & 8.44 & 0 & -4.22 & 0 \\ 0 & 0 & 0 & -4.22 & 0 & 0 & 0 & 4.22 & 0 & 0 \\ 0 & 0 & -1.49 & -1.49 & 0 & 0 & -4.22 & 0 & 5.71 & 1.49 \\ 0 & 0 & -1.49 & -1.49 & 0 & 0 & 0 & 0 & 1.49 & 1.49 \end{bmatrix} \begin{bmatrix} 0 \\ 0 \\ U_2 \\ V_2 \\ 0 \\ 0 \\ U_4 \\ V_4 \\ U_5 \\ V_5 \end{bmatrix}$$

(3)求解总体刚度方程,得到节点位移。由于 $U_1 = 0$,$V_1 = 0$,$U_3 = 0$,$V_3 = 0$,计算时可以消去 U_1、V_1、U_3、V_3 所在位置对应的行和列,即第1行/列、第2行/列、第5行/列、第6行/列,得到简化的矩阵方程为

$$
\begin{bmatrix} 0 \\ 0 \\ 0 \\ -500 \\ 0 \\ -500 \end{bmatrix} = 10^5 \begin{bmatrix} 7.2 & 0 & 0 & 0 & -1.49 & -1.49 \\ 0 & 7.2 & 0 & -4.22 & -1.49 & -1.49 \\ 0 & 0 & 8.44 & 0 & -4.22 & 0 \\ 0 & -4.22 & 0 & 4.22 & 0 & 0 \\ -1.49 & -1.49 & -4.22 & 0 & 5.71 & 1.49 \\ -1.49 & -1.49 & 0 & 0 & 1.49 & 1.49 \end{bmatrix} \begin{bmatrix} U_2 \\ V_2 \\ U_4 \\ V_4 \\ U_5 \\ V_5 \end{bmatrix}
$$

求解得

$$
\begin{bmatrix} U_2 \\ V_2 \\ U_4 \\ V_4 \\ U_5 \\ V_5 \end{bmatrix} = \begin{bmatrix} -0.00355 \\ -0.01026 \\ 0.00118 \\ -0.0114 \\ 0.00240 \\ -0.0195 \end{bmatrix} \text{in}
$$

（4）后处理阶段：约束点反作用力和各杆正应力。

① 约束反作用力。根据反作用力方程 $[Q] = [K^{(G)}][\delta] - [R]$ 有

$$
\begin{bmatrix} Q_{1X} \\ Q_{1Y} \\ Q_{2X} \\ Q_{2Y} \\ Q_{3X} \\ Q_{3Y} \\ Q_{4X} \\ Q_{4Y} \\ Q_{5X} \\ Q_{5Y} \end{bmatrix} = 10^5 \begin{bmatrix} 4.22 & 0 & -4.22 & 0 & 0 & 0 & 0 & 0 & 0 & 0 \\ 0 & 0 & 0 & 0 & 0 & 0 & 0 & 0 & 0 & 0 \\ -4.22 & 0 & 7.2 & 0 & -1.49 & 1.49 & 0 & 0 & -1.49 & 1.49 \\ 0 & 0 & 0 & 7.2 & 1.49 & -1.49 & 0 & -4.22 & -1.49 & -1.49 \\ 0 & 0 & -1.49 & 1.49 & 5.71 & -1.49 & -4.22 & 0 & 0 & 0 \\ 0 & 0 & 1.49 & -1.49 & -1.49 & 1.49 & 0 & 0 & 0 & 0 \\ 0 & 0 & 0 & 0 & -4.22 & 0 & 8.44 & 0 & -4.22 & 0 \\ 0 & 0 & 0 & -4.22 & 0 & 0 & 0 & 4.22 & 0 & 0 \\ 0 & 0 & -1.49 & -1.49 & 0 & 0 & -4.22 & 0 & 5.71 & 1.49 \\ 0 & 0 & -1.49 & -1.49 & 0 & 0 & 0 & 0 & 1.49 & 1.49 \end{bmatrix} \begin{bmatrix} 0 \\ 0 \\ -0.00355 \\ -0.01026 \\ 0 \\ 0 \\ 0.00118 \\ -0.0114 \\ 0.00240 \\ -0.0195 \end{bmatrix} - \begin{bmatrix} 0 \\ 0 \\ 0 \\ 0 \\ 0 \\ 0 \\ 0 \\ -500 \\ 0 \\ -500 \end{bmatrix}
$$

应用矩阵运算，求得约束反力为

$$
\begin{bmatrix} Q_{1X} \\ Q_{1Y} \\ Q_{2X} \\ Q_{2Y} \\ Q_{3X} \\ Q_{3Y} \\ Q_{4X} \\ Q_{4Y} \\ Q_{5X} \\ Q_{5Y} \end{bmatrix} = \begin{bmatrix} 1500 \\ 0 \\ 0 \\ 0 \\ -1500 \\ 1000 \\ 0 \\ 0 \\ 0 \\ 0 \end{bmatrix} \text{(lb)}
$$

② 各单元的正应力为

66

$$\sigma = \frac{\overline{F}_{ix}}{A} = \frac{k_{eq}(\overline{U}_i - \overline{U}_j)}{A} = \frac{E}{L}(\overline{U}_i - \overline{U}_j)$$

式中:$\overline{U}_i$、$\overline{U}_j$ 为单元局部坐标系下的节点位移;$\overline{F}_{ix}$ 为正时杆受压,否则杆受拉;σ 为正时表示压应力,否则为拉应力。

由于各单元都有自己的独立局部坐标系,因此同一节点在不同单元上的局部位移是不相同的,必须依次按单元用其相应的坐标变换矩阵来求解。依据前面推导的公式,对于端点 i、端点 j 组成的杆单元,局部坐标相对整体坐标系的角度为 θ,则有

$$[\overline{d}^{(e)}] = [T^{(e)}]^{-1}[d^{(e)}]$$

即

$$\begin{bmatrix} \overline{U}_i \\ \overline{V}_i \\ \overline{U}_j \\ \overline{V}_j \end{bmatrix} = \begin{bmatrix} \cos\theta & \sin\theta & 0 & 0 \\ -\sin\theta & \cos\theta & 0 & 0 \\ 0 & 0 & \cos\theta & \sin\theta \\ 0 & 0 & -\sin\theta & \cos\theta \end{bmatrix} \begin{bmatrix} U_i \\ V_i \\ U_j \\ V_j \end{bmatrix}$$

杆正应力为

$$\sigma = \frac{\overline{F}_{ix}}{A} = \frac{k_{eq}(\overline{U}_i - \overline{U}_j)}{A} = \frac{E}{L}[\cos\theta \quad \sin\theta \quad -\cos\theta \quad -\sin\theta] \begin{bmatrix} U_i \\ V_i \\ U_j \\ V_j \end{bmatrix}$$

单元 1 正应力为

$$\sigma^{(1)} = \frac{1.90 \times 10^6}{3 \times 12}[\cos 0° \quad \sin 0° \quad -\cos 0° \quad -\sin 0°] \begin{bmatrix} 0 \\ 0 \\ -0.00355 \\ -0.01026 \end{bmatrix} = 187.36(\text{lb/in}^2)$$

单元 2 正应力为

$$\sigma^{(2)} = \frac{1.90 \times 10^6}{3 \times 12/\sin 45°}[\cos 135° \quad \sin 135° \quad -\cos 135° \quad -\sin 135°] \begin{bmatrix} -0.00355 \\ -0.01026 \\ 0 \\ 0 \end{bmatrix} = -177.069(\text{lb/in}^2)$$

单元 3 应力为

$$\sigma^{(3)} = \frac{1.90 \times 10^6}{3 \times 12}[\cos 0° \quad \sin 0° \quad -\cos 0° \quad -\sin 0°] \begin{bmatrix} 0 \\ 0 \\ 0.00118 \\ -0.0114 \end{bmatrix} = -62.278(\text{lb/in}^2)$$

单元 4 应力为

$$\sigma^{(4)} = \frac{1.90 \times 10^6}{3 \times 12}[\cos 90° \quad \sin 90° \quad -\cos 90° \quad -\sin 90°] \begin{bmatrix} -0.00355 \\ -0.01026 \\ 0.00118 \\ -0.0114 \end{bmatrix} = 60.167(\text{lb/in}^2)$$

单元 5 应力为

$$\sigma^{(5)} = \frac{1.90 \times 10^6}{3 \times 12 / \sin45}[\cos45° \quad \sin45° \quad -\cos45° \quad -\sin45°]\begin{bmatrix} -0.00355 \\ -0.01026 \\ 0.00240 \\ -0.0195 \end{bmatrix}$$

$$= 86.819(\text{lb/in}^2)$$

单元 6 应力为

$$\sigma^{(6)} = \frac{1.90 \times 10^6}{3 \times 12}[\cos0° \quad \sin0° \quad -\cos0° \quad -\sin0°]\begin{bmatrix} 0.00118 \\ -0.0114 \\ 0.00240 \\ -0.0195 \end{bmatrix} = -64.389(\text{lb/in}^2)$$

4.3　梁单元的有限元分析

梁在工程上有着极其重要的作用,如房屋建筑、桥梁、汽车和飞机的主要结构等。梁的结构特点是:①截面尺寸比长度小得多;②除承受轴向载荷作用外,通常还承受横向载荷的作用,这种横向载荷会引起梁的弯曲,即产生挠度。

对于前面介绍的二力杆件,假定所有的载荷都沿杆件轴向作用在构件的节点上,因而杆件没有弯曲发生。梁则不同,载荷可以作用在梁方向的任何方位上,因此,载荷会使梁产生弯曲变形。

一般而言,梁单元需要,整体坐标系和局部坐标系两个参照系。整体坐标系 XOY 原点固定,作用是:①描述每个连接点(节点)的位置;②按照总体坐标系下各单元的自由度分量施加约束和载荷;③表示问题的解。此外,还要用局部坐标系或称单元坐标系描述单元的轴向效应和横向扰度。

4.3.1　平面梁单元的有限元分析

梁单元有 i、j 两个节点,从工程计算的角度分为两种情况:一是不考虑轴向效应,即轴向变形的情况,这时每个节点有竖向位移和一个转角两个自由度,每个节点有剪力和弯矩两个节点力,这是简化计算情况;二是考虑轴向效应的情况,这时每个节点有轴向位移、竖向位移和一个转角 3 个自由度,每个节点有轴向力、剪力和弯矩 3 个节点力,这是一般情况。为节约篇幅,本节以一般情况下的梁单元即 6 自由度梁单元来分析推导,而简化情况下的梁单元即 4 自由度梁单元的有限元公式则容易直接写出。

与平面二力杆一样,梁单元需要用到单元坐标系。梁单元的轴向效应(如拉伸与压缩)、横向效应(如挠度)均是相对单元坐标系而言的。对于平面梁单元,局部坐标系 xoy 与整体坐标系 XOY 的关系如图 4 - 9 所示。为了区分单元坐标系下的物理参数,单元坐标系下的物理参数辅以上划线,如 x 方向的轴向位移 $\overline{U}$、y 方向的垂直位移 $\overline{V}$、绕 z 轴的转角 $\overline{\Phi}$。一等截面梁的两个端点(节点)分别用 i、j 表示,以 i 为原点,以从 i 向 j 的方向为 x 轴的正向,并以 x 轴的正向逆时针转 90° 为 y 轴的正向,这样就建立了梁单元的单元坐标系。

所谓单元坐标系下的梁单元分析,表示此时的节点位移、节点力和单元刚度矩阵全是相对单元局部坐标的。相对局部坐标系,二维梁单元两端各有三个力分量,即 i 端的轴力 $\overline{F}_{ix}$、剪力 $\overline{F}_{iy}$、弯矩 $\overline{M}_{iz}$ 和 j 端的轴力 $\overline{F}_{jx}$、剪力 $\overline{F}_{jy}$、弯矩 $\overline{M}_{jz}$;两端各有 3 个位移分量,即 $\overline{U}_i$、$\overline{V}_i$、$\overline{\Phi}_i$ 和 $\overline{U}_j$、$\overline{V}_j$、$\overline{\Phi}_j$。端部力和端部位移的正、负号规定:端部轴力 $\overline{F}_x$ 同 x 轴指向为正,剪力 $\overline{F}_y$ 同 Y 轴指向为正,弯矩 $\overline{M}_z$ 以逆时针方向为正。端部位移的正、负号规定与端部力相同,如图 4 − 8 所示。

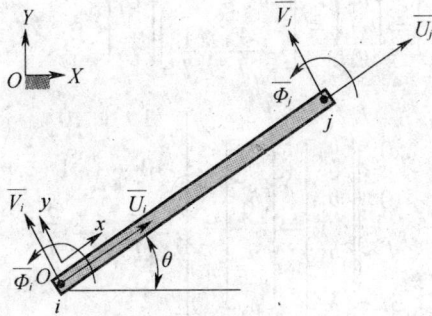

图 4 − 8　平面梁单元

1. 单元坐标系下的平面单元的位移模式

在局部坐标系下,对于轴向位移 $\overline{U}$,其位移模式应取含有两个未知系数的 x 的线性函数,两个系数 a_0、a_1 通过节点 $\overline{U}_i$、$\overline{U}_j$ 求得。而挠度 $\overline{V}$ 函数和转角函数存在关联性,即 $\Phi = \dfrac{\mathrm{d}\overline{V}}{\mathrm{d}x}$,因此,只要确定挠度函数模式,由于两个节点的挠度、转角共有 $\overline{V}_i$、$\overline{\Phi}_i$ 和 $\overline{V}_j$、$\overline{\Phi}_j$ 4 个已知节点量,因此扰度 $\overline{V}$ 函数用 4 个未知系数的三次多项式来描述梁的扰度特性,可用 x 的三次多项式来表示,而且形函数的一阶导数是连续的,最终的形函数一般称为埃尔米特(Hermite)。设轴向位移函数 $\overline{U}(x)$、竖向挠度函数 $\overline{V}(x)$,根据平面梁单元的受力变形特点,单元位移函数可设为

$$\overline{U} = a_0 + a_1 x = \begin{bmatrix} 1 & x \end{bmatrix} \begin{bmatrix} a_0 \\ a_1 \end{bmatrix}$$

$$\overline{V} = b_0 + b_1 x + b_2 x^2 + b_3 x^3 = \begin{bmatrix} 1 & x & x^2 & x^3 \end{bmatrix} \begin{bmatrix} b_0 \\ b_1 \\ b_2 \\ b_3 \end{bmatrix} \qquad (4-16)$$

则有,转角函数:

$$\overline{\Phi}(x) = \frac{\mathrm{d}\overline{V}(x)}{\mathrm{d}x} = b_1 + b_2 x + b_3 x^2 \qquad (4-17)$$

位移函数在节点上的位移必须等于已知节点位移:

$$\begin{cases} \overline{U}_i = a_0 \\ \overline{U}_j = a_0 + a_1 l \end{cases}$$

$$\begin{cases} \overline{V}_i = b_0 \\ \overline{\Phi}_i = b_1 \\ \overline{V}_j = b_0 + b_1 l + b_2 l^2 + b_3 l^3 \\ \overline{\Phi}_j = b_1 + 2b_2 l + 3b_3 l^2 \end{cases}$$

写成矩阵形式:

$$\begin{bmatrix} \overline{U}_i \\ \overline{U}_j \end{bmatrix} = \begin{bmatrix} 1 & 0 \\ 1 & l \end{bmatrix} \begin{bmatrix} a_0 \\ a_1 \end{bmatrix} \Rightarrow \begin{bmatrix} a_0 \\ a_1 \end{bmatrix} = \begin{bmatrix} 1 & 0 \\ -\dfrac{1}{l} & \dfrac{1}{l} \end{bmatrix} \begin{bmatrix} \overline{U}_i \\ \overline{U}_j \end{bmatrix}$$

$$\begin{bmatrix} \overline{V}_i \\ \overline{\Phi}_i \\ \overline{V}_j \\ \overline{\Phi}_j \end{bmatrix} = \begin{bmatrix} 1 & 0 & 0 & 0 \\ 0 & 1 & 0 & 0 \\ 1 & l & l^2 & l^3 \\ 0 & 1 & 2l & 3l^2 \end{bmatrix} \begin{bmatrix} b_0 \\ b_1 \\ b_2 \\ b_3 \end{bmatrix} \Rightarrow \begin{bmatrix} b_0 \\ b_1 \\ b_2 \\ b_3 \end{bmatrix} = \begin{bmatrix} 1 & 0 & 0 & 0 \\ 0 & 1 & 0 & 0 \\ -\dfrac{3}{l^2} & -\dfrac{2}{l} & \dfrac{3}{l^2} & -\dfrac{1}{l} \\ \dfrac{2}{l^3} & \dfrac{1}{l^2} & -\dfrac{2}{l^3} & \dfrac{1}{l^2} \end{bmatrix} \begin{bmatrix} \overline{V}_i \\ \overline{\Phi}_i \\ \overline{V}_j \\ \overline{\Phi}_j \end{bmatrix}$$

则单元上任意位置的位移可以表示为

$$\overline{U}(x) = \begin{bmatrix} 1 & x \end{bmatrix} \begin{bmatrix} a_0 \\ a_1 \end{bmatrix} = \begin{bmatrix} 1 - \dfrac{x}{l} & \dfrac{x}{l} \end{bmatrix} \begin{bmatrix} \overline{U}_i \\ \overline{U}_j \end{bmatrix} \tag{4-18}$$

$$\overline{V}(x) = \begin{bmatrix} 1 & x & x^2 & x^3 \end{bmatrix} \begin{bmatrix} b_0 \\ b_1 \\ b_2 \\ b_3 \end{bmatrix} = \begin{bmatrix} 1 - \dfrac{3x^2}{l^2} + \dfrac{2x^3}{l^3} & x - \dfrac{2x^2}{l} + \dfrac{x^3}{l^2} & \vdots & \dfrac{3x^2}{l^2} - \dfrac{2x^3}{l^3} & -\dfrac{x^2}{l} + \dfrac{x^3}{l^2} \end{bmatrix} \begin{bmatrix} \overline{V}_i \\ \overline{\Phi}_i \\ \overline{V}_j \\ \overline{\Phi}_j \end{bmatrix}$$

$$\tag{4-19}$$

令

$$\begin{cases} \overline{N}_{iU} = 1 - \dfrac{x}{l},\ \overline{N}_{iV} = 1 - \dfrac{3x^2}{l^2} + \dfrac{2x^3}{l^3},\ \overline{N}_{i\Phi} = x - \dfrac{2x^2}{l} + \dfrac{x^3}{l^2} \\ \overline{N}_{jU} = \dfrac{x}{l},\ \overline{N}_{jV} = \dfrac{3x^2}{l^2} - \dfrac{2x^3}{l^3},\ \overline{N}_{j\Phi} = -\dfrac{x^2}{l} + \dfrac{x^3}{l^2} \end{cases} \tag{4-20}$$

则有

$$\overline{U}(x) = \begin{bmatrix} \overline{N}_{iU} & \overline{N}_{jU} \end{bmatrix} \begin{bmatrix} \overline{U}_i \\ \overline{U}_j \end{bmatrix} = \overline{N}_{iU}\ \overline{U}_i + \overline{N}_{jU}\ \overline{U}_j$$

$$\overline{V}(x) = \begin{bmatrix} \overline{N}_{iV} & \overline{N}_{i\Phi} & \overline{N}_{jV} & \overline{N}_{j\Phi} \end{bmatrix} \begin{bmatrix} \overline{V}_i \\ \overline{\Phi}_i \\ \overline{V}_j \\ \overline{\Phi}_j \end{bmatrix} = \overline{N}_{iV}\ \overline{V}_i + \overline{N}_{i\Phi}\ \overline{\Phi}_i + \overline{N}_{jV}\ \overline{V}_j + \overline{N}_{j\Phi}\ \overline{\Phi}_j$$

$$\overline{\Phi}_i(x) = \frac{\partial \overline{V}(x)}{\partial x} = \left[\begin{array}{cccc} \dfrac{\partial \overline{N}_{iV}}{\partial x} & \dfrac{\partial \overline{N}_{i\Phi}}{\partial x} & \dfrac{\partial \overline{N}_{jV}}{\partial x} & \dfrac{\partial \overline{N}_{j\Phi}}{\partial x} \end{array} \right] \begin{bmatrix} \overline{V}_i \\ \overline{\Phi}_i \\ \overline{V}_j \\ \overline{\Phi}_j \end{bmatrix}$$

$$= \frac{\partial \overline{N}_{iV}}{\partial x} \overline{V}_i + \frac{\partial \overline{N}_{i\Phi}}{\partial x} \overline{\Phi}_i + \frac{\partial \overline{N}_{jV}}{\partial x} \overline{V}_j + \frac{\partial \overline{N}_{j\Phi}}{\partial x} \overline{\Phi}_j \qquad (4-21)$$

$$[\overline{d}] = \begin{bmatrix} \overline{U}(x) \\ \overline{V}(x) \\ \overline{\Phi}(x) \end{bmatrix} = \begin{bmatrix} N_{iu} u_i + N_{ju} u_j \\ N_{iv} v_i + N_{i\varphi} \varphi_i + N_{jv} v_j + N_{j\varphi} \varphi_j \\ \dfrac{\partial \overline{N}_{iV}}{\partial x} \overline{V}_i + \dfrac{\partial \overline{N}_{i\Phi}}{\partial x} \overline{\Phi}_i + \dfrac{\partial \overline{N}_{jV}}{\partial x} \overline{V}_j + \dfrac{\partial \overline{N}_{j\Phi}}{\partial x} \overline{\Phi}_j \end{bmatrix}$$

$$= \begin{bmatrix} N_{iu} & 0 & 0 & N_{ju} & 0 & 0 \\ 0 & N_{iv} & N_{i\varphi} & 0 & N_{jv} & N_{j\varphi} \\ 0 & \dfrac{\partial \overline{N}_{iV}}{\partial x} & \dfrac{\partial \overline{N}_{i\Phi}}{\partial x} & 0 & \dfrac{\partial \overline{N}_{jV}}{\partial x} \overline{V}_j & \dfrac{\partial \overline{N}_{j\Phi}}{\partial x} \end{bmatrix} \begin{bmatrix} \overline{U}_i \\ \overline{V}_i \\ \overline{\Phi}_i \\ \overline{U}_j \\ \overline{V}_j \\ \overline{\Phi}_j \end{bmatrix} = [N][\overline{\delta}^e] \quad (4-22)$$

2. 单元坐标系下的平面梁单元的应变和应力

梁单元的应变和应力都是相对单元本身局部坐标系而言的。梁单元受到拉压和弯曲变形后,其应变可以分为拉压应变 ε_0 和弯曲应变 ε_b 两部分。一般情况下,剪切应变对梁扰度的影响是微小的,可以忽略不计,于是有

$$[\varepsilon] = \begin{bmatrix} \varepsilon_0 \\ \varepsilon_b \end{bmatrix} = \begin{bmatrix} \dfrac{\partial \overline{U}}{\partial x} \\ \doteq y \dfrac{\partial^2 \overline{V}}{\partial x^2} \end{bmatrix} = \begin{bmatrix} \dfrac{\partial N_{iu}}{\partial x} & 0 & 0 & \dfrac{\partial N_{ju}}{\partial x} & 0 & 0 \\ 0 & -y \dfrac{\partial^2 N_{iv}}{\partial x^2} & y \dfrac{\partial^2 N_{i\varphi}}{\partial x^2} & 0 & y \dfrac{\partial^2 N_{jv}}{\partial x^2} & y \dfrac{\partial^2 N_{j\varphi}}{\partial x^2} \end{bmatrix} \begin{bmatrix} \overline{U}_i \\ \overline{V}_i \\ \overline{\Phi}_i \\ \overline{U}_j \\ \overline{V}_j \\ \overline{\Phi}_j \end{bmatrix}$$

$$= \begin{bmatrix} -\dfrac{1}{l} & 0 & 0 & \dfrac{1}{l} & 0 & 0 \\ 0 & \dfrac{12x-6l}{l^3}y & \dfrac{6x-4l}{l^2}y & 0 & \dfrac{6l-12x}{l^3}y & \dfrac{6x-2l}{l^2}y \end{bmatrix} \begin{bmatrix} \overline{U}_i \\ \overline{V}_i \\ \overline{\Phi}_i \\ \overline{U}_j \\ \overline{V}_j \\ \overline{\Phi}_j \end{bmatrix} = [\overline{B}][\delta^e]$$

$$(4-23)$$

由胡克定律,得

$$[\sigma] = \begin{bmatrix} \sigma_0 \\ \sigma_b \end{bmatrix} = E[\varepsilon] = E[\overline{B}][\overline{\delta}^e]$$

3. 单元坐标系下的平面梁单元的刚度矩阵

根据弹性理论,假设单元内 6 个端部位移分量已给出,同时梁上无载荷作用,要确定相应的 6 个端部力分量,根据胡克定律和结构力学中位移法的知识,不难确定仅当梁单元某一端部某个位移分量等于 1,而其他位移分量都等于 0 时的端部位移分量,这等价于两端固定的梁仅某一支座在某一自由度方向发生单位位移时的情况一样,分别如图 4 - 9 (a) ~ (d)所示。

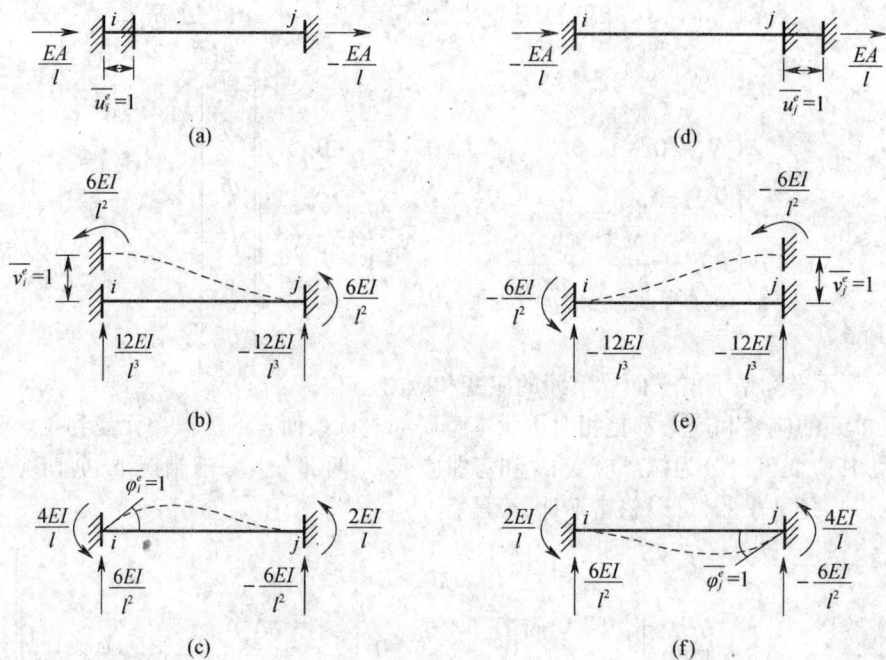

图 4 - 9 某位移分量等于 1 时各端部力分量

当 $\overline{U}_i = 1$ 时,有

$$\begin{cases} \overline{F}_{ix,ix} = k_{ix,ix} = \dfrac{EA}{l}, \overline{F}_{iy,ix} = k_{iy,ix} = 0, \overline{M}_{iz,ix} = k_{iz,ix} = 0 \\[3mm] \overline{F}_{jx,ix} = k_{jx,ix} = -\dfrac{EA}{l}, \overline{F}_{jy,ix} = k_{jy,ix} = 0, \overline{M}_{jz,ix} = k_{jz,ix} = 0 \end{cases}$$

当 $\overline{V}_i = 1$ 时,有

$$\begin{cases} \overline{F}_{ix,iy} = k_{ix,iy} = 0, \overline{F}_{iy,iy} = k_{iy,iy} = \dfrac{12EI}{l^3}, \overline{M}_{iz,iy} = k_{iz,iy} = \dfrac{6EI}{l^2} \\[3mm] \overline{F}_{jx,iy} = k_{jx,iy} = 0, \overline{F}_{jy,iy} = k_{jy,iy} = -\dfrac{12EI}{l^3}, \overline{M}_{jz,iy} = k_{jz,iy} = \dfrac{6EI}{l^2} \end{cases}$$

当 $\overline{\Phi}_i = 1$ 时,有

$$\begin{cases} \overline{F}_{ix,iz} = k_{ix,iz} = 0, \overline{F}_{iy,iz} = k_{iy,iz} = \dfrac{6EI}{l^2}, \overline{M}_{iz,iz} = k_{iz,iz} = \dfrac{4EI}{l} \\ \overline{F}_{jx,iz} = k_{jx,iz} = 0, \overline{F}_{jy,iz} = k_{jy,iz} = \dfrac{-6EI}{l^2}, \overline{M}_{jz,iz} = k_{jz,iz} = \dfrac{2EI}{l} \end{cases}$$

当 $\overline{U}_j = 1$ 时,有

$$\begin{cases} \overline{F}_{ix,jx} = k_{ix,jx} = -\dfrac{EA}{l}, \overline{F}_{iy,jx} = k_{iy,jx} = 0, \overline{M}_{iz,jx} = k_{iz,jx} = 0 \\ \overline{F}_{jx,jx} = k_{jx,jx} = \dfrac{EA}{l}, \overline{F}_{jy,jx} = k_{jy,jx} = 0, \overline{M}_{jz,jx} = k_{jz,jx} = 0 \end{cases}$$

当 $\overline{V}_j = 1$ 时,有

$$\begin{cases} \overline{F}_{ix,jy} = k_{ix,jy} = 0, \overline{F}_{iy,jy} = k_{iy,jy} = -\dfrac{12EI}{l^3}, \overline{M}_{iz,jy} = k_{iz,jy} = -\dfrac{6EI}{l^2} \\ \overline{F}_{jx,jy} = k_{jx,jy} = 0, \overline{F}_{jy,jy} = k_{jy,jy} = \dfrac{12EI}{l^3}, \overline{M}_{jz,jy} = k_{jz,jy} = \dfrac{6EI}{l^2} \end{cases}$$

当 $\overline{\Phi}_j = 1$ 时,有

$$\begin{cases} \overline{F}_{ix,jz} = k_{ix,jz} = 0, \overline{F}_{iy,jz} = k_{iy,jz} = \dfrac{6EI}{l^2}, \overline{M}_{iz,jz} = k_{iz,jz} = \dfrac{2EI}{l} \\ \overline{F}_{jx,jz} = k_{jx,jz} = 0, \overline{F}_{jy,jz} = k_{jy,jz} = \dfrac{-6EI}{l^2}, \overline{M}_{jz,jz} = k_{jz,jz} = \dfrac{4EI}{l} \end{cases}$$

而事实上梁单元节点位移为

$$[\overline{\delta}^{(e)}] = [\overline{U}_i \quad \overline{V}_i \quad \overline{\Phi}_i \quad \overline{U}_j \quad \overline{V}_j \quad \overline{\Phi}_j]^T$$

由线性叠加原理可以得到对应的节点力为

$$\begin{bmatrix} \overline{F}_{ix} \\ \overline{F}_{iy} \\ \overline{M}_{iz} \\ \overline{F}_{jx} \\ \overline{F}_{jy} \\ \overline{M}_{jz} \end{bmatrix} = \begin{bmatrix} k_{ix,ix} & k_{ix,iy} & k_{ix,iz} & k_{ix,jx} & k_{ix,jy} & k_{ix,jz} \\ k_{iy,ix} & k_{iy,iy} & k_{iy,iz} & k_{iy,jx} & k_{iy,jy} & k_{iy,jz} \\ k_{iz,ix} & k_{iz,iy} & k_{iz,iz} & k_{iz,jx} & k_{iz,jy} & k_{iz,jz} \\ k_{jx,ix} & k_{jx,jy} & k_{jx,jz} & k_{jx,jx} & k_{jx,jy} & k_{jx,jz} \\ k_{jy,ix} & k_{jy,iy} & k_{jy,iz} & k_{jy,jx} & k_{jy,jy} & k_{jy,jz} \\ k_{jz,ix} & k_{jz,iy} & k_{jz,iz} & k_{jz,jx} & k_{jz,jy} & k_{jz,jz} \end{bmatrix} \begin{bmatrix} \overline{V}_i \\ \overline{V}_i \\ \overline{\Phi}_i \\ \overline{U}_j \\ \overline{V}_j \\ \overline{\Phi}_j \end{bmatrix}$$

即

$$\begin{bmatrix} \overline{F}_{ix} \\ \overline{F}_{iy} \\ \overline{M}_{iz} \\ \overline{F}_{jx} \\ \overline{F}_{jy} \\ \overline{M}_{jz} \end{bmatrix} = \begin{bmatrix} \dfrac{EA}{l} & 0 & 0 & \dfrac{-EA}{l} & 0 & 0 \\ 0 & \dfrac{12EI}{l^3} & \dfrac{6EI}{l^2} & 0 & \dfrac{-12EI}{l^3} & \dfrac{6EI}{l^2} \\ 0 & \dfrac{6EI}{l^2} & \dfrac{4EI}{l} & 0 & \dfrac{-6EI}{l^2} & \dfrac{2EI}{l} \\ \dfrac{-EA}{l} & 0 & 0 & \dfrac{EA}{l} & 0 & 0 \\ 0 & \dfrac{-12EI}{l^3} & \dfrac{-6EI}{l^2} & 0 & \dfrac{12EI}{l^3} & \dfrac{-6EI}{l^2} \\ 0 & \dfrac{6EI}{l^2} & \dfrac{2EI}{l} & 0 & \dfrac{-6EI}{l^2} & \dfrac{4EI}{l} \end{bmatrix} \begin{bmatrix} \overline{V}_i \\ \overline{V}_i \\ \overline{\Phi}_i \\ \overline{U}_j \\ \overline{V}_j \\ \overline{\Phi}_j \end{bmatrix} \qquad (4-24)$$

简写为

$$[\overline{F^e}] = [\overline{K^e}][\overline{\delta^e}] \tag{4-25}$$

式中

$$[\overline{K^{(e)}}] = \begin{bmatrix} \dfrac{EA}{l} & 0 & 0 & -\dfrac{EA}{l} & 0 & 0 \\[2mm] 0 & \dfrac{12EI}{l^3} & \dfrac{6EI}{l^2} & 0 & -\dfrac{12EI}{l^3} & \dfrac{6EI}{l^2} \\[2mm] 0 & \dfrac{6EI}{l^2} & \dfrac{4EI}{l} & 0 & -\dfrac{6EI}{l^2} & \dfrac{2EI}{l} \\[2mm] -\dfrac{EA}{l} & 0 & 0 & \dfrac{EA}{l} & 0 & 0 \\[2mm] 0 & -\dfrac{12EI}{l^3} & -\dfrac{6EI}{l^2} & 0 & \dfrac{12EI}{l^3} & -\dfrac{6EI}{l^2} \\[2mm] 0 & \dfrac{6EI}{l^2} & \dfrac{2EI}{l} & 0 & -\dfrac{6EI}{l^2} & \dfrac{4EI}{l} \end{bmatrix} \tag{4-26}$$

其中：$I = \iint y^2 \mathrm{d}A$，为梁截面对主轴的惯性矩，$A$ 为梁截面面积。

若应用虚功原理，同样可以求出梁单元刚度矩阵。

对于平面桁架中的杆件，由于两端仅有轴力作用，剪力和弯矩均为 0，划去上式中 $\overline{F}_{iy}$、$\overline{M}_{iz}$、$\overline{F}_{jy}$、$\overline{M}_{jz}$ 所对应的行和列，则得到局部坐标系下杆系结构的单元刚度矩阵。

4. 单元坐标系下的平面梁单元非节点载荷等效移置

对于梁单元，一般都把集中力的作用点取为节点。作用在单元节点之间的非节点载荷依据第 3 章中按虚功相等原则推导的载荷移移置一般公式进行。

$$[R^e] = [N]^{\mathrm{T}} P$$

$$\begin{cases} \overline{N}_{iU} = 1 - \dfrac{x}{l}, \overline{N}_{iV} = 1 - \dfrac{3x^2}{l^2} + \dfrac{2x^3}{l^3}, \overline{N}_{i\Phi} = x - \dfrac{2x^2}{l} + \dfrac{x^3}{l^2} \\[3mm] \overline{N}_{jU} = \dfrac{x}{l}, \overline{N}_{jV} = \dfrac{3x^2}{l^2} - \dfrac{2x^3}{l^3}, \overline{N}_{j\Phi} = -\dfrac{x^2}{l} + \dfrac{x^3}{l^2} \end{cases}$$

1) 分布轴向载荷 $p(x)$（线载荷）的移置

$$[\overline{R^e}] = \begin{bmatrix} \overline{R}_{ix} \\ \overline{R}_{iy} \\ \overline{M}_{iz} \\ \hdashline \overline{R}_{jx} \\ \overline{R}_{jy} \\ \overline{M}_{jz} \end{bmatrix} = \int_0^l N^{\mathrm{T}}[p(x)\ 0\ 0]\mathrm{d}x = \int_0^l \begin{bmatrix} \overline{N}_{iU} & 0 & 0 \\ 0 & \overline{N}_{iV} & \dfrac{\partial \overline{N}_{iV}}{\partial x} \\ 0 & \overline{N}_{i\Phi} & \dfrac{\partial \overline{N}_{i\Phi}}{\partial x} \\ \overline{N}_{jU} & & \\ 0 & \overline{N}_{jV} & \dfrac{\partial \overline{N}_{jV}}{\partial x} \\ 0 & \overline{N}_{j\Phi} & \dfrac{\partial \overline{N}_{j\Phi}}{\partial x} \end{bmatrix} [p(x)\ 0\ 0]\mathrm{d}x = \int_0^l \begin{bmatrix} \overline{N}_{iU} \cdot p(x) \\ 0 \\ 0 \\ \hdashline \overline{N}_{jU} \cdot p(x) \\ 0 \\ 0 \end{bmatrix} \mathrm{d}x$$

$$\tag{4-27}$$

74

对于均布 $p(x) = q$ 的典型情况,则有

$$\overline{R}_{ix} = \int_0^l N_{iU}p(x)\mathrm{d}x = \int_0^l \left(1 - \frac{x}{l}\right)q\mathrm{d}x = \frac{1}{2}ql, \overline{R}_{jx} = \int_0^l N_{jU}p(x)\mathrm{d}x = \int_0^l \left(\frac{x}{l}\right)q\mathrm{d}x = \frac{1}{2}ql$$

2)分布横向载荷 $p(x)$(线载荷)的移置

$$[\overline{R}^e] = \begin{bmatrix} \overline{R}_{ix} \\ \overline{R}_{iy} \\ \overline{M}_{iz} \\ \cdots \\ \overline{R}_{jx} \\ \overline{R}_{jy} \\ \overline{M}_{jz} \end{bmatrix} = \int_0^l N^{\mathrm{T}}[0 \ \ p(x) \ \ 0]\mathrm{d}x = \int_0^l \begin{bmatrix} \overline{N}_{iU} & 0 & 0 \\ 0 & \overline{N}_{iV} & \dfrac{\partial \overline{N}_{iV}}{\partial x} \\ 0 & \overline{N}_{i\varPhi} & \dfrac{\partial \overline{N}_{i\varPhi}}{\partial x} \\ \overline{N}_{jU} & & \\ 0 & \overline{N}_{jV} & \dfrac{\partial \overline{N}_{jV}}{\partial x} \\ 0 & \overline{N}_{j\varPhi} & \dfrac{\partial \overline{N}_{j\varPhi}}{\partial x} \end{bmatrix} [0 \ \ p(x) \ \ 0]\mathrm{d}x = \int_0^l \begin{bmatrix} 0 \\ \overline{N}_{iV} \cdot p(x) \\ \overline{N}_{i\varPhi} \cdot p(x) \\ \cdots \\ 0 \\ \overline{N}_{jV} \cdot p(x) \\ \overline{N}_{i\varPhi} \cdot p(x) \end{bmatrix} \mathrm{d}x$$

$$(4-28)$$

(1)对于横向均布载荷 $p(x) = q$ 的典型情况,则有

$$\begin{cases} \overline{R}_{iy} = \int_0^l \overline{N}_{iV}p(x)\mathrm{d}x = \int_0^l \left(1 - \frac{3x^2}{l^2} + \frac{2x^3}{l^3}\right)q\mathrm{d}x = \frac{1}{2}ql \\[3mm] \overline{M}_{iz} = \int_0^l \overline{N}_{i\varPhi}p(x)\mathrm{d}x = \int_0^l \left(x - \frac{2x^2}{l} + \frac{x^3}{l^2}\right)q\mathrm{d}x = \frac{1}{12}ql^2 \\[3mm] \overline{R}_{jy} = \int_0^l \overline{N}_{jV}p(x)\mathrm{d}x = \int_0^l \left(\frac{3x^2}{l^2} - \frac{2x^3}{l^3}\right)q\mathrm{d}x = \frac{1}{2}ql \\[3mm] \overline{M}_{iz} = \int_0^l \overline{N}_{i\varPhi}p(x)\mathrm{d}x = \int_0^l \left(-\frac{x^2}{l} + \frac{x^3}{l^2}\right)q\mathrm{d}x = \frac{1}{12}ql^2 \end{cases}$$

(2)对于三角形分布载荷 $p(x) = q\dfrac{x}{l}$ 的典型情况,则有

$$\begin{cases} \overline{R}_{iy} = \int_0^l \overline{N}_{iV}p(x)\mathrm{d}x = \int_0^l \left(1 - \frac{3x^2}{l^2} + \frac{2x^3}{l^3}\right)\frac{qx}{l}\mathrm{d}x = \frac{3}{20}ql \\[3mm] \overline{M}_{iz} = \int_0^l \overline{N}_{i\varPhi}p(x)\mathrm{d}x = \int_0^l \left(x - \frac{2x^2}{l} + \frac{x^3}{l^2}\right)\frac{qx}{l}\mathrm{d}x = \frac{1}{30}ql^2 \\[3mm] \overline{R}_{jy} = \int_0^l \overline{N}_{jV}p(x)\mathrm{d}x = \int_0^l \left(\frac{3x^2}{l^2} - \frac{2x^3}{l^3}\right)\frac{qx}{l}\mathrm{d}x = \frac{7}{20}ql \\[3mm] \overline{M}_{iz} = \int_0^l \overline{N}_{i\varPhi}p(x)\mathrm{d}x = \int_0^l \left(-\frac{x^2}{l} + \frac{x^3}{l^2}\right)\frac{qx}{l}\mathrm{d}x = -\frac{1}{20}ql^2 \end{cases}$$

3)横向集中力 P 的载荷移置

设 P 的作用点在单元坐标系下的位置为 $(x,0)$,则

$$
[\overline{R^e}] = \begin{bmatrix} \overline{R}_{ix} \\ \overline{R}_{iy} \\ \overline{M}_{iz} \\ \hdashline \overline{R}_{jx} \\ \overline{R}_{jy} \\ \overline{M}_{jz} \end{bmatrix} = N^{\mathrm{T}}[0 \quad P \quad 0] = \begin{bmatrix} \overline{N}_{iU} & 0 & 0 \\ 0 & \overline{N}_{iV} & \dfrac{\partial \overline{N}_{iV}}{\partial x} \\ 0 & \overline{N}_{i\varPhi} & \dfrac{\partial \overline{N}_{i\varPhi}}{\partial x} \\ \overline{N}_{jU} & & \\ 0 & \overline{N}_{jV} & \dfrac{\partial \overline{N}_{jV}}{\partial x} \\ 0 & \overline{N}_{j\varPhi} & \dfrac{\partial \overline{N}_{j\varPhi}}{\partial x} \end{bmatrix} [0 \quad P \quad 0] = \begin{bmatrix} 0 \\ \overline{N}_{iV} \cdot P \\ \overline{N}_{i\varPhi} \cdot P \\ \hdashline 0 \\ \overline{N}_{jV} \cdot P \\ \overline{N}_{i\varPhi} \cdot P \end{bmatrix}
$$

$$(4-29)$$

对于 P 作用在梁单元的中点的典型情况,则有

$$
\begin{cases}
\overline{R}_{iy} = \overline{N}_{iV}P = \left(1 - \dfrac{3x^2}{l^2} + \dfrac{2x^3}{l^3}\right)P \big|_{x=l/2} = \dfrac{1}{2}P \\[3mm]
\overline{M}_{iz} = \overline{N}_{i\varPhi}P = \left(x - \dfrac{2x^2}{l} + \dfrac{x^3}{l^2}\right)P \big|_{x=l/2} = \dfrac{1}{8}Pl \\[3mm]
\overline{R}_{jy} = \overline{N}_{jV}P = \left(\dfrac{3x^2}{l^2} - \dfrac{2x^3}{l^3}\right)P \big|_{x=l/2} = \dfrac{1}{2}Pl \\[3mm]
\overline{M}_{iz} = \overline{N}_{i\varPhi}P = \left(-\dfrac{x^2}{l} + \dfrac{x^3}{l^2}\right)P \big|_{x=l/2} = -\dfrac{1}{8}Pl
\end{cases}
$$

5. 整体坐标系下的梁单元刚度矩阵

图 4-10 给出了局部坐标系和整体坐标系的关系。以整体坐标系为参考,设局部坐标系 xoy 的 x 轴逆时针方向相对整体坐标系 XOY 的 X 轴的夹角为 α。

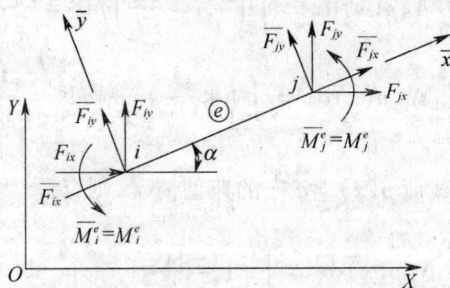

图 4-10 局部坐标与整体坐标的关系

由投影关系可得

$$
\begin{cases}
\overline{F}_{ix} = F_{iX}\cos\alpha + F_{iY}\sin a \\
\overline{F}_{iy} = -F_{iX}\sin\alpha + F_{iY}\cos a \\
\overline{F}_{jx} = F_{jX}\cos\alpha + F_{jY}\sin a \\
\overline{F}_{jy} = -F_{jX}\sin\alpha + F_{jY}\cos a
\end{cases}
\tag{4-30}
$$

两种坐标系中,弯矩都作用在同一平面上,是垂直于坐标平面的力偶矢量,故不受平面坐标变换的影响,即

76

$$\begin{cases} \overline{M_i^e} = M_i^e \\ \overline{M_j^e} = M_j^e \end{cases} \tag{4-31}$$

将式(4-30)与式(4-31)写成矩阵形式,有

$$\begin{bmatrix} \overline{F}_{ix} \\ \overline{F}_{iy} \\ \overline{M}_{iz} \\ \overline{F}_{jx} \\ \overline{F}_{jy} \\ \overline{M}_{jz} \end{bmatrix} = \begin{bmatrix} \cos\alpha & \sin\alpha & 0 & 0 & 0 & 0 \\ -\sin\alpha & \cos\alpha & 0 & 0 & 0 & 0 \\ 0 & 0 & 1 & 0 & 0 & 0 \\ 0 & 0 & 0 & \cos\alpha & \sin\alpha & 0 \\ 0 & 0 & 0 & -\sin\alpha & \cos\alpha & 0 \\ 0 & 0 & 0 & 0 & 0 & 1 \end{bmatrix} \begin{bmatrix} F_{iX} \\ F_{iY} \\ M_{iz} \\ F_{jX} \\ F_{jY} \\ M_{jz} \end{bmatrix} \tag{4-32}$$

或简写为

$$[\overline{F^e}] = [T][F^e] \tag{4-33}$$

式中

$$[T] = \begin{bmatrix} \cos\alpha & \sin\alpha & 0 & 0 & 0 & 0 \\ -\sin\alpha & \cos\alpha & 0 & 0 & 0 & 0 \\ 0 & 0 & 1 & 0 & 0 & 0 \\ 0 & 0 & 0 & \cos\alpha & \sin\alpha & 0 \\ 0 & 0 & 0 & -\sin\alpha & \cos\alpha & 0 \\ 0 & 0 & 0 & 0 & 0 & 1 \end{bmatrix}$$

为坐标转换矩阵,它是正交矩阵:$[T]^{-1} = [T]^T$。

梁端部力之间的这种转换关系,同样适用于梁端部位移之间的转换,即

$$[\overline{\delta^e}] = [T][\delta^e] \tag{4-34}$$

将式(4-25)、式(4-33)、式(4-34)联立,得

$$[T][F^e] = [\overline{K^e}][T][\delta^e]$$

两边同乘以$[T]^{-1}$,得

$$[F^e] = [T]^{-1}[\overline{K^e}][T][\delta^e] = [T]^T[\overline{K^e}][T][\delta^e]$$

根据单元刚度方程的一般形式,有

$$[K^e] = [T]^T[\overline{K^e}][T] \tag{4-35}$$

$[K^e]$即为整体坐标系下的单元刚度矩阵,式(4-35)是单元刚度矩阵由局部坐标系向整体坐标系转换的公式。代入化简得整体坐标系下的单元刚度矩阵为

$$[K^e] = \begin{bmatrix} \left(\frac{EA}{l}c^2 + \frac{12EI}{l^3}s^2\right) & \left(\frac{EA}{l} - \frac{12EI}{l^3}\right)cs & \frac{-6EI}{l^2}s & \left(\frac{-EA}{l}c^2 - \frac{12EI}{l^3}s^2\right) & \left(\frac{-EA}{l} + \frac{12EI}{l^3}\right)cs & \frac{-6EI}{l^2}s \\ \left(\frac{EA}{l} - \frac{12EI}{l^3}\right)cs & \left(\frac{EA}{l}s^2 + \frac{12EI}{l^3}c^2\right) & \frac{6EI}{l^2}c & \left(\frac{-EA}{l} + \frac{12EI}{l^3}\right)cs & \left(\frac{-EA}{l}s^2 - \frac{12EI}{l^3}c^2\right) & \frac{6EI}{l^2}c \\ \frac{-6EI}{l^2}s & \frac{6EI}{l^2}c & \frac{4EI}{l} & \frac{6EI}{l^2}s & \frac{-6EI}{l^2}c & \frac{2EI}{l} \\ \left(\frac{-EA}{l}c^2 - \frac{12EI}{l^3}s^2\right) & \left(\frac{-EA}{l} + \frac{12EI}{l^3}\right)cs & \frac{6EI}{l^2}s & \left(\frac{EA}{l}c^2 + \frac{12EI}{l^3}s^2\right) & \left(\frac{EA}{l} - \frac{12EI}{l^3}\right)cs & \frac{6EI}{l^2}s \\ \left(\frac{-EA}{l} + \frac{12EI}{l^3}\right)cs & \left(\frac{-EA}{l}s^2 - \frac{12EI}{l^3}c^2\right) & \frac{-6EI}{l^2}c & \left(\frac{EA}{l} - \frac{12EI}{l^3}\right)cs & \left(\frac{EA}{l}s^2 + \frac{12EI}{l^3}c^2\right) & \frac{-6EI}{l^2}c \\ \frac{-6EI}{l^2}s & \frac{6EI}{l^2}c & \frac{2EI}{l} & \frac{6EI}{l^2}s & \frac{-6EI}{l^2}c & \frac{4EI}{l} \end{bmatrix}$$

式中:$c = \cos a$;$s = \sin a$。

应该注意,当梁截面的高度大于梁长度的 1/5 时,剪切应变对扰度的影响必须予以考虑,尤其是在薄壁截面的情形,剪切对扰度的影响是很大的。考虑剪切影响时,只需对局部坐标系下的梁单元的刚度矩阵做如下修正:

$$[\overline{K^e}] = \begin{bmatrix} \dfrac{EA}{l} & 0 & 0 & -\dfrac{EA}{l} & 0 & 0 \\[2mm] 0 & \dfrac{12EI}{l^3(1+\Phi)} & \dfrac{6EI}{l^2(1+\Phi)} & 0 & \dfrac{-12EI}{l^3(1+\Phi)} & \dfrac{6EI}{l^2(1+\Phi)} \\[2mm] 0 & \dfrac{6EI}{l^2(1+\Phi)} & \dfrac{(4+\Phi)EI}{l(1+\Phi)} & 0 & \dfrac{-6EI}{l^2(1+\Phi)} & \dfrac{(2-\Phi)EI}{l(1+\Phi)} \\[2mm] -\dfrac{EA}{l} & 0 & 0 & \dfrac{EA}{l} & 0 & 0 \\[2mm] 0 & \dfrac{-12EI}{l^3(1+\Phi)} & \dfrac{-6EI}{l^2(1+\Phi)} & 0 & \dfrac{12EI}{l^3(1+\Phi)} & \dfrac{-6EI}{l^2(1+\Phi)} \\[2mm] 0 & \dfrac{6EI}{l^2(1+\Phi)} & \dfrac{(2-\Phi)EI}{l(1+\Phi)} & 0 & \dfrac{-6EI}{l^2(1+\Phi)} & \dfrac{(4+\Phi)EI}{l(1+\Phi)} \end{bmatrix}$$

然后按坐标转换法求得考虑剪切影响的整体坐标系下的单元刚度矩阵。

6. 整体坐标系下的等效节点载荷

在求出单元坐标系下单元等效节点载荷后,根据坐标变化矩阵$[\boldsymbol{T}]$有

$$[\overline{R^e}] = [\boldsymbol{T}][R^e]$$

则

$$[R^e] = [\boldsymbol{T}]^{-1}[\overline{R^e}]$$

4.3.2 空间梁单元的有限元分析

若杆件系统与截面主轴作用载荷不在同一平面内,则这类情况属于空间杆件系统问题。一般情况下,空间梁单元的每个节点的位移具有 6 个自由度,对应 6 个节点力,如图 4-11 所示。

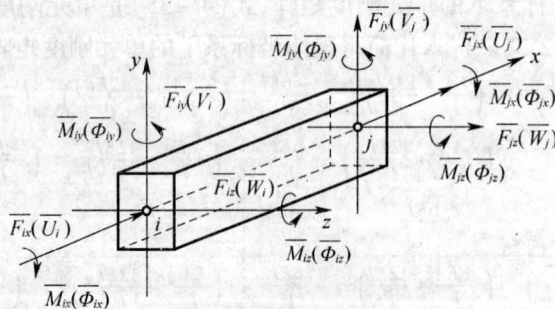

图 4-11 局部坐标系下的空间梁单元

模仿平面梁系结构,对于局部坐标系下的空间梁单元,若记

78

$$\overline{\delta}^{(e)} = [\,\overline{U}_i \quad \overline{V}_i \quad \overline{W}_i \quad \overline{\Phi}_{ix} \quad \overline{\Phi}_{iy} \quad \overline{\Phi}_{iz} \;\vdots\; \overline{U}_j \quad \overline{V}_j \quad \overline{W}_j \quad \overline{\Phi}_{jx} \quad \overline{\Phi}_{jy} \quad \overline{\Phi}_{jz}\,]^{\mathrm T} = [\,\overline{\delta}_i^{\mathrm T} \;\vdots\; \overline{\delta}_j^{\mathrm T}\,]^{\mathrm T}$$

$$\overline{F}^{(e)} = [\,\overline{F}_{ix} \quad \overline{F}_{iy} \quad \overline{F}_{iz} \quad \overline{M}_{ix} \quad \overline{M}_{iy} \quad \overline{M}_{iz} \;\vdots\; \overline{F}_{jx} \quad \overline{F}_{jy} \quad \overline{F}_{jz} \quad \overline{M}_{jx} \quad \overline{M}_{jy} \quad \overline{M}_{jz}\,]^{\mathrm T} = [\,\overline{F}_i^{\mathrm T} \;\vdots\; \overline{F}_j^{\mathrm T}\,]^{\mathrm T}$$

式中：$\overline{\Phi}_{ix}$、$\overline{\Phi}_{iy}$、$\overline{\Phi}_{iz}$、$\overline{\Phi}_{jx}$、$\overline{\Phi}_{jy}$、$\overline{\Phi}_{jz}$ 分别为局部坐标系下梁 i 端、梁 j 端分别绕 x、y、z 轴的转角（逆时针方向为正）；$\overline{F}_{ix}$、$\overline{F}_{jx}$ 分别为梁端点 i、j 的轴向力；$\overline{F}_{iy}$、$\overline{F}_{iz}$、$\overline{F}_{jy}$、$\overline{F}_{jz}$ 分别为梁端点 i、j 的 y 和 z 向的剪力；$\overline{M}_{ix}$、$\overline{M}_{iy}$、$\overline{M}_{iz}$、$\overline{M}_{jx}$、$\overline{M}_{jy}$、$\overline{M}_{jz}$ 分别表示梁 i 端、梁 j 端分别绕 x、y、z 轴的弯矩（逆时针方向为正）。

整体坐标系下，空间梁单元的节点位移和节点力可记为

$$\delta^{(e)} = [\,U_i \quad V_i \quad W_i \quad \Phi_{ix} \quad \Phi_{iy} \quad \Phi_{iz} \;\vdots\; U_j \quad V_j \quad W_j \quad \Phi_{jx} \quad \Phi_{jy} \quad \Phi_{jz}\,]^{\mathrm T} = [\,\delta_i^{\mathrm T} \;\vdots\; \delta_j^{\mathrm T}\,]^{\mathrm T}$$

$$F^{(e)} = [\,F_{ix} \quad F_{iy} \quad F_{iz} \quad M_{ix} \quad M_{iy} \quad M_{iz} \;\vdots\; F_{jx} \quad F_{jy} \quad F_{jz} \quad M_{jx} \quad M_{jy} \quad M_{jz}\,]^{\mathrm T} = [\,F_i^{\mathrm T} \;\vdots\; F_j^{\mathrm T}\,]^{\mathrm T}$$

空间梁单元特性分析公式推导与平面梁单元相同，但公式推导较复杂，限于篇幅，具体过程略。

4.4　框架结构有限元解题应用实例

如图 4-12 所示悬臂框架，弹性模量 $E = 30 \times 10^6 \,\mathrm{lb/in^2}$，截面面积 A 和惯性矩 I 标注于图。该框架两端固定，试确定均布载荷下的框架的变形和。

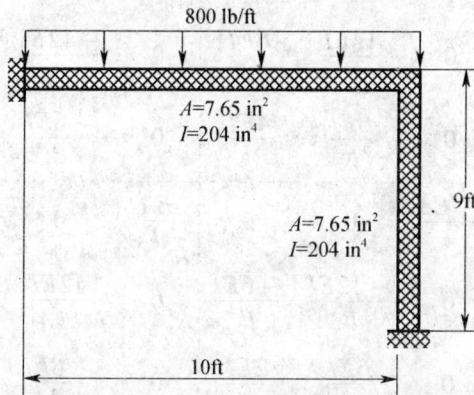

图 4-12　均布荷载作用下的悬臂框架

解：

1. 结构离散

（1）单元划分。以左固定点为原点，水平方向为 X 轴且向右方向为 X 轴的正向，垂直方向为 Y 轴且向上的方向为 Y 轴正向，建立整体坐标系 XOY。选用平面梁单元将结构离散成两个单元、3 个节点，如图 4-2 所示。

（2）建立边界条件。节点 1、节点 3 为固定基础，则边界条件为

$$U_1 = V_1 = \Phi_1 = U_2 = V_2 = \Phi_2 = 0$$

（3）建立载荷列阵。先对单元 1 在单元自身局部坐标系下进行非节点载荷等效移置，由于单元的局部坐标系与整体坐标系平行，因此，局部坐标系下等效移置得到的节点载荷就是整体坐标系下的节点载荷。

单元等效节点载荷为

$$
[R^{(1)}] = [\overline{R}^{(1)}] = \begin{bmatrix} 0 \\ \dfrac{-wL}{2} \\ -\dfrac{wL^2}{2} \\ 0 \\ \dfrac{-wL}{2} \\ \dfrac{wL^2}{2} \end{bmatrix} = \begin{bmatrix} 0 \\ -4000 \\ -80000 \\ 0 \\ -4000 \\ 80000 \end{bmatrix}
$$

则结构总载荷列阵为

$$[R] = \begin{bmatrix} 0 & -4000 & -80000 & \vdots & 0 & -4000 & 80000 & \vdots & 0 & 0 & 0 \end{bmatrix}^{T}$$

2. 单元刚度求解

1）求解整体坐标系下的单元刚度矩阵

局部坐标系下平面梁单元的单元刚度矩阵、局部坐标到整体坐标的坐标变换矩阵分别为

$$
[\overline{K}^{(e)}] = \begin{bmatrix}
\dfrac{EA}{l} & 0 & 0 & \dfrac{-EA}{l} & 0 & 0 \\
0 & \dfrac{12EI}{l^3} & \dfrac{6EI}{l^2} & 0 & \dfrac{-12EI}{l^3} & \dfrac{6EI}{l^2} \\
0 & \dfrac{6EI}{l^2} & \dfrac{4EI}{l} & 0 & \dfrac{-6EI}{l^2} & \dfrac{2EI}{l} \\
\dfrac{-EA}{l} & 0 & 0 & \dfrac{EA}{l} & 0 & 0 \\
0 & \dfrac{-12EI}{l^3} & \dfrac{-6EI}{l^2} & 0 & \dfrac{12EI}{l^3} & \dfrac{-6EI}{l^2} \\
0 & \dfrac{6EI}{l^2} & \dfrac{2EI}{l} & 0 & \dfrac{-6EI}{l^2} & \dfrac{4EI}{l}
\end{bmatrix},
$$

$$
T = \begin{bmatrix}
\cos\theta & \sin\theta & 0 & 0 & 0 & 0 \\
-\sin\theta & \cos\theta & 0 & 0 & 0 & 0 \\
0 & 0 & 1 & 0 & 0 & 0 \\
0 & 0 & 0 & \cos\theta & \sin\theta & 0 \\
0 & 0 & 0 & -\sin\theta & \cos\theta & 0 \\
0 & 0 & 0 & 0 & 0 & 1
\end{bmatrix}
$$

整体坐标系下平面梁单元的刚度矩阵为

$$[K^{(e)}] = [T]^{-1}[\overline{K}^{(e)}][T]$$

① 单元1：由于单元1的局部坐标系和整体坐标系的方向相同,因此,单元1的局部坐标系下的刚度矩阵与整体坐标系下的刚度矩阵相同,即

80

$$[K^{(1)}] = [\overline{K}^{(1)}] = 10^3 \begin{bmatrix} 1912.5 & 0 & 0 & -1912.5 & 0 & 0 \\ 0 & 42.5 & 2250 & 0 & -42.5 & 2550 \\ 0 & 2550 & 204000 & 0 & -2550 & 102000 \\ -1912.5 & 0 & 0 & 1912.5 & 0 & 0 \\ 0 & -42.5 & -2550 & 0 & 42.5 & -2550 \\ 0 & 2550 & 102000 & 0 & -2550 & 204000 \end{bmatrix}$$

$$= \begin{bmatrix} K_{11}^{(1)} & K_{12}^{(1)} \\ K_{21}^{(1)} & K_{22}^{(1)} \end{bmatrix}$$

② 单元2:局部坐标系下的单元2的刚度矩阵为

$$[\overline{K}^{(2)}] = 10^3 \begin{bmatrix} 2125 & 0 & 0 & -2125 & 0 & 0 \\ 0 & 58.299 & 3148.148 & 0 & -58.299 & 3148.148 \\ 0 & 3148.148 & 226666 & 0 & -3148.148 & 113333 \\ -2125 & 0 & 0 & 2125 & 0 & 0 \\ 0 & -58.299 & -3148.148 & 0 & 58.299 & -3148.148 \\ 0 & 3148.148 & 113333 & 0 & -3148.148 & 226666 \end{bmatrix}$$

单元2的坐标转换矩阵为

$$[T^{(2)}] = \begin{bmatrix} \cos270° & \sin270° & 0 & 0 & 0 & 0 \\ -\sin270° & \cos270° & 0 & 0 & 0 & 0 \\ 0 & 0 & 1 & 0 & 0 & 0 \\ 0 & 0 & 0 & \cos270° & \sin270° & 0 \\ 0 & 0 & 0 & -\sin270° & \cos270° & 0 \\ 0 & 0 & 0 & 0 & 0 & 1 \end{bmatrix} = \begin{bmatrix} 0 & -1 & 0 & 0 & 0 & 0 \\ 1 & 0 & 0 & 0 & 0 & 0 \\ 0 & 0 & 1 & 0 & 0 & 0 \\ 0 & 0 & 0 & 0 & -1 & 0 \\ 0 & 0 & 0 & 1 & 0 & 0 \\ 0 & 0 & 0 & 0 & 0 & 1 \end{bmatrix}$$

则整体坐标系下的单元2的刚度矩阵为

$$[K^{(2)}] = [T]^{\mathrm{T}}[\overline{K}^{(2)}][T] = \begin{bmatrix} 0 & 1 & 0 & 0 & 0 & 0 \\ -1 & 0 & 0 & 0 & 0 & 0 \\ 0 & 0 & 1 & 0 & 0 & 0 \\ 0 & 0 & 0 & 0 & 1 & 0 \\ 0 & 0 & 0 & -1 & 0 & 0 \\ 0 & 0 & 0 & 0 & 0 & 1 \end{bmatrix} \times 10^3$$

$$\times \begin{bmatrix} 2125 & 1 & 0 & -2125 & 0 & 0 \\ 0 & 58.299 & 3148.148 & 0 & -58.299 & 3148.148 \\ 0 & 3148.148 & 226666 & 0 & -3148.148 & 113333 \\ -2125 & 0 & 0 & 2125 & 0 & 0 \\ 0 & -58.299 & -3148.148 & 0 & 58.299 & -3148.148 \\ 0 & 3148.148 & 113333 & 0 & -3148.148 & 226666 \end{bmatrix}$$

$$\times \begin{bmatrix} 0 & -1 & 0 & 0 & 0 & 0 \\ 1 & 0 & 0 & 0 & 0 & 0 \\ 0 & 0 & 1 & 0 & 0 & 0 \\ 0 & 0 & 0 & 0 & -1 & 0 \\ 0 & 0 & 0 & 1 & 0 & 0 \\ 0 & 0 & 0 & 0 & 0 & 1 \end{bmatrix} = 10^3$$

$$\times \begin{bmatrix} 58.299 & 0 & 3148.148 & -58.299 & 0 & 3148.148 \\ 0 & 2125 & 0 & 0 & -2125 & 0 \\ 0 & 3148.148 & 226666 & 0 & -3148.148 & 113333 \\ -58.299 & 0 & -3148.148 & 58.299 & 0 & 3148.148 \\ 0 & -2125 & 0 & 0 & 2125 & 0 \\ 3148.148 & 0 & 113333 & 3148.148 & 0 & 226666 \end{bmatrix}$$

$$= \begin{bmatrix} K_{22}^{(2)} & K_{23}^{(2)} \\ K_{32}^{(2)} & K_{33}^{(2)} \end{bmatrix}$$

2）单元刚度矩阵组合成总体刚度矩阵

$$\left[\boldsymbol{K}^{(G)} \right] = \begin{bmatrix} K_{11}^{(1)} & K_{12}^{(1)} & 0 \\ K_{21}^{(1)} & K_{22}^{(1)+(2)} & K_{23}^{(2)} \\ 0 & K_{32}^{(2)} & K_{33}^{(2)} \end{bmatrix}$$

$$= \begin{bmatrix} 1912.5 & 0 & 0 & -1912.5 & 0 & 0 & 0 & 0 & 0 \\ 0 & 42.5 & 2550 & 0 & -42.5 & 2550 & 0 & 0 & 0 \\ 0 & 2550 & 204000 & 0 & -2550 & 102000 & 0 & 0 & 0 \\ -1912.5 & 0 & 0 & 1970.799 & 0 & 3148.148 & -58.299 & 0 & 3148.148 \\ 0 & -42.5 & -2550 & 0 & 2165.5 & -2550 & 0 & -2125 & 0 \\ 0 & 2550 & 102000 & 3148.148 & -2550 & 430666 & -3148.148 & 0 & 113333 \\ 0 & 0 & 0 & -58.299 & 0 & -3148.148 & 58.299 & 0 & -3148.148 \\ 0 & 0 & 0 & 0 & -2125 & 0 & 0 & 2125 & 0 \\ 0 & 0 & 0 & 3148.148 & 0 & 113333 & -3148.148 & 0 & 226666 \end{bmatrix}$$

3. 建立总体刚度方程

$$\begin{bmatrix} 0 \\ -4000 \\ -80000 \\ 0 \\ -4000 \\ 80000 \\ 0 \\ 0 \\ 0 \end{bmatrix} = \begin{bmatrix} 1912.5 & 0 & 0 & -1912.5 & 0 & 0 & 0 & 0 & 0 \\ 0 & 42.5 & 2550 & 0 & -42.5 & 2550 & 0 & 0 & 0 \\ 0 & 2550 & 204000 & 0 & -2550 & 102000 & 0 & 0 & 0 \\ -1912.5 & 0 & 0 & 1970.799 & 0 & 3148.148 & -58.299 & 0 & 3148.148 \\ 0 & -42.5 & -2550 & 0 & 2165.5 & -2550 & 0 & -2125 & 0 \\ 0 & 2550 & 102000 & 3148.148 & -2550 & 430666 & -3148.148 & 0 & 113333 \\ 0 & 0 & 0 & -58.299 & 0 & -3148.148 & 58.299 & 0 & -3148.148 \\ 0 & 0 & 0 & 0 & -2125 & 0 & 0 & 2125 & 0 \\ 0 & 0 & 0 & 3148.148 & 0 & 113333 & -3148.148 & 0 & 226666 \end{bmatrix} \begin{bmatrix} 0 \\ 0 \\ 0 \\ U_2 \\ V_2 \\ \varPhi_2 \\ 0 \\ 0 \\ 0 \end{bmatrix}$$

4. 求解刚度方程

利用降阶法,可以将 9×9 的刚度方程降为如下 3×3 的矩阵:

$$\begin{bmatrix} 0 \\ -4000 \\ 80000 \end{bmatrix} = 10^3 \begin{bmatrix} 1970.799 & 0 & 3148.148 \\ 0 & 2167.5 & -2550 \\ 3148.148 & -2550 & 430666 \end{bmatrix} \begin{bmatrix} U_2 \\ V_2 \\ \Phi_2 \end{bmatrix}$$

求解上述方程,可获得如下位移矩阵:

$$[\delta^{(G)}] = [0 \quad 0 \quad 0 \ \vdots \ -0.0002845\text{in} \quad -0.0016359\text{in} \quad 0.00017815\text{rad} \ \vdots \ 0 \quad 0 \quad 0]^\text{T}$$

第5章 平面问题的有限单元法

5.1 平面问题概述

在实际工程问题中,当所研究的结构具有特殊的几何形状,承受着特殊的载荷,导致沿某一方面的应力或应变都很小时,在满足工程精度要求的前提下,为了减少分析和计算的工作量,常把它们简化为二维问题来处理,这就是平面问题。

按照弹性力学的分类,平面问题主要分为平面应力问题与平面应变问题两大类。

5.1.1 平面应力问题

如图 5-1 所示厚度为 t 的薄板,在 Z 方向上的尺寸很小,外力都与 Z 轴垂直,且沿 Z 方向没有变化,在 $Z = \pm t/2$ 处的两个外表面上不受任何载荷。对于具有这样特征的构件,可作平面应力问题处理。

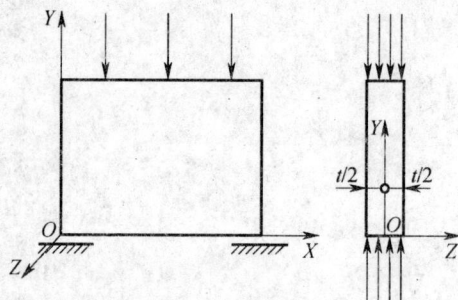

图 5-1 平面应力问题

平面应力问题具有如下两个特征:

(1)几何形状特征。薄板沿 Z 轴(厚度方向)的尺寸远远小于其板面 XY 的长、宽尺寸。

(2)载荷特征。所有外载荷(包括体积力)平行于板面 XY,且沿着厚度不发生变化(或沿板的中面呈对称变化)。

1. 平面应力问题的物理方程

如图 5-1 所示,以薄板的中面为 XY 面,垂直于板面(或中面)的任一直线为 Z 轴。由于板面上不受力,所以有

$$(\sigma_Z)_{Z=\pm\frac{t}{2}} = 0, (\tau_{ZX})_{Z=\pm\frac{t}{2}} = 0, (\tau_{ZY})_{Z=\pm\frac{t}{2}} = 0$$

由于外力又不沿厚度变化,且板很薄,可以得出在整个薄板的 Z 面上所有各点的应力、应变,即

$$\sigma_Z = 0$$

$$\tau_{ZX} = \tau_{XZ} = 0, \tau_{ZY} = \tau_{YZ} = 0 \qquad (剪应力互等定律)$$

这样就只剩下 σ_X、σ_Y、τ_{XY} 三个应力分量，它们都平行于 XY 面，所以把这种问题就称为平面应力问题。用应力矩阵简化为

$$[\sigma] = \begin{bmatrix} \sigma_X \\ \sigma_Y \\ \tau_{XY} \end{bmatrix} \qquad (5-1)$$

在求弹性体的形变量时，当已知应力矩阵，则可以通过物理方程求得 ε_Z、γ_{ZY}、γ_{ZX}，其中 $\gamma_{ZY} = \gamma_{ZX} = 0$，而 ε_Z 在平面应力问题中一般不予考虑，但它并不等于零，可由 σ_X 及 σ_Y 求得。

于是只需要考虑 ε_X、ε_Y、γ_{XY}，则物理方程可简化为

$$\begin{cases} \varepsilon_X = \dfrac{\sigma_X}{E} - \mu \dfrac{\sigma_Y}{E} \\[2mm] \varepsilon_Y = \dfrac{\sigma_Y}{E} - \mu \dfrac{\sigma_X}{E} \\[2mm] \gamma_{XY} = \dfrac{2(1+\mu)}{E} \tau_{XY} \end{cases} \qquad (5-2)$$

通过转换得出

$$\begin{cases} \sigma_X = \dfrac{E}{1-\mu^2}(\varepsilon_X + \mu\varepsilon_Y) \\[2mm] \sigma_Y = \dfrac{E}{1-\mu^2}(\mu\varepsilon_X + \varepsilon_Y) \\[2mm] \tau_{XY} = \dfrac{E}{2(1+\mu)}\gamma_{XY} = \dfrac{E}{1-\mu^2} \cdot \dfrac{1-\mu}{2}\gamma_{XY} \end{cases}$$

可以把上式用矩阵方程表示为

$$\begin{bmatrix} \sigma_X \\ \sigma_Y \\ \tau_{XY} \end{bmatrix} = \frac{E}{1-\mu^2} \begin{bmatrix} 1 & \mu & \\ \mu & 1 & 0 \\ 0 & 0 & \dfrac{1-\mu}{2} \end{bmatrix} \begin{Bmatrix} \varepsilon_X \\ \varepsilon_Y \\ \gamma_{XY} \end{Bmatrix} \qquad (5-3)$$

上式也可以简写成

$$[\sigma] = [D][\varepsilon]$$

这时弹性矩阵也可简化为

$$[D] = \frac{E}{1-\mu^2} \begin{bmatrix} 1 & \mu & \\ \mu & 1 & 0 \\ 0 & 0 & \dfrac{1-\mu}{2} \end{bmatrix}$$

2. 平面应力问题的几何方程

因为只有三个应变分量 ε_X、ε_Y、γ_{XY} 需要考虑，所以几何方程简化为

$$[\varepsilon] = \begin{bmatrix} \varepsilon_X \\ \varepsilon_Y \\ \gamma_{XY} \end{bmatrix} = \begin{bmatrix} \dfrac{\partial U}{\partial X} \\ \dfrac{\partial V}{\partial Y} \\ \dfrac{\partial U}{\partial Y} + \dfrac{\partial V}{\partial X} \end{bmatrix} \qquad (5-4)$$

3. 平面应力问题的虚功方程

假设 i 点所受的外力沿 X、Y、Z 方向分解为 F_{iX}、F_{iY}、F_{iZ},由于 Z 方向没有外力,所以 $W_i = W_j = \cdots = 0$,而外力的虚功简化为

$$F_{iX}U_i^* + F_{iY} \cdot V_i^* + F_{jZ}U_j^* + F_{jY} \cdot V_j^* + \cdots$$

令

$$[F] = \begin{bmatrix} F_{iZ} \\ F_{iY} \\ F_{jZ} \\ F_{jY} \\ \vdots \end{bmatrix}, [\delta^*] = \begin{bmatrix} U_i^* \\ V_i^* \\ U_j^* \\ V_j^* \\ \vdots \end{bmatrix}$$

则外力所做的虚功可简记为 $[\sigma^*]^{\mathrm{T}}[F]$。

由于 $\sigma_Z = 0, \tau_{ZY} = 0, \tau_{ZX} = 0$,因此在弹性体的每单位体积内,应力在虚应变上的虚功简化为

$$[\varepsilon^*]^{\mathrm{T}}[\sigma] = \sigma_X \varepsilon_X^* + \sigma_Y \varepsilon_Y^* + \tau_{XY} \gamma_{XY}^*$$

在整个弹性体内,应力的虚功仍为

$$\iiint [\varepsilon^*]^{\mathrm{T}}[\sigma]\mathrm{d}X\mathrm{d}Y\mathrm{d}Z$$

设板厚为 t,由于板很薄,应力和应变沿厚度的变化可以忽略,所以上式中的被积函数可只简化为 X 和 Y 的函数,即

$$\iint [\varepsilon^*]^{\mathrm{T}}[\sigma]\mathrm{d}X\mathrm{d}Yt$$

由此得出弹性体的虚功方程为

$$[\sigma^*]^{\mathrm{T}}[F] = \iint [\varepsilon^*]^{\mathrm{T}}[\sigma]\mathrm{d}X\mathrm{d}Yt \qquad (5-5)$$

5.1.2 平面应变问题

对于具有如下特征的物体,可作平面应变问题处理:

(1) 几何形状特征:物体沿某坐标轴(如 Z 轴)方向的尺寸远大于其他两个坐标轴方向的尺寸,且垂直于 Z 轴各截面的形状和尺寸均相同。

(2) 载荷特征:所有外载荷(包括体积力)均垂直于 Z 轴,且不沿 Z 方向变化。物体的约束条件不随 Z 坐标而变化。

在这种情况下,可以近似认为远离物体两端的各截面没有 Z 向位移,而沿 X 和 Y 方向的位移对各截面均相同,且是 Z 和 Y 的函数而与 Z 坐标无关,即各截面内将产生平面应变。图 5-2 所示的物体可近似看成平面应变问题。

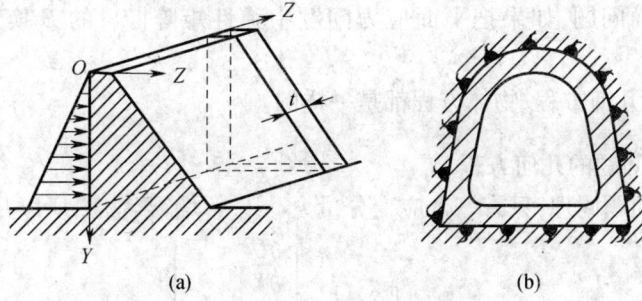

图 5 - 2　平面应变问题

(a) 堤坝；(b) 隧道。

1. 平面应变问题的物理方程

如图 5 - 2(a) 所示，以任一横截面为 XY 面，任一纵线为 Z 轴，建立直角坐标系 XYZ。因为平面应变问题 $W = 0$，而 U 及 V 又只是 X 和 Y 的函数。由几何方程可得

$$\varepsilon_Z = \gamma_{YZ} = \gamma_{ZX} = 0$$

于是只剩下三个应变分量 ε_X、ε_Y、γ_{XY}。由 $\gamma_{YZ} = \gamma_{ZX} = 0$，可得出 $\tau_{YZ} = \tau_{ZX} = 0$。而在应力分量中，虽然 $\varepsilon_Z = 0$，但 σ_Z 一般并不等于零，可由物理方程求出 $\sigma_Z = \mu(\sigma_X + \sigma_Y)$，但在平面应变问题中一般不予考虑。于是也就剩下三个应力分量 σ_X、σ_Y、τ_{XY}，物理方程就可简化为

$$\begin{cases} \sigma_X = \dfrac{E(1-\mu)}{(1+\mu)(1-2\mu)}\left(\varepsilon_X + \dfrac{\mu}{1-\mu}\varepsilon_Y\right) \\[2mm] \sigma_Y = \dfrac{E(1-\mu)}{(1+\mu)(1-2\mu)}\left(\varepsilon_X + \dfrac{\mu}{1-\mu}\varepsilon_Y\right) \\[2mm] \tau_{XY} = \dfrac{E}{2(1+\mu)}\gamma_{XY} = \dfrac{E(1-\mu)}{(1+\mu)(1-2\mu)}\dfrac{1-2\mu}{2(1-\mu)}\gamma_{XY} \end{cases}$$

把上式用矩阵方程表示为

$$\begin{bmatrix} \sigma_X \\ \sigma_Y \\ \tau_{XY} \end{bmatrix} = \frac{E(1-\mu)}{(1+\mu)(1-2\mu)} \begin{bmatrix} 1 & \dfrac{\mu}{1-\mu} & 0 \\[2mm] \dfrac{\mu}{1-\mu} & 1 & 0 \\[2mm] 0 & 0 & \dfrac{1-2\mu}{2(1-\mu)} \end{bmatrix} \begin{bmatrix} \varepsilon_X \\ \varepsilon_Y \\ \gamma_{XY} \end{bmatrix} \qquad (5-6)$$

如平面应力问题一样，上式可简写成

$$[\sigma] = [D][\varepsilon]$$

式中：$[D]$ 为弹性矩阵，可表示成

$$[D] = \frac{E(1-\mu)}{(1+\mu)(1-2\mu)} \begin{bmatrix} 1 & \dfrac{\mu}{1-\mu} & 0 \\[2mm] \dfrac{\mu}{1-\mu} & 1 & 0 \\[2mm] 0 & 0 & \dfrac{1-2\mu}{2(1-\mu)} \end{bmatrix}$$

对比两种平面问题,如果把平面应力问题中弹性矩阵$[D]$的E换成$\dfrac{E}{1-\mu^2}$,μ换成$\dfrac{\mu}{1-\mu}$,那么它们的几何方程、物体方程都是一样的。

2. 平面应变问题的几何方程

与平面应力问题同理,只有三个应变分量ε_X、ε_Y、γ_{XY}需要考虑,所以几何方程同样为

$$[\varepsilon] = \begin{bmatrix} \varepsilon_X \\ \varepsilon_Y \\ \gamma_{XY} \end{bmatrix} = \begin{bmatrix} \dfrac{\partial U}{\partial X} \\ \dfrac{\partial v}{\partial Y} \\ \dfrac{\partial U}{\partial Y} + \dfrac{\partial V}{\partial X} \end{bmatrix} \tag{5-7}$$

3. 平面应变问题的虚功方程

由于Z方向上也没有外力,且$\varepsilon_Z=0$,$\gamma_{YZ}=0$,$\gamma_{ZX}=0$,平面应力问题推导出来的虚功方程对平面应变问题仍然适用,其中厚度t可以取为任意数值,但外力$[F]$必须作用在这个厚度范围内。

$$[\sigma^*]^T[F] = \iint [\varepsilon^*]^T[\sigma]\mathrm{d}X\mathrm{d}Yt \tag{5-8}$$

需要说明的是:实际的堤坝和隧道等问题,都受到垂直于其纵轴且沿长度方向无变化的载荷作用,所以近似于平面形变问题,但由于它们不是无限长的,靠近两端横截面有时也会发生变化的,所以并不符合无限长柱形体的条件。但是,实践证明,对于离开两端较远之处,按平面应变问题进行分析计算,得出的结果与实际情况很接近,这样就可以用较小的工作量得出需要的结果。

另外,在两种平面问题中,若$\varepsilon_X=\varepsilon_Y=\gamma_{XY}=0$,则物体没有发生形变,即只有刚体平移或转动,则通过几何方程的积分可以得出水平和竖直方向的位移分别为

$$U = U_0 - \omega_Z Y, V = V_0 + \omega_Z X$$

式中:U_0、V_0代表弹性体沿X及Y方向的刚体平动;ω_Z代表弹性体绕Z轴的刚体转动。

5.1.3 平面问题中的主应力

若经过任意一点P的某一斜面的剪应力等于零,则该斜面的正应力称为在P点的一个主应力,该斜面称为应力主面。且该点的三个应力主面是相互垂直的。

对于平面应力和平面应变中的任一点有$\tau_{ZX}=\tau_{ZY}=0$,即剪应力等于零。所以,可以得出Z面总是一个应力主面,而σ_Z总是三个主应力之一。在平面应力问题中,$\sigma_Z=0$;在平面形变问题中,$\sigma_Z=\mu(\sigma_X+\sigma_Y)$。至于其他两个应力主面和相应的主应力,则需通过计算来确定。由于三个应力主面必须互相垂直,则其他两个应力主面必然平行于Z轴。

现以三角板或三棱柱PQR为例,如图5-3所示,令RQ面为这两个应力主面之一,则σ为其主应力,N为其应力主向。现令应力主向N对于X轴及Y轴的方向余弦分别为m及n。根据三角板PQR的平衡条件$\sum F_X=0$及$\sum F_Y=0$,可以得到

$$\begin{cases} m\sigma_X + n\tau_{YX} = m\sigma \\ n\sigma_Y + m\tau_{XY} = n\sigma \end{cases}$$

由上式分别求出 n/m，并用 τ_{XY} 代替 τ_{YX}，得

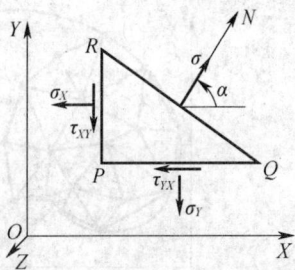

$$\begin{cases} \dfrac{n}{m} = \dfrac{\sigma - \sigma_X}{\tau_{XY}} \\[3mm] \dfrac{n}{m} = \dfrac{\tau_{XY}}{\sigma - \sigma_Y} \end{cases} \qquad (5-9)$$

消去 n/m，得出 σ 的二次方程为

$$\sigma^2 - (\sigma_X + \sigma_Y)\sigma + (\sigma_X \sigma_Y - \tau_{XY}^2) = 0$$

解方程得出的根 σ_1 及 σ_2 就是所求的两个主应力，即

图 5 - 3

$$\left.\begin{array}{c} \sigma_1 \\ \sigma_2 \end{array}\right\} = \frac{\sigma_X + \sigma_Y}{2} \pm \sqrt{\left(\frac{\sigma_X - \sigma_Y}{2}\right)^2 + \tau_{XY}^2} \qquad (5-10)$$

现用 α 表示 σ_1 与 X 轴所成的角度（以逆时针转向为正），令

$$m_1 = \cos(N, X) = \cos\alpha, \quad n_1 = \cos(N, Y) = \sin\alpha$$

则

$$\tan\alpha = \frac{\sin\alpha}{\cos\alpha} = \frac{n_1}{m_1}$$

又由式(5-9)可得

$$\frac{n_1}{m_1} = \frac{\sigma_1 - \sigma_X}{\tau_{XY}}$$

联立二式可得

$$\tan\alpha = \frac{\sigma_1 - \sigma_X}{\tau_{XY}}$$

即

$$\alpha = \arctan\frac{\sigma_1 - \sigma_X}{\tau_{XY}} \qquad \left(-\frac{\pi}{2} \leqslant \alpha \leqslant \frac{\pi}{2}\right)$$

对于 $(\sigma_1 - \sigma_X)/\tau_{XY}$ 的任一数值，都能计算出相应的 α 值，从而确定主应力 σ_1 的方向，而另一个主应力 σ_2 的方向则与它垂直。有些推导公式是先求出 2α 再计算 α，但这种方法就很难辨别 α 的方向究竟是 σ_1 的方向还是 σ_2 的方向。

5.2　平面线性单元特性分析

线性单元即一次平面问题单元，单元位移函数用单元全部角节点（或端节点）位移的插值表达形式来表示。平面问题中的线性单元有 3 节点三角形单元和 4 节点矩形单元。

5.2.1　3 节点三角形单元

3 节点三角形单元 $i \rightarrow j \rightarrow m$ 标识如图 5-4 所示。

$$[\delta^e] = [U_i \quad V_i \mathbin{\vdots} U_j \quad V_j \mathbin{\vdots} U_m \quad V_m]^T, \quad [F^e] = [F_{iX} \quad F_{iY} \mathbin{\vdots} F_{jX} \quad F_{jY} \mathbin{\vdots} F_{mX} \quad F_{mY}]^T$$

第 3 章已经详细推导了 3 节点三角形单元的特性，现总结如下：

1. 3 节点三角形单元内任意一点的位移

(1) 广义坐标形式

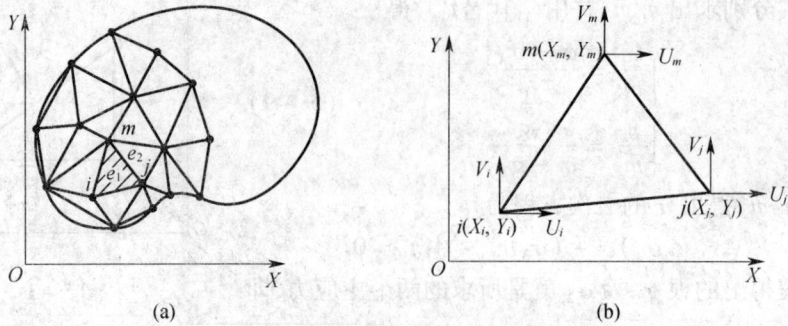

图 5-4 结构二维区域离散及 3 节点三角形单元

$$\begin{cases} U(X,Y) = \alpha_1 + \alpha_2 X + \alpha_3 Y \\ V(X,Y) = \alpha_4 + \alpha_5 X + \alpha_6 Y \end{cases} \quad (5-11)$$

（2）插值函数形式

$$\begin{cases} U(X,Y) = N_i U_i + N_j U_j + N_k U_m \\ V(X,Y) = N_i V_i + N_j V_j + N_m V_m \end{cases} \quad (5-12)$$

式中

$$N_i = \frac{a_i + b_i X + c_i Y}{2\Delta} \quad (i,j,m \text{ 轮换})$$

其中

$$2\Delta = \begin{vmatrix} 1 & X_i & Y_i \\ 1 & X_j & Y_j \\ 1 & X_m & Y_m \end{vmatrix}$$

插值函数又称形函数,具有如下性质:

（1）形函数 $N_i(N_i$ 或 $N_m)$ 与位移模式同次;

（2）在节点上形函数的值满足: $N_r(Z_s, Y_s) = \begin{cases} 1, r=s \\ 0, r \neq s \end{cases}(r,s=i,j,m)$

（3）在单元上任一点处方形函数满足: $N_i + N_j + N_m = 1$。

用矩阵形式简化为

$$\begin{bmatrix} U \\ V \end{bmatrix} = \begin{bmatrix} N_i & 0 & N_j & 0 & N_m & 0 \\ 0 & N_i & 0 & N_j & 0 & N_m \end{bmatrix} [\delta^e] = [N][\delta^e] \quad (5-13)$$

2. 3 节点三角形单元内任意一点的应变

$$[\varepsilon] = \begin{bmatrix} \varepsilon_X \\ \varepsilon_Y \\ \gamma_{XY} \end{bmatrix} = \begin{bmatrix} \dfrac{\partial U}{\partial X} \\ \dfrac{\partial V}{\partial Y} \\ \dfrac{\partial U}{\partial Y} + \dfrac{\partial V}{\partial X} \end{bmatrix} = \frac{1}{2\Delta} \begin{bmatrix} b_i & 0 & b_j & 0 & b_m & 0 \\ 0 & c_i & 0 & c_j & 0 & c_m \\ c_i & b_i & c_j & b_j & c_k & b_m \end{bmatrix} \begin{bmatrix} U_i \\ V_i \\ U_j \\ V_j \\ U_m \\ V_m \end{bmatrix} = [B][\delta^e]$$

$$(5-14)$$

式中:[B]为单元几何矩阵。

上述方程称为应变方程。该式的物理意义是将单元内任意点的应变分量也用节点位移分量表示。

3. 3节点三角形单元内任意一点的应力

$$[\sigma] = \begin{bmatrix} \sigma_X \\ \sigma_Y \\ \tau_{XY} \end{bmatrix} = [D][\varepsilon] = [D][B][\delta^e] \qquad (5-15)$$

式中:$[D]$为材料的弹性矩阵,它反映了单元材料方面的特性。

上式为单元应力方程。

对于平面应力问题:

$$[D] = \frac{E}{1-\mu^2} \begin{bmatrix} 1 & \mu & 0 \\ \mu & 1 & 0 \\ 0 & 0 & \dfrac{1-\mu}{2} \end{bmatrix}$$

对于平面应变问题,只需把$[D]$中E换成$\dfrac{E}{1-\mu^2}$,μ换成$\dfrac{\mu}{1-\mu}$。

4. 3节点三角形单元刚度矩阵的求解

单元刚度矩阵:

$$[K^e] = \int_V [B]^T [D] [B] dV$$

上式为单元刚度矩阵的普遍公式,它适用于各种类型的单元。

对于三角形常应变单元,有

$$[K^e] = t\Delta \begin{bmatrix} B_i^T D B_i & B_i^T D B_j & B_i^T D B_m \\ B_j^T D B_i & B_j^T D B_j & B_j^T D B_m \\ B_m^T D B_i & B_m^T D B_j & B_m^T D B_m \end{bmatrix} = \begin{bmatrix} K_{ii} & K_{ij} & K_{im} \\ K_{ji} & K_{jj} & K_{jm} \\ K_{mi} & K_{mj} & K_{mm} \end{bmatrix} \qquad (5-16)$$

式中的子刚阵为

$$K_{rs} = t\Delta [B_r^T]_{2 \times 3} [D]_{3 \times 3} [B_s]_{3 \times 2}$$

即K_{rs}是2×2矩阵。

对于平面应力问题,将D代入上式,展开后,得

$$K_{rs} = t\Delta \frac{1}{2\Delta} \begin{bmatrix} b_r & 0 & c_r \\ 0 & c_r & b_r \end{bmatrix} \frac{E}{1-\mu^2} \begin{bmatrix} 1 & \mu & 0 \\ \mu & 1 & 0 \\ 0 & 0 & \dfrac{1-\mu}{2} \end{bmatrix} \frac{1}{2\Delta} \begin{bmatrix} b_s & 0 \\ 0 & c_s \\ c_s & b_s \end{bmatrix}$$

$$= \frac{Et}{4\Delta(1-\mu^2)} \begin{bmatrix} b_r b_s + \dfrac{1-\mu}{2} c_r c_s & \mu b_r b_s + \dfrac{1-\mu}{2} c_r b_s \\ \mu b_r b_s + \dfrac{1-\mu}{2} c_r b_s & \mu c_r c_s + \dfrac{1-\mu}{2} b_r b_s \end{bmatrix} \quad (r,s = i,j,m) \qquad (5-17)$$

由上述公式可知,单元刚度矩阵诸元素的数值取决于该单元的形状、大小和单元的材料性质,它不随单元或坐标轴的平移而改变。

5.2.2　4节点矩形单元

4节点矩形单元如图5-5所示,矩形边的长度分别为$2a$和$2b$,矩形单元的边界分别

与 X 轴、Y 轴平行。四节点矩形单元共有 8 个自由度。

单元节点沿坐标轴的位移列阵为

$$[\delta^e] = [U_i \quad V_i \quad U_j \quad V_j \quad U_m \quad V_m \quad U_k \quad V_k]^T$$

与之对应的单元等效节点力列阵为

$$[F^e] = [F_{iX} \quad F_{iY} \quad F_{jX} \quad F_{jY} \quad F_{mX} \quad F_{mY} \quad F_{kX} \quad F_{kY}]^T$$

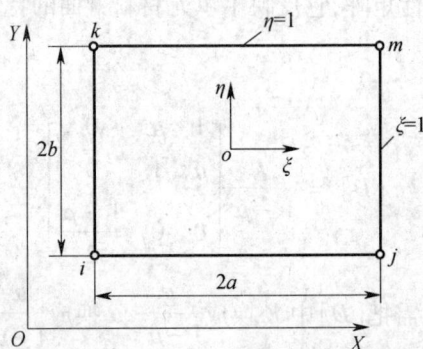

图 5 – 5　4 节点矩形单元

1. 单元的位移模式和形函数

由于矩阵共有 8 个自由度,引入的待定系数只能有 8 个。因此,X、Y 每个方向的位移可取 4 项多项式,即为 X、Y 的双线性函数:

$$\begin{cases} U = \alpha_1 + \alpha_2 X + \alpha_3 Y + \alpha_4 XY \\ V = \alpha_5 + \alpha_6 X + \alpha_7 Y + \alpha_8 XY \end{cases} \tag{5 – 18}$$

其中,参数 α_1、α_2、α_3 和 α_5、α_6、α_7 反映了刚体位移和常应变,因此这种单元为完备单元。另外,在相邻单元的公共边界上位移函数按线性变化,且相邻单元公共节点上有共同的节点位移值,因此保证了两个相邻单元在公共边界上位移的连续性,即协调性。所以矩形单元也是协调单元。

为研究方便,在单元的中心建立一个自然坐标系 $\xi o \eta$,单元内任意一点 P 在自然坐标系中的坐标为 (ξ, η) 其坐标转换公式为

$$\begin{cases} X = X_0 + a\xi \\ Y = Y_0 + b\eta \end{cases} \tag{5 – 19}$$

式中:X_0、Y_0 为矩形单元中心的整体坐标;ξ、η 为 $-1 \sim 1$ 之间的变化量,ξ 表示水平变化量,η 表示垂直变化量。

$$X_0 = (X_i + X_j)/2 = (X_m + X_k)/2, Y_0 = (Y_i + Y_j)/2 = (Y_m + Y_k)/2$$

$$a = (X_j - X_i)/2 = (X_m - X_k)/2, b = (Y_m - Y_j)/2 = (Y_k - Y_i)/2$$

$$\xi = (X - X_0)/a, \eta = (Y - Y_0)/b$$

由于式(5 – 18)为线性式,所以以局部坐标表示的位移函数仍为双线性式,即

$$\begin{cases} U = \beta_1 + \beta_2 \xi + \beta_3 \eta + \beta_4 \xi\eta \\ V = \beta_5 + \beta_6 \xi + \beta_7 \eta + \beta_8 \xi\eta \end{cases} \tag{5 – 20}$$

通过将 8 个节点位移代入上式,就可解出 8 个待定系数,从而求出形函数。但求解 8 个线性方程组较为困难。为此现应用插值函数法直接建立位移模式,并根据形函数性质求出形函数。

由形函数表示的位移模式为

$$\begin{cases} U = N_i U_i + N_j U_j + N_m U_m + N_k U_k = \sum_{s=i}^{k} N_s U_s \\ V = N_i V_i + N_j V_j + N_m V_m + N_k V_k = \sum_{s=i}^{k} N_s V_s \end{cases} \qquad (5-21)$$

式中形函数 N_i 可由形函数的性质来确定:

(1) 形函数 N_i 与位移模式同次,为双线性函数。

(2) 在节点上形函数的值满足: $N_r(\xi_s, \eta_s) = \begin{cases} 1, & r = s \\ 0, & r \neq s \end{cases} \qquad (r, s = i, j, m, k)$

若取 $r = i$,那么必然有 $N_i(\xi_i, \eta_i) = 1$, N_i 在其他 3 个点的值为零,也就是说 N_i 在 jm 和 mk 边上必为零。另外, jm 边的直线方程为 $1 - \xi = 0$, mk 边直线方程为 $1 - \eta = 0$。所以形函数 N_i 可以表示为

$$N_i = C(1 - \xi)(1 - \eta)$$

式中: C 为待定系数,可由在 i 点上: $N_i(\xi_i, \eta_i) = 1$ 来确定,即

$$N_i = C[1 - (-1)][1 - (-1)] = 1$$

解得 $C = \frac{1}{4}$。因此,形函数为

$$N_i = \frac{1}{4}(1 - \xi)(1 - \eta)$$

依次类推,可得其他形函数

$$\begin{cases} N_j = \frac{1}{4}(1 + \xi)(1 - \eta) \\ N_m = \frac{1}{4}(1 + \xi)(1 + \eta) \\ N_k = \frac{1}{4}(1 - \xi)(1 + \eta) \end{cases}$$

若引入节点坐标: $i(\xi_i = -1, \eta_i = -1)$、$j(\xi_j = 1, \eta_j = -1)$、$m(\xi_m = 1, \eta_m = 1)$、$k(\xi_k = -1, \eta_k = 1)$,可把形函数统一表示为

$$N_i = \frac{1}{4}(1 + \xi_i \xi)(1 + \eta_i \eta) \qquad (i, j, m, k \text{ 轮换}) \qquad (5-22)$$

单元位移模式( )的矩阵形式为

$$\begin{Bmatrix} U \\ V \end{Bmatrix} = \begin{bmatrix} N_i & 0 & N_j & 0 & N_m & 0 & N_k & 0 \\ 0 & N_i & 0 & N_j & 0 & N_m & 0 & N_k \end{bmatrix} [\delta^e] = [N][\delta^e] \qquad (5-23)$$

式中: $[N]$ 为形函数矩阵。

2. 单元应变和应力

利用几何方程得单元应变为

$$[\varepsilon] = \begin{Bmatrix} \varepsilon_X \\ \varepsilon_Y \\ \gamma_{XY} \end{Bmatrix} = \begin{Bmatrix} \dfrac{\partial}{\partial X} & 0 \\ 0 & \dfrac{\partial}{\partial Y} \\ \dfrac{\partial}{\partial Y} & \dfrac{\partial}{\partial X} \end{Bmatrix} \begin{Bmatrix} U \\ V \end{Bmatrix} = \begin{Bmatrix} \dfrac{\partial}{\partial \xi} \cdot \dfrac{\partial \xi}{\partial X} & 0 \\ 0 & \dfrac{\partial}{\partial \eta} \cdot \dfrac{\partial \eta}{\partial Y} \\ \dfrac{\partial}{\partial \eta} \cdot \dfrac{\partial \eta}{\partial Y} & \dfrac{\partial}{\partial \xi} \cdot \dfrac{\partial \xi}{\partial X} \end{Bmatrix} [N][\delta^e]$$

将式(5-19)和式(5-23)代入上式,有

$$[\varepsilon] = \frac{1}{ab} \begin{Bmatrix} b\dfrac{\partial}{\partial \xi} & 0 \\ 0 & a\dfrac{\partial}{\partial \eta} \\ a\dfrac{\partial}{\partial \eta} & b\dfrac{\partial}{\partial \xi} \end{Bmatrix} [N][\delta^e] = [\,B_i \quad B_j \quad B_m \quad B_k\,][\delta^e] = [B][\delta^e] \tag{5-24}$$

其中,应变矩阵$[B] = [\,B_1 \quad B_2 \quad B_3 \quad B_4\,]$,其子矩阵为

$$[B_i] = \frac{1}{ab} \begin{Bmatrix} b\dfrac{\partial N_i}{\partial \xi} & 0 \\ 0 & a\dfrac{\partial N_i}{\partial \eta} \\ a\dfrac{\partial N_i}{\partial \eta} & b\dfrac{\partial N_i}{\partial \xi} \end{Bmatrix} = \frac{1}{4ab} \begin{Bmatrix} b\xi_i(1 + \eta_i\eta) & 0 \\ 0 & a\eta_i(1 + \xi_i\xi) \\ a\eta_i(1 + \xi_i\xi) & b\xi_i(1 + \eta_i\eta) \end{Bmatrix} \quad (i,j,m,k\ 轮换) \tag{5-25}$$

利用物理方程可得单元应力计算公式为

$$[\sigma] = [D][\varepsilon] = [D][B][\delta^e] = [S][\delta^e] \tag{5-26}$$

式中:应力矩阵$[S] = [\,S_i \quad S_j \quad S_m \quad S_k\,]$,对于平面应力问题,其子矩阵

$$[S_i] = [D][B_i]$$

$$= \frac{E}{8ab(1 - \mu^2)} \begin{Bmatrix} 2b\xi_i(1 + \eta_i\eta) & 2\mu a\eta_i(1 + \xi_i\xi) \\ 2\mu b\xi_i(1 + \eta_i\eta) & 2a\eta_i(1 + \xi_i\xi) \\ (1 - \mu)a\eta_i(1 + \xi_i\xi) & (1 - \mu)b\xi_i(1 + \eta_i\eta) \end{Bmatrix} \quad (i,j,m,k\ 轮换) \tag{5-27}$$

由式(5-25)和式(5-27)可知,4 节点矩形单元的应变和应力分量按 ξ、η 线性变化,要比常应变三角形单元精度高。

3. 单元刚度矩阵

由前可知,平面问题单元刚度矩阵为

$$[K^e] = \iint\limits_A [B]^{\mathrm{T}}[D][B]t\mathrm{d}X\mathrm{d}Y = \begin{bmatrix} K_{ii} & K_{ij} & K_{im} & K_{ik} \\ K_{ji} & K_{jj} & K_{jm} & K_{jk} \\ K_{mi} & K_{mj} & K_{mm} & K_{mk} \\ K_{ki} & K_{kj} & K_{km} & K_{mm} \end{bmatrix} \tag{5-28}$$

其中,单刚$[K^e]$的子矩阵为

$$k_{rs} = \iint_A [B_r]^T [D] [B_s] t\mathrm{d}\xi\mathrm{d}\eta \qquad (r,s = i,j,m,k)$$

积分化简后,有

$$k_{rs} = \frac{Et}{8(1-\mu^2)}$$

$$\left[\begin{array}{cc} 2\dfrac{b}{a}\xi_r\xi_s\left(1+\dfrac{1}{3}\eta_r\eta_s\right)+(1-\mu)\dfrac{a}{b}\eta_r\eta_s\left(1+\dfrac{1}{3}\xi_r\xi_s\right) & 2\mu\xi_r\eta_s+(1-\mu)\eta_r\xi_s \\[2mm] 2\mu\eta_r\xi_s+(1-\mu)\xi_r\eta_s & 2\dfrac{a}{b}\eta_r\eta_s\left(1+\dfrac{1}{3}\xi_r\xi_s\right)+(1-\mu)\dfrac{b}{a}\xi_r\xi_s\left(1+\dfrac{1}{3}\eta_r\eta_s\right) \end{array}\right]$$

$$(r,s = i,j,m,k) \qquad\qquad (5-29)$$

对于平面应变问题如前所述,应对 E 和 μ 做相应的变化。有了形函数,利用虚功方程很方便地计算出等效节点力向量,这里不做叙述。有关整体分析,边界条件处理如同前节所述。

由式(5-24)、式(5-26)可知,4 节点矩形单元的应变和应力都不是常量,是 ξ、η 的一次函数,且呈线性变化。矩形单元的缺点是不能很好地符合曲线边界,包括与坐标轴不平行的直线边界,因此直接应用受到限制。通常解决的方法之一是将矩形单元和三角形单元混合使用,用三角形单元来模拟那些曲线边界。

5.3　面积坐标的应用

对于平面问题中的三角形单元,若使用面积坐标,则能清楚理解插值函数的几何意义,且有限元求解计算变得较为简单。现在以最简单的 3 节点三角形单元为例介绍它的应用。

1. 面积坐标

在图 5-6 所示的三角形单元中,任意一点 $p(X,Y)$ 与其三个角点相连形成三个子三角形,以原三角形边所对应的角码来命名此三个子三角形的面积,即 $\triangle pjm$ 的面积为 $\triangle i$,$\triangle pmi$ 的面积为 $\triangle j$,$\triangle pij$ 的面积为 $\triangle m$,则 P 点的位置可用如下三个比值来确定:

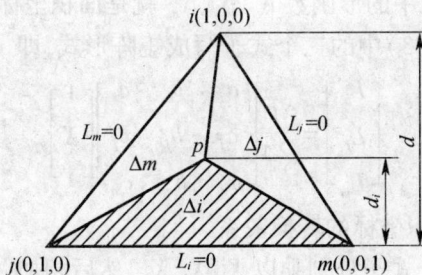

图 5-6　面积坐标

$$L_i = \frac{\triangle_i}{\triangle}, L_j = \frac{\triangle_j}{\triangle}, L_m = \frac{\triangle_m}{\triangle} \qquad\qquad (5-30)$$

这三个比值 L_i、L_j、L_m 称为点 P 的面积坐标。三角形三个顶点的面积坐标是 $i(1,0,$

0）、$j(0,1,0)$、$m(0,0,1)$。三角形形心的面积坐标是 $C\left(\dfrac{1}{3},\dfrac{1}{3},\dfrac{1}{3}\right)$。

三角形三条边的边方程是：$j-m$ 边　$L_i=0$；$m-i$ 边　$L_j=0$；$i-j$ 边　$L_m=0$。

显然，面积坐标是把三角形单元中任一点 P 的位置用三角形面积比表示出来的一种方法。当引入面积坐标来描述某种关系时，其表达式往往比较简明，而且计算也很方便，特别在平面高次三角形单元中更为明显。

2. 面积坐标的特点

（1）三角形内与节点 i 的对边 $j-m$ 平行的直线上的诸点有相同的 L_i 坐标，这个坐标值等于该直线至 jm 边的距离 d_i 与节点 i 至 jm 边的距离 d 的比值。

（2）三个面积坐标并不相互独立，三个面积坐标必然满足：

$$L_i+L_j+L_m=1 \qquad (\text{因为 } \Delta_i+\Delta_j+\Delta_m=\Delta) \tag{5-31}$$

从上式可见，3 个面积坐标中只有 2 个是独立的。由于三角形的面积坐标与该三角形的具体形状及其在总体坐标 X、Y 中的位置无关，因此它是三角形的一种自然坐标。

3. 面积坐标与直角坐标的关系

在图 5-5 中，三角形 pjm 的面积为

$$\Delta_i=\begin{vmatrix} 1 & X & Y \\ 1 & X_j & Y_j \\ 1 & X_m & Y_m \end{vmatrix}=\frac{1}{2}(a_i+b_iX+c_iY) \qquad (a_i、b_i、c_i \text{ 同前})$$

于是，面积坐标为

$$L_i=\frac{\Delta_i}{\Delta}=\frac{1}{2\Delta}(a_i+b_iX+c_iY) \tag{5-32}$$

类似有

$$\begin{cases} L_j=\dfrac{\Delta_j}{\Delta}=\dfrac{1}{2\Delta}(a_j+b_jX+c_jY) \\[2mm] L_j=\dfrac{\Delta_m}{\Delta}=\dfrac{1}{2\Delta}(a_m+b_mX+c_mY) \end{cases} \tag{5-33}$$

可见，前述三角形单元中的形函数 N_i、N_j、N_m 就是面积坐标 L_i、L_j、L_m。

将式（5-32）、式（5-33）中的三个式子写成矩阵形式，即

$$\begin{bmatrix} L_i \\ L_j \\ L_m \end{bmatrix}=\frac{1}{2\Delta}\begin{bmatrix} a_i & b_i & c_i \\ a_j & b_j & c_j \\ a_m & b_m & c_m \end{bmatrix}\begin{bmatrix} 1 \\ X \\ Y \end{bmatrix} \tag{5-34}$$

这就是直角坐标到面积坐标的转换关系。

将式（5-34）中的 3 个式子分别乘以 X_i、X_j、X_m，然后相加，并注意到常数 $a_i、b_i、c_i,a_j、b_j、c_j,a_m、b_m、c_m$ 分别是 $\triangle ijm$ 面积行列式的代数余子式，根据行列式的性质，不难证明：

$$X_iL_i+X_jL_j+X_mL_m=\frac{1}{2\Delta}(a_iX_i+b_iX_iX+b_iX_iY+a_jX_j+b_jX_jX+c_jX_jY$$

$$+a_mX_m+b_mX_mX+c_mX_mY)$$

$$=\frac{1}{2\Delta}(0+2\Delta X+0)=X$$

即

$$X = X_i L_i + X_j L_j + X_m L_m$$

同理

$$Y = Y_i L_i + Y_j L_j + Y_m L_m$$

及

$$L_i + L_j + L_m = 1$$

将上述公式写成矩阵形式,即

$$\begin{bmatrix} 1 \\ X \\ Y \end{bmatrix} = \begin{bmatrix} 1 & 1 & 1 \\ X_i & X_j & X_m \\ Y_i & Y_j & Y_m \end{bmatrix} \begin{bmatrix} L_i \\ L_j \\ L_m \end{bmatrix} \qquad (5-35)$$

这就是面积坐标到直角坐标的转换公式。

4. 面积坐标的微积分计算

面积坐标表示的函数对直角坐标求导时,采用一般的复合函数求导的法则:

$$\begin{cases} \dfrac{\partial}{\partial X} = \dfrac{\partial}{\partial L_i}\dfrac{\partial L_i}{\partial X} + \dfrac{\partial}{\partial L_j}\dfrac{\partial L_j}{\partial X} + \dfrac{\partial}{\partial L_m}\dfrac{\partial L_m}{\partial X} = \dfrac{1}{2\Delta}\Big(b_i\dfrac{\partial}{\partial L_i} + b_j\dfrac{\partial}{\partial L_j} + b_m\dfrac{\partial}{\partial L_m}\Big) \\[4mm] \dfrac{\partial}{\partial Y} = \dfrac{\partial}{\partial L_i}\dfrac{\partial L_i}{\partial Y} + \dfrac{\partial}{\partial L_j}\dfrac{\partial L_j}{\partial Y} + \dfrac{\partial}{\partial L_m}\dfrac{\partial L_m}{\partial Y} = \dfrac{1}{2\Delta}\Big(c_i\dfrac{\partial}{\partial L_i} + c_j\dfrac{\partial}{\partial L_j} + c_m\dfrac{\partial}{\partial L_m}\Big) \end{cases} \qquad (5-36)$$

复合求导中用到:

$$\frac{\partial L_i}{\partial X} = \frac{\partial N_i}{\partial X} = \frac{1}{2\Delta}b_i, \frac{\partial L_i}{\partial Y} = \frac{\partial N_i}{\partial Y} = \frac{1}{2\Delta}c_i \qquad (i,j,m)$$

面积坐标的幂函数在三角形全面积上的积分公式为

$$\iint_\Delta L_i^a L_j^b L_c^c \mathrm{d}X \mathrm{d}Y = \frac{a!b!c!}{(a+b+c+2)}2\Delta \qquad (5-37)$$

当面积坐标的幂函数在三角形单元的某一边积分时,有

$$\int_l L_i^\alpha L_j^\beta \mathrm{d}s = \frac{a!\beta!}{(a+\beta+1)!}l \qquad (5-38)$$

式中:l 为该边的边长。

例如:

$$\iint_\Delta L_i \mathrm{d}X \mathrm{d}Y = \frac{1!0!0!}{(1+0+0+2)!}2\Delta = \frac{\Delta}{3} \qquad (i,j,m)$$

$$\iint_\Delta L_i^2 \mathrm{d}X \mathrm{d}Y = \frac{2!0!0!}{(2+0+0+2)!}2\Delta = \frac{\Delta}{6} \qquad (i,j,m)$$

$$\iint_\Delta L_i L_j \mathrm{d}X \mathrm{d}Y = \frac{1!1!0!}{(1+1+0+2)!}2\Delta = \frac{\Delta}{12} \qquad (i,j,m)$$

当三角形单元采用面积坐标作为自然坐标时,被积函数可以方便地在三角形单元全域或沿边界积分。如3节点三角形单元载荷移置问题。

（1）自重产生的等效节点载荷：

$$R^e = t\iint_\Delta N^{\mathrm{T}} \begin{bmatrix} 0 \\ -g \end{bmatrix} \mathrm{d}X\mathrm{d}Y = t\iint_\Delta \begin{bmatrix} N_i & 0 \\ 0 & N_i \\ N_j & 0 \\ 0 & N_j \\ N_m & 0 \\ 0 & N_m \end{bmatrix} \begin{bmatrix} 0 \\ -g \end{bmatrix} \mathrm{d}X\mathrm{d}Y = -\tan\iint_\Delta \begin{bmatrix} N_i \\ 0 \\ N_j \\ 0 \\ N_m \\ 0 \end{bmatrix} \mathrm{d}X\mathrm{d}Y$$

因为

$$\iint_\Delta N_i \mathrm{d}X\mathrm{d}Y = \frac{1\,!0\,!0\,!}{(1+0+0+2)\,!}2\Delta = \frac{\Delta}{3}$$

故

$$R^e = -\tan\left[\frac{\Delta}{3} \quad 0 \quad \frac{\Delta}{3} \quad 0 \quad \frac{\Delta}{3} \quad 0\right]^{\mathrm{T}} = \left[\frac{-W}{3} \quad 0 \quad \frac{-W}{3} \quad 0 \quad \frac{-W}{3} \quad 0\right]^{\mathrm{T}}$$

（2）3节点三角形单元 ij 边作用有均布测压 q（图 5-6）。

$$R^e = \int_l N^{\mathrm{T}}[q]\mathrm{d}s$$

$$= \int_l \begin{bmatrix} N_i & 0 & N_j & 0 & N_m & 0 \\ 0 & N_i & 0 & N_j & 0 & N_m \end{bmatrix}^{\mathrm{T}} \begin{bmatrix} q\sin a \\ -q\cos a \end{bmatrix} \mathrm{d}s$$

而对于 ij 边，有 $L_m = 0$，按照面积坐标微积分公式,有

$$\begin{cases} \int_l N_i \mathrm{d}s = \int_l L_i \mathrm{d}s = \frac{1\,!0\,!}{(1+0+1)\,!}l = \frac{l}{2} \\ \int_l N_j \mathrm{d}s = \int_l L_j \mathrm{d}s = \frac{1\,!0\,!}{(1+0+1)\,!}l = \frac{l}{2} \\ \int_l N_m \mathrm{d}s = \int_l L_m \mathrm{d}s = 0 \end{cases}$$

故

$$R^e = \frac{q}{2}\left[l\sin a \quad -l\cos a \quad l\sin a \quad -l\cos a \quad 0 \quad 0\right]^{\mathrm{T}}$$

$$= \frac{q}{2}\left[Y_i - Y_j \quad X_j - X_i \quad Y_i - Y_j \quad X_j - X_i \quad 0 \quad 0\right]^{\mathrm{T}}$$

这种简便的计算,在高次单元中尤为明显。

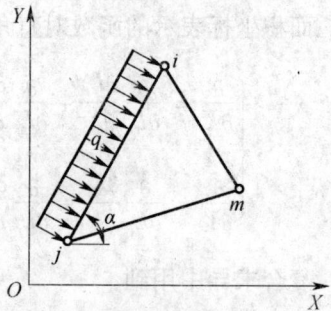

图 5-6

5.4 平面二次单元

由于线性单元的应力和应变都是常量,导致计算精度不高。为了使单元具有较高的精度,常采用高次单元,而高次单元中常用的是二次单元。二次变化的单元,即在角（或端）节点之间的边界上适当的配置一个边内节点（该节点一般取此边的中点）。

5.4.1 6节点三角形单元

三角形二次单元,即在每条边的中间增加一个节点,如图5-7所示。该单元的特点是:有6个节点,共12个自由度,位移函数采用二次多项式,单元中的应变和应力不再是常数,而是坐标的线性函数。

1. 单元内任意一点的位移——位移函数

可以采用完全的二次多项式表示单元的位移函数,即单元中任意一点的位移分量为

图5-7 6节点三角形单元

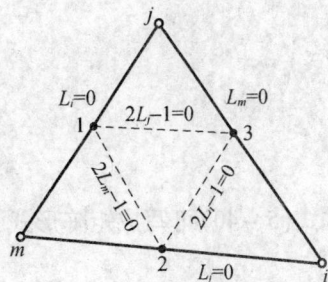

$$\begin{cases} U = \alpha_1 + \alpha_2 X + \alpha_3 Y + \alpha_4 X^2 + \alpha_5 XY + \alpha_6 Y^2 \\ V = \alpha_7 + \alpha_8 X + \alpha_9 Y + \alpha_{10} X^2 + \alpha_{11} XY + \alpha_{12} Y^2 \end{cases} \tag{5-39}$$

只需把6个节点的坐标值和位移值代入上式,就可以确定式中的12个待定系数 $\alpha_1 \sim \alpha_{12}$。从式(5-39)可以看出,系数 α_1、α_2、α_3 和 α_7、α_8、α_9 反映了单元的刚体位移和常应变项。同时,在任意两个相邻单元的界线上,位移分量是按抛物线规律变化的。

将单元中任意一点 $P(X,Y)$ 的位移,用6个节点的节点位移及相应的形函数来表示,即

$$\begin{cases} U = N_i U_i + N_j U_j + N_m U_m + N_1 U_1 + N_2 U_2 + N_3 U_3 \\ V = N_i V_i + N_j V_j + N_m V_m + N_1 V_1 + N_2 V_2 + N_3 V_3 \end{cases} \tag{5-40}$$

用面积坐标作为三角形单元的自然坐标时,可以直接得到用面积坐标表示的形函数,而不必经过求解式(5-39)中12个待定系数的冗长计算过程。现由形函数的性质来确定面积坐标所表示的6节点三角形单元的插值函数。

依据形函数的性质有:

(1) 形函数与位移模式同次;

(2) 形函数应满足下式:

$$N_r(X_s, Y_s) = \begin{cases} 1 & r = s \\ 0 & r \neq s \end{cases} \quad (r,s = i,j,m,1,2,3)$$

3节点三角形单元直角坐标插值函数由一个线性函数构成,它实际上就是角点的面积坐标,如 $N_i = L_i$。不难发现,对于3节点三角形的每个角点,可以用其他两个角点的面积坐标表示的直线方程的左部来构成(图5-8),即 $N_i = L_i$($m-j$ 边的方程左部为 L_i),$N_j = L_j$($m-i$ 边方程的左部为 L_j),$N_m = L_m$($i-j$ 边方程的左部为 L_m)。

图5-8 自然坐标二次三角形单元

对于6节点三角形单元(二次三角形单元)而言,插值函数是面积坐标的二次式,即关于 L_i、L_j、L_m 的二次函数(注:面积坐标中没有 L_1、L_2、L_3 的定义),现求 N_i:

如图5-9所示,N_i 在角节点 i 处为1,其他各节点处为0。由图5-8不难看出,在除节点 i 之外的其他节点3、2、j、1、m 上恰巧有过2-3节点的面积坐标直线方程 $2L_i - 1 = 0$

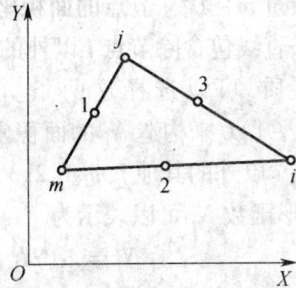

以及过 $m-1-j$ 节点的面积坐标直线方程 $L_i=0$，且这两条直线包含除节点 i 以外的所有节点。为了满足 N_i 的性质，可以选择这两条直线方程的左部的乘积 $(2L_i-1)L_i$ 来构造 N_i 的面积坐标二次式，使得 N_i 在除节点 i 以外的其他 j、m、1、2、3 各节点上的值全为 0，所以，形函数 N_i 可以表示为

$$N_i = \alpha(2L_i - 1)L_i$$

式中：α 为待定系数。

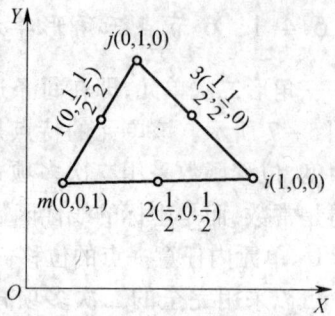

图 5-9　用面积坐标表示
的 6 节点三角形

由 $N_i(X_i,Y_i)=1$，$L_i(X_i,Y_i)=1$，代入得 $\alpha=1$，同理可以求出 N_j、N_m，将其写成统一格式，有

$$N_i = (2L_i - 1)L_i \qquad (i、j、m \text{ 轮换}) \quad (5-41)$$

现求 N_1：

根据形函数的性质，因为 N_1 在节点 1 处为 1，其他各节点处为 0。而在除节点 1 之外的其他节点 m、2、i、3、j 上恰巧有过 $m-2-i$ 节点的面积坐标直线方程 $L_j=0$ 以及过 $i-3-j$ 上的面积坐标直线方程 $L_i=0$，且这两条直线包含除节点 1 以外的所有节点。为了满足 N_1 的性质，可以选择这两条直线方程的左部的乘积 L_jL_m 来构造 N_1 的面积坐标二次式，则 N_1 可表示为

$$N_1 = \alpha L_j L_m$$

由 $N_1(X_1,Y_1)=1$，$L_j(X_1,Y_1)=L_m(X_1,Y)=1/2$，代入得 $\alpha=4$，同理可以求出 N_j、N_m，将其写成统一格式，有

$$N_1 = 4L_j L_m \qquad (1,2,3; \; i,j,m) \quad (5-42)$$

6 节点三角形单元的面积坐标插值函数为

$$\begin{cases} N_i = L_i(2L_i - 1) \\ N_j = L_j(2L_j - 1) \\ N_m = L_{m}(2L_m - 1) \\ N_1 = 4L_j L_m \\ N_2 = 4L_m L_i \\ N_3 = 4L_i L_j \end{cases} \quad (5-43)$$

式(5-40)可写成矩阵形式

$$[d] = \begin{bmatrix} U \\ V \end{bmatrix} = [N][\delta^e] \quad (5-44)$$

式中

$$[N] = \begin{bmatrix} N_i & 0 & N_j & 0 & N_m & 0 & N_1 & 0 & N_2 & 0 & N_3 & 0 \\ 0 & N_i & 0 & N_j & 0 & N_m & 0 & N_1 & 0 & N_2 & 0 & N_3 \end{bmatrix}$$

$$[\delta^e] = [U_i \quad V_i \quad U_j \quad V_j \quad U_m \quad V_m \quad U_1 \quad V_1 \quad U_2 \quad V_2 \quad U_3 \quad V_3]^{\mathrm{T}}$$

100

2. 单元内任意一点的应变

根据直角坐标与面积坐标的关系式,即

$$\begin{cases} L_i = \dfrac{1}{2\Delta}(a_i + b_i X + c_i Y) \\[2mm] L_j = \dfrac{1}{2\Delta}(a_j + b_j X + c_j Y) \\[2mm] L_m = \dfrac{1}{2\Delta}(a_m + b_m X + c_m Y) \end{cases} \tag{5-45}$$

单元中任一点在 X 方向的应变分量为

$$\varepsilon_X = \frac{\partial U}{\partial X} = \frac{\partial N_i}{\partial X}U_i + \frac{\partial N_j}{\partial X}U_j + \frac{\partial N_m}{\partial X}U_m +$$

$$\frac{\partial N_1}{\partial X}U_1 + \frac{\partial N_2}{\partial X}U_2 + \frac{\partial N_3}{\partial X}U_3$$

结合式(5-43)、式(5-45)可得

$$\begin{cases} \dfrac{\partial N_i}{\partial X} = \dfrac{\partial N_i}{\partial L_i}\dfrac{\partial L_i}{\partial X} = \dfrac{b_i}{2\Delta}(4L_i - 1) \\[3mm] \dfrac{\partial N_j}{\partial X} = \dfrac{\partial N_j}{\partial L_j}\dfrac{\partial L_j}{\partial X} = \dfrac{b_j}{2\Delta}(4L_j - 1) \\[3mm] \dfrac{\partial N_m}{\partial X} = \dfrac{\partial N_m}{\partial L_m}\dfrac{\partial L_m}{\partial X} = \dfrac{b_m}{2\Delta}(4L_m - 1) \\[3mm] \dfrac{\partial N_1}{\partial X} = \dfrac{\partial N_1}{\partial L_j}\dfrac{\partial L_j}{\partial X} + \dfrac{\partial N_1}{\partial L_m}\dfrac{\partial L_m}{\partial X} = \dfrac{1}{2\Delta} \times 4(b_j L_m + b_m L_j) \\[3mm] \dfrac{\partial N_2}{\partial X} = \dfrac{\partial N_2}{\partial L_m}\dfrac{\partial L_m}{\partial X} + \dfrac{\partial N_2}{\partial L_i}\dfrac{\partial L_i}{\partial X} = \dfrac{1}{2\Delta} \times 4(b_m L_i + b_i L_m) \\[3mm] \dfrac{\partial N_3}{\partial X} = \dfrac{\partial N_3}{\partial L_i}\dfrac{\partial L_i}{\partial X} + \dfrac{\partial N_3}{\partial L_j}\dfrac{\partial L_j}{\partial X} = \dfrac{1}{2\Delta} \times 4(b_i L_j + b_j L_i) \end{cases}$$

从而得到

$$\varepsilon_X = \frac{1}{2\Delta}\big[b_i(4L_i - 1)U_i + b_j(4L_j - 1)U_j + b_m(4L_m - 1)U_m$$

$$+ 4(b_j L_m + b_m L_j)U_1 + 4(b_m L_i + b_i L_m)U_2 + 4(b_i L_j + b_j L_i)U_3 \big]$$

同理,可得

$$\varepsilon_Y = \frac{1}{2\Delta}\big[c_i(4L_i - 1)V_i + c_j(4L_j - 1)V_j + c_m(4L_m - 1)V_m$$

$$+ 4(c_m L_j + L_m c_j)V_1 + 4(c_i L_m + L_i c_m)V_2 + 4(c_j L_i + L_j c_i)V_3 \big]$$

$$\gamma_{XY} = \frac{1}{2\Delta}\big[c_i(4L_i - 1)U_i + c_j(4L_j - 1)U_j + c_m(4L_m - 1)U_m$$

$$+ 4(c_m L_j + L_m c_j)U_1 + 4(c_i L_m + L_i c_m)U_2 + 4(c_j L_i + L_j c_i)U_3$$

$$+ b_i(4L_i - 1)V_i + b_j(4L_j - 1)V_j + b_m(4L_m - 1)V_m$$

$$+ 4(b_m L_j + L_m b_j)V_1 + 4(b_i L_m + L_i b_m)V_2 + 4(b_j L_i + L_j b_i)V_3 \big]$$

于是得到

$$[\varepsilon] = \begin{bmatrix} \varepsilon_X \\ \varepsilon_Y \\ \gamma_{XY} \end{bmatrix} = \begin{bmatrix} B_i & B_j & B_m & B_1 & B_2 & B_3 \end{bmatrix} [\delta^e] = [B][\delta^e] \qquad (5-46)$$

式中

$$B_i = \frac{1}{2\Delta} \begin{bmatrix} b_i(4L_i - 1) & 0 \\ 0 & c_i(4L_i - 1) \\ c_i(4L_i - 1) & b_i(4L_i - 1) \end{bmatrix} \qquad (i,j,m) \qquad (5-47)$$

$$B_1 = \frac{1}{2\Delta} \begin{bmatrix} 4(b_j L_m + L_j b_m) & 0 \\ 0 & 4(c_j L_m + L_j c_m) \\ 4(c_j L_m + L_j c_m) & 4(b_j L_m + L_j b_m) \end{bmatrix} \qquad (1,2,3;j,m,i) \qquad (5-48)$$

注:$(1,2,3;j,m,i)$ 表示 B_1 用节点 1 所在的角码 j、m 表示;B_2 用节点 2 所在边的角码在边的角码 m、i;B_3 用节点 3 所在边的角码 i、j,即三边轮换。

可见,应变分量是面积坐标的线性函数,由式(5-45)可知,面积坐标与直角坐标是线性相关的,因此,在这种单元中,应变随着直角坐标 X、Y 呈线性变化。

3. 单元内任意一点的应力

知道了单元中任一点的应变,根据物理方程,便可以求单元中任一点的应力,即

$$[\sigma] = \begin{bmatrix} \sigma_X \\ \sigma_Y \\ \tau_{XY} \end{bmatrix} = [D][\varepsilon] = [D][B][\delta^e] = [S][\delta^e] \qquad (5-49)$$

式中:S 为单元的应力矩阵,其分块形式为

$$S = \begin{bmatrix} S_i & S_j & S_m & S_1 & S_2 & S_3 \end{bmatrix}$$

对应平面应力问题,弹性矩阵为

$$[D] = \frac{E}{1-\mu^2} \begin{bmatrix} 1 & \mu & 0 \\ \mu & 1 & 0 \\ 0 & 0 & \dfrac{1-\mu}{2} \end{bmatrix}$$

因此有

$$[S_i] = [D][B_i] = \frac{E}{2\Delta(1-\mu^2)} \begin{bmatrix} b_i(4L_i - 1) & \mu c_i(4L_i - 1) \\ \mu b_i(4L_i - 1) & c_i(4L_i - 1) \\ \dfrac{1-\mu}{2} c_i(4L_i - 1) & \dfrac{1-\mu}{2} b_i(4L_i - 1) \end{bmatrix} \qquad (i,j,m)$$

$$(5-50)$$

$$[S_1] = [D][B_1]$$

$$= \frac{E}{2\Delta(1-\mu^2)} \begin{bmatrix} 4(b_j L_m + L_j b_m) & 4\mu(c_j L_m + L_j c_m) \\ 4\mu(b_j L_m + L_j b_m) & 4(c_j L_m + L_j c_m) \\ 2(1-\mu)(c_j L_m + L_j c_m) & 2(1-\mu)(b_j L_m + L_j b_m) \end{bmatrix} \qquad (1,2,3;j,m,i)$$

$$(5-51)$$

可见,应力矩阵 S 的诸元素也都是面积坐标的线性函数,所以单元中任一点的应力随坐标 X、Y 呈线性变化。

4. 单元刚度矩阵 $[K^e]$

6 节点三角形单元有 6 个节点,共 12 个自由度,因此,$[K^e]$ 是一个 12 阶方阵。

根据单元刚度矩阵的一般公式:

$$[K^e] = \int_{Ve} [B]^T [D] [B] dV = \iint_{\Delta} [B]^T [D] [B] t dX dY$$

把 B^T 及 S 分块相乘,得

$$[K^e] = \iint_{\Delta} \begin{bmatrix} B_i^T S_i & B_i^T S_j & B_i^T S_m & B_i^T S_1 & B_i^T S_2 & B_i^T S_3 \\ B_j^T S_i & B_j^T S_j & B_j^T S_m & B_j^T S_1 & B_j^T S_2 & B_j^T S_3 \\ B_m^T S_i & B_m^T S_j & B_m^T S_m & B_m^T S_1 & B_m^T S_2 & B_m^T S_3 \\ B_1^T S_i & B_1^T S_j & B_1^T S_m & B_1^T S_1 & B_1^T S_2 & B_1^T S_3 \\ B_2^T S_i & B_2^T S_j & B_2^T S_j & B_2^T S_1 & B_2^T S_2 & B_2^T S_3 \\ B_3^T S_i & B_3^T S_j & B_3^T S_m & B_3^T S_1 & B_3^T S_2 & B_3^T S_3 \end{bmatrix} t dX dY$$

将 B_i、B_1、S_i、S_1 等关系式代入上式,利用面积积分公式以及关系式 $b_i + b_j + b_m = 0$ 和 $c_i + c_j + c_m = 0$ 整理后,得

$$[K^e] = \begin{bmatrix} K_{ii} & K_{ij} & K_{im} & K_{i1} & K_{i2} & K_{i3} \\ K_{ji} & K_{jj} & K_{jm} & K_{j1} & K_{j2} & K_{j3} \\ K_{mi} & K_{mj} & K_{mm} & K_{m1} & K_{m2} & K_{m3} \\ K_{1i} & K_{1j} & K_{1m} & K_{11} & K_{12} & K_{13} \\ K_{2i} & K_{2j} & K_{2m} & K_{21} & K_{22} & K_{23} \\ K_{3i} & K_{3j} & K_{3m} & K_{31} & K_{32} & K_{33} \end{bmatrix} \tag{5-52}$$

下三角部分元素的计算公式如下(上三角元素按对称性产生):

(1) 主对角线分块矩阵元素:

$$[K_{ii}] = \frac{Et}{24(1-\mu^2)\Delta} \begin{bmatrix} 6b_i^2 + 3(1-\mu)c_i^2 & 3(1+\mu)b_i c_i \\ 3(1+\mu)b_i c_i & 6c_i^2 + 3(1-\mu)b_i^2 \end{bmatrix} \quad (i,j,m) \tag{5-53}$$

$$[K_{11}] = \frac{Et}{24(1-\mu^2)\Delta}$$

$$\begin{bmatrix} 16(b_i^2 - b_j b_m) + 8(1-\mu)(c_i^2 - c_j c_m) & 4(1+\mu)(b_i c_i + b_j c_j + b_m c_m) \\ 4(1+\mu)(b_i c_i + b_j c_j + b_m c_m) & 16(c_i^2 - c_j c_m) + 8(1-\mu)(b_i^2 - b_j b_m) \end{bmatrix}$$

$$(1,2,3 \; ; i,j,m) \tag{5-54}$$

(2) 下三角 K_{ji}、K_{mi}、K_{mj} 三元素:

$$[K_{ji}] = \frac{Et}{24(1-\mu^2)\Delta} \begin{bmatrix} -2b_j b_i - (1-\mu)c_j c_i & -2\mu b_j c_i - (1-\mu)c_j b_i \\ -2\mu c_j b_i - (1-\mu)b_j c_i & -2c_j c_i - (1-\mu)b_j b_i \end{bmatrix}$$

$$(ji, mi, mj) \; 且 [K_{ij}] = [K_{ji}]^T, [K_{im}] = [K_{mi}]^T, [K_{jm}] = [K_{mj}]^T \tag{5-55}$$

103

（3）下三角 K_{21}、K_{31}、K_{32} 三元素：

$$[K_{21}] = \frac{Et}{24(1-\mu^2)\Delta}\begin{bmatrix} 16b_jb_i + 8(1-\mu)c_jc_i & 4(1+\mu)(b_jc_i+c_jb_i) \\ 4(1+\mu)(b_jc_i+c_jb_i) & 16c_jc_i + 8(1-\mu)b_jb_i \end{bmatrix}$$

$$(21,31,32;ji,mi,mj) \qquad (5-56)$$

（4）下三角 K_{1i}、K_{2j}、K_{3m} 三元素：

$$K_{1i} = K_{i1} = K_{2j} = K_{j2} = K_{3m} = K_{m3} = \begin{bmatrix} 0 & 0 \\ 0 & 0 \end{bmatrix} \qquad (5-57)$$

（5）下三角 K_{1j}、K_{1m}、K_{2i}、K_{2m}、K_{3i}、K_{3j} 六元素：

$$K_{1j} = \frac{Et}{24(1-\mu^2)\Delta}\begin{bmatrix} 8b_jb_m + 4(1-\mu)c_jc_m & 8\mu\, c_jb_m + 4(1-\mu)\, b_jc_m \\ 8\mu\, b_jc_m + 4(1-\mu)\, c_jb_m & 8c_jc_i + 4(1-\mu)\, b_jb_m \end{bmatrix}$$

$$(1j,1m,2i,2m,3i,3j;\,jm,mj,im,mi,ij,ji) \qquad (5-58)$$

5. 等效节点载荷

由于位移模式是非线性的，所以在推导载荷列阵时，须通过载荷移置的普遍公式来计算单元的等效节点载荷。

1）集中力的等效节点载荷

若单元内任意一点受有集中力 $P = [P_X, P_Y]^T$，根据载荷移置的普遍公式有

$$[R^e] = [N]^T[P] = [N_iP_X \quad N_iP_Y \quad N_jP_X \quad N_jP_Y \quad N_mP_X \quad \cdots \quad N_3P_X \quad N_3P_Y]^T$$

$$(5-59)$$

式中，单元等效节点载荷 R^e 为

$$[R^e] = [R_{iX} \quad R_{iY} \quad R_{jX} \quad R_{jY} \quad R_{mX} \quad R_{mY} \quad R_{1X} \quad R_{1Y} \quad R_{2X} \quad R_{2Y} \quad R_{3X} \quad R_{3Y}]^T$$

形函数矩阵为

$$N = \begin{bmatrix} N_i & 0 & N_j & 0 & N_m & 0 & N_1 & 0 & N_2 & 0 & N_3 & 0 \\ 0 & N_i & 0 & N_j & 0 & N_m & 0 & N_1 & 0 & N_2 & 0 & N_3 \end{bmatrix}$$

2）体积力的等效节点载荷

若单元受有体积力

$$g = [g_X \quad g_Y]^T$$

根据体积力载荷移置普遍公式，得单元的等效节点载荷为

$$R^e = \iint_\Delta N^T g t \mathrm{d}X\mathrm{d}Y$$

$$= t\iint_\Delta [N_ig_X \quad N_ig_Y \quad N_jg_X \quad N_jg_Y \quad \cdots \quad N_3g_X \quad N_3g_Y]^T \mathrm{d}X\mathrm{d}Y \qquad (5-60)$$

例如，单元受重力作用，若材料的密度为 γ，有

$$g = [0 \quad -\gamma]^T$$

则重力作用下，单元的等效节点载荷为

$$R^e = -t\gamma\iint_\Delta [0 \quad N_i \quad 0 \quad N_j \quad \cdots \quad 0 \quad N_3]^T \mathrm{d}X\mathrm{d}Y$$

104

利用面积坐标的幂函数在三角形单元上的积分式,可得

$$\iint_\Delta N_i \mathrm{d}X\mathrm{d}Y = \iint_\Delta (2L_i^2 - L_i)\mathrm{d}X\mathrm{d}Y = 0 \qquad (i,j,m)$$

$$\iint_\Delta N_1 \mathrm{d}X\mathrm{d}Y = \iint_\Delta 4L_j L_m \mathrm{d}X\mathrm{d}Y = \frac{\Delta}{3} \qquad (1,2,3;i,j,m)$$

则有

$$R^e = -\frac{t\Delta\gamma}{3}[0 \quad 0 \, \vdots \, 0 \quad 0 \, \vdots \, 0 \quad 0 \, \vdots \, 0 \quad 1 \, \vdots \, 0 \quad 1 \, \vdots \, 0 \quad 1]^T$$

即把单元的自重($-t\Delta\gamma$)向单元的 3 个边中节分别
移置 1/3 自重。

3) 表面力的等效节点载荷

设单元 ij 边上受有沿 X 方向按线性变化的面力,在
节点 i 处载荷集度为 q,而在节点 j 处为 0,如图 5 - 10
所示。由于 L_i 在节点 i 处为 1,在节点 j 处为零,并在 ij
边上按线性变化,故表面力列阵可以表示为

$$q = [q_X \quad q_Y]^T = [qL_i \quad 0]^T$$

根据表面力载荷移置普遍公式,单元的等效节点载
荷为

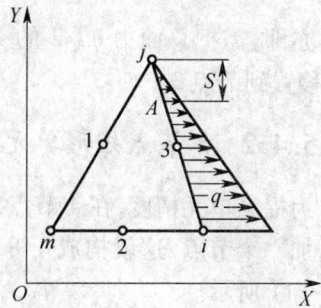

图 5 - 10 表面力的等效节点载荷

$$R^e = \int_{s_{ij}} N^T q t \mathrm{d}s = qt\int_{s_{ij}}[N_i \quad 0 \quad N_j \quad 0 \quad N_m \quad 0 \quad N_1 \quad 0 \quad N_2 \quad 0 \quad N_3 \quad 0]^T L_i \mathrm{d}s$$

$$(5-61)$$

为了便于积分,可以取 L_i 为变量。令 ij 边上任一点 A 与节点 j 之间的距离为 s,ij 边
上的长度为 l,则有

$$s = lL_i$$

$$\mathrm{d}s = l\mathrm{d}L_i$$

在 ij 上,由于 $L_m = 0$,$L_j = 1 - L_i$,因此有

$$\begin{cases} N_i = L_i(2L_i - 1) = 2L_i^2 - L_i \\ N_j = L_j(2L_j - 1) = 1 - 3L_i + 2L_i^2 \\ N_m = L_m(2L_m - 1) = 0 \\ N_1 = 4L_j L_m = 0 \\ N_2 = 4L_m L_i = 0 \\ N_3 = 4L_i L_j = 4L_i - 4L_i^2 \end{cases}$$

将上述关系式代入式(5 - 60),并注意 L_i 在节点 i 处为 1,在节点 j 处为零,则有

$$R^e = qtl\int_0^1 [(2L_i^2 - L_i) \quad 0 \quad (1 - 3L_i + 2L_i^2) \quad 0 \ 0 \ 0 \ 0 \ 0 \ 0 \quad (4L_i - 4L_i^2) \quad 0]L_i \mathrm{d}L_i$$

利用面积坐标求导、积分公式可得

$$\int_0^1 (2L_i^3 - L_i^2)\,\mathrm{d}L_i = \frac{1}{6}$$

$$\int_0^1 (L_i - 3L_i^2 + 2L_i^3)\,\mathrm{d}L_i = 0$$

$$\int_0^1 4(L_i^2 - L_i^3)\,\mathrm{d}L_i = \frac{1}{3}$$

故单元的等效节点载荷为

$$[R^e] = \frac{qlt}{2}\left[\begin{array}{cccccccccccc} \frac{1}{3} & 0 & 0 & 0 & 0 & 0 & 0 & 0 & 0 & 0 & \frac{2}{3} & 0 \end{array}\right]^{\mathrm{T}}$$

亦即,需把总面力 $qlt/2$ 的 $1/3$ 移置到节点 i, $2/3$ 移置到节点 3。

5.4.2　8 节点矩形单元

为提高单元精度,在 4 节点矩形单元每边中点各增加一个节点,这就构成了 8 节点矩形单元,如图 5 – 11 所示。

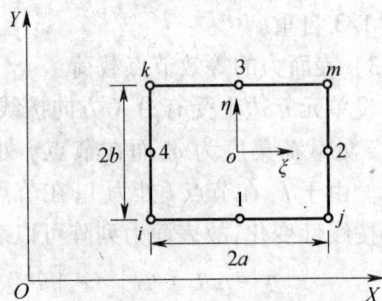

8 节点矩形单元有 16 个自由度。单元节点位移列阵为

图 5 – 11　8 节点矩形单元

$$[\delta^e] = [\begin{array}{cccccccccccccccc} U_i & V_i & U_j & V_j & U_m & V_m & U_k & V_k & U_1 & V_1 & U_2 & V_2 & U_3 & V_3 & U_4 & V_4 \end{array}]^{\mathrm{T}}$$

$$[F^e] = [\begin{array}{cccccccccccccccc} F_{iX} & F_{iY} & F_{jX} & F_{jY} & F_{mX} & F_{mY} & F_{kX} & F_{kY} & F_{1X} & F_{1Y} & F_{2X} & F_{2Y} & F_{3X} & F_{3Y} & F_{4X} & F_{4Y} \end{array}]^{\mathrm{T}}$$

根据位移函数的选取原则,8 节点矩形单元的位移函数可用局部的自然坐标表示为

$$\begin{cases} U = \alpha_1 + \alpha_2\xi + \alpha_3\eta + \alpha_4\xi^2 + \alpha_5\xi\eta + \alpha_6\eta^2 + \alpha_7\xi^2\eta + \alpha_8\xi\eta^2 \\ V = \alpha_9 + \alpha_{10}\xi + \alpha_{11}\eta + \alpha_{12}\xi^2 + \alpha_{13}\xi\eta + \alpha_{14}\eta^2 + \alpha_{15}\xi^2\eta + \alpha_{16}\xi\eta^2 \end{cases} \tag{5 – 62}$$

它们是 ξ、η 的双二次函数,根据 4 节点矩形单元类似的描述,可以证明 8 节点矩形单元是完备的协调单元。整体坐标与局部自然坐标的变换关系仍为

$$\begin{cases} X = X_0 + a\xi \\ Y = Y_0 + b\eta \end{cases}$$

式中:X_0、Y_0 为矩形单元中心的整体坐标值;ξ、η 为在 -1 到 1 之间的变化量,ξ 表示水平变化量,η 表示垂直变化量。

$$X_0 = (X_i + X_j)/2 = (X_m + X_k)/2, Y_0 = (Y_i + Y_j)/2 = (Y_m + Y_k)/2$$

$$a = (X_j - X_i)/2 = (X_m - X_k)/2, b = (Y_m - Y_j)/2 = (Y_k - Y_i)/2$$

位移函数可用形函数表示为

$$\begin{cases} U = N_i U_i + N_j U_j + N_m U_m + N_k U_k + N_1 U_1 + N_2 U_2 + N_3 U_3 + N_4 U_4 = \displaystyle\sum_{s=i}^4 N_s U_s \\ V = N_i V_i + N_j V_j + N_m V_m + N_k V_k + N_1 V_1 + N_2 V_2 + N_3 V_3 + N_4 V_4 = \displaystyle\sum_{s=i}^4 N_s V_s \end{cases}$$

$$(5 – 63)$$

上式中各形函数 $N_s(s = i, j, m, k, 1, 2, 3, 4)$ 可由形函数的性质确定:

(1) 形函数 N_i 与位移模式同次,为双二次函数。

106

（2）在节点上形函数的值满足：$N_r(\xi_s,\eta_s) = \begin{cases} 1, r=s \\ 0, r\neq s \end{cases}$ $(r,s=i,j,m,k,1,2,3,4)$

求 N_i：

因 $N_i(\xi_i,\eta_i)=1$，N_i 在其他 7 个点的值为零。由图 5-11 可以看出，在这除 i 点外的 7 个节点中，恰巧过 $j-2-m$ 节点的直线方程 $1-\xi=0$，过 $m-3-k$ 节点的直线方程 $1-\eta=0$，过 $4-1$ 节点的直线方程 $\xi+\eta+1=0$，且该三条直线包含除 i 点外的其余全部节点。因此，选取该三条直线方程的左部的乘积来构造 $N_i(\xi,\eta)$，即 $N_i(\xi,\eta)$ 可表示为

$$N_i(\xi,\eta) = \beta(1-\xi)(1-\eta)(\xi+\eta+1)$$

根据 $N_i(\xi_i,\eta_i)=N_i(-1_i,-1)=1$ 代入求得待定系数 $\beta=-1/4$。同理，可求得 $N_j(\xi,\eta)$、$N_m(\xi,\eta)$、$N_k(\xi,\eta)$。统一表示为

$$\begin{cases} N_i = \dfrac{1}{4}(1-\xi)(1-\eta)(-\xi-\eta-1) \\[2mm] N_j = \dfrac{1}{4}(1+\xi)(1-\eta)(\xi-\eta-1) \\[2mm] N_m = \dfrac{1}{4}(1+\xi)(1+\eta)(\xi+\eta-1) \\[2mm] N_k = \dfrac{1}{4}(1-\xi)(1+\eta)(-\xi+\eta-1) \end{cases}$$

求 $N_1(\xi,\eta)$：

因 $N_1(\xi_1,\eta_1)=1$，N_1 在其他 7 个点的值为零。由图 5-11 可以看出，在这除节点 1 外的 7 个节点中，恰巧过 $j-2-m$ 节点的直线方程 $1-\xi=0$，过 $m-3-k$ 节点的直线方程 $1-\eta=0$，过 $k-4-i$ 节点的直线方程 $1+\xi=0$，且该三条直线包含除节点 1 外的其余全部节点。因此，选取该三条直线方程的左部的乘积来构造 $N_1(\xi,\eta)$，即 $N_1(\xi,\eta)$ 可表示为

$$N_i(\xi,\eta) = \beta(1-\xi)(1-\eta)(1+\xi)$$

根据 $N_1(\xi_1,\eta_1)=N_i(0,-1)=1$ 代入求得待定系数 $\beta=1/2$。同理，可以求出 N_2、N_3、N_4。统一表示为

$$\begin{cases} N_1 = \dfrac{1}{2}(1-\xi^2)(1-\eta) \\[2mm] N_2 = \dfrac{1}{2}(1-\xi^2)(1+\eta) \\[2mm] N_3 = \dfrac{1}{2}(1+\xi)(1-\eta^2) \\[2mm] N_4 = \dfrac{1}{2}(1-\xi)(1-\eta^2) \end{cases}$$

归纳全部形函数统一表示为

$$\begin{cases} N_i = \dfrac{1}{4}(1+\xi_i\xi)(1+\eta_i\eta)(\xi_i\xi+\eta_i\eta-1) & (i,j,m,k) \\[2mm] N_1 = \dfrac{1}{2}(1-\xi^2)(1+\eta_1\eta) & (1,3) \\[2mm] N_2 = \dfrac{1}{2}(1+\xi_2\xi)(1-\eta^2) & (2,4) \end{cases} \quad (5-64)$$

限于篇幅，其他推导略。

5.5   平面等参数单元

前面章节介绍的三角形和矩形单元,单元边界都是直线。对于复杂的曲线边界问题,如果采用直线边界的单元,就会产生用折线代替曲线所带来的误差,因此只能通过减小单元尺寸,增加单元数量进行逐步逼近,但自由度的数目随之增加,计算时间长。另外,这些单元的位移模式是线性模式,是实际位移的最低级逼近形式,问题的求解精度受到限制。

为了克服以上缺点,人们试图找出这样一种单元:一方面,单元能很好地适用曲线边界,准确地模拟结构的形状;另一方面,这种单元具有较高次的位移模式,能更好地反映结构复杂的应力分布情况,即使单元网格划分比较稀疏,也可以得到比较好的计算精度。这就需要不规整的单元,如斜直边四边形单元、曲边四边形单元等。而这种不规整单元经过等参数技术处理就具备以上两条优点,称这样的单元为等参元。等参元应用极为广泛。

5.5.1   普通不规整高阶单元存在的问题

以图 5-12 所示的 4 节点斜直边四边形单元为例,为便于和前面已介绍的矩形单元进行比较分析,将 4 节点斜直边四边形单元和 4 节点矩形单元画在一起。

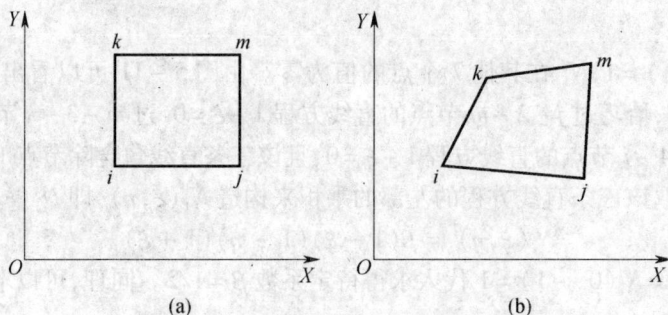

图 5-12   矩形单元与斜四边形单元

若采用广义坐标,则不论是 4 节点矩形单元,还是 4 节点斜四边形单元,位移函数的表达式均相同:

广义坐标形式为

$$\begin{cases} U = \alpha_1 + \alpha_2 X + \alpha_3 Y + \alpha_4 XY \\ V = \alpha_5 + \alpha_6 X + \alpha_7 Y + \alpha_8 XY \end{cases}$$

形函数插值函数形式为

$$\begin{cases} U = N_i U_i + N_j U_j + N_m U_m + N_k U_k \\ V = N_i V_i + N_j V_j + N_m V_m + N_k V_k \end{cases}$$

由位移函数的广义坐标形式可知,其插值函数为

$$N_i = a_i + b_i X + c_i Y + d_i XY \qquad (i,j,m,k)$$

很显然,插值函数是一个双线性函数。对于矩形单元而言,在矩形的某一边界上,由于 X 或 Y 相同,边界位移是 X 或 Y 的线性函数,即矩形单元边界位移完全由边上两个节点位移确定,因此,相邻矩形单元的公共边上均能保证协调性要求。而对于斜边四边形单

108

元,由于某边界上 X 和 Y 都是变化的,导致在边界上位移不再是线性函数,即在这条边界上的位移不能由边界两个节点位移确定,因此,4 节点斜四边形单元在相邻两个单元的公共边上位移是不协调的,也就是说,4 节点斜四边形单元不能像矩形单元那样,直接采用原直角坐标 (X,Y) 表示的双线性函数为形函数。为确保斜四边形单元边界的协调性,必须把斜四边形单元进行某种处理使其边界位移协调,这就是下面介绍的平面等参数单元。

5.5.2 普通不规整高阶单元边界不协调的处理方法——几何映射

以 4 节点斜直边四边形单元为例。假设可以通过几何映射,将整体坐标系下的斜四边形单元映射成在局部坐标系 $\xi o \eta$ 下边长为 2 且以局部坐标系原点单元为中心的正方形单元(母单元),如图 5 – 13 所示。反过来,局部坐标系 $\xi o \eta$ 下边长为 2 的正方形单元,可以映射成斜四边形单元。这种映射关系是否存在?

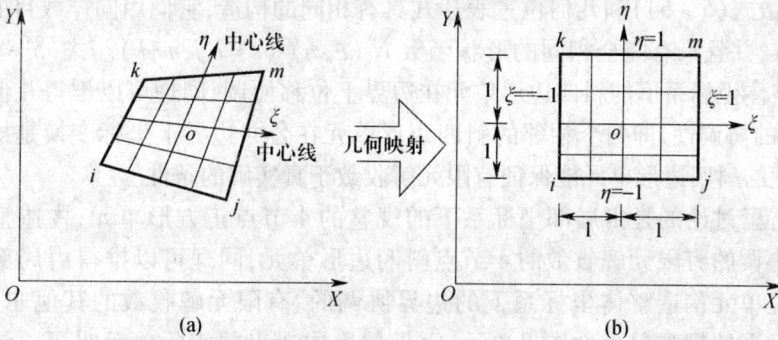

图 5 – 13 斜四边形单元到边长为 2 的正方形单元的几何映射

正方形单元属于矩形单元中的特例,矩形单元的单元特性前面已经分析推导过,且矩形单元边界协调,因此,局部坐标系下边长为 2 的正方形单元同样具有这些特性。那么,能不能借助于规整的局部坐标系下边长为 2 的正方形单元通过合适的方法来处理斜四边形单元呢?

先假设图 5 – 13 这种映射变换关系存在,由前面矩形单元的系统介绍可知,对于规整的母单元,其整体坐标系下的位移用局部坐标表示为

$$\begin{cases} U(\xi,\eta) = N_i(\xi,\eta)U_i + N_j(\xi,\eta)U_j + N_m(\xi,\eta)U_m + N_k(\xi,\eta)U_k = \sum_{s=i}^{k} N_s(\xi,\eta)U_s \\ V(\xi,\eta) = N_i(\xi,\eta)V_i + N_j(\xi,\eta)V_j + N_m(\xi,\eta)V_m + N_k(\xi,\eta)V_k = \sum_{s=i}^{k} N_s(\xi,\eta)V_s \end{cases}$$

$$(5-65)$$

形函数统一表示为

$$N_i = \frac{1}{4}(1 + \xi_i\xi)(1 + \eta_i\eta) \qquad (i,j,m,k \text{ 轮换})$$

且

$$\sum_{s=i}^{k} N_s(\xi,\eta) = 1$$

式(5-65)表示的位移函数是局部坐标系(ξ,η)的表达式。在有限元分析时,需要计算位移U、V对于总体坐标(X,Y)的偏导数,如$\partial U/\partial X$、$\partial V/\partial Y$,因此,必须写出总体坐标(X,Y)对局部坐标(ξ,η)之间的变换式。如果用斜四边形单元在总体坐标系下的4个节点坐标值(X_s,Y_s),$s=i,j,m,k$,且采用式(5-64)同样的形式进行插值来表示表示整体坐标下的几何位置,即

$$
\begin{cases}
X = N_i(\xi,\eta)X_i + N_j(\xi,\eta)X_j + N_m(\xi,\eta)X_m + N_k(\xi,\eta)X_k = \sum_{s=i}^{k} N_s(\xi,\eta)X_s \\
Y = N_i(\xi,\eta)Y_i + N_j(\xi,\eta)Y_j + N_m(\xi,\eta)Y_m + N_k(\xi,\eta)Y_k = \sum_{s=i}^{k} N_s(\xi,\eta)Y_s
\end{cases}
$$

$$(5-66)$$

研究发现:通过式(5-66)这种变换,在局部坐标系下边长为2的正方形单元正好变成了整体坐标系下节点为$i(X_i,Y_i)$、$j(X_j,Y_j)$、$m(X_m,Y_m)$、$k(X_k,Y_k)$的斜四边形。同时看到,位移函数式(5-64)和几何位置表达式具有相同的构造,它们用同样数目的相应节点值作为参数,并且具有完全相同的形状函数$N_s(\xi,\eta)$ $(s=i,j,m,k)$。式(5-64)的位移函数使得整体坐标系下的斜四边形单元在边界上位移协调,同理可以推得几何位置表达式(5-66)的协调性,即两个相邻的斜四边形单元在公共边界上坐标变换是协调的。通过这种处理的斜四边形单元能保证有限元解收敛于真实解的条件。

虽然这里讨论的是由局部坐标系下的规整的4节点正方形单元,构造整体坐标系下的边界协调的有限元解收敛的4节点斜四边形单元,同理可以推得由局部坐标系下的其他规整单元构造整体坐标系下的边界协调的、有限元解收敛的其他非规整单元。把局部坐标下的规整单元称作母单元,由母单元构造出的实际单元叫子单元。应当指出的是:①母单元可以是一次的、二次的、高次的,即式(5-64)中,形函数$N_s(\xi,\eta)$并不局限于线性的,也可以是二次的或更高次的。如果$N_s(\xi,\eta)$是二次或高次的,则单元在局部坐标系(ξ,η)的平面上的正方形直边变到整体坐标系(X,Y)平面上则为曲边形状,正好适合曲边单元的要求。②在某些情况下,描述单元坐标变换式的节点数n(或其插值函数$N_s(\xi,\eta)$的阶次)与描述单元位移的节点数n'(或其形函数$N'_s(\xi,\eta)$的阶次)可以取得相等或不等。如果单元坐标变换所用的形函数的阶次等于位移模式所用的形函数的阶次,即用于规定单元形状的节点数等于用于规定单元位移的节点数,那么得到的子单元称为等参数单元(简称等参元);否则,若$n<n'$,得到的子单元称为超参数单元(简称超参元),若$n<n'$,得到的子单元称为逊参数单元(简称逊参元)。这里只介绍等参元。

在等参元中采用了两套坐标系,即单元局部坐标(ξ,η,ζ)和整体坐标(X,Y,Z),并且局部坐标系与整体坐标系存在固定的映射关系。

5.5.3　平面问题母单元

母单元是建立在局部坐标系中的规整单元,不同的子单元需要用到不同的母单元,母单元按维数可以有一维母单元、二维母单元、三维母单元等,按阶次分有一次、二次、高次母单元。在子单元构造过程中,用到的只有母单元形函数,因此,母单元形函数的推导是等参数单元重要的部分。

1. 母单元形函数的性质

由前面介绍可知,母单元形函数是定义于母单元内部的、坐标的连续函数。母单元形函数不仅可以用于单元位移函数的插值,还可以用于单元形状的变换。母单元形函数同样满足以下条件:

(1) 在节点 i 处 $N_i = 1$,在其他节点处 $N_i = 0$;

(2) 能保证用它构造的子单元的位移或坐标在相邻单元之间具有连续性、协调性;

(3) 应包含任意线性项,以保证用它定义的单元位移可满足常应变条件;

(4) 满足 $\sum N_i = 1$,以保证用它构造的子单元的位移能够反映刚体位移。

为了知识的系统性,这里将一维问题中的母单元放在二维问题(平面问题)中的母单元一起介绍,三维问题(空间问题)母单元在空间问题章节中介绍。

2. 一维、二维母单元类别及其形函数

1) 一维母单元

如图 5-14 所示,采用局部坐标 ξ,单元为直线段,其中: $-1 \leqslant \xi \leqslant +1$。具体形式如下:

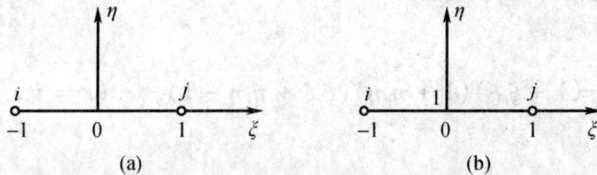

图 5-14 一维母单元

(a) 一次母单元;(b) 二次母单元。

(1) 一次母单元(2 节点),也称线性单元

$$N_i = \frac{1}{2}(1 - \xi), N_j = \frac{1}{2}(1 + \xi)$$

统一写成

$$N_r = \frac{1}{2}(1 - \xi) \qquad (r = i, j) \tag{5-67}$$

(2) 二次母单元(3 节点)

$$N_i = -\frac{1}{2}(1 - \xi)\xi, N_1 = (1 - \xi^2), N_j = \frac{1}{2}(1 + \xi)\xi \tag{5-68}$$

2) 二维母单元

如图 5-15 所示,二维母单元是 (ξ, η) 平面中的 2×2 正方形,坐标原点在单元形心上。单元的四条边界线分别为 $\xi = \pm 1, \eta = \pm 1$,即 $-1 \leqslant \xi \leqslant +1, -1 \leqslant \eta \leqslant +1$。

子单元节点数目决定了母单元节点数及其形函数阶次,对于常用的二维 4 节点、8 节点单元,则母单元也是 4 节点、8 节点正方形单元,母单元形函数的阶次分别为一次、二次形函数,其中 8 节点母单元的边内节点为二分点(即边中点)。

(1) 一次单元(4 节点)形函数:

在节点 $i, \xi_1 = -1, \eta_1 = -1$,从而得出节点 i 的形函数为

$$N_i = \frac{(1 - \xi)(1 - \eta)}{4}, N_j = \frac{(1 + \xi)(1 - \eta)}{4}$$

111

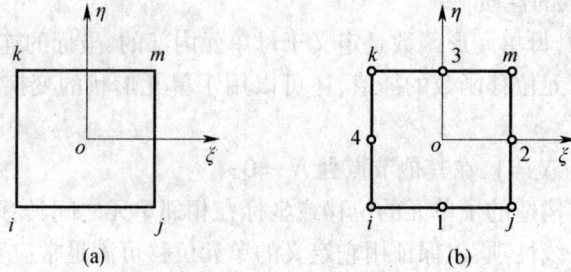

图 5 - 15 二维母单元

(a) 一次单元；(b) 二次单元。

$$N_m = \frac{(1 - \xi)(1 + \eta)}{4}, N_k = \frac{(1 + \xi)(1 + \eta)}{4}$$

把上述公式写成统一表达式为

$$N_r = \frac{(1 + \xi_r\xi)(1 + \eta_r\eta)}{4} \quad (r = i,j,m,k) \tag{5 - 69}$$

（2）二次（8 节点）单元形函数：

在角点上

$$N_r = \frac{1}{4}(1 + \xi_r\xi)(1 + \eta_r\eta)(\xi_r\xi + \eta_r\eta - 1) \quad (r = i,j,m,k)$$

在边内节点上

$$N_r = \frac{1}{2}(1 - \xi^2)(1 + \eta_r\eta) \quad (r = 1,3)$$
$$N_r = \frac{1}{2}(1 - \eta^2)(1 + \xi_r\xi) \quad (r = 2,4) \tag{5 - 70}$$

5.5.4 平面坐标变换

整体坐标系下的子单元几何位置坐标由对应母单元局部坐标系下的形函数变换而来。为了实现两种坐标的相互转换，需要利用形函数在局部坐标(ξ,η,ζ)和整体坐标(X,Y,Z)之间建立一一对应关系。

1. 平面坐标变换关系

前面已经推得，在整体坐标系中子单元内任一点的平面坐标变换式为

$$\begin{cases} X = \sum N_r(\xi,\eta)X_r = N_i(\xi,\eta)X_i + N_j(\xi,\eta)X_j + \cdots \\ Y = \sum N_r(\xi,\eta)Y_r = N_i(\xi,\eta)Y_i + N_j(\xi,\eta)Y_j + \cdots \end{cases} \tag{5 - 71}$$

式中：$N_i(\xi,\eta)$为用局部坐标表示的形函数；(X_i,Y_i)为节点i的整体坐标。

由式（5 - 17）可知，由一次母单元（位移函数或形函数为一次函数）映射变换得到的子单元仍为直边，由二次母单元（位移函数或形函数为二次函数）映射变换得到的子单元的边为二次曲边，依次类推。这是因为变换式中的形函数N_i分别是ξ的一次、二次和高次函数。图 5 - 16、图 5 - 17 分别列举了一维二次母单元、二维二次母单元的映射变换情况。

由母单元经映射变换得到的子单元（等参元）在公共边上的整体坐标是连续的，位移

112

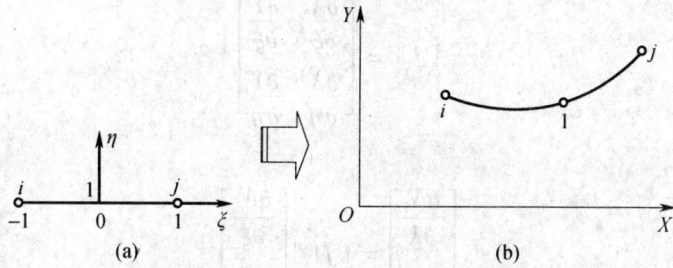

图 5-16 一维单元的平面坐标变换
(a) 直边二次母单元；(b) 曲边二次子单元。

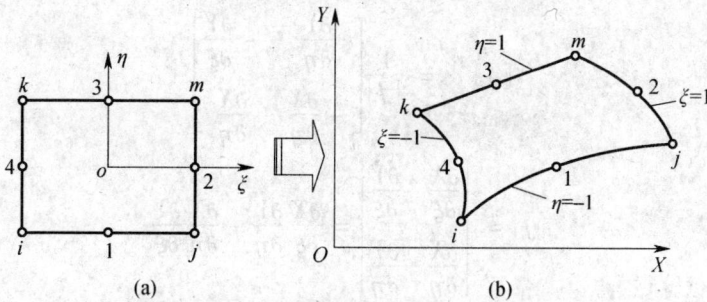

图 5-17 二维单元的坐标平面变换
(a) 直边二次母单元；(b) 曲边二次子单元。

也是协调的。例如,二次单元,它的两个相邻单元在公共边界上都是二次曲线(抛物线),而在三个公共节点上都具有相同的坐标,相同的插值函数。因此,在整个公共边界都具有相同的坐标和位移,满足相邻单元的连续性和变形协调性。

2. 平面坐标变换矩阵及其变换行列式

在有限元法中,单元刚度矩阵、应变、应力都依赖于整体坐标下的位移函数 U、V 及其对总体坐标 X、Y 的导数,而现在的位移函数式(5-64)只给出了 U、V 关于局部坐标 (ξ,η) 的函数。由式(5-64)可知,主要求出形函数对 X、Y 的导数,如 $\partial N_r/\partial X$,$\partial N_r/\partial Y$,$r=i,j,m,k,\cdots$ 因此,需要对坐标变换式(5-66)进行复合求导。

若不考虑坐标变换,总体坐标系下的形函数是整体坐标 (X,Y) 的函数,假设为 $N_r(X,Y)=\phi(X,Y)$,而由式(5-71)知,X、Y 又是 ξ、η 的函数,由复合函数的求导法则,对于形函数求偏导,有

$$\frac{\partial N_i}{\partial \xi} = \frac{\partial N_i}{\partial X}\frac{\partial X}{\partial \xi} + \frac{\partial N_i}{\partial Y}\frac{\partial Y}{\partial \xi}$$

$$\frac{\partial N_i}{\partial \eta} = \frac{\partial N_i}{\partial X}\frac{\partial X}{\partial \eta} + \frac{\partial N_i}{\partial Y}\frac{\partial Y}{\partial \eta}$$

上式可写成矩阵形式,有

$$\begin{bmatrix} \dfrac{\partial N_i}{\partial \xi} \\ \dfrac{\partial N_i}{\partial \eta} \end{bmatrix} = \begin{bmatrix} \dfrac{\partial X}{\partial \xi} & \dfrac{\partial Y}{\partial \xi} \\ \dfrac{\partial X}{\partial \eta} & \dfrac{\partial Y}{\partial \eta} \end{bmatrix} \begin{bmatrix} \dfrac{\partial N_i}{\partial X} \\ \dfrac{\partial N_i}{\partial Y} \end{bmatrix} = [J]\begin{bmatrix} \dfrac{\partial N_i}{\partial X} \\ \dfrac{\partial N_i}{\partial Y} \end{bmatrix} \tag{5-72}$$

式中:$[J]$ 为雅可比(Jacobin)矩阵

113

$$[J] = \begin{bmatrix} \dfrac{\partial X}{\partial \xi} & \dfrac{\partial Y}{\partial \xi} \\[2mm] \dfrac{\partial X}{\partial \eta} & \dfrac{\partial Y}{\partial \eta} \end{bmatrix}$$

则

$$\begin{bmatrix} \dfrac{\partial N_i}{\partial X} \\[3mm] \dfrac{\partial N_i}{\partial Y} \end{bmatrix} = [J]^{-1} \begin{bmatrix} \dfrac{\partial N_i}{\partial \xi} \\[3mm] \dfrac{\partial N_i}{\partial \eta} \end{bmatrix} \tag{5-73}$$

式中

$$[J]^{-1} = \frac{1}{|J|} \begin{bmatrix} \dfrac{\partial Y}{\partial \eta} & -\dfrac{\partial Y}{\partial \xi} \\[3mm] -\dfrac{\partial X}{\partial \eta} & \dfrac{\partial X}{\partial \eta} \end{bmatrix} \tag{5-74}$$

$$|J| = \begin{vmatrix} \dfrac{\partial X}{\partial \xi} & \dfrac{\partial Y}{\partial \xi} \\[3mm] \dfrac{\partial X}{\partial \eta} & \dfrac{\partial Y}{\partial \eta} \end{vmatrix} = \frac{\partial X}{\partial \xi} \frac{\partial Y}{\partial \eta} - \frac{\partial X}{\partial \eta} \frac{\partial Y}{\partial \xi}$$

$|J|$ 称作变换行列式或雅可比行列式。

$$\frac{\partial N_i}{\partial X} = \frac{1}{|J|} \left(\frac{\partial N_i}{\partial \xi} \frac{\partial Y}{\partial \eta} - \frac{\partial N_i}{\partial \eta} \frac{\partial Y}{\partial \xi} \right)$$

$$\frac{\partial N_i}{\partial Y} = \frac{1}{|J|} \left(-\frac{\partial N_i}{\partial \xi} \frac{\partial X}{\partial \eta} + \frac{\partial N_i}{\partial \eta} \frac{\partial X}{\partial \xi} \right) \tag{5-75}$$

由于式(5-73)和式(5-74)中对 ξ、η 的导数均可以求出,因此利用上式可以把任意形函数 $N_r(\xi, \eta)$ 对 X、Y 的求导化为对 ξ、η 的求导。

3. 微元面积计算

为了计算单元刚度矩阵及等效节点载荷,必须把总体坐标下的微元面积 $\mathrm{d}A$ 转换到局部坐标上去。

如图 5-18 所示,设 ξ、η 是平面中的曲线坐标,$\mathrm{d}\xi$ 是与曲线 $\eta = \lambda_1$ 相切的矢量,$\mathrm{d}\eta$ 是曲线 $\xi = \bar{\lambda}_1$ 相切的矢量。其中 λ_1、$\bar{\lambda}_1$ 均为常量。于是有

$$\mathrm{d}\xi = i \frac{\partial X}{\partial \xi} \mathrm{d}\xi + j \frac{\partial Y}{\partial \xi} \mathrm{d}\xi$$

$$\mathrm{d}\eta = i \frac{\partial X}{\partial \eta} \mathrm{d}\eta + j \frac{\partial Y}{\partial \eta} \mathrm{d}\eta$$

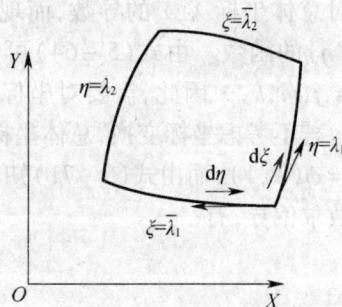

图 5-18 平面曲线坐标

令 $C = \mathrm{d}\xi \times \mathrm{d}\eta$,则

$$C = \mathrm{d}\xi \times \mathrm{d}\eta = \begin{vmatrix} i & j & k \\[2mm] \dfrac{\partial X}{\partial \xi} \mathrm{d}\xi & \dfrac{\partial Y}{\partial \xi} \mathrm{d}\xi & 0 \\[3mm] \dfrac{\partial X}{\partial \eta} \mathrm{d}\eta & \dfrac{\partial Y}{\partial \eta} \mathrm{d}\eta & 0 \end{vmatrix} = k \begin{vmatrix} \dfrac{\partial X}{\partial \xi} & \dfrac{\partial Y}{\partial \xi} \\[3mm] \dfrac{\partial X}{\partial \eta} & \dfrac{\partial Y}{\partial \eta} \end{vmatrix} \mathrm{d}\xi \mathrm{d}\eta$$

114

由矢量运算可知,以 $\mathrm{d}\xi$、$\mathrm{d}\eta$ 为边的平行四边形的微元面积等于向量 C 的模。则

$$\mathrm{d}A = |C| = \begin{vmatrix} \dfrac{\partial X}{\partial \xi} & \dfrac{\partial Y}{\partial \xi} \\[2mm] \dfrac{\partial X}{\partial \eta} & \dfrac{\partial Y}{\partial \eta} \end{vmatrix} \mathrm{d}\xi\mathrm{d}\eta = |J|\mathrm{d}\xi\mathrm{d}\eta \qquad (5-76)$$

4. 平面等参变换可行条件

由式(5-75)和式(5-76)可知,为了求得应变、单元刚度矩阵中的微元积分,要求雅可比行列式 $|J|$ 在整个单元上不等于0,即 $|J| \neq 0$,这是确保等参变换(总体坐标与局部坐标的一一对应)的必要条件。因此,在总体坐标下所划分的斜四边形单元必须是凸四边形,即四边形单元不能有一内角大于或等于180°。

5.5.5 6节点三角形等参单元

前面已经推得,平面常应变三角形单元中任意一点的位移,位置坐标用面积坐标表示为

$$\begin{cases} U = N_i U_i + N_j U_j + N_m U_m = L_i U_i + L_j U_j + L_m U_m \\ V = N_i V_i + N_j V_j + N_m V_m = L_i V_i + L_j V_j + L_m V_m \end{cases}$$

$$\begin{cases} X = N_i X_i + N_j X_j + N_m X_m = L_i X_i + L_j X_j + L_m X_m \\ Y = N_i Y_i + N_j Y_j + N_m Y_m = L_i Y_i + L_j Y_j + L_m Y_m \end{cases}$$

上式表明,位移和坐标变换采用同样的形函数,所以平面常应变单元也是一种等参元。

平面3节点三角形单元的边界是直线,不能适用曲线边界的要求,因此,一般采用6节点三角形等参元。

以面积坐标表示6节点三角形子单元及其对应母单元如图5-19所示。

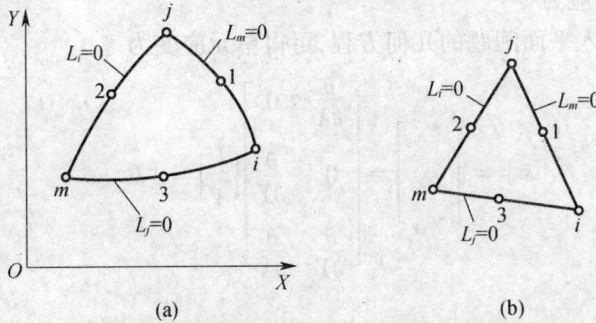

图5-19 6节点三角形等参单元映射关系图
(a) 子单元; (b) 母单元。

$$[\delta^e] = [U_i \quad V_i \quad U_j \quad V_j \quad U_m \quad V_m \quad U_1 \quad V_1 \quad U_2 \quad V_2 \quad U_3 \quad V_3]^T$$

$$[F^e] = [F_{iX} \quad F_{iY} \quad F_{jX} \quad F_{jY} \quad F_{mX} \quad F_{mY} \quad F_{1X} \quad F_{1Y} \quad F_{2X} \quad F_{2Y} \quad F_{3X} \quad F_{3Y}]^T$$

1. 6节点三角形等参单元的位移模式

仿照前面推导,则位移分量为

$$\begin{cases} U = N_i U_i + N_j U_j + N_m U_m + N_1 U_1 + N_2 U_2 + N_3 U_3 = \sum_{r=i,j,k,1,2,3} N_r U_r \\ V = N_i V_i + N_j V_j + N_m V_m + N_1 V_1 + N_2 V_2 + N_3 V_3 = \sum_{r=i,j,k,1,2,3} N_r V_r \end{cases} \quad (5-77)$$

式中

$$N_r = \begin{cases} L^r(2L^r - 1), r = i,j,m \\ 4L_i L_j, r = 1,2,3; i,j,m \end{cases}$$

根据面积坐标的性质 $L_i + L_j + L_m = 1$ 可知,面积坐标 L_i、L_j、L_m 不是相互独立的,即 $L_m = 1 - (L_i + L_j)$。因此,6 节点三角形等参元的位移公式实际是 L_i、L_j 的函数。为了便于应用前面推导的公式,令 $\xi = L_i, \eta = L_j$,则 $L_m = 1 - \xi - \eta$。形函数可以表示为

$$\begin{cases} N_i = \xi(\xi - 1) \\ N_j = \eta(\eta - 1) \\ N_m = (1 - \xi - \eta)(1 - 2\xi - 2\eta) \\ N_1 = 4\xi\eta \\ N_2 = 4\eta(1 - \xi - \eta) \\ N_3 = 4\xi(1 - \xi - \eta) \end{cases} \quad (5-78)$$

2. 坐标变换式

根据等参变换的概念,坐标变化应和位移模式取相同的形式,即

$$\begin{cases} X = N_i X_i + N_j X_j + N_m X_m + N_1 X_1 + N_2 X_2 + N_3 X_3 = \sum_{r=i,j,m,1,2,3} N_r X_r \\ Y = N_i Y_i + N_j Y_j + N_m Y_m + N_1 Y_1 + N_2 Y_2 + N_3 Y_3 = \sum_{r=i,j,m,1,2,3} N_r Y_r \end{cases} \quad (5-79)$$

以 6 节点三角形母单元经过上式坐标变换后,映射成曲边 6 节点三角形等参单元。曲边是由边上 3 个节点唯一确定的抛物线,如 3 个节点共线,则退化成直线边。同样可以证明,这种等参单元是完备和协调的。

3. 单元应变和应力

把位移模式代入平面问题的几何方程,可得单元应变为

$$[\varepsilon] = \begin{bmatrix} \varepsilon_X \\ \varepsilon_Y \\ \gamma_{XY} \end{bmatrix} = \begin{bmatrix} \dfrac{\partial}{\partial X} & 0 \\ 0 & \dfrac{\partial}{\partial Y} \\ \dfrac{\partial}{\partial Y} & \dfrac{\partial}{\partial X} \end{bmatrix} \begin{bmatrix} U \\ V \end{bmatrix} = [B][\delta^e] \quad (5-80)$$

式中

$$[B] = [B_i \quad B_j \quad B_m \quad B_1 \quad B_2 \quad B_3]^T$$

$$[B_r] = \begin{bmatrix} \dfrac{\partial N_r}{\partial X} & 0 \\ 0 & \dfrac{\partial N_r}{\partial Y} \\ \dfrac{\partial N_r}{\partial Y} & \dfrac{\partial N_r}{\partial X} \end{bmatrix} \quad (r = i,j,m;1,2,3)$$

由式(5-73)有

$$\begin{bmatrix} \dfrac{\partial N_r}{\partial X} \\ \dfrac{\partial N_r}{\partial Y} \end{bmatrix} = \begin{bmatrix} \dfrac{\partial X}{\partial \xi} & \dfrac{\partial Y}{\partial \xi} \\ \dfrac{\partial X}{\partial \eta} & \dfrac{\partial Y}{\partial \eta} \end{bmatrix}^{-1} \begin{bmatrix} \dfrac{\partial N_r}{\partial \xi} \\ \dfrac{\partial N_r}{\partial \eta} \end{bmatrix} = [J]^{-1} \begin{bmatrix} \dfrac{\partial N_r}{\partial \xi} \\ \dfrac{\partial N_r}{\partial \eta} \end{bmatrix} \quad (r = i,j,m;1,2,3) \quad (5-81)$$

式中:

(1) 雅可比矩阵 J:

$$\begin{cases} \dfrac{\partial X}{\partial \xi} = \sum_{r=i,j,m,1,2,3} \dfrac{\partial N_r}{\partial \xi} X_r \quad \dfrac{\partial Y}{\partial \xi} = \sum_{r=i,j,m,1,2,3} \dfrac{\partial N_r}{\partial \xi} Y_r \\ \dfrac{\partial X}{\partial \eta} = \sum_{r=i,j,m,1,2,3} \dfrac{\partial N_r}{\partial \eta} X_r \quad \dfrac{\partial Y}{\partial \eta} = \sum_{r=i,j,m,1,2,3} \dfrac{\partial N_r}{\partial \eta} Y_r \end{cases} \quad (5-82)$$

(2) 形函数对局部坐标的导数:

$$\begin{cases} \dfrac{\partial N_i}{\partial \xi} = 2\xi - 1, \dfrac{\partial N_i}{\partial \eta} = 0 \\ \dfrac{\partial N_j}{\partial \xi} = 0, \dfrac{\partial N_j}{\partial \eta} = 2\eta - 1 \\ \dfrac{\partial N_m}{\partial \xi} = -3 + 4\xi + 4\eta, \dfrac{\partial N_m}{\partial \eta} = -3 + 4\xi + 4\eta \\ \dfrac{\partial N_1}{\partial \xi} = 4\eta, \dfrac{\partial N_1}{\partial \eta} = 4\xi \\ \dfrac{\partial N_2}{\partial \xi} = -4\eta, \dfrac{\partial N_2}{\partial \eta} = -4 - 4\xi - 8\eta \\ \dfrac{\partial N_3}{\partial \xi} = 4 - 8\xi - 4\eta, \dfrac{\partial N_1}{\partial \xi} = -4\xi \end{cases} \quad (5-83)$$

由平面应力问题物理方程得

$$[\sigma] = \begin{bmatrix} \sigma_X \\ \sigma_Y \\ \tau_{XY} \end{bmatrix} = [D][\varepsilon] = [D][B][\delta^e] = [S][\delta^e] \quad (5-84)$$

式中

$$[S] = \begin{bmatrix} S_i & S_j & S_m & S_k & S_1 & S_2 & S_3 & S_4 \end{bmatrix}^{\mathrm{T}}$$

每一子矩阵为

$$[S_r] = [D][B_r] = \dfrac{E}{1-\mu^2} \begin{bmatrix} \dfrac{\partial N_r}{\partial X} & \mu \dfrac{\partial N_r}{\partial Y} \\ \mu \dfrac{\partial N_r}{\partial X} & \dfrac{\partial N_r}{\partial Y} \\ \dfrac{1-\mu}{2} \dfrac{\partial N_r}{\partial Y} & \dfrac{1-\mu}{2} \dfrac{\partial N_r}{\partial X} \end{bmatrix} \quad (r = i,j,m;1,2,3)$$

$$(5-85)$$

对于平面应变问题:将式(5-85)中的 $\overline{E} = \dfrac{E}{1-\mu^2}, \overline{\mu} = \dfrac{\mu}{1-\mu}$ 代入。

4. 单元刚度矩阵

由 8 节点四边形等参单元的刚度矩阵公式有

$$K^e = \int_{-1}^{1}\int_{-1}^{1} [B]^{\mathrm{T}}[D]t\,|J|\,\mathrm{d}\xi\mathrm{d}\eta \qquad (5-86)$$

式中:t 为单元厚度。

K^e 也可以分块形式写出

$$[K^e] = \begin{bmatrix} K_{ii} & K_{ij} & K_{im} & K_{i1} & K_{i2} & K_{i3} \\ K_{ji} & K_{jj} & K_{jm} & K_{j1} & K_{j2} & K_{j3} \\ K_{mi} & K_{mj} & K_{mm} & K_{m1} & K_{m2} & K_{m3} \\ K_{1i} & K_{1j} & K_{1m} & K_{11} & K_{12} & K_{13} \\ K_{2i} & K_{2j} & K_{2m} & K_{21} & K_{22} & K_{23} \\ K_{3i} & K_{3j} & K_{3m} & K_{31} & K_{32} & K_{33} \end{bmatrix}$$

5.5.6　8 节点四边形等参单元

前面通过 4 节点任意四边形单元引进了等参数单元的概念,这里将重点放在应用更广泛的 8 节点四边形等参单元上。

图 5-20(a)子单元(或实际单元)是整体坐标系 XOY 下的 8 节点四边形等参单元,图 5-20(b)是与其对应的局部坐标系 $\xi o \eta$ 下的 8 节点正方形母单元。

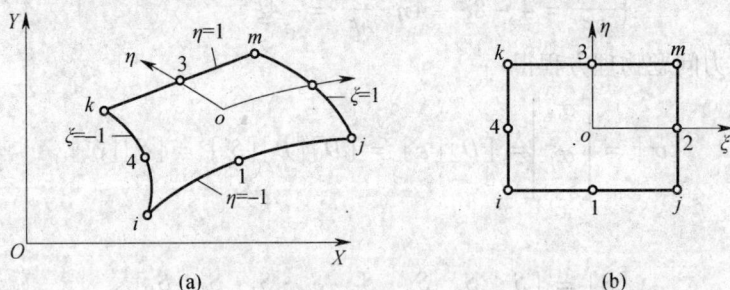

图 5-20　八节点四边形等参单元及其母单元

设:

$$[\delta^e] = [U_i \ \ V_i \ \ U_j \ \ V_j \ \ U_m \ \ V_m \ \ U_k \ \ V_k \ \ U_1 \ \ V_1 \ \ U_2 \ \ V_2 \ \ U_3 \ \ V_3 \ \ U_4 \ \ V_4]^{\mathrm{T}}$$

$$[F^e] = [F_{iX} \ \ F_{iY} \ \ F_{jX} \ \ F_{jY} \ \ F_{mX} \ \ F_{mY} \ \ F_{kX} \ \ F_{kY} \ \ F_{1X} \ \ F_{1Y} \ \ F_{2X} \ \ F_{2Y} \ \ F_{3X} \ \ F_{3Y} \ \ F_{4X} \ \ F_{4Y}]^{\mathrm{T}}$$

1. 8 节点等参单元的位移模式

$$\begin{cases} U(\xi,\eta) = \sum\limits_{r=i}^{k} N_r(\xi,\eta)U_r + \sum\limits_{r=1}^{4} N_r(\xi,\eta)U_r \\ V(\xi,\eta) = \sum\limits_{r=i}^{k} N_r(\xi,\eta)V_r + \sum\limits_{r=1}^{4} N_r(\xi,\eta)V_r \end{cases} \qquad (5-87)$$

其中:形函数为

118

$$\begin{cases} N_r = \dfrac{1}{4}(1 + \xi_r\xi)(1 + \eta_r\eta)(\xi_r\xi + \eta_r\eta - 1) & (r = i,j,m,k) \\[3mm] N_r = \dfrac{1}{2}(1 - \xi^2)(1 + \eta_r\eta) & (r = 1,3) \\[3mm] N_r = \dfrac{1}{2}(1 - \eta^2)(1 + \xi_r\xi) & (r = 2,4) \end{cases} \qquad (5-88)$$

上述位移模式给出 8 个节点的总体坐标下位移,插值函数是局部坐标下母单元的的插值函数,在母单元每一条边界上,一个局部坐标 ξ 或 η 为常数 ±1,因此,子单元边界上任一点的位移是局部坐标下母单元对应边界上关于 ξ 或 η 的二次函数。由于在每条边上有 3 个节点,而 3 个节点可以确定一个二次函数曲线,故相邻两个 8 节点等参数单元在公共边界上位移是协调的。

2. 坐标变换式

根据等参变换的概念,坐标变化应和位移模式取相同的形式,即

$$\begin{cases} X = \displaystyle\sum_{r=i}^{k} N_r(\xi,\eta) X_r + \sum_{r=1}^{4} N_r(\xi,\eta) X_r \\[3mm] Y = \displaystyle\sum_{r=i}^{k} N_r(\xi,\eta) Y_r + \sum_{r=1}^{4} N_r(\xi,\eta) Y_r \end{cases} \qquad (5-89)$$

3. 单元应变和应力

把位移模式代入平面问题的几何方程,可得单元应变为

$$[\varepsilon] = \begin{bmatrix} \varepsilon_X \\ \varepsilon_Y \\ \gamma_{XY} \end{bmatrix} = \begin{bmatrix} \dfrac{\partial}{\partial X} & 0 \\[2mm] 0 & \dfrac{\partial}{\partial Y} \\[2mm] \dfrac{\partial}{\partial Y} & \dfrac{\partial}{\partial X} \end{bmatrix} \begin{bmatrix} U \\ V \end{bmatrix} = [B][\delta^e] \qquad (5-90)$$

式中

$$[B] = \begin{bmatrix} B_i & B_j & B_m & B_k & B_1 & B_2 & B_3 & B_4 \end{bmatrix}^{\mathrm{T}}$$

$$[B_r] = \begin{bmatrix} \dfrac{\partial N_r}{\partial X} & 0 \\[2mm] 0 & \dfrac{\partial N_r}{\partial Y} \\[2mm] \dfrac{\partial N_r}{\partial Y} & \dfrac{\partial N_r}{\partial X} \end{bmatrix} \qquad (r = i,j,k,m;1,2,3,4)$$

由式(5-73)得

$$\begin{bmatrix} \dfrac{\partial N_r}{\partial X} \\[2mm] \dfrac{\partial N_r}{\partial Y} \end{bmatrix} = \begin{bmatrix} \dfrac{\partial X}{\partial \xi} & \dfrac{\partial Y}{\partial \xi} \\[2mm] \dfrac{\partial X}{\partial \eta} & \dfrac{\partial Y}{\partial \eta} \end{bmatrix}^{-1} \begin{bmatrix} \dfrac{\partial N_r}{\partial \xi} \\[2mm] \dfrac{\partial N_r}{\partial \eta} \end{bmatrix} = [J]^{-1} \begin{bmatrix} \dfrac{\partial N_r}{\partial \xi} \\[2mm] \dfrac{\partial N_r}{\partial \eta} \end{bmatrix} \qquad (r = i,j,m,k;1,2,3,4)$$

$$(5-91)$$

式中:

（1）雅可比矩阵 J：

$$\frac{\partial X}{\partial \xi} = \sum_{r=i,j,m,k,1,2,3,4} \frac{\partial N_r}{\partial \xi} X_r, \frac{\partial Y}{\partial \xi} = \sum_{r=i,j,m,k,1,2,3,4} \frac{\partial N_r}{\partial \xi} Y_r \qquad (5-92)$$

$$\frac{\partial X}{\partial \eta} = \sum_{r=i,j,m,k,1,2,3,4} \frac{\partial N_r}{\partial \eta} X_r, \frac{\partial Y}{\partial \eta} = \sum_{r=i,j,m,k,1,2,3,4} \frac{\partial N_r}{\partial \eta} Y_r$$

（2）形函数对局部坐标的导数：

$$\begin{cases} \dfrac{\partial N_r}{\partial \xi} = \dfrac{1}{4}\xi_r(2\xi_r\xi + \eta_r\eta)(1 + \eta_r\eta) & \\ & (r = i,j,m,k) \\ \dfrac{\partial N_r}{\partial \eta} = \dfrac{1}{4}\eta_r(2\eta_r\eta + \xi_r\xi)(1 + \xi_r\xi) & \\ \dfrac{\partial N_r}{\partial \xi} = -\xi(1 + \eta_r\eta) & \\ & (r = 1,3) \\ \dfrac{\partial N_r}{\partial \eta} = \dfrac{1}{2}\eta_r(1 - \xi^2) & \\ \dfrac{\partial N_r}{\partial \xi} = \dfrac{1}{2}\xi_r(1 - \eta^2) & \\ & (r = 2,4) \\ \dfrac{\partial N_r}{\partial \eta} = -\eta(1 - \xi_i\xi) & \end{cases} \qquad (5-93)$$

由平面应力问题物理方程可得

$$[\sigma] = \begin{bmatrix} \sigma_X \\ \sigma_Y \\ \tau_{XY} \end{bmatrix} = [D][\varepsilon] = [D][B][\delta^e] = [S][\delta^e] \qquad (5-94)$$

式中

$$[S] = \begin{bmatrix} S_i & S_j & S_m & S_k & S_1 & S_2 & S_3 & S_4 \end{bmatrix}^{\mathrm{T}}$$

每一子矩阵为

$$[S_r] = [D][B_r] = \frac{E}{1-\mu^2} \begin{bmatrix} \dfrac{\partial N_r}{\partial X} & \mu \dfrac{\partial N_r}{\partial Y} \\ \mu \dfrac{\partial N_r}{\partial X} & \dfrac{\partial N_r}{\partial Y} \\ \dfrac{1-\mu}{2}\dfrac{\partial N_r}{\partial Y} & \dfrac{1-\mu}{2}\dfrac{\partial N_r}{\partial X} \end{bmatrix} \quad (r = i,j,m,k,1,2,3,4)$$

$$(5-95)$$

对于平面应变问题：将式（5-95）中的 $\overline{E} = \dfrac{E}{1-\mu^2}, \overline{\mu} = \dfrac{\mu}{1-\mu}$ 代入。

4. 单元刚度矩阵

平面问题单元刚度矩阵的一般形式为

$$K^e = \iint_A [B]^{\mathrm{T}}[D][B]t\mathrm{d}A$$

因为 $[B]$ 是 ξ、η 的函数，为了进行积分运算，微元面积必须由局部坐标 ξ、η 表示，即式（5-76）。代入则有

120

$$K^e = \int_{-1}^{1}\int_{-1}^{1} [B]^{\mathrm{T}}[D] t |J| \mathrm{d}\xi \mathrm{d}\eta \qquad (5-96)$$

式中：t 为单元厚度；K^e 也可以分块形式写出

$$[K^e] = \begin{bmatrix} K_{ii} & K_{ij} & K_{im} & K_{ik} & K_{i1} & K_{i2} & K_{i3} & K_{i4} \\ & K_{jj} & K_{jm} & K_{jk} & K_{j1} & K_{j2} & K_{j3} & K_{j4} \\ & & K_{mm} & K_{mk} & K_{m1} & K_{m2} & K_{m3} & K_{m4} \\ & & & K_{kk} & K_{k1} & K_{k2} & K_{k3} & K_{k4} \\ & & & & K_{11} & K_{12} & K_{13} & K_{14} \\ & & & & & K_{22} & K_{23} & K_{24} \\ & & & & & & K_{33} & K_{34} \\ & & & & & & & K_{44} \end{bmatrix}$$

现在积分是在规则的母单元中进行的，而不是在复杂的子单元中进行的，所以积分的上下限很简单。但是被积函数 $[B]^{\mathrm{T}}[D][B]$ 是一个复杂的 ξ、η 的函数，很难得到解析形式的解，所以一般采用数值积分，常用的是高斯积分。

5.5.7 等参单元使用注意事项

（1）当求解区域为曲线边界时，为了计算简单，一般只将位于边界的单元取为曲边四边形，而内部单元仍划分为直边四边形。这样既能较好地处理曲边边界，又能提高单元内部插值的精度。另外，不必画出曲线边界单元的曲边形状，只需确定单元节点的整体坐标值，因为在计算中实际使用的只有单元在整体坐标下位置坐标。

（2）在不少程序中，应力是由节点处确定的。因为节点位置易于安排，且在节点处输出位移及应力颇为方便。但是，计算表明二次等参元节点处应力的计算值是不够准确的，即使对围绕节点的各单元的应力值进行平均，也只能得到较近似的解答。所以，计算应力时，最好是求出单元高斯积分点（计算单元刚度矩阵等采用数值积分时所取的积分点）处的应力，这样的应力值比较准确。

5.6 平面问题有限单元法应用实例

［实例1］ 普通平面应力问题。

如图 5-21 所示一等厚度的矩形薄板，其一端固定，另一端承受载荷集度为 $q(\mathrm{kg/cm^2})$ 的均布拉力。板长 $l=200\mathrm{cm}$、宽 $h=100\mathrm{cm}$、厚度为 t。材料的弹性模量为 E，泊松比 $\mu=1/3$。求薄板端角点的位移及板的应力。

解：1. 结构离散化

为简单起见，选用 3 节点三角形单元，将该矩形薄板划分为两个单元、4 个节点的单元组合体，单元与节点的编号如图 5-21（b）所示。作用于单元 1 的均布拉力，按能量等

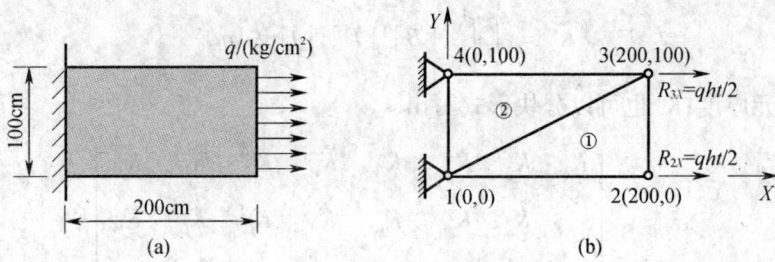

图 5-21 等厚矩形薄板

(a) 结构模型图; (b) 有限元模型图。

效原则移置到节点 2 与节点 3 后,有

$$R_{2X} = qht/2 = 50qt, R_{2Y} = 0, R_{3X} = qht/2 = 50qt, R_{3Y} = 0$$

将一端固定的约束条件简化为固定端点的节点 1、4 处的平面铰。直角坐标系的选取如图 5-21(b) 所示。

2. 计算单元刚度矩阵

1) 单元 1

局部节点号 $i-j-m$ 对应总体节点编号 1-2-3,三角形面积行列式为

$$\Delta = \frac{1}{2} \begin{vmatrix} 1 & 0 & 0 \\ 1 & 200 & 0 \\ 1 & 200 & 100 \end{vmatrix} = 1000$$

其代数余子式为

$$\begin{cases} b_i = Y_j - Y_m = -100, b_j = Y_m - Y_i = 100, b_m = Y_i - Y_j = 0 \\ c_i = X_m - X_j = 0, c_j = X_i - X_m = -200, c_m = X_j - X_i = 200 \end{cases}$$

$$\frac{Et}{4(1-\mu^2)\Delta} = \frac{9Et}{320000}, \frac{1-\mu}{2} = \frac{1}{3}$$

根据

$$K_{rs} = \frac{Et}{4(1-\mu^2)\Delta} \begin{bmatrix} b_r b_s + \dfrac{1-\mu}{2} c_r c_s & \mu b_r c_s + \dfrac{1-\mu}{2} c_r b_s \\ \mu c_r b_s + \dfrac{1-\mu}{2} b_r c_s & c_r c_s + \dfrac{1-\mu}{2} b_r b_s \end{bmatrix} \quad (r,s = i,j,m)$$

可计算出各个子刚阵为

$$\begin{cases} K_{11}^1 = K_{ii} = \dfrac{3Et}{32} \begin{bmatrix} 3 & 0 \\ 0 & 1 \end{bmatrix}, K_{12}^1 = K_{ij} = \dfrac{3Et}{32} \begin{bmatrix} -3 & 2 \\ 2 & -1 \end{bmatrix}, K_{13}^1 = K_{im} = \dfrac{3Et}{32} \begin{bmatrix} 0 & -2 \\ -2 & 0 \end{bmatrix} \\ K_{21}^1 = K_{ji} = [K_{12}^1]^T, K_{22}^1 = K_{jj} = \dfrac{3Et}{32} \begin{bmatrix} 7 & -4 \\ -4 & 13 \end{bmatrix}, K_{23}^1 = K_{jm} = \dfrac{3Et}{32} \begin{bmatrix} -4 & 2 \\ 2 & -12 \end{bmatrix} \\ K_{31}^1 = K_{mi} = [K_{13}^1]^T, K_{32}^1 = K_{mj} = [K_{23}^1]^T, K_{33}^1 = K_{mm} = \dfrac{3Et}{32} \begin{bmatrix} 4 & 0 \\ 0 & 12 \end{bmatrix} \end{cases}$$

组合上述子刚阵,得单元 1 的刚度矩阵为

122

$$K^1 = \begin{bmatrix} K^1_{11} & K^1_{12} & K^1_{13} \\ K^1_{21} & K^1_{22} & K^1_{23} \\ K^1_{31} & K^1_{32} & K^1_{33} \end{bmatrix} = \frac{3Et}{32} \left[\begin{array}{cc:cc:cc} 3 & 0 & -3 & 2 & 0 & -2 \\ 0 & 1 & 2 & -1 & -2 & 0 \\ \hdashline -3 & 2 & 7 & -4 & -4 & 2 \\ 2 & -1 & -4 & 13 & 2 & -12 \\ \hdashline 0 & -2 & -4 & 2 & 4 & 0 \\ -2 & 0 & 2 & -12 & 0 & 12 \end{array} \right]$$

2）单元 2

局部节点号 i—j—m 对应总体节点编号 1—3—4，坐标数据如图 5-21(b)所示，单元 2 的面积行列式为

$$\Delta = \frac{1}{2} \begin{vmatrix} 1 & 0 & 0 \\ 1 & 200 & 100 \\ 1 & 0 & 100 \end{vmatrix} = 10000$$

其代数余子式值为

$$\begin{cases} b_i = 0, b_j = 100, b_m = -100 \\ c_i = -200, c_j = 0, c_m = 200 \end{cases}$$

根据 K_{rs} 的计算公式可算出单元 2 的各个子刚阵，然后组合成单元 2 的刚度矩阵，即

$$K^2 = \begin{bmatrix} K^2_{11} & K^2_{13} & K^2_{14} \\ K^2_{31} & K^2_{33} & K^2_{34} \\ K^2_{41} & K^2_{43} & K^2_{44} \end{bmatrix} = \frac{3Et}{32} \left[\begin{array}{cc:cc:cc} 4 & 0 & 0 & -2 & -4 & 2 \\ 0 & 12 & -2 & 0 & 2 & -12 \\ \hdashline 0 & -2 & 3 & 0 & -3 & 2 \\ -2 & 0 & 0 & 1 & 2 & -1 \\ \hdashline -4 & 2 & -3 & 2 & 7 & -4 \\ 2 & -12 & 2 & -1 & -4 & 13 \end{array} \right]$$

3. 建立结构刚度矩阵

采用按单元或结点形成结构刚度矩阵的方法，由 K^1 及 K^2 直接形成总体刚度矩阵为

$$K = \begin{bmatrix} K^{1+2}_{11} & K^1_{12} & K^{1+2}_{13} & K^2_{14} \\ K^1_{21} & K^1_{22} & K^1_{23} & 0 \\ K^{1+2}_{31} & K^1_{32} & K^{1+2}_{33} & K^2_{34} \\ K^2_{41} & 0 & K^2_{43} & K^2_{44} \end{bmatrix} = \frac{3Et}{32} \left[\begin{array}{cc:cc:cc:cc} 7 & 0 & -3 & 2 & 0 & -4 & -4 & 2 \\ 0 & 13 & 2 & -1 & -4 & 0 & 2 & -12 \\ \hdashline -3 & 2 & 7 & -4 & -4 & 2 & 0 & 0 \\ 2 & -1 & -4 & 13 & 2 & -12 & 0 & 0 \\ \hdashline 0 & -4 & -4 & 2 & 7 & 0 & -3 & 2 \\ -4 & 0 & 2 & -12 & 0 & 13 & 2 & -1 \\ \hdashline -4 & 2 & 0 & 0 & -3 & 2 & 7 & -4 \\ 2 & -12 & 0 & 0 & 2 & -1 & -4 & 13 \end{array} \right]$$

4. 建立结构的节点载荷列阵

因节点载荷列阵 $[R]$ 中不必考虑约束反力的作用，故在 $[R]$ 中将 R_{1X}、R_{1Y}、R_{4X}、R_{4Y} 置零，于是得

$$R = \begin{bmatrix} 0 & 0 & 50qt & 0 & 50qt & 0 & 0 & 0 \end{bmatrix}^{\mathrm{T}}$$

5. 引入位移边界条件，求解线性代数方程组

在节点 1 和 4 处，有 $U_1 = V_1 = U_4 = V_4 = 0$。这里采用降阶法引入上述位移边界条件（事实上，可以通过总体刚度方程求出约束反力，当不考虑约束反力时才可用降阶法）。

123

结构刚度方程为

$$\begin{bmatrix} 0 \\ 0 \\ 50qt \\ 0 \\ 50qt \\ 0 \\ 0 \\ 0 \end{bmatrix} = \frac{3Et}{32}\begin{bmatrix} 7 & 0 & -3 & 2 & 0 & -4 & -4 & 2 \\ 0 & 13 & 2 & -1 & -4 & 0 & 2 & -12 \\ -3 & 2 & 7 & -4 & -4 & 2 & 0 & 0 \\ 2 & -1 & -4 & 13 & 2 & -12 & 0 & 0 \\ 0 & -4 & -4 & 2 & 7 & 0 & -3 & 2 \\ -4 & 0 & 2 & -12 & 0 & 13 & 2 & -1 \\ -4 & 2 & 0 & 0 & -3 & 2 & 7 & -4 \\ 2 & -12 & 0 & 0 & 2 & -1 & -4 & 13 \end{bmatrix}\begin{bmatrix} 0 \\ 0 \\ U_2 \\ V_2 \\ U_3 \\ V_3 \\ 0 \\ 0 \end{bmatrix}$$

划去刚度矩阵中与上述零位移对应的行和列,以及位移列阵与节点载荷列阵中的对应项,得

$$\begin{bmatrix} 50qt \\ 0 \\ 50qt \\ 0 \end{bmatrix} = \frac{3Et}{32}\begin{bmatrix} 7 & -4 & -4 & 2 \\ -4 & 13 & 2 & -12 \\ -4 & 2 & 7 & 0 \\ 2 & -12 & 0 & 13 \end{bmatrix}\begin{bmatrix} U_2 \\ V_2 \\ U_3 \\ V_3 \end{bmatrix}$$

解上述线性代数方程组,得

$$U_2 = 198\frac{q}{E}, V_2 = 36\frac{q}{E}, U_3 = 179\frac{q}{E}, V_3 = 2.4\frac{q}{E}$$

位移分量的单位为 cm。

6. 计算单元应力

1) 单元 1

$$i = 1, j = 2, m = 3, U_i = V_i = 0; U_j = 198\frac{q}{E}, V_j = 36\frac{q}{E}, U_m = 179\frac{q}{E}, V_m = 2.4\frac{q}{E}$$

由前面计算的数据可以直接写出单元 1 的几何矩阵,即

$$B^1 = \frac{1}{2\Delta}\begin{bmatrix} b_i & 0 & b_j & 0 & b_m & 0 \\ 0 & c_i & 0 & c_j & 0 & c_m \\ c_i & b_i & c_j & b_j & c_m & b_m \end{bmatrix} = \frac{1}{20000}\begin{bmatrix} -100 & 0 & 100 & 0 & 0 & 0 \\ 0 & 0 & 0 & -200 & 0 & 200 \\ 0 & -100 & -200 & 100 & 200 & 0 \end{bmatrix}$$

$$= \frac{1}{200}\begin{bmatrix} -1 & 0 & 1 & 0 & 0 & 0 \\ 0 & 0 & 0 & -2 & 0 & 2 \\ 0 & -1 & -2 & 1 & 2 & 0 \end{bmatrix}$$

$$D = \frac{E}{1-\mu^2}\begin{bmatrix} 1 & \mu & 0 \\ \mu & 1 & 0 \\ 0 & 0 & \frac{1-\mu}{2} \end{bmatrix} = \frac{E}{1-\left(\frac{1}{3}\right)^2}\begin{bmatrix} 1 & \frac{1}{3} & 0 \\ \frac{1}{3} & 1 & 0 \\ 0 & 0 & \frac{1-\frac{1}{3}}{2} \end{bmatrix} = \frac{9E}{24}\begin{bmatrix} 3 & 1 & 0 \\ 1 & 3 & 0 \\ 0 & 0 & 1 \end{bmatrix}$$

依据应力公式 $\sigma = DBq$,可得三角形单元(常应力、常应变单元)内任意一点的应力为

124

$$\begin{bmatrix} \sigma_X \\ \sigma_Y \\ \tau_{XY} \end{bmatrix}^1 = \frac{9E}{24}\begin{bmatrix} 3 & 1 & 0 \\ 1 & 3 & 0 \\ 0 & 0 & 1 \end{bmatrix}\frac{1}{200}\begin{bmatrix} -1 & 0 & \vdots & 1 & 0 & \vdots & 0 & 0 \\ 0 & 0 & \vdots & 0 & -2 & \vdots & 0 & 2 \\ 0 & -1 & \vdots & -2 & 1 & \vdots & 2 & 0 \end{bmatrix}\begin{bmatrix} 0 \\ 0 \\ 1.98\frac{qh}{E} \\ 0.36\frac{qh}{E} \\ 1.79\frac{qh}{E} \\ 0.024\frac{qh}{E} \end{bmatrix} = \frac{qh}{100}\begin{bmatrix} 0.988 \\ -0.007 \\ -0.004 \end{bmatrix}$$

2）单元 2

$$i = 1, j = 3, m = 4, U_i = V_i = 0; U_j = 179\frac{q}{E}, V_j = 2.4\frac{q}{E}, U_m = V_m = 0$$

由前面计算的数据可以直接写出单元 2 的几何矩阵为

$$B^2 = \frac{1}{2\Delta}\begin{bmatrix} b_i & 0 & \vdots & b_j & 0 & \vdots & b_m & 0 \\ 0 & c_i & \vdots & 0 & c_j & \vdots & 0 & c_m \\ c_i & b_i & \vdots & c_j & b_j & \vdots & c_m & b_m \end{bmatrix} = \frac{1}{20000}\begin{bmatrix} 0 & 0 & \vdots & 100 & 0 & \vdots & 100 & 0 \\ 0 & -200 & \vdots & 0 & 0 & \vdots & 0 & 200 \\ -200 & 0 & \vdots & 0 & 100 & \vdots & 200 & -100 \end{bmatrix}$$

而

$$D = \frac{9E}{24}\begin{bmatrix} 3 & 1 & 0 \\ 1 & 3 & 0 \\ 0 & 0 & 1 \end{bmatrix}$$

则三角形单元 2 内任意一点的应力为

$$\begin{bmatrix} \sigma_X \\ \sigma_Y \\ \tau_{XY} \end{bmatrix}^2 = \frac{9E}{24}\begin{bmatrix} 3 & 1 & 0 \\ 1 & 3 & 0 \\ 0 & 0 & 1 \end{bmatrix}\frac{1}{200}\begin{bmatrix} 0 & 0 & \vdots & 100 & 0 & \vdots & -100 & 0 \\ 0 & -200 & \vdots & 0 & 0 & \vdots & 0 & 200 \\ -200 & 0 & \vdots & 0 & 100 & \vdots & 200 & -100 \end{bmatrix}\begin{bmatrix} 0 \\ 0 \\ 1.798\frac{qh}{E} \\ 0.024\frac{qh}{E} \\ 0 \\ 0 \end{bmatrix}$$

$$= \frac{qh}{100}\begin{bmatrix} 1.007 \\ 0.336 \\ 0.005 \end{bmatrix}$$

7. 计算节点处的应力

采用绕节点平均法

节点 1：

$$\begin{bmatrix} \sigma_X \\ \sigma_Y \\ \tau_{XY} \end{bmatrix} = \frac{1}{2}(\sigma^1 + \sigma^2) = q\begin{bmatrix} 0.9975 \\ 0.1645 \\ 0.0005 \end{bmatrix}$$

节点 2：

$$\begin{bmatrix} \sigma_X \\ \sigma_Y \\ \tau_{XY} \end{bmatrix} = \sigma^1 = q\begin{bmatrix} 0.988 \\ -0.007 \\ -0.004 \end{bmatrix}$$

节点3：
$$\begin{bmatrix} \sigma_X \\ \sigma_Y \\ \tau_{XY} \end{bmatrix} = \frac{1}{2}(\sigma^1 + \sigma^2) = q\begin{bmatrix} 0.9975 \\ 0.1645 \\ 0.0005 \end{bmatrix}$$

节点4：
$$\begin{bmatrix} \sigma_X \\ \sigma_Y \\ \tau_{XY} \end{bmatrix} = \sigma^2 = q\begin{bmatrix} 0.988 \\ -0.007 \\ -0.004 \end{bmatrix}$$

本例主要出发点在于以平面应力问题为例演示连续体结构有限元求解过程，由于选用精度低的3节点三角形单元且网格较粗，所以得到的结果误差偏大，实际工程分析中，必须选用合适精度单元且网格划分不能太粗。

[**实例2**] 轴对称平面应变问题

图5-22为一厚壁圆筒，其内径 $r_1 = 50\text{mm}$，外径 $r_2 = 100\text{mm}$，作用在内孔上的压力 $p = 10\text{MPa}$，无轴向压力，轴向长度视为无穷。计算厚壁圆筒的径向应力 σ_r 和轴向应力 σ_θ 沿半径 r 方向的分布。

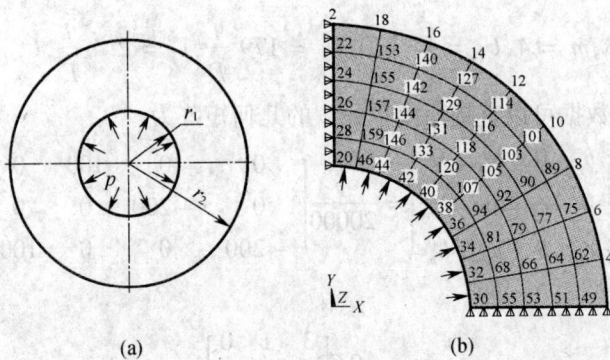

图5-22　无限长圆筒
（a）厚壁圆筒；（b）1/4圆筒的网格划分。

解：根据弹塑性力学的知识，σ_r，σ_θ 沿 r 方向的解析解为

$$\sigma_r = -\frac{\left(\dfrac{r_2}{r}\right)^2 - 1}{\left(\dfrac{r_2}{r_1}\right)^2 - 1}p, \quad \sigma_\theta = \frac{\left(\dfrac{r_2}{r}\right)^2 + 1}{\left(\dfrac{r_2}{r_1}\right)^2 - 1}p$$

显然，$\sigma_r = \sigma_r(r)$，$\sigma_\theta = \sigma_\theta(r)$，即应力解析解是以自变量 r 的函数，绘制的曲线如图5-23所示。

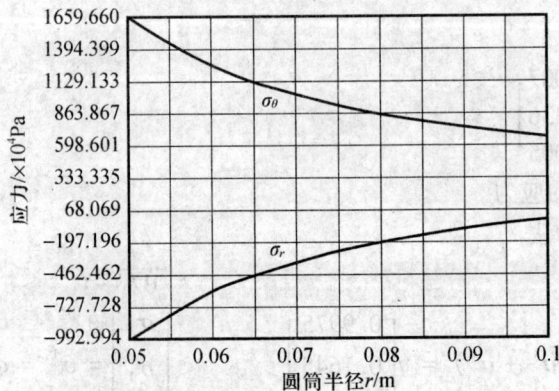

图5-23　有限元解曲线

126

该问题是平面应变问题,根据对称性,可取圆筒的 1/4 并施加垂直于对称面的约束进行计算,网格划分及对称面条件表示如图 5 - 22(b) 所示,沿圆筒壁厚度划分 5 个 8 节点四边形单元,共 45 个单元,其数值解计算结果 $\sigma_r(r)$、$\sigma_\theta(r)$ 的变化曲线如图 5 - 24(其中径向应力 σ_r,切向应力 σ_θ)。

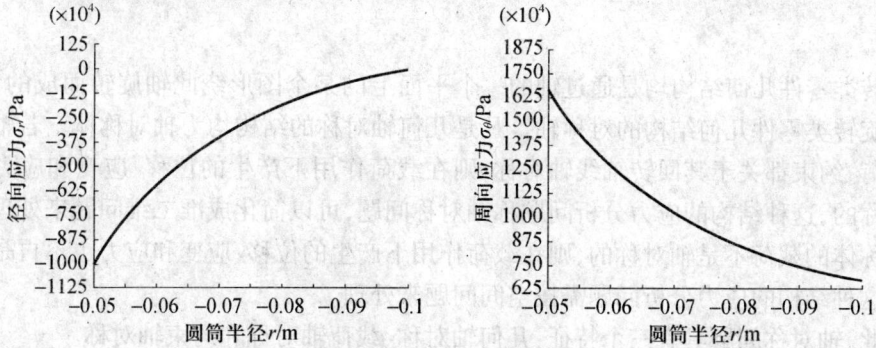

图 5 - 24 解析解曲线

比较解析解和数值解曲线图可知,应力变化趋势一致,且结果误差小。沿半径方向每 0.01m 取一个点,列出 5 组数据,见表 5 - 1。

表 5 - 1 径向应力 σ_r、切向应力 σ_θ 解析解与数值解的比较

节点号	半径值	解析解 σ_r/MPa	数值解 σ_r/MPa	解析解 σ_θ/MPa	数值解 σ_θ/MPa
30	0.05	− 10	− 9.9299	16.67	16.597
55	0.06	− 5.926	− 5.8826	12.59	12.549
53	0.07	− 3.469	− 3.4651	10.14	10.132
51	0.08	− 1.875	− 1.8851	8.542	8.5518
49	0.09	− 0.7819	− 0.79704	7.449	7.4637
1	0.1	0.000	− 0.013819	6.667	6.6805

第6章　轴对称问题的有限单元法

旋转类零件几何结构均是通过轴的一个平面上的某个图形绕此轴旋转而成的,回转轴就是旋转类零件几何结构的对称轴。凡是几何轴对称的结构均为轴对称体。若轴对称体的载荷、约束都关于其回转轴线轴对称,则在载荷作用下产生的位移、应变和应力必然是轴对称的,这种结构的应力分析问题称轴对称问题,可以简化成准二维问题来处理。如果轴对称体的载荷不是轴对称的,则在载荷作用下产生的位移、应变和应力也不再是轴对称的。这种结构的应力分析问题需按空间问题来处理。

因此,轴对称问题具有三个特征:几何轴对称、载荷轴对称和约束轴对称。

6.1　轴对称问题单元

对于轴对称问题,若弹性体的对称轴为 Y 轴,则所有的应力分量、形变分量和位移分量都将只是 r 和 z 的函数,不随 θ 而变。因此,轴对称问题是一个准平面问题,用环单元进行结构离散。

在描述轴对称问题中的形变及应力时,用圆柱坐标 $(R、\theta、Y)$ 比用直角坐标 $(X、Y、Z)$ 方便得多。为分析环单元的应力、应变,采用 ANSYS 软件在轴对称问题中直角坐标系、圆柱坐标系的定位法,从环单元上用相距 dR 的两个圆柱面,互成 $d\theta$ 角的两个铅直面和相距 dY 的两个水平面,从弹性体割取一个微小六面体,如图 6-1 所示。

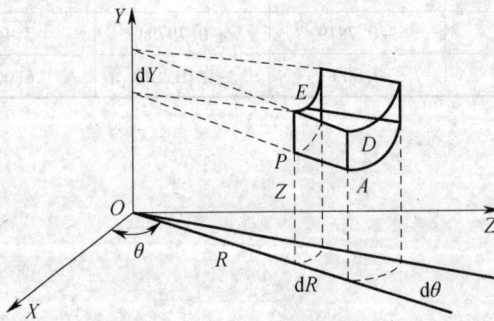

图 6-1　轴对称问题单元离散与坐标系命名

沿 R 方向的正应力,称为径向正应力,用 σ_R 代表;沿 θ 方向的正应力,称为环向正应力,用 σ_θ 表示;沿 Y 方向的正应力,称为轴向正应力,仍然用 σ_Y 表示;在垂直于 Y 轴的面上而沿着 R 方向作用的剪应力用 τ_{YR} 表示;在圆柱面上而沿 Y 方向作用的剪应力用 τ_{RY} 来表示。根据剪应力互等定律, $\tau_{YR} = \tau_{RY}$,以后统一地用 τ_{YR} 表示。根据对称条件,其余的剪应力分量 $\tau_{R\theta}$ (或 $\tau_{\theta R}$)及 $\tau_{\theta Y}$ (或 $\tau_{Y\theta}$)都不存在。这样,总共只有四个应力分量 $\sigma_R、\sigma_\theta、\sigma_Y、\tau_{YR}$ 需要考虑。把应力用矩阵表示,即

$$[\sigma] = \begin{bmatrix} \sigma_R \\ \sigma_\theta \\ \sigma_Y \\ \tau_{YR} \end{bmatrix} \tag{6-1}$$

同理,形变分量也只有四个:沿 R 方向的正应变称为径向正应变,用 ε_R 表示。沿 θ 方向的正应变称为环向正应变,用 ε_θ 表示。沿 Y 方向的正应变称为轴向正应变,用 ε_Y 表示。沿 R 及 Y 两向的剪应变用 γ_{YR} 表示。根据对称条件,其余两个形变分量 $\gamma_{R\theta}$ 及 $\gamma_{\theta Y}$ 都不会发生。把应变用四个形变分量的总体,仍然用 $[\varepsilon]$ 来表示,即

$$[\varepsilon] = \begin{bmatrix} \varepsilon_R \\ \varepsilon_\theta \\ \varepsilon_Y \\ \gamma_{YR} \end{bmatrix} \tag{6-2}$$

接下来推导轴对称问题中的几个基本方程。

6.1.1 微元平衡微分方程

令径向体力为 Q_R,轴向体力为 Q_Y,由于 $\mathrm{d}\theta$ 很小,则 $\sin\dfrac{\mathrm{d}\theta}{2} \approx \dfrac{\mathrm{d}\theta}{2}$,$\cos\dfrac{\mathrm{d}\theta}{2} \approx 1$。由图 6 − 2(a),根据微六面体平衡条件有:

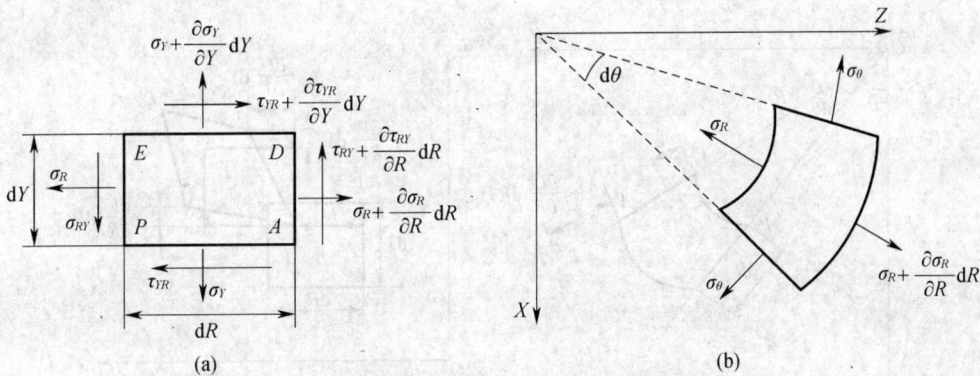

图 6 − 2 环单元微六面体受力投影图

(a) 微六面体所受的力向 θY 面投影;(b) 微六面体所受的力向 XZ 面投影。

$$\left(\sigma_R + \frac{\partial \sigma_R}{\partial R}\mathrm{d}R\right)(R + \mathrm{d}R)\mathrm{d}\theta\mathrm{d}Y - \sigma_R R\mathrm{d}\theta\mathrm{d}Y - \sigma_\theta \sin(\mathrm{d}\theta)\mathrm{d}R\mathrm{d}Y +$$

$$\left(\tau_{YR} + \frac{\partial \tau_{YR}}{\partial Y}\mathrm{d}Y\right)R\mathrm{d}\theta\mathrm{d}R - \tau_{YR}R\mathrm{d}\theta\mathrm{d}R + Q_R R\mathrm{d}\theta\mathrm{d}R\mathrm{d}Y = 0$$

将 $\sin(\mathrm{d}\theta) = 2\sin\left(\dfrac{\mathrm{d}\theta}{2}\right)\cos\left(\dfrac{\mathrm{d}\theta}{2}\right)$ 替换上式中的 $\sin(\mathrm{d}\theta)$,简化后除以 $R\mathrm{d}R\mathrm{d}\theta\mathrm{d}Y$,并略去高阶项,得

$$\frac{\partial \sigma_R}{\partial R} + \frac{\partial \tau_{YR}}{\partial Y} + \frac{\sigma_R - \sigma_\theta}{R} + Q_R = 0$$

由图 6 − 2(b),根据微六面体平衡条件有

$$\left(\tau_{YR} + \frac{\partial \tau_{YR}}{\partial R}\mathrm{d}R\right)(R + \mathrm{d}R)\,\mathrm{d}\theta \mathrm{d}Y - \tau_{YR}R\mathrm{d}\theta \mathrm{d}Y +$$

$$\left(\sigma_Y + \frac{\partial \sigma_Y}{\partial Y}\mathrm{d}Y\right)R\mathrm{d}\theta \mathrm{d}R - \sigma_Y R\mathrm{d}Y\mathrm{d}R + Q_Y R\mathrm{d}\theta \mathrm{d}R\mathrm{d}Y = 0$$

简化后除以 $R\mathrm{d}R\mathrm{d}\theta \mathrm{d}Y$，并略去高阶项，得

$$\frac{\partial \sigma_Y}{\partial Y} + \frac{\partial \tau_{YR}}{\partial R} + \frac{\tau_{YR}}{R} + Q_Y = 0$$

即轴对称问题的平衡方程为

$$\begin{cases} \dfrac{\partial \sigma_R}{\partial R} + \dfrac{\partial \tau_{YR}}{\partial Y} + \dfrac{\sigma_R - \sigma_\theta}{R} + Q_R = 0 \\[2mm] \dfrac{\partial \sigma_Y}{\partial Y} + \dfrac{\partial \tau_{YR}}{\partial R} + \dfrac{\tau_{YR}}{R} + \dot{Q}_Y = 0 \end{cases}$$

6.1.2 微元几何方程

弹性体内任意一点的位移可以分解为两个分量：沿 R 方向的位移分量，称为径向位移，用 U 表示；沿 Y 方向的位移分量，称为轴向位移，仍然用 V 表示。由于对称，不会有 θ 方向的环向位移。

如图 6 – 3 所示，得

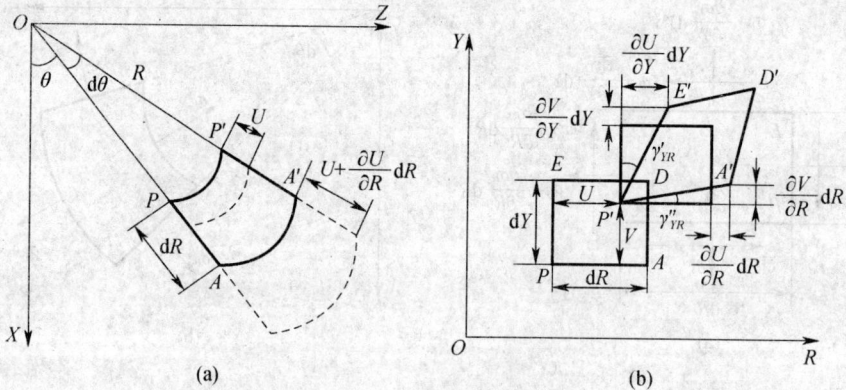

图 6 – 3 单元形变

$$\begin{cases} \varepsilon_\theta = \dfrac{(R + U)\,\mathrm{d}\theta - R\mathrm{d}\theta}{R\mathrm{d}\theta} = \dfrac{U}{R} \\[3mm] \varepsilon_R = \dfrac{U + \dfrac{\partial U}{\partial R}\mathrm{d}R - U}{\mathrm{d}R} = \dfrac{\partial U}{\partial R} \\[3mm] \varepsilon_Y = \dfrac{V + \dfrac{\partial V}{\partial Y}\mathrm{d}Y - V}{\mathrm{d}Y} = \dfrac{\partial V}{\partial Y} \\[3mm] \gamma_{YR} = \gamma'_{YR} + \gamma''_{YR} = \dfrac{\partial V}{\partial R} + \dfrac{\partial U}{\partial Y} \end{cases}$$

即几何方程为

$$\varepsilon_R = \frac{\partial U}{\partial R},\ \varepsilon_\theta = \frac{U}{R},\ \varepsilon_Y = \frac{\partial V}{\partial Y},\ \gamma_{YR} = \frac{\partial V}{\partial R} + \frac{\partial U}{\partial Y} \tag{6-3}$$

将这些几何方程的总体用一个矩阵方程表示即为

$$[\varepsilon] = \begin{bmatrix} \varepsilon_R \\ \varepsilon_Y \\ \gamma_{RY} \\ \varepsilon_\theta \end{bmatrix} = \begin{bmatrix} \dfrac{\partial U}{\partial R} \\[2mm] \dfrac{\partial V}{\partial Y} \\[2mm] \dfrac{\partial V}{\partial R} + \dfrac{\partial U}{\partial Y} \\[2mm] \dfrac{U}{R} \end{bmatrix} \qquad (6-4)$$

6.1.3 微元物理方程

物理方程可以根据胡克定律直接写出：

$$\begin{cases} \varepsilon_R = \dfrac{\sigma_R}{E} - \mu\dfrac{\sigma_\theta}{E} - \mu\dfrac{\sigma_Y}{E} \\[3mm] \varepsilon_Y = \dfrac{\sigma_Y}{E} - \mu\dfrac{\sigma_R}{E} - \mu\dfrac{\sigma_\theta}{E} \\[3mm] \gamma_{YR} = \dfrac{\tau_{YR}}{G} = \dfrac{2(1+\mu)}{E}\tau_{YR} \\[3mm] \varepsilon_\theta = \dfrac{\sigma_\theta}{E} - \mu\dfrac{\sigma_Y}{E} - \mu\dfrac{\sigma_R}{E} \end{cases}$$

通过矩阵变换,可以得到：

$$\begin{bmatrix} \sigma_R \\ \sigma_Y \\ \tau_{YR} \\ \sigma_\theta \end{bmatrix} = \frac{E(1-\mu)}{(1+\mu)(1-2\mu)} \begin{bmatrix} 1 & \dfrac{\mu}{1-\mu} & \dfrac{\mu}{1-\mu} & 0 \\[3mm] \dfrac{\mu}{1-\mu} & 1 & \dfrac{\mu}{1-\mu} & 0 \\[3mm] \dfrac{\mu}{1-\mu} & \dfrac{\mu}{1-\mu} & 1 & 0 \\[3mm] 0 & 0 & 0 & \dfrac{1-2\mu}{2(1-\mu)} \end{bmatrix} \begin{bmatrix} \varepsilon_R \\ \varepsilon_Y \\ \gamma_{YR} \\ \varepsilon_\theta \end{bmatrix} \qquad (6-5)$$

它仍然可以写成 $[\sigma] = [D][\varepsilon]$ 的形式,但这里的弹性矩阵是

$$[D] = \frac{E(1-\mu)}{(1+\mu)(1-2\mu)} \begin{bmatrix} 1 & \dfrac{\mu}{1-\mu} & \dfrac{\mu}{1-\mu} & 0 \\[3mm] \dfrac{\mu}{1-\mu} & 1 & \dfrac{\mu}{1-\mu} & 0 \\[3mm] \dfrac{\mu}{1-\mu} & \dfrac{\mu}{1-\mu} & 1 & 0 \\[3mm] 0 & 0 & 0 & \dfrac{1-2\mu}{2(1-\mu)} \end{bmatrix}$$

6.1.4 微元虚功方程

现在推导虚功方程。在轴对称问题中,作用于弹性体的外力只有径向分力 F_{iR}、F_{jR}、$\cdots$ 和轴向分力 F_{iY}、F_{jY}、$\cdots$,因此,虚位移中也只需考虑径向位移分量 U_i^*、U_j^*、$\cdots$ 和轴向位移

分量 V_i^*、V_j^*、…,即

$$[F^e] = \begin{bmatrix} F_{iR} \\ F_{iY} \\ F_{jR} \\ F_{jY} \\ \vdots \end{bmatrix}, [\delta^{e*}] = \begin{bmatrix} U_i^* \\ V_i^* \\ U_j^* \\ V_j^* \\ \vdots \end{bmatrix}$$

另一方面,应力分量只有 σ_R、σ_θ、σ_Y、τ_{YR},因此,虚应变只需考虑 ε_R^*、ε_θ^*、ε_Y^*、γ_{YR}^*,即

$$[\sigma] = \begin{bmatrix} \sigma_R \\ \sigma_Y \\ \tau_{ZR} \\ \sigma_\theta \end{bmatrix}, [\varepsilon^*] = \begin{bmatrix} \varepsilon_R^* \\ \varepsilon_Y^* \\ \gamma_{YR}^* \\ \varepsilon_\theta^* \end{bmatrix}$$

根据虚功原理,并注意在圆柱坐标中,微分体积应为 $R\mathrm{d}R\mathrm{d}\theta\mathrm{d}Y$,即得

$$[\delta^*]^T[F^e] = \iiint [\varepsilon^*]^T[\sigma]R\mathrm{d}R\mathrm{d}\theta\mathrm{d}Y$$

在轴对称问题中,由于一切变化都跟角度 θ 无关,且 $\int_0^{2\pi}\mathrm{d}\theta = 2\pi$,所以,上式可以改写成

$$[\delta^*]^T[F^e] = \iiint [\varepsilon^*]^T[\sigma]2\pi R\mathrm{d}R\mathrm{d}Y \tag{6-6}$$

这就是轴对称问题中的虚功方程。

在轴对称问题分析中,由于回转体承受轴对称载荷,其变形是轴对称的,所以周向位移 $W=0$,R,Y 方向的位移分量 U,V 只与坐标位置 R,Y 有关。因此,可以从环单元离散的有限单元中取过对称轴的一个断截面来分析。

6.2　3节点三角形环单元

3节点三角形环单元如图6-4所示。

6.2.1　单元位移模式

依照平面问题,取线性位移函数,即其广义坐标形式为

$$\begin{cases} U(R,Y) = \alpha_1 + \alpha_2 R + \alpha_3 Y \\ V(R,Y) = \alpha_4 + \alpha_5 R + \alpha_6 Y \end{cases} \tag{6-7}$$

仿效平面问题的结论,可以直接写出位移函数的插值函数形式,即

$$\begin{cases} U(R,Y) = N_i u_i + N_j u_j + N_m u_m \\ V(R,Y) = N_i w_i + N_j w_j + N_m w_m \end{cases} \tag{6-8}$$

图6-4　3节点三角形环单元

式中:

$$N_i = \frac{1}{2\Delta}(a_i + b_i r + c_i z) \quad (i,j,m) \tag{6-9}$$

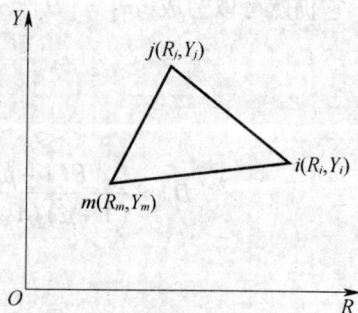

$a_i, b_i, c_i (i,j,m)$ 分别是 $\triangle ijm$ 面积行列式 $2\triangle = \begin{vmatrix} 1 & R_i & Y_i \\ 1 & R_j & Y_j \\ 1 & R_m & Y_m \end{vmatrix}$ 的代数余子式。为使求得

的面积为正值,单元 ijm 的节点编号次序方向为逆时针方向。

现把位移函数式(6-8)写成矩阵形式即

$$\begin{bmatrix} U \\ V \end{bmatrix} = \begin{bmatrix} N_i & 0 & N_j & 0 & N_m & 0 \\ 0 & N_i & 0 & N_j & 0 & N_m \end{bmatrix} \begin{bmatrix} U_i \\ V_i \\ U_j \\ V_j \\ U_m \\ V_m \end{bmatrix} 或 [d] = [N][\delta^e] \qquad (6-10)$$

式中:$[d]$ 为单元内任一点 $P(r,z)$ 的位移列阵。

6.2.2　单元的应变和应力

1. 单元的应变

利用式(6-4)及式(6-8)、式(6-9)有

$$\begin{cases} \varepsilon_R = \dfrac{1}{2\Delta}(b_i U_i + b_j U_j + b_m U_m) \\[2mm] \varepsilon_Y = \dfrac{1}{2\Delta}(c_i V_i + c_j V_j + c_m V) \\[2mm] \gamma_{RY} = \dfrac{1}{2\Delta}(c_i U_i + b_i V_i + c_j U_j + b_j V_j + c_m U_m + b_m V_m) \\[2mm] \varepsilon_\theta = \dfrac{1}{2\Delta}\Big[\Big(\dfrac{a_i}{R} + b_i + \dfrac{c_i Y}{R}\Big)U_i + \Big(\dfrac{a_j}{R} + b_j + \dfrac{c_j Y}{R}\Big)U_j + \Big(\dfrac{a_m}{R} + b_m + \dfrac{c_m Y}{R}\Big)U_m\Big] \end{cases}$$

写成矩阵形式

$$\begin{bmatrix} \varepsilon_R \\ \varepsilon_Y \\ \gamma_{RY} \\ \varepsilon_\theta \end{bmatrix} = \frac{1}{2\Delta} \begin{bmatrix} b_i & 0 & b_j & 0 & b_m & 0 \\ 0 & c_i & 0 & c_j & 0 & c_m \\ c_i & b_i & c_j & b_j & c_m & b_m \\ A_i & 0 & A_j & 0 & A_m & 0 \end{bmatrix} \begin{bmatrix} U_i \\ V_i \\ U_j \\ V_j \\ U_m \\ V_m \end{bmatrix} \qquad (6-11)$$

简写成

$$[\varepsilon] = [B][\delta^e] = [B_i \quad B_j \quad B_m][\delta^e] \qquad (6-12)$$

式中

$$[B_i] = \frac{1}{2\Delta} \begin{bmatrix} b_i & 0 \\ 0 & c_i \\ c_i & b_i \\ A_i & 0 \end{bmatrix} \qquad (i,j,m)$$

$$A_i = \frac{a_i}{R_i} + b_i + \frac{c_i Y_i}{R_i} \quad (i,j,m) \tag{6-13}$$

由式(6-11)、式(6-13)可以看出,单元中的应变分量 ε_R、ε_θ、γ_{RY} 是常量,周向应变 ε_θ 不是常量,不仅与结点坐标有关,而且与单元内各点的位置 (R,Y) 若有关,同时矩阵 B 中包含了 $\frac{1}{R}$ 项,它将给计算带来麻烦。

2. 单元的应力

将式(6-11)代入物理方程,得到单元内的应力为

$$[\sigma] = \begin{bmatrix} \sigma_R \\ \sigma_Y \\ \tau_{YR} \\ \sigma_\theta \end{bmatrix} = [D][B][\delta^e] = [S][\delta^e] = [S_i \ S_j \ S_m][\delta^e] \tag{6-14}$$

式中: $[S]$ 称为应力矩阵,应力子矩阵为

$$[S_i] = [D][B_i] = \frac{E(1-\mu)}{2\Delta(1+\mu)(1-2\mu)} \begin{bmatrix} b_i + \Delta_1 A_i & \Delta_1 c_i \\ \Delta_1(b_i + A_i) & c_i \\ \Delta_2 c_i & \Delta_2 b_i \\ \Delta_1 b_i + A_i & \Delta_1 c_i \end{bmatrix} \quad (i,j,m) \tag{6-15}$$

式中: $\Delta_1 = \frac{\mu}{1-\mu}$, $\Delta_2 = \frac{1-2\mu}{2(1-\mu)}$。

由式(6-14)、式(6-15)可见,单元中除剪应力 τ_{rz} 是常量外,其他分量也不是常量。

6.2.3 单元刚度矩阵

对于轴对称问题,三角形环单元可以利用第3章推导出的单元刚度矩阵的普遍式写出,即

$$[K^e] = \iiint B^T D B dV = \iiint B^T D B R d\theta dR dY = 2\pi \iint B^T D B R dR dY$$

$$[K^e] = 2\pi \iint \begin{bmatrix} B_i^T \\ B_j^T \\ B_m^T \end{bmatrix} D[B_i \ B_j \ B_m] R dR dY \tag{6-16}$$

为了简化计算和消除在对称轴 $R=0$ 所引起的麻烦,把单元中随点而变化的 R,Y 用单元截面形心处的坐标 $\bar{R}$ 和 $\bar{Y}$ 来近似,即

$$\begin{cases} R \approx \bar{R} = \frac{1}{3}(R_i + R_j + R_m) \\ Y \approx \bar{Y} = \frac{1}{3}(Y_i + Y_j + Y_m) \end{cases}$$

式(6-13)中的 A_i 近似为

$$A_i = \frac{a_i}{R_i} + b_i + \frac{c_i \bar{Y}_i}{R_i} \quad (i,j,m)$$

作了这样的近似后,应变矩阵 B 和应力矩阵 S 均为常量阵。由式(6-16)很容易积分出

单元刚度矩阵的显式,即

$$K^e = 2\pi \iint \begin{bmatrix} B_i^{\mathrm{T}} \\ B_j^{\mathrm{T}} \\ B_m^{\mathrm{T}} \end{bmatrix} D \begin{bmatrix} B_i & B_j & B_m \end{bmatrix} R\mathrm{d}R\mathrm{d}Y = 2\pi \overline{R} \begin{bmatrix} B_i^{\mathrm{T}} \\ B_j^{\mathrm{T}} \\ B_m^{\mathrm{T}} \end{bmatrix} D \begin{bmatrix} B_i & B_j & B_m \end{bmatrix} \Delta$$

$$= \begin{bmatrix} K_{ii} & K_{ij} & K_{im} \\ K_{ji} & K_{jj} & K_{jm} \\ K_{mi} & K_{mj} & K_{mm} \end{bmatrix} \tag{6-17}$$

其中每一子矩阵为

$$[K_{rs}] = 2\pi \overline{R} B_r^{\mathrm{T}} D B_s \Delta = \frac{\pi E(1-\mu)\overline{R}}{2\Delta(1+\mu)(1-2\mu)} \begin{bmatrix} k_{11} & k_{12} \\ k_{21} & k_{22} \end{bmatrix} (r,s = i,j,m) \tag{6-18}$$

式中:

$$k_{11} = b_r b_s + A_r A_s + \Delta_1 (b_r A_s + A_r b_s) + \Delta_2 c_r c_s$$

$$k_{12} = \Delta_1 c_s (b_r + A_r) + \Delta_2 c_r b_s$$

$$k_{21} = \Delta_1 c_r (b_s + A_s) + \Delta_2 b_r c_s$$

$$k_{22} = c_r c_s + \Delta_2 b_r b_s$$

6.3 四边形环状等参单元

由前面对轴对称问题的简介可知,轴对称体的单元划分是在 RY 平面上进行的,类似于平面问题的 XY 平面,所以平面问题中的各种等参数单元都可用于轴对称问题,它实际上是轴对称环形单元在 RY 平面上的截面。这里介绍 4 节点四边形等参单元、8 节点四边形等参单元。

6.3.1 单元的位移模式和坐标变换式

同平面等参单元一样,轴对称问题的子单元位移分量用母单元局部坐标的形函数表示为

$$\begin{cases} U = \sum N_s(\xi,\eta) U_s \\ V = \sum N_s(\xi,\eta) V_s \end{cases} \tag{6-19}$$

其中,对于 4 节点四边形单元:$s = i,j,m,k$;对于 8 节点四边形单元,$s = i,j,m,k,1,2,3,4$。矩阵形式为

$$\begin{bmatrix} U \\ V \end{bmatrix} = [N][\delta^e]$$

其中,$[\delta^e]$ 为节点位移列阵,即

对于 4 节点四边形单元:

$$[\delta^e] = \begin{bmatrix} U_i & V_i & U_j & V_j & U_m & V_m & U_k & V_k \end{bmatrix}^{\mathrm{T}}$$

对于 8 节点四边形单元:

$$[\delta^e] = \begin{bmatrix} U_i & V_i & U_j & V_j & \cdots & U_4 & V_4 \end{bmatrix}^{\mathrm{T}}$$

在整体坐标系中,子单元内任一点的平面坐标变换式为

$$\begin{cases} R = \sum N_s(\xi,\eta)R_s \\ Y = \sum N_s(\xi,\eta)Y_s \end{cases} \tag{6-20}$$

其中,对于 4 节点四边形单元 $s = i,j,m,k$,对于 8 节点四边形单元 $s = i,j,m,k,1,2,3,4$。4 节点四边形单元、8 节点四边形单元的形函数 $N_s(\xi,\eta)$ 在第 5 章中已经介绍过,如下:

(1) 4 节点四边形单元:

$$N_s = \frac{1}{4}(1+\xi_s\xi)(1+\eta_s\eta) \quad (s = i,j,m,k) \tag{6-21}$$

(2) 8 节点四边形单元:

$$\begin{cases} N_s = \frac{1}{4}(1+\xi_s\xi)(1+\eta_s\eta)(\xi_s\xi+\eta_s\eta-1) & (s=i,j,m,k) \\ N_s = \frac{1}{2}(1-\xi^2)(1+\eta_s\eta) & (s=1,3) \\ N_s = \frac{1}{2}(1-\eta^2)(1+\xi_s\xi) & (s=2,4) \end{cases} \tag{6-22}$$

4 节点和 8 节点正方形单元经式(6-20)变换后,则得到 4 节点直边四边形等参单元、8 节点曲边四边形等参单元。

6.3.2 单元应变和应力

将位移模式(6-19)代入轴对称问题的几何方程式,得到单元的应变为

$$[\varepsilon] = [\varepsilon_R \quad \varepsilon_Y \quad \gamma_{RY} \quad \varepsilon_\theta]^T = [B][\delta^e] \tag{6-23}$$

单元应变矩阵 B 的子矩阵 B_i 为

$$B_s = \begin{bmatrix} \dfrac{\partial N_s}{\partial R} & \\ & \dfrac{\partial N_s}{\partial Y} \\ \dfrac{\partial N_s}{\partial Y} & \dfrac{\partial N_s}{\partial R} \\ \dfrac{N_s}{R} & \end{bmatrix} \quad \begin{array}{l} 4 \text{ 节点四边形单元}:s = i,j,m,k \\ 8 \text{ 节点四边形单元}:s = i,j,m,k,1,2,3,4 \end{array} \tag{6-24}$$

由复合函数的求导法则有

$$\begin{bmatrix} \dfrac{\partial N_s}{\partial \xi} \\ \dfrac{\partial N_s}{\partial \eta} \end{bmatrix} = \begin{bmatrix} \dfrac{\partial R}{\partial \xi} & \dfrac{\partial Y}{\partial \xi} \\ \dfrac{\partial R}{\partial \eta} & \dfrac{\partial Y}{\partial \eta} \end{bmatrix} \begin{bmatrix} \dfrac{\partial N_s}{\partial R} \\ \dfrac{\partial N_s}{\partial Y} \end{bmatrix} = [J] \begin{bmatrix} \dfrac{\partial N_s}{\partial R} \\ \dfrac{\partial N_s}{\partial Y} \end{bmatrix}$$

同理,得出其逆变换式为

$$\begin{bmatrix} \dfrac{\partial N_s}{\partial R} \\ \dfrac{\partial N_s}{\partial Y} \end{bmatrix} = [J]^{-1} \begin{bmatrix} \dfrac{\partial N_s}{\partial \xi} \\ \dfrac{\partial N_s}{\partial \eta} \end{bmatrix} \tag{6-25}$$

利用式(6-20)和式(6-21)或式(6-22)代入式(6-25)求导即可求得 $\dfrac{\partial N_s}{\partial R}$、$\dfrac{\partial N_s}{\partial Y}$,将

之代入式(6-24)求解便可得 B_s,进而求出应变矩阵 B。

单元应力可通过轴对称问题的物理方程求出,即

$$[\sigma] = [D][\varepsilon] = [D][B][\delta^e] = [S][\delta^e]$$

6.3.3 单元刚度矩阵

通过单元刚度矩阵的普遍公式,可得轴对称环形单元的刚度矩阵为

$$[K^e] = 2\pi \iint_{\Delta} B^{\mathrm{T}} DBR\mathrm{d}R\mathrm{d}Y$$

如将上式化为局部坐标,则

$$[K^e] = 2\pi \int_{-1}^{1} \int_{-1}^{1} B^{\mathrm{T}} DBR|J|\mathrm{d}\xi\mathrm{d}\eta$$

式中:$|J|$ 为雅可比行列式。

6.4 轴对称问题应用实例

[例] 如图 6-5 所示的厚壁圆筒,该筒的内半径 $r_1 = 4\text{m}$,外半径 $r_2 = 7\text{m}$,高度 $h = 9\text{m}$,弹性模量 $E = 10\text{GPa}$,泊松比 $\mu = 0.2$,容重 $\gamma = 2550\text{kg/m}^3$,内外壁上承受的分布载荷的集度 $q = 90000\text{N/m}^2$。求 $r = 7\text{m}$ 的环面一条母线上各高度等分点的径向位移、应力和轴向位移。

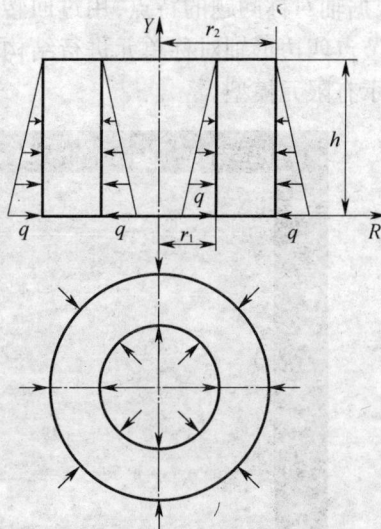

图 6-5 轴对称圆柱体问题

第一种解法:

在弹性力学中,对于这一轴对称问题的函数解:

径向位移 $U = (\mu\gamma - \dfrac{1-\mu}{h}q)\dfrac{R(h-Y)}{E}$

轴向位移 $V = \left(\gamma - \dfrac{2\mu}{h}q\right)\dfrac{l^2 - (h-Y)^2}{2E} + \left(\mu\gamma - \dfrac{1-\mu}{l}q\right)\dfrac{a^2 - R^2}{2E}$

径向和环向正应力　$\sigma_R = \sigma_\theta = -\dfrac{q}{h}(h-Y)$

轴向正应力　$\sigma_Y = -\gamma Y$

剪应力　$\tau_{RY} = \tau_{YR} = 0$

（1）当 $R = 7\text{m}$ 时,径向位移和轴向位移的曲线如图 6-6 所示。

（2）当 $r = 7\text{m}$ 时,径向应力和轴向应力的曲线如图 6-7 所示。

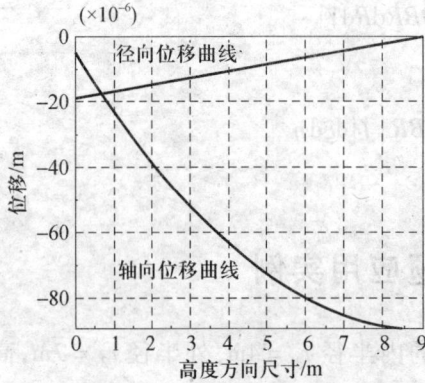

图 6-6　径向、轴向位移曲线

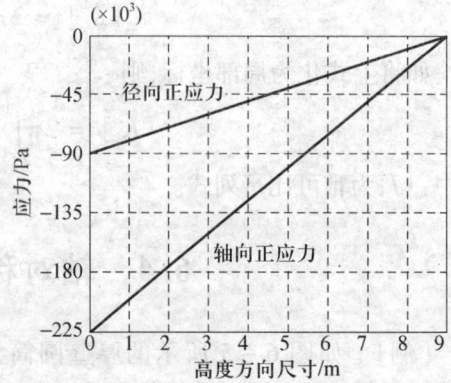

图 6-7　径向、轴向应力曲线

第二种解法:

若用有限元法求解,则根据轴对称问题的特点,用过回转轴的任一平面切分圆柱体,所得截面如图所示。选用 8 节点四边形轴对称单元进行结构离散,下底施加铅垂方向的位移约束,建立如图 6-8 所示有限元模型。

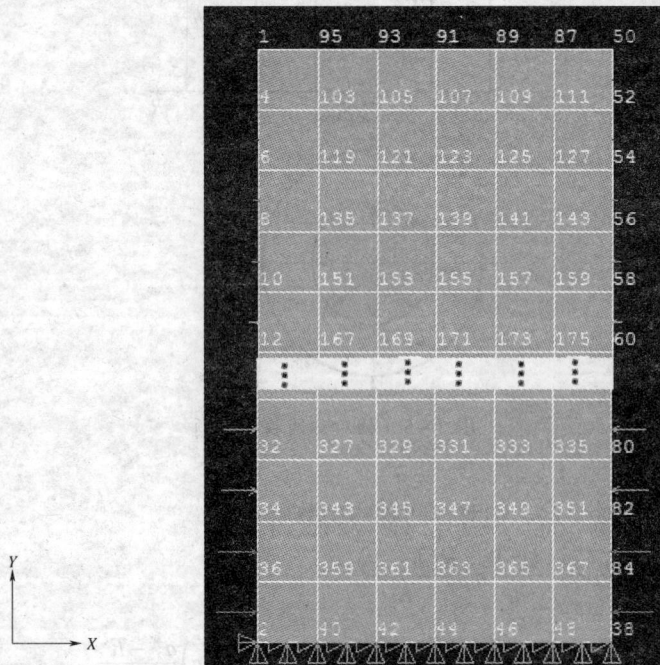

图 6-8　有限元分析模型

138

经计算求解,得到节点 38 – 84 – 82 – … – 54 – 52 – 50 等的解,提起这些节点的应力数据、位移数据。

径向位移、轴向位移曲线如图 6 – 9 所示;径向应力、轴向应力如图 6 – 10 所示。

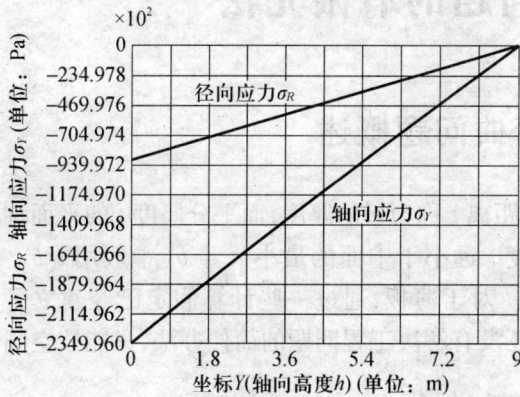

图 6 – 9 $R = 7m$ 的柱面上母线的应力曲线

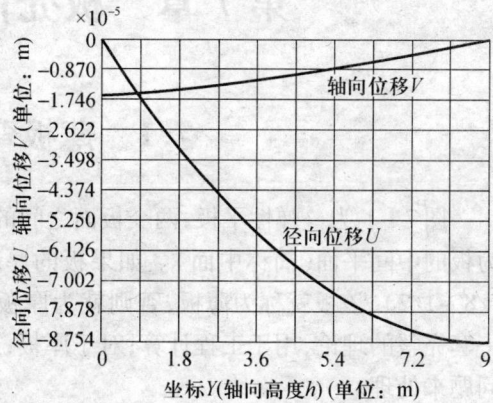

图 6 – 10 $R = 7m$ 的柱面上母线的位移曲线

第7章 板壳问题的有限元法

7.1 薄板弯曲问题概述

图7-1为一弹性平板,两个板面之间的距离 t 称为板的厚度,而平分厚度 t 的平面称为板的中间平面(简称中面)。如果板的厚度 t 远小于中面的最小尺寸 b(一般用 $t/b = 1/8 \sim 1/2$),该板就称为薄板,否则就为厚板。对于薄板,通过一些计算假定已经建立了一套完整的理论,用于工程计算;对于厚板,还没有解决工程问题的简便办法,只能按空间问题来处理。

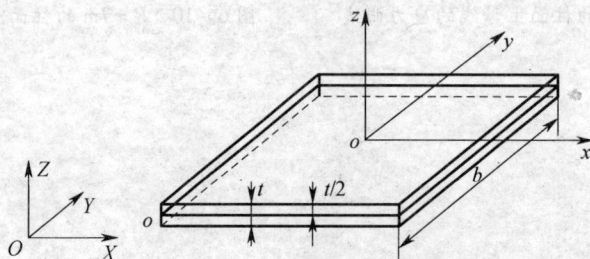

图7-1 弹性平板结构

对于薄板,通常取 x 和 y 轴在中面内,z 轴垂直于中面,符合右手坐标系,总体坐标系 $OXYZ$ 和局部坐标系 $oxyz$ 平行,如图7-1所示。当薄板受到垂直于中面的横向载荷作用时,薄板将发生弯曲和扭转变形,平板变成曲板,中面变成了曲面(称为弹性曲面),而中面在 z 轴方向的位移称为挠度,薄板在横向载荷作用下的这种问题称为薄板的弯扭问题(简称薄板弯曲问题)。线弹性薄板理论只讨论小挠度弯曲的情况,即薄板虽然很薄,但仍然具有相当的弯曲刚度,因而它的挠度远小于它的厚度。如果薄板的弯曲刚度很小,以至其挠度与厚度属于同阶大小,则必须应用大挠度弯曲理论,即大变形理论。

若薄板受一般载荷,则可以把每个载荷分成两个分载荷:一个是作用在薄板中面内的载荷,称为纵向载荷;另一个是垂直于中面的载荷,称为横向载荷。对于纵向载荷,可以认为沿薄板厚度均匀分布,可以按平面应力问题计算,对于横向载荷,则按薄板弯曲问题处理,然后二者进行叠加即可。薄板在一般载荷作用下的问题称为薄板一般问题。

7.1.1 薄板的小挠度弯曲理论

薄板的小挠度弯曲理论是以三个计算假定为基础的(事实上这些假定已被大量的实验所证实),这些假定如下:

(1)垂直于中面方向的正应变(应变分量 ε_z)极其微小,可以忽略不计。取 $\varepsilon_z = 0$,则由几何方程得 $\partial W/\partial z = 0$,有

$$W = W(X, Y)$$

这说明,在中面的任一根法线上,薄板全厚度内的所有各点都具有相同的位移W,且等于挠度。

(2) 应力分量τ_{ZX}、τ_{ZY}和σ_Z远小于其余三个应力分量,因而是次要的,由它们所引起的应变可以忽略不计(但它们本身是维持平衡所必须的,不能忽略不计)。这样有

$$\gamma_{ZX} = 0, \ \gamma_{ZY} = 0, \ \sigma_Z = 0$$

由几何方程得

$$\frac{\partial U}{\partial Z} + \frac{\partial W}{\partial X} = 0, \ \frac{\partial W}{\partial Y} + \frac{\partial V}{\partial Z} = 0 \Rightarrow \frac{\partial U}{\partial Z} = -\frac{\partial W}{\partial X}, \frac{\partial V}{\partial Z} = -\frac{\partial W}{\partial Y}$$

由于$\varepsilon_Z = 0, \gamma_{XY} = 0, \gamma_{ZY} = 0$,所以中面的法线在薄板弯曲时保持不伸缩,即变形前的中面法线在变形后仍为弹性曲面的法线,且中面法线上各点挠度相等。由$\sigma_Z = 0$可知,板内各水平层间相互不挤压。

(3) 薄板变形时,薄板中面无伸缩变形,即

$$U\big|_{Z=0} = 0, V\big|_{Z=0} = 0$$

因

$$\varepsilon_X = \frac{\partial U}{\partial X}, \varepsilon_Y = \frac{\partial V}{\partial Y}, \gamma_{XY} = \frac{\partial U}{\partial Y} + \frac{\partial V}{\partial X}$$

故有

$$\varepsilon_X\big|_{Z=0} = 0, \varepsilon_Y\big|_{Z=0} = 0, \gamma_{XY}\big|_{Z=0} = 0$$

这就是说,中面的任一部分虽然弯曲成为弹性曲面的一部分,但它在XY面上的投影形状保持不变。

7.1.2 薄板弯曲几何方程

根据上述三条假设,再结合弹性力学的几何方程,很容易得到薄板弯曲问题的位移分量为

$$\begin{cases} U = \Phi(X, Y, Z) = -\frac{\partial W}{\partial X}Z \\[2mm] V = \Phi(X, Y, Z) = -\frac{\partial W}{\partial Y}Z \\[2mm] W = W(X, Y, Z) = W(X, Y) \end{cases} \quad (7-1)$$

可见,在平板中面各点$U = 0, V = 0$,即不产生平面方向的位移,中面在受力后X、Y方向不会伸长。同时,因为平板中面的挠度W与坐标Z无关,所以它代表了板内各点的挠度。薄板弯曲问题的应变分量为

$$\begin{cases} \varepsilon_X = -\frac{\partial^2 W}{\partial X^2}Z \\[3mm] \varepsilon_Y = -\frac{\partial^2 W}{\partial Y^2}Z \\[3mm] \gamma_{XY} = -2\frac{\partial^2 W}{\partial X \partial Y}Z \\[3mm] \varepsilon_Z = \gamma_{ZX} = \gamma_{ZY} = 0 \end{cases} \quad (7-2)$$

式中:$-\frac{\partial^2 W}{\partial X^2}$、$-\frac{\partial^2 W}{\partial Y^2}$分别为弹性曲面在$X$和$Y$方向的曲率;$-2\frac{\partial^2 W}{\partial X \partial Y}$为弹性曲面在$X$和$Y$

方向的扭率。

这三个参数完全确定了薄板内各点的形变。因此,可引入形变列阵为

$$[\Lambda] = \left\{ \begin{array}{c} -\dfrac{\partial^2 W}{\partial X^2} \\[3mm] -\dfrac{\partial^2 W}{\partial Y^2} \\[3mm] -2\dfrac{\partial^2 W}{\partial X \partial Y} \end{array} \right\} \tag{7-3}$$

由形变列阵表示的应变分量为

$$[\varepsilon] = \left\{ \begin{array}{c} \varepsilon_X \\ \varepsilon_Y \\ \gamma_{XY} \end{array} \right\} = Z[\Lambda] \tag{7-4}$$

式(7-4)为薄板弯曲问题的几何方程,它表明薄板形变和薄板位移之间的关系。

7.1.3　薄板弯曲物理方程

根据假设有 $\sigma_Z = 0$, $\tau_{ZX} = 0$ 和 $\tau_{ZY} = 0$,薄板小挠度弯曲问题与平面应力问题的物理方程是一样的,其物理方程为

$$[\sigma] = \left[\begin{array}{c} \sigma_X \\ \sigma_Y \\ \tau_{XY} \end{array} \right] = [D][\varepsilon] \tag{7-5}$$

$$[D] = \frac{E}{1-\mu^2} \begin{bmatrix} 1 & \mu & 0 \\ \mu & 1 & 0 \\ 0 & 0 & \dfrac{1-\mu}{2} \end{bmatrix}$$

将式(7-4)代入式(7-5),得

$$[\sigma] = Z[D][\Lambda] \tag{7-6}$$

从上式可以看出,σ_X、σ_Y 和 τ_{XY} 沿板的厚度为直线分布,在中面为零,如图7-2所示。

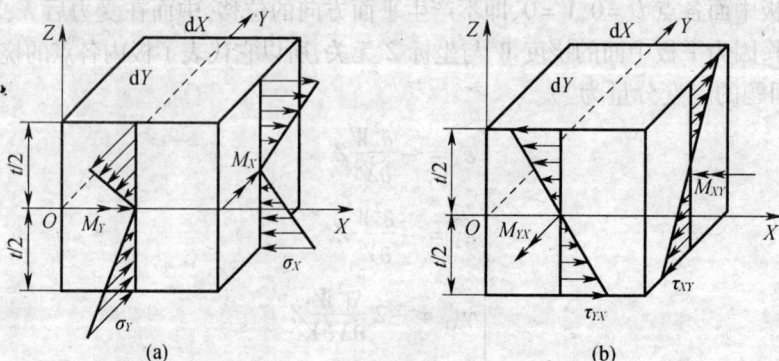

图7-2　微元体的应力分布图

(a) 正应力; (b) 剪应力。

142

板的微元体上的应力(图7-2)在侧面形成力矩。在单位厚度上正应力 σ_X、σ_Y 分别形成弯矩 M_X 和 M_Y,剪应力 τ_{XY}、τ_{YX} 形成的扭矩分别为 M_{XY} 和 M_{YX}。由剪应力互等原理知 $M_{XY} = M_{YX}$,即

$$[M] = \begin{Bmatrix} M_X \\ M_Y \\ M_{XY} \end{Bmatrix} = \int_{-\frac{t}{2}}^{\frac{t}{2}} [\sigma] Z \mathrm{d}Z \tag{7-7}$$

式中:$[M]$ 为薄板的内力矩列阵,其分量 M_X、M_Y 和 M_{XY} 用矢量符号表示在图7-2中。

将式(7-6)代入式(7-7),得

$$[M] = [D][\Lambda] \int_{-\frac{1}{2}}^{\frac{1}{2}} Z^2 \mathrm{d}Z = \frac{t^3}{12}[D][\Lambda] \tag{7-8}$$

如果记

$$[D_{\mathrm{b}}] = \frac{t^3}{12}[D] = \frac{Et^3}{12(1-\mu^2)} \begin{bmatrix} 1 & \mu & 0 \\ \mu & 1 & 0 \\ 0 & 0 & \frac{1-\mu}{2} \end{bmatrix} \tag{7-9}$$

为薄板弯曲问题中的弹性矩阵,则式(7-8)为

$$[M] = [D_{\mathrm{b}}][\Lambda] \tag{7-10}$$

该式表明了薄板内力矩与薄板形变之间的关系。

式(7-10)和式(7-6)联立,得

$$[\sigma] = \frac{12}{t^3} Z[M] \tag{7-11}$$

显然,在薄板的上下表面$(Z = \pm \frac{t}{2})$的应力为最大,即,

$$[\sigma]\big|_{Z = \pm \frac{t}{2}} = \pm \frac{6}{t^2}[M]$$

7.1.4　薄板弯曲虚功方程

前面章节已经介绍,一般空间问题的虚功方程为

$$[\delta^*]^{\mathrm{T}}[F] = \iiint_V [\varepsilon^*]^{\mathrm{T}}[\sigma] \mathrm{d}X \mathrm{d}Y \mathrm{d}Z$$

若虚应变采用和实应变相同的形式,将式(7-11)代入上式右端,得

$$[\delta^*]^{\mathrm{T}}[F] = \iint_A [\Lambda^*]^{\mathrm{T}}[M] \mathrm{d}X \mathrm{d}Y \int_{-\frac{t}{2}}^{\frac{t}{2}} \frac{12}{t^3} z^2 \mathrm{d}Z$$

对 z 进行积分,即可得到薄板弯曲问题的虚功方程为

$$[\delta^*]^{\mathrm{T}}[F] = \iint_A [\Lambda^*]^{\mathrm{T}}[M] \mathrm{d}X \mathrm{d}Y \tag{7-12}$$

由上述分析可见,在薄板弯曲的基本假设下,弹性曲面方程 $W(X,Y)$ 是薄板弯曲的基本变量。弹性曲面决定之后,其应变、内力、应力等量都可以确定,这样就将薄板弯曲的三维问题归结为求解中面变量 $W(X,Y)$ 的问题。对于简单几何形状、边界条件和载荷情况,

能求其近似解,因而在薄板弯曲问题中,应用有限元解法是一种相当有效的近似解法。

7.1.5 薄板一般问题处理

当薄板受一般载荷时,可将一个载荷分解为两个分载荷:一个作用在薄板中面之内;另一个垂直于中面。这样得出两组载荷:一组载荷作用在中面之内,可以认为是沿薄板厚度均匀分布的,可以按平面应力问题求出主要应力分量,记为 $\overline{\sigma}_X^p$、$\overline{\sigma}_Y^p$、$\overline{\tau}_Y^p$;另一组载荷垂直于中面,可按薄板弯曲问题求出主要应力分量,记为 $\overline{\sigma}_X^b$、$\overline{\sigma}_Y^b$、$\overline{\tau}_Y^b$。然后将两组应力分量叠加,得到组合应力分量,即

$$\begin{cases} \overline{\sigma}_X = \overline{\sigma}_X^p + \overline{\sigma}_X^b = \overline{\sigma}_X^p + \dfrac{12\,\overline{M}_X}{t^3}\overline{Z} \\[2ex] \overline{\sigma}_Y = \overline{\sigma}_Y^p + \overline{\sigma}_Y^b = \overline{\sigma}_Y^p + \dfrac{12\,\overline{M}_Y}{t^3}\overline{Z} \\[2ex] \overline{\tau}_{XY} = \overline{\tau}_{XY}^p + \overline{\tau}_{XY}^b = \overline{\tau}_{XY}^p + \dfrac{12\,\overline{M}_{XY}}{t^3}\overline{Z} \end{cases} \qquad (7-13)$$

显然,最大与最小的组合应力分量总是发生在板面($z = \pm\dfrac{t}{2}$处)。

7.2　矩形薄板单元

常用的薄板单元有矩形薄板单元和三角形薄板单元,本节讨论 4 节点矩形单元。

若将平板中面用一系列矩形单元进行离散化,便可得到一个离散的平板系统。如图 7-3 所示,矩形边的长度分别为 $2a$ 和 $2b$,矩形单元的边界与 X 轴和 Y 轴平行。

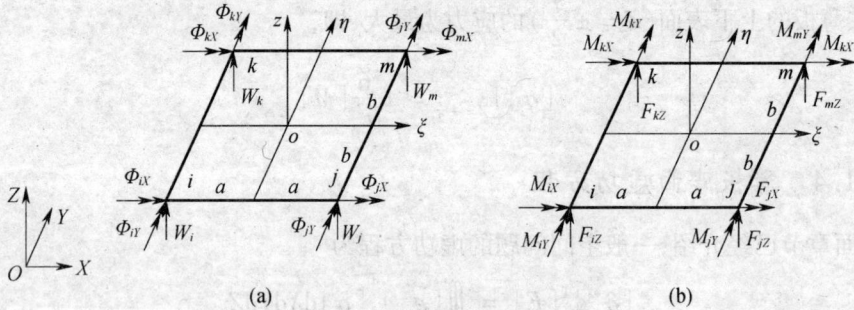

图 7-3　4 节点矩形薄板单元
（a）节点位移；（b）节点力

为使各单元在节点上的挠度及其斜率具有协调性,必须把挠度及其在 X 轴和 Y 轴方向上的一阶偏导数指定为节点位移(称为广义位移)。这样,节点 i 的位移及其与之对应的节点力可表示为

$$[\delta_i] = \begin{bmatrix} W_i \\ \Phi_{iX} \\ \Phi_{iY} \end{bmatrix} = \begin{bmatrix} W_i \\ \left(\dfrac{\partial W}{\partial Y}\right)_i \\ -\left(\dfrac{\partial W}{\partial X}\right)_i \end{bmatrix}, [F_i] = \begin{bmatrix} F_{iZ} \\ M_{iX} \\ M_{iY} \end{bmatrix}$$

144

式中:W_i 为节点 i 的挠度;F_{iZ} 为节点 i 处 Z 轴方向的等效节点力;Φ_{iX} 为在节点 i 处的绕 X 轴的转角;M_{iX} 为在节点 i 处的绕 X 轴的等效节点力矩;Φ_{iY} 为在节点 i 处的绕 Y 轴的转角;M_{iY} 为在节点 i 处的绕 Y 轴的等效节点力矩。

一般规定,挠度 W 以及对应的节点力 F_Z 以沿 Z 轴的正向为正,转角 Φ_X、Φ_Y 及其对应的节点力矩 M_X、M_Y 按右手定则标出的矢量沿坐标轴的正方向为正。4 节点矩形单元 $ijmk$,取单元的角点为节点,共有 4 个节点,每个节点 3 个自由度,单元共有 12 个自由度。于是单元的节点位移(也称广义位移)列阵为

$$[\delta^e] = \begin{bmatrix} W_i & \Phi_{iX} & \Phi_{iY} & W_j & \Phi_{jX} & \Phi_{jY} & W_m & \Phi_{mX} & \Phi_{jY} & W_k & \Phi_{kX} & \Phi_{kY} \end{bmatrix}^T$$

与之对应的单元的等效节点力(也称广义力)列阵为

$$[F^e] = \begin{bmatrix} F_{iZ} & M_{iX} & M_{iY} & F_{jZ} & M_{jX} & M_{jY} & F_{mZ} & M_{mX} & M_{mY} & F_{kZ} & M_{kX} & M_{kY} \end{bmatrix}^T$$

这些位移的正方向和力的正方向示于图 7-3。

7.2.1 位移函数

由薄板的基本公式可知,挠度 $W(X,Y)$ 是基本变量,选取板单元的位移函数实质上就是选取用单元挠度函数。为方便讨论,现引入坐标变换,即

$$\begin{cases} X = X_0 + a\xi \\ Y = Y_0 + b\eta \end{cases} \tag{7-14}$$

对于 12 个自由度的矩形薄板单元,考虑到对称性要求,可用广义坐标将单元的位移函数表示为

$$\begin{aligned} W(\xi,\eta) = &\alpha_1 + \alpha_2\xi + \alpha_3\eta + \alpha_4\xi^2 + \alpha_5\xi\eta + \alpha_6\eta^2 + \alpha_7\xi^3 + \\ &\alpha_8\xi^2\eta + \alpha_9\xi\eta^2 + \alpha_{10}\eta^3 + \alpha_{11}\xi^3\eta + \alpha_{12}\xi\eta^3 \end{aligned} \tag{7-15}$$

利用薄板弯曲几何方程有

$$\begin{aligned} \Phi_X &= \frac{\partial W}{\partial Y} = \frac{\partial W}{\partial \eta} \cdot \frac{\partial \eta}{\partial Y} = \frac{1}{b}\frac{\partial W}{\partial \eta} \\ &= \frac{1}{b}(\alpha_3 + \alpha_5\xi + 2\alpha_6\eta + \alpha_8\xi^2 + 2\alpha_9\xi\eta + 3\alpha_{10}\eta^2 + \alpha_{11}\xi^3 + 3\alpha_{12}\xi\eta^2) \end{aligned} \tag{7-16}$$

$$\begin{aligned} \Phi_Y &= -\frac{\partial W}{\partial X} = -\frac{\partial W}{\partial \xi} \cdot \frac{\partial \xi}{\partial X} = -\frac{1}{a}\frac{\partial W}{\partial \xi} \\ &= -\frac{1}{a}(\alpha_2 + 2\alpha_4\xi + \alpha_5\eta + 3\alpha_7\xi^2 + 2\alpha_8\xi\eta + \alpha_9\eta^2 + 3\alpha_{11}\xi^2\eta + \alpha_{12}\eta^3) \end{aligned} \tag{7-17}$$

将矩形单元 4 个节点的局部坐标值 (ξ_s, η_s) $(s=i,j,m,k)$ 分别代入式(7-15)~式(7-17),求解联立方程组就可以得到用 α_1、α_2、$\cdots$、α_{12} 这 12 个广义坐标,再代入式(7-15)经整理,得

$$\begin{aligned} W &= \sum_{s=i}^{k} (N_s W_s + N_{sX}\Phi_{sX} + N_{sY}\Phi_{sY}) \\ &= \begin{bmatrix} N_i & N_j & N_m & N_k \end{bmatrix}[\delta^e] \\ &= [N][\delta^e] \end{aligned} \tag{7-18}$$

式中 $\qquad [N_i] = \begin{bmatrix} N_{iZ} & N_{iX} & N_{iY} \end{bmatrix}$ (i,j,m,k)

其中

$$\begin{cases} N_{iZ} = \dfrac{1}{8}(1+\xi_i\xi)(1+\eta_i\eta)(2+\xi_i\xi+\eta_i\eta-\xi^2-\eta^2) \\[2mm] N_{iX} = -\dfrac{b}{8}\eta_i(1+\xi_i\xi)(1+\eta_i\eta)(1-\xi^2) \\[2mm] N_{iY} = \dfrac{a}{8}\xi_i(1+\xi_i\xi)(1+\eta_i\eta)(1-\xi^2) \end{cases} \tag{7-19}$$

由式(7-1)可知,整个薄板的位移完全由中面的挠度 W 所决定。中面可能的刚体位移只能是沿 Z 轴的刚体位移,以及绕 X 轴和 Y 轴的转动。位移函数式(7-15)中的前三项 $\alpha_1+\alpha_2\xi+\alpha_3\eta$ 反映了薄板的这种刚体位移;次三项 $\alpha_4\xi^2+\alpha_5\xi\eta+\alpha_6\eta^2$ 反映了薄板的常应变(常曲率和常扭率)状态。由于矩形单元的位移函数反映了单元的刚体位移和常应变,因而矩形薄板单元是完备的。

现在来考察相邻单元间的位移协调性。以图7-3(a)的 jm 边为例,在该边上 ξ 是常数,根据式(7-15),挠度 W 是 η 的三次式,即

$$W = c_1 + c_2\eta + c_3\eta^2 + c_4\eta^3$$

它可由节点位移 W_j、W_m、$\Phi_{jX}=\dfrac{1}{b}\dfrac{\partial W}{\partial\eta}\Big|_{\eta=\eta_j}$、$\Phi_{mX}=\dfrac{1}{b}\dfrac{\partial W}{\partial\eta}\Big|_{\eta=\eta_m}$ 4个条件唯一确定。因此,两个相邻单元在公共边界上有相同的挠度,这就保证了挠度的连续性。

另一方面,根据式(7-17),在 jm 边上,转角 Φ_Y 也是 η 的三次式:

$$\Phi_Y = d_1 + d_2\eta + d_3\eta^2 + d_4\eta^3$$

但是,它不能由 Φ_{jY}、Φ_{mY} 这两个条件唯一确定。因此,无法保证在公共边界转角 Φ_Y 的连续性,这种单元称为非协调单元。进一步研究证明,应用这种非协调矩形薄板单元可以保证其解答的收敛性。

7.2.2　单元的形变和力矩

根据薄板弯曲问题的几何方程:

$$[\varLambda] = \begin{bmatrix} -\dfrac{\partial^2 W}{\partial X^2} \\[3mm] -\dfrac{\partial^2 W}{\partial Y^2} \\[3mm] -2\dfrac{\partial^2 W}{\partial X\partial Y} \end{bmatrix}$$

将式(7-18)代入上式,可得单元形变列阵为

$$[\varLambda] = [B][\delta^e] = [B_i \quad B_j \quad B_m \quad B_k][\delta^e] \tag{7-20}$$

式中

$$[B_i] = -\begin{bmatrix} \dfrac{\partial^2[N_i]}{\partial X^2} \\[3mm] \dfrac{\partial^2[N_i]}{\partial Y^2} \\[3mm] 2\dfrac{\partial^2[N_i]}{\partial X\partial Y} \end{bmatrix} = -\begin{bmatrix} \dfrac{1}{a^2}\dfrac{\partial^2[N_i]}{\partial\xi^2} \\[3mm] \dfrac{1}{b^2}\dfrac{\partial^2[N_i]}{\partial\eta^2} \\[3mm] \dfrac{2}{ab}\dfrac{\partial^2[N_i]}{\partial\xi\partial\eta} \end{bmatrix} = -\begin{bmatrix} \dfrac{1}{a^2}\dfrac{\partial^2 N_{iZ}}{\partial\xi^2} & \dfrac{1}{a^2}\dfrac{\partial^2 N_{iX}}{\partial\xi^2} & \dfrac{1}{a^2}\dfrac{\partial^2 N_{iY}}{\partial\xi^2} \\[3mm] \dfrac{1}{b^2}\dfrac{\partial^2 N_{iZ}}{\partial\eta^2} & \dfrac{1}{b^2}\dfrac{\partial^2 N_{iX}}{\partial\eta^2} & \dfrac{1}{b^2}\dfrac{\partial^2 N_{iY}}{\partial\eta^2} \\[3mm] \dfrac{2}{ab}\dfrac{\partial^2 N_{iZ}}{\partial\xi\partial\eta} & \dfrac{2}{ab}\dfrac{\partial^2 N_{iX}}{\partial\xi\partial\eta} & \dfrac{2}{ab}\dfrac{\partial^2 N_{iY}}{\partial\xi\partial\eta} \end{bmatrix} \quad (i,j,m,k)$$

将式(7-19)代入上式,得

$$[B_i] = \frac{1}{4ab}\begin{bmatrix} 3\dfrac{b}{a}\xi_i\xi(1+\eta_i\eta) & 0 & b\xi_i(1+3\xi_i\xi)(1+\eta_i\eta) \\[2mm] 3\dfrac{a}{b}\eta_i\eta(1+\xi_i\xi) & -a\eta_i(1+\xi_i\xi)(1+3\eta_i\eta) & 0 \\[2mm] \xi_i\eta_i(3\xi^2+3\eta^2-4) & -b\xi_i(3\eta^2+2\eta_i\eta-1) & a\eta_i(3\xi^2+2\xi_i\xi-1) \end{bmatrix} \quad (i,j,m,k)$$

$$(7-21)$$

根据薄板弯曲问题的物理方程:

$$[M] = [D_b][\Lambda]$$

将式(7-20)代入上式,得单元内力矩阵列为

$$\begin{aligned} [M] &= [D_b][B_i \quad B_j \quad B_m \quad B_k][\delta^e] \\ &= [S_i \quad S_j \quad S_m \quad S_k][\delta^e] \\ &= [S][\delta^e] \end{aligned} \qquad (7-22)$$

式中:$[S]$为内力矩矩阵,其子矩阵为

$$[S_i] = [D_b][B_i] = \frac{Et^3}{96(1-\mu^2)ab}$$

$$\begin{bmatrix} 6\dfrac{b}{a}\xi_i\xi(1+\eta_i\eta)+6\mu\dfrac{a}{b}\eta_i\eta(1+\xi_i\xi) & -2\mu a\eta_i(1+\xi_i\xi)(1+3\eta_i\eta) & -2b\xi_i(1+3\xi_i\xi)(1+\eta_i\eta) \\[2mm] 6\mu\dfrac{b}{a}\xi_i\xi(1+\eta_i\eta)+6\dfrac{a}{b}\eta_i\eta(1+\xi_i\xi) & -2a\eta_i(1+\xi_i\xi)(1+3\eta_i\eta) & 2\mu b\xi_i(1+3\xi_i\xi)(1+\eta_i\eta) \\[2mm] (1-\mu)\xi_i\eta(3\xi^2+3\eta^2-4) & -(1-\mu)b\xi_i(3\eta^2+2\eta_i\eta-1) & (1-\mu)a\eta_i(3\xi^2+2\xi_i\xi-1) \end{bmatrix}$$

$$(i,j,m,k) \qquad (7-23)$$

7.2.3 单元刚度矩阵

将薄板弯曲问题的虚功方程式,对于矩形单元,有

$$[\delta^{*e}]^{\mathrm{T}}[F^e] = \iint_A [\Lambda^*]^{\mathrm{T}}[M]\mathrm{d}X\mathrm{d}Y$$

将式(7-20)和式(7-22)代入上式右端项,并注意$[\delta^{*e}]$的任意性,经化简并与单元刚度方程$[F^e]=[K^e][\delta^e]$比较,可知

$$[K^e] = \iint_A [B]^{\mathrm{T}}[D_b][B]\mathrm{d}X\mathrm{d}Y = ab\int_{-1}^{1}\int_{-1}^{1}[B]^{\mathrm{T}}[S]\mathrm{d}\xi\mathrm{d}\eta \qquad (7-24)$$

设

$$[K^e] = \begin{bmatrix} K_{ii} & K_{ij} & K_{im} & K_{ik} \\ K_{ji} & K_{jj} & K_{jm} & K_{jk} \\ K_{mi} & K_{mj} & K_{mm} & K_{mk} \\ K_{ki} & K_{kj} & K_{km} & K_{kk} \end{bmatrix} \qquad (7-25)$$

单元刚度矩阵的子矩阵为

$$[K_{rs}] = ab\int_{-1}^{1}\int_{-1}^{1}[B_r]^{\mathrm{T}}[S_s]\mathrm{d}\xi\mathrm{d}\eta \qquad (r,s=i,j,m,k)$$

子矩阵 K_{rs} 积分运算后得

$$[K_{rs}] = \begin{bmatrix} k_{11} & k_{12} & k_{13} \\ k_{21} & k_{22} & k_{23} \\ k_{31} & k_{32} & k_{33} \end{bmatrix} \quad (r,s = i,j,m,k)$$

式中

$$
\begin{cases}
k_{11} = 3H\left[15\left(\dfrac{b^2}{a^2}\xi_i\xi_j + \dfrac{a^2}{b^2}\eta_i\eta_j\right) + \left(14 - 4\mu + 5\dfrac{b^2}{a^2} + 5\dfrac{a^2}{b^2}\right)\xi_i\xi_j\eta_i\eta_j\right] \\[2mm]
k_{22} = Hb^2\left[2(1-\mu)\xi_i\xi_j(3+5\eta_i\eta_j) + 5\dfrac{a^2}{b^2}(3+\xi_i\xi_j)(3+\eta_i\eta_j)\right] \\[2mm]
k_{33} = Ha^2\left[2(1-\mu)\eta_i\eta_j(3+5\xi_i\xi_j) + 5\dfrac{b^2}{a^2}(3+\xi_i\xi_j)(3+\eta_i\eta_j)\right] \\[2mm]
k_{12} = -3Hb\left[\left(2+3\mu+5\dfrac{a^2}{b^2}\right)\xi_i\xi_j\eta_i + 15\dfrac{a^2}{b^2}\eta_i + 5\mu\xi_i\xi_j\eta_j\right] \\[2mm]
k_{21} = -3Hb\left[\left(2+3\mu+5\dfrac{a^2}{b^2}\right)\xi_i\xi_j\eta_j + 15\dfrac{a^2}{b^2}\eta_j + 5\mu\xi_i\xi_j\eta_i\right] \\[2mm]
k_{13} = 3Ha\left[\left(2+3\mu+5\dfrac{b^2}{a^2}\right)\xi_i\eta_i\eta_j + 15\dfrac{b^2}{a^2}\xi_i + 5\mu\xi_j\eta_i\eta_j\right] \\[2mm]
k_{31} = 3Ha\left[\left(2+3\mu+5\dfrac{b^2}{a^2}\right)\xi_j\eta_i\eta_j + 15\dfrac{b^2}{a^2}\xi_j + 5\mu\xi_i\eta_i\eta_j\right] \\[2mm]
k_{23} = -15H\mu ab(\xi_i+\xi_j)(\eta_i+\eta_j) \\[2mm]
k_{32} = -15H\mu ab(\xi_i+\xi_j)(\eta_i+\eta_j)
\end{cases}
$$

其中

$$H = \frac{Et^3}{720(1-\mu^2)ab}$$

7.2.4　单元等效节点力

当单元上作用有集中横向力 P 和均布横向力 q 时,其单元等效节点力为

$$[F^e] = [N]^{\mathrm{T}}[P] + \iint\limits_A [N]^{\mathrm{T}} q\mathrm{d}X\mathrm{d}Y$$

(1) 集中力

$$[F^e] = [N]^{\mathrm{T}}[P] \tag{7-26}$$

若横向集中力 P 作用在单元形心($\xi = \eta = 0$)上,将单元形心值 $\xi = 0$,$\eta = 0$ 代入式 (7-19),则形函数值为

$$N_{iZ} = \frac{1}{4}, N_{iX} = -\frac{b}{8}\eta_i, N_{iY} = \frac{a}{8}\xi_i \quad (i,j,m,k)$$

再代入节点坐标值,得集中力 P 的等效节点力为

$$[F^e] = P\left[\frac{1}{4} \quad \frac{b}{8} \quad -\frac{a}{8} \quad \frac{1}{4} \quad \frac{b}{8} \quad -\frac{a}{8} \quad \frac{1}{4} \quad -\frac{b}{8} \quad \frac{a}{8} \quad \frac{1}{4} \quad -\frac{b}{8} \quad -\frac{a}{8}\right]$$

由此可见,当单元在形心处作用某一横向载荷时,每个节点不但分配 1/4 的全部横向

载荷,而且还分配有力矩。但是,这些力矩随单元尺寸 a 和 b 的减小而减小。如果单元尺寸十分小时,上式的力矩可忽略不计,则单元的等效节点力为

$$[F^e] = P \begin{bmatrix} \dfrac{1}{4} & 0 & 0 & \dfrac{1}{4} & 0 & 0 & \dfrac{1}{4} & 0 & 0 & \dfrac{1}{4} & 0 & 0 \end{bmatrix}^T$$

这表明将横向力的 1/4 移置到每个节点上即可。

(2) 分布面力

$$[F^e] = \iint_A [N]^T q(X, Y) \, dX dY = ab \int_{-1}^{1} \int_{-1}^{1} [N]^T q(\xi, \eta) \, d\xi d\eta$$

若单元上作用有均布横向力 q,将形函数代入上式,经积分计算得单元等效节点力为

$$[F^e] = 4abq \begin{bmatrix} \dfrac{1}{4} & \dfrac{b}{12} & -\dfrac{a}{12} & \dfrac{1}{4} & \dfrac{b}{12} & \dfrac{a}{12} & \dfrac{1}{4} & -\dfrac{b}{12} & \dfrac{a}{12} & \dfrac{1}{4} & -\dfrac{b}{12} & -\dfrac{a}{12} \end{bmatrix}^T$$

若单元尺寸较小,略去力矩,则

$$[F^e] = 4abq \begin{bmatrix} \dfrac{1}{4} & 0 & 0 & \dfrac{1}{4} & 0 & 0 & \dfrac{1}{4} & 0 & 0 & \dfrac{1}{4} & 0 & 0 \end{bmatrix}^T$$

这表明将总横向面力 $4abq$ 的 1/4 移置到每个节点上即可。

7.3 三角形薄板单元

当薄板具有非直线边或曲线边界时,采用三角形板单元可以较好地反映边界形状,而且具有更大的适应性和灵活性。计算薄板弯曲问题的三角形板单元有许多种,本书只介绍普遍采用的 3 节点三角形板单元。如前所述,也可将它归结为与中面相对应的平面三角形单元,如图 7 – 4 所示。

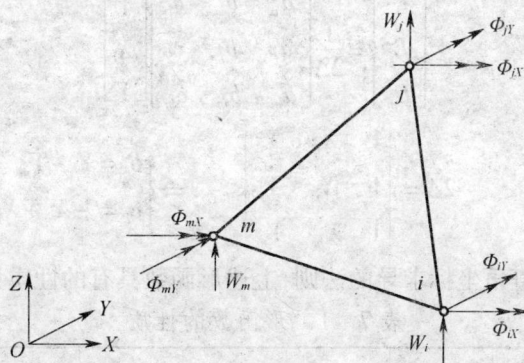

图 7 – 4   三角形薄板单元节点位移

三角形薄板单元的节点位移为

$$[\delta^e] = \begin{bmatrix} W_i & \Phi_{iX} & \Phi_{iY} & W_j & \Phi_{jX} & \Phi_{jY} & W_m & \Phi_{mX} & \Phi_{mY} \end{bmatrix}^T$$

与之对应的单元等效节点力为

$$[F^e] = \begin{bmatrix} F_{iZ} & M_{iX} & M_{iY} & F_{jZ} & M_{jX} & M_{jY} & F_{mZ} & M_{mX} & M_{mY} \end{bmatrix}^T$$

7.3.1   位移函数

由于 3 节点三角形薄板单元具有 9 个自由度,则其位移函数(挠度函数)应设成含有

9 个待定系数的多项式形式。

试考察 X 和 Y 的完整三次式：

$$W = W(X,Y,Z)$$
$$= W(X,Y) = a_1 + a_2 X + a_3 Y + a_4 X^2 + a_5 XY + a_6 Y^2 + a_7 X^3 + a_8 X^2 Y + a_9 XY^2 + a_{10} Y^3$$

上式表明，如果是完备三次式，必须有 10 个待定系数，即 10 个独立项。实际只能取 9 项，而式中最前三项反映刚体位移（Z 向挠度，绕 X、Y 轴的转动），次三项反映常量形变，都必须保存以满足收敛性的必要条件。为了减少一个独立项，已适应自由度的数目，只能在四个三次项中进行考虑。如果把任何一个三次项删去，则位移模式将失去 X 与 Y 的对等性，引起计算上的很大麻烦。若采用面积坐标，可以解决这个问题。

仿照位移函数的形函数表达方式，有

$$W = [N][\delta^e] = [N_i \quad N_j \quad N_m][\delta^e]$$
$$= [N_{iZ} \quad N_{i\Phi X} \quad N_{i\Phi Y} \,\vdots\, N_{jZ} \quad N_{j\Phi X} \quad N_{j\Phi Y} \,\vdots\, N_{mZ} \quad N_{m\Phi X} \quad N_{m\Phi Y}][\delta^e]$$
$$= N_{iZ} W_i + N_{i\Phi X}\Phi_{iX} + N_{i\Phi Y}\Phi_{iY} + N_{jZ}W_j + N_{j\Phi X}\Phi_{jX} + N_{j\Phi Y}\Phi_{jY} + N_{mZ}W_m + N_{m\Phi X}\Phi_{mX} + N_{m\Phi Y}\Phi_{mY}$$

$$(7-27)$$

而其中的形函数取为面积坐标的三次式，即

$$\begin{cases} N_{iZ} = L_i + L_i^2 L_j + L_i^2 L_m - L_i L_j^2 - L_i L_m^2 \\ N_{i\Phi X} = b_j L_i^2 L_m - b_m L_i^2 L_j + \dfrac{1}{2}(b_j - b_m)L_i L_j L_m \quad (i,j,m) \\ N_{i\Phi Y} = c_j L_i^2 L_m - c_m L_i^2 L_j + \dfrac{1}{2}(c_j - c_m)L_i L_j L_m \end{cases} \quad (7-28)$$

式中

$$\begin{bmatrix} L_i \\ L_j \\ L_m \end{bmatrix} = \frac{1}{2\Delta}\begin{bmatrix} a_i & b_i & c_i \\ a_j & b_j & c_j \\ a_m & b_m & c_m \end{bmatrix}\begin{bmatrix} 1 \\ X \\ Y \end{bmatrix} \quad (7-29)$$

$$2\Delta = \begin{vmatrix} 1 & X_i & Y_i \\ 1 & X_j & Y_j \\ 1 & X_m & Y_m \end{vmatrix} \Rightarrow \begin{cases} b_i = Y_j - Y_m \\ c_i = -X_j + X_m \end{cases} \quad (i,j,m)$$

应用面积坐标对直角坐标求导的法则，上述形函数具有的性质见表 7-1 所列。

表 7-1　形函数的性质

形函数及其导数		N_{iZ}	$\dfrac{\partial N_{iZ}}{\partial Y}$	$-\dfrac{\partial N_{iZ}}{\partial X}$	$N_{i\Phi X}$	$\dfrac{\partial N_{i\Phi X}}{\partial Y}$	$-\dfrac{\partial N_{i\Phi X}}{\partial X}$	$N_{i\Phi Y}$	$\dfrac{\partial N_{i\Phi Y}}{\partial Y}$	$-\dfrac{\partial N_{i\Phi Y}}{\partial X}$
在角点	i	1	0	0	0	1	0	0	0	1
	j,m	0	0	0	0	0	0	0	0	0

这就保证在节点 i，有

$$W = W_{iZ}, \Phi_X = \frac{\partial W}{\partial Y} = \Phi_{iX}, \Phi_Y = -\frac{\partial W}{\partial X} = \Phi_{iY} \quad (i,j,m)$$

由式（7-28）以及面积坐标与直角坐标 X、Y 的关系，可以证明式（7-27）能满足解答的收敛性的必要条件，因为其中包含了常数项、X 和 Y 的一次项以及 X 和 Y 的二次项，从而反映了薄板单元的刚体位移以及常量应变。还可以看出，在相邻单元之间，挠度是连续的，但法向的斜率（绕公共边的转角）是不连续的。把这种相邻单元之间挠度连续、法向转角不连续的单元称为非协调单元。实际计算表明，应用这种非协调三角形薄板单元可以保证其解答的收敛性，但其收敛性不如矩形单元。

7.3.2　单元形变和力矩

将式(7-27)代入式(7-4)，得

$$[\varepsilon] = Z[\Lambda] = Z[B_i \quad B_j \quad B_m][\delta^e] = Z[B][\delta^e]$$

式中，几何矩阵$[B]$中的子矩阵为

$$[B_r] = -\begin{bmatrix} \dfrac{\partial^2 N_{iZ}}{\partial X^2} & \dfrac{\partial^2 N_{i\varPhi X}}{\partial X^2} & \dfrac{\partial^2 N_{i\varPhi Y}}{\partial X^2} \\[2mm] \dfrac{\partial^2 N_{iZ}}{\partial Y^2} & \dfrac{\partial^2 N_{i\varPhi X}}{\partial Y^2} & \dfrac{\partial^2 N_{i\varPhi Y}}{\partial Y^2} \\[2mm] 2\dfrac{\partial^2 N_{iZ}}{\partial X\partial Y} & 2\dfrac{\partial^2 N_{i\varPhi X}}{\partial X\partial Y} & 2\dfrac{\partial^2 N_{i\varPhi Y}}{\partial X\partial Y} \end{bmatrix} \quad (r=i,j,m) \qquad (7-30)$$

利用式(7-29)的坐标转换关系式，并取L_1和L_2为独立坐标，$L_m = 1 - L_i - L_j$，经计算得

$$\begin{Bmatrix} \dfrac{\partial}{\partial X} \\[2mm] \dfrac{\partial}{\partial Y} \end{Bmatrix} = \dfrac{1}{2\Delta}\begin{bmatrix} b_i & b_j \\ c_i & c_j \end{bmatrix}\begin{Bmatrix} \dfrac{\partial}{\partial L_i} \\[2mm] \dfrac{\partial}{\partial L_j} \end{Bmatrix},\quad \begin{Bmatrix} \dfrac{\partial^2}{\partial X^2} \\[2mm] \dfrac{\partial^2}{\partial Y^2} \\[2mm] 2\dfrac{\partial^2}{\partial X\partial Y} \end{Bmatrix} = \dfrac{1}{4\Delta^2}[T]\begin{Bmatrix} \dfrac{\partial^2}{\partial L_i^2} \\[2mm] \dfrac{\partial^2}{\partial L_j^2} \\[2mm] 2\dfrac{\partial^2}{\partial L_i\partial L_j} \end{Bmatrix}$$

$$[T] = \begin{bmatrix} b_i^2 & b_j^2 & 2b_i b_j \\ c_i^2 & c_j^2 & 2c_i c_j \\ 2b_i c_i & 2b_j c_j & 2(b_i c_j + b_j c_i) \end{bmatrix}$$

将之代入式(7-30)，得

$$[B_i] = -\dfrac{1}{4\Delta^2}[T]\begin{bmatrix} \dfrac{\partial^2 N_{iZ}}{\partial L_i^2} & \dfrac{\partial^2 N_{i\varPhi X}}{\partial L_i^2} & \dfrac{\partial^2 N_{i\varPhi Y}}{\partial L_i^2} \\[2mm] \dfrac{\partial^2 N_{iZ}}{\partial L_j^2} & \dfrac{\partial^2 N_{i\varPhi X}}{\partial L_j^2} & \dfrac{\partial^2 N_{i\varPhi Y}}{\partial L_j^2} \\[2mm] 2\dfrac{\partial^2 N_{iZ}}{\partial L_i\partial L_j} & 2\dfrac{\partial^2 N_{i\varPhi X}}{\partial L_i\partial L_j} & 2\dfrac{\partial^2 N_{i\varPhi Y}}{\partial L_i\partial L_j} \end{bmatrix} \quad (i,j,m) \qquad (7-31)$$

将式(7-31)代入式(7-10)，得

$$\begin{aligned} [M] &= [D_b][B][\delta^e] \\ &= [S_i \quad S_j \quad S_m][\delta^e] \\ &= [S][\delta^e] \end{aligned} \qquad (7-32)$$

式中

$$[S_i] = [D_b][B_i]$$

$$= -\frac{1}{4\Delta^2}[D_b][T]\begin{bmatrix} \dfrac{\partial^2 N_{iZ}}{\partial L_i^2} & \dfrac{\partial^2 N_{i\Phi X}}{\partial L_i^2} & \dfrac{\partial^2 N_{i\Phi Y}}{\partial L_i^2} \\[2mm] \dfrac{\partial^2 N_{iZ}}{\partial L_j^2} & \dfrac{\partial^2 N_{i\Phi X}}{\partial L_j^2} & \dfrac{\partial^2 N_{i\Phi Y}}{\partial L_j^2} \\[2mm] 2\dfrac{\partial^2 N_{iZ}}{\partial L_i \partial L_j} & 2\dfrac{\partial^2 N_{i\Phi X}}{\partial L_i \partial L_j} & 2\dfrac{\partial^2 N_{i\Phi Y}}{\partial L_i \partial L_j} \end{bmatrix} \quad (i,j,m) \qquad (7-33)$$

7.3.3　单元刚度矩阵

和矩形单元一样,三角形板单元的刚度矩阵为

$$[K^e] = \iint_A [B]^T[D_b][B]\,\mathrm{d}X\mathrm{d}Y = \iint_A [B]^T[S]\,\mathrm{d}X\mathrm{d}Y = \begin{bmatrix} K_{ii} & K_{ij} & K_{im} \\ K_{ji} & K_{jj} & K_{jm} \\ K_{mi} & K_{mj} & K_{mm} \end{bmatrix} \qquad (7-34)$$

式中,单元刚度矩阵的子矩阵为

$$[K_{rs}] = \iint_A [B_r]^T[S_s]\,\mathrm{d}X\mathrm{d}Y \quad (r,s=i,j,m) \qquad (7-35)$$

将式(7-31)、式(7-33)代入式(7-35),并利用积分式即可求得单元刚度矩阵的显式,这里不再列出。

7.3.4　单元等效节点力

1. 集中力

等效节点力为

$$[F^e] = [N]^T[P] \qquad (7-36)$$

若作用在单元形心($L_i=L_j=L_m=\dfrac{1}{3}$)上的一个集中力为P,则由式(7-36)可求得单元形函数为

$$\begin{cases} N_{iZ} = \dfrac{1}{3} \\[2mm] N_{i\Phi X} = \dfrac{1}{18}(b_j - b_m) \quad (i,j,m) \\[2mm] N_{i\Phi Y} = \dfrac{1}{18}(c_j - c_m) \end{cases}$$

代入上式,经运算可得

$$[F^e] = P\begin{bmatrix} \dfrac{1}{3} & \dfrac{b_j-b_m}{18} & \dfrac{c_j-c_m}{18} & \dfrac{1}{3} & \dfrac{b_m-b_i}{18} & \dfrac{c_m-c_i}{18} & \dfrac{1}{3} & \dfrac{b_i-b_j}{18} & \dfrac{c_i-c_j}{18} \end{bmatrix}^T$$

2. 分布面力

$$[F^e] = \iint_A [N]^T q(X,Y)\,\mathrm{d}X\mathrm{d}Y$$

若单元上作用有均布横向面力q,则单元等效节点力为

$$[F^e] = q\Delta \left[\begin{array}{ccccccccc} \dfrac{1}{3} & \dfrac{b_j - b_m}{24} & \dfrac{c_j - c_m}{24} & \dfrac{1}{3} & \dfrac{b_m - b_i}{24} & \dfrac{c_m - c_i}{24} & \dfrac{1}{3} & \dfrac{b_i - b_j}{24} & \dfrac{c_i - c_j}{24} \end{array}\right]^T$$

7.4 薄壳问题概述

常用到一些壳体结构,如各种压力容器、机器外壳等。当壳体厚度比其他尺寸(如长度、曲率半径等)小很多时,称为薄壳。由壳体厚度中点构成的曲面称为中面。当壳体受载荷作用而发生较小的变形时,也可以忽略壳体厚度方向的挤压变形和应力,且认为符合直线法假设,这些都与薄板相似。但是,壳体承受载荷的方式却与薄板有所不同,壳体变形时,中间曲面不但发生了弯曲变形,而且也发生了曲面内的伸缩变形。这说明,在壳体弯曲时,不仅产生了与薄板类似的力矩,还在中面内产生了中面力,中面力沿曲面法向的分量平衡了载荷的大部分。这就是壳体作为承载机构比较经济而且受到广泛应用的原因。

薄壳体结构被离散后的单元是曲面单元。但在大多数情况下,利用平面单元的集合来近似壳的几何形状。经常使用的平面壳体单元有矩形单元和三角形单元。矩形单元仅当四边形的角节点位于壳体表面的两条主曲率线上才能应用,例如,有正交边界的柱面薄壳。三角形单元适用于任意形状的壳体和边界。

当采用平面单元时,除了与假定的位移函数有关的误差之外,还引入了几何性质的误差,但后者将随着网格尺寸的减小而变小。对壳体进行分析时,必须包括平面内的拉压、剪切刚度,又包括平面弯曲刚度。壳体单元的刚度矩阵可由平面应力问题的单元刚度矩阵和薄板弯曲问题的单元刚度矩阵叠加而成。本章只介绍薄壳问题中的平面矩形壳体单元和平面三角形壳体单元。

7.5 平面矩形壳体单元

薄壳体结构是一空间结构,壳体单元原本应该是曲面单元。当用平面单元的集合近似离散后,所有平面单元均是带空间倾斜角度的平面单元。就某平面单元而言,如果以平面单元法向为 $\overline{Z}$ 轴,仿照前面建立局部坐标系的方法建立起单元局部坐标系 $oxyz$,在局部坐标系下,则壳体平面矩形单元可以看做由平面应力矩形单元和薄板弯曲矩形单元双重特性组合而成,如图 $7-5$ 所示。

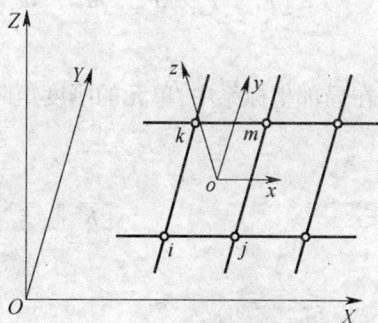

图 7-5 矩形壳体单元

7.5.1 壳体平面矩形单元特性分析

在局部坐标系 $oxyz$ 下,对于平面问题的矩形单元,它的节点位移列阵和节点力列阵分别为

153

$$[\bar{\delta}^{ep}] = [\bar{\delta}^p_i \quad \bar{\delta}^p_j \quad \bar{\delta}^p_m \quad \bar{\delta}^p_k]^{\mathrm{T}} = [\bar{U}_i \quad \bar{V}_i \vdots \bar{U}_j \quad \bar{V}_j \vdots \bar{U}_m \quad \bar{V}_m \vdots \bar{U}_k \quad \bar{V}_k]^{\mathrm{T}}$$

$$[\bar{F}^p] = [\bar{F}^p_i \quad \bar{F}^p_j \quad \bar{F}^p_m \quad \bar{F}^p_k]^{\mathrm{T}} = [\bar{F}_{ix} \quad \bar{F}_{iy} \vdots \bar{F}_{jx} \quad \bar{F}_{jy} \vdots \bar{F}_{mx} \quad \bar{F}_{my} \vdots \bar{F}_{kx} \quad \bar{F}_{ky}]^{\mathrm{T}}$$

单元的平衡方程为

$$[\bar{F}^{ep}]_{8\times1} = [\bar{K}^{ep}]_{8\times8} [\bar{\delta}^{ep}]_{8\times1}$$

其中,上标 p 表示平面应力状态。在局部坐标系中,坐标和各种物理量仍用上划线 " $\overline{}$ " 加以注明。

在局部坐标系 $oxyz$ 下,对于薄板弯曲问题矩形单元,它的节点位移和节点力列阵分别为

$$[\bar{\delta}^{eb}] = [\bar{\delta}^b_i \quad \bar{\delta}^b_j \quad \bar{\delta}^b_m \quad \bar{\delta}^b_k]^{\mathrm{T}}$$

$$= [\bar{W}_{iz} \quad \bar{\Phi}_{ix} \quad \bar{\Phi}_{iy} \vdots \bar{W}_{jz} \quad \bar{\Phi}_{jx} \quad \bar{\Phi}_{jy} \vdots \bar{W}_{mz} \quad \bar{\Phi}_{mx} \quad \bar{\Phi}_{my} \vdots \bar{W}_{kz} \quad \bar{\Phi}_{kx} \quad \bar{\Phi}_{ky}]^{\mathrm{T}}$$

$$[\bar{F}^{eb}] = [\bar{F}^b_i \quad \bar{F}^b_j \quad \bar{F}^b_m \quad \bar{F}^b_k]^{\mathrm{T}}$$

$$= [\bar{F}_{iz} \quad \bar{M}_{ix} \quad \bar{M}_{iy} \vdots \bar{F}_{jz} \quad \bar{M}_{jx} \quad \bar{M}_{jy} \vdots \bar{F}_{mz} \quad \bar{M}_{mx} \quad \bar{M}_{my} \vdots \bar{F}_{kz} \quad \bar{M}_{kx} \quad \bar{M}_{ky}]^{\mathrm{T}}$$

单元的平衡方程为

$$[\bar{F}^{eb}]_{12\times1} = [\bar{K}^{eb}]_{12\times12} [\bar{\delta}^{eb}]_{12\times1}$$

其中,上标 b 表示薄板弯曲应力状态。

以上两种单元应力状态简单组合成了壳体平面矩形单元的应力状态。

在局部坐标系 $oxyz$ 下,对于组合应力状态下的壳体平面矩形单元 $ijmk$,取节点位移列阵和节点力列阵分别为

$$[\bar{\delta}^e] = [\bar{\delta}_i \quad \bar{\delta}_j \quad \bar{\delta}_m \quad \bar{\delta}_p]^{\mathrm{T}}$$

$$= [\bar{U}_i \quad \bar{V}_i \quad \bar{W}_i \quad \bar{\Phi}_{ix} \quad \bar{\Phi}_{iy} \quad \bar{\Phi}_{iz} | \cdots \quad \cdots | \bar{U}_k \quad \bar{V}_k \quad \bar{W}_k \quad \bar{\Phi}_{kx} \quad \bar{\Phi}_{ky} \quad \bar{\Phi}_{kz}]^{\mathrm{T}} \tag{7-37}$$

$$[\bar{F}^e] = [\bar{F}_i \quad \bar{F}_j \quad \bar{F}_m \quad \bar{F}_k]^{\mathrm{T}}$$

$$= [\bar{F}_{ix} \quad \bar{F}_{iy} \quad \bar{F}_{iz} \quad \bar{M}_{ix} \quad \bar{M}_{iy} \quad \bar{M}_{iz} \quad | \cdots \quad \cdots | \quad \bar{F}_{kx} \quad \bar{F}_{ky} \quad \bar{F}_{kz} \quad \bar{M}_{ix} \quad \bar{M}_{iy} \quad \bar{M}_{iz}]^{\mathrm{T}} \tag{7-38}$$

在局部坐标系中,单元的刚度矩阵为

$$[\bar{K}^e]_{24\times24} = \begin{bmatrix} \bar{K}_{ii} & \bar{K}_{ij} & \bar{K}_{im} & \bar{K}_{ik} \\ \bar{K}_{ji} & \bar{K}_{jj} & \bar{K}_{jm} & \bar{K}_{jj} \\ \bar{K}_{mi} & \bar{K}_{mj} & \bar{K}_{mm} & \bar{K}_{mk} \\ \bar{K}_{ki} & \bar{K}_{kj} & \bar{K}_{km} & \bar{K}_{kk} \end{bmatrix} \tag{7-39}$$

值得说明的是:

(1) 在平面应力和薄板弯曲中式(7-37)中的角位移 $\bar{\Phi}_{rz}(r = i, j, m, k)$ 并不存在,但是,为了计算不共面的相邻单元的弯扭应力,$\bar{\Phi}_{rz}$ 是必须考虑的。

(2) 单元 $ijmk$ 的平面应力及弯曲应力向节点移置时,都不会产生节点力矩 $\bar{M}_{rz}(r = i, j, m, k)$,因此,$\bar{M}_{rz} = 0$。但是为了确保单元刚度方程阶数统一,在节点力列阵 $[\bar{F}^e]$ 中必须保留 $\bar{M}_{rz}$,且在单元刚度矩阵 $[\bar{K}^e]_{24\times24}$ 中的子刚矩阵 $K_{rs}(r, s = i, j, m, k)$ 中的有关元素取为 0。

154

（3）平面应力状态下的节点力$\overline{F}_r^p$ 与弯扭应力状态下的节点位移$\overline{\delta}_s^b$ 互不相关，且弯、扭应力状态下的节点力$\overline{F}_r^b$ 与平面应力状态下的节点力位移$\overline{\delta}_s^p$ 也互不相关，就可以把壳体平面矩形单元刚度矩阵$[\overline{K}^e]_{24 \times 24}$ 中的任一子矩阵$[\overline{K}_{rs}]_{6 \times 6}$ 写成如下的分块形式：

$$[\overline{K}_{rs}]_{6 \times 6} = \begin{bmatrix} & & \vdots & 0 & 0 & 0 & 0 \\ & [\overline{K}_{rs}^p]_{2 \times 2} & \vdots & 0 & 0 & 0 & 0 \\ 0 & 0 & \vdots & & & & 0 \\ 0 & 0 & \vdots & & [\overline{K}_{rs}^b]_{3 \times 3} & & 0 \\ 0 & 0 & \vdots & & & & 0 \\ 0 & 0 & \vdots & 0 & 0 & 0 & 0 \end{bmatrix} \quad (r,s = i,j,m,k) \qquad (7-40)$$

式中：$[\overline{K}_{rs}^p]_{2 \times 2}$ 和$[\overline{K}_{rs}^b]_{3 \times 3}$ 分别是平面应力问题和薄板弯曲问题矩形单元的子矩阵。组合后平面壳体矩形单元的平衡方程为

$$[\overline{F}^e]_{24 \times 1} = [\overline{K}^e]_{24 \times 24} [\overline{\delta}^e]_{24 \times 1} \qquad (7-41)$$

在平面应力和薄板弯曲矩形单元分析中，为了简单，都建立了局部坐标系$\xi o \eta$。但对壳体结构进行有限元分析，为使方位不同的平面单元在节点处集合，建立整体平衡方程，就必须另行规定一个统一的整体坐标系，必须将各单元在局部坐标系中的单元刚矩阵、节点力列阵等量变换到整体坐标系中，或者把整体坐标系中的节点位移分量等量变换到局部坐标系中。这种坐标变换关系已在杆系结构中论述得十分清楚了。

其各物理量变换关系如下：

$$[\delta^e] = [T^e]^T [\overline{\delta}^e] \qquad (7-42)$$

$$[F^e] = [T^e]^T [\overline{F}^e] \qquad (7-43)$$

$$[K^e] = [T^e]^T [\overline{K}^e] [T^e] \qquad (7-44)$$

试中：$[T^e]$ 为坐标变换矩阵，即

$$[T^e] = \begin{bmatrix} T_1 & 0 & 0 & 0 \\ 0 & T_1 & 0 & 0 \\ 0 & 0 & T_1 & 0 \\ 0 & 0 & 0 & T_1 \end{bmatrix} \qquad (7-45)$$

$$[T_1] = \begin{bmatrix} T_2 & 0 \\ 0 & T_2 \end{bmatrix}, [T_2] = \begin{bmatrix} \cos(\overline{X}, X) & \cos(\overline{Y}, X) & \cos(\overline{Z}, X) \\ \cos(\overline{X}, Y) & \cos(\overline{Y}, Y) & \cos(\overline{Z}, Y) \\ \cos(\overline{X}, Z) & \cos(\overline{Y}, Z) & \cos(\overline{Z}, Z) \end{bmatrix} \qquad (7-46)$$

其中：$(\overline{X}, X)$ 和$(\overline{X}, Y)$ 分别表示局部坐标x 轴分别与整体坐标X、Y 轴的夹角。

展开式（7-42）和式（7-43）可以看出，在整体坐标系中，Φ_{iZ}、$M_{iZ}(i,j,m,k)$ 不恒为零，因而在式（7-40）中留下的第6行、第6列是必须的。同时必须注意，当所有一个节点所连接的单元共面时，全结构在这一特定的节点处关于绕法线转动刚度为零，因而壳体结构的刚度矩阵成为奇异阵，只有引进壳体法线的转动为0的附加条件才可以避免它的奇异性。

有了各个单元在整体坐标系中的刚度矩阵和载荷列阵，就可以在整体坐标系中和以前一样建立总体平衡方程，引进支承条件后，解线性代数方程组求得各节点在整体坐标系

中的位移分量。但是,必须利用变换式(7-42)求得在局部坐标系中的节点位移分量,即 $[\bar{\delta}^e] = [T^e][\delta^e]$,然后才能利用局部坐标系下的单元应力矩阵求出单元的应力,即求出平面问题的矩形单元应力以及薄板弯曲问题的矩形单元内力矩。

7.5.2 壳体平面矩形单元的解题步骤

解题步骤如下:

(1) 划分单元,选定整体坐标系 $OXYZ$,定出节点的整体坐标;

(2) 建立变换矩阵 $[T^e]$;

(3) 求出各单元在局部坐标系中的载荷列阵 $[\bar{R}^e]$,从而求出其在整体坐标系中的载荷列阵 $[R^e] = [T]^T[\bar{R}^e]$,可得到总体载荷列阵 $[R]$;

(4) 求出局部坐标系中的各单元刚度 $[\bar{K}^e]$,分别转换成整体坐标系下的 $[K^e]$,从而得到整体刚度矩阵 $[K]$;

(5) 列出总体刚度方程,求解得到整体坐标系下各节点的位移;

(6) 利用式(7-42)的反变换式 $[\bar{\delta}] = [T][\delta]$,求出各单元在局部坐标系下的位移 $[\bar{\delta}^e]$;

(7) 利用平面应力问题中的应力矩阵,求出 $\bar{\sigma}_x^p$、$\bar{\sigma}_y^p$、$\bar{\tau}_y^p$;

(8) 利用薄板弯曲应力矩阵,求出 $\bar{M}_x$、$\bar{M}_y$、$\bar{M}_{xy}$;

(9) 由式(7-13)求出组合应力状态下的应力分量。

7.6　三角形壳体单元

壳体平面三角形单元可以用于双曲薄壳和具有斜边或曲线边界的任意薄壳中。壳体平面三角形单元分析与矩形单元分析方法相同,节点自由度数、类型及排列与矩形单元的节点完全相同。但是,三角形单元的自由度数是18,因此单元的刚度矩阵是18阶方阵,单元节点位移矢量和节点力矢量都是18阶列阵。

分析的具体方法:平面应力状态采用平面问题的三角形单元的基本方程;弯曲应力状态采用薄板弯曲的三角形单元的基本方程。这两种单元应力状态的组合即为壳体的平面三角形单元应力状态。仿照矩形单元的组合方法,很容易写出壳体三角形单元的基本方程,这里不赘述。但是,在三角形单元坐标变换式中,方向余弦的计算比较复杂,因而重点叙述如下。

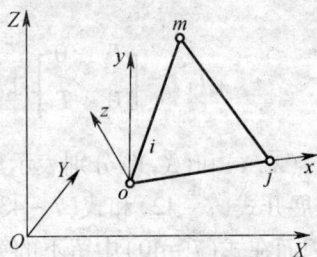

图7-6　三角形壳体单元整体和局部坐标系

对壳体的平面三角单元,取节点 i 为局部坐标系原点,x 轴为 $\overline{ij}$ 方向,y 轴取在单元的平面内,z 轴垂直于单元平面,且满足右手坐标系。而整体坐标系为 $OXYZ$,如图7-6所示。

记 $\overline{ij}$ 边为矢量 $\boldsymbol{V}_{ij}$,在 $OXYZ$ 的投影和模分别为

$$\begin{cases} X_{ij} = X_j - X_i, \ Y_{ij} = Y_j - Y_i, \ Z_{ij} = Z_j - Z_i \\ l_{ij} = \sqrt{X_{ij}^2 + Y_{ij}^2 + Z_{ij}^2} \end{cases} \tag{7-47}$$

于是局部坐标 x 轴与整体坐标 X、Y、Z 轴的夹角余弦为

$$\begin{cases} \cos(x,X) = \dfrac{X_{ij}}{l_{ij}} \\[2mm] \cos(x,Y) = \dfrac{Y_{ij}}{l_{ij}} \\[2mm] \cos(x,Z) = \dfrac{Z_{ij}}{l_{ij}} \end{cases} \tag{7-48}$$

记 im 边为矢量 V_{im}，在 $OXYZ$ 中的投影分别为

$$\begin{cases} X_{im} = X_m - X_i \\ Y_{im} = Y_m - Y_i \\ Z_{im} = Z_m - Z_i \end{cases} \tag{7-49}$$

根据矢量积的运算规则，$V_{ij} \times V_{im}$ 的方向为 z 轴的方向，而它在 $OXYZ$ 中的投影和模分别为

$$\begin{cases} \Delta_{zX} = Y_{ij}Z_{im} - Z_{ij}Y_{im},\ \Delta_{zY} = Z_{ij}X_{im} - X_{ij}Z_{im} \\ \Delta_{zZ} = X_{ij}Y_{im} - Y_{ij}X_{im},\ 2A = \sqrt{\Delta_{zX}^2 + \Delta_{zY}^2 + \Delta_{zZ}^2} \end{cases} \tag{7-50}$$

于是 z 与 X、Y、Z 轴的夹角余弦为

$$\begin{cases} \cos(z,X) = \dfrac{\Delta_{zX}}{2A} \\[2mm] \cos(z,Y) = \dfrac{\Delta_{zY}}{2A} \\[2mm] \cos(z,Z) = \dfrac{\Delta_{zZ}}{2A} \end{cases} \tag{7-51}$$

最后，根据矢量运算规则，利用式（7-48）和式（7-51）求得 y 轴与 X、Y、Z 轴的夹角余弦为

$$\begin{cases} \cos(y,X) = \cos(z,Y)\cos(x,Z) - \cos(z,Z)\cos(x,Y) \\ \cos(y,Y) = \cos(z,Z)\cos(x,X) - \cos(z,X)\cos(x,Z) \\ \cos(y,Z) = \cos(z,X)\cos(x,Y) - \cos(z,Y)\cos(x,X) \end{cases} \tag{7-52}$$

在计算机编程中，一般是给定节点在整体坐标系中的坐标，因此，通过式（7-48）、式（7-51）和式（7-52）计算出各轴的夹角余弦，从而形成每个壳体单元的坐标变换式，进一步可完成总体平衡方程求解、单元应力和内力矩计算等。

7.7 应用实例

有限元软件中的板壳问题单元（如三角形单元、矩形单元等）既可以分析薄板一般问题又可以分析薄壳问题，统称为 shell 类型单元。板壳问题的特征是：①几何结构是薄板或薄壳；②承受板面法向载荷，这个载荷将使板壳弯曲。对于板壳问题，几何建模只需建立平面（薄板）或空间曲面（壳），选用壳单元进行结构离散。

[实例] 薄板弯曲问题应用。

如图 7-7 所示，长方形薄平板左端部固定，右端部一个角点上施加 $F=100\mathrm{N}$ 的集中

157

力,求解平板受力后的最大变形、应力分布。已知:弹性模量为 3×10^{11}Pa,泊松比为 0.3,板厚为 1m,其他尺寸标注在图上。

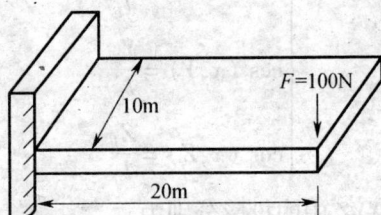

图 7 - 7

本例属于薄板弯曲问题。在总体直角坐标系的 XY 平面内建立中性面的几何图形,选用 4 节点壳单元进行结构离散。建立的有限元模型如图 7 - 8 所示。

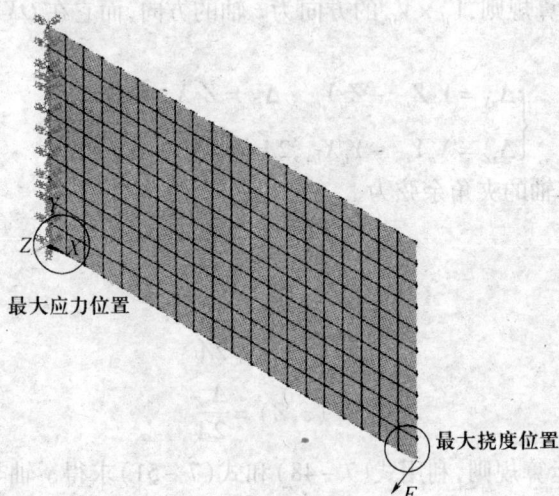

图 7 - 8　有限元模型

经计算,最大挠度 W(沿 Z 轴)位置在集中力 F 作用处,挠度值为 0.00114mm,最大应力位置在固定端与 F 同侧的节点,值为 1395Pa。最大弯曲应力 1572Pa。

158

第8章　空间问题有限单元法

在机械工程中,严格说任何一个实体都是空间结构,一般的载荷都是空间力系,因此,都属于空间问题,必须考虑所有的位移分量、应变分量和应力分量。空间问题有限元的基本思路与平面问题完全相同,即将空间结构划分为有限个单元,通过单元分析得到单元的刚度矩阵,采用刚度组集方法形成整体刚度矩阵,在载荷列阵已知的情况下,由总体刚度方程求出全部节点位移,根据几何方程、物理方程求出应变和应力。

8.1　常用空间问题单元简介

空间实体结构离散化时,常用的单元如图8-1所示。在三维实体分析中,每个节点有3个自由度,分别为沿 X 轴方向的位移 U、沿 Y 轴方向的位移 V、沿 Z 轴方向的位移 W。

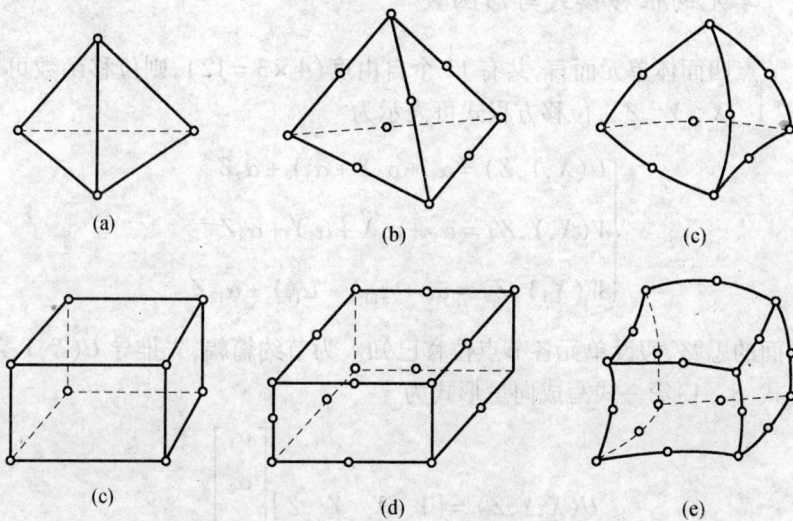

图8-1　常用空间问题单元
(a) 4节点一次四面体单元;(b) 10节点二次四面体单元;(c) 10节点四面体等参单元;
(d) 8节点一次六面体单元;(e) 20节点二次六面体单元;(f) 20节点六面体等参元。

图8-1中表示了几种常用的空间单元,这些单元和二维情况的单元类似,插值函数是在三维坐标内的各次完全多项式。其中,4节点四面体单元是相对简单的、常应变单元,本章先以4节点四面体单元为例介绍空间单元的分析方法,最后介绍空间高次单元、空间等参元。

8.2　4 节点四面体单元

空间 4 节点四面体单元,棱边是直边,有 4 个节点,共 12 个自由度,如图 8-2 所示。

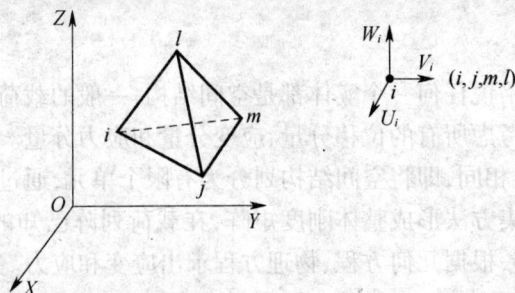

图 8-2　4 节点四面体单元

单元节点位移列阵和节点力列阵分别为

$$[\delta^e] = \begin{bmatrix} U_i & V_i & W_i & \cdots & \cdots & U_l & V_l \end{bmatrix}^T$$

$$[F^e] = \begin{bmatrix} F_{iX} & F_{iY} & F_{iZ} & \cdots & \cdots & U_{lX} & V_{lY} \end{bmatrix}^T$$

8.2.1　单元的位移模式与形函数

对于 4 节点四面体单元而言,共有 12 个自由度$(4 \times 3 = 12)$,则位移函数可以包括以下各项:$\phi = \begin{bmatrix} 1 & X & Y & Z \end{bmatrix}$,位移方程式可表示为

$$\begin{cases} U(X,Y,Z) = \alpha_1 + \alpha_2 X + \alpha_3 Y + \alpha_4 Z \\ V(X,Y,Z) = \alpha_5 + \alpha_6 X + \alpha_7 Y + \alpha_8 Z \\ W(X,Y,Z) = \alpha_9 + \alpha_{10} X + \alpha_{11} Y + \alpha_{12} Z \end{cases} \tag{8-1}$$

仿照平面的思路,假设单元各节点位移已知。为节约篇幅,先推导 $U(X,Y,Z)$ 的插值函数形式。式(8-1)第一式写成向量形式为

$$U(X,Y,Z) = \begin{bmatrix} 1 & X & Y & Z \end{bmatrix} \begin{bmatrix} \alpha_1 \\ \alpha_2 \\ \alpha_3 \\ \alpha_4 \end{bmatrix}$$

将各节点的位移表示为坐标函数,并写成矩阵形式,即

$$\begin{bmatrix} U_i \\ U_j \\ U_k \\ U_l \end{bmatrix} = \begin{bmatrix} 1 & X_i & Y_i & Z_i \\ 1 & X_j & Y_j & Z_j \\ 1 & X_k & Y_k & Z_k \\ 1 & X_l & Y_l & Z_l \end{bmatrix} \begin{bmatrix} \alpha_1 \\ \alpha_2 \\ \alpha_3 \\ \alpha_4 \end{bmatrix} \Leftrightarrow \begin{bmatrix} \alpha_1 \\ \alpha_2 \\ \alpha_3 \\ \alpha_4 \end{bmatrix} = \begin{bmatrix} 1 & X_i & Y_i & Z_i \\ 1 & X_j & Y_j & Z_j \\ 1 & X_k & Y_k & Z_k \\ 1 & X_l & Y_l & Z_l \end{bmatrix}^{-1} \begin{bmatrix} U_i \\ U_j \\ U_k \\ U_l \end{bmatrix}$$

由此可得

$$U(X,Y,Z) = \begin{bmatrix} 1 & X & Y & Z \end{bmatrix} \begin{bmatrix} 1 & X_i & Y_i & Z_i \\ 1 & X_j & Y_j & Z_j \\ 1 & X_k & Y_k & Z_k \\ 1 & X_l & Y_l & Z_l \end{bmatrix}^{-1} \begin{bmatrix} U_i \\ U_j \\ U_k \\ U_l \end{bmatrix}$$

同理,可得

$$V(X,Y,Z) = \begin{bmatrix} 1 & X & Y & Z \end{bmatrix} \begin{bmatrix} 1 & X_i & Y_i & Z_i \\ 1 & X_j & Y_j & Z_j \\ 1 & X_k & Y_k & Z_k \\ 1 & X_l & Y_l & Z_l \end{bmatrix}^{-1} \begin{bmatrix} V_i \\ V_j \\ V_k \\ V_l \end{bmatrix}$$

$$W(X,Y,Z) = \begin{bmatrix} 1 & X & Y & Z \end{bmatrix} \begin{bmatrix} 1 & X_i & Y_i & Z_i \\ 1 & X_j & Y_j & Z_j \\ 1 & X_k & Y_k & Z_k \\ 1 & X_l & Y_l & Z_l \end{bmatrix}^{-1} \begin{bmatrix} W_i \\ W_j \\ W_k \\ W_l \end{bmatrix}$$

若定义

$$\begin{bmatrix} 1 & X & Y & Z \end{bmatrix} \begin{bmatrix} 1 & X_i & Y_i & Z_i \\ 1 & X_j & Y_j & Z_j \\ 1 & X_k & Y_k & Z_k \\ 1 & X_l & Y_l & Z_l \end{bmatrix}^{-1} = \begin{bmatrix} N_i & N_j & N_k & N_l \end{bmatrix}$$ （插值函数或形函数）

展开,则有

$$\begin{cases} N_i = \dfrac{1}{6V}(a_i + b_i X + c_i Y + d_i Z) \\[2mm] N_j = -\dfrac{1}{6V}(a_j + b_j X + c_j Y + d_j Z) \\[2mm] N_k = \dfrac{1}{6V}(a_k + b_k X + c_k Y + d_k Z) \\[2mm] N_l = -\dfrac{1}{6V}(a_l + b_l X + c_l Y + d_l Z) \end{cases} \qquad (8-2)$$

式中

$$6V = \begin{vmatrix} 1 & X_i & Y_i & Z_i \\ 1 & X_j & Y_j & Z_j \\ 1 & X_k & Y_k & Z_k \\ 1 & X_l & Y_l & Z_l \end{vmatrix} \qquad (8-3)$$

$a_i, b_i, c_i, d_i (i, j, k, l$ 轮换) 为式 (8-3) 各行对应代数余子式。

V 是四面体 $i-j-k-l$ 的体积, 为了使四面体的体积不为负值, 单元节点编号 i、j、k、l 必须依照一定的顺序。在右手坐标系中, 当按照 $i \to j \to k$ 的方向转动时, 右手螺旋应向 l 的方向前进。

由此可知, 空间四面体单元内任意一点的位移分量可以表示为

$$\begin{cases} U(X,Y,Z) = N_i U_i + N_j U_j + N_k U_k + N_l U_l \\ V(X,Y,Z) = N_i V_i + N_j V_j + N_k V_k + N_l V_l \\ W(X,Y,Z) = N_i W_i + N_j W_j + N_k W_k + N_l W_l \end{cases} \qquad (8-4)$$

现将式 (8-4) 中 U、V、W 三个方向的位移写成向量形式, 即

$$\begin{bmatrix} U \\ V \\ W \end{bmatrix} = \begin{bmatrix} N_i & 0 & 0 & N_j & 0 & 0 & N_k & 0 & 0 & N_l & 0 & 0 \\ 0 & N_i & 0 & 0 & N_j & 0 & 0 & N_k & 0 & 0 & N_l & 0 \\ 0 & 0 & N_i & 0 & 0 & N_j & 0 & 0 & N_k & 0 & 0 & N_l \end{bmatrix} \begin{bmatrix} U_i \\ V_i \\ W_i \\ U_j \\ V_j \\ W_j \\ U_k \\ V_k \\ W_k \\ U_l \\ V_l \\ W_l \end{bmatrix}$$

$$= \begin{bmatrix} N_i \boldsymbol{I} & N_j \boldsymbol{I} & N_k \boldsymbol{I} & N_l \boldsymbol{I} \end{bmatrix} \begin{bmatrix} \delta^e \end{bmatrix}$$

式中: $\boldsymbol{I}$ 为单位向量。

令 $[N] = \begin{bmatrix} \boldsymbol{I} N_i & \boldsymbol{I} N_j & \boldsymbol{I} N_k & \boldsymbol{I} N_l \end{bmatrix}$

则有

$$[d] = [N][\delta^e] \qquad (8-5)$$

8.2.2 单元的应变和应力

1. 单元内任意一点的应变

空间三维单元的应变共有 6 个分量, 即 3 个正应变和 3 个剪应变。利用几何方程由位移函数求出应变。

根据弹性几何方程有

162

$$\begin{bmatrix} \varepsilon_X \\ \varepsilon_Y \\ \varepsilon_Z \\ \gamma_{XY} \\ \gamma_{YZ} \\ \gamma_{ZX} \end{bmatrix} = \begin{bmatrix} \dfrac{\partial U}{\partial X} \\[4pt] \dfrac{\partial V}{\partial Y} \\[4pt] \dfrac{\partial W}{\partial Z} \\[4pt] \dfrac{\partial U}{\partial Y}+\dfrac{\partial V}{\partial X} \\[4pt] \dfrac{\partial V}{\partial Z}+\dfrac{\partial W}{\partial Y} \\[4pt] \dfrac{\partial W}{\partial X}+\dfrac{\partial U}{\partial Z} \end{bmatrix} = \frac{1}{6V}\begin{bmatrix} b_i & 0 & 0 & -b_j & 0 & 0 & b_k & 0 & 0 & -b_l & 0 & 0 \\ 0 & c_i & 0 & 0 & -c_j & 0 & 0 & c_k & 0 & 0 & -c_l & 0 \\ 0 & 0 & d_i & 0 & 0 & -d_j & 0 & 0 & d_k & 0 & 0 & -d_l \\ c_i & b_i & 0 & -c_j & -b_j & 0 & c_k & b_k & 0 & -c_l & -b_l & 0 \\ 0 & d_i & c_i & 0 & -d_j & -c_j & 0 & d_k & c_k & 0 & -d_l & -c_l \\ d_i & 0 & b_i & -d_j & 0 & -b_j & d_k & 0 & b_k & -d_l & 0 & -b_l \end{bmatrix} \begin{bmatrix} U_i \\ V_i \\ W_i \\ U_j \\ V_j \\ W_j \\ U_k \\ V_k \\ W_k \\ U_l \\ V_l \\ W_l \end{bmatrix}$$

令

$$B_r = \frac{1}{6V}\begin{bmatrix} b_r & 0 & 0 \\ 0 & c_r & 0 \\ 0 & 0 & d_r \\ c_r & b_r & 0 \\ 0 & d_r & c_r \\ d_r & 0 & b_r \end{bmatrix} \quad (r=i,j,k,l) \tag{8-6}$$

$$[B] = [B_i \quad -B_j \quad B_k \quad -B_l] \quad (\text{几何应变矩阵}) \tag{8-7}$$

则空间四面体单元内任意一点的应变可以表示为

$$[d] = \begin{bmatrix} \varepsilon_X \\ \varepsilon_Y \\ \varepsilon_Z \\ \gamma_{XY} \\ \gamma_{YZ} \\ \gamma_{ZX} \end{bmatrix} = [B][\delta^e] \tag{8-8}$$

可以看出,四面体单元应变矩阵是常量阵,则同一单元内的任一点的应变为常量,即 4 节点四面体单元为常应变单元。

2. 单元内任意一点的应力

根据弹性力学的物理方程,四面体单元内任意一点的应力可表示为

$$[\sigma] = \begin{bmatrix} \sigma_X \\ \sigma_Y \\ \sigma_Z \\ \tau_{XY} \\ \tau_{YZ} \\ \tau_{ZX} \end{bmatrix} = [D][\varepsilon] = [D][B][\delta^e] = [S][\delta^e] \tag{8-9}$$

式中:$[S]$为应力矩阵,可表示为

$$[S] = [D][B] = [S_i \quad S_j \quad S_m \quad S_l]$$

$$[D] = \frac{E(1-\mu)}{(1+\mu)(1-2\mu)}\begin{bmatrix} 1 & A_1 & A_1 & 0 & 0 & 0 \\ A_1 & 1 & A_1 & 0 & 0 & 0 \\ A_1 & A_1 & 1 & 0 & 0 & 0 \\ 0 & 0 & 0 & A_2 & 0 & 0 \\ 0 & 0 & 0 & 0 & A_2 & 0 \\ 0 & 0 & 0 & 0 & 0 & A_2 \end{bmatrix}, \quad A_1 = \frac{\mu}{1-\mu}, A_2 = \frac{1-2\mu}{2(1-\mu)}$$

$$[S_i] = [D][B_i] = \frac{E(1-\mu)}{6V(1+\mu)(1-2\mu)}\begin{bmatrix} b_i & A_1 c_i & A_1 d_i \\ A_1 b_i & c_i & A_1 d_i \\ A_1 b_i & A_1 c_i & d_i \\ A_2 c_i & A_2 b_i & 0 \\ 0 & A_2 d_i & A_1 b_i \\ A_2 d_i & 0 & A_2 b_i \end{bmatrix} \quad (i,j,k,l) \quad (8-10)$$

由于$[D]$、$[B]$均为常量阵,故$[S]$也为常量阵,所以同一单元内的任一点的$[\sigma]$为常量,即四面体单元为应力单元。

8.2.3 单元刚度矩阵

根据平面问题章节运用虚功原理推导的单元刚度矩阵的普遍公式,空间四面体单元刚度矩阵可以表示为

$$[K]^e = \iiint [B]^T[D][B]\mathrm{d}V = [B]^T[D][B]V$$

$[B]$、$[D]$是常量阵,可以提到积分外,经过简化,并把单元刚度矩阵表示成按节点分块的形式,有

$$[K]^e = \begin{bmatrix} K_{ii} & -K_{ij} & K_{ik} & -K_{il} \\ -K_{ji} & K_{jj} & -K_{jk} & K_{jl} \\ K_{ki} & -K_{kj} & K_{kk} & -K_{kl} \\ -K_{li} & K_{lj} & -K_{lk} & K_{ll} \end{bmatrix}$$

其中,任一分块$[K_{rs}]_{3\times3}$由下式计算,即

$$K_{rs} = B_r^T[D]B_s V$$

$$= \frac{E(1-\mu)}{36(1+\mu)(1-2\mu)}\begin{bmatrix} b_r b_s + A_2(c_r c_s + d_r d_s) & A_1 b_r b_s + A_2 c_r b_s & A_1 b_r d_s + A_2 d_r b_s \\ A_1 c_r b_s + A_2 b_r c_s & c_r c_s + A_2(b_r b_s + d_r d_s) & A_1 c_r d_s + A_2 d_r c_s \\ A_1 d_r b_s + A_2 b_r d_s & A_1 d_r c_s + A_2 c_r d_s & d_r d_s + A_2(b_r b_s + c_r c_s) \end{bmatrix}$$

式中

$$A_1 = \frac{\mu}{1-\mu}, A_2 = \frac{1-2\mu}{2(1-\mu)}$$

164

8.2.4 单元的等效节点载荷

根据平面问题章节运用虚功原理推导的非节点载荷移置公式进行,在此不再介绍。

8.3 体积坐标简介

体积坐标是利用四面体的体积关系来表示四面体单元中任意一点位置的方法。在有限元分析中,引入体积坐标来描述某种关系时,其表达式和计算都比较简单。因此在空间问题中常用到,尤其是高次的四面体单元更为多见。

如图8-3所示的四面体单元 $ijml$,Q 为其中任意一点,它的位置可以通过体积的比值来确定,即

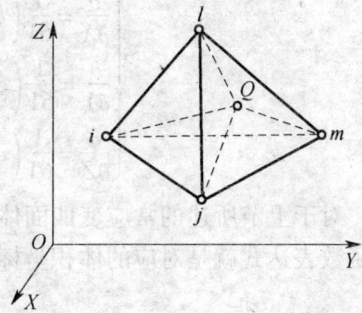

图8-3 四面体单元体积坐标

$$L_i = \frac{V_i}{V} , \quad L_j = \frac{V_j}{V} , \quad L_m = \frac{V_m}{V} , \quad L_l = \frac{V_l}{V} \qquad (8-11)$$

式中:V 为四面体体积;V_i 为四面体 $Qjml$ 的体积;V_j 为四面体 $Qkli$ 的体积;V_m 为四面体 $Qlij$ 的体积;V_l 为四面体 $Qijk$ 的体积;L_i、L_j、L_m、L_l 为 Q 点的体积坐标,表示为 $Q(L_i, L_j, L_m, L_l)$。

因为 $V_i + V_j + V_m + V_l = V$,所以得出 $L_i + L_j + L_m + L_l = 1$,即体积坐标不是相互独立的。

8.3.1 体积坐标与直角坐标的关系

可以仿效面积坐标中的推导公式得出直角坐标与体积坐标的关系,即

$$\begin{cases} X = L_i X_i + L_j X_j + L_m X_m + L_l X_l \\ Y = L_i Y_i + L_j Y_j + L_m Y_m + L_l Y_l \\ Z = L_i Z_i + L_j Z_j + L_m Z_m + L_l Z_l \end{cases} \qquad (8-12)$$

联立式(8-12)得出它们之间的矩阵关系为

$$\begin{bmatrix} 1 \\ X \\ Y \\ Z \end{bmatrix} = \begin{bmatrix} 1 & 1 & 1 & 1 \\ X_i & X_j & X_m & X_l \\ Y_i & Y_j & Y_m & Y_l \\ Z_i & Z_j & Z_m & Z_l \end{bmatrix} \begin{bmatrix} L_i \\ L_j \\ L_m \\ L_l \end{bmatrix} \qquad (8-13)$$

式(8-13)即为体积坐标到直角坐标的转换公式。

对式(8-13)求逆,可得

$$\begin{bmatrix} L_i \\ -L_j \\ L_m \\ -L_l \end{bmatrix} = \frac{1}{6V} \begin{bmatrix} a_i & b_i & c_i & d_i \\ a_j & b_j & c_j & d_j \\ a_m & b_m & c_m & d_m \\ a_l & b_l & c_l & d_l \end{bmatrix} \begin{bmatrix} 1 \\ X \\ Y \\ Z \end{bmatrix} \qquad (8-14)$$

式(8-14)即为直角坐标到体积坐标的转换公式。

8.3.2　体积坐标函数积分与求导

体积坐标的幂函数在四面体单元上的积分公式为

$$\iiint\limits_{V} L_i^a L_j^b L_m^c L_l^d \mathrm{d}X\mathrm{d}Y\mathrm{d}Z = 6V\,\frac{a!\,b!\,c!\,d!}{(a+b+c+d+3)!} \qquad (8-15)$$

体积坐标的幂函数对直角坐标求导时,可利用复合求导公式,即

$$\begin{cases} \dfrac{\partial}{\partial X} = \dfrac{1}{6V}\left(b_i\,\dfrac{\partial}{\partial L_i} - b_j\,\dfrac{\partial}{\partial L_j} + b_m\,\dfrac{\partial}{\partial L_m} - b_l\,\dfrac{\partial}{\partial L_l} \right) \\[2mm] \dfrac{\partial}{\partial Y} = \dfrac{1}{6V}\left(c_i\,\dfrac{\partial}{\partial L_i} - c_j\,\dfrac{\partial}{\partial L_j} + c_m\,\dfrac{\partial}{\partial L_m} - c_l\,\dfrac{\partial}{\partial L_l} \right) \\[2mm] \dfrac{\partial}{\partial Z} = \dfrac{1}{6V}\left(d_i\,\dfrac{\partial}{\partial L_i} - d_j\,\dfrac{\partial}{\partial L_j} + d_m\,\dfrac{\partial}{\partial L_m} - d_l\,\dfrac{\partial}{\partial L_l} \right) \end{cases} \qquad (8-16)$$

对于上节所述的常应变四面体单元,由式(8-14)与式(8-2)比较可知,它所采用的形函数表达式就是对应的体积坐标表达式,即

$$N_i = L_i \qquad (i,j,m,l)$$

8.4　10 节点四面体单元简介

4 节点四面体单元,其棱边是直边,是常应变、常应力空间单元,计算量小,但精度低,且难以适应应力场急剧变化的情况。为了提高计算精度,且不至于计算工作量显著增大,通过补充边中点的方式来提高位移函数的精度,即 10 节点二次四面体单元,如图 8-4 所示。每个节点 3 个自由度,单元共有 30 个自由度,其单元位移列阵和节点力列阵分别为

$$[\delta^e] = [\, U_i \quad V_i \quad W_i \quad \cdots \quad U_l \quad V_l \quad W_l \quad U_1 \quad V_1 \quad W_1 \quad \cdots \quad U_6 \quad V_6 \quad W_6 \,]^{\mathrm{T}}$$

$$[F^e] = [\, F_{iX} \quad F_{iY} \quad F_{iZ} \quad \cdots \quad F_{lX} \quad F_{lY} \quad F_{lZ} \quad F_{1X} \quad F_{1Y} \quad F_{1Z} \quad \cdots \quad F_{6X} \quad F_{6Y} \quad F_{6Z} \,]^{\mathrm{T}}$$

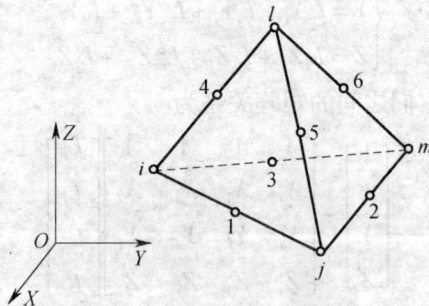

图 8-4　10 节点四面体单元

1. 用广义坐标表示的单元位移模式

如图 8-4 所示的 10 节点四面体单元,用直角坐标(x,y,z)表示的完全二次多项式共有 10 项,位移函数为

$$\begin{cases} U(X,Y,Z) = \alpha_1 + \alpha_2 X + \alpha_3 Y + \alpha_4 Z + \alpha_5 X^2 + \alpha_6 Y^2 + \alpha_7 Z^2 + \alpha_8 XY + \alpha_9 YZ + \alpha_{10} ZX \\ V(X,Y,Z) = \alpha_{11} + \alpha_{12} X + \alpha_{13} Y + \alpha_{14} Z + \alpha_{15} X^2 + \alpha_{16} Y^2 + \alpha_{17} Z^2 + \alpha_{18} XY + \alpha_{19} YZ + \alpha_{20} ZX \\ W(X,Y,Z) = \alpha_{21} + \alpha_{22} X + \alpha_{23} Y + \alpha_{24} Z + \alpha_{25} X^2 + \alpha_{26} Y^2 + \alpha_{27} Z^2 + \alpha_{28} XY + \alpha_{29} YZ + \alpha_{30} ZX \end{cases}$$

$$(8-17)$$

由几何方程、物理方程可知,10 节点二次四面体单元的应变、应力是坐标的线性函数。仿照前面的方法,将节点坐标和节点位移代入式(8 - 17),则可求出全部系数 $a_1 \sim a_{30}$,但过程繁琐,可以效仿 6 节点二次三角形单元采用面积坐标的做法,对于空间 10 节点二次四面体单元,采用体积坐标来简化求解过程。

2. 用插值函数表示的单元位移模式

若采用体积坐标,单元位移模式用形函数表示为

$$
\begin{cases}
U = U(X,Y,Z) = N_i U_i + N_j U_j + N_m U_m + N_l U_l + \sum_{k=1}^{6} N_k U_k \\
V = V(X,Y,Z) = N_i V_i + N_j V_j + N_m V_m + N_l V_l + \sum_{k=1}^{6} N_k V_k \\
W = W(X,Y,Z) = N_i W_i + N_j W_j + N_m W_m + N_l W_l + \sum_{k=1}^{6} N_k W_k
\end{cases}
\tag{8-18}
$$

用矩阵表示为

$$
[d] = \begin{bmatrix} U \\ V \\ W \end{bmatrix} = [N_i \boldsymbol{I} \quad \cdots \quad N_l \boldsymbol{I} \quad N_1 \boldsymbol{I} \quad \cdots \quad N_6 \boldsymbol{I}][\delta^e] = [N][\delta^e]
\tag{8-19}
$$

式中: $\boldsymbol{I}$ 为三阶单位阵。

形函数直接由形函数的性质决定。

对于角节点,如 i 节点, N_i 用除 i 节点之外的其余各点组成的且以 i 为顶点的两个锥底平面方程左部乘积构成一个二次函数,即平面 $j2m56l:L_i = 0$ 方程的左部与平面 $134:2L_i - 1 = 0$ 的左部相乘,得

$$
N_i = \alpha(2L_i - 1)L_i
$$

因为在节点 i 有, $N_i = 1, L_i = 1$,代入上式求得 $\alpha = 1$ 。

对于边中点,如 1 节点, N_1 用除 1 节点之外的其余各点组成的两个平面方程的左部乘积构成一个二次函数,即平面 $j2m56l:L_i = 0$ 方程的左部与平面 $i3m46l:L_j = 0$ 的左部相乘,得

$$
N_1 = \alpha L_i L_j
$$

因为在 1 节点有, $N_1 = 1, L_i = 1/2, L_j = 1/2$,代入上式求得 $\alpha = 4$ 。

依次类推,统一表示

$$
\begin{cases}
N_i = (2L_i - 1)L_i & (i,j,m,l) & \text{(角节点)} \\
N_1 = 4L_i L_j, N_2 = 4L_j L_m, N_3 = 4L_m L_i \\
N_4 = 4L_i L_l, N_5 = 4L_j L_l, N_6 = 4L_m L_l
\end{cases} \text{(边中点)}
\tag{8-20}
$$

式(8 - 20)建立了形函数表达式,利用体积坐标复合求导法则,则可推导出单元任一点的应变、应力、单元刚度矩阵以及非节点载荷等效移置等显式。

8.5 8 节点六面体单元

模仿平面问题中的矩形单元,空间问题中可以应用 8 节点六面体单元,其棱边也是直边,如图 8 - 5 所示。单元共有 $ijmk - pqrs$8 个节点,每个节点 3 个自由度,单元共有 24 个

自由度。单元的节点位移列阵和节点力列阵分别为

$$[\delta^e] = \begin{bmatrix} U_i & V_i & W_i & \vdots & \cdots & \vdots & U_s & V_s & W_s \end{bmatrix}^T$$

$$[F^e] = \begin{bmatrix} F_{iX} & F_{iY} & F_{iZ} & \vdots & \cdots & \vdots & F_{sX} & F_{sY} & F_{sZ} \end{bmatrix}^T$$

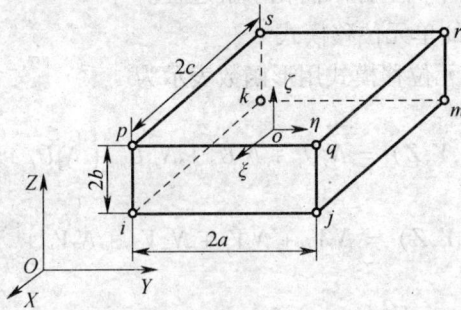

图 8-5 8 节点六面体单元

8.5.1 单元的位移模式

由于 8 节点六面体的每个节点有 3 个自由度,共 24 个自由度,则其位移函数可以包括以下各项:

$$\phi = \begin{bmatrix} 1 & x & y & z & xy & xz & yz & xyz \end{bmatrix}$$

待定系数: α_1、α_2、$\cdots$、α_{24}

将单元节点坐标和位移代入广义位移函数,求解全部待定系数极为繁琐,不妨利用位移函数的插值形式。

$$\begin{cases} U = U(X,Y,Z) = N_i U_i + N_j U_j + N_m U_m + N_k U_k + N_p U_p + N_q U_q + N_r U_r + N_s U_s \\ V = V(X,Y,Z) = N_i V_i + N_j V_j + N_m V_m + N_k V_k + N_p V_p + N_q V_q + N_r V_r + N_s V_s \\ W = W(X,Y,Z) = N_i W_i + N_j W_j + N_m W_m + N_k W_k + N_p W_p + N_q W_q + N_r W_r + N_s W_s \end{cases}$$

形函数 $N_i = N_i(X,Y,Z)$ (i,j,m,k,p,q,r,s)是关于总体坐标的函数,但推导繁琐。若模仿 8 节点平面矩形单元用局部坐标来表示形函数的方法,则推导简单。如图 8-5 所示的 8 节点六面体单元,令该六面体的边长分别为 $2a$、$2b$、$2c$,先在六面体的形心处,建立一个局部坐标系 $\xi\eta\zeta$,其中 ξ、η 和 ζ 分别与 X、Y、Z 轴平行,并令其形心的整体坐标为(X_0,Y_0,Z_0),则整体坐标与局部坐标的变换式可以表示为

$$\begin{cases} X = X_0 + a\xi \\ Y = Y_0 + b\eta \\ Z = Z_0 + c\zeta \end{cases} \tag{8-21}$$

单元内各点的局部坐标值都在 $-1 \sim 1$ 之间变化。例如,i 节点,$\xi_i = \eta_i = \zeta_i = -1$,记 i 节点的局部坐标为 $i(-1,-1,-1)$。

仿照 8 节点矩形单元二维单元插值函数的构造方法,根据形函数的性质,对于 N_i 用除 i 节点之外的其余全部节点构成的三个平面的局部方程左部的乘积来构造一个平面方程:

168

$$m - k - s - r: 1 - \xi = 0$$

$$j - m - q - r: 1 - \eta = 0$$

$$p - q - r - s: 1 - \zeta = 0$$

可得 N_i 的表达式为

$$N_i = a(1 - \xi)(1 - \eta)(1 - \zeta)$$

将 i 节点局部坐标 $(-1, -1, -1)$ 以及 $N_i = 1$ 代入求得系数 $a = 1/8$。依次类推，可求得其他形函数。局部坐标表示的形函数统一表示为

$$N_i = \frac{1}{8}(1 + \xi_i \xi)(1 + \eta_i \eta)(1 + \zeta_i \zeta) \quad (i,j,m,k,p,q,r,s) \tag{8-22}$$

8.5.2 单元的应变和应力

由空间问题几何方程，可得单元的应变为

$$[\varepsilon] = \begin{bmatrix} \varepsilon_X \\ \varepsilon_Y \\ \varepsilon_z \\ \gamma_{XY} \\ \gamma_{YZ} \\ \gamma_{ZX} \end{bmatrix} = \begin{bmatrix} \dfrac{\partial U}{\partial X} \\[2mm] \dfrac{\partial V}{\partial Y} \\[2mm] \dfrac{\partial W}{\partial Z} \\[2mm] \dfrac{\partial U}{\partial Y} + \dfrac{\partial V}{\partial X} \\[2mm] \dfrac{\partial V}{\partial Z} + \dfrac{\partial W}{\partial Y} \\[2mm] \dfrac{\partial W}{\partial X} + \dfrac{\partial U}{\partial Z} \end{bmatrix} = \begin{bmatrix} B_i & B_j & \cdots & B_s \end{bmatrix} \begin{bmatrix} U_i \\ V_j \\ W_i \\ \cdots \\ U_s \\ V_s \\ W_s \end{bmatrix} = [B][\delta] \tag{8-23}$$

应变矩阵 $[B]$ 中的子矩阵为

$$[B_i] = \begin{bmatrix} \dfrac{\partial N_i}{\partial X} & 0 & 0 \\[3mm] 0 & \dfrac{\partial N_i}{\partial Y} & 0 \\[3mm] 0 & 0 & \dfrac{\partial N_i}{\partial Z} \\[3mm] \dfrac{\partial N_i}{\partial Y} & \dfrac{\partial N_i}{\partial X} & 0 \\[3mm] 0 & \dfrac{\partial N_i}{\partial Z} & \dfrac{\partial N_i}{\partial Y} \\[3mm] \dfrac{\partial N_i}{\partial Z} & 0 & \dfrac{\partial N_i}{\partial X} \end{bmatrix} \quad (i,j,m,k,p,q,r,s) \tag{8-24}$$

式中

$$\begin{cases} \dfrac{\partial N_i}{\partial X} = \dfrac{\partial N_i}{\partial \xi}\dfrac{\partial \xi}{\partial X} = \dfrac{\xi_i}{8a}(1 + \eta_i\eta)(1 + \zeta_i\zeta) \\[3mm] \dfrac{\partial N_i}{\partial Y} = \dfrac{\partial N_i}{\partial \eta}\dfrac{\partial \eta}{\partial Y} = \dfrac{\eta_i}{8b}(1 + \zeta_i\zeta)(1 + \xi_i\xi) \quad (i,j,m,k,p,q,r,s) \\[3mm] \dfrac{\partial N_i}{\partial Z} = \dfrac{\partial N_i}{\partial \zeta}\dfrac{\partial \zeta}{\partial Z} = \dfrac{\zeta_i}{8c}(1 + \xi_i\xi)(1 + \eta_i\eta) \end{cases} \quad (8-25)$$

$$[\sigma] = \begin{bmatrix} \sigma_X \\ \sigma_Y \\ \sigma_z \\ \tau_{XY} \\ \tau_{YZ} \\ \tau_{ZX} \end{bmatrix} = [D][\varepsilon] = [D][B_i \quad B_j \quad \cdots \quad B_s][\delta^e] \quad (8-26)$$

$$= [S_i \quad S_j \quad \cdots \quad S_s][\delta^e] = [S][\delta^e]$$

其中

$$[S_i] = [D][B_i] \quad (i,j,m,k,p,q,r,s)$$

8.5.3　单元的刚度矩阵

根据单元刚度矩阵的普遍公式

$$K^e = \iiint_V B^{\mathrm{T}}DB\mathrm{d}x\mathrm{d}y\mathrm{d}z$$

其矩阵形式表示为

$$[K^e] = \begin{bmatrix} K_{ii} & K_{ij} & \cdots & K_{is} \\ K_{ji} & K_{jj} & \cdots & K_{js} \\ \vdots & \vdots & & \vdots \\ K_{si} & K_{sj} & \cdots & K_{ss} \end{bmatrix}$$

式中

$$[K_{rs}] = \iiint_V B_r^{\mathrm{T}}DB_s\mathrm{d}X\mathrm{d}Y\mathrm{d}Z = abc\int_{-1}^1\int_{-1}^1\int_{-1}^1 B_r^{\mathrm{T}}DB_s\mathrm{d}\xi\mathrm{d}\eta\mathrm{d}\zeta \quad (i,j,\ldots r,s) \quad (8-27)$$

根据形函数和载荷移置一般通用公式,可推导出单元非节点载荷等效移置的显式。

8.6　20 节点六面体单元简介

为了提高单元精度,在 8 节点六面体单元的每个棱边的中点位置设置一个节点,从而构成 20 节点六面体单元,如图 8-6 所示。边中点的排列先 X 轴为法线的平面 1-2-3-4,后 Y 轴为法线的平面 5-6-7-8,再 Z 轴为法线的平面 9-10-11-12,且以 i 点棱边为平面的开始节点编号,相对平面相应法线正向逆时针排列节点编号。

170

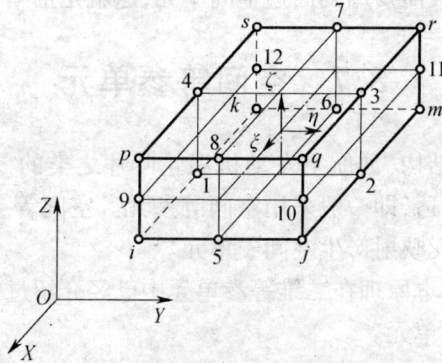

图 8-6 20 节点六面体单元

单元节点位移列阵和节点力列阵分别为

$$\left[\delta^e\right] = \begin{bmatrix} U_i & V_i & W_i & \cdots & U_{12} & V_{12} & W_{12} \end{bmatrix}^T$$

$$\left[F^e\right] = \begin{bmatrix} F_{iX} & F_{iY} & F_{iZ} & \cdots & F_{12X} & F_{12Y} & F_{12Z} \end{bmatrix}^T$$

单元的位移模式和形函数。

对于 20 节点六面体单元(除了角点外,每边中点也是节点),每个节点 3 个自由度,共 60 个自由度,则位移函数可以包括以下各项:

$$\phi = \begin{bmatrix} 1 & X & Y & Z & XY & XZ & YZ & X^2 & Y^2 & Z^2 & X^2Y & XY^2 & X^2Z & XZ^2 & Y^2Z & YZ^2 \\ & XYZ & X^2YZ & XY^2Z & XYZ^2 \end{bmatrix}$$

待定系数:α_1、α_2、$\cdots$、α_{60}

模仿 8 节点六面体单元,在单元形心建立一个如图 8-6 所示的局部坐标系。

$$\begin{cases} X = X_0 + a\xi & (-1 \leqslant \xi \leqslant 1) \\ Y = Y_0 + b\eta & (-1 \leqslant \eta \leqslant 1) \\ Z = Z_0 + c\zeta & (-1 \leqslant \zeta \leqslant 1) \end{cases}$$

单元位移函数的形函数形式为

$$\begin{cases} U = N_i U_i + \cdots + N_s U_s + N_1 U_1 + \cdots + N_{12} U_{12} \\ V = N_i V_i + \cdots + N_s V_s + N_1 V_1 + \cdots + N_{12} V_{12} \\ W = N_i W_i + \cdots + N_s W_s + N_1 W_1 + \cdots + N_{12} W_{12} \end{cases}$$

式中

$$N_i = \begin{cases} \dfrac{1}{8}(1+\xi_i\xi)(1+\eta_i\eta)(1+\zeta_i\zeta)(\xi_i\xi+\eta_i\eta+\zeta_i\zeta-2) & (i,j,m,k,p,q,r,s) \\ \dfrac{1}{4}(1-\xi^2)(1+\eta_i\eta)(1+\zeta_i\zeta) & (1,2,3,4) \\ \dfrac{1}{4}(1-\eta^2)(1+\zeta_i\zeta)(1+\xi_i\xi) & (5,6,7,8) \\ \dfrac{1}{4}(1-\zeta^2)(1+\xi_i\xi)(1+\eta_i\eta) & (9,10,11,12) \end{cases}$$

同理,求得单元的应力、应变、单元刚度矩阵和等效载荷节点力。

由于长方体单元形状过于规则,不易拟合实际结构的外形,因此应用受到限制。对于

171

复杂边界的空间结构,一般需要用到曲边空间单元,这就是空间等参单元。

8.7 空间等参单元

在有限元中,像复杂结构(如航空发动机涡轮叶片之类的零件)的应力分析,一般采用三维的曲边单元比较合适,即一般采用空间等参数。空间等参单元与二维等参单元的原理相似,即由空间母单元映射产生空间子单元。

等参单元的概念和基本原理在二维等参单元中已经介绍过,通过效仿,容易建立四面体等参单元和六面体等参单元。

8.7.1 六面体等参单元

以图8-7所示的20节点六面体为例进行介绍。将20个节点的六面体的基本单元(图8-7(b)),映射成20个节点的曲边体的映射单元即子单元(图8-7(a))。在映射(或坐标变换)过程中,单元几何形状的变换和单元的场函数所采用的节点参数和形函数相同。

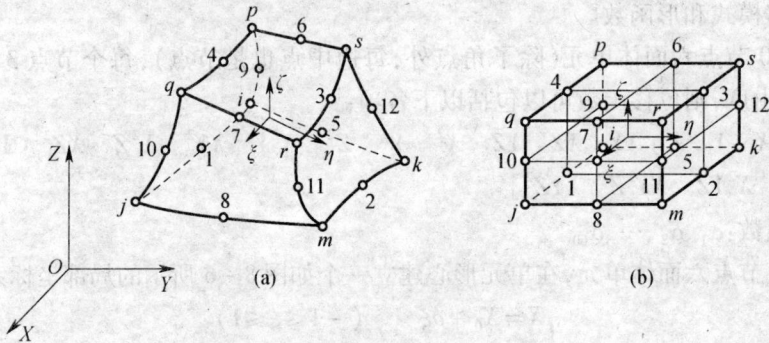

图8-7 20节点六面体等参元
(a)子单元;(b)母单元(边长为2的正方体)。

1. 单元的位移函数和坐标变换

三维单元的位移函数为

$$\begin{cases} U = N_i(\xi,\eta,\zeta)U_i + \cdots N_s(\xi,\eta,\zeta)U_s + N_1(\xi,\eta,\zeta)U_1 + \cdots + N_{12}(\xi,\eta,\zeta)U_{12} \\ V = N_i(\xi,\eta,\zeta)V_i + \cdots N_s(\xi,\eta,\zeta)V_s + N_1(\xi,\eta,\zeta)V_1 + \cdots + N_{12}(\xi,\eta,\zeta)V_{12} \quad (8-28) \\ W = N_i(\xi,\eta,\zeta)W_i + \cdots N_s(\xi,\eta,\zeta)W_s + N_1(\xi,\eta,\zeta)W_1 + \cdots + N_{12}(\xi,\eta,\zeta)W_{12} \end{cases}$$

式中

$$N_i = \begin{cases} \dfrac{1}{8}(1+\xi_i\xi)(1+\eta_i\eta)(1+\zeta_i\zeta)(\xi_i\xi+\eta_i\eta+\zeta_i\zeta-2) & (i,j,m,k,p,q,r,s) \\ \dfrac{1}{4}(1-\xi^2)(1+\eta_i\eta)(1+\zeta_i\zeta) & (1,2,3,4) \\ \dfrac{1}{4}(1-\eta^2)(1+\zeta_i\zeta)(1+\xi_i\xi) & (5,6,7,8) \\ \dfrac{1}{4}(1-\zeta^2)(1+\xi_i\xi)(1+\eta_i\eta) & (9,10,11,12) \end{cases}$$

$$(8-29)$$

单元内任一点的位移用矩阵表示为

$$
[d] = \begin{bmatrix} N_i & 0 & 0 & \cdots & N_s & 0 & 0 & N_1 & 0 & 0 & \cdots & N_{12} & 0 & 0 \\ 0 & N_i & 0 & \cdots & 0 & N_s & 0 & 0 & N_1 & 0 & \cdots & 0 & N_{12} & 0 \\ 0 & 0 & N_i & \cdots & 0 & 0 & N_s & 0 & 0 & N_1 & \cdots & 0 & 0 & N_{12} \end{bmatrix} [\delta^e]
$$

$$
= \begin{bmatrix} N_i I & \cdots & N_s I & N_1 I & \cdots & N_{12} I \end{bmatrix} [\delta^e] \tag{8-30}
$$

$$
= [N][\delta^e]
$$

2. 局部坐标与整体坐标的变换关系式

$$
\begin{cases} X = N_i(\xi,\eta,\zeta)X_i + \cdots N_s(\xi,\eta,\zeta)X_s + N_1(\xi,\eta,\zeta)X_1 + \cdots + N_{12}(\xi,\eta,\zeta)X_{12} \\ Y = N_i(\xi,\eta,\zeta)Y_i + \cdots N_s(\xi,\eta,\zeta)Y_s + N_1(\xi,\eta,\zeta)Y_1 + \cdots + N_{12}(\xi,\eta,\zeta)Y_{12} \\ Z = N_i(\xi,\eta,\zeta)Z_i + \cdots N_s(\xi,\eta,\zeta)Z_s + N_1(\xi,\eta,\zeta)Z_1 + \cdots + N_{12}(\xi,\eta,\zeta)Z_{12} \end{cases} \tag{8-31}
$$

利用式(8-31)可以求出子单元中任一点 $P(X,Y,Z)$ 的局部坐标 ξ、η、ζ 的值。

3. 单元的应变和应力

根据几何方程,单元的应变列阵为

$$
[\varepsilon] = \begin{bmatrix} \varepsilon_X \\ \varepsilon_Y \\ \varepsilon_Z \\ \gamma_{XY} \\ \gamma_{YZ} \\ \gamma_{ZX} \end{bmatrix} = \begin{bmatrix} \dfrac{\partial}{\partial X} & 0 & 0 \\ 0 & \dfrac{\partial}{\partial Y} & 0 \\ 0 & 0 & \dfrac{\partial}{\partial Z} \\ \dfrac{\partial}{\partial Y} & \dfrac{\partial}{\partial X} & 0 \\ 0 & \dfrac{\partial}{\partial Z} & \dfrac{\partial}{\partial Y} \\ \dfrac{\partial}{\partial Z} & 0 & \dfrac{\partial}{\partial X} \end{bmatrix} \begin{bmatrix} U \\ V \\ W \end{bmatrix}
$$

将(8-28)代入上式整理,有

$$
[\varepsilon] = \begin{bmatrix} B_i & B_j & \cdots & B_s & B_1 & B_2 & \cdots & B_{12} \end{bmatrix} [\delta^e] = [B][\delta^e] \tag{8-32}
$$

其中,应变矩阵 $[B]$ 的各子块矩阵为

$$
[B_i] = \begin{bmatrix} \dfrac{\partial N_i}{\partial X} & 0 & 0 \\ 0 & \dfrac{\partial N_i}{\partial Y} & 0 \\ 0 & 0 & \dfrac{\partial N_i}{\partial Z} \\ \dfrac{\partial N_i}{\partial Y} & \dfrac{\partial N_i}{\partial X} & 0 \\ 0 & \dfrac{\partial N_i}{\partial Z} & \dfrac{\partial N_i}{\partial Y} \\ \dfrac{\partial N_i}{\partial Z} & 0 & \dfrac{\partial N_i}{\partial X} \end{bmatrix} \quad (i,j,\cdots,1,2,\cdots,12) \tag{8-33}
$$

形状函数 $N_i(\xi,\eta,\zeta)$ 是局部坐标的函数,而在应变矩阵中要求它对总体坐标求导,因此,与二维问题一样,必须利用两种坐标之间的变换关系,采用复合函数求导法则求解。根据复合求导公式,有

$$
\begin{cases}
\dfrac{\partial N_i}{\partial \xi} = \dfrac{\partial N_i}{\partial X}\dfrac{\partial X}{\partial \xi} + \dfrac{\partial N_i}{\partial Y}\dfrac{\partial Y}{\partial \xi} + \dfrac{\partial N_i}{\partial Z}\dfrac{\partial Z}{\partial \xi} \\[2mm]
\dfrac{\partial N_i}{\partial \eta} = \dfrac{\partial N_i}{\partial X}\dfrac{\partial X}{\partial \eta} + \dfrac{\partial N_i}{\partial Y}\dfrac{\partial Y}{\partial \eta} + \dfrac{\partial N_i}{\partial Z}\dfrac{\partial Z}{\partial \eta} \\[2mm]
\dfrac{\partial N_i}{\partial \zeta} = \dfrac{\partial N_i}{\partial X}\dfrac{\partial X}{\partial \zeta} + \dfrac{\partial N_i}{\partial Y}\dfrac{\partial Y}{\partial \zeta} + \dfrac{\partial N_i}{\partial Z}\dfrac{\partial Z}{\partial \zeta}
\end{cases}
$$

写成矩阵形式,即

$$
\begin{bmatrix} \dfrac{\partial N_i}{\partial \xi} \\[2mm] \dfrac{\partial N_i}{\partial \eta} \\[2mm] \dfrac{\partial N_i}{\partial \zeta} \end{bmatrix} =
\begin{bmatrix} \dfrac{\partial X}{\partial \xi} & \dfrac{\partial Y}{\partial \xi} & \dfrac{\partial Z}{\partial \xi} \\[2mm] \dfrac{\partial X}{\partial \eta} & \dfrac{\partial Y}{\partial \eta} & \dfrac{\partial Z}{\partial \eta} \\[2mm] \dfrac{\partial X}{\partial \zeta} & \dfrac{\partial Y}{\partial \zeta} & \dfrac{\partial Z}{\partial \zeta} \end{bmatrix}
\begin{bmatrix} \dfrac{\partial N_i}{\partial X} \\[2mm] \dfrac{\partial N_i}{\partial Y} \\[2mm] \dfrac{\partial N_i}{\partial Z} \end{bmatrix} = [J]
\begin{bmatrix} \dfrac{\partial N_i}{\partial X} \\[2mm] \dfrac{\partial N_i}{\partial Y} \\[2mm] \dfrac{\partial N_i}{\partial Z} \end{bmatrix}
\tag{8-34}
$$

式中:J 为雅可比矩阵变换矩阵,它表示形函数对总体坐标的导数与形函数对局部坐标导数之间的变换关系。根据式(8-31)可以求得 $[J]$ 的显式为

$$
[J] = \begin{bmatrix} \dfrac{\partial X}{\partial \xi} & \dfrac{\partial Y}{\partial \xi} & \dfrac{\partial Z}{\partial \xi} \\[2mm] \dfrac{\partial X}{\partial \eta} & \dfrac{\partial Y}{\partial \eta} & \dfrac{\partial Z}{\partial \eta} \\[2mm] \dfrac{\partial X}{\partial \zeta} & \dfrac{\partial Y}{\partial \zeta} & \dfrac{\partial Z}{\partial \zeta} \end{bmatrix} =
\begin{bmatrix}
\displaystyle\sum_{g=i,j,\cdots,s,1,2,\cdots,12} \dfrac{\partial N_g}{\partial \xi}X_i & \displaystyle\sum_{g=i,j,\cdots,s,1,2,\cdots,12} \dfrac{\partial N_i}{\partial \xi}Y_i & \displaystyle\sum_{g=i,j,\cdots,s,1,2,\cdots,12} \dfrac{\partial N_i}{\partial \xi}Z_i \\[4mm]
\displaystyle\sum_{g=i,j,\cdots,s,1,2,\cdots,12} \dfrac{\partial N_i}{\partial \eta}X_i & \displaystyle\sum_{g=i,j,\cdots,s,1,2,\cdots,12} \dfrac{\partial N_i}{\partial \eta}Y_i & \displaystyle\sum_{g=i,j,\cdots,s,1,2,\cdots,12} \dfrac{\partial N_i}{\partial \eta}Z_i \\[4mm]
\displaystyle\sum_{g=i,j,\cdots,s,1,2,\cdots,12} \dfrac{\partial N_i}{\partial \zeta}X_i & \displaystyle\sum_{g=i,j,\cdots,s,1,2,\cdots,12} \dfrac{\partial N_i}{\partial \zeta}Y & \displaystyle\sum_{g=i,j,\cdots,s,1,2,\cdots,12} \dfrac{\partial N_i}{\partial \zeta}Z_i
\end{bmatrix}
\tag{8-35}
$$

由式(8-34)变换,得

$$
\begin{bmatrix} \dfrac{\partial N_i}{\partial X} \\[2mm] \dfrac{\partial N_i}{\partial Y} \\[2mm] \dfrac{\partial N_i}{\partial Z} \end{bmatrix} = [J]^{-1}
\begin{bmatrix} \dfrac{\partial N_i}{\partial \xi} \\[2mm] \dfrac{\partial N_i}{\partial \eta} \\[2mm] \dfrac{\partial N_i}{\partial \zeta} \end{bmatrix}
\tag{8-36}
$$

根据物理方程可求得单元应力为

$$
[\sigma] = \begin{bmatrix} \sigma_X \\ \sigma_Y \\ \sigma_Z \\ \tau_{XY} \\ \tau_{YZ} \\ \tau_{ZX} \end{bmatrix} = [D][\varepsilon] = ([D][B])[\delta^e] = [S][\delta^e]
\tag{8-37}
$$

174

4. 单元的刚度矩阵

单元刚度矩阵一般表达式为

$$K^e = \iiint B^{\mathrm{T}} D B \mathrm{d}V \tag{8-38}$$

因为$[B]$为局部坐标ξ、η、ζ的函数,所以微元体积$\mathrm{d}V$也必须由局部坐标表示,即

$$\mathrm{d}V = \mathrm{d}\xi(\mathrm{d}\eta \times \mathrm{d}\zeta)$$

式中:$\mathrm{d}\xi$、$\mathrm{d}\eta$、$\mathrm{d}\zeta$ 分别为局部坐标的矢量。

$$\begin{cases} \mathrm{d}\xi = \dfrac{\partial \boldsymbol{X}}{\partial \xi}\mathrm{d}\xi \boldsymbol{i} + \dfrac{\partial \boldsymbol{Y}}{\partial \xi}\mathrm{d}\xi \boldsymbol{j} + \dfrac{\partial \boldsymbol{Z}}{\partial \xi}\mathrm{d}\xi \boldsymbol{k} \\[3mm] \mathrm{d}\eta = \dfrac{\partial \boldsymbol{X}}{\partial \eta}\mathrm{d}\eta \boldsymbol{i} + \dfrac{\partial \boldsymbol{Y}}{\partial \eta}\mathrm{d}\eta \boldsymbol{j} + \dfrac{\partial \boldsymbol{Z}}{\partial \eta}\mathrm{d}\eta \boldsymbol{k} \\[3mm] \mathrm{d}\zeta = \dfrac{\partial \boldsymbol{X}}{\partial \zeta}\mathrm{d}\zeta \boldsymbol{i} + \dfrac{\partial \boldsymbol{Y}}{\partial \zeta}\mathrm{d}\zeta \boldsymbol{j} + \dfrac{\partial \boldsymbol{Z}}{\partial \zeta}\mathrm{d}\zeta \boldsymbol{k} \end{cases} \tag{8-39}$$

式中:$\boldsymbol{i}$、$\boldsymbol{j}$、$\boldsymbol{k}$ 是整体坐标 X、Y、Z 方向的单位矢量。

即

$$\mathrm{d}V = \begin{vmatrix} \dfrac{\partial x}{\partial \xi} & \dfrac{\partial y}{\partial \xi} & \dfrac{\partial z}{\partial \xi} \\[3mm] \dfrac{\partial x}{\partial \eta} & \dfrac{\partial y}{\partial \eta} & \dfrac{\partial z}{\partial \eta} \\[3mm] \dfrac{\partial x}{\partial \zeta} & \dfrac{\partial y}{\partial \zeta} & \dfrac{\partial z}{\partial \zeta} \end{vmatrix} \mathrm{d}\xi \mathrm{d}\eta \mathrm{d}\zeta = |J|\mathrm{d}\xi \mathrm{d}\eta \mathrm{d}\zeta \tag{8-40}$$

式中:$|J|$为雅可比矩阵的行列式。

将式(8-40)代入式(8-38),得六面体等参元的单元刚度矩阵为

$$K^e = \int_{-1}^{1}\int_{-1}^{1}\int_{-1}^{1} B^{\mathrm{T}} D B |J|\mathrm{d}\xi \mathrm{d}\eta \mathrm{d}\zeta \tag{8-41}$$

5. 等效节点载荷

与平面等参元一样,对于六面体等参元的等效节点载荷的计算,也分别讨论集中力、离心力和表面力的等效载荷移置。

1)集中力的等效节点载荷$[R_i^P]$

假设单元内任意一点c受有集中载荷$[P] = [P_X P_Y P_Z]^{\mathrm{T}}$,则移置到各节点的等效节点载荷为

$$[R_i^e] = [R_{iX} R_{iY} R_{iZ}]^{\mathrm{T}} = ([N_i]_e I)^{\mathrm{T}}[P] = N_i\big|_c [P] \quad (i,j,\cdots,s,1,2,\cdots,12) \tag{8-42}$$

式中:$N_i\big|_c$为形函数N_i在载荷作用点c上的值。

在有限元分析中,划分网格时应尽量把集中力放在节点上,而不放在单元边界的任意点上,从而可以把载荷直接加在该点上。

2)离心力的等效节点载荷$[R_i^e]$

根据单元体积力的等效节点载荷公式

$$[R_i^e] = \int_{Ve} N_i W \mathrm{d}V = \int_{Ve} N_i W \mathrm{d}X \mathrm{d}Y \mathrm{d}Z (i,j,\cdots,s,1,2,\cdots,12)$$

对于叶片上一点 $P(X,Y,Z)$，W 是旋转叶片的单位体积上离心力，几何尺寸如图 8 - 8 所示，则有

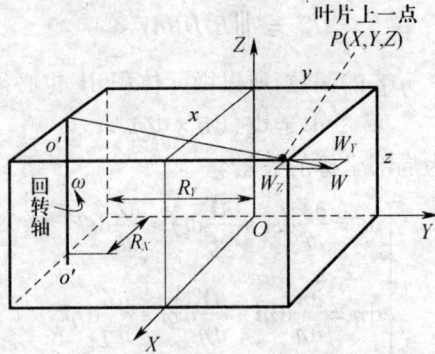

图 8 - 8　旋转叶片的离心力

$$W = \begin{bmatrix} W_X \\ W_Y \\ W_Z \end{bmatrix} = \rho\omega^2 \begin{bmatrix} X - R_X \\ Y + R_Y \\ 0 \end{bmatrix}$$

式中：ρ 为叶片材料密度；ω 为叶片绕 x 轴旋转角速度；N_i、X、Y 均为局部坐标 ξ、η、ζ 的函数，N_i 可由六面体形函数的计算公式得出，X、Y 可通过坐标变换公式求出。

对于一般体积力，如重力等，其求法与离心力的等效节点载荷公式相同。

3）表面力的等效节点载荷 $[R_i^q]$

令单元的某边界上作用有表面力 $[q] = [q_X \quad q_Y \quad q_Z]^{\mathrm{T}}$，则这个边界上有关节点的等效载荷可由插值函数表达式给出，即

$$[R_i^e] = [R_{ix} R_{iy} R_{iz}]^{\mathrm{T}} = \iint [N_i I]^{\mathrm{T}} [q_X q_Y q_Z]^{\mathrm{T}} \mathrm{d}s \tag{8-43}$$

式中：$\mathrm{d}s$ 为边界域内的微分面积。

表面力只对某几个单元的表面起作用，其余为单元之间的分割面。受载的外表面一般为曲面。因此，在曲面上建立局部坐标系 $\xi - \eta$，如图 8 - 9 所示。则 $\mathrm{d}s$ 是由两矢量 $\left(\dfrac{\partial r}{\partial \xi}\right)\mathrm{d}\xi$ 和 $\left(\dfrac{\partial r}{\partial \eta}\right)\mathrm{d}\eta$ 所构成的平行四边形的面积，其中 r 为曲面上的点矢量。

设结构中 $\zeta = 1$ 的边界面受到面力作用，则该曲面在整体坐标下的参数方程可通过坐标变换式(8 - 31)求得。在局部坐标系中，设曲面的方程 $\zeta = 1$，则 $\mathrm{d}s$ 可由两矢量的叉乘求出来，即

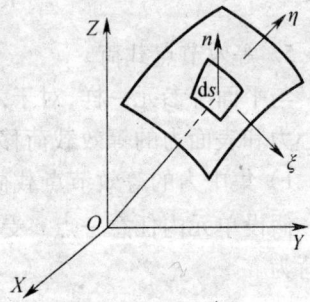

图 8 - 9　曲面局部坐标

$$\begin{aligned} \mathrm{d}s &= \left| \left(\dfrac{\partial r}{\partial \xi}\right)\mathrm{d}\xi \times \left(\dfrac{\partial r}{\partial \eta}\right)\mathrm{d}\eta \right| = \left| \dfrac{\partial r}{\partial \xi} \times \dfrac{\partial r}{\partial \eta} \right| \mathrm{d}\xi \mathrm{d}\eta \\ &= |Q_X \boldsymbol{i} + Q_Y \boldsymbol{j} + Q_Z \boldsymbol{k}| \mathrm{d}\xi \mathrm{d}\eta \\ &= \sqrt{Q_X^2 + Q_Y^2 + Q_Z^2} \, \mathrm{d}\xi \mathrm{d}\eta \end{aligned} \tag{8-44}$$

式中

$$Q_X = \begin{vmatrix} \dfrac{\partial Y}{\partial \xi} & \dfrac{\partial Z}{\partial \xi} \\ \dfrac{\partial Y}{\partial \eta} & \dfrac{\partial Z}{\partial \eta} \end{vmatrix}, \quad Q_Y = \begin{vmatrix} \dfrac{\partial Z}{\partial \xi} & \dfrac{\partial X}{\partial \xi} \\ \dfrac{\partial Z}{\partial \eta} & \dfrac{\partial X}{\partial \eta} \end{vmatrix}, \quad Q_Z = \begin{vmatrix} \dfrac{\partial X}{\partial \xi} & \dfrac{\partial Y}{\partial \xi} \\ \dfrac{\partial X}{\partial \eta} & \dfrac{\partial Y}{\partial \eta} \end{vmatrix}$$

$\boldsymbol{i}$、$\boldsymbol{j}$、$\boldsymbol{k}$ 分别为 X、Y、Z 方向的单位矢量。

若将 Q_X、Q_Y、Q_Z 展开后并代入式(8-44),则有

$$ds = \sqrt{B_1 B_2 - B_3{}^2}\, d\xi d\eta \tag{8-45}$$

式中

$$\begin{cases} B_1 = \left(\dfrac{\partial X}{\partial \xi}\right)^2 + \left(\dfrac{\partial Y}{\partial \xi}\right)^2 + \left(\dfrac{\partial Z}{\partial \xi}\right)^2 \\[2mm] B_2 = \left(\dfrac{\partial X}{\partial \eta}\right)^2 + \left(\dfrac{\partial Y}{\partial \eta}\right)^2 + \left(\dfrac{\partial Z}{\partial \eta}\right)^2 \\[2mm] B_3 = \dfrac{\partial X}{\partial \xi}\dfrac{\partial X}{\partial \eta} + \dfrac{\partial Y}{\partial \xi}\dfrac{\partial Y}{\partial \eta} + \dfrac{\partial Z}{\partial \xi}\dfrac{\partial Z}{\partial \eta} \end{cases} \tag{8-46}$$

因此,在 ξ 为常数的表面上有表面力作用时,对节点 i 而言,只需把式(8-45)代入式(8-43)中,就能得到表面力的等效节点载荷,即

$$\begin{aligned} \left[R_i^e\right] &= \left[R_{iX}\ R_{iY}\ R_{iZ}\right]^{\mathrm{T}} \\[2mm] &= \int_{-1}^{1}\int_{-1}^{1}\left[N_i I\right] q\, \sqrt{B_1 B_2 - B_3{}^2}\, d\xi d\eta \\[2mm] &= \int_{-1}^{1}\int_{-1}^{1} N_i \begin{bmatrix} q_X \\ q_Y \\ q_Z \end{bmatrix} \sqrt{B_1 B_2 - B_3{}^2}\, d\xi d\eta \end{aligned}$$

若在 ξ 为常数(或 η 为常数)的表面作用有表面力时,算法类似。

在实际工程结构中,面力常常是垂直作用在边界面上的,这时面力 q 就变成了边界面上的法向载荷,那么计算就得以简化。设 $\boldsymbol{n}$ 为表面单元法矢量,q_0 是单位面积上的面力,则 $\boldsymbol{n}ds$ 的表达式为

$$\boldsymbol{n}ds = \left(\dfrac{\partial r}{\partial \xi} \times \dfrac{\partial r}{\partial \eta}\right) d\xi d\eta = \begin{bmatrix} Q_X \\ Q_Y \\ Q_Z \end{bmatrix} d\xi d\eta$$

因 $q = p_0 n$,则有

$$\left[R_i^e\right] = \int_{-1}^{1}\int_{-1}^{1} N_i q_0 \begin{bmatrix} Q_X \\ Q_Y \\ Q_Z \end{bmatrix} d\xi d\eta$$

当以上公式去掉各边中点时,就是 8 节点六面体等参单元的计算公式。其子单元和母单元如图 8-10 所示。

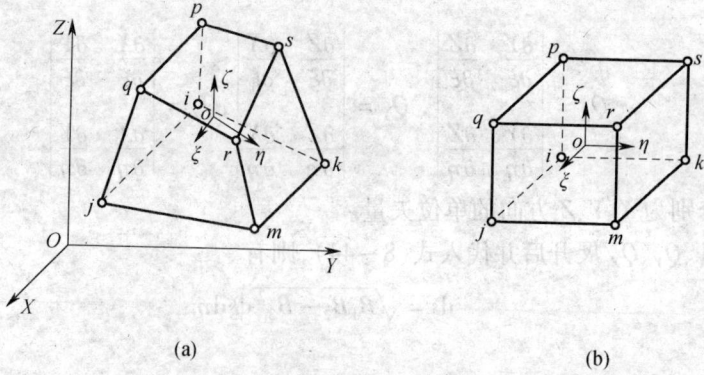

图 8-10 8 节点六面体等参单元

(a) 8 节点六面体子单元；(b) 8 节点六面体母单元(边长为 2 的正方体)。

8.7.2 四面体等参单元

如图 8-11 所示的 10 节点四面体等参单元，它与 10 节点四面体普通单元相比，虽然节点数相同，但等参单元可以是曲线棱边，适合于拟合曲面边界，而普通单元是直线棱边，只能适用于平面边界。

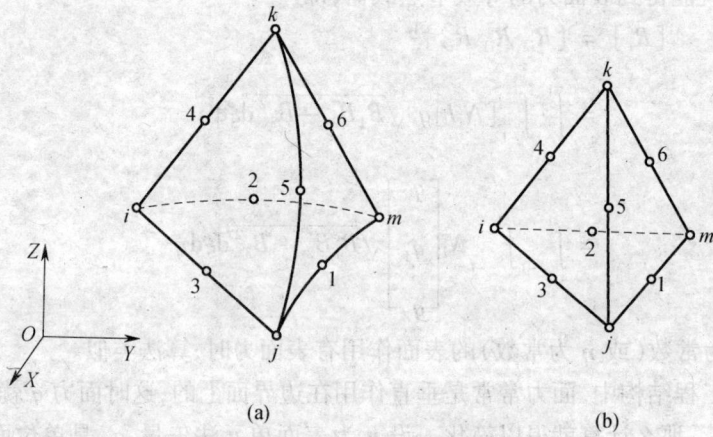

图 8-11 10 节点四面体等参元

(a) 母单元；(b) 子单元。

10 节点四面体单元的位移函数为

$$\begin{cases} U = N_i(\xi,\eta,\zeta)U_i + \cdots + N_k(\xi,\eta,\zeta)U_k + N_1(\xi,\eta,\zeta)U_1 + \cdots + N_6(\xi,\eta,\zeta)U_6 \\ V = N_i(\xi,\eta,\zeta)V_i + \cdots + N_k(\xi,\eta,\zeta)V_k + N_1(\xi,\eta,\zeta)V_1 + \cdots + N_6(\xi,\eta,\zeta)V_6 \\ W = N_i(\xi,\eta,\zeta)W_i + \cdots + N_k(\xi,\eta,\zeta)W_k + N_1(\xi,\eta,\zeta)W_1 + \cdots + N_6(\xi,\eta,\zeta)W_6 \end{cases}$$

局部坐标与整体坐标的变换关系式为

$$\begin{cases} X = N_i(\xi,\eta,\zeta)X_i + \cdots + N_k(\xi,\eta,\zeta)X_k + N_1(\xi,\eta,\zeta)X_1 + \cdots + N_6(\xi,\eta,\zeta)X_6 \\ Y = N_i(\xi,\eta,\zeta)Y_i + \cdots + N_k(\xi,\eta,\zeta)Y_k + N_1(\xi,\eta,\zeta)Y_1 + \cdots + N_6(\xi,\eta,\zeta)Y_6 \\ Z = N_i(\xi,\eta,\zeta)Z_i + \cdots + N_k(\xi,\eta,\zeta)Z_k + N_1(\xi,\eta,\zeta)Z_1 + \cdots + N_6(\xi,\eta,\zeta)Z_6 \end{cases}$$

178

四面体等参元的其他特性都与六面体类似,这里不再阐述。由于实际结构离散时,六面体单元优于四面体单元,因而在空间结构有限元分析中,通常采用六面体等参数单元。

　　同样可以证明,四面体等参元也是完备和协调单元。

第9章　ANSYS软件概述

9.1　ANSYS软件简介

ANSYS软件(美国)是融结构、热、流体、电磁、声学于一体的大型计算机辅助工程分析(CAE)通用有限元分析软件,可广泛用于核工业、铁道、石油化工、航空航天、机械制造、能源、汽车交通、国防军工、电子、土木工程、造船、生物医学、轻工、地矿、水利、日用家电等一般工业及科学研究。

ANSYS软件可以安装于多种操作系统平台,如 Windows Me、Windows NT4.0(推荐使用 Service Pack5.0)、Windows 2000(推荐使用 Service Pack3.0)、Windows XP 等操作系统。

ANSYS软件每个新版本一般需要经过 7000 道标准考题测试才发行,1995 年在设计分析类软件中第一个通过了 ISO 9001 的质量体系认证。ANSYS软件历经多次更新发展,当前的 ANSYS 版本嵌入了具有图形用户界面(GUI)的窗口、下拉菜单、对话框和工具栏等,符合 Windows 的程序界面风格。

这里以 ANSYS11.0 版本予以介绍。

9.2　ANSYS软件的模块组成

ANSYS软件分为起始层和处理层。当输入操作命令时,通过起始层过滤和分流,进入到处理层中不同的程序求解器。

软件的处理层主要包括前处理模块、求解模块和后处理模块。前处理模块提供了一个强大的实体建模及网格划分工具,用户可以方便地构造有限元模型;求解模块包括结构线性分析、结构非线性分析、流体动力学分析、电磁场分析、声场分析、压电分析以及多物理场耦合分析、灵敏度分析、结构随机有限元分析及优化分析等能力;后处理模块可将计算分析结果以彩色等值线显示、梯度显示、矢量显示、粒子流迹显示、立体切片显示、透明及半透明显示(可看到内部结构)等图形方式显示出来,也可将计算结果以图表、曲线形式显示或输出。软件提供了 100 多种单元类型,用来模拟工程中的各种结构和材料。

启动 ANSYS 后,从开始平台可以进入 PREP7(通用前处理模块)、SOLUTION(分析计算模块)、POST(通用后处理模块)、POST26(时间历程后处理模块)。用户的指令可以通过鼠标单击菜单选取执行,也可以在命令输入窗口通过键盘输入命令。命令一经执行,该命令就会在 .log 文件中列出。

9.2.1　通用前处理模块

通用前处理模块主要有实体建模、材料定义、网格划分和施加载荷。

1. 实体建模

ANSYS 软件具备自底向上(由基本低级图元生成高级图元,即点→线→面→体)和自顶向下(在产生基本高级图元时自动生成低级图元)两种图元生成法。二维基本图元(面图元)包括矩形、圆、圆环、扇形、扇环、正多边形等;三维基本图元(体图元)包括六面体、圆柱、环柱、扇柱、扇环柱、正棱柱、实/空心球、尖锥、台锥等。通过对图元之间的布尔运算(加、减、交、粘、叠、分、离……)来"雕塑"形成所需的复杂实体,应用低级基本图元的旋转、拖拉、延伸等操作来形成高一级复杂实体。同时可以利用图元的移动、复制、映射加快建模过程。附加的功能还包括圆弧构造、切线构造、倒角以及用于网格划分的硬点的建立、移动、复制和删除。

2. 材料定义

对于结构分析,必须输入材料的特性,例如,结构静力学分析中,至少要输入材料的弹性模量,热分析至少要输入材料的导热系数。因此 ANSYS 所有的分析都要输入材料的属性。

ANSYS 软件提供了多种材料模型,包括弹性材料、弹塑性材料、粘弹性材料和粘塑性材料等。用户可以根据实际结构和分析类型选用合适的材料模型,并输入相应的材料属性。

3. 网格划分

ANSYS 软件提供了使用快捷、高质量的对几何模型进行网格划分的功能,包括自由划分、映射划分和拖拉划分和自适用划分 4 种网格划分方法。ANSYS 软件的自由网格划分功能十分强大,可对复杂模型直接划分,避免了分块划分然后再组装时相邻块网格可能不匹配带来的麻烦。映射网格划分允许用户将几何模型分解成简单的几个部分,然后选择合适的单元属性和网格控制来生成映射网格。拖拉网格划分可将一个二维网格延伸成一个三维网格。自适用网格划分是在生成了具有边界条件的实体模型后,用户指示程序自动生成有限元网格,分析、估计网格的离散误差,然后重新定义网格大小,再次分析计算、估计网格的离散误差,直至误差低于用户定义的值或达到用户定义的求解次数。网格划分后,还可以局部细化网格,以提高关键区域的计算精度。

4. 施加载荷

用户可以在前处理器中对几何模型或 FE 模型上施加力载荷和约束。力载荷包括点载荷、分布载荷、体载荷、函数载荷等。施加载荷也可在分析计算模块进行,其效果完全一样。

9.2.2 分析计算模块

若前处理阶段未对结构施加载荷,则可以在分析计算阶段施加载荷否则直接定义分析类型、求解获得分析结果。

ANSYS 软件提供的分析类型如下:

(1) 结构静力分析:用来确定外载荷作用下结构的变形、应变、应力及约束反作用力等。静力分析很适合于求解惯性和阻尼对结构影响不显著的问题。静力分析用于静态载荷,可以考虑结构的线性及非线性行为。

结构非线性导致结构或部件的响应随外载荷不成比例变化。ANSYS 软件可求解静态和瞬态非线性问题,包括材料非线性、几何非线性和状态非线性三种,如大变形、大应变、应力刚化、接触、塑性、超弹及蠕变等。

(2) 结构动力学分析:用来求解随时间变化的载荷对结构或部件的影响。与静力分析不同,动力学分析要考虑随时间变化的力载荷以及它对阻尼和惯性的影响。ANSYS 可进行的结构动力学分析类型包括模态分析、谱分析、瞬态动力学分析、谐波响应分析、屈曲分析及随机振动响应分析。

(3) 运动学分析:ANSYS 软件可以分析大型三维柔体运动。当运动的积累影响起主要作用时,可使用这些功能分析复杂结构在空间中的运动特性,并确定结构中由此产生的应力、应变和变形。

(4) 热分析:ANSYS 软件可处理热传导、热对流、热辐射三种热传递方式。热传递的三种类型均可进行稳态和瞬态、线性和非线性分析。热分析还具有可以模拟材料熔化和凝固过程的相变和内热源(电阻发热)分析能力以及模拟热与结构应力之间的热—耦合分析能力。热分析之后往往进行结构分析,计算由于热膨胀或收缩不均匀引起的应力。

(5) 电磁场分析:主要用于电磁场问题的分析,考虑的物理量主要有电感、电容、磁通量密度、电场分布、电路、磁力、磁力矩、阻抗、涡流、能耗及磁通量泄漏等。磁场分析包括静磁场分析、交变磁场分析、瞬态磁场分析。电场分析用于计算电阻或电容系统的电场,高频电磁场分析用于微波及 RF 无源组件,波导、雷达系统、同轴连接器等分析。

(6) 流体分析:用于确定流体的流动及热行为。流体分析分以下几类:CFD – ANSYS – FLOTRAN 提供强大的计算流体动力学分析功能,包括不可压缩或可压缩流体、层流及湍流以及多组分流等。声学分析:考虑流体介质与周围固体的相互作用,进行声波传递或水下结构的动力学分析等。容器内流体分析:考虑容器内的非流动流体的影响,可以确定由于晃动引起的静水压力。

流体动力学耦合分析:考虑流体约束质量的动力响应基础上,在结构动力学分析中使用流体耦合单元。

(7) 声场分析:程序的声学功能用来研究在含有流体的介质中声波的传播,或分析浸在流体中的固体结构的动态特性。这些功能可用来确定音响麦克风的频率响应,研究音乐大厅的声场强度分布,或预测水对振动船体的阻尼效应。

(8) 压电分析:用于分析二维或三维结构对交流(AC)、直流(DC)或任意随时间变化的电流或机械载荷的响应。这种分析类型可用于换热器、振荡器、谐振器、麦克风等部件及其他电子设备的结构动态性分析。可进行静态分析、模态分析、谐波响应分析和瞬态响应分析。

9.2.3 通用后处理模块

ANSYS 软件有通用后处理模块 POST1 和时间历程后处理模块 POST26。通过友好的用户界面,可以很容易获得求解过程的计算结果并对其进行显示。这些结果包括位移、温度、应力、应变、速度及热流等,输出形式可以有图形显示和数据列表两种。

1. 通用后处理模块 POST1

这个模块对前面的分析结果能以图形形式列表形式显示和输出。例如,计算结果在模型上的变化情况可用等值线图表示,不同颜色的等值线代表了不同的量值。浓淡图则用不同的颜色代表不同的数值区,清晰地反映了计算结果的区域分布情况。

2. 时间历程后处理模块 POST26

这个模块用于检查在一个时间段或子步历程中的结果,如节点位移、应力或支反力。这些结果能通过绘制曲线或列表查看。绘制一个或多个变量随频率或其他量变化的曲线,有助于形象化地表示分析结果。另外,POST26 还可以进行曲线的代数运算。

9.3 ANSYS 软件的特点

ANSYS 软件的特点如下:

(1) 建模能力强。能自由灵活地建立实体模型,定义材料特性、各种载荷、边界条件,建立约束方程;能根据问题的特殊要求划分网格,如自由网格、映射网格、自由拖拉生成规整网格、局部细化网格、自适用网格、层网格划分等,其中层网格划分用于流体边界层和电磁集肤效应边界。另外,ANSYS 还具有子结构、子模型等高级功能。

(2) 求解能力强。具有多种方程求解器,能求解各种大型矩阵,精度高。求解器包括:波前求解器(FRONTAL)、预条件共轭梯度(PCG)求解器、雅可比共轭梯度(JCG)求解器、不完全乔列斯基共轭梯度(ICCG)求解器,以及其他一些特殊的求解器。

(3) 后处理能力强。可获得任何节点、单元的数据。具有列表输出、图形显示、动画模拟等多种结果处理方式,具有时间历程分析功能,可叠加不同载荷工况以及进行各种数学计算功能。

(4) 开放性好。允许用户在 ANSYS 系统上进行二次开发和扩展新的用户功能,包括在用户程序中调用 ANSYS 系统、开发新的用户单元(用 C 语言、FORTRAN 语言自定义单元、材料、算法)、在 ANSYS 系统中调用用户子程序(用户可借助 APDL 进行二次开发)、建立用户蠕变准则等。另外,ANSYS 对其他软件开放,即具有统一图形标准的与其他 CAD 软件的直接几何接口,因此,在 ANSYS 系统中可以直接调入 ProE、UG、SAT(ACIS)、Parasolid、Solidwork、AutoCAD 等 IGES、SAT、STEP 等格式的几何模型。

9.4 ANSYS 运行环境的预配置

运行环境的预配置是指在未启动 ANSYS 系统进行工程分析前对 ANSYS 的求解模块、默认用户工作目录、默认用户工作项目名等进行的设置,以作为 ANSYS 默认工作环境。这一步不是必须的,因为在启动 ANSYS 后也可进行临时设置。

配置的方法是从"开始"→"程序"→ANSYS 组名→Configure ANSYS Products 进入。

(1) 仿真环境:即求解器类型。默认为 ANSYS/Multiphysics,本书将选择 ANSYS/Mechanical。ANSYS 包括如下几种产品:

① ANSYS/Mechanical:能够进行所有的结构和热力学分析,但是不能进行电磁学、CFD FLOTRAN 和显示动力学分析。

② ANSYS/Multiphysics:应用于各个工程领域中的一个强大的多用途有限元程序。它能够进行结构、热力学、电磁学和流体动力学分析,但是不能进行显示动力学分析。

③ ANSYS/Structural:能够进行各种结构分析,但是不能进行热力学、电磁学、流体动

力学和显示动力学分析。

④ 此外,ANSYS 还包括一系列其他能够进行特殊情况分析的产品,可查阅 ANSYS 在线手册。

(2) Workiong directory(工作目录):ANSYS 所有运行生成的文件都会写在该目录下。

(3) Job Name(工作文件名):ANSYS 系统安装后,第一次自动设置的默认工作文件名是 file,用户可以根据自己的题目内容进行新的设置,如 AXIS 表示轴分析,Gear 表示齿轮分析等。

9.5 ANSYS 图形界面的交互操作

9.5.1 ANSYS11.0 的启动与 IDE

在 ANSYS 安装好后,启动 ANSYS 有两种途径:在 Windows 系统中执行开始/程序/ANSYS11.0/ANSYS;在 Windows 系统中,从桌面图标 ANSYS11.0 启动 ANSYS 系统界面如图 9-1 所示。

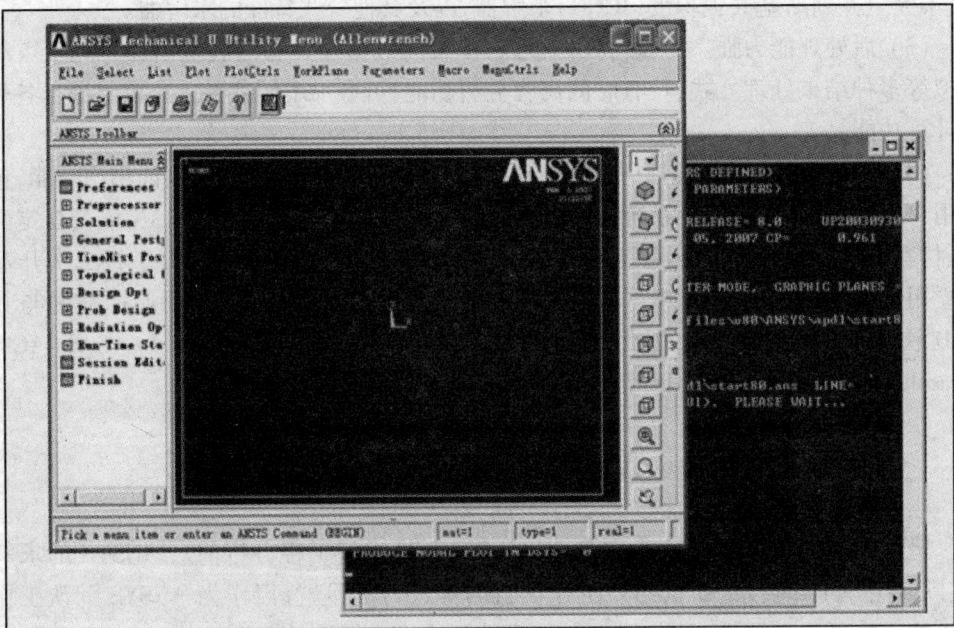

图 9-1 ANSYS 启动后的初始界面

ANSYS 的操作界面(图 9-2)由实用菜单、主菜单、命令输入窗口、图形编辑与输出窗口、状态栏、标准工具条、快捷工具栏、图标按钮、隐藏的信息输出窗口等组成。隐藏的信息输出窗口用来以文本格式显示软件对已输入命令或已使用功能的响应信息,包括出错信息和警告信息。信息输出窗口通常在主窗口的后面,可以随时提到前面来访问。另外,在计算过程中还可以利用该窗口强制退出程序。

进入 ANSYS 系统后,当前工作环境默认的是 ANSYS Products 中设置的环境。虽然在 ANSYS 实用菜单中可以重新设置,但这是一个临时设置,只对本次有效,即退出 ANSYS

184

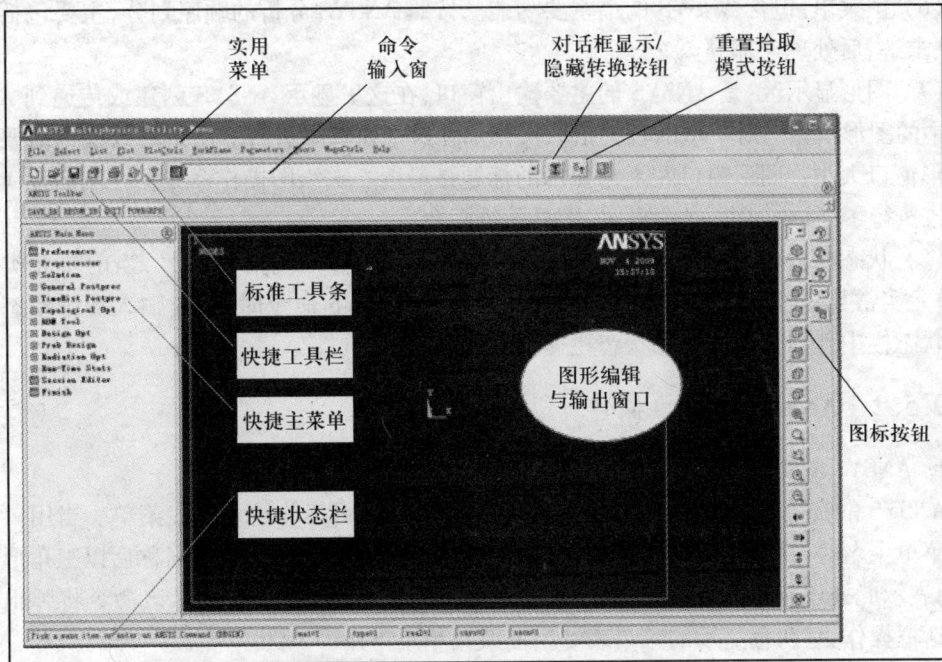

图 9 – 2 ANSYS IDE 界面

系统则临时设置撤销。

(1) 实用菜单:由文件管理、选择、列表、显示、显示控制、工作平面、参数设置、宏设置、菜单设置、在线帮助 10 个下拉菜单组成,在 ANSYS 运行的任何时候均可以访问此菜单。

(2) 快捷工具栏:对于常用的新建、打开、保存数据库、打印、帮助系统等操作,提供了方便快捷的按钮。直接单击按钮完成操作。注意与下面的自定义工具栏区分。

(3) 命令输入窗口:是信息显示和 ANSYS 控制命令的输入窗口,可以代替几乎任何一项菜单操作,所有输入过的命令也将在此显示。用户也可以在输入窗口中输入 ANSYS 提供的编程语言 APDL 中的命令,以取代菜单操作和一些菜单中无法进行的操作。输入窗口主要有以下几种作用:①在文本框中输入命令或根据提示输入数据等,按回车键后执行输入的文本。同时输入的文字将被记录在下拉式历史信息框中。②下拉式历史信息框中记录了所有输入的命令和文本。用鼠标单击历史信息框中的任一条命令,该命令就会再次显示在输入框中,此时按回车键就可在此执行该命令。③在输入命令的同时,也会在输入窗口上方显示有该相关命令和使用参数的提示信息。

(4) 显示隐藏按钮:在使用 ANSYS 过程中,当各种弹出对话框被主窗口挡住时,可以单击这个按钮迅速弹出隐藏的对话框,这也是一个很常用的按钮。

(5) 自定义工具栏:这个窗口可用来存放常用的一些命令,根据个人的需要、喜好进行编辑、修改和删除等操作,同时可以单击这栏上方的"⊗"符号控制显示或隐藏该工具栏。默认的工具条包括存储工作文件(SAVE_ DB)、读取工作文件(RESUME_DB)、退出 ANSYS(QUIT)、增强图形显示控制(POWRGRP)等工具条。也可以单击这栏上方的"⊗"符号显示或隐藏该工具栏。注意,该栏与前面快捷工具栏是不同的。

（6）主菜单:包含 ANSYS 的最主要功能。按照 ANSYS 分析的顺序划分,主要包括前处理、求解、后处理三部分。

（7）图形显示区:是 ANSYS 的主要输出窗口,在这里显示 ANSYS 创建或传递到 AN-SYS 中的图形信息。对模型的各种拾取操作都在这个窗口中进行。用户可以根据需要改变图形窗口大小。图形窗口左上角显示的标题是最近一次绘图操作命令。在刚启动 AN-SYS 或执行了/Clear、/Reset 命令时,不显示绘图命令。

（8）状态栏:这个位置显示 ANSYS 的一些当前信息,如当前材料号、当前单元类型号、单元实常数号以及当前系统坐标系等。在操作 ANSYS 命令时,命令输入提示动态显示在状态栏中,因此,养成留意状态栏提示信息的习惯。

9.5.2 ANSYS 的菜单操作

1. ANSYS 的实用菜单

ANSYS 的实用菜单类似于其他软件的系统菜单,实用菜单是下拉式菜单。当用鼠标单击菜单主名时,将弹出下拉式菜单。对于下拉式菜单,其中命令项目名称后以三角形结尾的,表示此处还有下一级菜单;命令项目名称后以省略号结尾的,表示该命令将弹出一个对话框操作;呈灰色显示的菜单表示当前改菜单不可用。

进入 ANSYS 后,首先要做的工作就是设置分析课题的工作目录和工作名。操作是:

FILE | Change Directory

FILE | Jobname

其他实用菜单的操作在以后陆续介绍。

2. ANSYS 的主菜单

主菜单中包括 ANSYS 主要的功能,如预处理、求解和后处理等,如图 9 – 3 所示。说明如下:

（1）主菜单按树形结构分类组织,可以展开(–)、折叠(+)。

（2）菜单前面带有"▦"符号的项目,表示该命令将弹出参数设置的对话框或执行一条相关的 ANSYS 命令。

（3）菜单命令前面带有"↗"符号的项目,表示在使用该命令的时候,需要在图形显示区的进行屏幕鼠标拾取。

主菜单中选项功能如下:

（1）Preference（过滤参数设置）:可以设置图形界面的过滤类型使之符合某一种选定的分析类型。分析类型选项有 Structural（结构分析）、Thermal（热分析）、ANSYS Fluid（流体分析）。如选取 Structural ,则 ANSYS 的主菜单只出现适合结构分析的单元类型和菜单选项。

图 9 – 3 ANSYS 主菜单

（2）Preprocessor（预处理）:对应 ANSYS 命令:/PREP7。进入预处理器。建立模型、网格划分以及施加载荷均在预处理中完成。

（3）Solution（求解）:对应 ANSYS 命令:/SOLU。在求解器菜单中可以设定求解类型（Analysis type）选项、载荷（Loads）、载荷步（load step）以及执行求解命令。

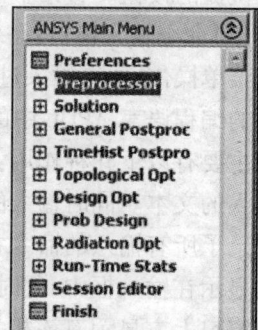

（4）General Postproc（通用后处理）：对应 ANSYS 命令：/POST1。进入通用后处理器。可以以不同形式（如云图、数据表）查看整个模型或选定的部分模型在某一时间（或频率）上针对特定载荷组合时的结果数据。

9.5.3　图元拾取操作

图元拾取选择就是拾取图形编辑与输出窗口中的图元或定位坐标，如图 9 - 4 所示。选择图元有两种方法：屏幕定位拾取，定位一个新点（关键点或节点）的坐标；程序检索获取，拾取模型中已存在的图元。

1. 拾取对话框的功能区

典型的屏幕鼠标拾取对话框如图 9 - 4 所示。拾取对话框一般可以分为命令提示、拾取模式、拾取状况、拾取数据、键盘输入选项和执行键等几个区域。

（1）命令提示：当前正执行的命令。

（2）拾取模式：可以在拾取和取消之间切换。

（3）拾取状况：显示允许拾取对象的最大与最小个数，以及当前拾取对象的个数。

（4）拾取数据：显示拾取对象的编号。

（5）键盘输入选项：用于通过键盘输入对象坐标或编号达到拾取目的。

（6）执行键：对拾取结果的确定、应用或取消等操作。其中"OK"键和"Apply"键是有区别的。单击"OK"键，将执行操作并退出此对话框；单击 Apply 键，执行命令操作但不退出此对话框，重复执行命令操作。

2. 图形拾取中各鼠标键的功能

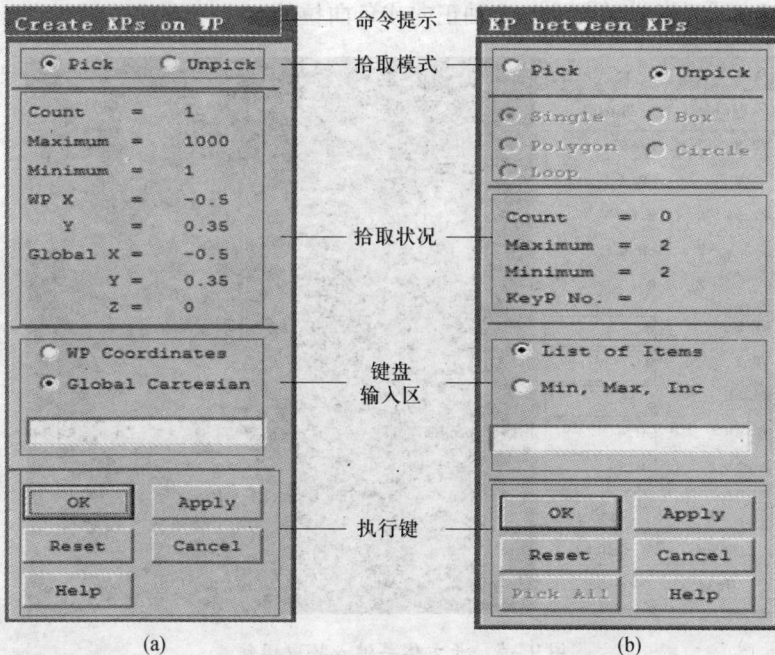

图 9 - 4　拾取对话框
（a）定位拾取；（b）检索拾取。

在 ANSYS 中,一般使用三键鼠标,三个按键分别执行不同的功能。在屏幕拾取时,鼠标左键代表拾取(Pick)距离鼠标点最近的图元或坐标。按住此键进行拖拉,可以预览被拾取的图元或坐标。鼠标中键表示应用当前拾取结果,相当于拾取图形拾取菜单中的"APPLY"。鼠标右键则表示在拾取和取消之间切换。注意:对于带滚轮的双键鼠标,按下滚轮相当于按下鼠标中键;对于两键鼠标可以用[Shift]键加鼠标右键代替。

3. 拾取对话框操作实例

先通过简单实例练习图元拾取操作。按以下步骤创建一个长方体。

(1) 设定视角为正等轴视图:单击"⬡"按钮,设定视角为正等轴视图

(2) 设定长方体的长、宽、高:

GUI:Main Menu | Preprocess | Modeling | Creat | Volumes | Block | By 2 Coners&Z,弹出 Block by 2 Coners & Z 图形拾取对话框,该对话框功能如图 9 - 5 所示。在图 9 - 5 所示的对话框上方的拾取模式区,选取拾取(Pick)按钮进行图形的拾取。将光标移动到图形显示区,变为一个向上的箭头"⇧",单击,选中立方体一个角点的位置。选中的角点出现一个小方框,同时在拾取对话框的键盘输入相应位置,会显示该点的坐标值。拖动鼠标,将出现一个方框,表示即将创建的长方体的宽与高。设定好宽与高后,单击右键,然后继续拖动鼠标设定长方体的深度,再次单击左键,完成长方体的设定,如图 9 - 5 所示。

提示:宽、高的具体数值既可以通过对话框中的提示得知,也可以通过在方框边界中部显示的数值得知。若高度数值为负值,则表示长方形的第一个点是左上角,第二点在右下角。深度 Z 正、负值分别表示向 Z 轴正向或负向拉伸。

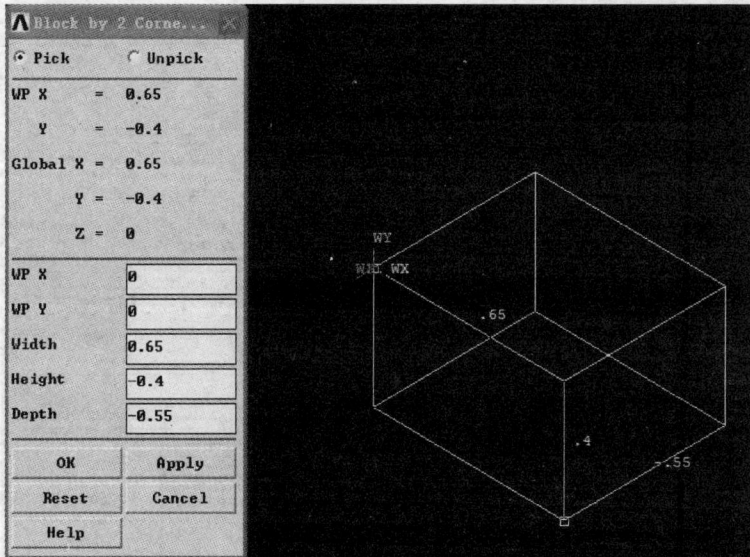

图 9 - 5　长方体关键点拾取操作

(3) 显示长方体:单击"OK"键执行命令并关闭对话框。

完成后的图像会自动居中并尽可能充满整个图形区域,如图 9 - 6 所示。

188

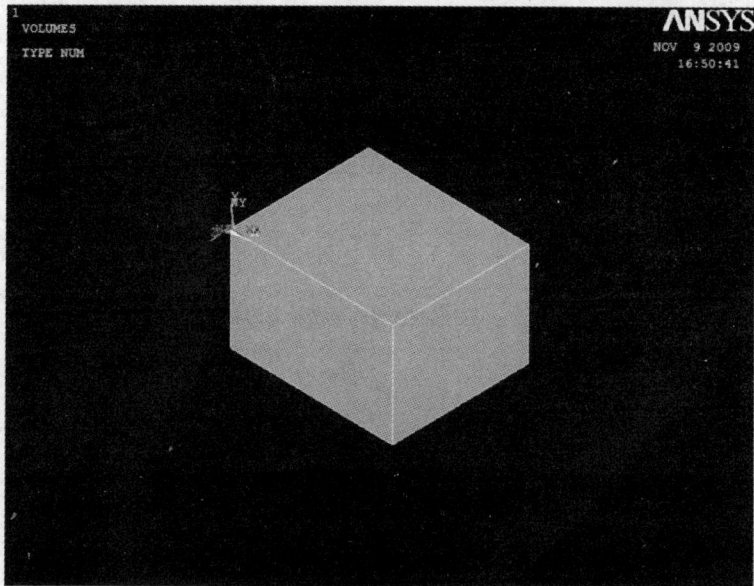

图 9 - 6　长方体图形显示

9.5.4　图形显示控制菜单的使用

ANSYS 默认显示是 XY 平面视角,即正面视图,因此有时无法看到三维几何体的纵深,需要切换视角和调整显示比例或对图形进行平移、旋转等图形变换来看清楚图形的几何结构、连接关系。ANSYS 中专门有平移、缩放、旋转的工具。

GUI:Utility Menu|PlotCtrls|Pan Zoom Rotate,弹出如图 9 – 7 对话框:

1. 观察方向控制按钮

(1) Top:俯视(从 $+Y$ 方向看),生成模型的俯视图。

(2) Fornt:前视(从 Z 方向看),生成模型的前视图。

(3) Iso:正等轴视(从 $X = Y = Z = 1$ 方向看),生成模型的正等轴视图。

(4) Bot:仰视(从 $-Y$ 方向看),生成模型的仰视图。

(5) Back:后视(从 $-Z$ 方向看),生成模型的后视图。

(6) Obliq:斜二侧视(从 $X = 1, Y = 2, Z = 3$ 方向看),生成模型的斜二侧视图。

(7) Left:左视(从 $-X$ 方向看),生成模型的左视图。

(8) Right:右视(从 $+X$ 方向看),生成模型的右视图。

(9) WP:在工作平面内显示模型。

2. 缩放选择及缩放平移按钮

(1) Zoom:放大图形中的正方形区域。正方形区域的中心为鼠标在图形中单击的第一个点。

(2) Back Up:单击,取消上一次缩放操作。

(3) Box Zoom:放大图形中的矩形区域,鼠标在图形区域点取的第一点即为该矩形区域的一个角点。

(4) Win Zoom:放大选择的矩形区域,矩形的长宽比和图形窗口的长宽比相同。

189

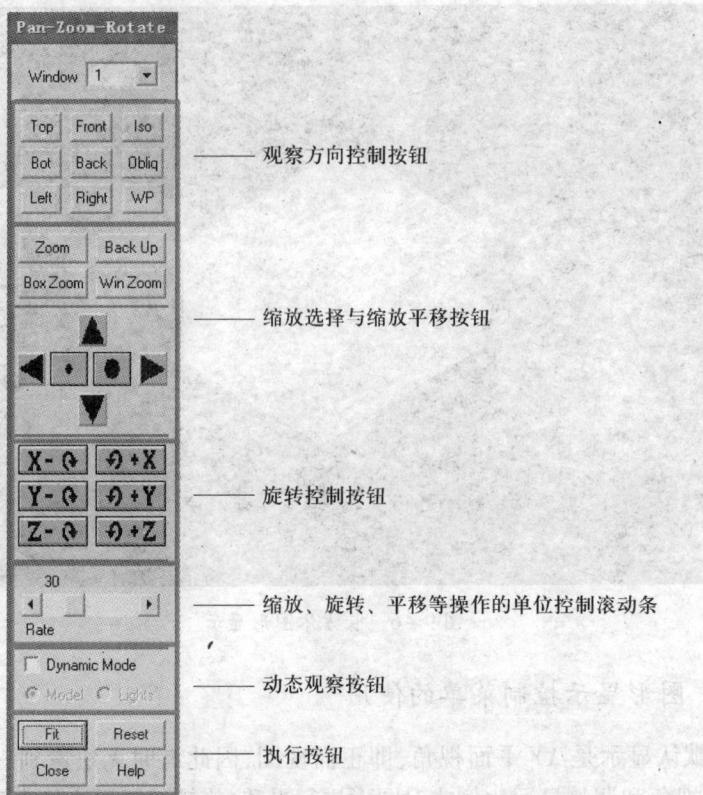

图 9 - 7　Pan - Zoom - Rotate 显示调整工具

（5）▪、●：单击"小点"按钮，将图形窗口中的模型缩小一个单位；单击"大点"按钮，则模型放大一个单位。

（6）◀、▶、▲、▼：分别单击左、右、上、下等四个不同方向的箭头按钮，可将窗口中的模型向相应的方向移动一个单位。

3. 旋转控制按钮

该对话框中有 6 个旋转控制按钮，每个按钮上标明了旋转轴和旋转方向。如 $X-Q$ 、$Q+X$ 分别表示模型将按右手法则绕 X 轴的负向、正向旋转一个单位，其他类似。

4. 缩放、旋转、平移等操作的单位控制滚动条

当每次单击缩放、旋转、平移等按钮时，图形将变动一个单位，这个单位代表单步操作变化的大小，单位数值的大小通过单位控制滚动条来设置。默认单位的数值为 30。

5. 动态观察按钮

动态观察模型是用户在进行建模和观察结果时常用的观察方法。选中动态模式后，在图形区按下鼠标左键不放，然后上、下、左、右移动能对模型进行平移操作。如果在图形区按住右键不放，然后上、下、左、右移动能够对几何模型进行旋转操作。

6. 执行按钮

（1）Fit：将模型缩放至图形窗口大小。

（2）Reset：单击该键返回默认的取向。

190

（3）Close：单击该键关闭 Pan – Zoom – Rotate 对话框。

（4）Help：获取关于 Pan – Zoom – Rotate 的帮助信息。

此外,也可以通过[Ctrl]键与鼠标的配合来实现几何模型的平移、缩放、旋转等操作。当按下[Ctrl]键不放,一旦操作鼠标,则图形显示区中的鼠标变成了"🔀"形状,通过鼠标左键、中键、右键可以对模型进行平移、缩放、旋转。

（1）[Ctrl] + 鼠标左键:平移视图。

（2）[Ctrl] + 鼠标中键:缩放和平移。

（3）[Ctrl] + 鼠标右键:旋转视图。

几何模型的平移、缩放、旋转操作对建模和后处理中观察图形结果非常有用。

9.6 ANSYS 的文件管理与数据库操作

ANSYS 广泛采用文件来存储和恢复数据,这些文件被命名为 filename. ext,这里的文件名为当前作业名,ext 表示文件的内容。默认的作业名是在 ANSYS 程序组 Configure ANSYS Products 中预先设置的,在 ANSYS IDE 环境中还可设定(在命令输入窗口中输入/FILENAME 命令或实用菜单中选择 File|Change Jobname 命令),最后设定的作业名就是当前作业名。

9.6.1 ANSYS 的数据文件

任何软件都离不开文件的操作,ANSYS 采用不同的扩展名来区分不同的文件和用途。结构分析中经常用到的输出文件的扩展名见表 9 – 1 所列。

表 9 – 1　文件扩展名

文件后缀	类　型	文　件　说　明
. db	二进制	数据库文件:存储输入数据和计算数据
. dbb	二进制	备份数据库
. elem	二进制	单元定义文件
. emat	二进制	单元矩阵文件
. esav	二进制	单元数据存储文件
. full	二进制	组集的整体刚度矩阵和质量矩阵文件
. log	文本	日志文件:记录操作过程
. mode	二进制	模态矩阵文件
. mp	文本	材料特性定义文件
. node	文本	结点定义文件
. out	文本	ANSYS 输出文件
. r××	二进制	存储计算结果,如. rst 为结构和耦合场分析的结果文件,. rth 为温度场分析的结果文件。不同的分析类型结果文件的扩展名是不同的
. Lnn	二进制	载荷工况文件
Snn	文本	载荷步文件
. grph	二进制(特殊格式)	记录图形信息
. err		存储出错信息

9.6.2　ANSYS 数据库文件操作

ANSYS 数据库是指在前处理、求解及后处理过程中，ANSYS 保存在内存中的数据。数据库既存储输入的数据，也存储结果数据。输入数据包括必须输入的信息，如模型几何尺寸、材料属性、载荷等，结果数据包括 ANSYS 计算的数值结果，如位移、应力、应变等。通常可以使用应用菜单中的命令进行数据库的存储和恢复操作，如图 9 – 8 所示。

1. 保存数据库

实用菜单中有如下两个命令均可进行数据库的保存：

GUI：GUI：Utility Menu |File|Save As Jobname.db

以当前工作名保存数据库。

或

GUI：GUI：Utility Menu |Save as

以指定文件名保存数据库。

以文件形式保存数据库时，它以 .db 为扩展名，是数据库当前状态的一个备份。若保存时存在同名数据库文件，则将旧数据库文件的扩展名自动改为 .dbb。提示："Save As"只将数据库复制到另外一个文件名上，但并不改变当前的工作文件名。

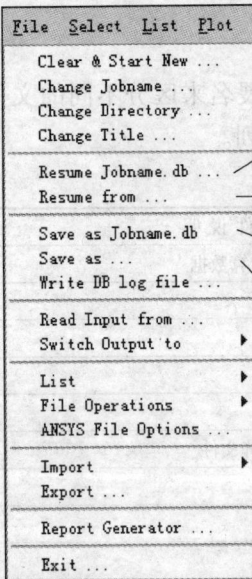

图 9 – 8　数据库保存和恢复操作

2. 数据库恢复

实用菜单中的如下两个命令均可进行数据库的恢复：

GUI：GUI：Utility Menu |File|Resume Jobname.db

或

GUI：GUI：Utility Menu |File|Resume form

Resume Jobname.db 恢复 ANSYS 启动时设定的工程文件名。

192

Resume form 命令与 Save As 类似,该命令允许读入给定目录下给定文件名的数据库,但当前的工作文件名不变。

3. 清除内存中的数据库

选择 File|Clear&Start New 命令,可以清除内存中 ANSYS 正在使用的数据库,从而得到一个空白数据库。

保存和恢复当前工作文件名的数据库文件,也可以通过单击自定义工具栏中的"SAVE_DB"按钮和"Resume_DB"按钮完成。

ANSYS 运行时,在内存中维护着唯一的一个数据库,这个数据库包括几何模型数据、有限元网格数据、载荷数据、结果数据等所有 ANSYS 支持对象的数据信息。用户所做的一切工作,其结果都会存入数据库中。这个数据库包括了所有的输入数据,以及保存与恢复数据时,作业名并不改变,建议如下操作:

(1) 针对每一个问题设置不同的作业名和工作文件夹。

(2) 分析求解过程中每隔一段时间存储一次数据库文件。

(3) 存储数据库文件时从实用菜单中选择 File|Save as,换个文件名保存,选择 File|Resume from 命令可从当前备份的某个数据库文件恢复。

这样处理相当于给 ANSYS 制造一个"Undo"功能。

9.6.3 ANSYS 中的 .Log 文件

ANSYS. Log 文件是在 ANSYS 运行过程中自动生成的 Jobname. log,它记录了从 ANSYS 运行以来所执行的一切命令,包括 GUI 界面操作和输入窗口直接输入的合法命令。

Log 文件是文本文件,再现同样的一个分析过程,可以通过编辑得到分析过程的命令流。例如,通过改变一些命令的参数,即可实现简单意义上的参数化分析和建模。

ANSYS 读入命令流的菜单命令:

GUI:File|Read Input from

9.7 退出 ANSYS 环境

退出 ANSYS 有三条途径:

(1) 单击应用菜单右上方的"×"。

(2) 单击自定义工具栏中的"QUIT"按钮。

(3) 菜单 FILE|Exit。

在完全退出 ANSYS 前还会弹出一个"Exit from ANSYS"对话框,询问是否保存数据库,如图 9-9 所示。

对话框中包含了 4 个选项:

(1) Save Geom + Loads:保存几何模型和加载边界条件。

(2) Save Geo + Ld + Solu:保存几何模型、加载边界条件以及求解设定。

(3) Save Everything:保存全部,包括几何模型、加载边界条件、求解设定、求解结果以及求解历程。

（4）Quit - No Save!：不保存，退出。

一般选用 Save Everything，单击"OK"按钮退出 ANSYS。如果不希望退出 ANSYS，可以单击"Cancel"按钮返回 ANSYS 界面。

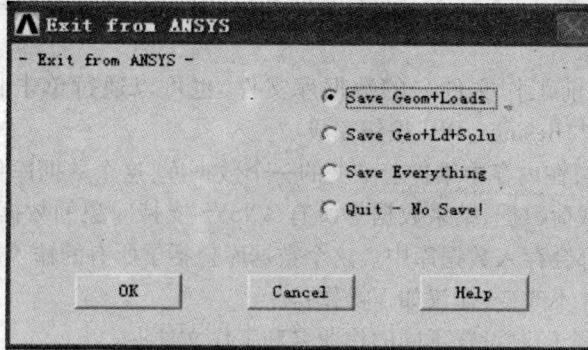

图 9-9 "Exit from ANSYS"对话框

第 10 章　ANSYS 几何模型建模

一个典型的 ANSYS 分析过程可以分为 5 个步骤：① 建立几何实体模型；② 建立网格模型；③ 加载；④ 求解；⑤ 查看分析结果。建立几何模型在整个分析过程中所花费的时间远远多于其他过程。

由于 ANSYS 主要功能是计算分析，而不是图形处理，即其实体建模功能不如其他专业 CAD 软件。因此，建立几何模型有如下方法：

（1）对于不太复杂的模型，可以直接用 ANSYS 的实体建模工具完成。

［Main Menu］Preprocessor | Modeling

（2）如果模型过于复杂，可以考虑在专用的 CAD 中建立几何模型，然后通过 ANSYS 提供的接口导入模型。导入方法：

［Utility Menu］File | Import

ANSYS 支持的接口通常包括 IGES、CATIA、Pro/E、UG、SAT、PARA、IDEAS。

10.1　有限元实体建模基础

10.1.1　坐标系

ANSYS 软件中设置了 6 种类型的坐标系，以应用在不同的分析阶段，这些坐标系分别为总体坐标系、局部坐标系、显示坐标系、节点坐标系、单元坐标系和结果坐标系。

（1）总体和局部坐标系：在实体建模中，用选定的坐标系定位点（关键点或节点）的位置。

（2）显示坐标系：用选定的坐标系（笛卡儿坐标、柱坐标、球坐标等）列表显示点（关键点或节点）的坐标；

（3）节点坐标系：定义每个节点的自由度方向和节点结果数据的方向；

（4）单元坐标系：确定材料特性主轴和单元结果数据的方向；

（5）结果坐标系：用来列表显示节点或单元结果。

在建立几何实体模型图元或直接建立节点时，只涉及总体坐标系、局部坐标系和显示坐标系，其中建立几何图元、节点用到总体坐标系和局部坐标系，此过程某时刻正在应用的坐标系就是最近激活的总体坐标系或局部坐标系。列表显示几何模型关键点的坐标、节点的坐标用到显示坐标系，此过程某时刻正在应用的坐标系就是最近激活的显示坐标系。

1. 总体坐标系

总体坐标系是一个绝对的参考系，ANSYS 提供了 3 种坐标表达形式：笛卡儿坐标系、柱坐标系和球坐标。这 3 种坐标系都用 X、Y、Z 三轴表示，但代表的意义不同，笛卡儿坐标形式：X 轴、Y 轴、Z 轴分别代表其原始意义；柱坐标形式：X 轴、Y 轴、Z 轴分别代表径向

R、周向 θ 和轴向 Z;球坐标形式: X 轴、Y 轴、Z 轴分别代表分别代表 R、θ 和 ϕ,角度的单位为(°)。由于三种表达形式都是用 X、Y、Z 三轴表示,为了区别,程序中设置了其识别参考号:0－笛卡儿坐标系;1,5－柱坐标系;2－球坐标系。坐标轴的取向符合右手法则,在变换表达形式时有相同的原点,如图 10－1 所示。

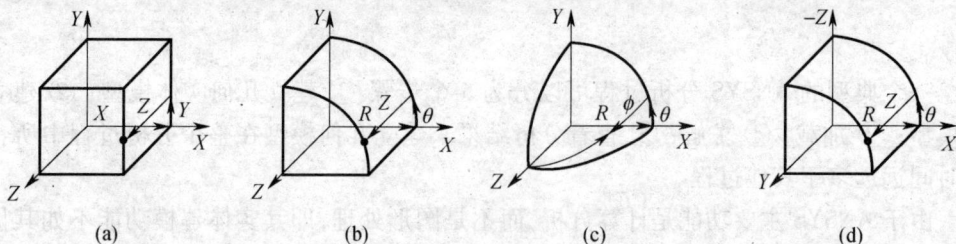

图 10－1　整体坐标系的4种形式

(a) 笛卡儿坐标系(X、Y、Z)(识别号:0);(b) 柱坐标系(R、θ、Z),Z 轴为旋转轴(识别号:1);

(c) 球坐标系(R、θ、ϕ)(识别号:2);(d) 柱坐标系(R、θ、Y),Y 轴为旋转轴(识别号:5)。

系统默认的坐标系是总体笛卡儿坐标系,但是很多情况下,采用其他坐标表达形式往往会更加方便,例如,旋转模型时需要用到柱坐标表达形式。整体坐标系的操作只有激活操作,即变更表达形式。

COMMAND 方式:CSYS

GUI 方式:[Utility Menu] WorkPlane ⎮Chang Active CS to ⎮Global Cartesian

⎮Global Cylindrical

⎮Global Spherical

2. 局部坐标系

局部坐标系是相对总体坐标系而言的,即局部坐标系是在总体坐标系下建立的,其原点可能与总体坐标系有一定的偏移,其坐标轴也可能与总体坐标系有一定的转角。根据建模的需要,有时要建立多个局部坐标系。局部坐标系也有笛卡儿坐标、柱坐标和球坐标3 种表达形式,局部坐标系总是以总体坐标系为参照建立的,而不是以当前激活的局部坐标系为参照。

1）局部坐标系的创建

建立局部坐标系有四种途径:

(1) 在指定位置定义局部坐标系:指定原点及 X、Y、Z 轴的旋转角。

COMMAND 方式:LOCAL

GUI 方式:[Utility Menu] WorkPlane ⎮ Local Coordinate Systems ⎮ Create Local CS⎮At Specified Loc

首先弹出图 10－2(a)所示对话框,且鼠标指针为"⇧",请求拾取一个点作为坐标原点。拾取一个点或输入坐标值后,单击 OK 按钮,弹出如图 10－2(b)所示对话框,请求输入局部坐标系各轴相对总体坐标系旋转角度。

(2) 通过已有 3 个节点定义局部坐标系。

Command 方式:CS

GUI 方式:[Utility Menu] WorkPlane ⎮ Local Coordinate Systems ⎮ Create Local CS⎮By 3 Nodes

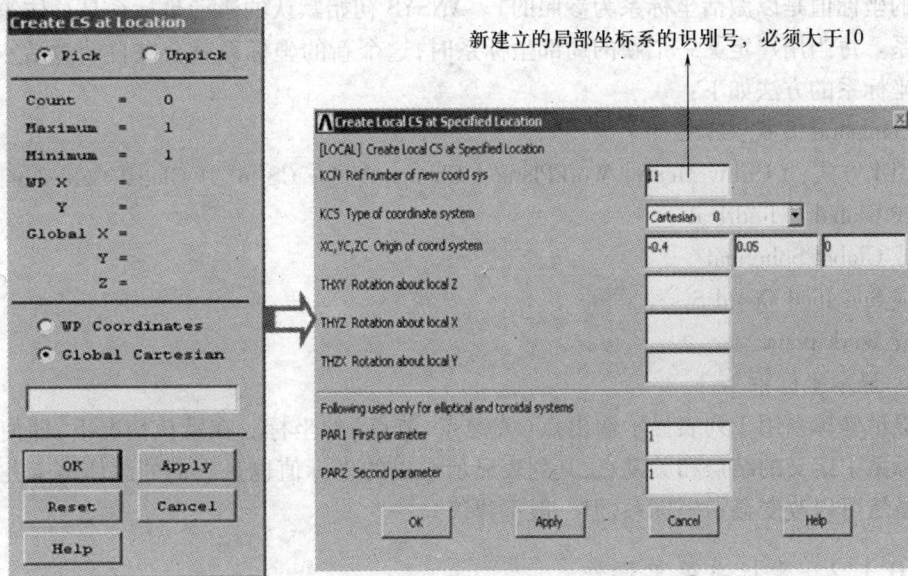

新建立的局部坐标系的识别号，必须大于10

图 10 - 2　在指定位置建立局部坐标系

(a) 原点选取对话框；(b) 在指定原点创建局部坐标系对话框。

坐标系的确定方法如下：

① 第 1 个选取的节点将成为坐标系的原点。

② 第 1 个节点→第 2 个节点的方向为 X 轴。

③ 三个节点节构成的平面为 XY 面，Y 轴为此平面垂直于 X 轴方向，且由第 3 个节点的位置确定 Y 轴的正向。

④ 根据右手法则确定 Z 轴。

注：通过这种方式所创建的局部坐标系与节点选取顺序有关。

(3) 通过已有 3 个关键点定义局部坐标系。

Command 方式：CSKP

GUI 方式：[Utility Menu] WorkPlane | Local Coordinate Systems | Create Local CS | By 3 Keypoints。

此方式与 By 3 nodes 建立局部坐标系原理相同。

(4) 在当前工作平面定义局部坐标系。

Command 方式：CSWPLA

GUI 方式：[Utility Menu] WorkPlane | Local Coordinate Systems | Create Local CS | At WP Origin

这种方式建立的局部坐标系的各个坐标轴和工作平面的各个轴重合，只需指定使用何种类型坐标系即可。

2) 删除局部坐标系

Command 方式：CSDELE

GUI 方式：[Utility Menu] WorkPlane | Local Coordinate Systems | Delete　Local CS

3) 局部坐标系的激活

可以定义多个局部坐标系，但某一时刻只能有一个局部坐标系被激活（模型操作中，

197

输入的坐标值是以激活坐标系为参照的）。ANSYS 初始默认的激活坐标系是总体笛卡儿坐标系。每当用户定义一个新的局部坐标系时，这个新的坐标系就会被自动激活。显式激活坐标系的方法如下：

Command 方式：CSYS

GUI 方式：[Utility Menu] WorkPlane | Change Active CS to　| Global Cartesian

或 Global Cylindrical

或 Global Spherical

或 Specified Coord Sys

或 Work plane

3. 显示坐标系

显示坐标系用于列表显示输出点（关键点、节点）的坐标。在默认情况下，即使在其他坐标系中定义的结点和关键点，其列表显示输出的坐标值也是它们的总体笛卡儿坐标值。虽然可以改变显示坐标系，但一般不建议。

10.1.2　坐标系菜单操作

局部坐标系的建立、删除以及改变当今激活的坐标系、显示输出坐标系等的操作菜单如图 10 – 3 ~ 图 10 – 5 所示。

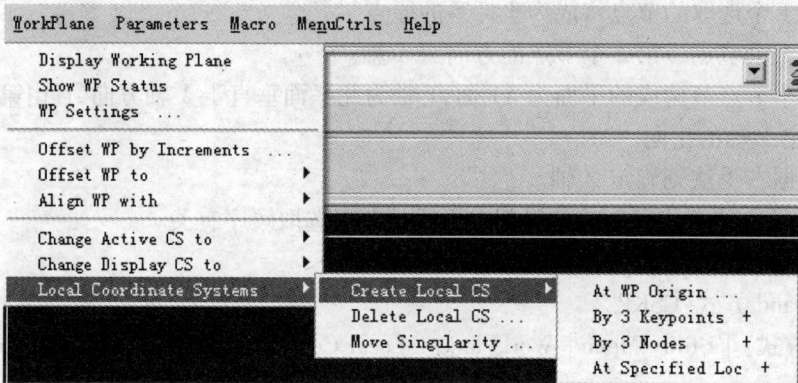

图 10 – 3　建立局部坐标系

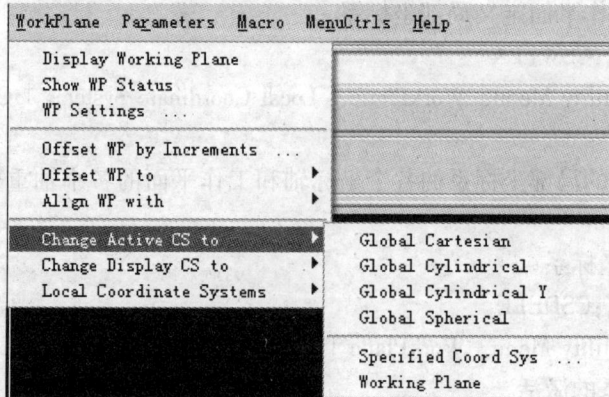

图 10 – 4　改变当前激活坐标系

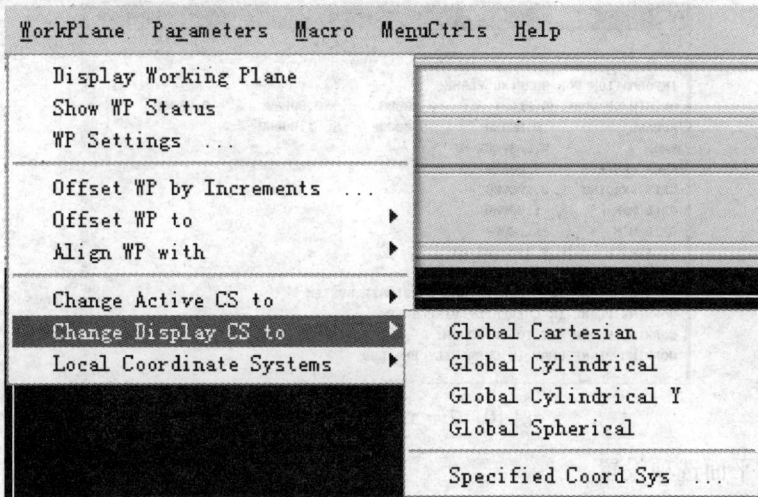

图 10-5 改变显示输出坐标系

10.1.3 工作平面

工作平面是一个具有原点、二维坐标系、阶跃式(或捕捉式)增量和显示栅格的无限大平面,通过它可以精确地确定几何实体间的一些几何关系。二维工作平面坐标系用 WX 和 WY 轴表示,并辅助用 WZ 表示工作平面的方向。在几何建模中,工作平面是一个强大而重要的工具,合理使用工作平面可以大大简化建模过程并确保建模精度。一次只能定义一个工作平面,默认时,为总体笛卡儿坐标系的 XY 平面。注意:体素的基础面只能在当前工作平面上创建。工作平面的操作菜单如图 10-6 所示。

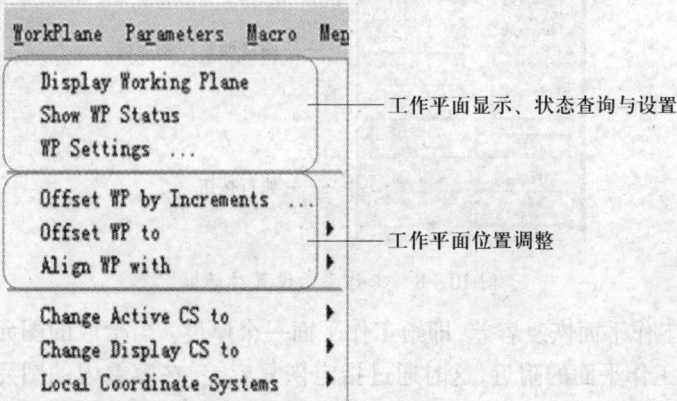

图 10-6 工作平面操作菜单

10.1.4 工作平面显示、状态查询与选项设置

1. 显示工作平面

GUI:[Utility Menu]WorkPlane|Display Working Plane

2. 查询工作平面的状态(图 10-7)

GUI:[Utility Menu] WorkPlane |Show WP Status

199

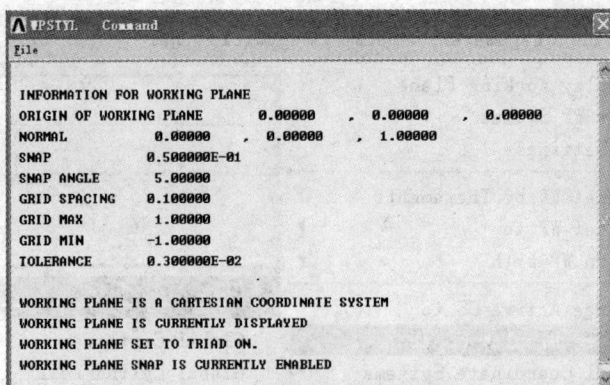

图 10 - 7　工作平面状态查询

3. 工作平面选项设置

GUI：[Utility Menu]WorkPlane| WP Settings

弹出如图 10 - 8 所示对话框。

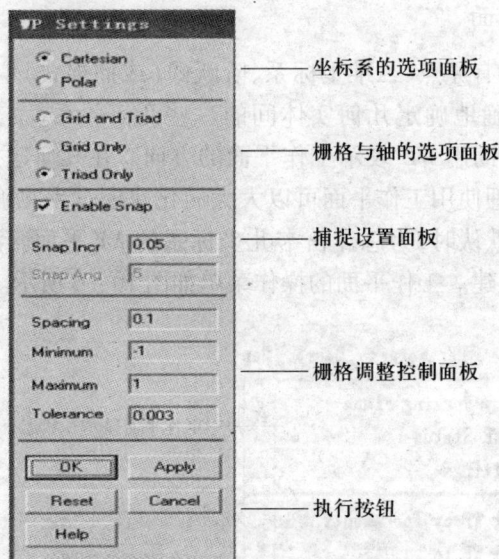

坐标系的选项面板

栅格与轴的选项面板

捕捉设置面板

栅格调整控制面板

执行按钮

图 10 - 8　工作平面设置对话框

Tolerance：工作平面恢复容差，即给工作平面一个厚度。当拾取的图元可能不在工作平面上，而是在工作平面的附近，这时通过指定恢复容差，在容差内的图元将认为是在工作平面上的。

10.1.5　工作平面位置的调整

进入 ANSYS 时，有一个默认的工作平面，即总体笛卡儿坐标系的 *XY* 平面。工作平面可以被移动和旋转。为方便建模，有时需要对已创建的工作平面进行位置、方位的调整。

需要说明的是：调整方式中，偏移量、旋转角度均是相对工作平面坐标系来参考的，且各个方向的偏移量沿着工作平面的坐标轴。调整途径有如下 3 种（图 10 - 9）：

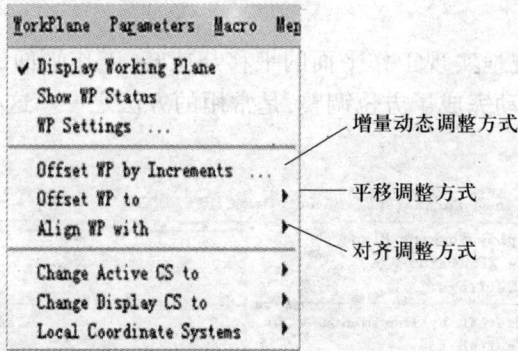

图 10 - 9   工作平面调整菜单

1. 增量动态调整方式

这种方式,可以动态地实现工作平面的平移与旋转,是经常使用的方式之一。这种方式弹出的对话框如图 10 - 10 所示。

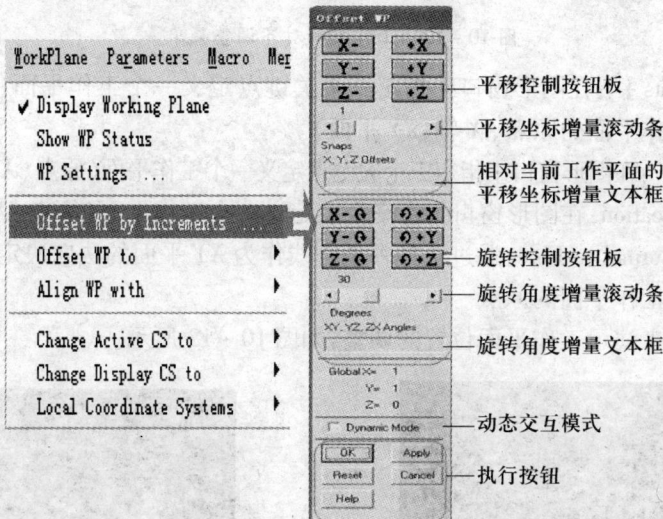

图 10 - 10   工作平面的动态增量调整方式对话框

2. 平移调整方式

平移意味着工作平面在调整过程中相对原位置不做旋转,因此,调整后的工作平面 WX 轴、WY 轴、WZ 轴取向均不变。这种方式弹出菜单如图 10 - 11 所示。

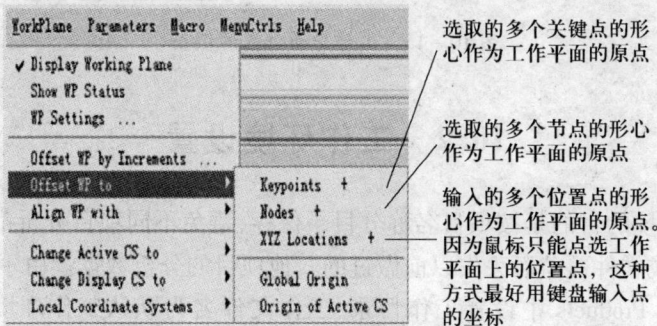

图 10 - 11   工作平面平移调整菜单

3. 对齐调整方式

这种方式可以直观地实现工作平面的平移与旋转,工作平面的原点、WX 轴、XY 平面、WY 轴直接给定,自动完成了方位调整,是常用的方法之一。这种方式弹出的菜单如图 10 – 12 所示。

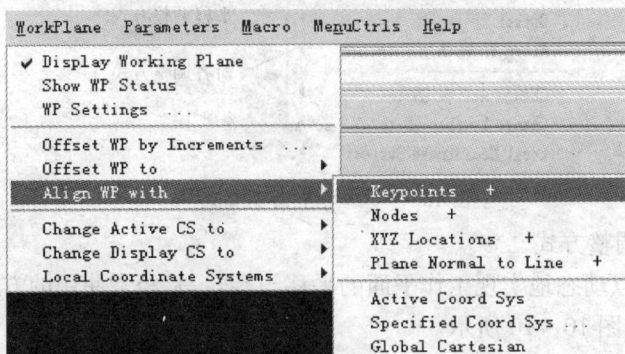

图 10 – 12　工作平面对齐调整菜单

(1) Keypoints + :在图形窗口中指定三个关键点定义一个工作平面(三点的给定顺序依次定义了工作平面的原点、X 轴, XY 平面)。

(2) Nodes + :在图形窗口中指定三个关键点定义一个工作平面(原点、X 轴、XY 平面)。

(3) XYZ Location:在图形窗口指定三个点定义一个工作平面(原点、X 轴、XY 平面)。

(4) Plane Normal to Line:通过选择一条直线作为 XY 平面的法向决定 XY 平面,再输入线长比例确定工作平面的原点。

可用立方体来演示工作平面位置的调整,如图 10 – 13 所示。

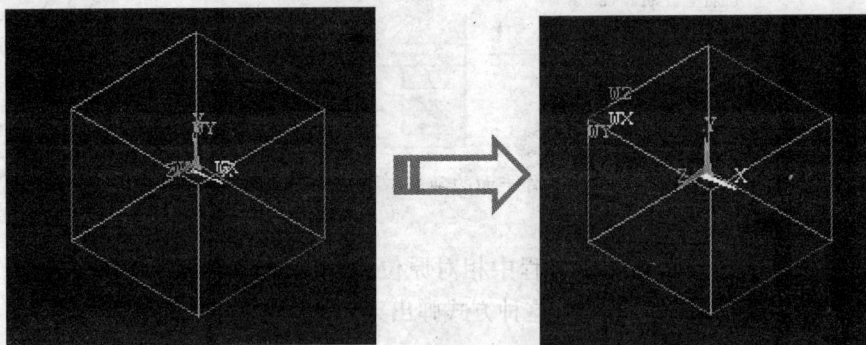

图 10 – 13　工作平面位置的调整

10.2　工作环境设置

设定工作环境的目的是按项目名称分目录保存,避免不同项目分析都保存在 ANSYS 默认目录里,造成文件覆盖而丢失以前做过的其他项目的分析数据。由于 ANSYS 总是以 Configure ANSYS Products 中设置工作目录、工作文件名为默认工作环境,因此,在启动 ANSYS 后,用实用菜单命令设置的工作环境实际上是临时工作环境,即只对本次有效。

202

1. 设定工作目录

设定临时工作目录的目的：使 ANSYS 软件操作所产生的所有文件都存放在此目录下，确保不同问题分析所产生的文件不会被覆盖。因此建议不同的分析用不同的工作目录，而不使用默认目录。

进入 ANSYS 软件后，工作目录的设置方式有两种：

Command 方式：/CWD

GUI 方式：[Utility Menu] File | Change Directory

2. 指定作业名和分析标题

该项工作与设定工作目录一样，不是进行一个 ANSYS 分析过程必须的，但 ANSYS 推荐使用作业名和分析标题。

1）定义作业名

作业名用来识别 ANSYS 作业。当为某个分析定义了作业名后，作业名就成为分析过程所产生的所有文件名的第一部分（Jobname）。如果未指定作业名，所有文件的作业名默认为 file。在进入 ANSYS 软件后，可按下面的方式改变作业名：

Command 方式：/FILNAME

GUI 方式：[Utility Menu] File | Change Jobname

需要注意的是：设置作业名仅在 Begin level 层才有效（开始层：ANSYS 不处于任何一个处理器中），且新的作业名只适用于更名后打开的文件。在更名前打开的文件，如记录文件、错误信息文件等仍然是原来的作业名。如果想用新指定的作业名重新建立这些文件，可以将"change jobname"对话框中"New log and error files"复选框选中。

2）定义分析标题

Command 方式：/TITLE

GUI 方式：[Utility Menu] File | Change Title

ANSYS 将在所有的图形显示以及所有求解输出中包含该标题。

3. 定义图形界面过滤参数

为了得到一个相对简洁的分析菜单，可以过滤掉与当前所要进行的分析类型无关的选项和菜单项。

Command 方式：KEYW 或/PMETH

GUI 方式：[Main Menu] Preferences

4. ANSYS 的单位制

ANSYS 软件并没有为分析指定系统单位，在结构分析中，可以使用任何一套自封闭的单位制（自封闭是指这些单位量纲之间可以互相推导得出），只要保证输入的所有数据的单位都是正在使用同一单位制中的单位即可。常见的 ANSYS 单位见表 10-1。

表 10-1 ANSYS 单位制

序号	长度	力	弹性模量	质量	密度	加速度	推 导 单 位		
							应力	位移	形变
1	m	N	Pa	kg	kg/m^3	m/s^2	Pa	m	无单位
2	mm	N	MPa	kg	kg/mm^3	mm/s^2	MPa	mm	无单位

ANSYS 提供的/UNITS 命令可以设定系统的单位制系统,但这项设定只有当 ANSYS 与其他系统(如 CAD 系统)交换数据时才可用到(表示数据交换的比例关系),对 ANSYS 本身的结果数据和模型数据没有任何影响。例如,ANSYS 系统中建立了实体模型 AXIS1,PROE 中建立了实体 AXIS2,ANSYS 中设定的单位制系统只影响将 AXIS2 转换到 ANSYS 中的效果,而不影响 AXIS1。

10.3 几何模型建模技术

实体建模有两种思路:自底向上构造模型和自顶向下构造模型。

两者的区别:自底向上的建模方法是指在构造几何模型时首先定义几何模型中最低级的图元(关键点),然后再利用这些关键点定义较高级的图元(线、面、体)。自底向上构造的模型是在当前激活的坐标系内定义的。

自顶向下的建模方法是指一开始就通过较高级的图元来构造模型,即通过汇集线、面、体等几何体素的方法来构造模型。当生成一种体素时,ANSYS 软件自动生成所有从属于该体素的低级图元。应该注意的是几何体素是在工作平面上创建的,因此每一时刻都要清楚地知道当前工作平面的状态。

两者的联系:这两种方法可以根据需要组合使用。对于建立的实体模型还可以通过布尔运算对其进行操作以生成更为复杂的形体。

注意事项:

(1)建模之初,对于结构形式复杂,而对于要分析的问题来讲又不是很关键的局部位置,在建立几何模型时可以根据情况对其进行简化,以便降低建模的难度。

(2)必须考虑建立的模型能否生成有限元网格以及能否得到较好的有限元网格。

(3)实体建模时要特别注意截面有变化的地方以及各个形体的交界面。

(4)在自底向上构造模型时可以不必总是按照点生成线、线生成面、面生成体这样严格的顺序生成高级图元,可以直接通过作为顶点的关键点来定义面和体,中间的图元系统将自动生成。例如,一个长方体可用它的 8 个顶点(关键点)来定义,ANSYS 软件会自动地生成该长方体的所有线和面。

(5)在修改模型时,需要知道实体模型和有限元模型的层次关系。不能删除依附于较高级图元上的低级图元,不能删除已划分了网格的体。若高级图元上施加有载荷,则删除或修改该实体后,附加于该实体上的载荷也将被删除。图元的层次关系如下:

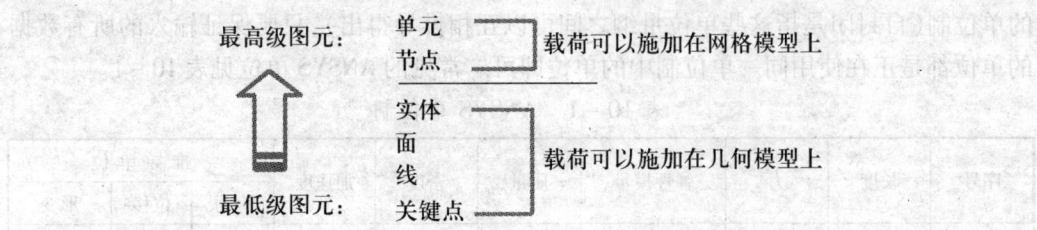

无论是使用自底向上还是使用自顶向下的方法,构造的模型均是由关键点、线、面和体组成。

10.3.1 基本几何图素个体的创建

基本几何图素指的是关键点、线、面和体。建模时注意以下几点：

（1）自底向上的方法是，在当前激活的坐标系中，通过低级图元来生成高级图元。

（2）自顶向下的方法是，在当前激活的坐标系中由高级图元自动产生低级图元，且体（Volume）的基础面是在工作平面上生成的。

（3）在建立圆、圆环等面体素以及圆柱体、球体、锥体等图素时，如果需要指定生成这些几何图素的弧角度（一般会有两个弧角度输入项），弧从代数值小的角度开始，按角度正方向，到代数值大的角度处终止。

（4）在有限元模型中，两个相接触的面之间或体之间默认不是真正意义上连接的，而是有一个不连续的"接缝"（此接缝并不真正存在，只是 ANSYS 处理时会认为此处有一个缝），必须用诸如相加（Add）、粘接（Glue）、搭接（Overlap）等命令进行处理以消除"接缝"。图元、节点、单元创建菜单如图 10-14 所示。

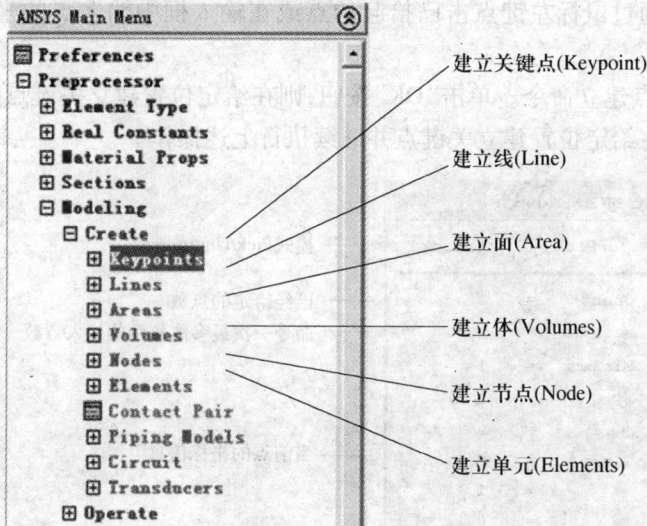

图 10-14　图元、节点、单元创建菜单

1. 关键点

关键点是在当前激活的坐标系中定义的，它可以直接定义也可以通过已有的关键点来生成另外的关键点（许多布尔运算可以生成关键点）。直接创建关键点的菜单如图 10-15 所示。已经定义的关键点可以被修改和删除（前提是没有依附于其他高级图元）；通过 Klist 命令或实用菜单中的 List | Keypoints |. 菜单列表显示已定义的关键点的属性。

下面详细介绍每一个菜单选项：

（1）On Working Plane：弹出如图 10-16 所示的拾取点对话框，有拾取 pick、取消拾取 unpick 两种模式。关键点的建立过程如下：

① 给定点位置坐标。Pick 模式下，鼠标光标为"⇑"，可以通过鼠标左键拾起工作平面上的点，或在输入框中以 X、Y、Z 输入点坐标。Unpick 模式下，鼠标光标为"⇩"（相当

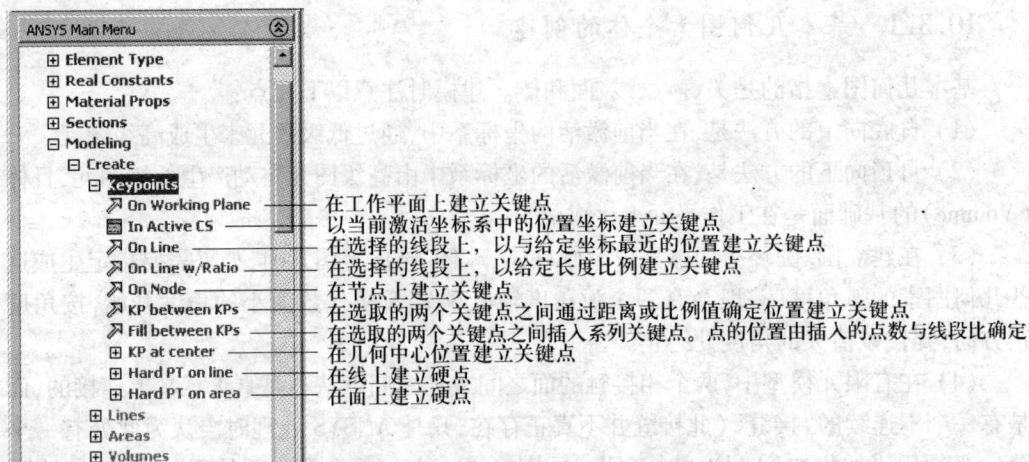

图 10-15 直接建立关键点的菜单

于按鼠标右键),通过鼠标左键点击已拾起的点或在输入框中输入点的坐标来撤销被选中的位置点。

② 执行关键点建立命令。单击"OK"按钮,则在给定位置建立关键点并退出;若单击"Apply"按钮,则在给定位置建立关键点并继续执行上述操作。

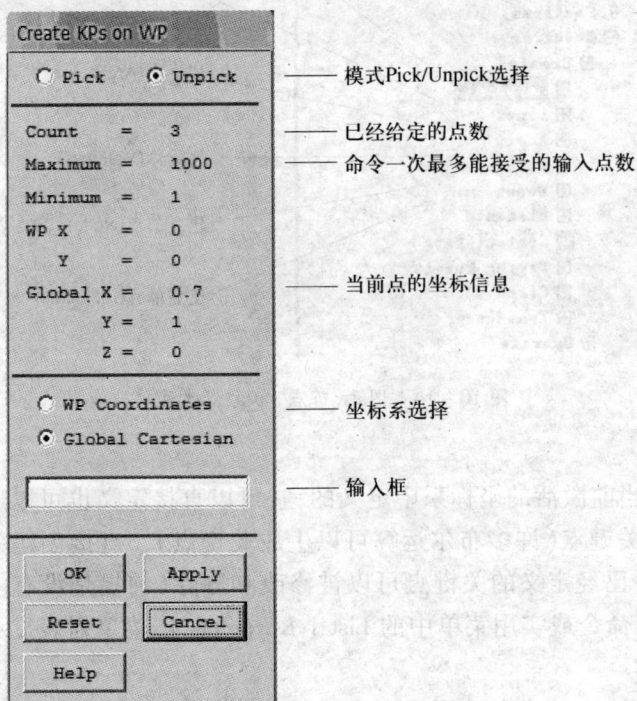

图 10-16 在工作平面上创建关键点

以下其他方式建立关键点的操作与对话框的意义类同。

(2) In Active CS:

(3) On Line:该命令执行时先弹出线选择对话框,用鼠标拾起线或在输入框输入线

206

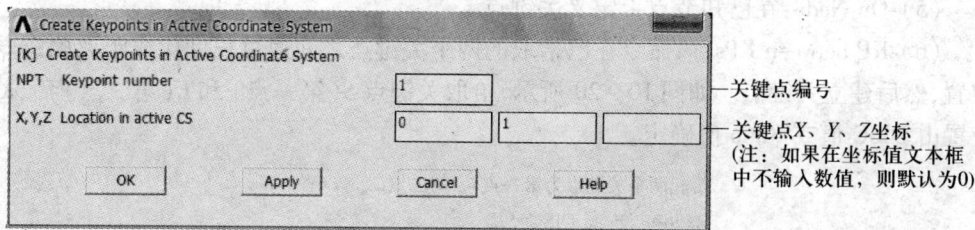

图 10 - 17 在激活的坐标系中建立关键点

编号后,被选中的线加亮显示,然后用鼠标左键在选择的线上拾取点。单击"OK"按钮完成线上关键点的建立(图 10 - 17)。注意:实际上,在图形窗口里拾取的点不一定在线段上,ANSYS 自动选择线段上距离所拾取点最近的点为关键点。

Unpick 可以在操作过程中用来撤销选择。

(4) On Line w/Ratio:此命令在拾取的线段上按给定的比例值(0 ~ 1)确定点的位置,然后建立关键点。如图 10 - 18 所示确定关键点 K 在线 L 上的位置,对话框操作过程如图 10 - 19 所示。

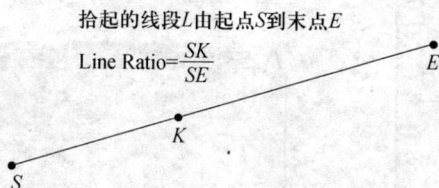

拾起的线段 L 由起点 S 到末点 E

$$Line\ Ratio = \frac{SK}{SE}$$

图 10 - 18

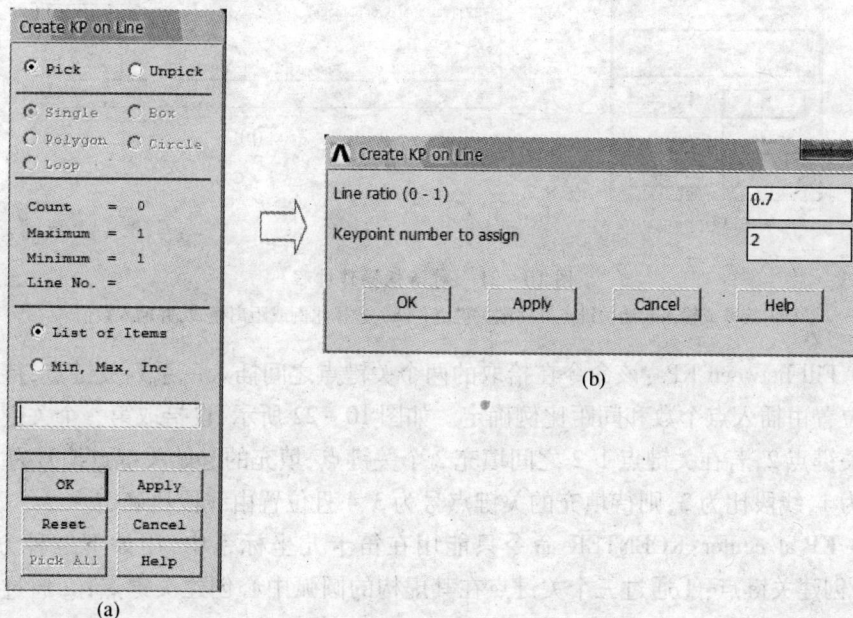

(a)

图 10 - 19 对话框操作过程

(a) 拾取线段;(b) 输入比例和关键点编号。

(5) On Node:在已知节点上定义关键点。

(6) KP between KPs:该命令在已拾取的两个关键点之间通过长度比或距离确定点的位置,然后建立关键点。如图 10-20 所示,拾取关键点 S(第一点) 和 E(第二点) 后,K 的位置由 DISC 值或 Ratio 值确定。

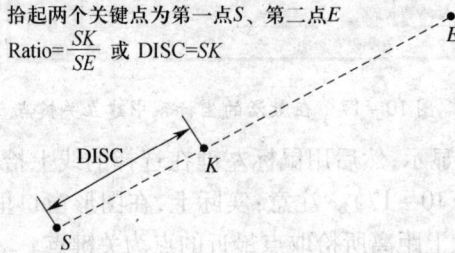

拾起两个关键点为第一点S、第二点E

$Ratio = \dfrac{SK}{SE}$ 或 $DISC = SK$

图 10-20

对话框操作过程如图 10-21 所示。

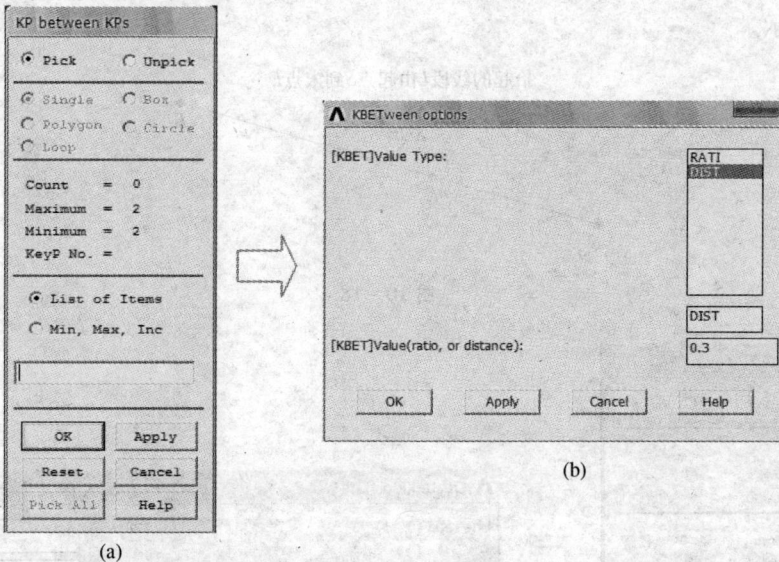

图 10-21 对话框操作过程

(a) 拾取或输入起始关键点和终端关键点;(b) 选择比例或距离模式,并输入数值。

(7) Fill between KPs:该命令在拾取的两个关键点之间插入一系列关键点,待定的关键点的位置由插入点个数和间距比例确定。如图 10-22 所示,设拾取第一个关键点 1 和第二个关键点 2,若在关键点 1、2 之间填充 2 个关键点,填充的起始关键点编号为 3、点编号增量为 1,线段比为 2,则待填充的关键点号为 3、4 且位置由线段比确定。

(8) KP at center:KCENTER 命令只能用在笛卡儿坐标系中,用如下三种方法(图 10-23)创建关键点:①通过三个关键点在其虚构的圆弧中心创建关键点;②通过三个关键点和一个半径在其虚构的圆弧中心创建关键点。其中 VAL1 点、VAL2 点和 VAL4(半径)虚构圆弧,当 VAL4 为正值时,创建的关键点 KPNEW 位于 VAL1、VAL2 连线垂直平分线上且与 VAL3 同侧;当 VAL4 为负值时,创建的关键点 KPNEW 位于 VAL1、VAL2 连线垂

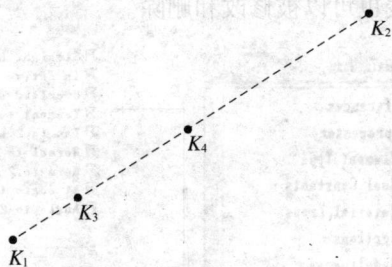

图 10 - 22 两个关键点之间以插入方式创建多个关键点

直平分线上且与 VAL3 异侧。③通过一条线上的位置点在其虚构的圆弧中心创建关键点。其中,VAL1 为圆弧线上的点时,则在该圆弧中心创建关键点 KPNEW;当 VAL1 为任意形状线上一点时,则在该线上 VAL2、VAL3、VAL4 三点虚构的圆弧中心创建关键点 KPNEW。

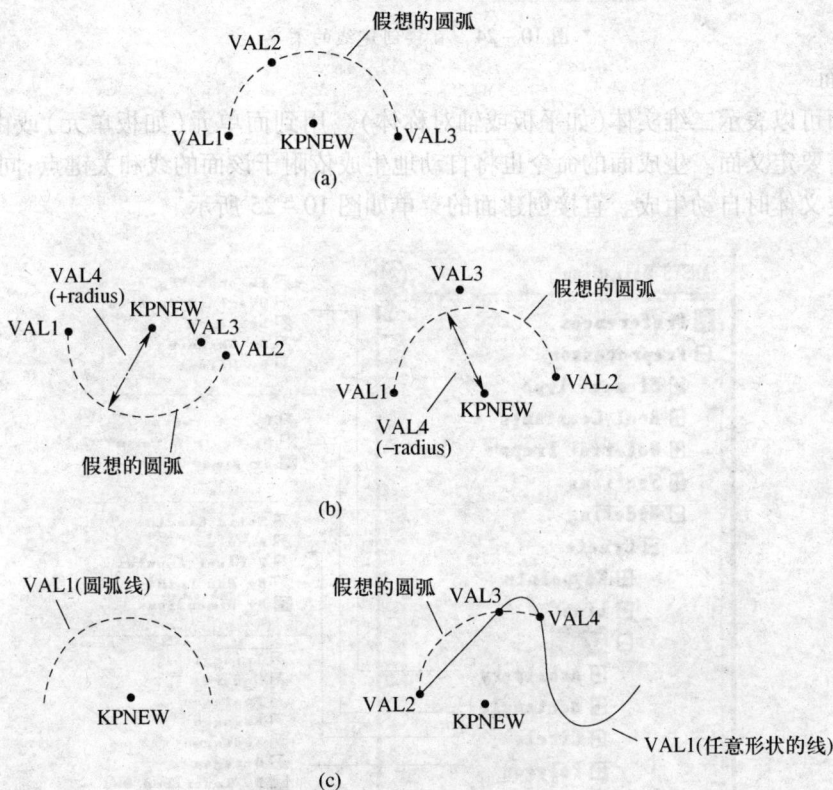

图 10 - 23 在中心位置创建关键点

(a) 通过三个关键点在中心创建关键点;(b) 通过三个关键点和一个半径在中心创建关键点;
(c) 通过线上位置点在中心创建关键点。

2. 线

线也是在当前激活的坐标系内定义的。并不总是要求明确定义所有的线,因为 AN-SYS 通过顶点在定义面和体时,会自动生成相关的线。只有在生成线单元(如梁单元)或想通过线来定义面时,才需要明确地定义线。直接创建线的菜单如图 10 - 24 所示。

通过 List 命令或实用菜单中的 List | Lines 菜单列表显示已定义的线的属性(如线编

209

号、组成线的关键点等)。线也可以被修改和删除。

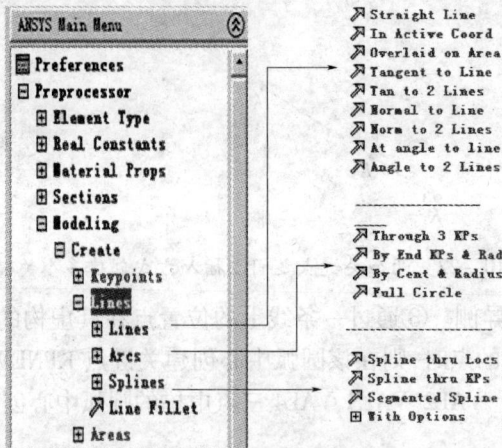

图 10－24　直接创建线的菜单

3. 面

平面可以表示二维实体(如平板或轴对称体)。用到面单元(如板单元)或由面生成体时才需要定义面。生成面的命令也将自动地生成依附于该面的线和关键点;同样,面也可以在定义体时自动生成。直接创建面的菜单如图 10－25 所示。

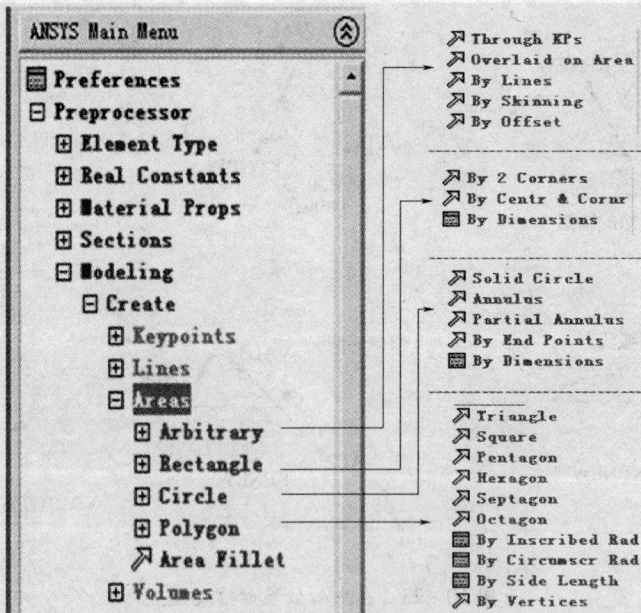

图 10－25　直接创建面的菜单

通过 Alist 命令或实用菜单中的 List｜Areas 列表显示已定义的面的属性(如面的编号、组成面的线的编号以及有些面的面积等)。面也可以被修改和删除,但只有未进行网格划分且不属于任何体的面才能被重新定义和删除。

当需要创建一些特殊的曲面(如机翼、螺旋桨等),可以事先创建曲面上的多条不封闭的空间"引导线",然后再通过蒙皮命令选择所有引导线生成一个光滑的曲面,即引导线蒙皮生成光滑曲面的方法,如图10-26所示的实例。

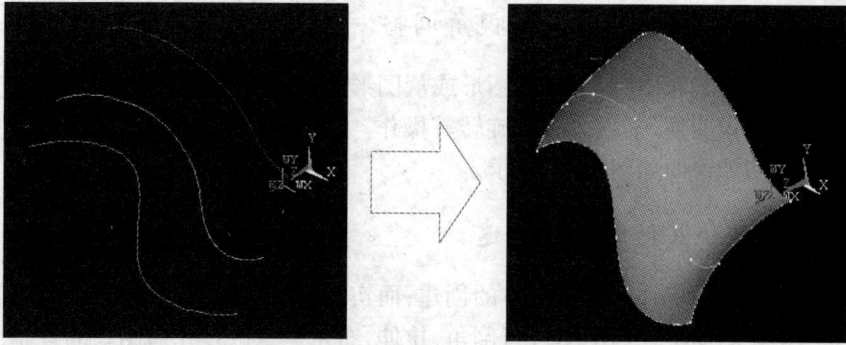

图 10-26　引导线蒙皮实例

命令:ASKIN

[Main menu]Preprocessor|Modeling|Create|Areas|Arbitary|By Skinning

4. 体

体用于描述三维实体,仅当需要用到体单元时才必须建立体。生成体的方式有多种,可由顶点定义体,也可以由边界面定义体,也可将面沿一定路径拖拉生成。体生成时将自动生成其低级图元。体的创建菜单如图10-27所示。

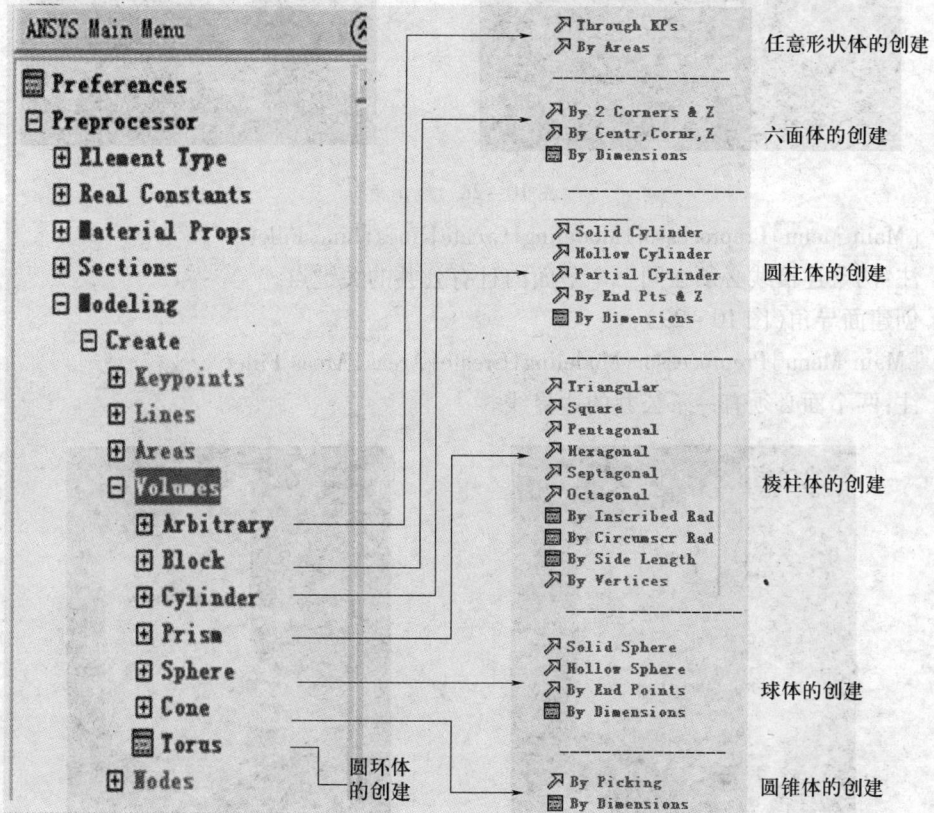

图 10-27　体的创建菜单

体也可以被修改和删除,但只有未进行网格划分的体才能被重新定义和删除。

10.3.2 图形窗口中模型的视角调整、平移、缩放与旋转操作

几何模型创建过程中,为了观察图形或从图形的某个面上继续创建新的图元,往往需要对图形进行视角变换、平移、缩放、旋转等操作。通过 Pan – Zoom – Rotate 工具实现,该工具各部分的功能说明如图 9 – 6 所示。

10.3.3 复杂几何图素的创建

前面介绍的是简单几何图素个体的创建,而实际的几何模型往往具有复杂的结构,这就需要对已创建的简单几何图素进行倒角、拉伸、布尔运算以及几何图素的复制、镜像、缩放来构建复杂的几何模型。下面介绍几种常用构造复杂几何模型的方法。

1. 创建倒角(Fillet)

倒角有线倒角和面倒角两种。很显然,只有在同一平面内的两条相交的线才能实现线倒角,不平行的两个相交面才能实现面倒角。

创建线倒角(图 10 – 28):

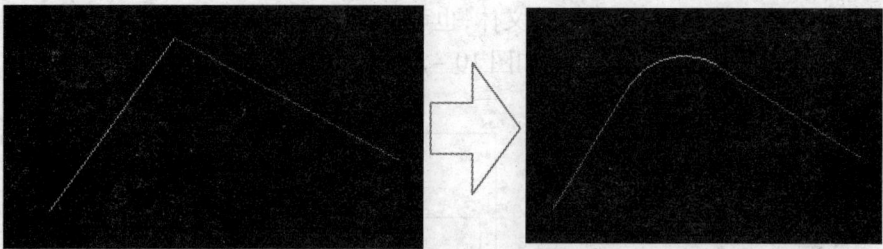

图 10 – 28　线倒角

[Main Menu]Preprocessor|Modeling|Create|lines|Line Fillet

注:两条连接线必须在同一个平面内且有公共的关键点。

创建面导角(图 10 – 29):

[Main Menu]Preprocessor|Modeling|Create|Areas|Areas Fillet

注:两个面必须有一条公共的边界线。

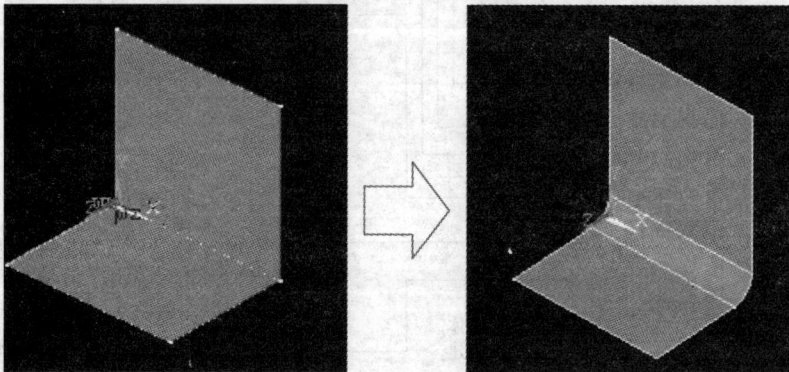

图 10 – 29　面倒角

212

2. 图元的拉伸(Extrude)

拉伸是通过已存在的关键点、线、面通过沿路径拉伸生成另外的线、面、体。如果参考路径是线,则几何图元相对这条参考线的拉伸就是一个滑移操作;如果参考路径是通过关键点定义的轴线,则几何图元相对这条参考轴的拉伸就是旋转操作。拉伸操作菜单如图 10 - 30 所示。

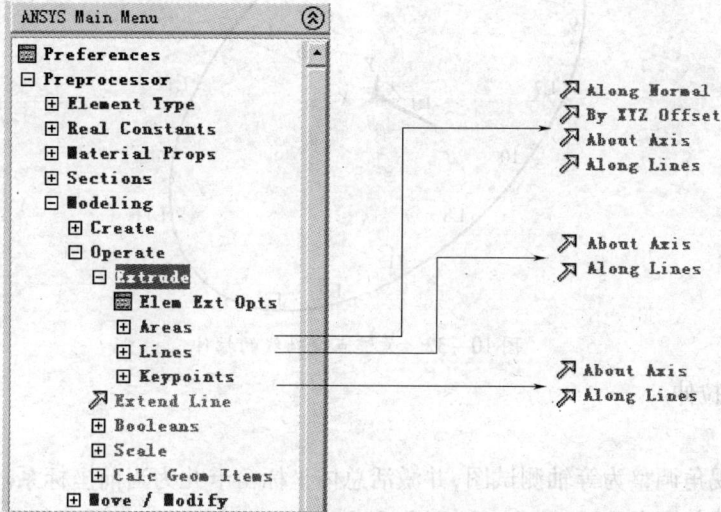

图 10 - 30   拉伸操作菜单

GUI:[Main Menu]Preproceesor|Modeling|Operate|Extrude|…

1) 点的拉伸

实例:

(1) 将视角调整为等轴测试图,并激活总体坐标笛卡儿为当前坐系。

(2) 创建关键点 1(0,0,0),2(0,0,1),3(1,1,0),并由 1、2 号点创建直线 L1。

(3) GUI:[Main Menu]Preproceesor|Modeling|Operate|Extrude|Keypoints|Along Lines
弹出对话框,先选择 3 号点单击"OK"按钮,再选择线 L1 再单击"OK"按钮,将生成如图 10 - 31 所示直线 L2。

(4) GUI:[Main Menu]Preproceesor|Modeling|Operate|Extrude|Keypoints|About Axis
弹出对话框,先选择 3 号点单击"OK"按钮,再选择 1、2 号点定义回转轴线,再单击"OK"按钮,弹出如图 10 - 31 对话框。

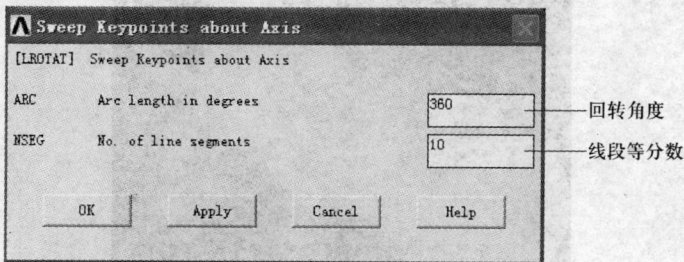

图 10 - 31   回转角度和线段等分数对话框

213

设置回转角度360,线段等分数为10,单击"OK"按钮,生成线段圆 L3～L12,结果如图 10－32 所示。

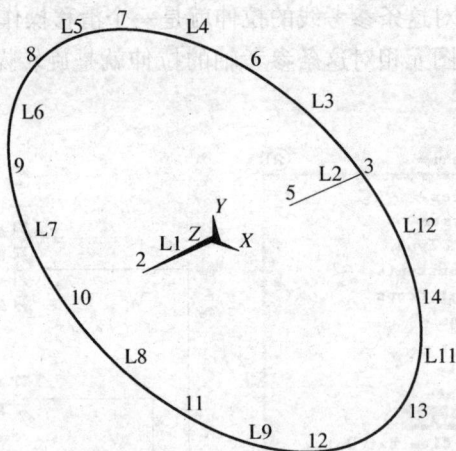

图 10－32 关键点绕轴线的拉伸

2)线的拉伸

实例:

(1)将视角调整为等轴测试图,并激活总体坐标笛卡儿为当前坐标系。

(2)创建关键点 1(0,0,0),2(0.5,0.5,0),3(1,2,0),4(1.5,1,0),5(2,2,0),6(0.5,0.5,3),7(0,0,3)。

(3)GUI:[Main Menu]Preproceesor|Modeling|Creat|Line|Straight Line

选择 2、6 号点创建直线 L1;

GUI:[Main Menu]Preproceesor|Modeling|Creat|Line|Splines|Spline thru KPs

选择 2、3、4、5 点生成样条曲线。

(4)GUI:[Main Menu]Preproceesor|Modeling|Operate|Extrude|Lines|Along Lines

弹出对话框,先选择 L1 号线作为被拉伸的线点单击"OK"按钮,再选择样条曲线为拉伸轨迹线,再单击"OK"按钮,将生成如图 10－33 所示空间曲面;

GUI:[Main Menu]Preproceesor|Modeling|Operate|Extrude|Lines|About Axis

选择 L1 为被拉伸的线点单击"OK"按钮,再通过点 1、7 定义回转轴线,再单击"OK"按钮,将 360°分成 8 等份,将生成如图 10－33 所示回转面。

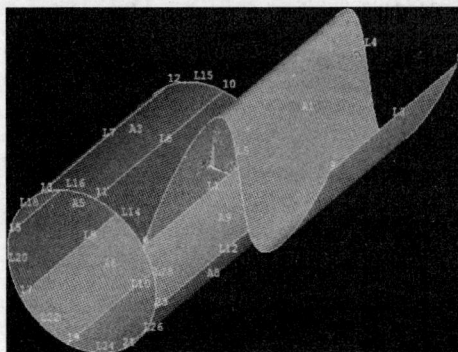

图 10－33 线的拉伸

214

3）面的拉伸

从图 10 - 29 拉伸操作菜单可知,面可以绕轴线旋转拉伸、沿直线方向平移拉伸、沿面法向平移拉伸,或按给定的 ΔX、ΔY、ΔZ 值拉伸。示例如图 10 - 34、图 10 - 35 所示。

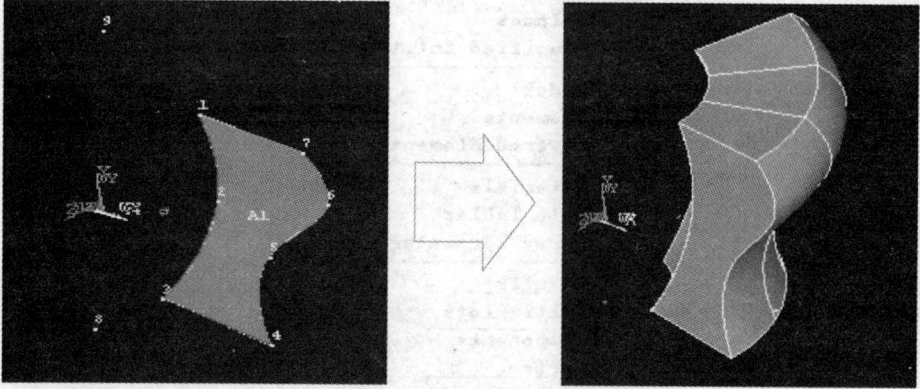

图 10 - 34　面沿 8、9 关键点的轴线回转拉伸

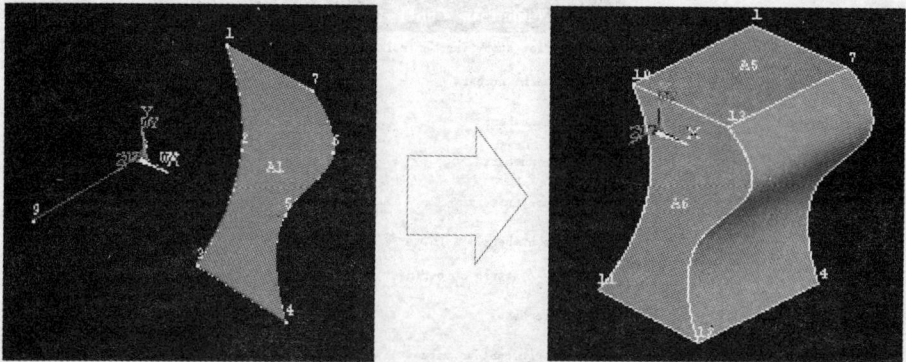

图 10 - 35　面沿直线滑动拉伸

10.3.4　图元的显示、编号、复制、镜像及删除

1. 图元的显示

ANSYS 默认的选择集为全部图元,几何实体模型创建以后,ANSYS 的图形窗口中默认显示当前选择集中最高级的图元,可以通过应用菜单中 Plot 子菜单下的相关命令显示低阶的图元。Multi - Plots 将全部显示当前所有几何模型、有限元模型和系统信息等,显示内容可以通过显示控制 PlotCtrls 进行调整。

显示操作菜单如图 10 - 36 所示。

2. 图元的编号

图元在图形窗口显示时,可以通过显示控制打开某种类型的图元编号,将这些图元以不同的颜色和编号显示出来。图元编号对话框如图 10 - 37 所示。

注:编号一般显示在图元的中心位置。

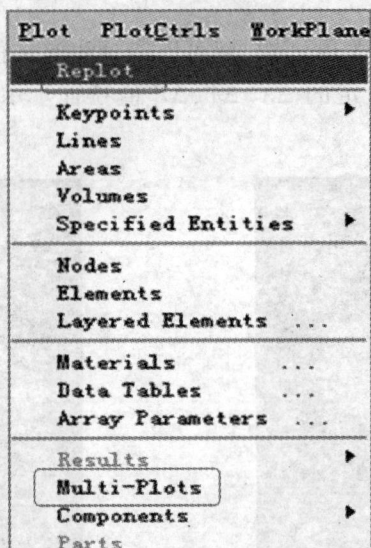

图 10 - 36 显示菜单

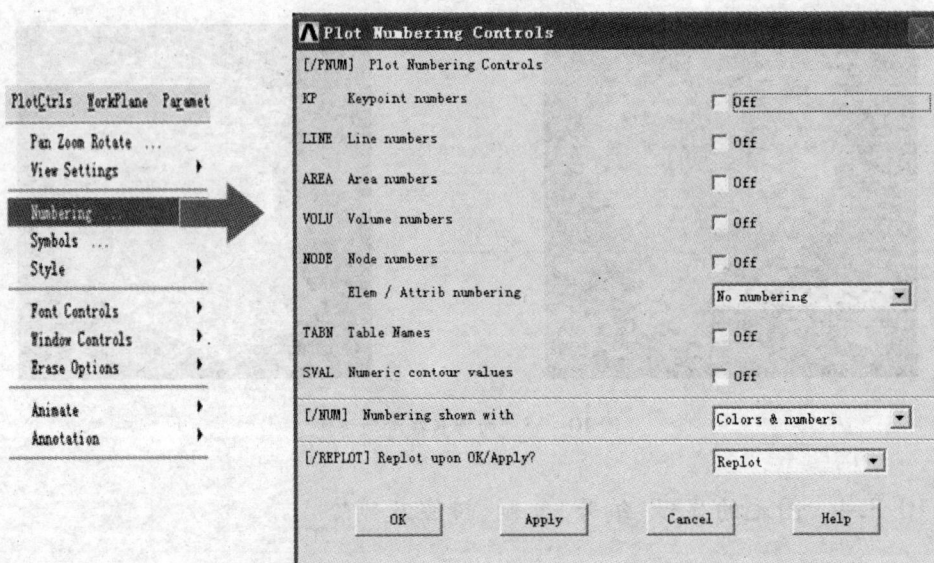

图 10 - 37 图元编号对话框

3. 复制图元

对于模型中的重复部分,利用复制命令可以复制相应部分。复制对象可以是点、线、面、体等几何模型和单元、节点等网格模型。图元复制菜单如图 10 - 38 所示。实例如图 10 - 39 所示。

注意:回转复制要激活柱坐标系。

命令:KGEN 或 LGEN 或 AGEN 或 VGEN

[Main Menu]Preprocessor|Modeling|Copy…

216

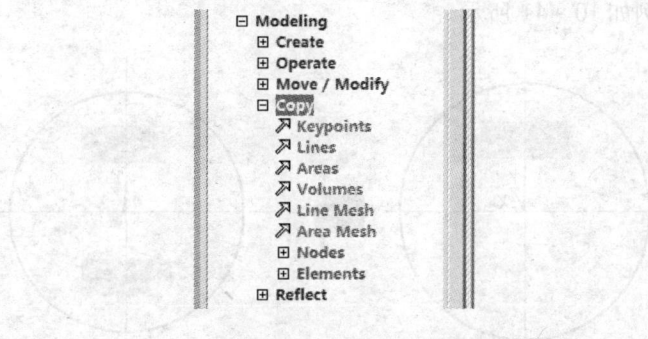

图 10 - 38　图元复制菜单

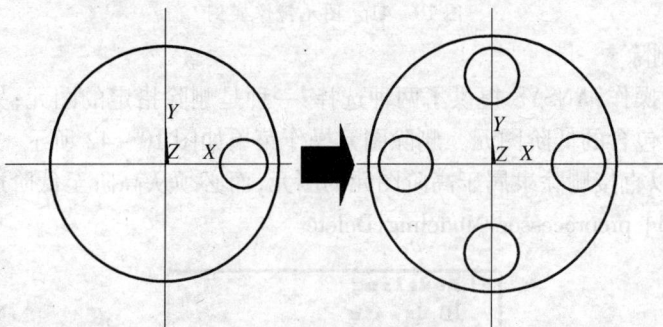

图 10 - 39　图元复制实例

4. 镜像图元

利用坐标轴的对称性,通过对称镜像创建关键点、线、面、体等几何模型和节点、单元等网格模型。镜像图元的操作菜单如图 10 - 40 所示。

注意:镜像只能在笛卡儿坐标系中进行。

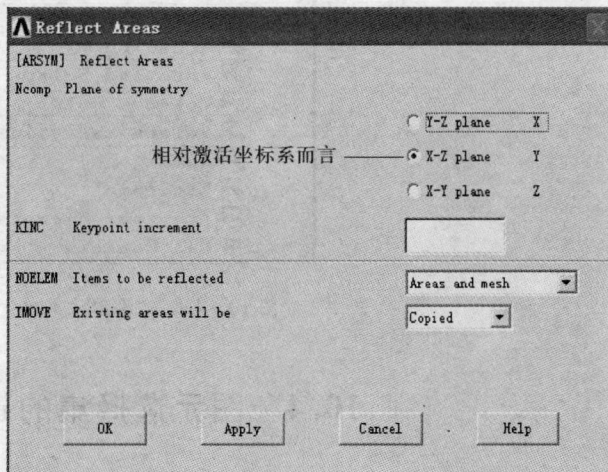

图 10 - 40　镜像图元操作菜单

命令:无

[Main Menu] Prerocessor|Modeling|Reflect

217

镜像图元实例如 10 – 41 所示。

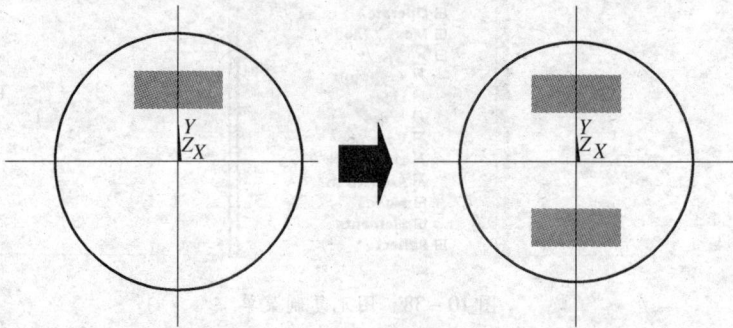

图 10 – 41　图元镜像实例

5. 图元的删除

删除图元的操作，ANSYS 提供了两种选择：一种是删除指定的图元；另一种是删除指定的图元及其所包含的低阶图元。删除图元操作菜单如图 10 – 42 所示。

注意：不可以直接删除隶属于高阶图元的图元，而必须从高阶至低阶逐级删除。

[Main Menu] preprocessor | Modeling | Delete

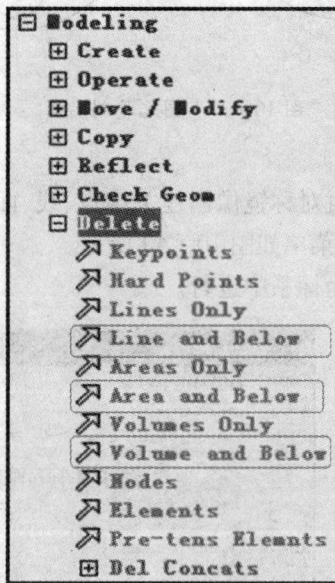

图 10 – 42　删除图元菜单

10.4　图元选择集的建立

ANSYS 默认的选择集为全部图元。若需要有选择地显示指定的图元，可以通过菜单 [Utility Menu] Select | Entities 命令完成。这个操作非常有利于进行复杂分析后查看局部的结果，特别是在三维建模分析时，往往会有一个体挡住另一个体的情况，此时这种只显示部分图元的操作就显得非常有用。图元选择集对话框如图 10 – 43 所示。

218

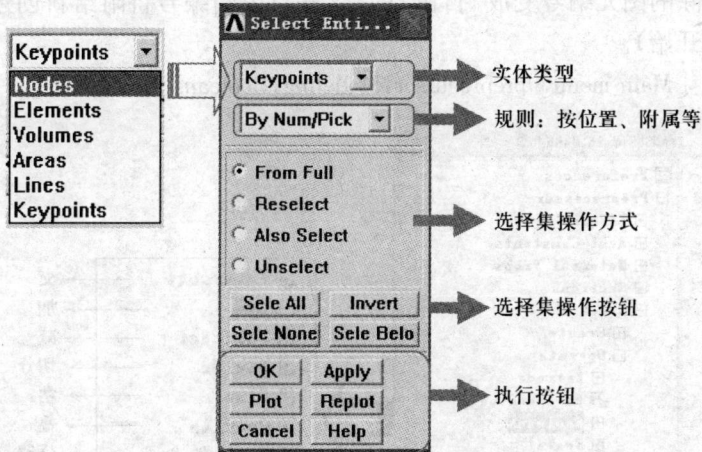

图 10-43 图元选择集对话框

主要勾选项和按钮说明如下：

(1) From Full：从全集中选择一个处于活动状态的子集。

(2) Reselect：选择集子选，即从当前已选择的子集中再次选择。

(3) Also Select：选择集扩充，即向当前选择集中添加不同的图元。

(4) Unselect：取消当前选择集的部分图元，即从已建立的选择集中删除部分图元。

(5) Select All：选择所有的子集。

(6) Invert：反选当前选择集，即在集合的活动部分和非活动部分间切换。

(7) Select None：取消选择的子集。

(8) Sele Belo：低层选择，即选择当前选择集中的低一层图元。

注意：应用选择集操作之后，在求解模型之前，必须重新激活所有实体，未选择的实体不会包括在问题解之中。例如，如果选择了某个节点子集在其上施加约束条件，就应该在求解前重新激活所有的节点。在 ANSYS 中，用户只需要一个操作就可以激活所有的实体。

GUI 方式：[Utility Menu] Select | Everything

10.5 组建复杂几何模型——布尔运算

组建复杂几何模型就是将已经创建的简单的、复杂的图素相互间进行如加、减、交、切、粘、叠、分等布尔运算(图 10-44)来构造出新的、无接缝的复杂几何模型，这是结构几何模型建模中必须的、重要的环节。布尔操作后得到的新的几何模型是无接缝的连续实体。

布尔运算在建模过程中有着极其重要的作用，只有掌握好布尔运算强大的功能才能利用 ANSYS 建模工具随心所欲地建立预期的模型。

注意：(1) 在默认情况下，布尔操作完成后，输入的原始图元被删除，得到的是新的并且重新编号的图元。通过设置可以改变默认方式。

（2）被删除的图元编号变成"自由"的（这些自由的编号将附给新创建的图元，从最小的自由编号开始）。

GUI 方式：［Main menu］preprocessor | Modeling | Booleans

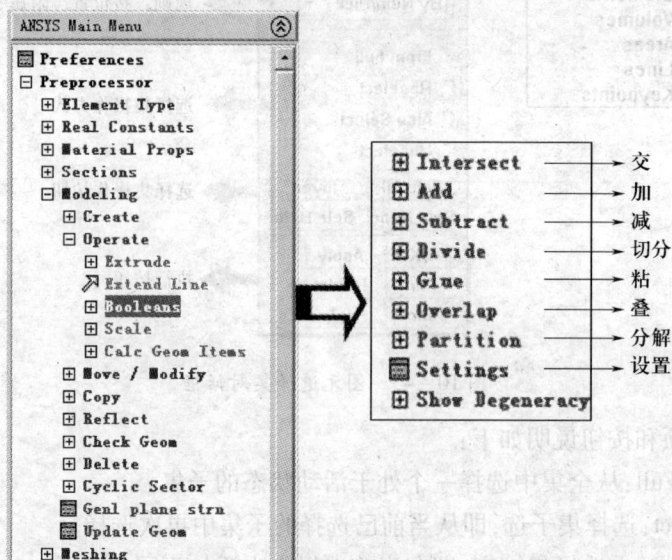

图 10-44　布尔操作菜单

10.5.1　布尔运算设置

布尔运算如图 10-45 所示。

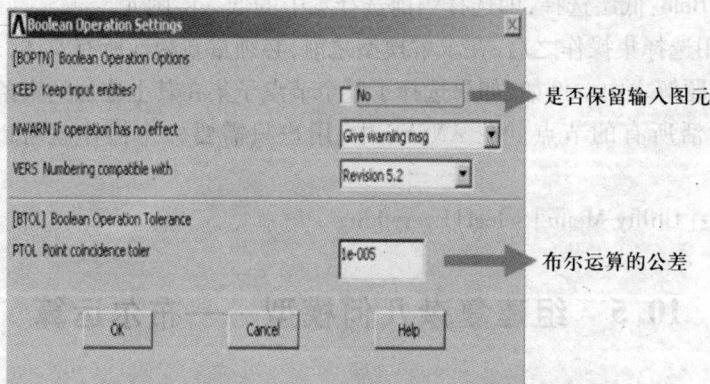

图 10-45　布尔运算设置

10.5.2　布尔操作

1. 交运算(Intersect)(图 10-46)

（1）整体相交：求出两个或多个图元的公共区域形成一个新图元。

（2）两两相交：求出所有初始输入图元中任意两个原图元的公共区域组成的一个新的图元集。

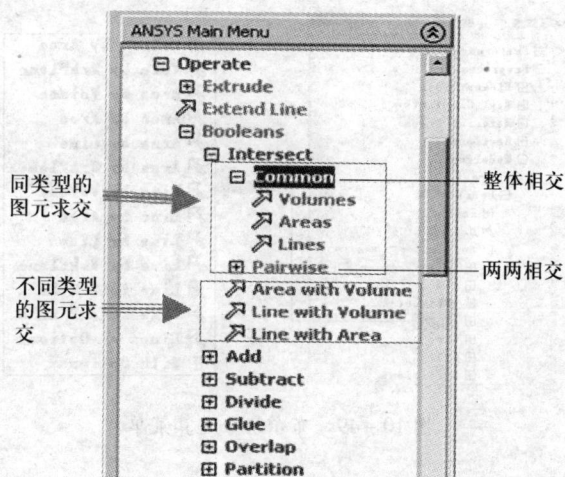

图 10 -46 布尔交运算菜单

2. 加运算(Add)

加运算是指将具有公共部分的多个同类型的图元合并为一个新图元,不再保留公共部分的边界。形成的新图元是一个单一的整体,没有接缝。实际上,加运算形成的图元在划分网格时常不如叠分(Overlapping)。布尔加运算菜单如图 10 -47 所示。

3. 减运算(Subtract)

减运算是指从一个图元中去掉另一个图元同样具有的部分。布尔减运算菜单如图 10 -48 所示。

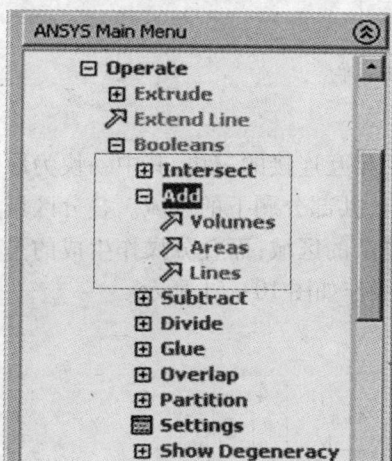

图 10 -47 布尔加运算菜单

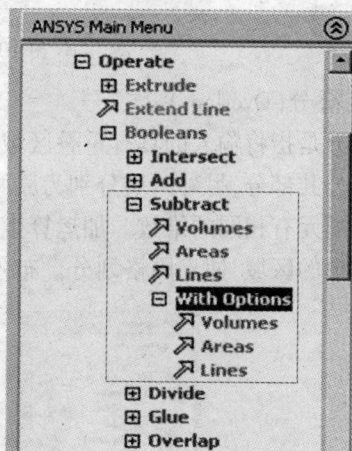

图 10 -48 布尔减运算菜单

4. 切分运算(Divide)

切分顾名思义就是一刀将图元劈成两半,切分操作中所使用的"剖切工具"可以是体、面、线或工作面,最常用的切分方式是被工作平面切分操作。布尔切分运算菜单如图 10 -49 所示。

221

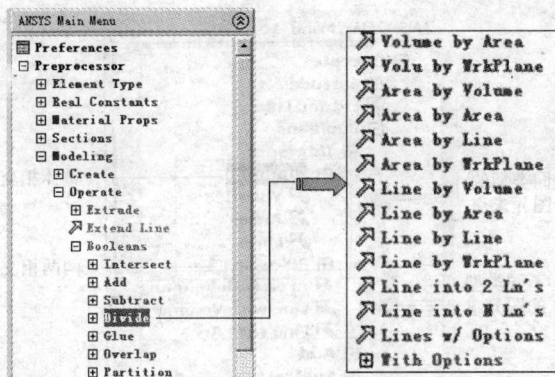

图 10-49　布尔切分运算菜单

5. 粘接(Glue)

粘接是指将两个或多个图元连接在一起,并保留各自的边界。这个操作要求两个图元的公共部分具有比图元低的维数。布尔粘接菜单如图 10-50 所示。

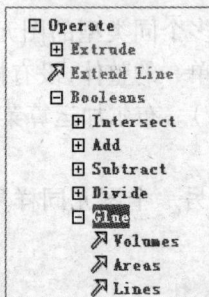

图 10-50　布尔粘接菜单

6. 叠分(Overlap)

叠分是指将输入的具有重叠区域的图元划分为相互连接的三块,其中一块为原两个图元的公共部分,另外两块分别为原两个图元减去公共部分剩下的区域。叠分区域必须与原始图元有相同的维数。加运算生成一个相对复杂的区域;而叠分操作生成的是多个相对简单的区域,便于网格划分。布尔叠分菜单及操作如图 10-51 所示。

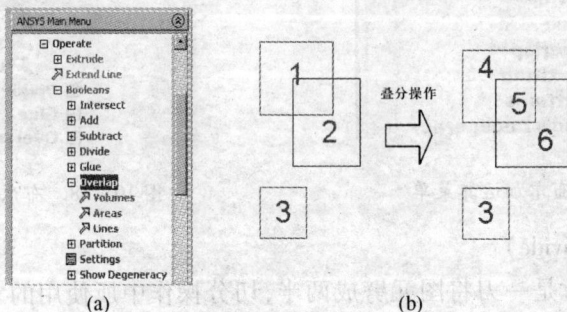

图 10-51　布尔叠分菜单及操作
(a) 菜单;(b)操作。

222

7. 分解运算(Partition)

分解运算和叠分运算类似,它把相交的两个图元按照两者的公共部分分解成多个图元的组合。布尔分解运算如图 10-52 所示。

分解操作要求被分解的两个几何体有公共部分,并且其公共部分可以切分两个几何体中的任意一个。

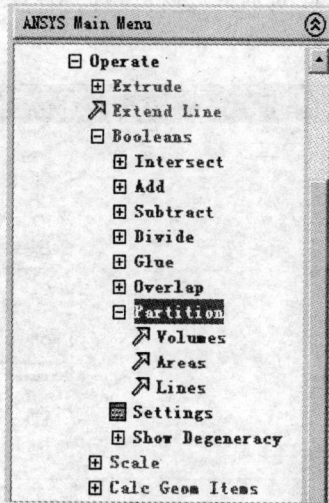

图 10-52 布尔分解运算菜单

10.6 建 模 实 例

[实例1] 简单薄板建模

如图 10-53 所示一薄板零件,尺寸单位为 mm,板厚为 5mm,R4 = 4mm,其他尺寸见图标注。试按照 ANSYS 建模方法,建立相应实体模型。

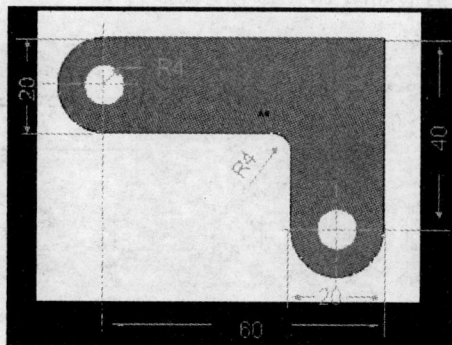

图 10-53 薄板零件

具体操作过程如下:

1. 显示工作平面坐标

[Utility Menu]WorkPlane | Display Working Plane(toggle on)

223

需要指出的是,单击该条命令后,不会弹出窗口,看到的只是该条命令前面有一个被选中的符号,且在图形区域显示工作平面坐标系。默认工作平面与总体笛卡儿坐标重合。假设图形左端圆心为原点,放置到总体笛卡儿坐标系中。

2. 绘图显示控制设置

[Utility Menu]PlotCtrls|Numbering

单击该命令弹出如图 10 – 54 对话框,进行设置,ANSYS 就会自动以不同的颜色区分不同的线、面积图形。

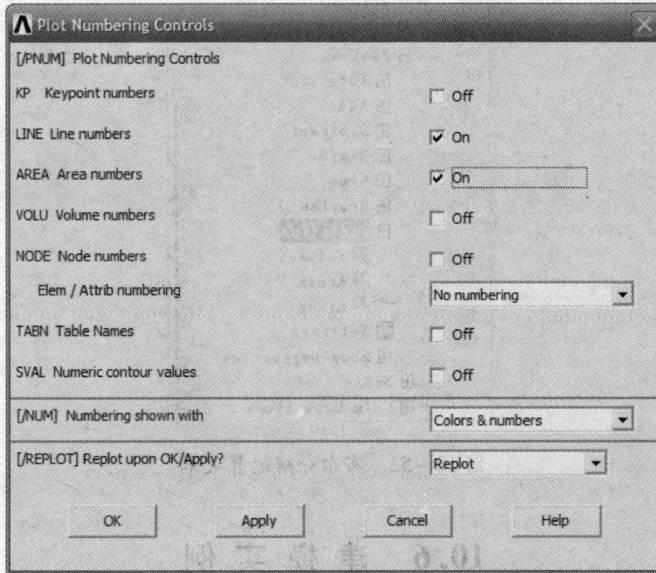

图 10 – 54

3. 创建两个矩形

[Main Menu]Preprocessor|Create|Rectangle|By Dimensions

单击该命令弹出的对话框如图 10 – 55 所示。

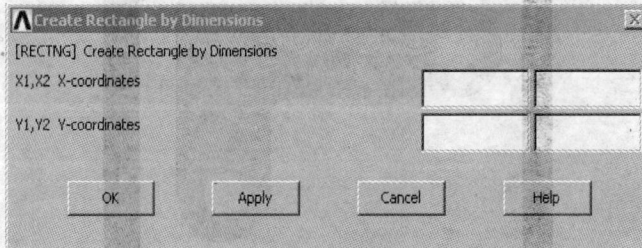

图 10 – 55

输入:X1 – X2: 0 60

　　　Y1 – Y2: – 10 10

单击"Apply"按钮。

输入:X1 – X2: 40 60

　　　Y1 – Y2: – 10 – 30

224

单击"OK"按钮。

4. 创建两个外圆面

（1）创建圆心为（0,0）、半径为 10 的圆。［Main Menu］Preprocessor｜Create｜Circle｜Solid Circle

参数值可以用键盘输入，也可以用鼠标移动得到。单击"OK"按钮关闭该对话框。

（2）移动工作平面，创建第二个外圆。

［Utility Menu］WorkPlane｜Offset WP to Keypoints

弹出对话框后，分别选取右侧矩形底边左右两个点作为关键点，单击"OK"按钮，则工作平面（极坐标）移动到了以所取关键点连线的中点为原点的平面上。

［Main Menu］Preprocessor｜Create｜Circle｜Solid Circle

创建圆心为（0,0），半径为 10 的圆，单击 OK 关闭对话框。创建的图形如图 10－56 所示。单击 Toolbar 上的 SAVE_DB 存盘。

5. 将面积通过布尔和运算组合在一起

［Main Menu］Preprocessor｜Operate｜Add｜Areas

选择 pick all，将面积和在一起，如图 10－57 所示。

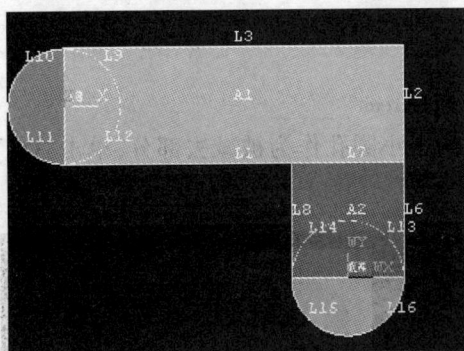

图 10－56　实体圆形操作　　　图 10－57　布尔加运算形成整体面

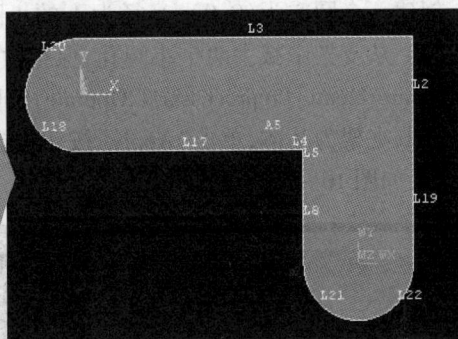

6. 创建补丁面积并把它们组合在一起

（1）［Utility Menu］Plot｜Line

显示线，并调整大小。

（2）线导角。

［Main Menu］Preprocessor｜Create｜Line Fillet

弹出 Line Fillet 对话框，将两条线的标号输入 L17、L8（或鼠标选择），并设置半径 4，单击"OK"按钮关闭对话框。

（3）创建补丁面积。

［Main Menu］Preprocessor｜Create｜Arbitray｜By Lines

用鼠标选择三条线 L1、L4、L5（图 10－58），单击"OK"按钮关闭对话框。

（4）整合面积

［Main Menu］Preprocessor｜｜Operate｜Add｜Areas

选择"Pick All"，单击"OK"按钮，关闭对话框并进行存盘。

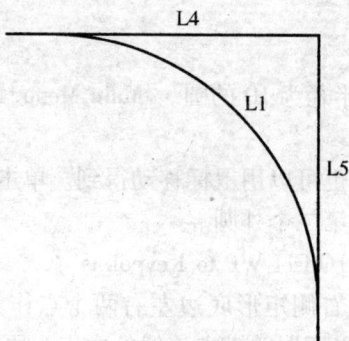

图 10 - 58　圆弧补丁面积创建操作

7. 创建两个小圆孔

（1）［Main Menu］Preprocessor|Create|Circle|Solid Circle

创建一个圆心为(0,0)、半径为 4 的小圆孔,即右下方圆。

（2）［Utility Menu］Work Plane|Offset WP to|global origin

（3）［Main Menu］Preprocessor|Create|Circle|Solid Circle

创建一个圆心为(0,0)、半径为 4 的小圆孔,即左边圆。

（4）从支架中减去两个小圆孔,保存数据。

［Main Menu］Preprocessor ｜ Operate|Subtract|Areas

选取支架为基体,单击"Apply"按钮;选取两个小圆孔作为被减去部分,单击"OK"按钮,结果如图 10 - 59 所示。

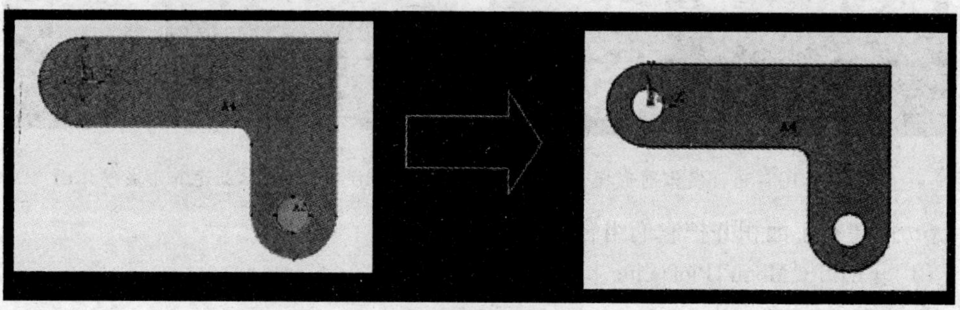

图 10 - 59　布尔减运算创建圆孔操作

8. 存盘

［Utility Menu］File|save as

输入 MODEL01. DB 为文件名,单击"OK"按钮,关闭对话框,建模完成。

［**实例 2**］　对称图形建模

如图 10 - 60 所示汽车连杆的几何图形,未注圆角 $R0.25$。

1. 定义工作文件名和工作标题

CON_ROD,The Model of Connect - rod

2. 生成连杆左端两个圆环面

［Main Menu］…|Circle|By Dimension

226

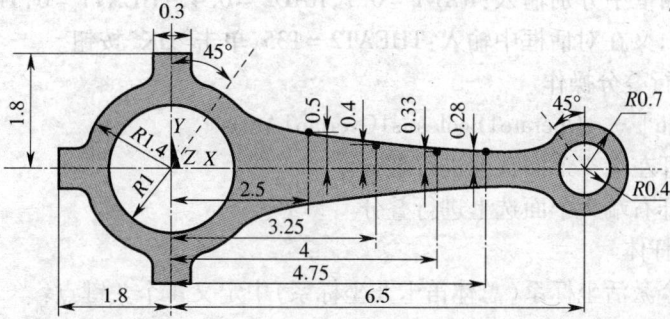

图 10 – 60　汽车连杆结构图

分别输入：RAD1 = 1.4，RAD2 = 1，THEAT1 = 0，THEAT2 = 180，如图 10 – 61 所示，单击"Apply"按钮，又在对话框中输入：THEAT1 = 45，单击"OK"按钮。

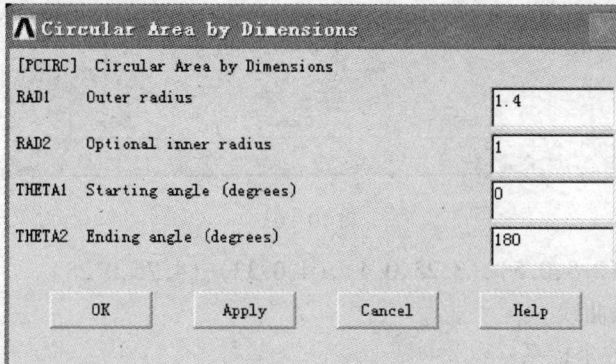

图 10 – 61

3. 生成连杆左端两个矩形

（1）［Main Menu］…. | Areas | Rectangle | By Dimension

分别输入：X1 = – 0.3，X2 = 0.3，Y1 = 1.2，Y2 = 1.8，如图 10 – 62 所示，单击"Apply"按钮，又在对话框中输入：X1 = – 1.8，X2 = – 1.2，Y1 = 0，Y2 = 0.3，单击"OK"按钮。

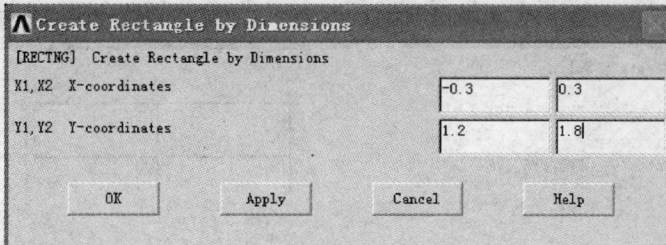

图 10 – 62

［Utility Menu］　Workplane | Offset WP to | XYZ Location

在对话框输入行中输入 6.5，并按回车键确认，单击"OK"按钮。

（2）生成圆环面。

［Main Menu］…. | Circle | By Dimension

227

在弹出对话框中分别输入:RAD1 = 0.7,RAD2 = 0.4,THEAT1 = 0,THEAT2 = 180,单击"Apply"按钮,又在对话框中输入:THEAT2 = 135,单击"OK"按钮。

4. 对面进行叠分操作

[Main Menu]…. | Operate | Booleans | Overlap | Areas

(1) 将连杆左端4个面选上进行叠分。

(2) 对连杆右端2个面选上进行叠分。

5. 生成连杆体

(1) 在当今激活坐标系(总体笛卡儿坐标系)中定义4个关键点:

[Main Menu]….. Creat | Keypoints | In Active CS

出现如图 10 - 63 所示对话框:

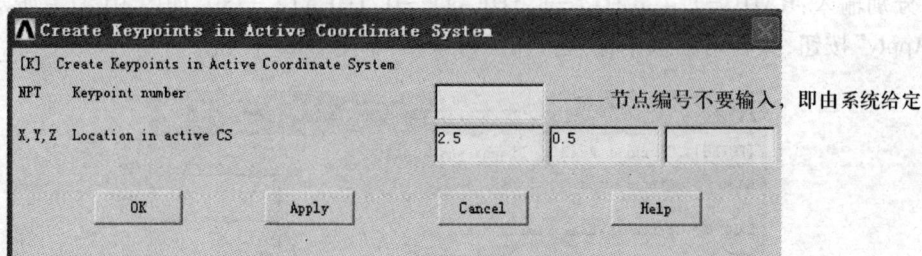

图 10 - 63

4 个关键点:(2.5,0.5),(3.25,0.4),(4,0.33),(4.75,0.28)。

(2) 生成样条曲线。

① 激活总体柱坐标系:

[Utility Menu] Workplane | ChangeActive CS to | Global Cylindraical

② 生成样条曲线:

[Main Menu]…Create | Splines | With Options | Spline thru KPs

出现拾取框,依次拾起6个关键点,单击"OK"按钮,弹出如图 10 - 64 所示的对话框,在对话框中输入数据。

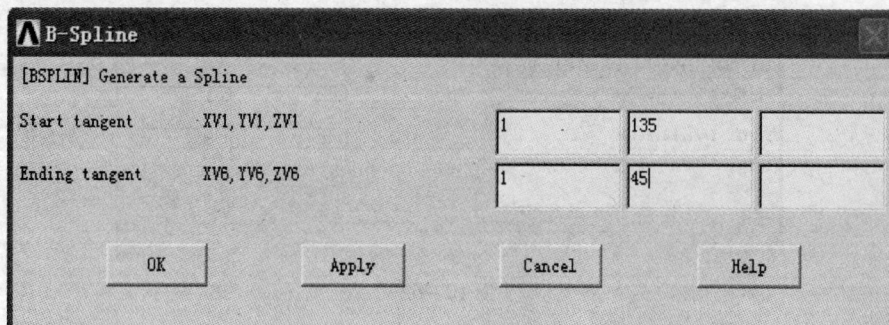

图 10 - 64 样条曲线与首层关键点的拾取参数设置

样条曲线图如图 10 – 65 所示。

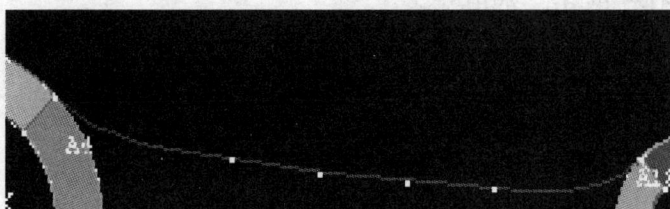

图 10 – 65　样条曲线图

说明：XV1 =1 表示在拾取第 1 个关键点处的半径；YV1 = 135 表示在拾取第 1 个关键点处的角度；XV6 =1 表示在拾取第 6 个关键点处的半径；YV6 =45 表示在拾取第 6 个关键点处的角度。

③ 生成一条新线：

［Main Menu］…|Create |Lines|Straight Line

④ 显示线：

［Utility Menu］Plot|Line

⑤ 生成连杆体的面：

［Main　Menu］…Create|Areas|Arbitray|By Lines. 如图 10 – 66 所示连杆体面的创建。

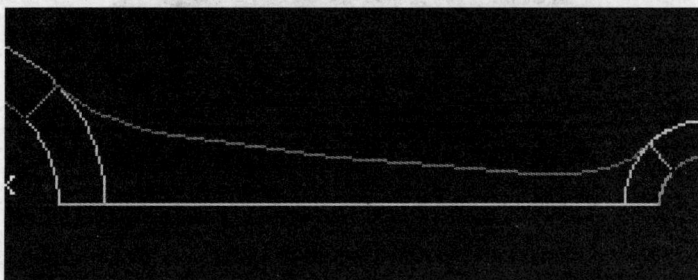

图 10 – 66　连杆体的面

6. 生成导圆角

（1）对连杆左端进行局部放大：

［Utility Menu］PlotCtrls|Pan,Zoom,Rotate

选择"Box Zoom"，完成局部放大。

（2）在线之间进行导角：

［Main Menu］…Create|Line Fillet

（3）由导角的边界线生成面：

［Main Menu］…Create|Arbitary|By Lines

7. 所有的面相加

［Main Menu］…operate|Add|Areas

8. 存盘

（1）镜像：

［Main Menu］…Reflect|Areas

拾取整个面,单击"OK"按钮,出现图 10-67 所示的对话框,以 *XZ* 对称面,完成镜像,创建的连杆图形如图 10-68 所示。

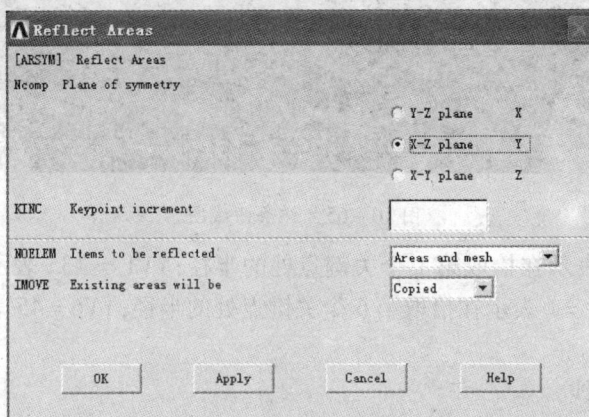

图 10-67 镜像操作对话框

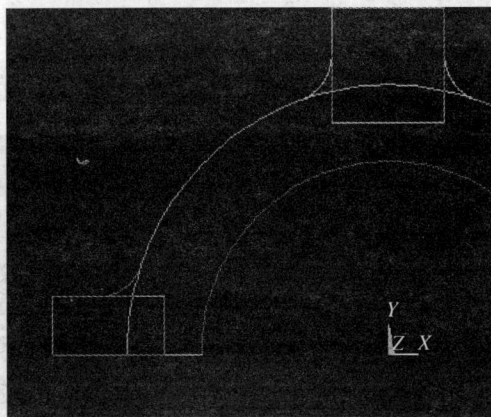

图 10-68 连杆图形

(2) 存盘。连杆镜像效果图如图 10-69 所示。

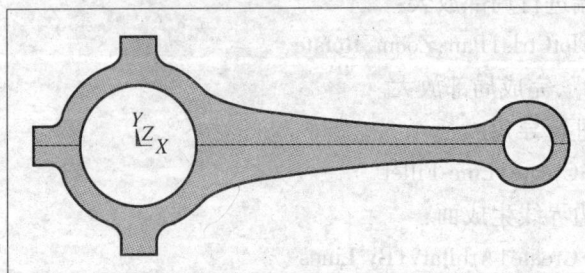

图 10-69 连杆镜像效果

[**实例 3**] 回转类零件建模——盘类

由于圆盘类零件都与中心轴对称,在这种情况下,其建模过程一般可以先建立截面模型,然后采用绕中心线旋转再生成体的方法建模。因此一般采用自底向上的方式生成体模型。

操作步骤如下：

1. 显示关键点及线标号

[Main Menu]PlotCtrls|Numbering

在 KP Keypoint numbers 和 LINE Line mumbers 后打钩,然后点击 Apply,显示出所有关键点和线的标号。

2. 生成带轮截面(图 10 - 70)上的关键点

从带轮的零件图可以计算出截面图形的关键点坐标,如表 10 - 2 所列。

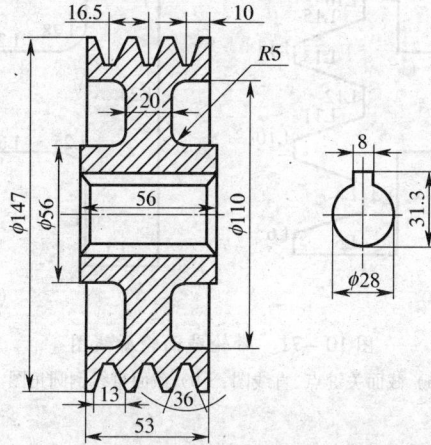

图 10 - 70　带轮结构简图

表 10 - 2　截面图形关键点坐标

关键点号	坐标(X,Y)	关键点号	坐标(X,Y)	关键点号	坐标(X,Y)
1	14,0	9	61,13.94	17	61,46.94
2	28,0	10	73.5,18	18	73.5,51
3	28,18	11	73.5,21.5	19	73.5,54.5
4	55,18	12	61,25.56	20	55,54.5
5	55,1.5	13	61,30.44	21	55,36.5
6	73.5,18	14	73.5,34.5	22	28,36.5
7	73.5,5	15	73.5,38	23	28,56
8	61,9.06	16	61,42.06	24	14,56

[Main Menu]Preprocessor|Modeling|Create|Keypoints|Active CS

依次输入表 10 - 2 坐标关键点号和对应坐标,在 NPT　Keypoint number 后面框内输入关键点号如 1,在 x,y,z　Location in active CS 后面框内输入对用坐标值如 14,0,0,点击 Apply,按上述过程依次生成各关键点。

3. 通过关键点生成线

[Main Menu]Preprocessor|Modeling|Create|Lines|Straight Line

顺次点击各关键点,最后单击"OK"按钮。

4. 显示所有关键点和线

[Main Menu]Plot|Multi - Plots,结果如图 10 - 71(a)所示。

5. 对线进行倒角

[Main Menu]Preprocessor|Modeling|Create|Lines|Line Fillet

鼠标左键点击 L2 和 L3 点击 Apply,弹出 Line Fillet 对话框,在 RAD Fillet radius 后面框内输入圆角半径 5,点击 Apply,按上述过程依次绘出其他圆角。带轮截面轮廓线如图 10-71(b)所示。

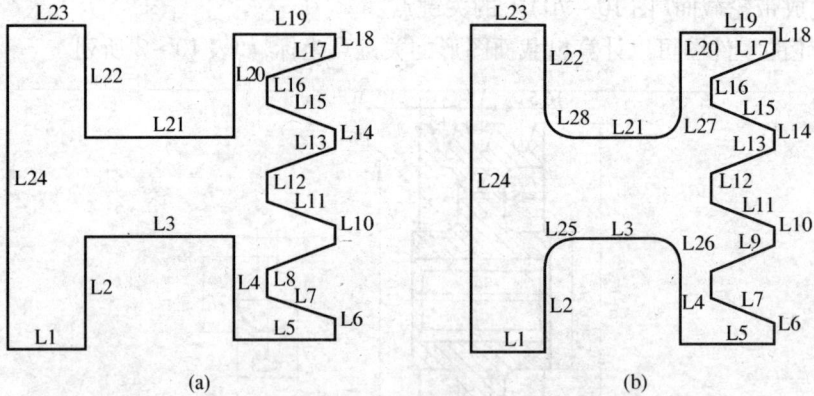

图 10-71　带轮截面轮廓线图
(a) 截面关键点、直线图; (b) 截面直线倒圆角图。

6. 由线生成面

[Main Menu]Preprocessor|Modeling|Create|Areas|Arbitrary|By Lines

用鼠标左键顺次点击各个线,单击"OK"按钮,如图 10-72 所示。

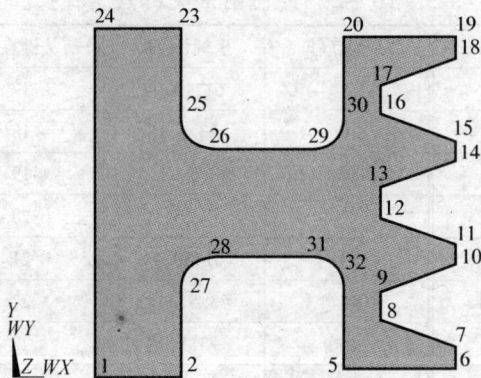

图 10-72　带轮截面图

7. 由面生成体

按步骤 1 生成轴线关键点 100(0,0)和 101(0,50)

[Main Menu]Plot|Multi-Plots

[Main Menu]Preprocessor|Modeling|Operate|Extrude|Areas|About Axis

鼠标左键选中生的的面,单击 Apply,然后依次点击关键点 100 和 101,单击"OK"按钮,生成皮带轮,如图 10-73 所示。

8. 创建键槽

创建键槽体

232

[Main Menu]Preprocessor|Modeling|Create|Volumes|Block|By Dimensions

弹出[BLOCK]Create Block By Dimensions 对话框,在 X1,X2 X – coordinates 框内分别输入 0 ,17.3;在 Y1,Y2 Y coordinates 框内分别输入 0,56;在 Z1,Z2 Z – coordinates 框内分别输入 –4,4,单击"OK"按钮。

[Main Menu]Preprocessor|Modeling|Operate|Booleans|Substract|volume

先用鼠标左键选中所有的皮带轮单击 Apply,然后选中键槽体,单击"OK"按钮,键槽即被创建,如图 10 –74 所示。

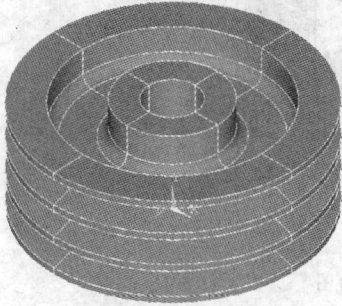

图 10 –73   带轮截面绕轴线拉伸生成带轮体   图 10 –74   带轮体图

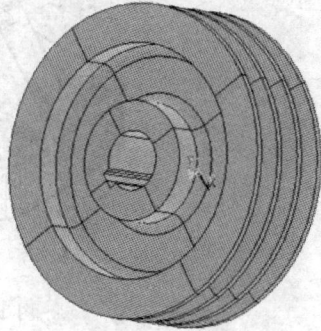

[**实例 4**]   回转类零件建模——轴类

如图 10 –75 所示,该轴为了加工和安装设置了许多的凹槽和凸台,而这些凹槽和凸台在建模过程中根据分析问题的性质进行取舍,特别是那些纯粹为加工方便而设置的凹槽和凸台,在分析过程中完全可以不考虑。这样相对来说,建模过程就能简化些。生成轴有多种方法,这里使用轴截面绕轴线旋转的方法。

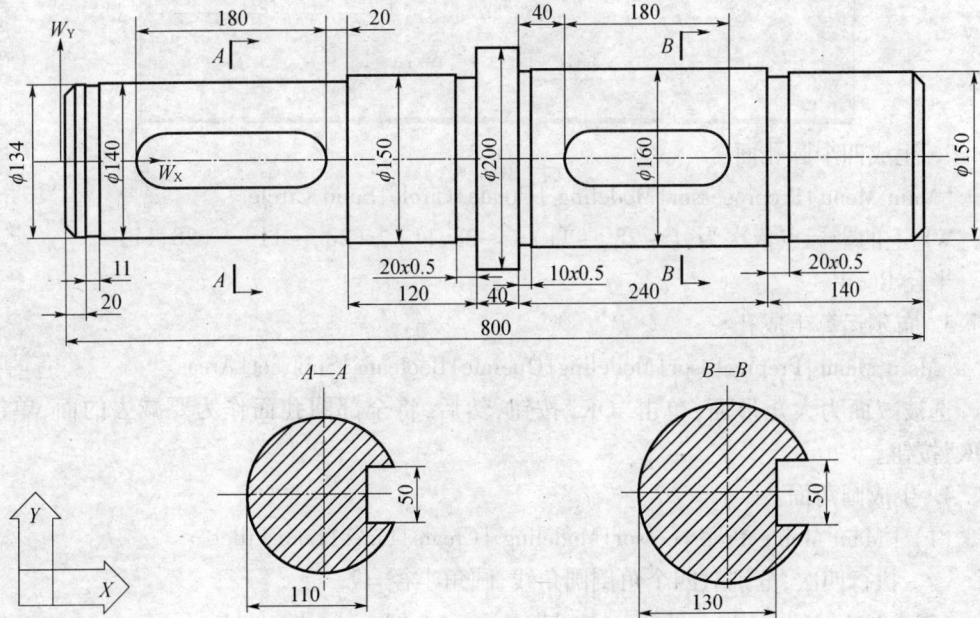

图 10 –75   轴类截面图

233

[**实例5**] 支座类零件建模(图 10 – 76)

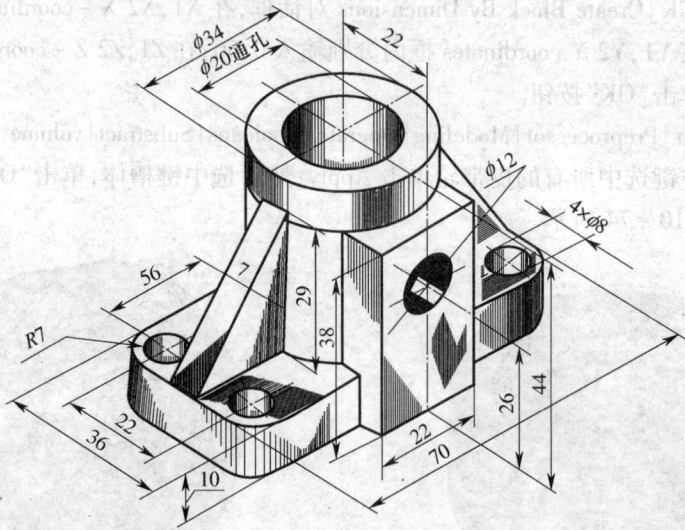

图 10 – 76 支座结构向图

建模步骤如下:

1. 生成底面矩形

[Main Menu]Preprocessor|Modeling|Create|Areas|Rectangle|By Dimension

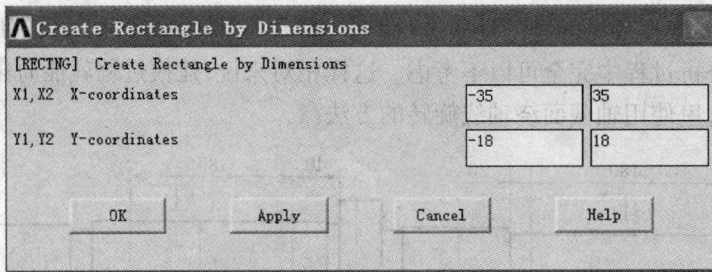

2. 生成四个圆孔面

[Main Menu]Preprocessor|Modeling |Create|Circle|Solid Circle

WP 上的坐标点依次为:(– 28, – 11) (– 28,11)   (28, – 11)   (28,11)

半径 R = 4

3. 布尔运算生成孔

[Main Menu]Preprocessor|Modeling|Operate|Booleans|Subtract|Areas

选被减面为大矩形面,单击"OK"按钮,然后,将全部圆孔面作为要减去的面,单击
"OK"按钮。

4. 生成圆角面

(1) [Main Menu]Preprocessor|Modeling |Create|Lines|Line Fillet

执行四次,分别对四个角倒圆角线,圆角半径 =7。

(2) [Main Menu]Preprocessor|Modeling |Create|Area|Arbitray|By Lines

依次选取四个圆角面的三条线,生成圆角面,如图 10 – 77 所示。

234

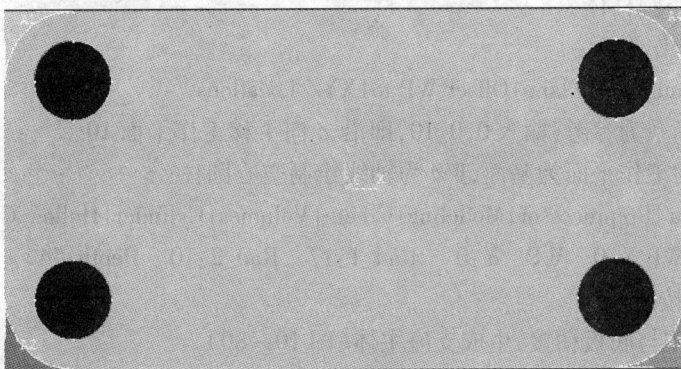

图 10 - 77 圆角面创建

5. 布尔减运算生成倒角

[Main Menu]Preprocessor|Modeling|Operate|Booleans|Subtract|Areas

选被减面为大矩形面,单击"OK"按钮,然后,将全部圆角面作为要减去的面,单击"OK"按钮。生成圆角(图 10 - 78)。

图 10 - 78 布尔减运算创建圆角

6. 拉升生成底板

[Main Menu]Preprocessor|Modeling|Operate|Extrude|Along Normal

沿法向正向拉升高度 10 生成底板(图 10 - 79)。

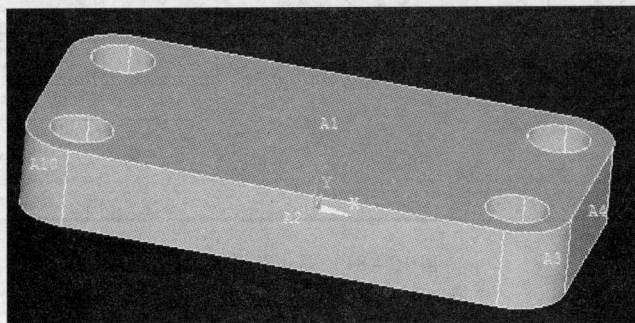

图 10 - 79 面拉伸创建底板

7. 生成空心圆柱体

（1）平移工作平面：

[Utility Menu]WorkPlane|Offset WP to|XYZ Locations

以整体坐标系为参考，输入 0、0、10，即沿 Z 向平移工作平面 10。

（2）以新的工作平面为基面，WZ 为轴线绘制空心圆柱：

[Main Menu]Preprocessor|Modeling|Create|Volumes|Cylinder|Hollow Cylinder

输入参数：WP X:0   WP Y:0   Rad_1:17   Rad_2:10   Depth:44

单击"OK"按钮。

8. 将圆柱体与底板粘接，生成支座主体（图 10-80）

[Main Menu]Preprocessor|Modeling|Operate|Booleans|Glue|Volumes

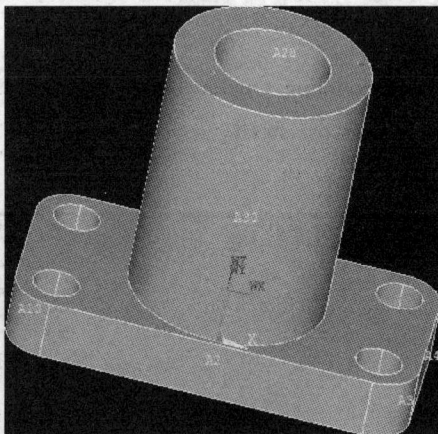

图 10-80   支座主体

9. 生成筋板

（1）生成矩形板：

[Main Menu]Preprocessor|Modeling|Volumes|Block|By Dimensions

输入图 10-81 所示参数。生成筋板体如图 10-82 所示。

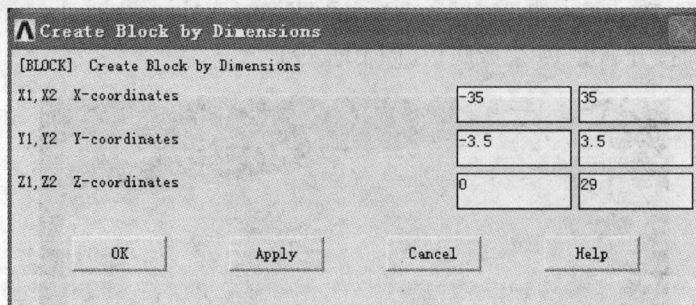

图 10-81   筋板体参数

（2）叠分操作：

[Main Menu]Preprocessor|Modeling|Operate|Booleans|Partitions

将矩形板与空心圆柱体进行叠分操作。

236

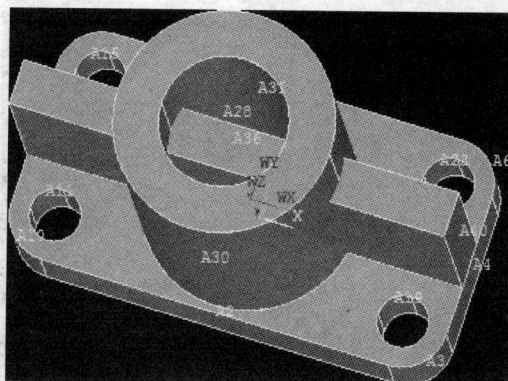

图 10 - 82　筋板体

（3）显示控制设置：

[Utility Menu] PlotCtrls | Numbering

勾选体编号复选框以显示不同体（图 10 - 83）。

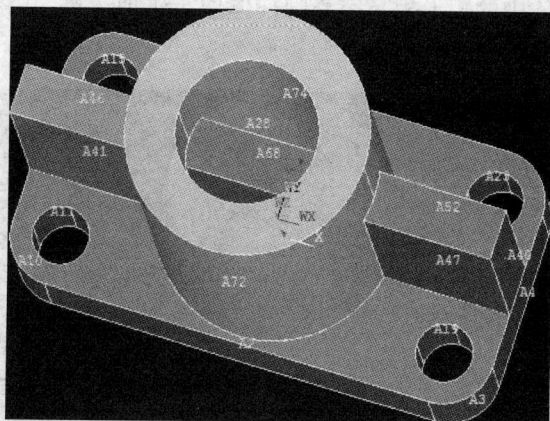

图 10 - 83　用不同颜色显示组成支座的各个体

（4）创建筋板斜面顶部关键点：

[Main Menu] Preprocessor | Modeling | Create | KeyPoints | In Actives CS

以总体坐标系为参照，依次在位置（ - 17,3.5,39），（ - 17, - 3.5,39），（17,3.5, 39），（17, - 3.5,39）创建关键点。

（5）产生斜面：

[Main Menu] Preprocessor | Modeling | Create | Areas | Aribitray | Through KPs

分两次选取斜面关键点，生成两个筋板斜面。

（6）斜面切分矩形筋板（图 10 - 84）：

[Main Menu] Preprocessor | Modeling | Operate | Booleans | Divide | Vloume By Area

（7）删除多余体：

[Main Menu] Preprocessor | Modeling | Delete | Volume | and Below

删除切分后的两个斜角，以及空心圆柱内的矩形板。

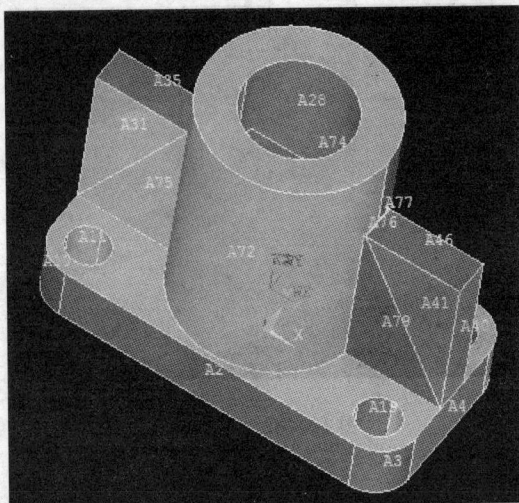

图 10 - 84 创建筋板

（8）将空心圆柱体中的矩形板与空心圆柱体做布尔加运算，并将筋板底面与底板粘接（图 10 - 85）。

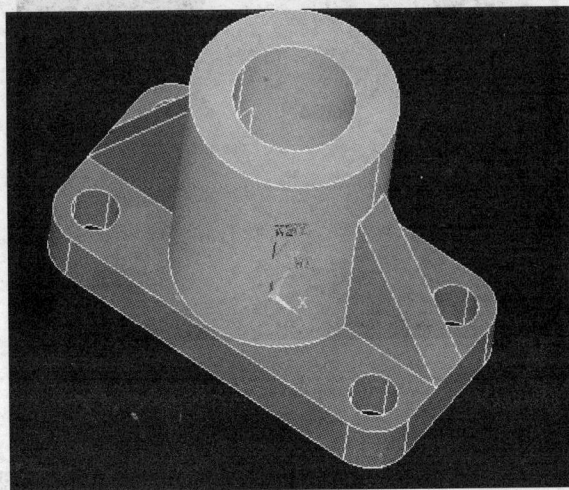

图 10 - 85 带筋板的支座体

10. 生成侧立板

（1）平移工作平面到总体坐标原点：

[Utility Menu]WorkPlane|Offset WP to|Global Origin

（2）生成侧立板块体：

[Main Menu]Preprocessor|Modeling|Create|Volumes|Block|By Dimensions

输入：X1：- 11，X2：11，Y1：0，Y2：22，Z1：0，Z2：38。

（3）叠分操作：

[Main Menu]Preprocessor|Modeling|Operate|Booleans|Partitions

选择柱体、底板、侧立板块进行叠分，然后删除多余体。生成侧立板如图 10 - 86 所示。

238

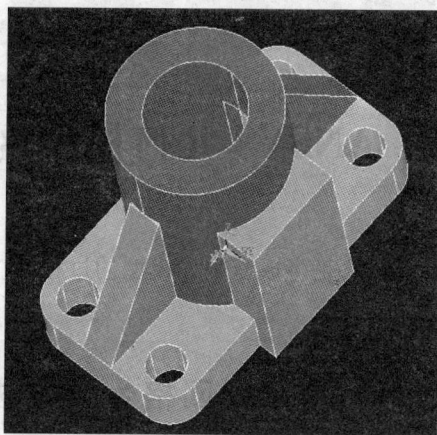

图 10 - 86　创建侧立板块体

11. 生成侧立板圆孔

（1）平移工作平面到 XYZ 位置（0，0，26），然后绕 WX 旋转 90°：

［Utility Menu］WorkPlane｜Offset WP to｜XYZ Locations

点选总体坐标选项，然后再输入框中输入：0、0、26。

［Utility Menu］WorkPlane｜Offset WP By Increments

在对话框 XY，YZ，ZX　Angles 框中输入：0、90、0。

（2）在开孔轴线上建立圆柱

［Main Menu］Preprocessor｜Modeling｜Create｜Volumes｜ Cylinder ｜Solid Cylinder

输入 WX，WY，Radius，Depth 框中分别输入：0，0，6，25。

（3）叠分操作：

［Main Menu］Preprocessor｜Modeling｜Operate｜Booleans｜Partitions

选择立柱体、侧立板、孔轴线上的圆柱体，进行叠分。

（4）选择孔轴线上的三段轴，执行删除操作生成孔。生成的支座实体模型如图 10 - 87 所示。

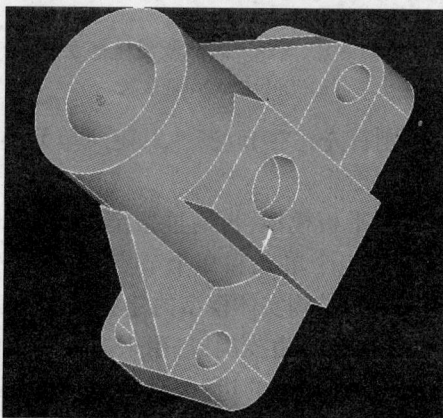

图 10 - 87　支座实体模型

239

第11章　ANSYS 几何模型网格划分

几何模型→网格模型→加载,是生成有限元模型的过程,它是有限元分析中至关重要的环节。

11.1　有限元网格生成方法

11.1.1　有限元网格生成方法分类

有限元网格生成方法有直接法和间接法。其中,直接法是根据结构的几何外形直接建立节点和单元;间接法则是先通过点、线、面、体建立结构的实体几何模型,再对几何模型进行网格划分来生成单元和节点。

以简单平板建模为例,若把一平板分成4个单元,采用直接建模法和间接建模法的过程分别如图 11 −1 所示。

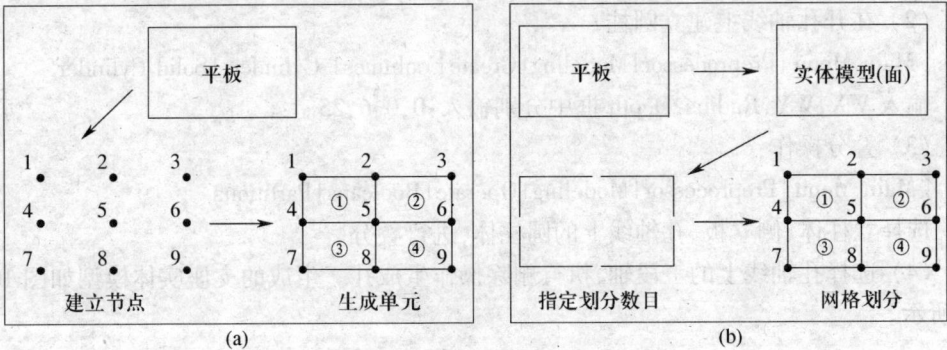

图 11 −1　有限元网格模型建模方法
(a) 直接法;(b) 间接法。

本例中若用直接建模法,则首先建立节点 1 ~ 9,定义单元类型和材料属性后,通过连接相邻节点,生成 4 个单元。

若用间接建模法,则先建立平板模型,再通过指定单元类型和材料属性以及网格尺寸,利用网格划分工具将面生成 4 个单元和 9 个节点,这就首先要建立结构几何模型。ANSYS 中包含 4 类图元,用来实现结构实体模型的建立。体(3D 模型)由面围成,用来描述三维实体;面(表面,包括三维曲面)由线围成,用来描述物体的表面、壳体等;线(包括空间曲线)由关键点组成,用来描述物体的边;关键点是实体的基础,用来描述物体的角点。这些图元在 ANSYS 中有一个内在的层次关系,从高到低的层次关系依次为:体(Volumes)→面(Areas)→线(Lines)→关键点(Keypoints)。几何建模时可以自底向上(先建立低级图元,由低级图元再生成高级图元),也可以自顶向下(先建立高级图元,自动生

成低级图元),或者二者混用,即生成图元时不要考虑图元的层次顺序。图 11-2 表示了
结构几何模型图元之间这种层次关系。

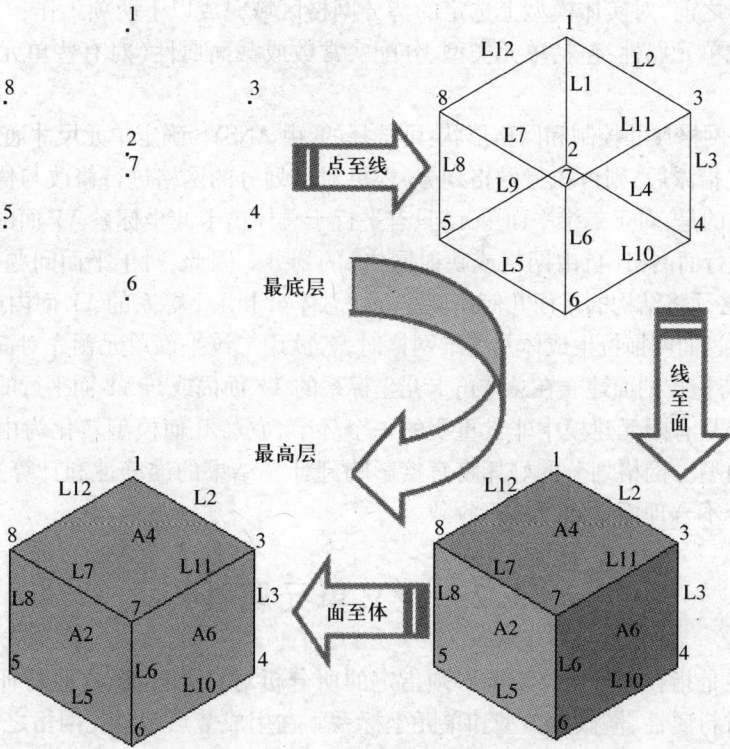

图 11-2 结构几何模型图元层次关系

11.1.2 有限元网格生成方法选择

网格直接生成法必须直接确定每个节点的位置,以及每个单元的大小、形状和连接关系,工作量大。直接生成法适用于小型简单模型。缺点是改变网格和模型十分困难,易出错。

网格间接生成法由于是先生成几何模型,再进行网格划分,相对来说容易些,适用于庞大而复杂的模型,它比直接生成法更加有效和通用,是一般建模的首选方法。其优点是便于几何上的改进和单元类型的改变,容易实现有限元模型的生成。

由于 ANSYS 主要功能是计算分析,而不是图形处理,即其实体建模功能不如其他专业 CAD 软件。因此:

(1) 对于不太复杂的模型,可以直接用 ANSYS 的实体建模工具完成:

[Main Menu]Preprocessor|Modeling

(2) 如果模型过于复杂,可以考虑在专用的 CAD 中建立几何模型,然后通过 ANSYS
提供的接口导入模型。

导入方法:[Utility Menu]File|Import

ANSYS 支持的接口通常包括:IGES、CATIA、Pro/E、UG、SAT、PARA、IDEAS。

对于简单的模型,往往通过创建节点和单元,直接生成结构网格模型。但对于稍复杂

的结构模型,一般是对其几何模型进行网格划分来生成网格模型。本章主要介绍由几何模型的网格划分生成有限元模型。

网格划分之前,对实体模型上选定的待分网格区域完成以下两项工作:

(1) 分配单元属性:包括单元类型、分配实常数或截面属性(对有些单元类型)、分配材料属性等。

(2) 设定网格尺寸控制和网格形状:可选择的,由 ANSYS 确定单元尺寸通常比较合理。

完成上述指派后,则可执行网格划分,还可对已划分的网格进行修改与优化。

值得一提的是:对于二维平面单元,只有平行于总体笛卡儿坐标系 *XY* 面的面才能用二维平面单元进行面网格(自由网格或映射网格)的划分。因此,对于平面问题、轴对称问题等二维问题,必须将结构的平面几何模型建立在总体笛卡儿坐标系的 *XY* 面内或与 *XY* 面平行的面内。通过面网拖拉生成体及三维网格时,若欲用二维平面单元预先对面进行网格划分,也必须将待拖拉的面建立在总体笛卡儿坐标系的 *XY* 面内或与 *XY* 面平行的面内。

网格划分是有限元建模中非常重要的一个环节,它将几何模型转化为由节点和单元构成的网格模型。网格划分的好坏将直接影响到计算结果的准确性和计算速度,甚至会因为网格划分不合理而导致计算不收敛。

11.2　定义单元属性

单元属性是指在划分网格以前必须指定的所分析对象的特征,这些特征包括单元类型、实常数、材料属性、横截面类型和单元坐标系。在生成节点和单元网格之前,必须定义合适的单元属性。

只有 Beam188 和 Beam189 单元才需要定义单元的截面类型。对空间梁划分单元时,还需要指定方向关键点。

11.2.1　单元概述

为了适应不同分析问题的需要,ANSYS 提供了近 200 种不同的单元类型。不同的单元类型适用于不同工程问题,因此单元的正确选择至关重要。

ANSYS 中单元表示法: 单元名称由字符和编号数字组成。其中字符部分代表单元的组别符号,尾部的数字是单元的唯一标识号,如 Beam3、Solid45。通过单元名称可判断该单元适用范围。

在结构分析中,结构的应力状态决定单元类型的选择,应当选择维数最低的单元去获得预期的结果。按单元形状分为以下类型:

(1) 点单元:一般用于简化的质点模型,表示质量单元或用于创建控制节点。

(2) 一维线单元:线单元由两个节点连接而成,通常用来分析简化的梁、管、杆、弹簧模型等。

① 梁单元:用于梁构件、薄壁管件、C 形截面构件、角钢等模型;

② 杆单元:用于弹簧、螺杆、预应力螺杆和桁架;

③ 弹簧单元:用于弹簧、螺杆或细长构件,或通过刚度等效代替复杂结构等模型。

(3) 壳单元:用于薄平板或曲面模型,采用壳单元的基本原则是每块面板的表面尺寸不低于其厚度的 10 倍。

（4）二维平面单元：有三角形、四边形单元，有 3 节点、4 节点、6 节点、8 节点等，一般用来进行平面问题分析或轴对称问题分析。在 ANSYS 中，二维问题的几何模型必须建立在 XY 平面内，且还要根据分析问题（平面应力问题、平面应变问题、轴对称问题）设置单元 Options 属性。

（5）三维实体单元：有四面体、六面体，节点数从 4～20 不等，适用于不同的分析类型和精度。

单元形状相同、节点数不同的单元之间的区别体现在单元的插值函数维数不同。单元节点数越多，插值函数维数就越高，求解精度也越高。线性单元的插值函数是线性函数，二次单元的插值函数是二次函数、P - 单元的插值函数是高阶函数。线性单元只有角节点，而高阶单元还有边中点。线性单元上任一点的位移按线性变化，线性单元上的应变、应力是常数。二次单元假定位移是二阶变化的，单元上的应变、应力是线性变化的。P - 单元的位移可以在 2 阶～8 阶间选择，而且具有求解收敛精度自动控制功能。在许多情况下，同线性单元相比，采用高阶类型的单元可以得到更好的计算结果。

每种单元的用法在 ANSYS 的帮助文档（图 11 - 3）中都有详细的说明。

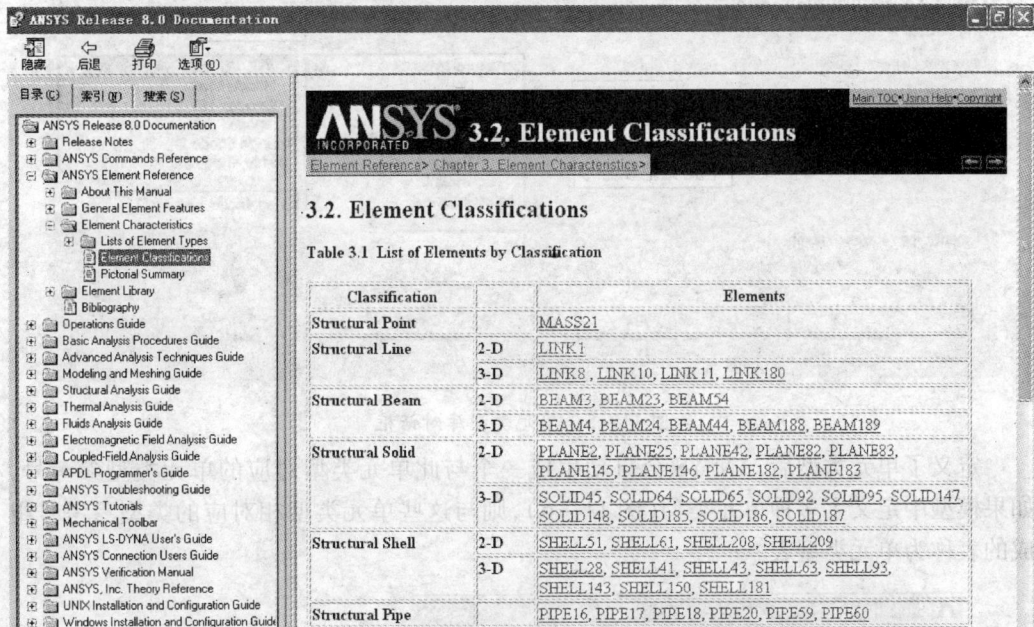

图 11 - 3　ANSYS 帮助文档

进入帮助文档有两种方法：一种是单击工具栏中 ⬚ 按钮；另一种是通过应用菜单 Help | Help Topics 进入。

11.2.2　定义单元类型

定义途径：必须在通用处理器 PREP7（预处理器）中定义单元类型。
Command：ET，ITYPE，Ename，KOP1，KOP2，KOP3，KOP4，KOP5，KOP6，INOPR

243

GUI：MainMenu｜Preprocessor｜Element Type｜Add/Edit/Delete

弹出如图 11 - 4 对话框。

此处列出已经定义的单元类型

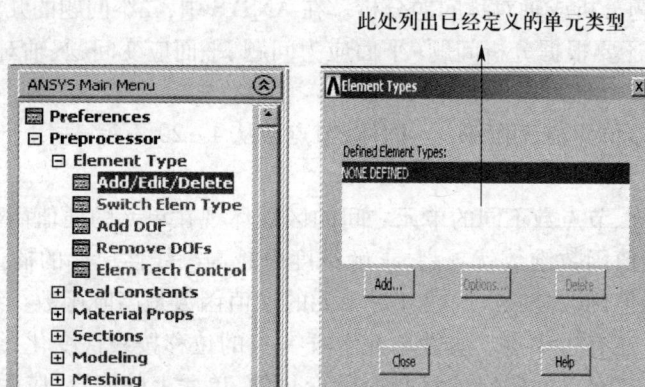

图 11 - 4　单元类型定义结果对话框

单击" Add... "按钮，弹出图 11 - 5 对话框。

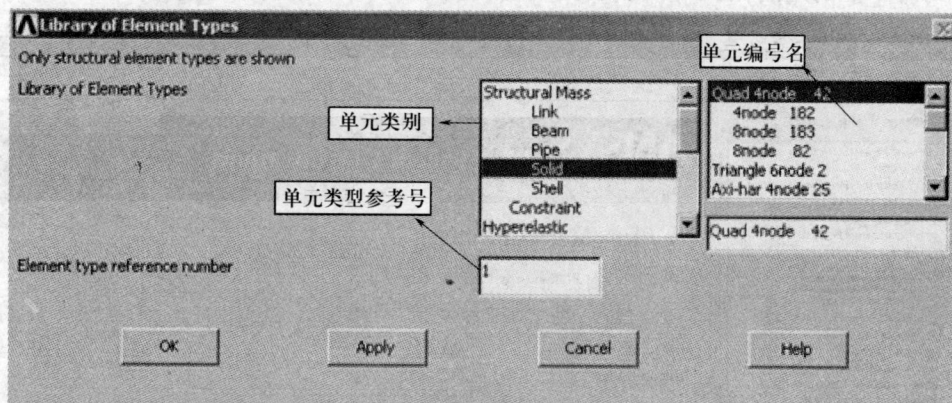

图 11 - 5　单元类型库对话框

定义了单元类型后，ANSYS 会自动生成一个与此单元类型对应的单元类型参考号，如果模型中定义了多种单元类型（图 11 - 6），则与这些单元类型相对应的类型参考号组成的表称为单元类型表。

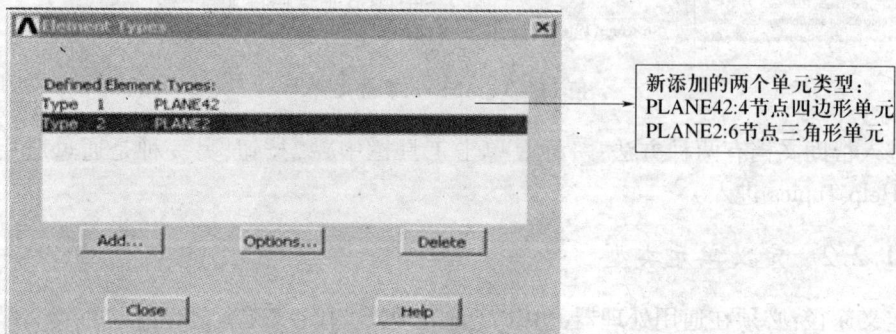

图 11 - 6　单元类型表实例

244

许多单元有一些另外的选项(KEYOPTs),这些项用于控制单元刚度矩阵的生成、单元的输出和单元坐标系的选择等。KEYOPTs可以在定义单元类型时指定(对话框中的Options选项)。

说明:在创建实际单元时(直接创建单元或者划分网格),需要从单元类型表中指定一个类型参考号对选定的节点(选定节点直接创建单元)或选定的几何(选定几何体划分网格)进行单元划分。

11.2.3 定义单元实常数

在计算单元矩阵时,有一些数据可能无法从节点坐标和材料特性得到,这时就需要定义单元实常数。实常数是某一单元的补充几何特征,并不是所有的单元类型都需要实常数,同一类型的不同单元可以有不同的实常数值。例如,二维梁单元BEAM3的实常数:面积(AREA)、惯性矩(IZZ)、高度(HEIGHT)、剪切变形常数(SHERZ)、初始应变(ISTRAN)和单位长度质量(ADDMAS)等。

对应于特定单元类型,每组实常数有一个参考号,与每组实常数对应的参考号组成的表称为实常数表。

定义途径:

Command:R,NSET,R1,R2,R3,R4,R5,R6

[Main Menu]:Preprocessor|Real Constants|Add/Edit/Delete

说明:在创建单元(直接创建单元或者划分网格)时,可能需要为将要创建的单元分配实常数号。

11.2.4 定义材料特性

绝大多数单元类型都需要材料特性,根据应用的不同,材料特性如下:

(1)线性或者非线性;

(2)弹性(各向同性、正交异性)或非弹性;

(3)不随温度变化或者随温度变化。

定义材料属性:

Command:MP,Lab,MAT,C0,C1,C2,C3,C4

GUI:[Main Menu]Preprocessor|Material Props|Material Models

材料模型定义菜单如图11-7所示。

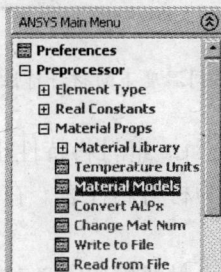

图11-7 材料模型定义菜单

弹出如图 11 -8 对话框,输入不同温度下的相应弹性模量和泊松比,弹出如图 11 -9
对话框。

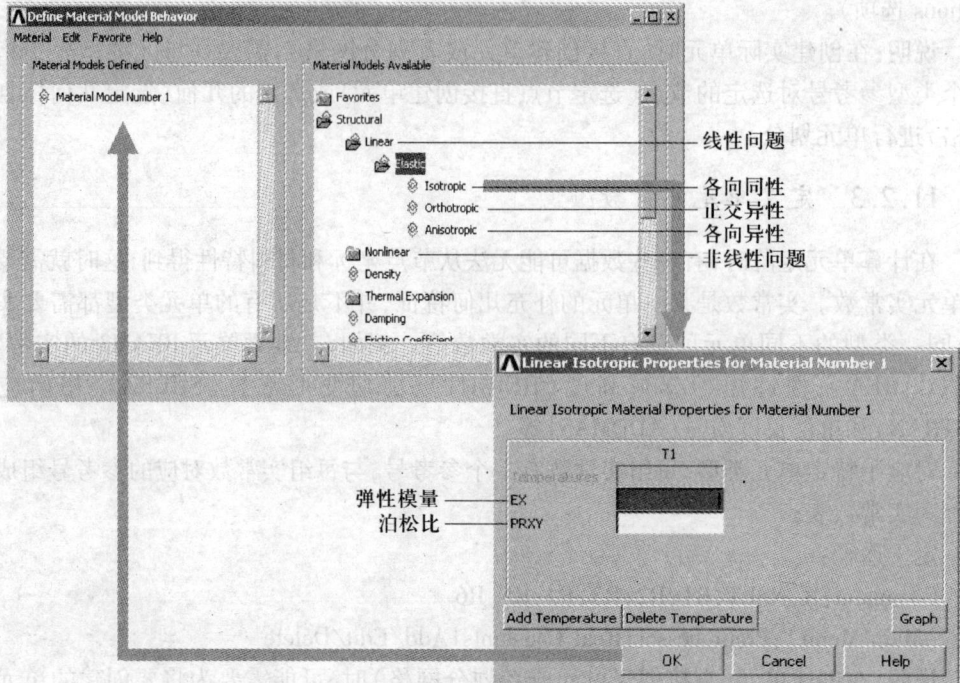

图 11 -8 材料特性定义对话框

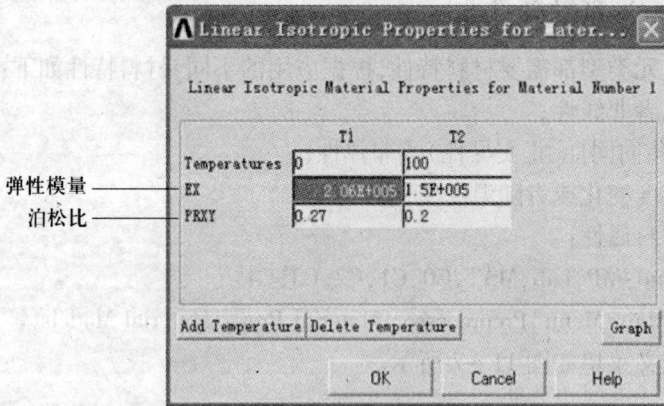

图 11 -9 不同温度下的材料特性定义对话框

像单元类型和单元实常数一样,每一组材料特性也有一个材料特性参考号。与材料
特性组对应的材料特性参考号表称为材料属性表。在一个分析中,可能有多个材料特性
组(对应模型中的多种材料)。

定义多个材料属性的方法是单击材料模型定义对话框菜单 Material | New Model,弹出
如图 11 -10 对话框。

246

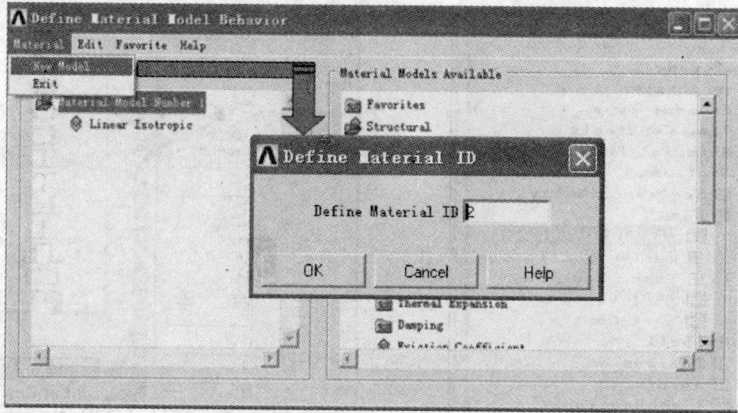

图 11 - 10 定义多个材料特性

删除材料特性的方法:先用鼠标选取要删除的材料特性号,再通过材料特性定义对话框菜单 Edit|Delete 完成。

说明:在创建单元时,可以使用相关命令通过材料特性参考号来分配其采用的材料特性。

11.2.5 定义截面类型

用 Beam188 和 Beam 189 单元对梁进行网格划分时,还要定义单元横截面。ANSYS 提供了 11 种常用的截面类型,并允许用户自定义截面。用户可以从中选择与实际结构截面相近的截面类型或用截面自定义功能定义截面(图 11 - 11)。

常用截面类型的定义:

Command:SECTYPE,SECID,Type,Subtype,Name,REFINEKEY   选择截面类型

SECDATA,VAL1,VAL2,VAL3,…VAL9,VAL10   定义截面几何数据

SECOFFSET,Location,OFFSETY,OFFSETZ,CG - Y,CG - Z,SH - Y,SH - Z

指定单元节点在截面上的位置

GUI:[Main Menu]Preprocessor|Sections| Beam| Common Sectns

单击"Preview",在图形窗口中显示所定义的截面,计算所定义的截面的几何参数(如截面面积、惯性矩、翘曲常数、扭转常数等,如图 11 - 12 所示),并输出到 ANSYS 的输出窗口。

注意:图中标注的坐标轴(ANSYS 中本身并没有这样的坐标轴),便于分清截面几何特性的对应关系。

单击"Meshview",在图形窗口中显示该截面的同时,显示截面上的网格。

11.3 分配单元属性

完成单元属性定义后,在划分网格之前,用户要对几何模型各部分分配相应的单元属性。

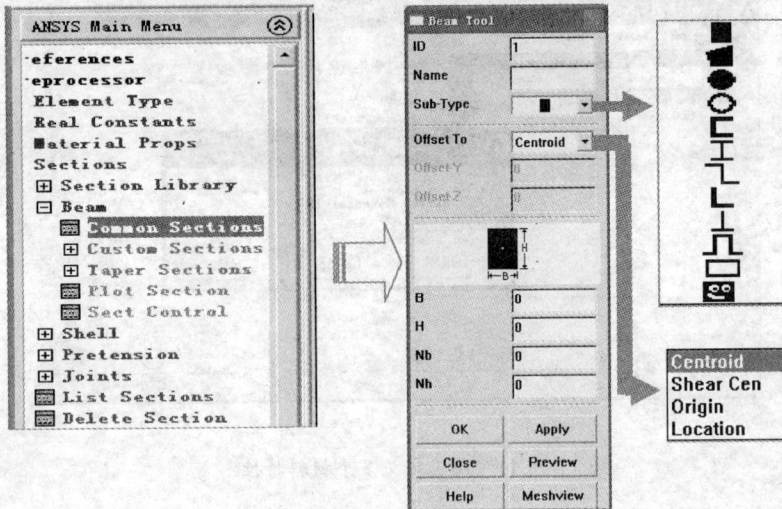

图 11-11　截面定义

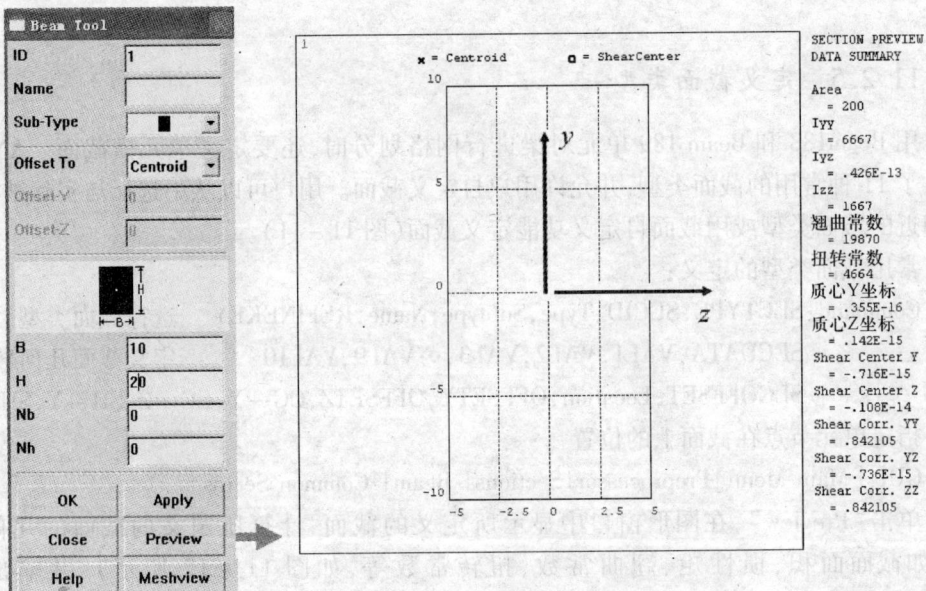

图 11-12　截面几何参数

11.3.1　默认单元属性

通常,如果各个属性表(单元类型表、材料属性表以及实常数表)只包含一个条目,即只定义了一个单元类型、一项材料属性、一个实常数等,则在划分网格时可以不必为各个图元分配单元属性,ANSYS 将唯一的表项生成默认单元属性,在生成网格时自动将默认单元属性分配给实体模型和单元,否则要对待划分的对象手动指定各个属性表中的具体属性,然后才能进行网格划分。

11.3.2 手动分配单元属性

GUI:[Main Menu]Preprocessor|Modeling|Meshing|Mesh Attributes

弹出如图11-13对话框。

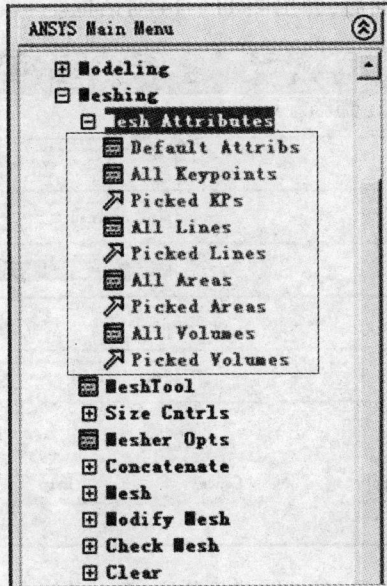

图11-13 几何对象的单元属性分配对话框

1. 分配关键点的单元属性
当对关键点划分单元前,需要指定关键点的单元属性。

Command:KATT, MAT, REAL, TYPE, ESYS

GUI:MainMenul Preprocessor|Meshing| Mesh Attributes| All Keypoints

GUI:MainMenu| Preprocessor| Meshing| Mesh Attributes| Picked KPs

2. 分配线的单元属性
当对线划分单元前,需要指定线的单元属性,定义是否指定方向关键点。

Command:LATT, MAT, REAL, TYPE, KB,KE, SECNUM

GUI:MainMenu| Preprocessor| Meshing| Mesh Attributes| All Lines

GUI:MainMenu| Preprocessor| Meshing| Mesh Attributes| Picked Lines

3. 分配面的单元属性
当对面划分网格前,要指定面的单元属性。

Command:AATT, MAT, REAL, TYPE, ESYS

GUI:MainMenu| Preprocessor| Meshing| Mesh Attributes| All Areas

GUI:MainMenu| Preprocessor| Meshing| Mesh Attributes| Picked Areas

4. 分配体的单元属性
当对体划分网格前,要指定体的单元属性。

Command：VATT, MAT, REAL, TYPE, ESYS

GUI：MainMenu| Preprocessor| Meshing| Mesh Attributes| All Volumes

GUI：MainMenu| Preprocessorl Meshing| Mesh Attributes| Picked Volumes

以面的单元属性分配为例,假定单元属性表、材料特性表均已建立,单击如下菜单:

GUI：MainMenu| Preprocessor| Meshing| Mesh Attributes| Picked Areas

选择好待划分面单元的面后,弹出图 11 – 14 对话框。

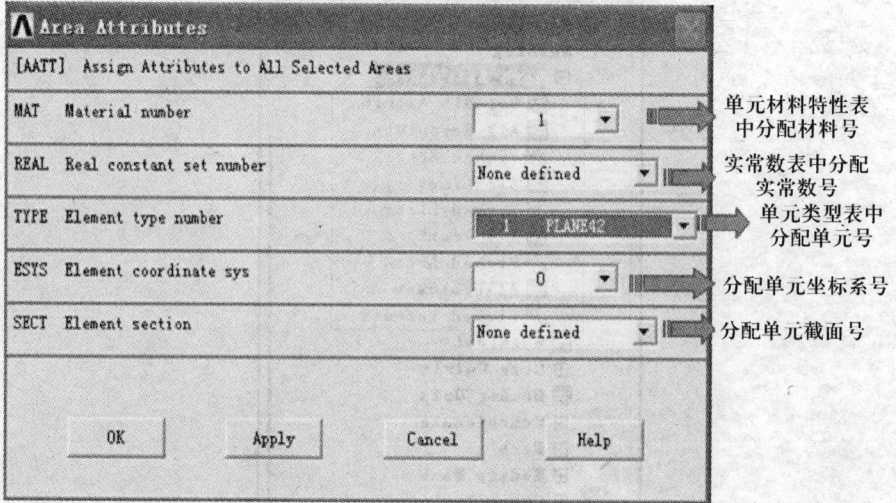

图 11 – 14　单元特性分配对话框

11.4　设定网格尺寸和网格形状

分配单元属性后,需要设定网格尺寸和网格形状。其控制菜单如图 11 – 15 所示。

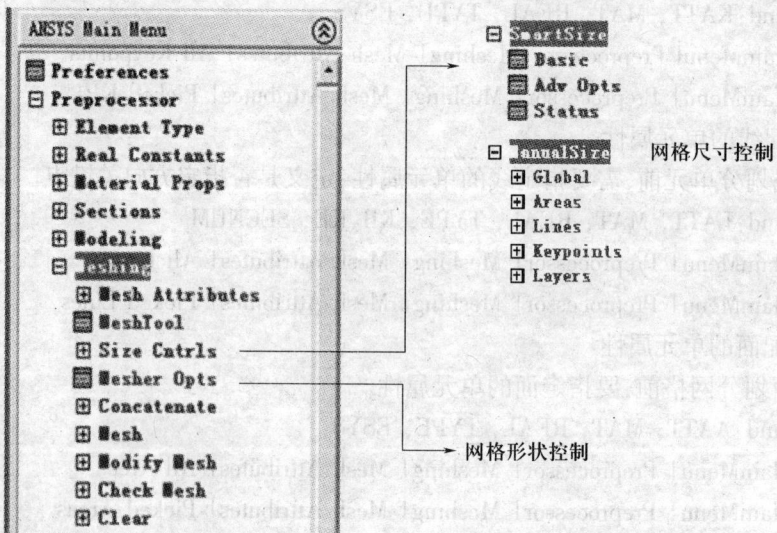

图 11 – 15　网格尺寸与形状控制菜单

11.4.1 设定单元网格尺寸

设定单元网格尺寸主要是控制网格的粗细,ANSYS 网格划分中有智能控制 "Smart Size" 和手动控制 "ManualSize" 两种方式。智能控制主要是选定单元粗细等级号来控制单元数目,手动控制是指定给定单元的边长或指定线上单元的分割数来控制单元的数目。

1. 智能网格尺寸

若单击菜单命令 Meshing | Size Cntrls | Smart Size | Basic ,则弹出如 11 - 16 所示对话框。在此对话框中设定网格粗细等级,范围从 10(粗) ~ 1(细)。

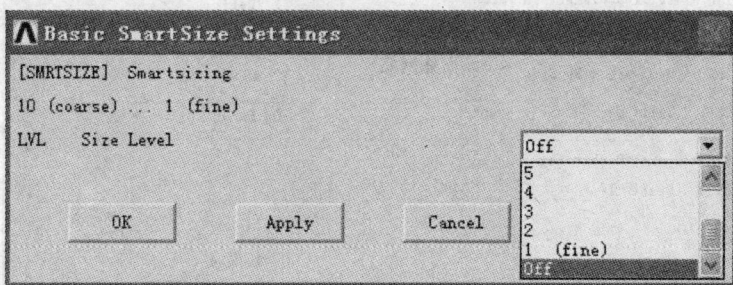

图 11 - 16　基本智能尺寸设置

2. 手动控制单元尺寸(图 11 - 17)
(1) 给定单元边长;
(2) 指定线上单元分割数。

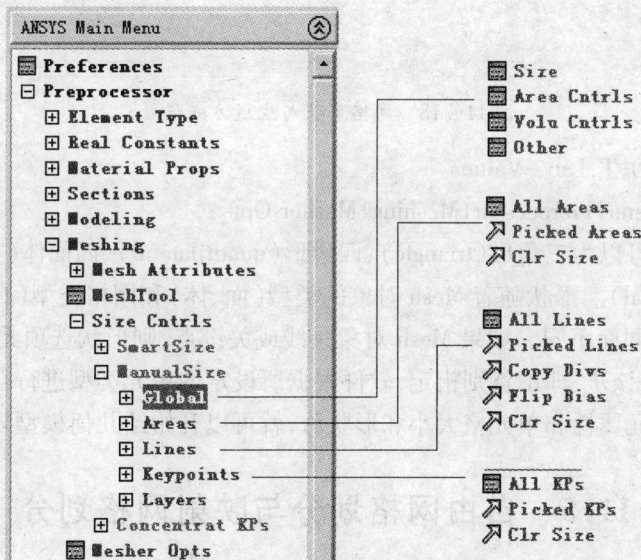

图 11 - 17　网格尺寸设定

11.4.2 设定单元网格形状

ANSYS 中网格形状多种多样。单元形状可以通过命令、GUI 或通过网格工具栏中的网格类型部分进行选择(图 11 - 18)。

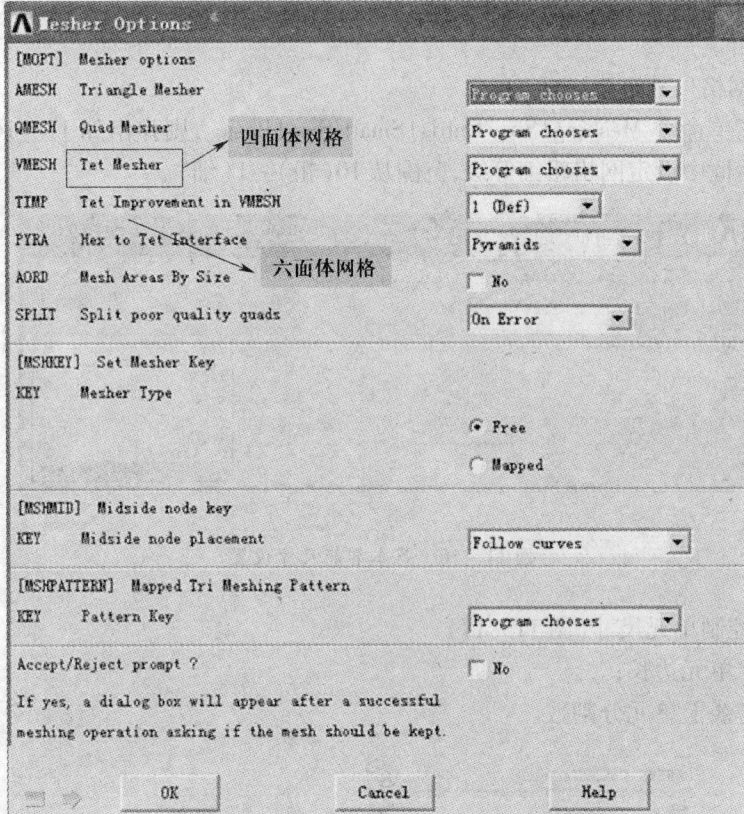

图 11 - 18　网格形状与生成方式设置

Command：MOPT，Lab，Value

GUI ：MainMenu|Preprocessor|Meshing|Mesher Opts

单元的形状可以为三角形(triangle)、四边形(quadrilateral)、四面体(Tetrahedral)或者六面体(Hexahedral)。形状随着 Mesh 对象的类型(面、体)和网格类型(自由网格、映射网格、扫掠网格)不同而不同。如果 Mesh 对象是线或关键点，则形状选项无效。

注：一般省略该步，即不特别指定，软件根据所设定的单元类型进行自动选择。

在设定完单元属性和单元格大小和形状后，就可以开始给几何模型划分单元。

11.5　自由网格划分与映射网格划分

基本的网格划分有两种，即自由网格(Free)划分和映射网格(Mapped)划分。一般说来映射网格往往比自由网格得到的结果更加精确，而且在求解时对 CPU 和内存的需求也相对低些。

252

自由网格对于单元形状没有过高的限制,并且没有特定的准则;对实体模型无任何特殊要求,即使是不规则的,也可以进行自由网格划分。面自由网格可以是四边形、三角形或其混合单元,体自由网格只能是四面体(TET)。

映射网格对单元形状有限制,面映射网格可以是四边形、三角形,体映射网格只能是六面体(HEX)。

单元形状与网格类型的关系如表 11 - 1 所列。

表 11 - 1　单元形状与网格类型的关系

单元形状	是否支持自由网格划分	是否支持映射网格划分
四边形	是	是
三角形	是	是
六面体 HEX	否	是
四面体 TET	是	否

网格划分菜单如图 11 - 19 所示

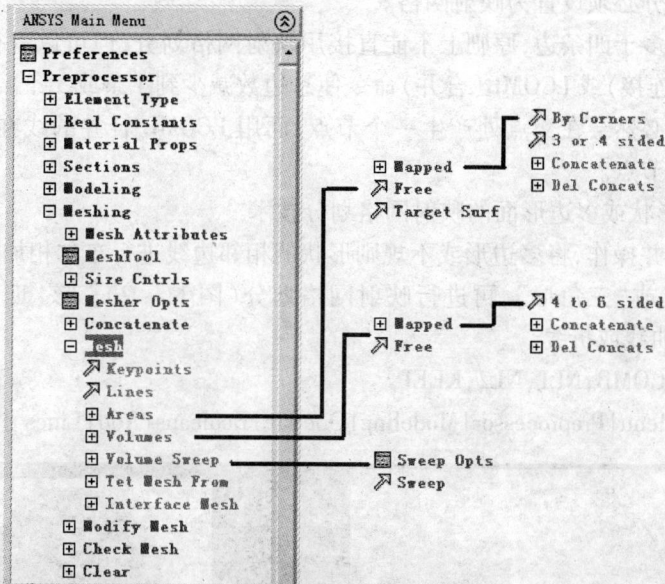

图 11 - 19　单元网格划分菜单

11.5.1　自由网格划分

通过命令方式和 GUI 方式都可以进行自由网格划分。

1. 面的自由网格划分

自由网格可以是三角形或者是四边形单元组成,也可由两者混合组成,当面边界上总的单元划分数目为偶数时,面的自由网格将全部生成四边形网格,当单元划分数目为奇数时将可能生成三角形单元。

2. 体的自由网格

只能包含四面体单元(三棱锥)。

11.5.2 映射网格划分

映射网格对于单元的形状有限制,映射网格划分要求面或者体有规则的形状,即必须满足一定的准则。映射网格在网格工具(MESH TOOL)中不能进行 SmartSizing(智能划分),而需要通过局部网格尺寸控制的相关选项设定。如果要采用映射网格划分单元,则必须将模型生成具有一系列相当规则的体或面。映射网格划分后,形状规则,单元成排,求解速度快,精度比自由网格高。

1. 面的映射网格划分

面映射网格包括全部是四边形单元或者全部是三角形单元。面接受映射网格划分,必须满足以下条件:

(1) 该面必须是三或四条边;

(2) 面的对边必须设置为相同数目的单元划分数目;

(3) 面如有三条边,则各边设置的单元划分数必须为偶数且相等;

(4) 网格划分必须设置为映射网格。

如果一个面多于四条边,原则上不能直接用映射网格划分,但可以进行技术处理,即可以用 LCCAT(连接)或 LCOMB(合并)命令使总边数减少到 4 条或 3 条。LCCAT 生成的线在生成网格时必然会在交点处产生一个节点,而用 LCOMB 合并的线在两条线的交点处不一定会产生节点。

1) 不规则形状或多边形面的映射网格划分技术

(1) 利用合并操作,将多边形或不规则形状的相邻边线进行布尔相加操作,使几何模型成为"四边形"或"三角形",再进行映射网格划分(图 11 – 2)。该"四边形"或"三角形"的边可以是曲线或折线。

Command:LCOMB,NL1,NL2,KEEP

GUI:Main Menu|Preprocessor|Modeling|Operate|Booleans|Add|Lines

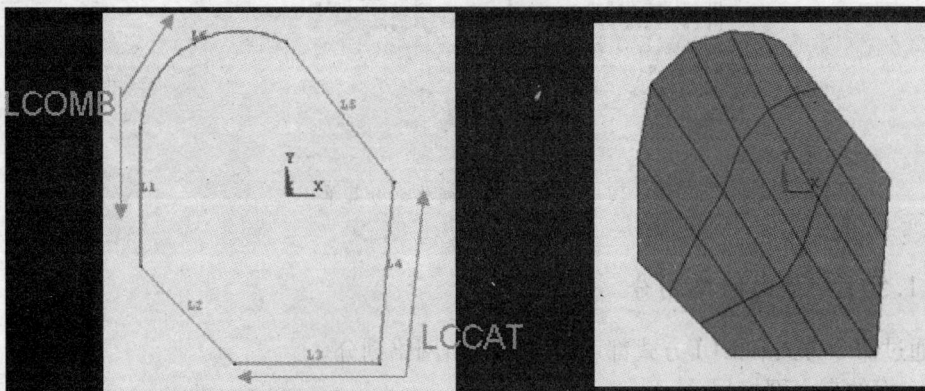

图 11 – 20　线的合并、连接操作实现面的远射网格划分

(2) 利用连线操作,将多边形或不规则形状的相邻边线进行连线操作,使几何模型成为"四边形"或"三角形",再进行映射网格划分。该"四边形"或"三角形"的边可以是曲线或折线。

Command：LCCAT，NL1，NL2

GUI：Main Menu|Preprocessor|Meshing|Mesh|Areas|Mapped|

Concatenate|Lines

（3）利用关键点确定基本体进行映射网格划分。这种方式提供了对多边面划分映射网格的简捷途径，不再需要连接或者合并线，只需拾取面边界上的三或四个关键点为顶点进行映射网格划分（图 11 - 21）。

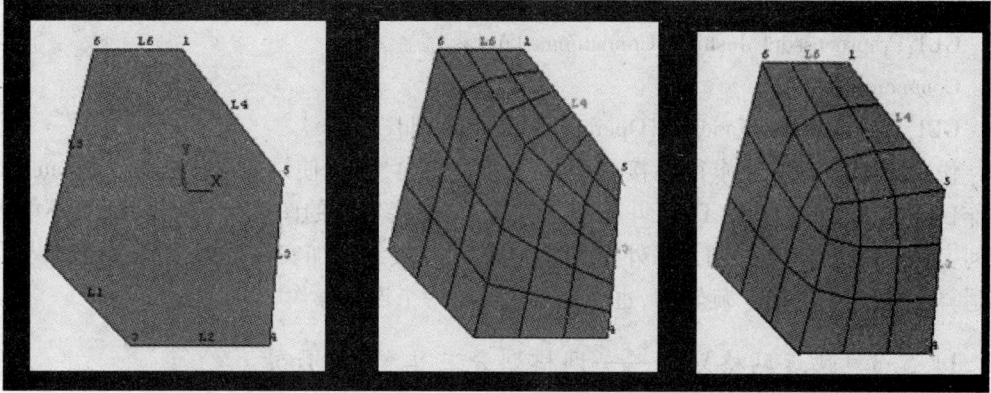

图 11 - 21　利用面边线关键点虚构三角形或四边形进行面映射网格划分

Command：AMAP，KP1，KP2，KP3，KP4

GUI：Main Menu|Preprocessor|Meshing|Mesh|Areas|Mapped|By Coners

GUI 方式将弹出面拾取对话框，在拾取需要进行映射网格划分的面后，单击"OK"，进入关键点拾取对话框。在图形中拾取网格划分面上的 3 个或 4 个关键点，单击"OK"完成操作，则将所选取的关键点确定的三角形或四边形作为映射网格的基本形状进行映射网格划分。

2）面映射网格划分注意事项

（1）划分网格时在依附于线、面或者体上的关键点处将生成节点。因此一条线将至少有关键点同样多的单元划分数，程序不允许对这样的线用更少的划分数来指定其单元划分数。

（2）单元尺寸的定义是针对原始线的，连接线（LCCAT）并没有形成新的原始线，而合并线（LCOMB）形成了新的原始线，因此，对连接线只能对原始线分别定义单元划分数，对合并线可以直接指定单元划分数。使用合并线比连接线有优势。

（3）AMAP 命令提供了不规则形状面的映射网格划分的最简单方式。

（4）在指定面边界线的单元划分数时，不必对所有线指定单元划分数，只需指定两条对边上的一条的划分数即可，ANSYS 软件会自动将划分数传递到对边。

2. 体的映射网格划分技术

要将体全部划分为六面体单元，体必须满足以下条件：

（1）体的外形应为块状（有 6 个面）、楔形三棱柱（5 个面）或者四面体（4 个面）；

（2）体的对边上必须划分相同的单元数；

（3）如果体是棱柱或四面体，三角形面边界上的单元划分数必须是偶数。

总而言之,体要满足体的面数不多于6,同时体的各个边界面要满足对面进行映射网格划分的条件。当体有多余的面时,必须减少围成体的面的个数以进行映射网格的划分,方法是对面进行 ACCT 或 AADD 操作。连接生成的面也要满足进行面映射网格划分所要求的条件,因此连接面的边界线(参与连接操作的源面的所有边界线)也需要连接起来,注意先连接面再连接线。如果参与连接的源面只有四条边界线(此四条线都是原始线),则生成连接后的连接线操作会自动进行。

Command:ACCAT

GUI:Preprocessor|Meshing|Concatenate|Aeras

Command:AADD

GUI:Preprocessor|Modeling|Operate|Booleans|Add|Aeras

说明:AADD 命令要求待连接的面在一个平面内,因此使用受限。连接 Concatenate 操作仅是网格划分的辅助工具,并非布尔操作,对连接生成的图元(包括线和面)不能做任何实体建模操作(删除图元除外),例如,不能对连接线施加实体模型载荷,不能参与布尔运算,不能复制、拉伸、旋转等,也不能再用于另一个连接操作。

11.5.3 快速网格划分——网格划分工具 Mesh Tool

网格工具除提供了最常用的网格划分控制和操作外,还提供了快速划分网格的工具 Mesh Tool 命令,如图 11 -22 所示,一旦打开了它,它就保持打开状态直到单击"Close"按钮关闭它或离开预处理器(PREP7)为止。Mesh Tool 提供了如下功能:(1)单元属性分配;(2)Smart Size 控制(智能单元尺寸);(3)局部网格尺寸控制;(4)网格生成控制(指单元形状和网格划分方式);(5)局部细化网格控制。

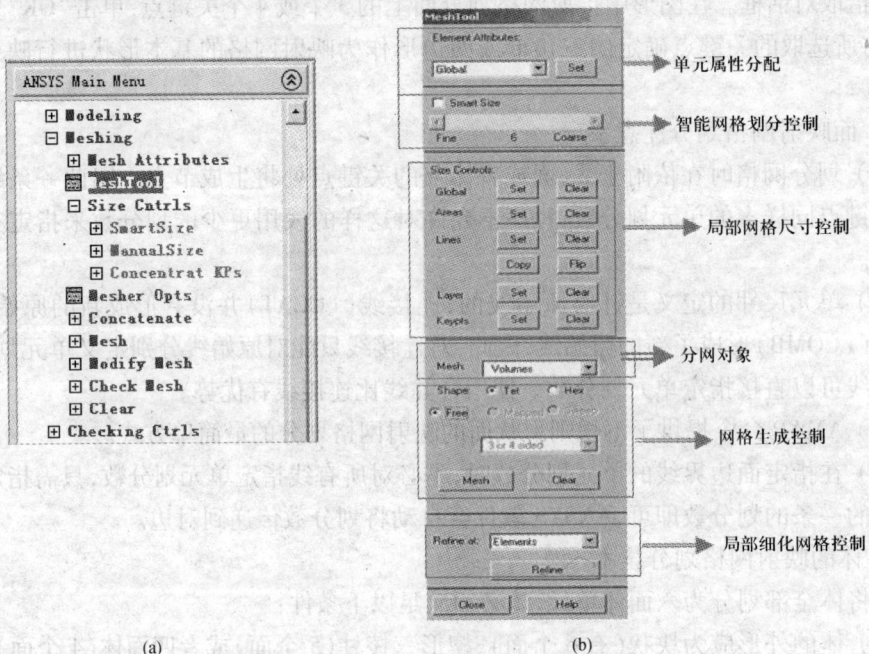

图 11 -22 Mesh Tool 工具

(a) Mesh Tool 菜单;(b) Mesh Tool 对话框。

256

11.6 体的扫掠网格划分 VSWEEP

GUI：Preprocessor | Meshing | Mesh | Volume Sweep | Sweep

在进行体的网格划分时，还有一种特别也很有效的扫掠划分方式。体扫掠操作将体的一个边界面网格（称为源面）沿目标面方向扫掠贯穿整个体，从而生成三维单元与节点。对于一个已经建好但尚未划分网格的体，特别是导入的在其他 CAD 软件中建立的几何模型，扫掠方式非常实用。扫掠可以生成的三维单元有六面体单元（源面网格是四边形）、楔形单元（源面网格是三角形）或二者兼有（源面网格由四边形、三角形混合网格组成）。与映射网格相似，扫掠网格也只能用于六面体单元。

11.6.1 扫掠之前的准备工作

（1）确定有需要扫掠（VSWEEP）的体的个数。VSWEEP 可对一个体、所有选择的体或体某一部分进行扫掠。

（2）确定体的拓扑能否进行扫掠。如果体内有空壳、源面与目标面不是相对面或体中有不穿过源面与目标面的孔，都会造成扫掠失败，因此要认准源面、目标面。

（3）确保已经定义合适的二维或三维单元类型（如果直接对体进行扫掠网格划分，则只需定义三维单元类型）。例如，如果对源面进行了预网格划分，并想扫掠生成二次（有中节点）的六面体单元，则应当分别定义二次二维单元和二次六面体单元，然后先用二次二维单元对源面划分网格，再对体扫掠生成二次六面体单元网格三维单元。

（4）确定扫掠操作的源面和目标面（ANSYS 可以自动选择）。

（5）对源面划分网格。如果没有对源面划分网格，ANSYS 会在扫掠操作时自动为源面划分网格，此时生成的单元尺寸和现状有可能不满足预期要求。

（6）确定在扫掠操作过程中生成单元层的数目，即沿扫掠方向的单元划分数可用如下方法中的一种进行指定：

（1）指定单元尺寸，VSWEEP 自动计算单元的层数。这是默认的设置方法。

（2）在体的一个或多个侧线上，直接指定分割单元数（推荐用此方法）。

（3）用 EXPORT 命令指定

Command：EXPORT，ESIZE，Val1，Val2

GUI：Preprocessor | Meshing | Mesh | Volume Sweep | Sweep Opts

扫掠命令选项设置如图 11-23 所示，操作实例如图 11-24 所示。

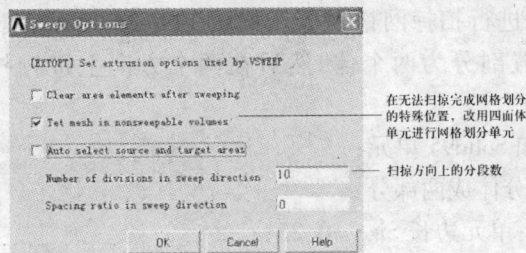

图 11-23 扫掠命令选项设置

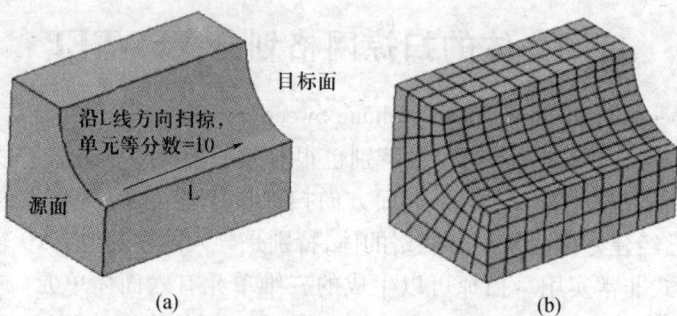

图 11-24　扫掠操作实例
(a) 指定源面、目标面、扫掠方向和等分数；(b) 扫掠网格。

11.6.2　扫掠网格划分的补充说明

（1）扫描网格划分选项设置完成后，利用 SWEEP 命令完成扫描；

（2）变截面扫描时，只有当截面的变化为线性变化才会得到最好的网格形状；

（3）SWEEP 可以绕零半径轴进行扫掠（即源面和目标面相邻），不过此时应该指定源面和目标面，且指定的单元类型还必须支持楔形，否则扫掠可能不会成功。如图 11-25 所示。

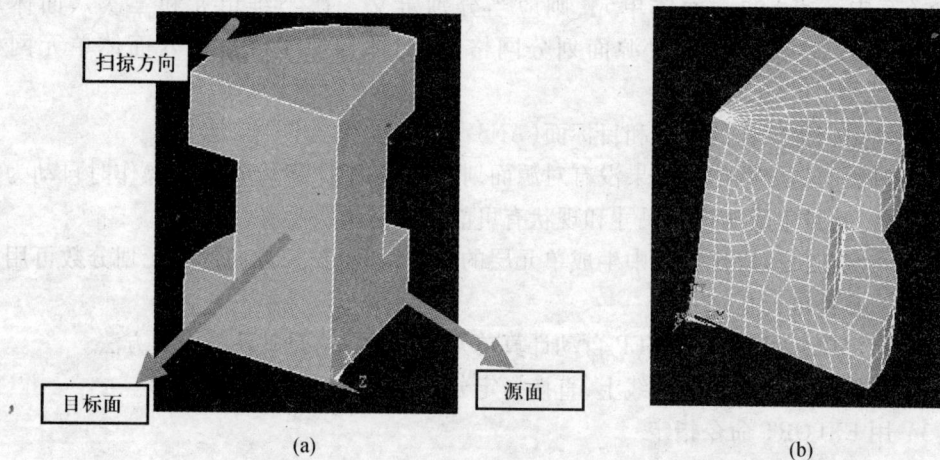

图 11-25　绕零半径轴线旋转扫掠

（4）特殊图形的处理。当划分网格的体不具备扫掠划分的条件时，可以将其剖分成多个规则体分别进行扫掠网格划分。如图 11-26 所示，实体中有两个通孔，因此，将模型在适当位置剖分为两个体，然后在两个方向上进行扫掠网格划分。具体操作过程如下：

① 定义体单元，如 Solid95 单元；

② 用工作平面切分体成两部分；

③ 设置扫掠选项：单元边长 Size = 0.25；

④ 分两次扫掠：选择孔的两端面，一个为源面，一个为目标面，均沿孔的轴向扫掠。

258

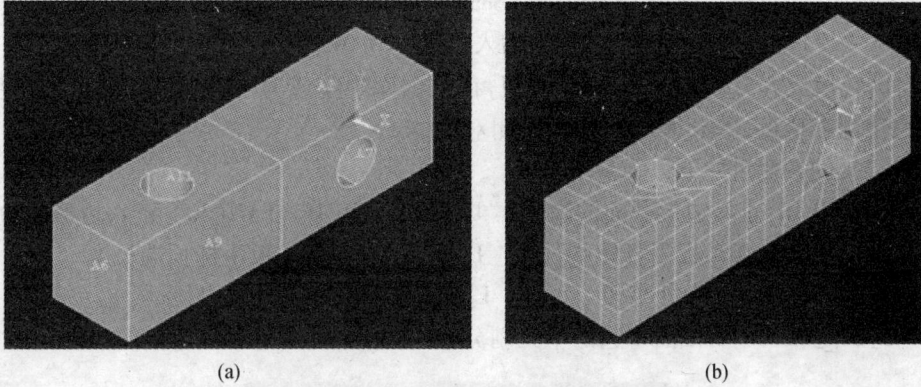

图 11 −26　特殊体的扫掠

（a）切分操作；（b）分区域扫掠。

11.6.3　实例—六方孔螺钉头用扳手的体及网格生成

几何参数：截面为正六边形，截面宽 1cm，杆长 7.5cm，手柄长 20cm；弯曲半径 1cm，如图 11 −27 所示。

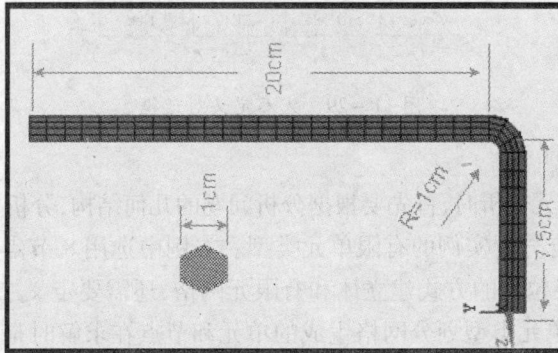

图 11 −27　六方孔螺钉头用扳手

1. 为建立模型时的输入方便，设定单位制和一些参数

（1）从实用菜单中选择 Parameters|Angular Units 命令，设置 ANSYS 内部函数角度参数的单位为 Degress DEG（度），如图 11 −28 所示。

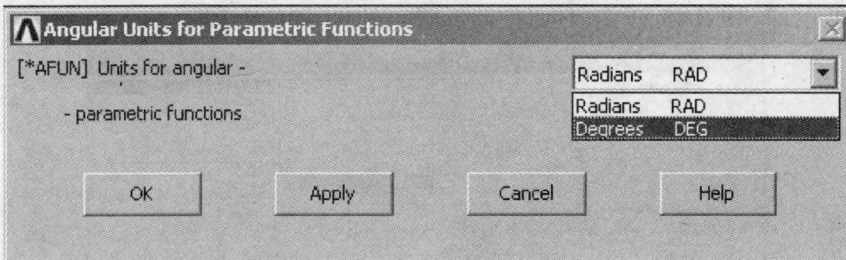

图 11 −28　角度单位设置

（2）从实用菜单中选择 Parameters|Scalar Parameters 命令，定义参数变量，即宏参定义（图 11 - 29）。在 Selection 文本框中输入"high = 0.01"，不管输入时字母的大小写，AN-SYS 自动转换成大写，单击"Accept"按钮，在数据库中生成 HIGH 变量。重复上述步骤，定义完全部参变量，单击"Close"按钮关闭对话框。

待定义的参变量如下：

HIGH = 0.01 正六边形截面的高度　　L_SIDE = HIGH * TAN(30) 正六边形的边长

L_SHANK = 0.075 扳手杆短端长度　　L_HANDLE = 0.2 扳手杆长端长度

BENDRAD = 0.01 弯处半径　　　　　　L_ELEM = 0.0075 单元边长

NO_DIV_SIDE = 2 截面每边的单元划分数

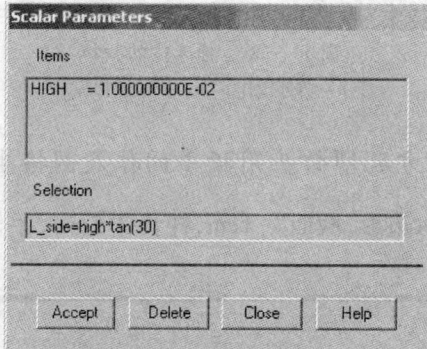

图 11 - 29　宏参定义对话框

2. 定义单元类型

（1）在进行有限元分析时，首先要根据分析问题的几何结构，分析类型和所分析问题的精度要求等，选定适合分析实例的有限单元类型。本例中选用 8 节点实体单元Solid45，考虑到将要采用沿路径拉伸的方式建立体和有限元网格，还需要定义二维单元类型，本例中采用 Mesh200，此种单元类型划分网格生成的单元和节点在求解时是无效的。

（2）执行主菜单 Preprocessor|Element Type|Add/Edit/Delete 命令，单击"Add"按钮，将弹出"Library of Element Types（单元类型库）"对话框，如图 11 - 30 所示。在左边列表框中选择"Not Solved"选项（此类单元将不予求解），在右边的列表框中选择"Mesh Facet 200"选项，此单元类型可模拟 ANSYS 提供的大多数二维或三维实体单元，单击"Apply"按钮，添加 MESH200 单元；然后左选"Solid"选项，右选"Brick 8node 45"选项，选择 8 节点六面体单元，即 SOLID45，单击"OK"按钮返回到图 11 - 31 对话框。

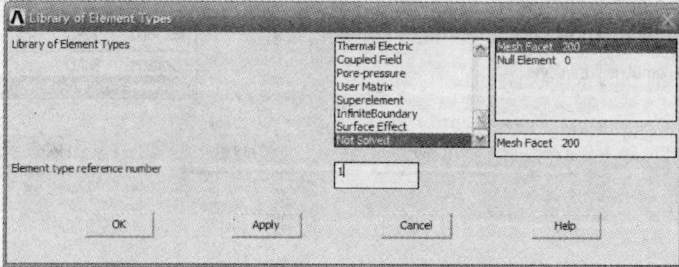

图 11 - 30　单元类型定义对话框

260

（3）由于 MESH200 能够几兼容 ANSYS 乎所有的单元类型,因此需要对其进行设定,使其形状为二维 4 节点单元。图 11 - 33 中列出了已经定义的单元,选择"Type 1 Mesh200"项,然后单击"Options…"按钮,弹出"MESH200 element type options"设定对话框(图 11 - 32),在 Element shape and #of node(单元形状和结点)下拉列表框中选择 QUAD 4 - NODE选项,即单元形状为 4 节点 4 边形。单击"OK"返回到图 11 - 31 界面,单击"Close"完成单元类型定义。

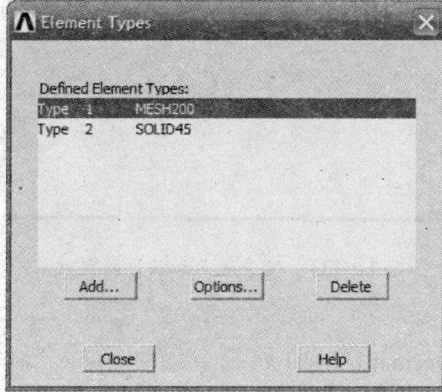

图 11 - 31　已定义的单元类型

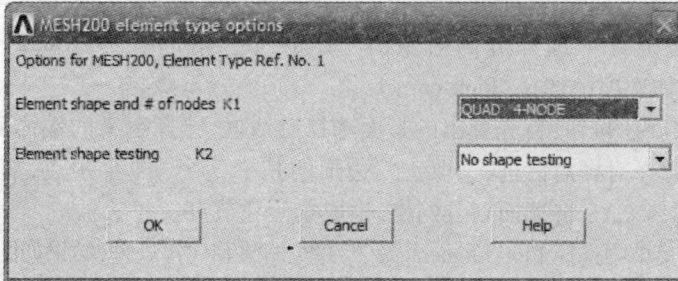

图 11 - 32　MESH200 单元选项设置

3. 建立扳手模型

本例采用沿线拉伸的方式建立实体模型和有限元网格,因此首先建立扳手的端面,然后做出扳手的一条路径线,将端面进行网络划分并沿此路径线拉伸生成扳手实体模型和网格。

（1）采用自顶向下的建模方法,扳手截面为正六边形,利用 ANSYS 提供的面图元直接生成端面:Preprocessor|Modeling|Create|Areas|Polygon|By Side Length,设定边数 =6,边长 = L_SIDE,则生成正六边形以及 6 个关键点。

（2）创建端面拉伸路径上的关键点。选择 Preprocessor|Modeling|Create|Keypoints|In Active CS 命令,在激活坐标系分别创建下列点 7(0,0,0),8(0,0, - L_SHANK),9(0, L_HANDLE , - L_SHANK),并从实用菜单中选择 Plot|Muti_plots 命令显示所有图元,且通过实用菜单中 PlotCtrls|Pan Room Rotate 对话框改变视角及大小。

（3）创建拉伸路径线。从实用菜单中选择 PlotCtrls|Numbering 命令,打开点编号和线编号显示控制开关,通过建立直线命令,依次拾取(或直接输入直线端点编号)7、8 以及

8、9 端点生成直线 L7、L8，再通过直线圆角命令，选取 L7、L8，弹出 Line Fillet 对话框后，设定圆角半径 = BENDRAD 返回。单击 ANSYS 工具栏上的"SAVE_DB"按钮保存数据库，结果如图11 –33所示。

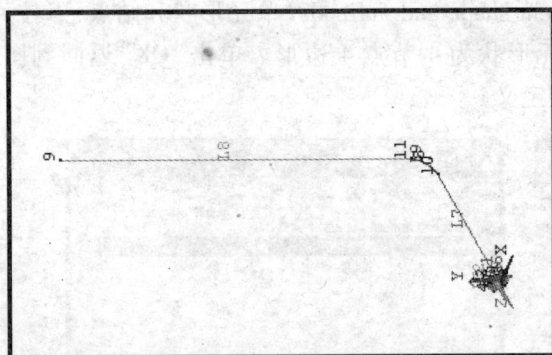

图 11 –33　扳手端面和拉伸路径线

4. 对端面划分网格

（1）从 Preprocessor | Meshing | MeshTool 命令，单击"Lines"域"Set"按钮，弹出"Element Size on Picked Lines"（在选定线上设置单元划分数）对话框，以设定正六边形每条边的单元划分数，在其对话框的"No of element division"（单元划分数）文本框中输入"No_Div_SIDE"，返回网格工具对话框。

（2）在网格工具中选择分网对象为"Areas"，网格形状为"Quad"，分网形式为"Mapped"，在附加选项中选择"Pick corners"。

（3）单击 MESH 按钮，首先弹出的是面选择对话框，选择定义的端面后单击"OK"按钮，接着弹出点选择对择对话框，选取正六边形的其中 3 个 ~4 个顶点，如 1,3,5 点。单击"OK"按钮，则 ANSYS 将端面划分网格，生成单元和节点。

（4）从实用菜单中选择 Plot | Element 命令，并经缩放和视角处理，结果如图 11 –34 所示。

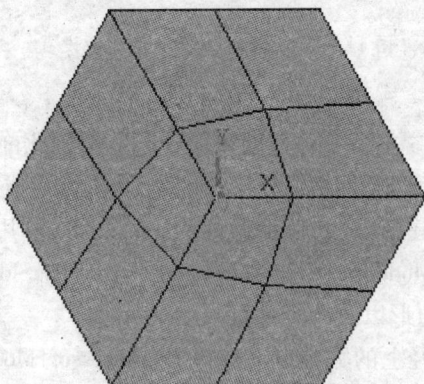

图 11 –34　扳手端面的面网格

5. 将截面沿路径拖拉生成体和网格

（1）单击 ANSYS 标准工具栏上的"▣"按钮，调出已隐藏的"Mesh Tool"对话框，单击"Size Controls"域中"Global"行的"Set"按钮，弹出"Global Element Size"对话框，设置

262

"Element edge length"（单元边长）文本框中值为 L_ELEM，返回。

（2）从实用菜单中选择 Plot|Lines 命令，只显示直线，并调整好大小和视角。

（3）下面将要把前面创建的扳手截面沿路径线拉伸生成扳手实体和网格。从主菜单中选择 Preprocessor|Modeling|Operate|Extrude|Areas|Along Lines 命令，弹出面选择的对话框，选择欲拉伸的面，又弹出线选择对话框，依次点取 L7、L9、L8（或者直接在文本框中输入 7,9,8）。单击"OK"按钮，ANSYS 将创建实体和网格，选择 Plot|Element 命令，显示扳手的实体单元，并选择 Preprocessor|Meshing| Clear|Areas 命令，单击 "pick all"按钮，清除所有面网格（此处即使保留源面网格对计算结果也毫无影响，清除只是使以后的操作更方便）。结果如图 11－35 所示。

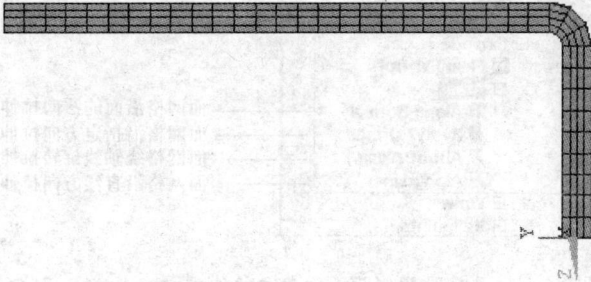

图 11－35　面拉伸创建的扳手体及网格图

11.7　面网格拉伸生成体及网格

如果对面划分了网格后再进行这些操作，可以在生成体的同时生成体的网格。

若想通过对面及其网格的拉伸来生成体及体网格，可以按以下步骤操作：

（1）定义单元类型（包括待操作的面网格所需的单元类型以及即将生成的体网格所需的单元类型）。

（2）通过 EXTOPT 命令（或 Preprocessor|Modeling|Operate|Extrude|Elem Ext Opts）为待生成的体分配单元属性（图 11－36）。

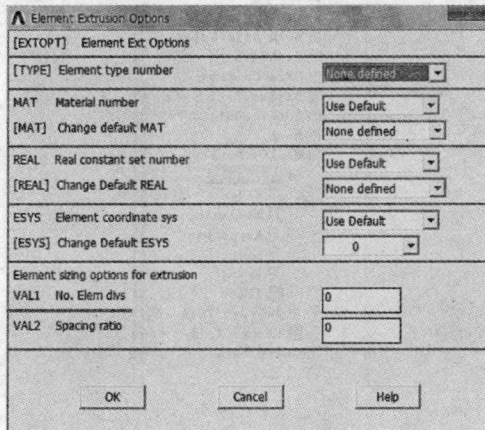

图 11－36　单元拉伸选项设置对话框

263

（3）待拉伸的面划分面网格。

（4）指定拉伸方向上（图 11-37）单元划分数（No Elem divs）。

（5）执行相应的命令，生成体及网格。

GUI：Preprocessor | Modeling | Operate | Extrude | Elem Ext

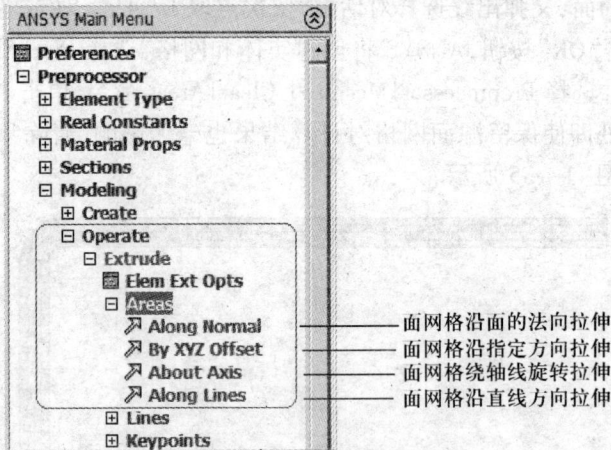

图 11-37　面单元拉伸方向

11.8　网格局部细化

很多情况下，如裂纹分析、应力集中等，都要求某个局部的网格具有比较精细的划分，以便在分析中获得精确的结果。

网格细化的命令在主菜单中的 Meshing > Modify Mesh 子菜单中。网格工具栏中也有网格细化操作按钮"Refine"。利用网格细化工具，可以将节点、单元、关键点、线或面附近的单元按不同精度级别进行细化。对应命令分别是 NREFINE、EREFINE、KREFINE、LRE-FINE、AREFINE，菜单路径如图 11-38 所示。

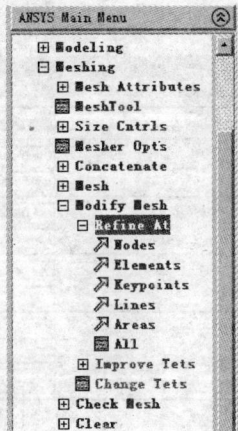

图 11-38　网格局部细化菜单

264

第12章 施加载荷求解

有限元分析的主要目的是检查结构对一定载荷条件的响应,因此在分析中指定合适的载荷条件也是关键的一步。合适的加载将能够更好地模拟实际情况,正确反映实际结构的受力特征;而求解方式选择是否合适,将直接影响求解的精度和所花费的时间,甚至是否收敛。

12.1 载 荷 种 类

ANSYS 提供了许多方式对模型施加加载,而且借助于载荷步选项,用户可以在求解中逐步对模型施加载荷。在 ANSYS 的术语中,载荷包括边界条件和作用于模型外部或内部的作用力。

1. 载荷的种类

在不同学科中,载荷的具体含义也不尽相同,不同学科中所指的载荷术语如下:

(1) 结构分析:位移、集中力(包括集中力、力矩)、表面力(压力)、温度、重力、惯性力。

(2) 热力分析:温度、热流速率、对流、内部热生成、无限表面等。

(3) 磁场分析:磁场、磁通量、磁场段、源流密度、无限表面等。

(4) 电场分析:电势(电压)、电流、电荷、电荷密度、无限表面等。

(5) 流体分析:流速、压力等。

对不同学科的载荷而言,程序中的载荷可以分为六类:

(1) DOF constraint(约束载荷):定义节点的自由度值,也就是将某个自由度赋予一个已知值。在结构分析中指定为位移和对称边界条件;在热力分析中指定为温度与热通量平行的边界条件。

(2) Force(集中载荷或力载荷):施加于模型节点上的集中载荷。在结构分析中为力和力矩;在热分析中为热流速率;在磁场分析中为电流段。

(3) Surface load(表面载荷):施加于模型某个表面上的分布载荷。在结构分析中为压力;在热分析中为对流和热通量。

(4) Body load(体积载荷):施加于模型上的体积载荷或场载荷。在结构分析中为温度;热力分析中为热生产率。

(5) Inertia load(惯性载荷):由物体的惯性引起的载荷,如重力加速度、角加速度。主要在结构分析中使用。

(6) Coupled - field loads(耦合场载荷):为以上载荷的一种特殊情况,是从一种分析中得到的结果作为另一种分析的载荷。例如,磁场分析中计算的磁力作为结构分析中的力载荷。

2. 载荷步与子步

1）载荷步

载荷步就是平时讲的分步施加载荷，以模拟真实的载荷配置。如图 12-1 所示，它显示了一个需要三个载荷步的载荷历程曲线：第一个载荷步用于线性载荷，第二个载荷步用于不变载荷，第三个载荷步用于卸载。载荷值在载荷步的结束点达到全值。

2）载荷子步

将一个载荷步分成几个子步施加载荷，称为载荷子步。

当使用多个子步时，需要考虑精度和代价之间的平衡；更多的子步（也就是小的时间步）通常能有较好的精度，但以增多的运行时间为代价。ANSYS 提供两种方法来控制子步数：

（1）子步数或时间步长。用户既可以通过指定实际的子步数，也可以通过指定时间步长控制子步数。

（2）自动时间步长。ANSYS 程序，基于结构的特性和系统的响应，来自动给定时间步长。

图 12-1 载荷历程曲线

3）时间的作用

在所有静态和瞬态分析中，ANSYS 使用时间作为跟踪参数，而不论分析是否依赖于时间。在指定载荷历程时，在每个载荷步的结束点赋予时间值。时间也可作为一个识别载荷步和载荷子步的计算器。这样计算得到的结果也将是与时间有关的函数，只不过在静力分析中，时间取为常量 0；在瞬态分析中，时间作为表示真实时间历程的变量在变化；在其他分析中，时间仅作为一个计算器识别求解时所采用的不同载荷步。

从时间的概念上讲，载荷步就是作用在给定时间间隔内的一系列载荷；子步为载荷步中的时间点，并在这些点上求得中间解。

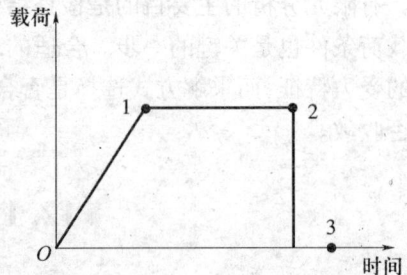

12.2　加　载　方　式

在 ANSYS 程序中，用户可以把载荷施加在实体模型（关键点、线、面、体等）上，也可以施加在有限元模型（节点、单元）上。如果载荷施加在几何模型上，ANSYS 在求解前先将载荷转化到有限元模型上。这两种情况各有优、缺点。

1. 施加在实体模型上

（1）优点：

① 模型载荷独立于有限元网格之外，这样就不必因为网格重新划分而需要重新加载。

② 通过图形拾取来加载时，因为实体较少，所以施加载荷简易。

（2）缺点：

① 不能显示所有的实体模型载荷。

② 载荷施加在关键点上时，要特别注意约束扩展选项的使用，否则产生不符合实际

的约束效果。勾选约束扩展时,则在两个关键点施加的约束会扩展到关键点之间的直线上所有的节点上,因此在使用扩展约束时,要特别小心。

2. 施加在网格模型上

(1) 优点:

① 约束可以直接施加在节点上,而扩展约束没有影响。

② 集中载荷可以直接施加在节点上,分布载荷可以直接施加在单元上。

③ 可以施加函数载荷。

(2) 缺点:

① 任何对于有限元网格的修改都会使已施加于节点、单元上的载荷无效,需要删除先前的载荷并在新网格上重新施加载荷。

② 不方便处理线载荷和面载荷,因为原来施加在一条线上的载荷需要逐个节点来拾取,原来施加在一个面上的载荷需要逐个单元来拾取,非常麻烦。

12.3　载荷的施加

任何实际结构有其承载基础,以使结构处于平衡状态。因此,实事求是地给结构施加载荷与约束是获得正确有限元解的前提。

在介绍施加载荷具体操作之前,需注意如下事项:

(1) 在结构分析中,ANSYS 以总体笛卡儿坐标系为参考坐标系将惯性载荷施加于整个几何模型上(实际上 ANSYS 自动将惯性载荷转换后施加到单元上)。重力惯性加速度方向是实际重力加速度的反方向。

(2) 除惯性载荷之外,其他载荷既可以施加于几何模型的实体图元(点、线、面)上,也可以施加在网格模型的节点、单元上。

若施加于几何模型上,载荷方向以几何模型上当前激活的总体坐标系为参照;其中:①位移约束、集中力施加在关键点上时,则位移约束、集中力的方向以当前激活的总体坐标系作参考,施加在 X、Y、Z 三个坐标轴方向,坐标正向为正;②位移约束、分布力施加在线上,则位移约束的方向以当前激活的总体坐标系作参考,坐标正向为正,而分布力则以线的法向作参考,力沿法向指向实体内部为正,其大小、变化方向以线的矢量方向作参考。③位移约束、分布力施加于面上,则位移约束的方向以当前激活的总体坐标系作参考,坐标正向为正,而分布力以面的法向作参考,沿法向指向实体内部为正,大小、变化方向与组成面的关键点编号排列顺序有关。

若施加于网格模型上,位移约束、集中力施加在节点上,分布力施加在单元的面上。施加在网格模型上的载荷,集中载荷方向以当前激活的节点坐标系为参照、分布力由单元结构定义确定。力载荷可以是常量载荷,也可以是变化载荷。能用函数表示的复杂载荷可以先建立载荷函数,然后以表的形式加载,一般也称为施加函数载荷。

载荷可以进行施加(Apply)、删除(Delete)、运算(Operate)等操作。

施加载荷可以通过前处理器 Preprocessor 或求解器 Solution 中的 Loads 项完成,如图 12-2 所示。

弹出加载对话框后,加载过程一般分为三步:

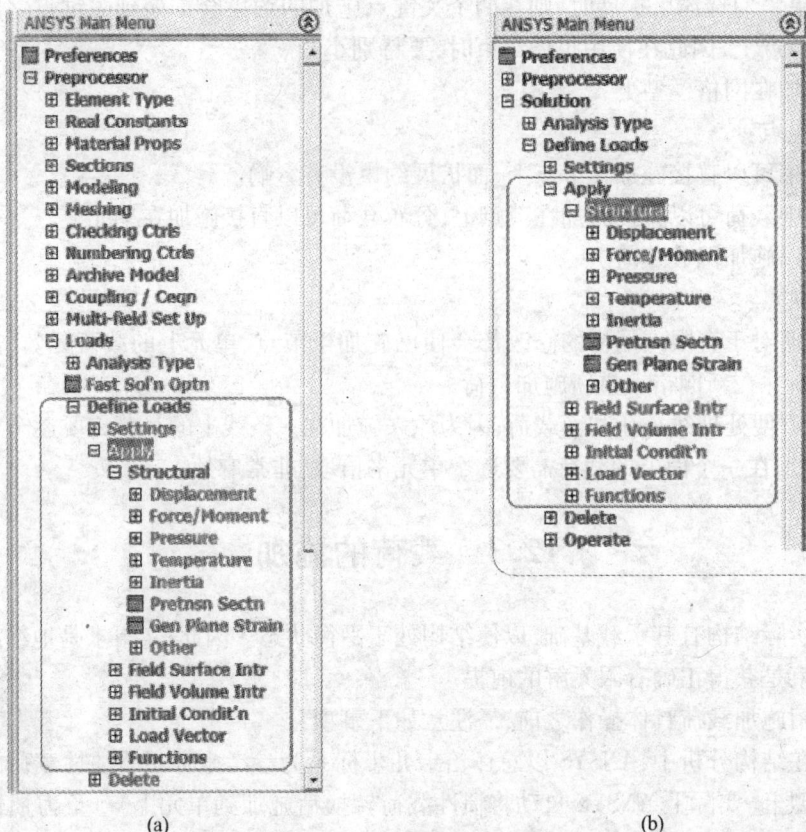

图 12-2　载荷施加菜单操作

(a) 前处理器中加载；(b) 求解器中加载。

(1) 选择载荷形式，如 Displacement（位移）、Force/Moment（力和力矩）、Pressure（压力）、Temperature（温度）等；

(2) 选择加载的对象，如：On Lines、On Areas、On Keypoints、On Nodes、On Elements 等。

(3) 指定载荷的方向和数值。

12.3.1　施加自由度(DOF)约束

为了使实际结构不发生刚体位移，需给模型施加一定的约束。在结构分析中，DOF 包括平动自由度和转动自由度，共有 6 个，即 UX、UY、UZ（X、Y、Z 方向平动自由度）及 RTOX、RTOY、RTOZ（绕 X、Y、Z 轴的转动自由度）。DOF 约束的方式与单元类型有关，如平面问题单元，DOF 有 UX、UY；空间问题单元，DOF 有 UX、UY、UZ；空间梁问题单元，DOF 为 UX、UY、UZ、RTOX、RTOY、RTOZ。DOF 约束可以施加在实体模型的关键点、线、面或有限元模型的节点、单元上。位移方向与参考坐标系坐标轴正向相同时取正值，否则取负值。

GUI：[Main Menu]Preprocessor | Define Loads | Apply | Structural | Displacement

GUI：[Main Menu] Solution| Define Loads | Apply | Structural | Displacement

下面按载荷施加在几何模型上和有限元模型上两种情况分别叙述（图 12-3）。

268

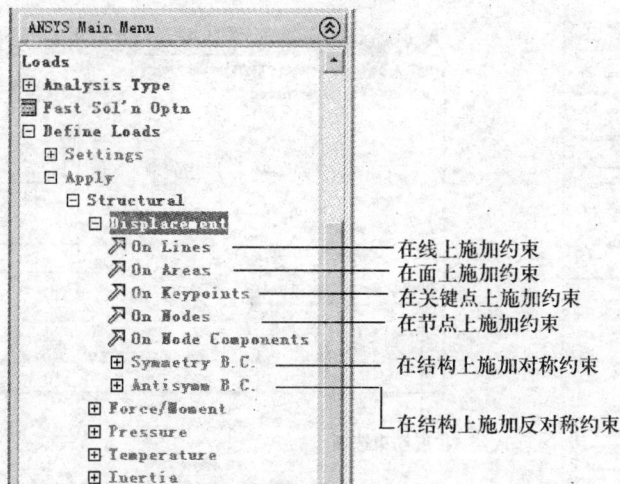

图 12-3　自由度载荷施加对象说明

12.3.1.1　DOF 约束施加在几何模型上

1. 在关键点(或节点)上加载位移约束

COMMAND:DK, KP, Lab , VALUE ,VALUE2, KEXPND, Lab2, Lab3, Lab4, Lab5, Lab6

GUI:Main Menu | Solution | Define Loads | Apply | Structural | Displacement | On Keypoints

参数说明:DK——该关键字表示在关键点上施加位移;KP——要施加约束的关键点号;Lab——UX、UY、UZ、ROTX、ROTY、ROTZ 等符号标识;

VALUE、VALUE2——自由度值、第二个自由度值。自由度以总体笛卡儿坐标系为参考,施加在 X、Y、Z 轴的三个方向上。

KEXPND——关键点自由度扩展选项(0 表示约束只施加在关键点处的节点上;1 表赤将约束扩展到同一线上另一个也允许扩充的关键点间的所有节点上)。

Lab2 , Lab3, Lab4, Lab5, Lab6:附加自由度,这些自由度取相同的值施加在由 KP 定义的关键点上。

应用上述菜单操作时,分两步选择关键点和定义关键点约束进行,如图 12-4 所示。

若图 12-4 中对话框的"KEXPND"选项设为"YES",可使相同的约束施加在位于两关键点连线的所有节点上。

例如,如图 12-5 所示的实体。只要拾取关键点 K1 和 K2,再在设置对话框中选择"All DOF",并在"VLAUE"框中输入"0",设置"KEXPAND"为"Yes",则 K1 至 K2 之间的所有节点都将被约束,即相当于固定了这条边;若设置 KEPAND 为"No",则只有 K1、K2 上的两个节点被约束。

2. 在线(或面)上加载位移约束

COMMAND:DL, LINE, Lab , Value1 ,Value2

COMMAND:DA, AREA, Lab , Value1 , Value2

GUI:Main Menu | Solution | Define Loads | Apply | Structural | Displacement | On Lines(或 On Areas)

269

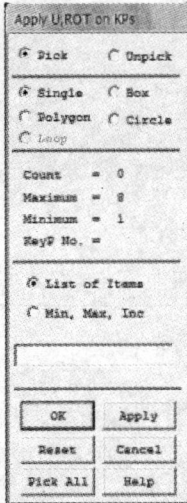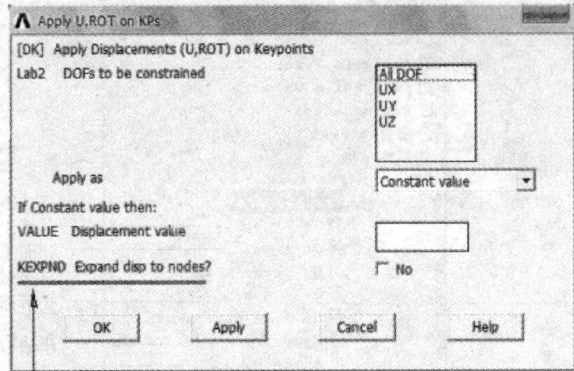

(a)   (b)

图 12 – 4   自由度约束施加在关键点上
（a）选择关键点；（b）定义关键点约束。

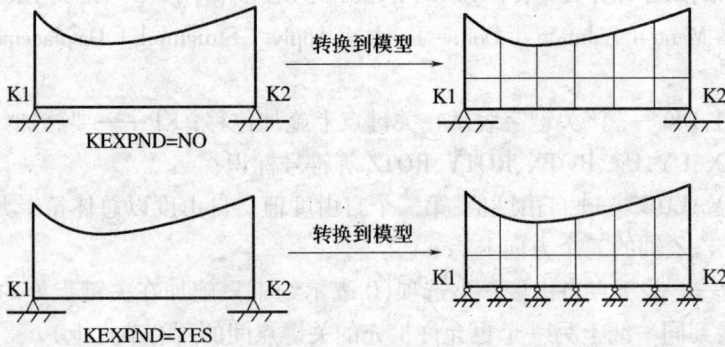

图 12 – 5   KEXPND 选项

参数说明:DL——关键字表示对线施加位移约束；DA——关键字表示对面施加位移约束；LINE——要施加约束的线号；AREA——要施加约束的面号。

其他参数同前。

DOF 约束施加在面上如图 12 – 6 所示。

3. 对称约束与反对称约束

在位移约束中还有两个非常重要的约束,即施加在对称面上的对称约束和反对称约束。

对称约束限制对称面内所有节点的两个方向转动自由度,同时限制了垂直于对称面的平动自由度。反对称约束限制了对称面内所有节点在对称面内的两个方向平动自由度,同时限制了垂直于对称面的转动自由度。对称约束与反对称约束的示意图如图12 –7所示。

图 12 –7 中,对于图给定的坐标系而言,对称约束表示对称面上所有点 UX =0,ROTZ =0,ROTY =0。

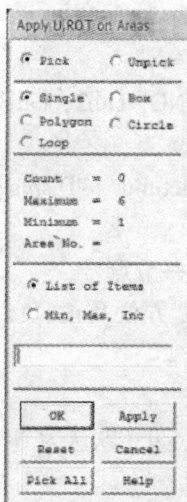
(a)

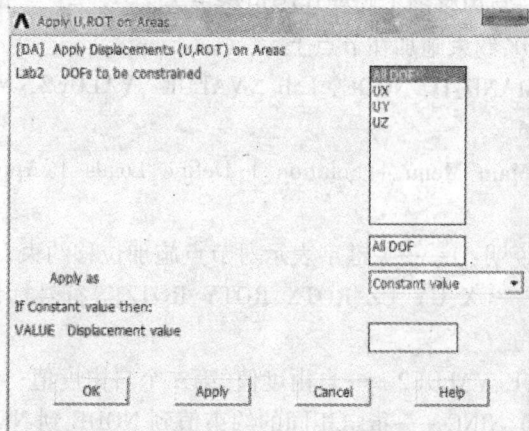
(b)

图 12 – 6　DOF 约束施加在面上
(a) 选择面；(b) 定义面约束。

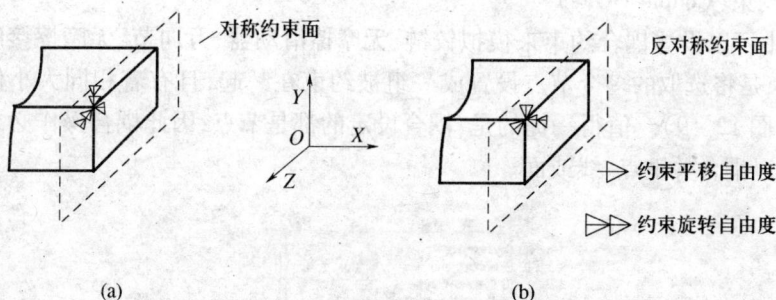
(a)　　　　　　　　　　　　　　(b)

图 12 – 7　对称约束与反对称约束
(a) 对称约束；(b) 反对称约束。

这两种约束条件应用在不同对称模型的场合，通过设定对称约束边界条件达到简化建模的效果。施加对称约束和反对称约束的采用的命令仍然是 DL、DA，其参数 Lab 设为 SYMM（对称）或 ASYM（反对称）。

GUI：Main Menu | Solution | Define Loads | Apply | Structural | Displacement | Define Symmetry B. C. （或 Antisymm B. C. ）

对称边界条件和反对称边界条件应用实例如图 12 –8 所示。

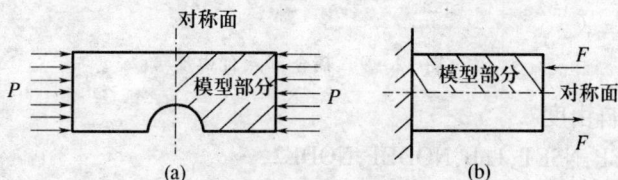
(a)　　　　　　　　　　　　　(b)

图 12 – 8　两种对称边界的应用
(a) 二维平面的对称模型；(b) 二维平面的反对称模型。

271

12.3.1.2 自由度约束施加在网格模型上

1. DOF 约束施加在节点上

COMMAND：D，NODE，Lab，VALUE，VALUE2，NEND，NINC，Lab2，Lab3，Lab4，Lab5，Lab6

GUI：Main Menu │ Solution │ Define Loads │ Apply │ Structural │ Displacement │ On Nodes

参数说明：D——关键字表示对节点施加位移约束；NODE——节点号；

Lab——UX、UY、UZ、ROTX、ROTY、ROTZ 等符号标识，自由度方位及正、负以节点坐标系为参考。

VALUE、VALUE2——自由度值、第二个自由度值；

NEND，NINC——指定相同的约束值到 NODE 到 NEND 的节点上（默认为 NODE），其节点号增量为 NINC（默认 =1）；

Lab2，Lab3，Lab4，Lab5，Lab6——附加自由度，这些自由度取相同的值施加在这些节点上。

特别提醒：节点约束的位移方向以节点坐标系作参考。

2. 耦合约束（Couple DOFs）

ANSYS 中可以设置耦合约束来模拟铰链、无摩擦滑动器、万向节、无摩擦接触面等问题。耦合约束是将选取的多个节点设置成一组被约束在一起，且有着相同大小但数值未知的自由度（图 12 –9）。值得一提的是：耦合设定的都是节点，因此耦合操作必须在划分单元后，不可以耦合关键点、线或面。

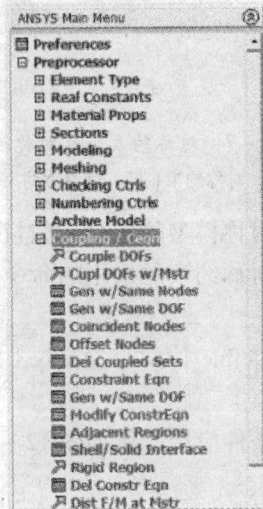

图 12 –9　耦合节点自由度

1）手动耦合自由度

COMMAND：CP，NSET，Lab，NODE1，NODE2，…

GUI：Preprocessor │ Coupling/Ceqn │ Couple DOFs

参数说明：NSET——耦合标号；Lab——耦合自由度。

GUI 方式在弹出拾取对话框后,拾取需要耦合的若干节点,单击"OK"按钮,进入耦合设置对话框,如图 12 – 10 所示。

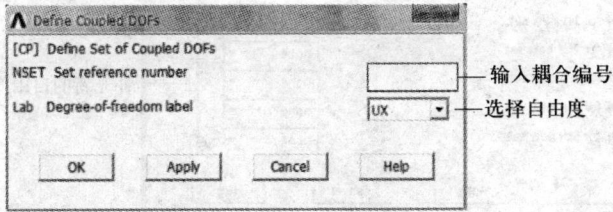

图 12 – 10 手动耦合设置

例如,需要耦合节点 30、31、32 的 X 方向自由度,使之成为一个可以沿 Y 轴滑动的滑动幅,执行如下命令:

COMMAND : CP,1,UX,30,31,32

提示:① 耦合设置的标号是为了区分不同耦合设置的,必须是一个自然数,每次生成新的耦合都应该输入不同的标号。

② 耦合设定的都是节点,因此耦合操作必须在划分单元后进行,不可以耦合关键点、线和面。

2) 自动耦合自由度

对于需要在同一位置的所有节点之间自动生成耦合关系的情况,执行如下命令:

GUI:Preprocessor | Coupling/Ceqn | Coincident Nodes

打开图 12 – 11 所示的对话框,在该对话框中选择耦合自由度,然后输入容差的值,单击"OK"按钮,则完成距离小于容差设定的相同位置节点的自由度耦合。

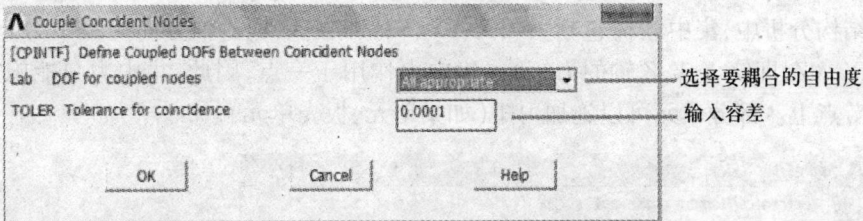

图 12 – 11 相同位置点自动耦合设置

3) 对已耦合的一组节点添加新的耦合

手动耦合、自动耦合要么只能耦合一个自由度,要么耦合全部自由度,如果要耦合多个自由度,就必须对已耦合的节点再补充新的自由度耦合,即在已耦合的一组节点上生成附加的耦合关系。执行如下命令:

GUI:Preprocessor | Coupling/Ceqn | Gen w/Same Nodes

打开如图 12 – 12 所示对话框,在对话框的 NSETF 中输入已有耦合设置的标号,然后对每个设置指定新的耦合自由度,单击"OK"按钮完成操作。

在相互接触的两个表面,若满足下列四个基本条件,则可以通过接触面自由度的耦合来模拟接触问题的分析:

① 表面始终保持接触不脱离。

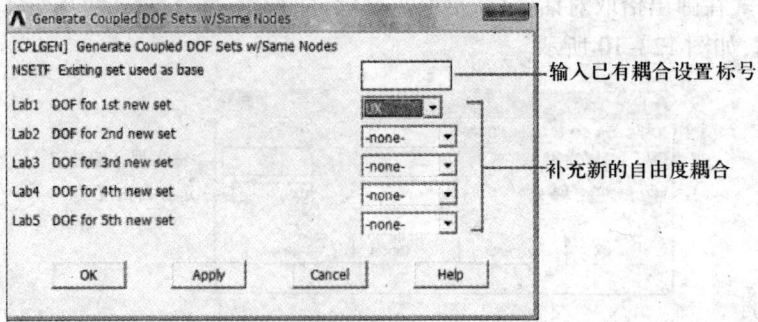

图 12 - 12　添加耦合自由度

② 分析过程是小变形几何线性的。

③ 忽略表面接触的摩擦或忽略接触面的相对滑动。

④ 两个界面上的节点一一对应。

通过耦合来模拟接触问题具有两个突出的优点:一是它可以保持求解过程的线性关系;二是保持了分析为数学上无间隙收敛性问题。

12.3.2　施加力载荷

力载荷表示集中力载荷、分布载荷、体积载荷和惯性载荷。表面力载荷(集中力、分布力)既可以施加在几何模型上,也可以施加在网格模型上。特别说明,梁的载荷只能施加在梁单元上。

12.3.2.1　集中力、分布力载荷施加在几何模型上

1. 在关键点上施加集中力载荷(图 12 - 13)

在结构分析中,集中载荷包括力(FX、FY、FZ,即在 X、Y、Z 轴方向的集中力)和力矩(MX、MY、MZ,即绕 X、Y、Z 轴的力矩)。集中力作用于一点,因此,集中力只能施加在关键点或节点上。部分单元可以施加力矩(如梁单元、板壳单元)。

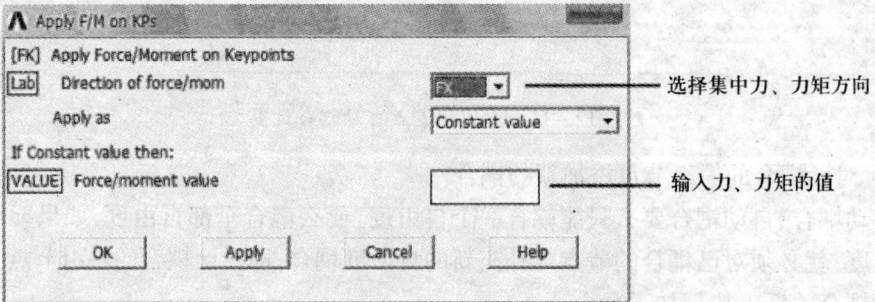

图 12 - 13　在关键点上施加集中力载荷

COMMAND:FK,KP,Lab,Vlaue,Vlaue2

GUI:[Main Menu]Preprocessor | Loads | Define Loads | Apply | Structural | Pressure | On Keypoints

[Main Menu] Solution | Define Loads | Apply | Structural | Pressure | On Keypoints

参数说明:FK——关键字表示在节点上施加力;KP——关键点号;

274

Lab——FX、FY、FZ(力)或 MX、MY、MZ(力矩)。

当集中力施加在几何模型的关键点上时,集中力以总体笛卡儿坐标系为参考,施加在 X、Y、Z 轴的三个方向上,力的方向与总体笛卡儿坐标轴正向一致时取正值,否则取负值。

2. 在线、面上施加分布力载荷(图 12 – 14)

在结构分析中,表面载荷就是施加的压强或分布压力。如果分布载荷施加在实体模型上,分布力的方向总是与受力的线或面垂直,当表面载荷方向指向物体内部时取正值,否则取负值。

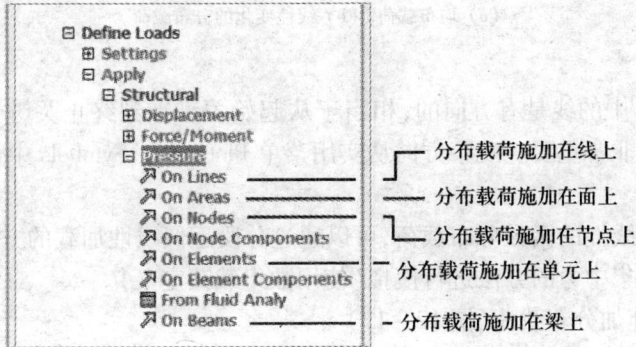

图 12 – 14　施加分布力载荷菜单

1) 在线上施加分布载荷

COMMAND:SFL,Line,Lab,VALI,VALJ

GUI:[Main Menu] Preprocessor Loads | Define Loads | Apply | Structural | Pressure | On Lines

Main Menu | Solution | Define Loads | Apply | Structural | Pressure | On Lines

若分布载荷为均布载荷,只需在图 12 –15 所示的对话框中的第一个输入栏中输入相应的分布载荷值;若同时输入第二个值,则表示在这条线上,从线的始点到终点,沿线的方向,承受从第一个值到第二个值线性过渡的分布载荷。

施加在线上的分布载荷见图 12 –16。

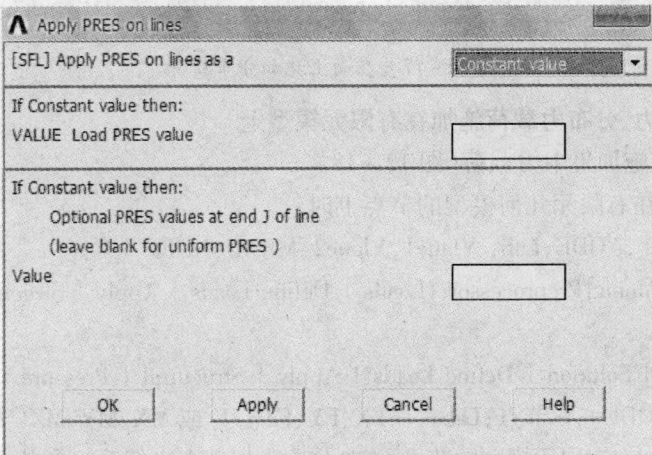

图 12 –15　在线上施加分布载荷

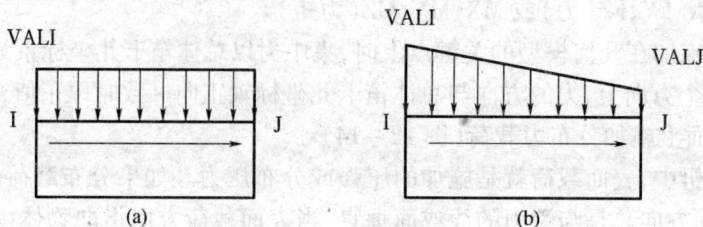

图 12-16　施加在线上的分布载荷

(a) 均布载荷；(b) 线性变化的分布载荷。

注意：

（1）ANSYS 中的线是有方向的，相当于从起始关键点到终止关键点的一条矢量线，这在很多分析中非常重要。观察方向从实用菜单 PlotCtrls | Symbols 中设置 Line direction 为"on"。

（2）对于非线性的函数分布载荷，可以通过分段近似线性加载的方法，或者通过不同节点处加载不同集中力的方法进行模拟（使用数组载荷定义）。

2）在面上施加分布载荷（图 12-17）

COMMAND：SFA，AERA，LKEY，Lab，VALUE，VALUE2

GUI：[Main Menu] Preprocessor Loads | Define Loads | Apply | Structural | Pressure | On Aeras

Main Menu | Solution | Define Loads | Apply | Structural | Pressure | OnAeras

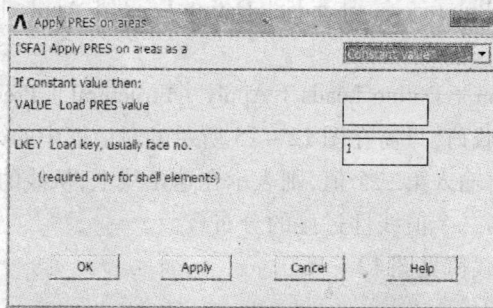

图 12-17　在面上施加分布载荷

12.3.2.2　集中力、分布力载荷施加在有限元模型上

1. 在节点上施加集中力载荷（图 12-18）

集中力施加在有限元几何模型的节点上时：

COMMAND：F，NODE，Lab，Vlaue1，Vlaue2，MEND，NINC

GUI：[Main Menu] Preprocessor | Loads | Define Loads | Apply | Structural | Pressure | On Nodes

[Main Menu] Solution | Define Loads | Apply | Structural | Pressure | On Nodes

参数说明：NODE——节点；Lab——FX、FY、FZ（力）或 MX、MY、MZ（力矩）。

当集中力施加在有限元模型的节点上时，集中力以节点坐标系为参考，施加在节点坐标系的 X、Y、Z 轴的三个方向上。当力的方向与节点坐标轴正向一致时取正值，否则取负值。

276

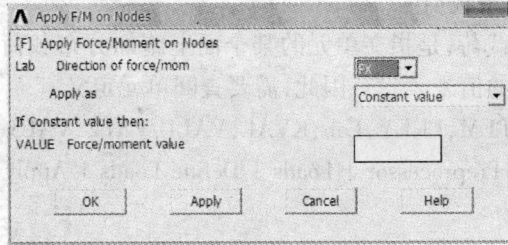

图 12 - 18　在节点上施加集中力

　　节点坐标系默认与总体笛卡儿坐标系相同。通过旋转节点坐标系可以在节点上施加任一方位的集中力。如旋转节点坐标系到总体柱坐标系时,则可对节点施加径向集中力和周向集中力。旋转节点坐标系的操作如图 12 - 19 所示。

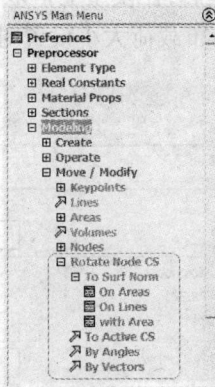

图 12 - 19　旋转节点坐标系

2. 在相连节点上施加分布力载荷

COMMAND:SF,NList,Lab,VALUE,VALUE2

GUI:[Main Menu] Preprocessor | Loads | Define loads | Apply | Structural | Pressure | On Nodes

[Main Menu] | Solution | Define Loads | Apply | Structural | Pressure | On Nodes

　　采用 GUI 操作,弹出拾取对话框后,在模型上选取几个相连的节点(要施加分布载荷的节点),单击"OK"按钮,弹出如图 12 - 20 所示分布载荷大小设置对话框。

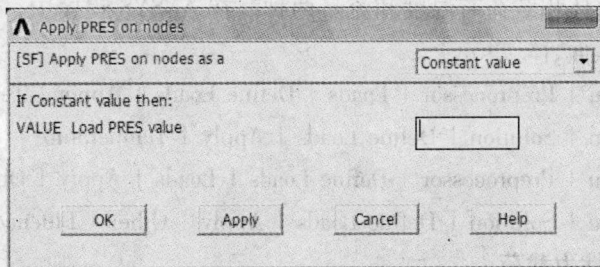

图 12 - 20　在节点上施加分布力

3. 在单元上施加分布载荷

在单元上施加分布载荷,是指在单元的某个面上施加分布载荷。施加在单元哪个面上、哪个方向,由 LKEY 的值来表示。因此,需要查阅单元定义。

COMMAND:SFE,ELEM,LKEY,Lab,KVAL,VAL1,VAL2,VAL3,VAL4

GUI:[Main Menu]|Preprocessor | Loads | Define Loads | Apply | Structural | Pressure | On Elements

[Main Menu] Solution | Define Loads | Apply | Structural | Pressure | On Elements

参数说明:ELEM——施加分布载荷的单元号, = All,则选取所有单元, = P,则其后所有参数失效;

LKEY——载荷方向标示,默认 = 1;

Lab——有效载荷符号(结构分析中 Lab = PRES)。

采用 GUI 操作,弹出拾取对话框后,在模型上拾取需要施加分布载荷的单元后,单击"OK"按钮,弹出如图 12 - 21 所示分布载荷大小设置对话框。

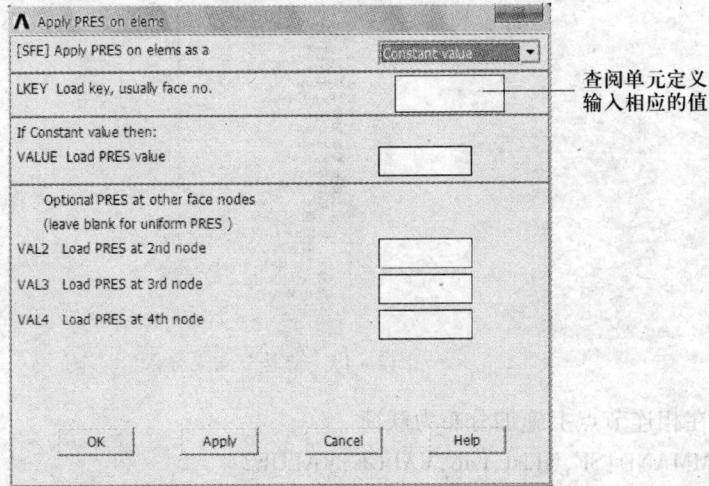

图 12 - 21　在单元上施加分布载荷

如果单元上的载荷是均布的,可以只在"VALUE"输入框中输入载荷值;如果不是均布载荷,则需要输入其他节点上的载荷值。各节点之间的载荷分布规律按线性变化处理。

12.3.2.3　施加体积力载荷

在结构分析中,体积载荷有温度和流量两种。在 ANSYS 程序中,体积载荷可以施加在节点、关键点、线、面、体、单元上。

GUI:Main Menu | Preprocessor | Loads | Define Loads | Apply | Temperature

　　　Main Menu | Solution | Define Loads | Apply | Temperature

GUI:Main Menu | Preprocessor | Define Loads | Loads | Apply | Other | Fluence

　　　Main Menu | Solution | Define Loads | Apply | Other | Fluence

12.3.2.4　施加惯性力载荷

在结构分析中,惯性载荷有角速度、角加速度等。惯性载荷只有在模型具有重量时才有效。惯性载荷总是以总体笛卡儿坐标系为参照。

278

1. 施加角速度

GUI：Main Menu | Preprocessor | Loads | Define Loads | Apply | Inertia | Angular Veloc | Global

Main Menu | Solution | Define Loads | Apply | Inertia | Angular Veloc | Global

采用 GUI 操作，弹出如图 12 - 22 所示的对话框后，在要施加惯性载荷的方向输入相应的角速度分量。

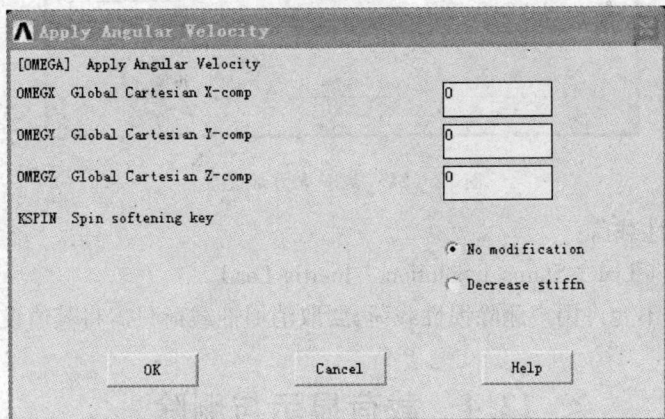

图 12 - 22　施加角速度

2. 施加角加速度

GUI：Main Menu | Preprocessor | Loads | Define Loads | Apply | Inertia | Angular Accel | Global

Main Menu | Solution | Define Loads | Apply | Inertia | Angular Accel | Global

采用 GUI 操作，弹出如图 12 - 23 所示的对话框后，在要施加惯性载荷的方向输入相应的角加速度分量。

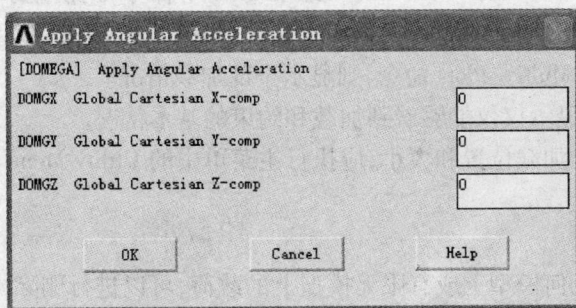

图 12 - 23　施加角加速度

3. 施加重力惯性加速度

GUI：Main Menu | Preprocessor | Loads | Define Loads | Apply | Inertia | Gravity | Global

Main Menu | Solution | Define Loads | Apply | Inertia | Gravity | Global

采用 GUI 操作，弹出如图 12 - 24 所示的对话框后，在要施加惯性载荷的方向输入相应的重力惯性加速度分量。

注意:重力惯性加速度与重力加速度反向,如果惯性加速度分量沿坐标轴正向,则取正值;否则,取负值。

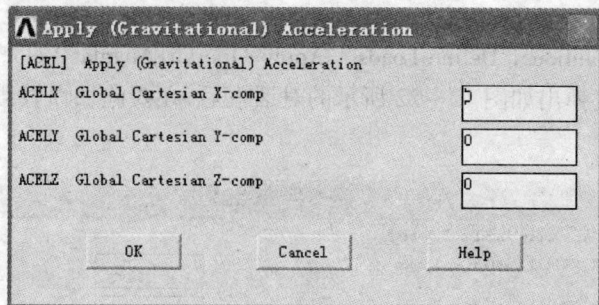

图 12 - 24 施加重力加速度

列表显示惯性载荷:

Utility Menu | List | Status | Solution | Inertia Load

ANSYS 程序不允许用户删除惯性载荷,要取消惯性载荷只需将其值设为 0。

12.4 载荷显示与删除

1. 在图形中显示载荷

通常情况下,加载在几何实体模型上的载荷,用相应的符号显示(图 12 - 25)在几何实体模型的体、面、线或关键点上;而有限元模型上加载的载荷,则显示在节点或单元上。显示符号的设置如下:

COMMAND:/PBC/PSF/PEF/PICE/PSYMB

GUI:Utility Menu | Plotctrls | Symbols

执行 Utility Menu | plot | Volumes(Areas,Lines)等命令,则仅显示几何实体模型加载的情况;若执行 Utility Menu | plot | Element 命令,则仅显示有限元模型加载情况;若执行 Utility Menu | Plot | Multi - Plots 命令,则显示全部加载情况。

注意:通过图形显示仅仅能够看到加载和约束的基本情况。

需要知道具体的加载位置和大小,应执行主菜单中的 Utility Menu | List | Loads 子菜单中的相关命令。

2. 载荷删除

对于已施加在几何模型上或有限元模型上的载荷,可以进行删除操作(图 12 - 26)。

COMMAND:LSCLEAR,Lab

GUI:Main Menu | Solution | define Loads | Delete |···.

采用 GUI 操作,得到:

"All Load Data":作用是可以一次性删除模型上的所有载荷。其中:

"All Load & Opts":删除数据库文件中所有的载荷和载荷步设置。

"All SolidMod Lds":删除所有施加在实体模型上的载荷。

"All F.E. Load":删除所有施加在有限元模型上的载荷。

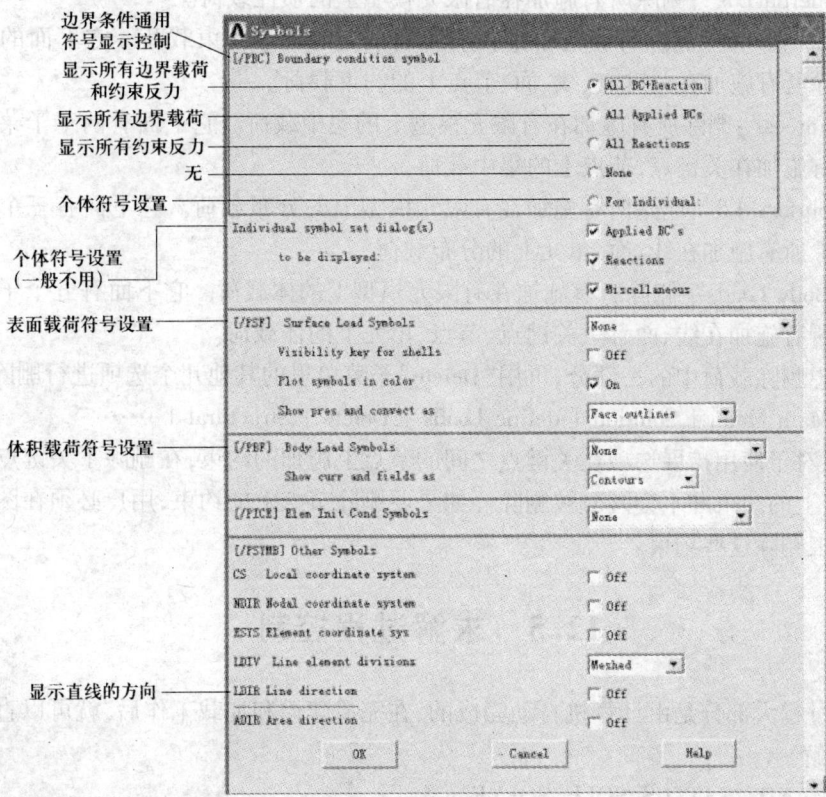

图 12-25　符号显示控制

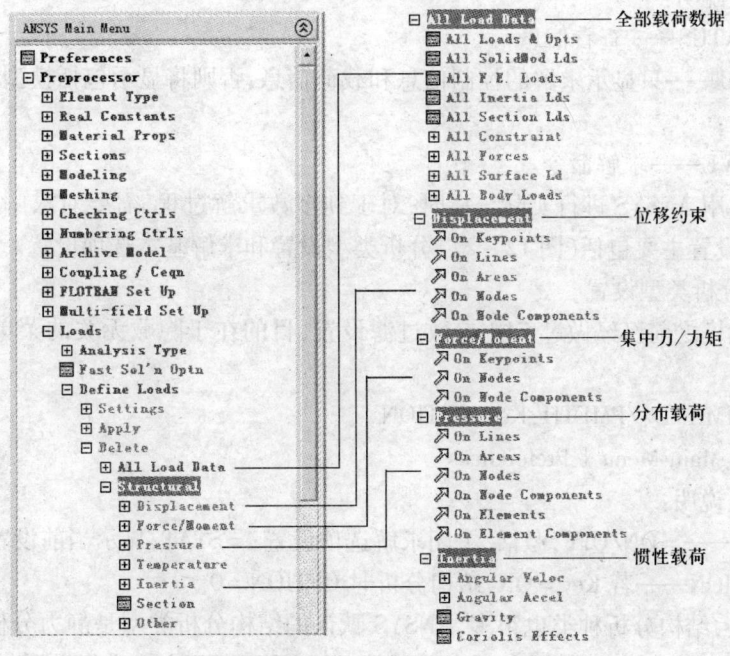

图 12-26　结构分析施加载荷菜单

"All Inertia Lds"：删除所有施加在有限元模型上的惯性载荷。

"All Constraint"：删除所有施加在有限元模型上的位移约束载荷。它下面的子菜单分别为删除所有施加在关键点、线、面、节点上的约束载荷。

"All Forces"：删除所有施加在有限元模型上的集中载荷。它下面有两个子菜单分别为删除所有施加在关键点、节点上的集中载荷。

"All Surface Ld"：删除所有施加在有限元模型上的分布载荷。它下面有三个子菜单分别为删除所有施加在线、面、单元上的分布载荷。

"All Body Loads"：删除所有施加在有限元模型上的体载荷。它下面有五个子菜单分别为删除所有施加在线、面、体、关键点、节点、单元上的体载荷。

若只想删除载荷中的一部分，可用"Delete"子菜单里的其他几个选项进行删除。

GUI：Main Menu | Solution | define Loads | Delete | Structural | ……

注意：对于使用扩展选项在关键点之间的节点上施加的约束，在删除了关键点的约束之后，节点上的约束并不会同时被删除。如果要删除节点上的约束，用户必须在图形用户界面中手工删除这些约束。

12.5　求解过程控制

求解过程大部分是由计算机自动完成的，在完成建模和加载工作后，就可以直接进行 ANSYS 求解。

COMMAND：/SATTUS，SOLU，SOLVE

GUI：Main Menu | Solution | Solve | Current LS

参数说明：

/STATUS——查看信息；

SOLU——只显示求解的控制信息和载荷信息，否则将显示包括模型信息在内的所有详细信息；

SOLVE——求解命令。

在应用 ANSYS 进行实际分析时，对于到多数求解过程，需要对求解过程进行控制设置，这些设置主要包括(图 12 - 27)分析类型设置和求解基本选项设置。

1. 分析类型设置

在建模之前已经做过 GUI 参数过滤设置，目的在于隐藏无关的菜单和命令，使操作简化。

COMMAND：/PMETH，Key，OPTION

GUI：Main Menu | Preferences

参数说明：

Key—— = ON/OFF，激活/关闭求解选项设置； = STAT，显示当前设置。

OPTION——若 Key = ON，结构分析时 OPTION = 0。

另外，结构分析种类也很多，ANSYS 默认的结构分析类型是静力分析，当要改变分析类型时，如模态分析、谐分析、瞬态分析等，需要采用以下方式进行设置：

COMMAND：ANTYPE，Antype，Status，LDSTEP，SUBSTEP

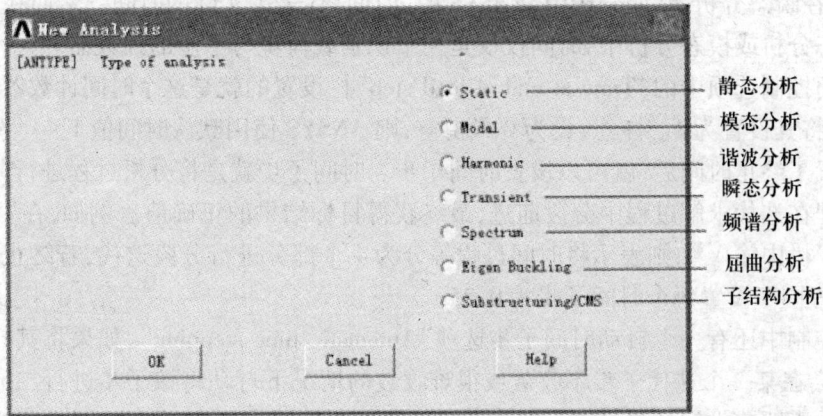

图 12 - 27　分析类型设置

GUI：Main Menu ∣ Solution ∣ Analysis Type ∣ New Analysis

2. 求解基本选项设置

求解前使用图 12 - 28 所示的对话框将各个控制项设置好，即可求解。

COMMAND：SOLCONTROL，Key1，Key2，Key3，Vtol

GUI：Main Menu ∣ Solution ∣ Analysis Type ∣ Sol'n Controls

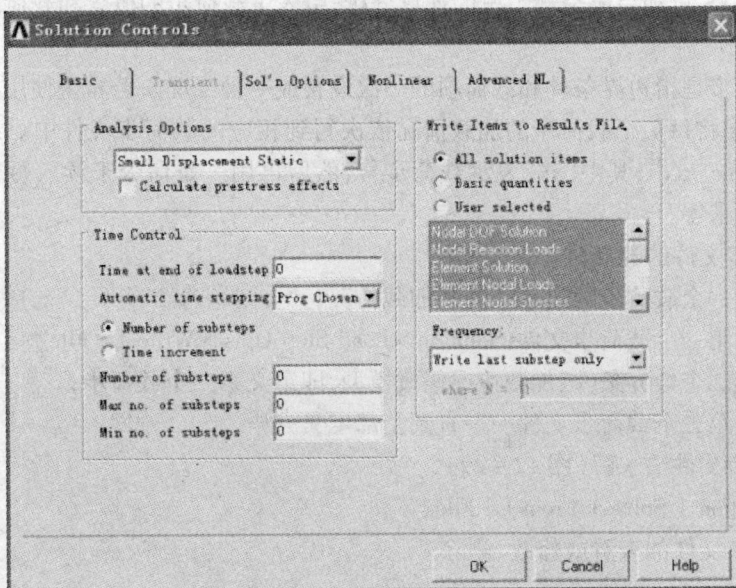

图 12 - 28　求解控制

求解控制对话框常用设置说明：

"Analysis Options"：设置线性/非线性问题、小变形/大变形问题

"Time Control"：时间控制选项，这是求解控制中的一个重要部分。

ANSYS 在结构分析中，使用时间作为一个过程参数，而不论分析结果是否依赖于时间。这样做的好处是，在所有情况下，以一个通用的"计数器"来反映分析历程。此外，时间的单调增加与分析过程一致。

显然,在瞬态分析、蠕变分析中,ANSYS 的"时间"代表了实际的时间。然而在不依赖时间的静态分析或模态分析中,时间仅仅是一个识别载荷步与子步的计数器。

在时间控制选项中的"Time at end of load step"栏设置的就是这个时间计数器的终止时间,例如将其设置为 1。注意:设为 0 或留空,则 ANSYS 使用默认时间值 1。

在设置了终止时间后,就可以设置时间子步。时间子步就是将分析过程进行分段,使有限元方程在迭代求解过程中分段前进,最终获得目标结果的正确值。例如,在"Number of substeps"栏中输入 4,则表示将时间过程等分为 4 个部分进行分段迭代,若终止时间设为 1,则它等同于设置每个时间子步为 0.25。

时间控制中还有一个自动时间子步选项"Automatic time stepping",如果将其打开,则 ANSYS 将会在某一个迭代子步不收敛或很难收敛的情况下自动将该子步进行二分,该设置有助于在不明确求解子步是否设置的合适的情况下使用。另外,在动力学分析中,可以通过该选项设置使用弧长法求解。

12.6 载荷步的设置和求解操作

在工程实际问题中,结构的载荷、边界条件可能存在几种工况,或载荷、边界条件周期地随时间阶段变化,因此,为了求得结构各阶段的结果,必须对各阶段的边界、载荷分别求解。为让 ANSYS 自动完成全部工况的计算分析,引入了载荷步的概念和载荷步文件法自动求解法。

一个载荷步是指边界条件和载荷项的一次设置或一种工况。若希望使用载荷步文件法求解,则需要将每一个载荷步的加载情况依次写到相应的载荷步文件中。载荷步文件取名为"jobname. sxx",其中"xx"表示载荷步号,然后再用一条命令来读入每个载荷步文件并开始逐个求解。

1. 载荷步文件的建立法

(1) 定义一个载荷步的边界条件和加载情况;

(2) 写入第一个载荷步文件:Solution > Load Step Opts > Write LS File;

(3) 按第二个边界条件、加载情况修改模型,即定义第二个载荷步;

(4) 写入第二个载荷步文件……直到全部定义完毕。

2. 载荷步文件法求解(图 12 - 29)

GUI:Solution | Solve | From LS File

3. 载荷步文件的查看或修改、删除

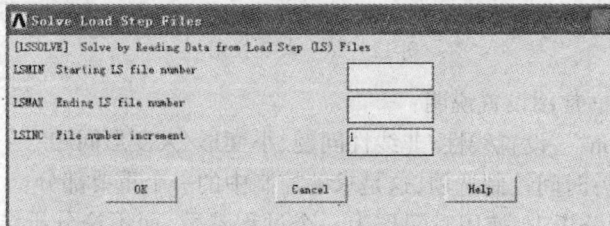

图 12 - 29 载荷步文件设置

GUI：Solution ｜ Load Step Opts ｜ Read LS File　　查看修改

GUI：Solution ｜ Define Loads ｜ Operate ｜ Delete LS Files

[**实例**]　平面对称问题应用

平板尺寸(mm)及载荷如图 12 – 30 所示。已知板厚 $t = 2\text{mm}$，材料弹性模量 $E = 2 \times 10^5 \text{N/mm}^2$，泊松比 $\upsilon = 0.3$，求平板的最大应力及其位移。

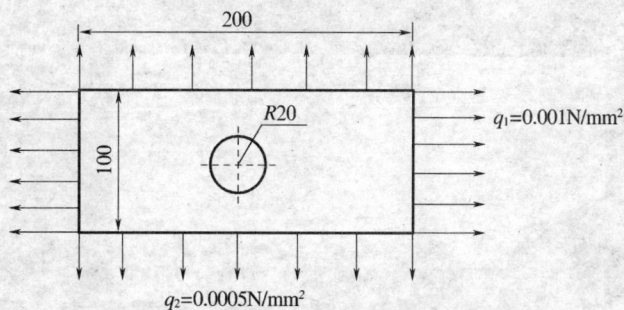

图 12 – 30　平板简图

解题思路：

(1) 该问题属于平面应力问题。

(2) 根据平板结构的对称性，只需分析其中的 1/4 即可，简化模型如图 12 – 31 所示。

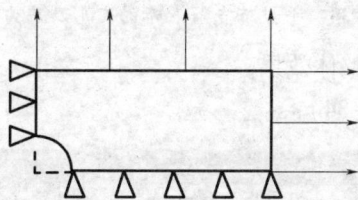

图 12 – 31　平板载荷模型

(3) 几何边界、载荷、网格模型以及求解过程的有限元模型，如图 12 – 32 所示。

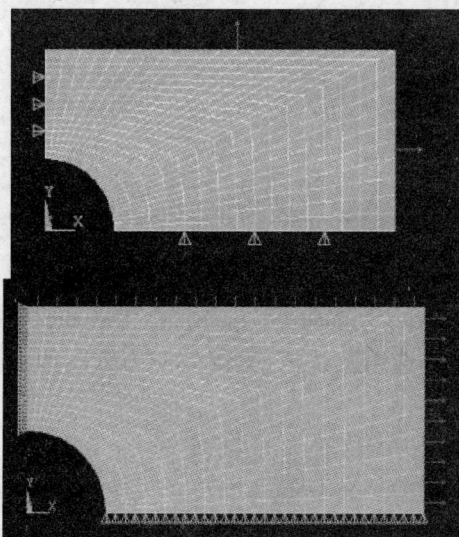

图 12 – 32　平板有限元模型

（4）求解结果及其分析。查计算结果可知,平板的最右侧中点位移最大,为 0.519×10^{6} mm;孔顶部或底部的应力最大,为 0.2889 MPa。其变形图及应力云图如图 12 - 33 所示。

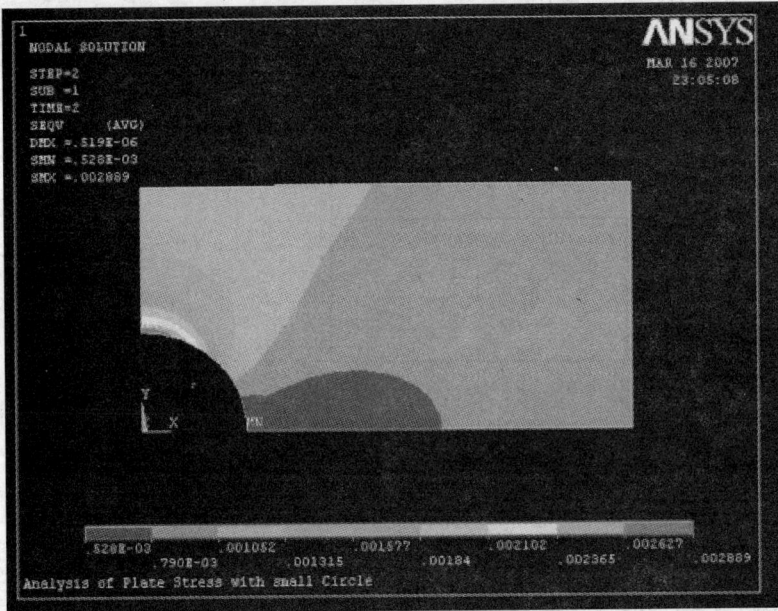

图 12 - 33　平板节点解表示的变形及应力云图

（5）扩展方式分析,显示整体效果。

① 设置扩展模式（图 12 - 34）：

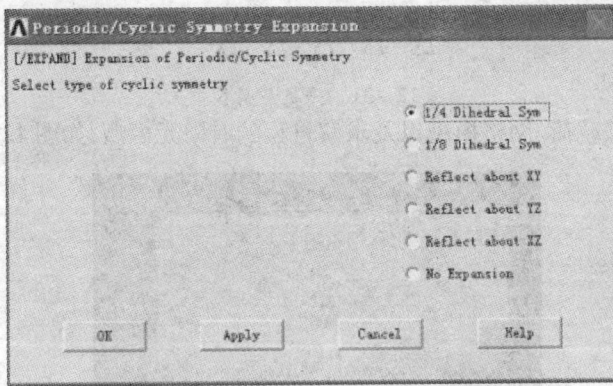

图 12 - 34　周期/循环对称扩展设置

Utility Menu | PlotCtrls | Style | Symmetry Expansion > Periodic/Cyclic Symmetry Expansion,即采用部分循环对称扩展。选用默认值,其等效应力云图如图 12 - 35 所示,显示整体效果。

② 以等值线方式显示：

Utility Menu | PlotCtrls | Device Options

弹出一个对话框,选取"Vector mode（wireframe）"后面的复选框,使其处于"on",单击"OK"按钮,生成如图 12 - 36 所示的等值线图。

286

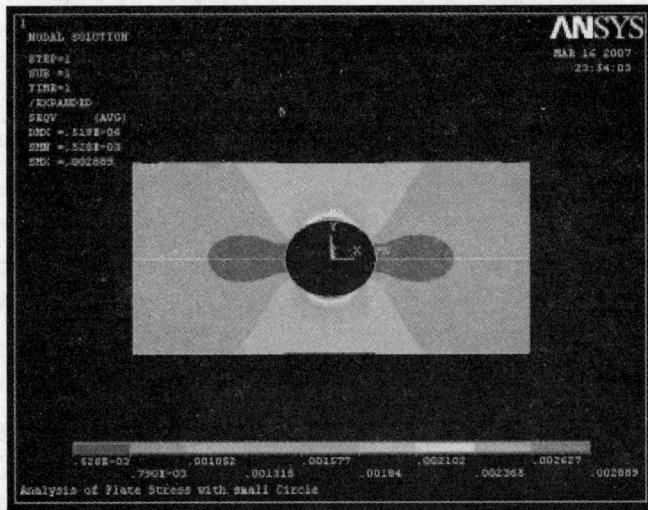

图 12 – 35　平板整体形变与应力云图

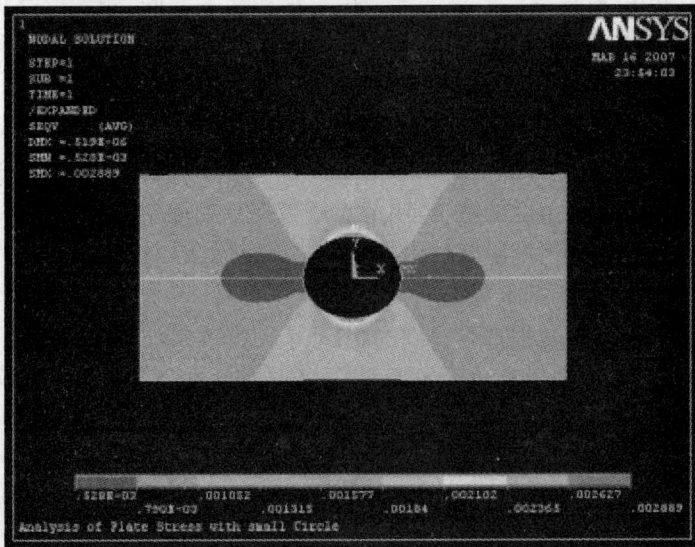

图 12 – 36　应力等值线图

第13章   ANSYS 分析结果的后处理

后处理就是从结果文件中提取指定的数据,并用图像、数据列表的方式显示,以供用户进行判断、分析。ANSYS 的后处理器仅是用于检查分析结果的工具,至于分析结果是否正确,需要用户的工程判断能力。

13.1   后处理器与结果文件

ANSYS 提供了两个后处理器:通用后处理器 POST1 和时间历程后处理器 POST26。POST1 只能观看整个模型或模型的某一部分在某一载荷步和子步(或某一时刻或某一频率)的结果,POST26 可观看指定节点的某一结果项相对于时间、频率或其他结果项的变化。本章只介绍 POST1 模块的操作。

求解模块 Solution 完成后,分析的结果自动存入 ANSYS 数据库并根据用户要求写入到结果文件中。结果文件的扩展名取决于分析类型,如. rst 表示结构分析的结果文件。

后处理阶段主要用到两种类型的结果数据:

(1) 基本数据:节点自由度的解,也叫节点解数据。如结构分析中,节点自由度是位移,因此节点位移是结构分析结果文件中的基本数据;热分析中,节点自由度是温度,因此温度是热分析结果文件中的基本数据。

(2) 导出数据:由基本数据推导得到的解,即单元解数据。如结构分析中的应力和应变。通常计算得到的导出数据是单元的下列位置的数据:每个单元的所有节点、每个单元所有积分点或每个单元的质心。

13.2   通用后处理器 POST1

进入 POST1 通用后处理器的方法(图 13 – 1):

Command:/POST1

GUI:[MainMenu]General Postproc

在进行后处理之前,首先要确保 ANSYS 当前数据库中要有模型数据,包括节点数据(如节点编号、节点坐标、节点坐标系、节点载荷等)、单元数据(单元类型、组成节点、单元实常数、单元材料特性等)。

将模型数据读入 ANSYS 内存数据库的方法有两种:

(1) [Utility Menu]File|Resume Jobname. db 读入默认路径下默认工作名数据库文件(模型数据)到内存数据库;

(2) [Utility Menu]File|Resume From 读取指定数据库文件(模型数据)到内存数据库。

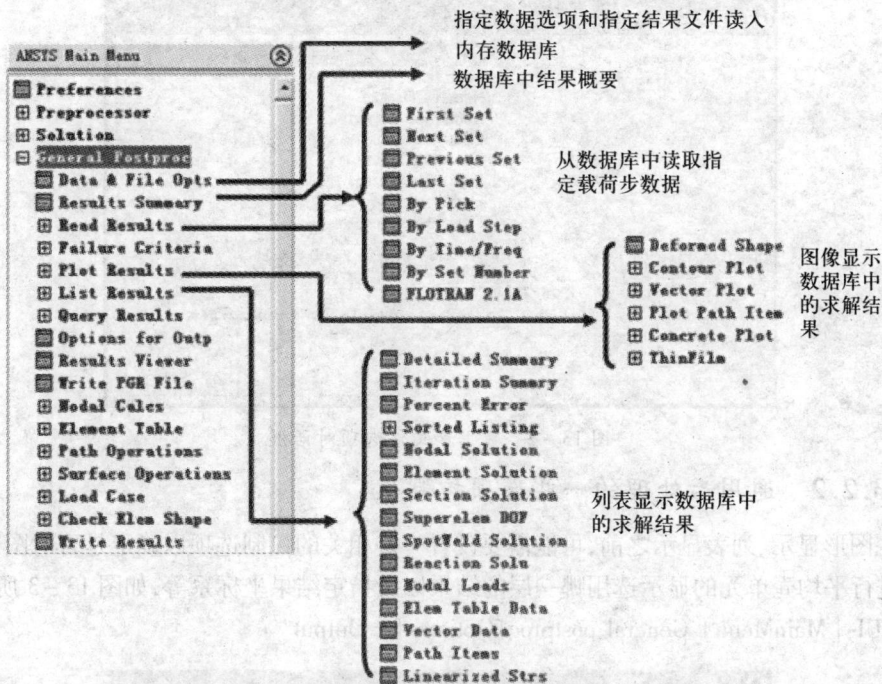

图 13 - 1　通用后处理菜单

13.2.1　结果文件中的数据读入内存数据库

当 ANSYS 工作空间中的内存数据库拥有模型数据后,欲进行计算结果的后处理,还必须将结果数据也读入内存数据库。将结果文件读入内存数据库的方法有两种:

(1) 默认结果文件中指定的数据读入内存数据库。默认情况下,ANSYS 会在当前工作目录下寻找以当前工作文件名命名的结果文件(如对于结构分析,此文件为 Jobname. RST)。

① GUI:[MainMenu]General Postproc|Results Summary

列表显示默认路径下默认工作名的结果文件中的概要数据,如载荷步数以及每一载荷步的子步数和总共包含的时间(频率)点数等,然后将指定载荷步的结果数据读入内存数据库, 这是一种最直观的方法。

② GUI:[MainMenu]General Postproc|Read Results|First Set/Next Set/Previous Set/ Last Set….

将默认路径下默认工作名的结果文件中指定载荷步的结果数据读入内存数据库。

(2) 指定路径下指定结果文件名中指定的数据读入内存数据库

GUI:[MainMenu]General postproc|Data &File Opt

弹出 Data and File options(数据和文件选项)对话框,如图 13 - 2 所示。

通过要被读取的数据选项(Data to be read)的选择过滤掉不用的数据项以加快后处理的速度,默认为读入全部结果数据类型(All items)。在要被读取的结果文件(Results file to be read)编辑框中输入结果文件名及其路径。单击"OK"按钮即可。

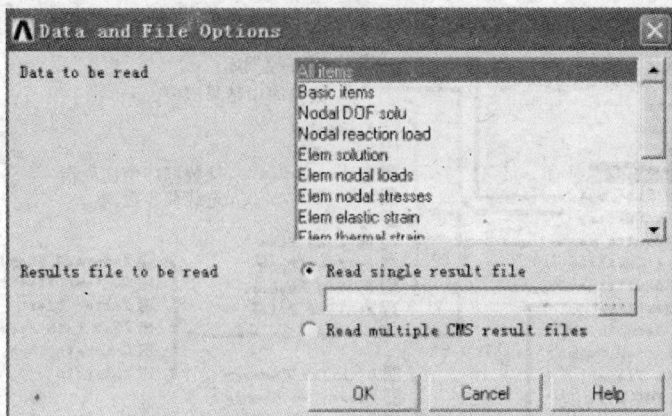

图 13-2　数据和文件选项对话框

13.2.2　通用后处理的一些选项控制

在图形显示、列表显示之前,可能需要设置一些相关的控制选项以确定是否对图形显示结果进行平均壳单元的显示选用哪一层的结果以及指定结果坐标系等,如图 13-3 所示。

GUI:[MainMenu] General postproc|Options for Output

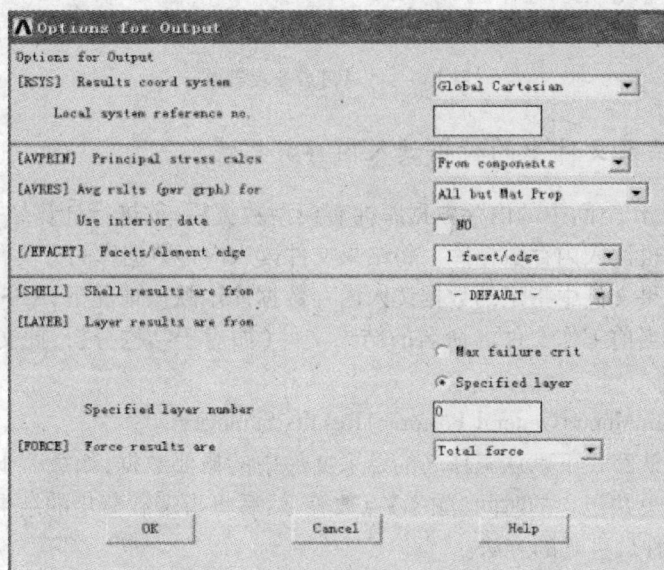

图 13-3　结果输出项设置对话框

一般要设置的是结果坐标系的选择。如果选择局部坐标系为结果坐标系,不仅要在结果坐标系下拉列表中选择"Local System",还要在"Local System reference no."文本框中给出局部坐标系的参考号。

13.2.3　结果数据的图像化显示

POST1 可将读取的结果数据主要通过变形状态显示(Deformed Shape)、等值线显示(Contour Plot)、向量图显示(Vector Plot)和路径图(Plot Path Item)直观地显示出来,如图 13-4 所示。

290

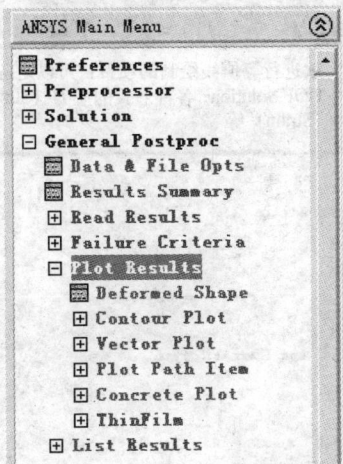

图 13 - 4　图绘结果菜单

13.2.3.1　变形显示

绘制模型在载荷作用下的变形图：

Command：PLDISP，KUND

GUI：[MainMenu] General Postproc | Plot Results | Deformed Shape

GUI：[鉛 tilityMenu] Plot | Results | Deformed Shape

在结构分析中可以用它观察在载荷作用下结构的变形情况，有仅显示变形后的模型、变形前后同时显示、变性后模型和变形前模型的轮廓线三种显示方式。

13.2.3.2　等值线显示

等值线显示它用不同的颜色表示结果的大小，具有相同数值的区域用相同的颜色表示。因此，通过等值线显示可以非常直观地得到某结果项的分布情况。结果项数据可享用节点解数据或单元解数据。单元解数据一般显示的是单元高斯积分点的值，或者可以简单地理解为单元包含的所有节点的平均值。

1. 节点解结果显示

Command：PLNSOL ，Item ，Comp ， KUND

GUI：[MainMenu] General Postproc | Plot Results | Contour Plot | Nodal Solu

其中：Item 需要显示的项目（U—位移，S—应力）；

Comp：项目具体分项（UX、UY、UZ、SEQV 等）；

KUND：显示模式 0 ~ 2 的整数（0 显示变形图，1 显示变形图 + 原始模型，2 显示变形图 + 模型边界）。

PLNSOL 命令生成连续的过整个模型的等值线，可用于原始解和派生解。由于派生解通常在单元之间是不连续的，因此需要在节点处进行平均，以使 ANSYS 软件能显示连续的等值线。该命令弹出图 13 - 5 所示的对话框。

本命令将以颜色梯度的形式显示解数据，在图形窗口的下方，有一个标尺条，显示了图中不同颜色所代表的值范围。同时，在图形中用 MX、MN 的文字表示最大值和最小值所在的位置。

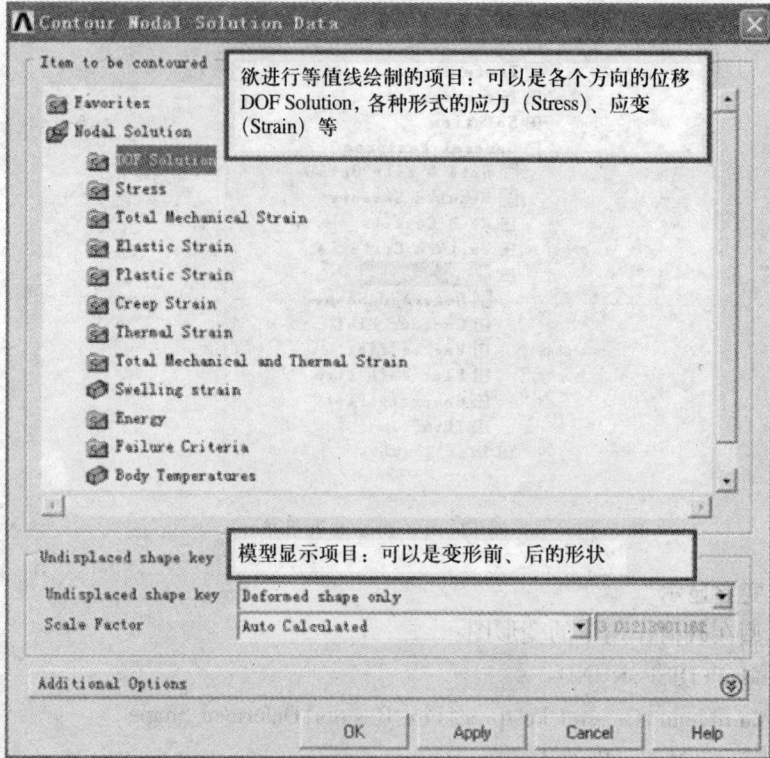

图 13-5 用节点解数据绘制等值线对话框

2. 单元解数据显示

Command：PLESOL，Item，Comp，KUND，Fact

GUI：［MainMenu］General Postproc｜Plot Results｜Contour Plot｜Element Solu

该命令生成的等值线图在单元边界上不连续(即颜色过渡不是平滑的)。

13.2.3.3 向量图显示

ANSYS 的向量显示功能可以用箭头显示模型中某个向量的大小和方向变化,如结构分析中的位移 U、转动 ROT、温度梯度 TG 和主应力 S 等。

Command：PLVECT，Item，Lab2，Lab3，Labp，MODE，Loc，Edge

GUI：［MainMenu］General Postproc｜Plot Results｜Vector Plot｜Predefined/User_Defined

13.2.3.4 路径图

路径图是显示某个量沿过模型的某一预定路径的变化图。沿路径还可以进行各种数学运算和微积分运算,得到一些有用的计算结果。需要说明的是：

(1) 路径需要首先定义,且还需将特定的结果数据映射到路径上,才能显示路径图。

(2) 路径功能只能应用于实体单元(二维或三维)、板壳单元,即一维单元的模型路径功能不可用。

1. 定义路径

ANSYS 提供 3 中定义路径的方法：

(1) 通过节点定义路径。

Command：Path，NAME，nPts，nSets，nDiv

292

GUI:[MainMenu]General Postproc|Path Operations|Define path|By Nodes

弹出节点选择对话框,选取模型上的相应节点(如果路径是直线或圆弧,则只需选择定义两个端点的节点即可。如果在柱坐标系下,两点确定的线为圆弧)并确定后弹出如图13-6所示的对话框。

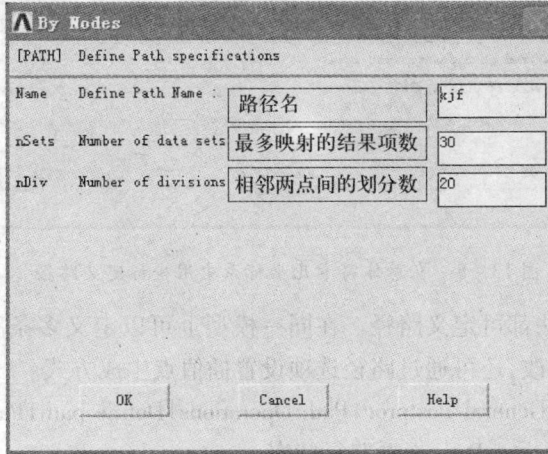

图13-6 节点定义路径对话框

输入相应数据并确定后,则路径被建立。

(2)在工作平面上定义路径。

Command:Path,NAME,nPts,nSets,nDiv

GUI:[MainMenu]General Postproc|Path Operations|Define path|On Workig Plane

在工作平面创建路径对话框如图13-7所示。

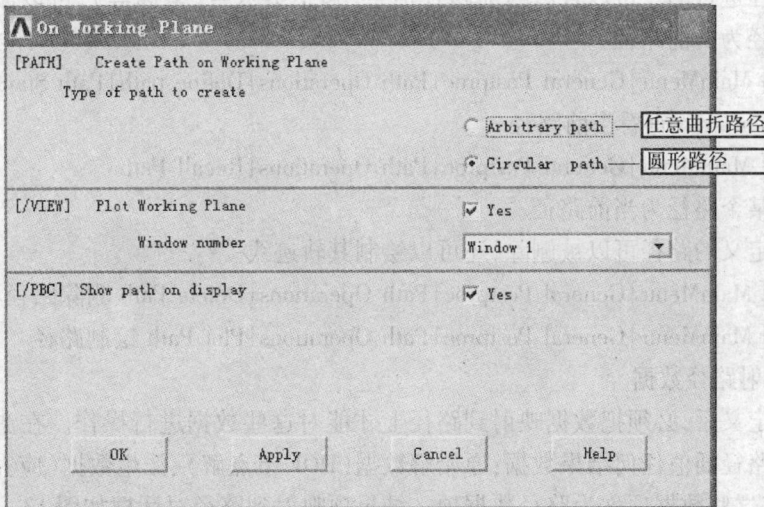

图13-7 在工作平面创建路径对话框

(3)在总体笛卡儿坐标系中通过坐标定义路径(图13-8)。

Command:Path,NAME,nPts,nSets,nDiv

GUI:[MainMenu]General Postproc|Path Operations|Define path|By Location

293

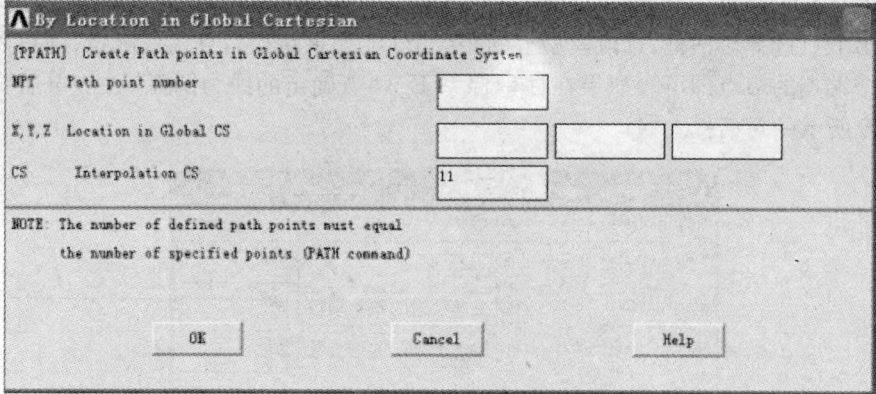

图 13 - 8　在总体笛卡儿坐标系中用坐标定义路径

通过以上三种方法都可定义路径。在同一模型上可以定义多条路径,定义了的路径可以查看路径状态、修改,还可通过路径选项设置插值点生成方式。

GUI:[MainMenu]General Postproc|Path Operations|Define path|Path Status|Defined paths/Current Path 查看路径状态

GUI:[MainMenu]General Postproc|Path Operations|Define path|Modify Path 修改路径

GUI:[MainMenu]General Postproc|Path Operations|Define path|Path Options 设置路径选项

2. 路径的激活、绘制与删除

可以定义多个路径,但是只能有一个路径被激活为当前路径,路径数据项映射操作是对当前路径进行的。可以查看当前路径信息(包括节点号、坐标等),可以激活某个已经定义的路径为当前路径:

GUI:[MainMenu]General Postproc|Path Operations|Define path|Path Status|Current Path 查看当前路径

GUI:[MainMenu]General Postproc|Path Operations|Recall Path 激活某个路径为当前路径

已经定义的路径可以被删除,还可以绘制其轨迹线。

GUI:[MainMenu]General Postproc|Path Operations|Delete Path 删除路径

GUI:[MainMenu]General Postproc|Path Operations|Plot Path 绘制路径

3. 映射路径数据

路径定义后,必须把数据映射到路径上才能对这些数据进行操作。在激活结果坐标系中沿着路径插值任何结果数据:原始解数据(DOF 节点解)、派生数据(应力等)、单元表数据等,将这些数据项称为路径数据项。结果项映射到路径对话框如图 13 - 9 所示。

当定义第一个路径数据项时,ANSYS 会自动插值几何项:XG、YG、ZG 和 S。其中 XG、YG、ZG 表示插值点的总体笛卡儿坐标,S 则表示插值点距起始点的路径长度,这些数据在路径运算时有用。路径数据项映射操作:

GUI:[MainMenu]General Postproc|Path Operations|Map onto Path

294

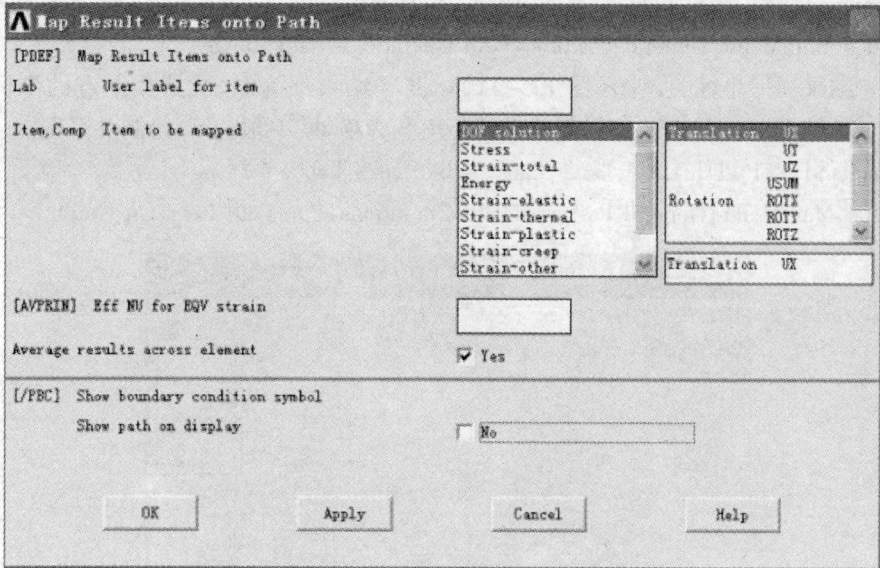

图 13-9 结果项映射到路径对话框

其中：Lab——路径项数据项名，1 个 ~8 个字符串；

在"User label for item"文本框中输入符合要求的路径项名称；在"Item to be mapped"列表框中选择欲映射到路径上的有效结果项，确认无误后单击"OK"按钮结束路径映射数据指定。

4. 结果项—路径关系列表显示和图形绘制

结果项—路径关系就是路径结果项与路径的关系图，有坐标关系图或几何关系图两种绘制模式。在绘图之前首先设置好路径范围与横轴数据项。

（1）路径范围设置（图 13-10）。

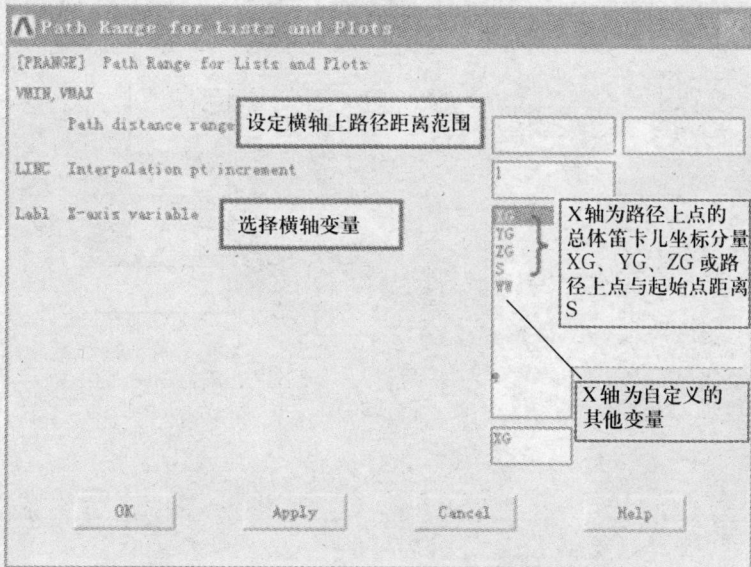

图 13-10 路径范围及 X 轴变量设置对话框

Command:PRANGE,LINC,VMIN,VMAZ,ZVAR

GUI:[MainMenu]General Postproc|Path Operations|Path Range

（2）结果项—坐标关系图（图13－11）。路径结果项为纵轴、路径上点的坐标分量XG、YG、ZG 或路径上的点与路径起始点的距离 S 为横轴（一般为 S）绘制关系图。

Command:PLPATH,Lab1,Lab2,Lab3,Lab4,Lab5,Lab6

GUI:[MainMenu]General Postproc|Path Operations|Plot Path Item|On Graph

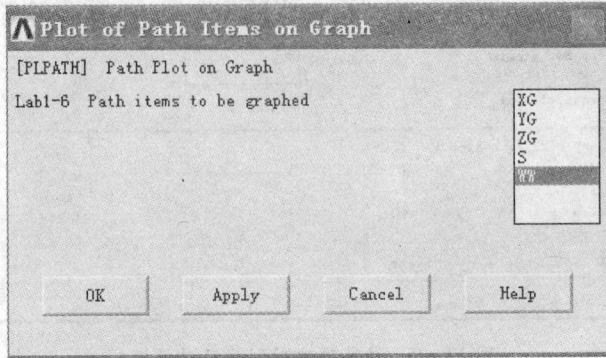

图 13－11　路径结果项—坐标关系图绘制

设置好纵轴（结果项）则可沿路径绘制出结果项—坐标关系图。如果图形显示不美观，可以从实用菜单中选择 PlotCtrls|Style|Graph 子菜单下的各个选项命令对绘制的图形进行修饰性的控制。

（3）结果项—几何形状关系图：沿路径用彩色等值线绘制结果项—路径关系图（图13－12）。

Command:PLPAGM,Item,Gscale,Nopt

GUI:[MainMenu]General Postproc|Path Operations|Plot Path Item|On Geometry

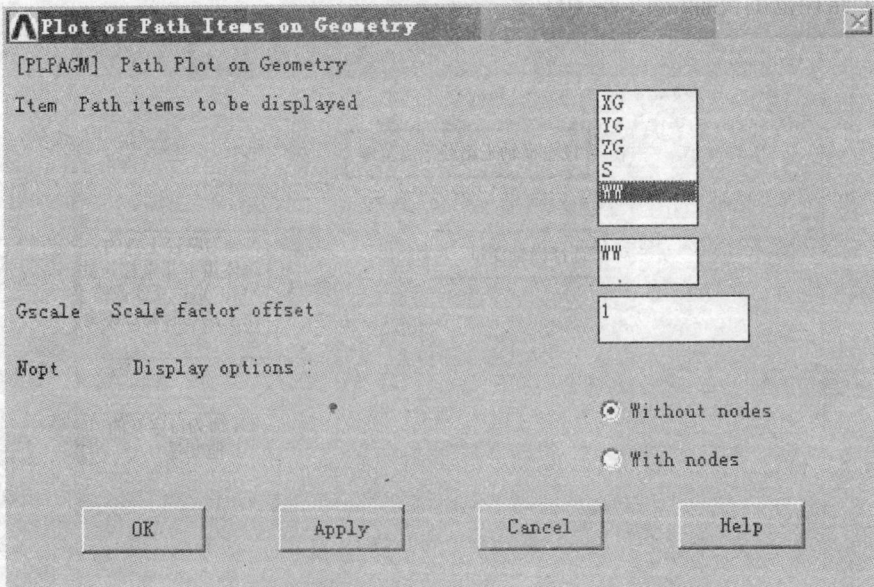

图 13－12　路径结果项—几何关系图

296

5. 路径结果项的列表显示

Command：PRPATH，POINT，NODE，X，Y，Z，CS

GUI：［MainMenu］General Postproc｜List Results｜PATH Items

GUI：［MainMenu］General Postproc｜Path Operations｜List Path Items

GUI：［UtilityMenu］List｜Results｜Path Data

6. 存储和恢复路径数据

在离开 POST1 后，路径数据会丢失。如果想保留定义的路径数据，必须将其存入文件或数组参数中，以便以后再次使用时恢复。

（1）路径数据存入文件及从文件中恢复的操作命令：

Command：PASAVE，Lab，Fname，Ext

GUI：［MainMenu］General Postproc｜Path Operations｜Archive Paths｜Store｜Paths in file

Command：PARESU，Lab，Fname，Ext

GUI：［MainMenu］General Postproc｜Path Operations｜Archive Paths｜Retrieve｜Paths from file

（2）路径数据存入数据库数组参数中及从数组参数中恢复的操作命令：

Command：PAGET，PARRAY，POPT

GUI：［MainMenu］General Postproc｜Path Operations｜Archive Paths｜Store｜Paths in Array

Command：PAPUT，PARRAY，POPT

GUI：［MainMenu］General Postproc｜Path Operations｜Archive Paths｜Retrieve｜Paths from Array

二者区别是：通过文件保存或恢复路径数据时，可以选择保存当前路径还是所有路径；通过数组参数保存或恢复路径数据时，只能保存当前路径。

13.2.4　单元表

ANSYS 的单元表在后处理中非常重要，单元表具有如下两个功能：

（1）利用单元数据表能够直接查看单元坐标系下的计算结果，能够查看其他方法无法直接访问的计算结果。例如，从一维单元派生的数据如梁单元的应力、应变等。

（2）单元数据列表是在结果数据中进行数学运算的工具。可将单元表视为一个数据表：每行代表一个单元，每列则代表和单元相关的某个数据项。

13.2.4.1　查看单元输出各项的定义

每个单元的"单元输出定义"不尽相同，所以在创建单元数据列表以前应该先从 AN-SYS 帮助系统中（GUI：［UtilityMenu］Help｜Help Topics）的目录中，从"elements refenrence"项中单击指定的单元获取其"单元输出定义"中的具体符号。下面以 LINK1 平面杆单元为例说明单元结果数据输出定义，如表 13 – 1 所列。

表 13 – 1　LINK1 平面杆单元输出定义

Name	Definition	O	R
EL	单元编号	Y	Y
NODES	单元节点编号 I,J	Y	Y

Name	Definition	O	R
MAT	单元的材料号	Y	Y
VOLU:	单元体积	—	Y
XC，YC	单元几何中心	Y	②
TEMP	节点 I 和 J 的温度	Y	Y
FLUEN	节点 I 和 J 的热流量	Y	Y
MFORX	单元坐标下中 X 方向（轴向）的力	Y	Y
SAXL	单元轴向应力	Y	Y
EPELAXL	单元轴向弹性应变	Y	Y
EPTHAXL	单元轴向热应变	Y	Y
EPINAXL	单元轴向起始应变	Y	Y
SEPL	由应力 – 应变图所得的等效应力	①	①
…		…	…

注：①只对非线性材料；②只在质心处作为 GET 命令的数据项。

名称 O 列与 R 列表示该项在输出文件 Jobname. out 和 Jobname. rst 中是否可用：Y 表示该项可用；数字为表的脚注序号，表示在一定条件下可用；"—"表示该项不可用

13.2.4.2 单元表项目组的序列号定义

在 ANSYS 中，计算结果的数据被分成一系列项目组（如 SMISC、LS、LEPEL 等），项目组中每一项有一用于识别的序号（表 13 – 2）。把项目组作为创建单元数据表的"Item"变元，把序号作为"Comp"变元。

表 13 – 2　单元数据表中的序号

Output Quantity Name	ETABLE and ESOL Command Input			
	Item	E	I	J
SAXL	LS	1	—	—
EPELAXL	LEPEL	1	—	—
EPTHAXL	LEPTH	1	—	—
EPSWAXL	LEPTH	2	—	—
EPINAXL	LEPTH	3	—	—
EPPLAXL	LEPPL	1	—	—
EPCRAXL	LEPCR	1	—	—
SEPL	NLIN	1	—	—
SRAT	NLIN	2	—	—
HPRES	NLIN	3	—	—
EPEQ	NLIN	4	—	—
MFORX	SMISC	1	—	—
FLUEN	NMISC	—	1	2
TEMP	LBFE	—	1	2

注：Output Quantity Name（输出量名）：单元输出定义表中定义的输出名称，见表 13 – 1；

　　Item：ETABLE 命令中预定的 Item 标签；

　　E：单元中单值数据或常量值数据的序号；

　　I,J：在节点 I 和 J 上的数据序号

13.2.4.3 单元数据表的建立与删除

COMAND:ETABLE,Lab,Item,Comp

GUI:[MainMenu]GeneralPostproc|Element Table|Define Table

1. 建立单元表

创建的单元表将包含所有选择集中的单元,因此如果要创建一个只包含特定单元的单元表,则需要首先通过实用菜单中的 Select 菜单中的工具选定这些单元。单元表的列代表了数据项,所以需要根据需要为每列填入合适的数据项。填充的方法有组件名法和序列号法两种,下面以 PLANE42 平面单元类型分别予以介绍。

1)组件名法建立单元表

为识别单元表的每列,在 ETABLE 命令中使用 Lab 变量或在 GUI 方式下的 Lab 文本框给每列分配一个标识,在以后的 POST1 操作中,如果欲引用已定义的单元表中的列,就必须通过此处定义的标识进行。填入单元表某一列中的数据靠 ETABLE 命令中两个变量 Item 和 Comp 来识别,例如,取名 SX 为单元表标识,S 是 Item 变量,X 是 Comp 变量。

通过组名法建立单元表项时,只能选用那些在 Name 列中任何包含冒号的项。冒号前的名字作为 Item 变量,冒号后的部分(如果有)作为 Comp 变量。

在 GUI 模式下,点击建立单元表命令,弹出如图 13 - 13 所示的对话框。

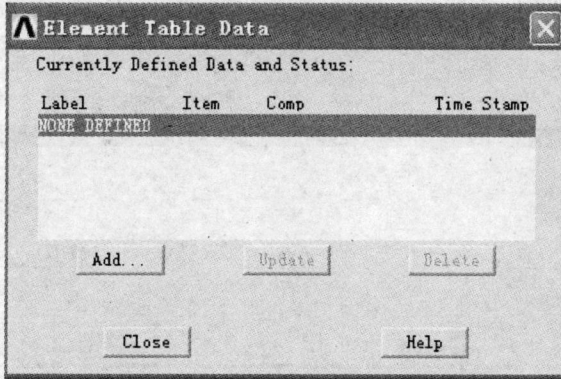

图 13 - 13 单元表数据项定义状态

此对话框列出了单元表中当今已定义的数据项和状态。单击"Add"按钮,弹出定义添加单元表项对话框,如图 13 - 14 所示。

在"User label for item"文本框中输入新添加的列标识号。"Results data item"区域的列表框中列出了所有可以通过组名法访问的结果数据项,然而对于具体的单元类型来说,这些项不一定都是能用的,需要查阅具体单元的输出定义表以确定可用项。图 13 - 14 中左边的列表框按照结果数据的类别(位移、应力等)将结果项分类,右边的列表框列出了每一结果项分量。如建立表 13 - 3 中的项目表:

表 13 - 3 项目表

LAB 定义	左侧列表框选项	右侧列表框选项
StressX	Stress	X - direction SX
StressY	Stress	Y - direction SX
FirstP	Stress	1st principal S1

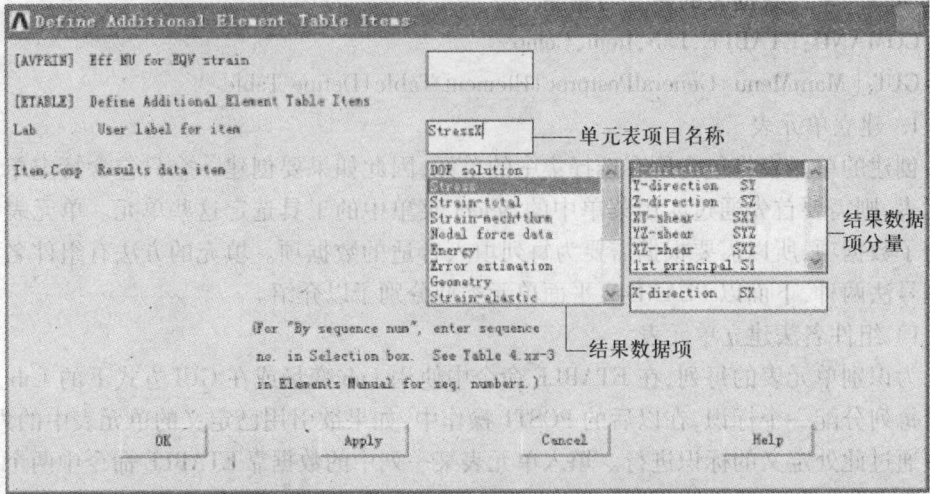

图 13 - 14　单元表项目定义对话框

组名法建立单元表项如图 13 - 15 所示。

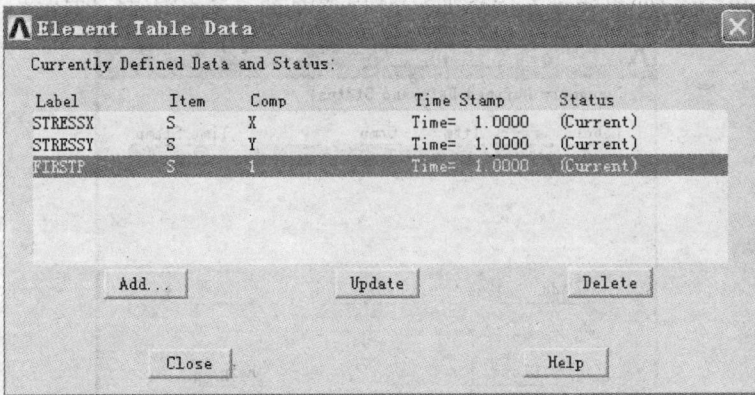

图 13 - 15　组名法建立单元表项

2）序列号法建立单元表

在图 13 - 15 所示的"Define Additioanl Element Table Items"对话框中,在"Item,Comp Results data item"中左侧下拉列表中选择"By sequence num",在右侧的下拉列表框中选择相应的项目,并在右下侧的方框中填写分量序列号。"Lab User Label for item"框输入项目表名称。此处也可以不定义,程序将自动把项目列表和序号作为项目表名称。在上述单元表的基础上再用序列号法添加表 13 - 4 中的单元表项目,操作过程如图 13 - 16 所示。

表 13 - 4　单元表项目

LAB 定义	左侧列表框选项	右侧列表框选项	右下侧填入序号
SecondP	By sequence num	NMISC	2
默认	By sequence num	NMISC	3

300

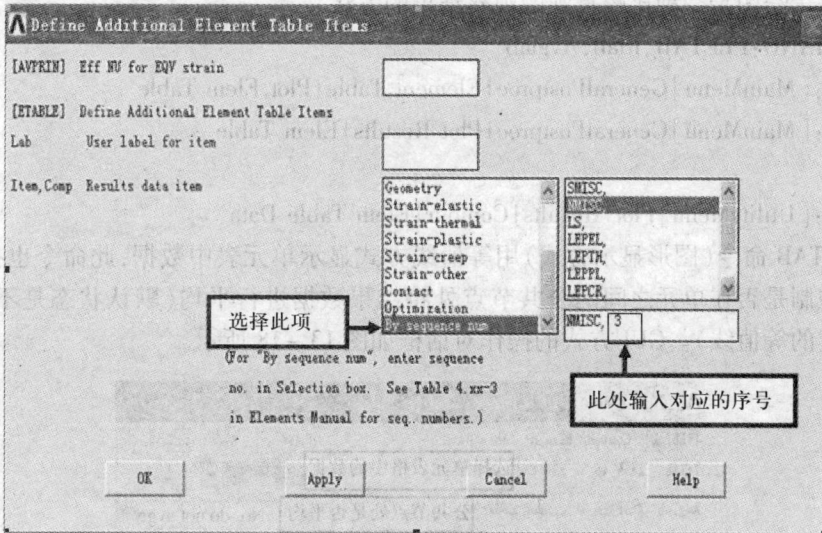

图 13 - 16 序列号法建立单元表项

新增的结果数据项加入到单元表中,最后得到的单元表定义内容如图 13 - 17 所示。

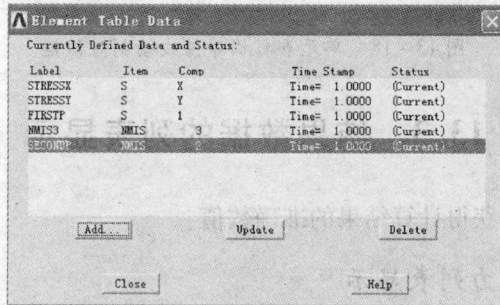

图 13 - 17 单元表项建立示例

3) 创建单元表时应注意的问题

(1) 单元表仅对选中的单元有效,即只将所选单元的数据送入单元表中。若在两次 ETABLE 命令之间改变所选单元,可以用不同单元的数据项填充单元表。

(2) 相同序号的组合对不同的单元类型表示不同的数据。例如,组合"SMISC,1"对梁单元表示 MFORX(单元 X 方向的力),对于 SOLID45 单元表示 P1(面 1 上的压力)。因此若模型中有几种类型单元的组合,必须在使用 ETABLE 命令之前选择同一种类型的单元(用 ESEL 命令或者实用菜单 Select|Entities 命令)。

(3) ANSYS 读入不同组的结果(如对于不同的载荷步)或修改数据库中的结果后,不能自动刷新单元表,必须用单元表对话框中"Update"按钮更新。

2. 删除单元表

Command:ETable,Eras

ETable,Lab,Eras

GUI:[Main Menu]GeneralPostproc |Element Table| Erase Table

13.2.4.4 单元表数据绘图显示

单元表创建后,即可通过图形的方式显示单元表中数据,也可以列表方式显示单元表中的数据。绘图是一种比较直观的观察结果的方法。

COMAND：PLETAB，Itlab，Avglab

GUI：[MainMenu]GeneralPostproc|Element Table|Plot Elem Table

GUI：[MainMenu]GeneralPostproc|Plot Results|Elem Table

或

GUI：[UtilityMenu]Plot|Results|Contour|Elem Table Data

PLETAB 命令（图形显示方式）用等值线方式显示单元表中数据,此命令也提供了选项用于控制是否在单元之间的公共节点处将结果数据进行平均（默认状态是不平均,生成不连续的等值线）。GUI 方式的操作对话框如图 13-18 所示。

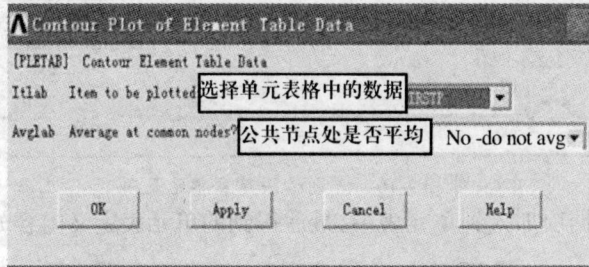

图 13-18　单元表数据等值线绘制对话框

13.3　结果数据的列表显示

列表显示结果可以获得计算结果的准确数值。

13.3.1　支座反力列表显示

在任一方向,支座反力总是与此方向上的载荷平衡的。通过作用力与反作用力列表显示,可以检查结构是否平衡。对于复杂结构,通过检查力的是否平衡来快捷检查计算结果的正确性。

COMAND：PRRSOL，Lab

GUI：[MainMenu]GeneralPostproc|List Results|Reaction Solu

GUI：[UtilityMenu]List|Results| Reaction Solution

采用 GUI 方式弹出反力列表对话框,如图 13-19 所示。

在对话框中选择要列表的反力项,单击"OK"按钮,就会以文本文件方式列表显示反力数值,实例如图 13-20 所示。

13.3.2　节点载荷列表显示

列出反力数据后,往往需要列出施加在结构上的载荷,这样可以和反力数据进行比较及校核。

COMAND：PRNLD，Lab，TOL，Item

GUI：[MainMenu]GeneralPostproc|List Results|Nodal Loads

节点载荷列表显示对话框如图 13-21 所示。

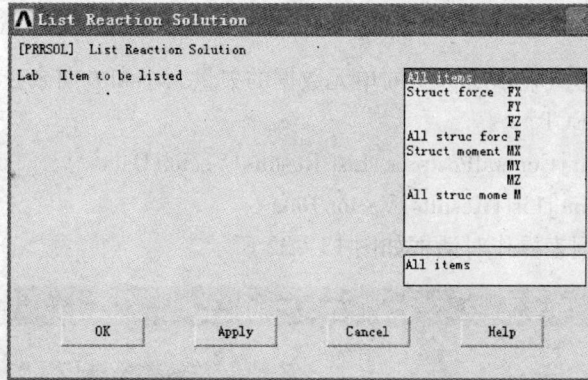

图 13-19　操作支座反力列表对话框

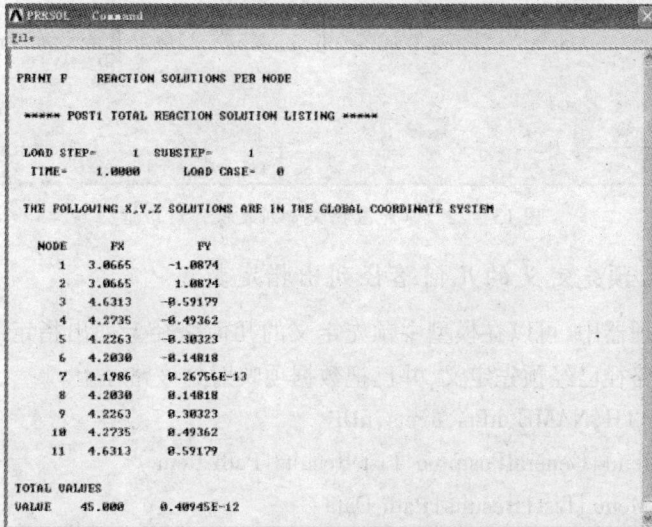

图 13-20　支座反力列表显示实例

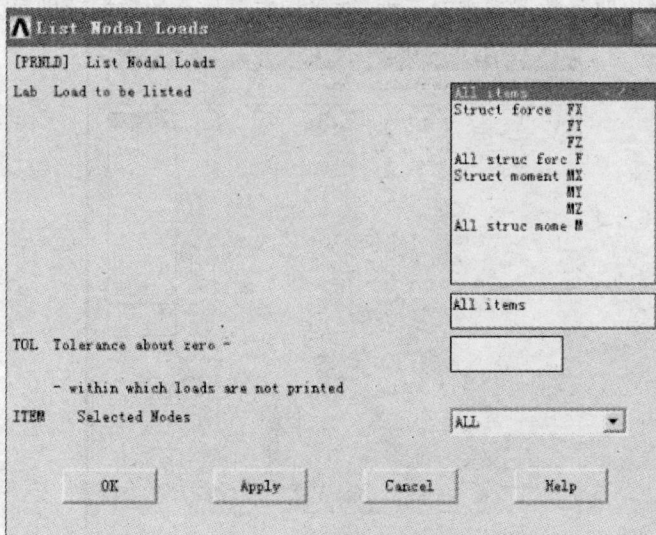

图 13-21　节点载荷列表显示对话框

13.3.3 单元数据矢量列表显示

可以利用列表形式显示所选定的单元数据的矢量大小和方向余弦。

COMAND：PRVECT

GUI：[MainMenu]GeneralPostproc|List Results|Vector Data

[UtilityMenu]List|Results|Vector Data

单元数据矢量列表操作对话框如图 13 - 22 所示。

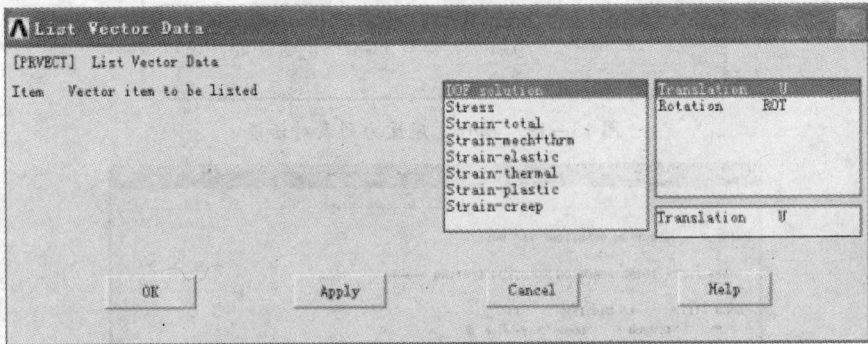

图 13 - 22 单元数据矢量列表操作对话框

13.3.4 沿预先定义的几何路径列出指定数据

在通用后处理器中，可以在模型中预先定义的几何路径上列出指定的数据。执行该菜单操作前几何路径已经预先定义，并已把数据项映射到该路径上。

COMAND：PATH,NAME,nPts,nSets,nDiv

GUI：[MainMenu]GeneralPostproc|List Results|Path Item

[UtilityMenu]List|Results|Path Data

在 GUI 方式，弹出图 13 - 23 所示对话框，在路径对话框中选择要列表的路径名，单击"OK"按钮就会弹出路径数据列表对话框，选择相应要显示的数据项即可。

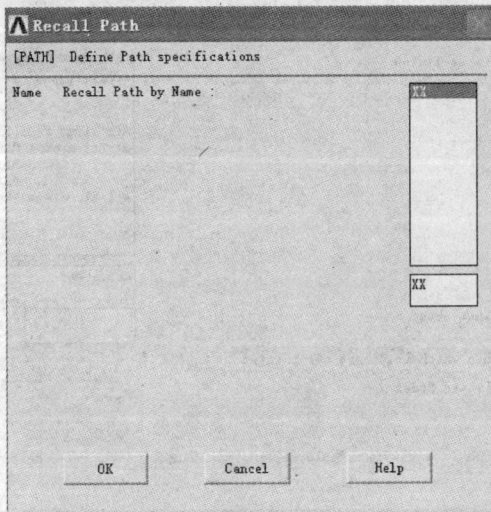

图 12 - 23 路径激活对话框

13.3.5 单元表数据列表显示

在单元表创建后,往往要查询某个具体单元的计算结果,这个就需要通过单元表数据列表显示来进行。

COMAND:PRETAB,Lab1,Lab2,Lab3,Lab4,Lab5,Lab6,Lab7,Lab8,Lab9

GUI:[MainMenu]GeneralPostproc|Element Table|List Elem Table

GUI:[MainMenu]GeneralPostproc|List Results|Elem Table Data

或

GUI:[UtilityMenu]List|Results|Contour|Elem Table Data

单元表数据列表操作对话框如图 13 – 24 所示。

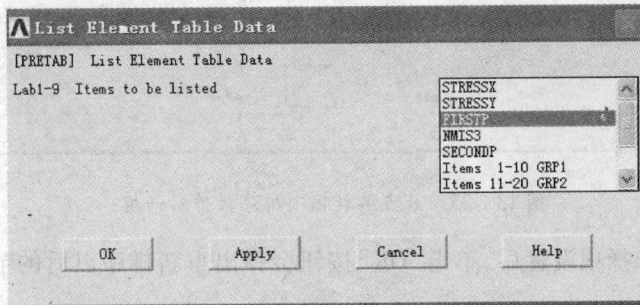

图 13 – 24　单元表数据列表操作对话框

13.3.6 按求解结果排序列表显示数据

在 ANSYS 中,数据列表的默认情况是按照节点编号或单元编号的升序来进行排序和显示结果数据。用户也可以按结果数据值对节点和单元重新进行排序。重新排序可以基于节点求解结果进行,也可以基于单元求解结果进行。

1. 基于节点解数据重新排序

Command:NSORT,Item,Comp,ORDER,KABS,NUMB,SEL

GUI:[MainMenu]GeneralPostproc|List Results|Sorted Listing|Sort Nodes

节点解数据项排序操作对话框如图 13 – 25 所示。

ORDER——排序方式:Descending order 降序,Ascending order 升序。

KABS ——用于选择是否以绝对值进行排序,程序默认为 No。

NUMB ——设定需要重新排序的节点数,即降序排序时将显示 NUMB 个大的数据项对应节点解,升序排序时将显示 NUMB 个小的数据项对应节点解。

SELECT——用于是否允许对排序后的节点进行选择,默认为 No。

List——对被排序的节点列举那些方面的内容:None、Results、Coordinates、
　　　　Results/Coords 四个下拉选项。

Superimpose nodes on——添加被排序的节点到什么图上:None、Results Plot、Vector Edge Plot、Line Plot 四个下拉选项。

Item,Comp——用来排序的数据项及对应的分量,即按这个分量排序。

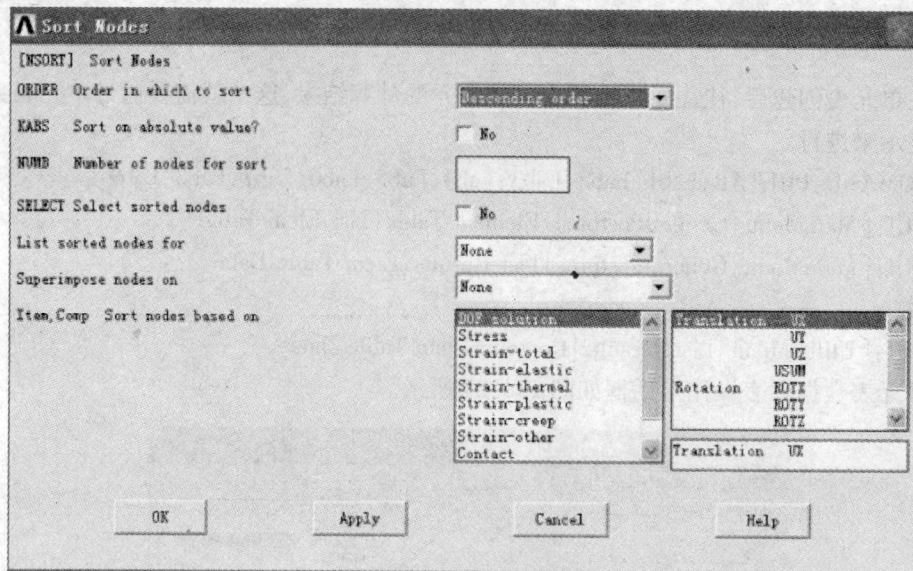

图 13 – 25　节点解数据项排序操作对话框

在完成各种选择项设置后,单击"OK"按钮会弹出重新排序以后的节点数据列表显示文本。

2. 基于单元解数据重新排序

Command：ESORT

GUI：[MainMenu]GeneralPostproc|List Results|Sorted Listing|Sort Elems

图 13 – 26 所示对话框中的 ORDER、KABS、NUMB 同 NSORT 命令,Item,Comp 是选择单元表中用来排序的数据项,即按这个分量来排序。

在完成各种选择项设置后,单击"OK"按钮会弹出重新排序以后的节点数据列表显示文本。

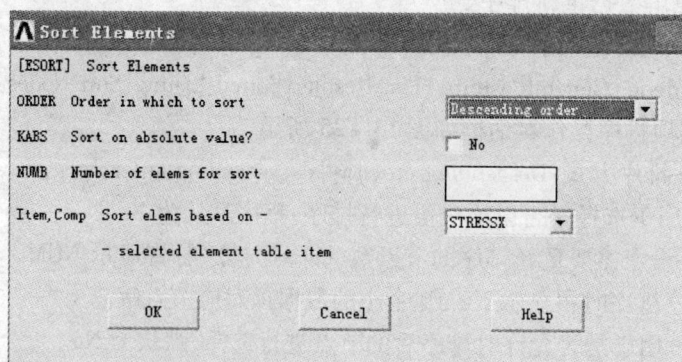

图 13 – 26　单元解数据项排序对话框

3. 恢复程序默认的排序

在用户对单元和节点进行重新排序以后,也可以取消重新排序的结果而程序默认的排序方法。

306

（1）取消节点数据排序：

Command：NUSORT

GUI：[MainMenu] GeneralPostproc | List Results | Sorted Listing | UnSort Nodes

（2）取消单元数据排序：

Command：EUSORT

GUI：[MainMenu] GeneralPostproc | List Results | Sorted Listing | UnSort Elems

第 14 章 ANSYS 工程应用实例

ANSYS 软件中结构静力分析用来分析由于稳态外载荷引起的系统或部件的位移、应变、应力和力。稳态外载荷包括稳定的惯性力（如重力、旋转件所受的离心力）和能够等效为静载荷的随时间变化的载荷。这种分析类型有很广泛的应用，如确定结构应力集中程度，预测结构最大应力等。本章中，ANSYS 工程应用按桁架问题、框架问题、平面问题、轴对称问题、空间问题、板壳问题六个专题进行实例操作。

14.1 结构静力学问题常用到的单元类型

应用 ANSYS 进行工程静力学结构分析之前，首先必须对 ANSYS 的结构静力学分析单元有所了解，包括单元型号、单元节点数、单元自由度数、单元插值函数的阶数、单元应用特点、单元输入/输出定义等，见表 14 − 1 所列。

表 14 − 1 结构静力学分析单元概览

类 别	单 元 类 型	形状和特性
杆	LINK1，LINK8	普通
	LINK10	双线性
梁	BEAM3，BEAM4	普通
	BEAM54，BEAM44	截面渐变
	BEAM23，BEAM24	塑性
	BEAM188，BEAM189	考虑剪切变形
管	PIPE16，PIPE17，PIPE18	普通
	PIPE59	浸入
	PIPE20，PIPE60	塑性
二维实体	PLANE2	三角形
	PLANE42，PLANE82，PLANE182	四边形
	HYPER84，HYPER56，HYPER74	超弹性单元
	VISCO88	粘弹性
	VISCO106，VISCO108	大应变
	PLANE83，PLANE25	谐单元
	PLANE145，PLANE146	P 单元
三维实体	SOLID45，SOLID95，SOLID73，SOLID185	块
	SOLID92，SOLID72	四面体
	SOLID46	层

类　别	单元类型	形状和特性
三维实体	SOLID64，SOLID65	各向异性
	HYPER86，HYPER58，HYPER158	超弹性单元
	VISO89	粘弹性
	VISO107	大应变
	SOLID147，SOLID148	P 单元
壳	SHELL93，SHELL63，SHELL41，SHELL43，SHELL181	四边形
	SHELL51，SHELL61	轴对称
	SHELL91，SHELL99	层
	SHELL28	剪切板
	SHELL150	P 单元
接触单元	TARGET169，TARGET170，SURF171，SURF172，SURF173	面－面
	SURF174	点－面
	CONTAC48，CONTAC49	点－点
	CONTAC12，CONTAC52，CONTAC26	刚性表面
专业单元	COMBIN14，COMBIN39，COMBIN40	弹簧
	MASS21	质量
	COMBIN37	控制单元
	SURF19，SURF22，SURF153，SURF154	表面效应单元
	COMBIN7	铰
	LINK11	线性激发器
	MATRIX27，MATRIX50	矩阵

14.2　桁 架 问 题

[实例 1]　简单平面桁架

设有如图 14 - 1 所示的桁架，具体尺寸及所受力标注如图。假设所有杆件为木质材料，弹性模量 $E = 1.90 \times 10^6 \text{lb/in}^2$，且横截面积为 8in^2。试确定每个节点的变形以及每个杆件的平均应力。

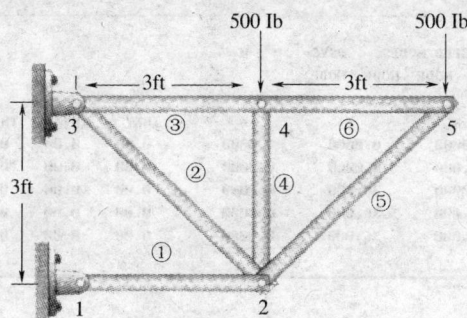

图 14 - 1　平面桁架

解：

1. 工作环境设置

(1) 从 Windows 程序组：ANSYS11.0 | ANSYS Product Launcher 进入 ANSYS 程序，设置对话框工作目录为 D:\APP\ex1，工作文件设为 Truss，单击"Run"按钮进入 ANSYS 图形用户界面。

(2) 图形用户界面菜单过滤，即通过分析类型选择过滤掉不需要的菜单。GUI：[MainMenu] Preference

勾选 Structural 结构分析。

(3) 设置分析标题：GUI：[UtilityMenu] ChangeTitle

输入"This a truss analysis with ansys"。

2. 创建几何节点模型

桁架结构分析一般直接建立节点，由节点建立单元较为简便。因为一根杆件就是一个单元，即自然离散单元。

(1) 建立节点。分析桁架结构可知，桁架节点坐标（单位 lb）见表 14-2。

表 14-2 桁架节点坐标

节点序号	1	2	3	4	5
节点坐标(x,y)	(0,0)	(36,0)	(0,36)	(36,36)	(72,36)

[MainMenu] Preprocessor | Modeling | Create | Node | | In Active CS

输入以上坐标，则建立了 5 个节点。

(2) 显示节点：

[Utility Menu] Plot | Nodes

(3) 显示节点编号：

[Utility Menu] PlotCtrls | Numbering

勾选 Node 复选框。

(4) 查看节点坐标：

[Utility Menu] List | Node

列表显示节点坐标（图 14-2），验证输入结果是否有误。

(5) 存盘：单击"ANSYS" 工具栏"SAVE_ DB"。

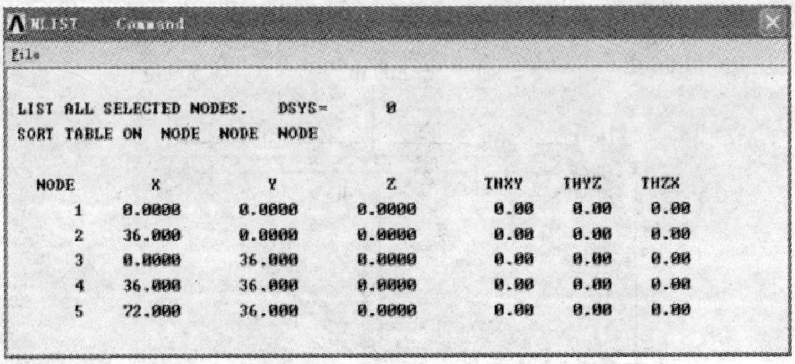

```
NLIST   Command
File

LIST ALL SELECTED NODES.   DSYS=      0
SORT TABLE ON  NODE  NODE  NODE

  NODE        X             Y             Z            THXY    THYZ    THZX
     1    0.0000        0.0000        0.0000          0.00    0.00    0.00
     2    36.000        0.0000        0.0000          0.00    0.00    0.00
     3    0.0000        36.000        0.0000          0.00    0.00    0.00
     4    36.000        36.000        0.0000          0.00    0.00    0.00
     5    72.000        36.000        0.0000          0.00    0.00    0.00
```

图 14-2 节点坐标列表

3. 建立网格模型

（1）定义单元类型：

［MainMenu］Preprocessor｜ElementType

选择二维弹性杆单元，即 LINK1 单元。

（2）定义材料特性：

［MainMenu］Preprocessor｜Material Props｜Material Model

选择结构线弹性各向同性，输入弹性模量 1.9E6，泊松比 0.3。对于没有剪切的问题泊松比可以忽略。

（3）定义实常数：

［MainMenu］Preprocessor｜Real Constants

输入桁架杆件的横截面积 8。

（4）建立单元。本例由于直接建立了节点，因此单元由节点直接建立。由于本例只有一种单元、一种材料特性、一种实常数，因此不需要进行指派，全部按默认对待。

［MainMenu］Preprocessor｜ModelingCreate｜Elements｜AutoNumbered｜Thru Nodes

鼠标左键选取节点 1 和节点 2，点击"Apply"按钮（或在 ANSYS 图形窗口任意处按下鼠标中键），依此类推建立其他单元。

（5）显示单元编号：

［Utility Menu］PlotCtrls｜Numbering

在"Elem/Attrib numbering"框下拉选择"Element numbers"。单击"OK"按钮，得到如图 14－3 所示的图形。

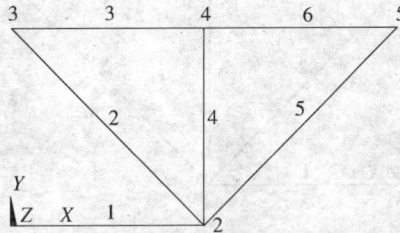

图 14－3　平面杆单元节点、单元号图

（6）查看单元信息：

［Utility Menu］List｜Elements｜Node + Attr + Real Const

显示单元号（ELEM）、材料号（MAT）、单元类型号（TYPE）、实常数号（REL）、单元坐标系号（ESY）、截面类型（SEC）、单元节点组成（NODES）、截面面积（AREA）、惯性矩（IS-TR），见表 14－3。

表 14－3

ELEM	MAT	TYPE	REL	ESY	SEC	NODES		AREA	ISTR
1	1	1	1	0	1	1	2	8.00000	0.00000
2	1	1	1	0	1	2	3	8.00000	0.00000
3	1	1	1	0	1	3	4	8.00000	0.00000
4	1	1	1	0	1	4	2	8.00000	0.00000

ELEM	MAT	TYPE	REL	ESY	SEC	NODES		AREA	ISTR
5	1	1	1	0	1	2	5	8.00000	0.00000
6	1	1	1	0	1	5	4	8.00000	0.00000

（7）存盘：单击"ANSYS"工具栏"SAVE_ DB"。

4. 施加载荷

（1）定义分析类型。

［MainMenu］Preprocessor｜Loads｜Analysis Type｜New Analysis

勾选"Static"单选框，即静态分析。

（2）施加载荷。

① 给承载基础节点约束自由度：

［MainMenu］Preprocessor｜Loads｜Apply｜Structral｜Displacement｜On Nodes

选择节点1、3，按鼠标中键，在"LAB2"框选择"ALL DOF"，在"VALUE"框输入"0"，则节点1、3被固定，限制了桁架结构刚体位移。

② 给承载节点施加外力。

［MainMenu］Preprocessor｜Loads｜Apply｜Structral｜Force/Momen｜On Nodes

选择节点4、5，按鼠标中键，在"Lab"框选择"FY"，在"VALUE"框输入"-500"，单击"OK"按钮完成载荷施加，得到如图14-4所示的图形。

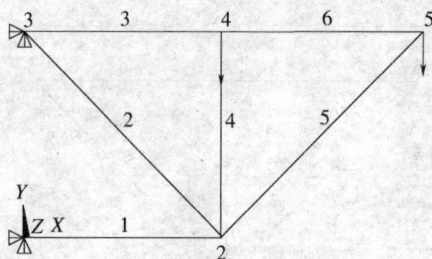

图14-4 节点载荷（包括约束）图形

（3）查看载荷信息。

① 查看节点约束。

［Utility Menu］List｜Loads｜DOF Constraints｜On All Nodes

节点位移约束列表如图14-5所示。

② 查看节点载荷。

［Utility Menu］List｜Loads｜Forces｜On All Nodes

节点集中载荷列表如图14-6所示。

③ 存盘：单击"ANSYS"工具栏"SAVE_ DB"。

5. 求解

由于只有一个载荷步，因此就是当前载荷步。

［MainMenu］Solution｜Solve｜Current LS

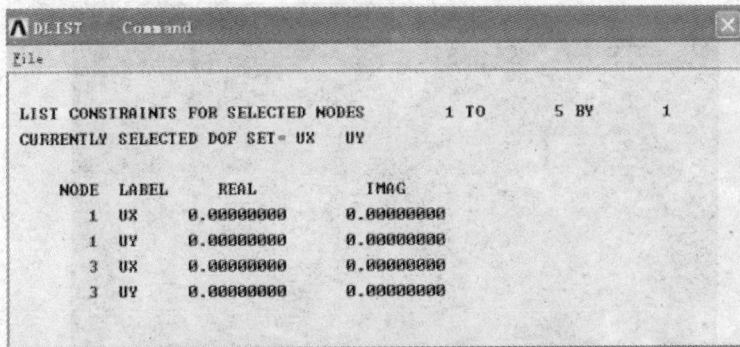

图 14 - 5 节点位移约束列表

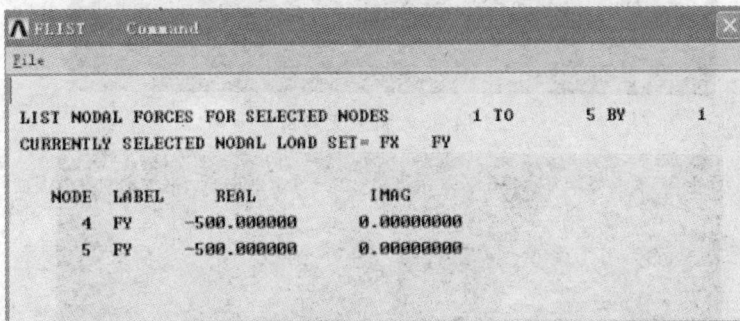

图 14 - 6 节点集中载荷列表

6. POST1 后处理

此例后处理目的:图像表示杆件的变形和应力分布;找出杆件各杆应力值,以及桁架最大应力值及对应的杆号、最大位移值及对应的节点。

(1)查看变形。

[MainMenu]General Postproc||Plot Results|Deformed Shape

勾选"Def + undeformed",单击"OK"按钮,将显示变形前后的结构,在图形显示区的左上角可看到最大位移值 DMX =0.019665,单位 in。从图 14 - 7 中还可观察到,节点 1、3 没有位移,整体变形方向符合实际情况。

要查看更为详细的变形情况,则必须通过位移等值线图。

[MainMenu] General Postproc||Plot Results|Contour Plot,选择|NodalSolution 下的 Displacement Vector Sum

注:等值线的 STYLE 设置在[UtilityMenu]PlotCtrls|Style|Contour 中。

桁架节点位移矢量图如图 14 - 8 所示。

(2)列表查看位移值。

[MainMenu]General Postproc||List Results|NodalSolution。

选择 NodalSolution 下的 Displacement Vector Sum,得到图 14 - 9 所示的节点解(位移),所得结果与第 4 章中的理论解一致。

(3)查看约束反力。

[MainMenu]General Postproc||List Results|Reaction Solu

节点约束反力列表显示如图 14 - 10 所示。

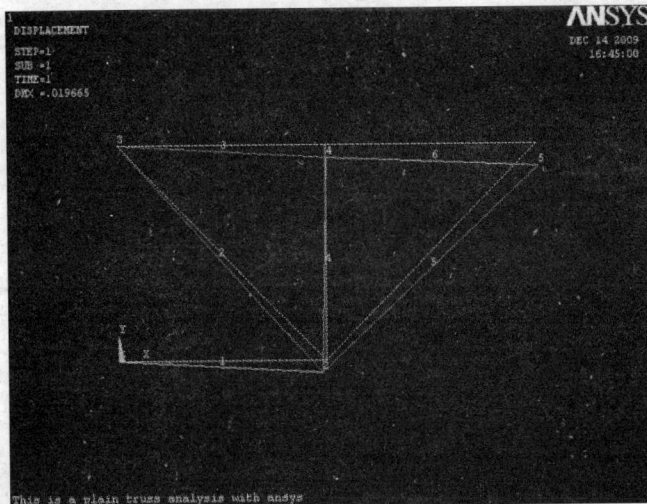

图 14 -7 桁架变形图

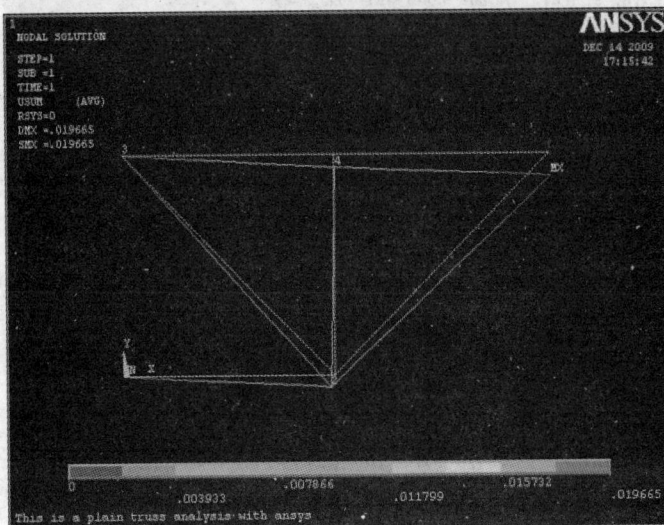

图 14 -8 桁架节点位移矢量图

```
PRNSOL   Command
File

PRINT U   NODAL SOLUTION PER NODE

***** POST1 NODAL DEGREE OF FREEDOM LISTING *****

LOAD STEP=   1  SUBSTEP=   1
 TIME=   1.0000     LOAD CASE=   0

THE FOLLOWING DEGREE OF FREEDOM RESULTS ARE IN THE GLOBAL COORDINATE SYSTEM

 NODE   UX        UY        UZ        USUM
   1   0.0000    0.0000    0.0000    0.0000
   2  -0.35526E-02-0.10252E-01 0.0000    0.10850E-01
   3   0.0000    0.0000    0.0000    0.0000
   4   0.11842E-02-0.11436E-01 0.0000    0.11497E-01
   5   0.23684E-02-0.19522E-01 0.0000    0.19665E-01

MAXIMUM ABSOLUTE VALUES
 NODE    2         5         0         5
 VALUE -0.35526E-02-0.19522E-01 0.0000    0.19665E-01
```

图 14 -9 节点位移列表显示

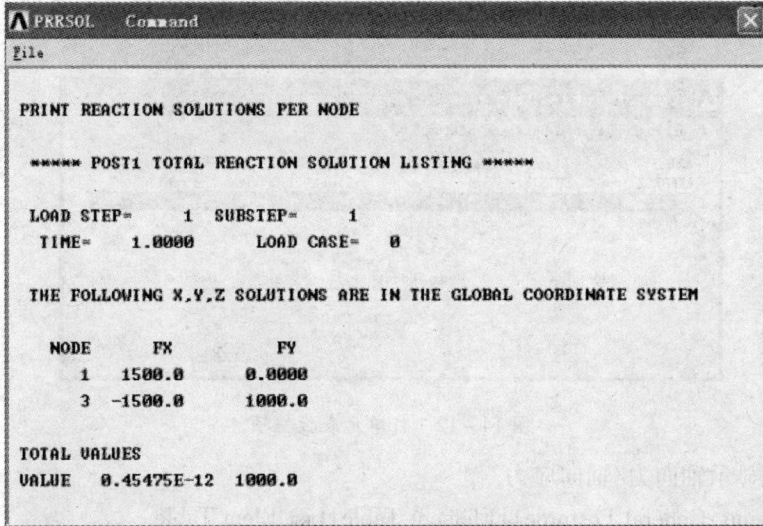

图 14 – 10　节点约束反力列表显示

(4) 查看节点力。节点力是该节点所属全部单元在该点处的合成节点力,用来抵抗或平衡节点外力或约束反力。节点列表显示如图 14 – 11 所示。

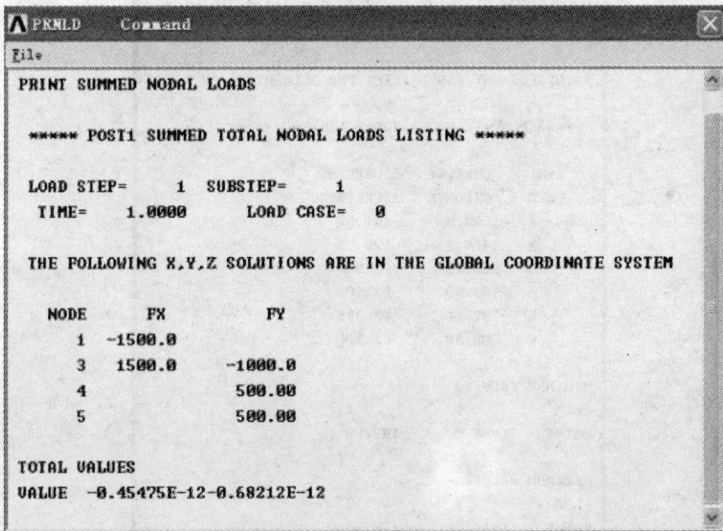

图 14 – 11　节点列表显示

由前面数据可知,每一节点处全部合力 = 约束反力 + 节点外载荷 + 节点力 = 0,即构件处于平衡状态。

(5) 查看轴向力和轴向应力。为浏览其他结果,例如,轴向力和轴向应力,必须通过单元表的方式来实现。

① 定义单元表。对于 LINK1 单元,单元表的指令参数分别为:轴向力名称 MFORX、项目 SMISC、序号 1;轴向应力名称 SAXL、项目 LS、序号 1。

[MainMenu] General |Element Table|Define Table

315

用序号法建立如图 14 – 12 所示单元表数据项, ANSYS 则将这些结果映射到单元表中(图 14 – 12)。

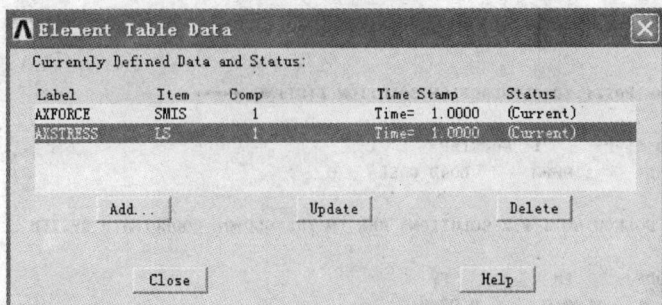

图 14 – 12 杆单元表数据项

② 列表显示轴向力/轴向应力。

[MainMenu]General Postproc | | Element Table | List Elem Table

杆单元表数据项列表显示如图 14 – 13 所示。

从图 14 – 13 可以看出,1 号单元承受最大压应力 187.5lb/in^2, 2 号单元为承受最大拉应力 176.78lb/in^2。

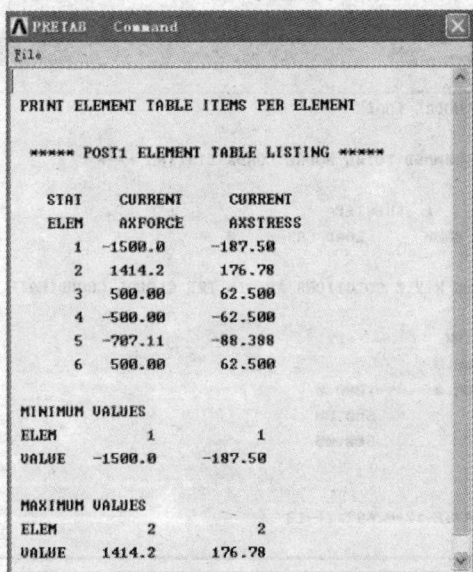

图 14 – 13 杆单元表数据项列表显示

③ 绘制轴向应力云图。

[MainMenu]General Postproc | | Element Table | Plot Element Table

选择单元表中"AXStress"表项,则绘制轴向应力云图如图 14 – 14 所示。

注:杆件公共节点应力不能平均,因为杆件结构本身不是一个连续体,其公共节点除了位移外,其他量如力、应力均是独立的。

④ 绘制轴向力。

[MainMenu]General Postproc | | Element Table | Plot Element Table

316

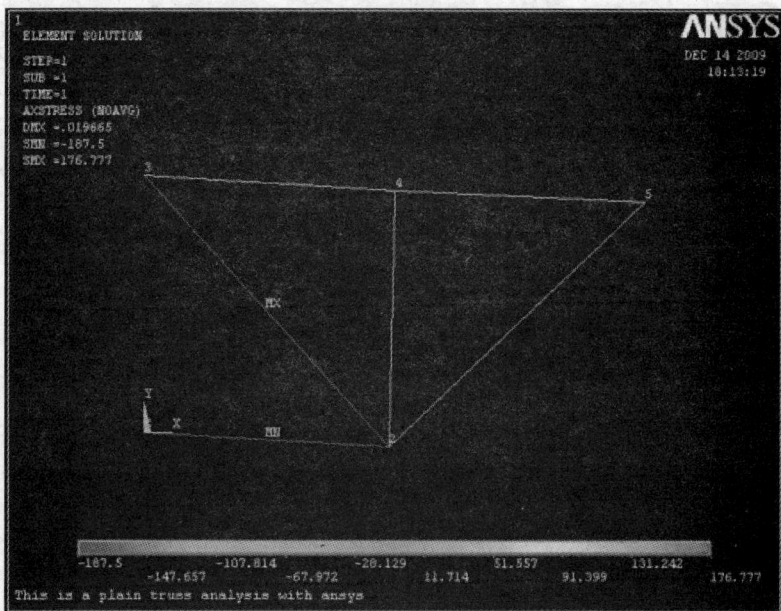

图 14 - 14　桁架杆单元轴向应力图

选择单元表中"AXForce"表项,则绘制轴向力云图,如图 14 - 15 所示。

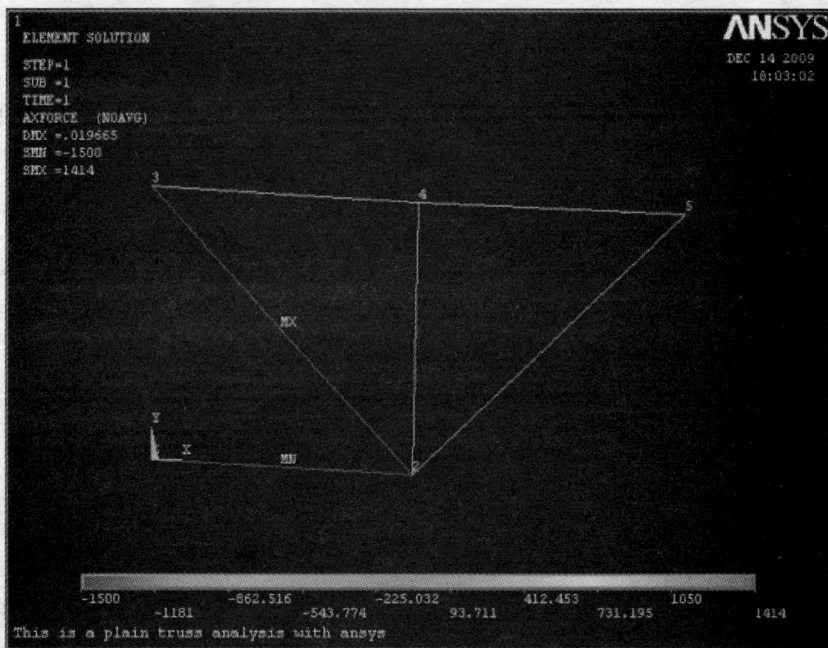

图 14 - 15　桁架杆单元轴向力图

[**实例2**]　复杂平面桁架

图 14 - 16 所示平面桁架,已知粗杆弹性模量 $E_X = 200\text{GPa}$,截面面积 $A_1 = 3250\text{mm}^2$,细杆弹性模量 $E_{X_2} = 150\text{GPa}$,截面面积 $A_2 = 2500\text{mm}^2$,载荷如图所示,试确定最大节点位移和最大轴向应力。

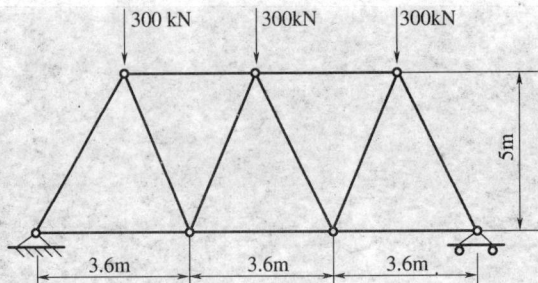

图 14 – 16　复杂平面桁架

1. 工作环境设置

（1）从 Windows 程序组：ANSYS11.0|ANSYS Product Launcher 进入 ANSYS 程序,设置对话框工作目录为 D：\APP\ex2,工作文件设为 Truss,单击"Run"按钮进入 ANSYS 图形用户界面。

（2）图形用户界面菜单过滤,即通过分析类型选择过滤掉不需要的菜单。

[MainMenu]Preference

勾选 Structural 结构分析。

（3）设置分析标题：

[UtilityMenu]ChangeTitle

输入"This a truss analysis with ansys"。

2. 创建几何模型

整个桁架的几何实体模型可通过关键点来定义。本例中,关键点是每个杆件的端点。定义此桁架结构需要 7 个关键点,各关键点的坐标见表 14 – 4。本例中,力的单位采用 N,长度单位采用 mm,则弹性模量的单位须采用 MPa,应力单位也是 MPa。

表 14 – 4　各关键点的坐标

关键点	1	2	3	4	5	6	7
X 坐标	0	1800	3600	5400	7200	9000	10800
Y 坐标	0	5000	0	5000	0	5000	0

（1）建立关键点（图 14 – 17）。

[MainMenu]Preprocessor|Modeling|Create|Keypoints|On WorkPlane

用鼠标点选"unpick"单选框,在输入框中输入关键点 1 的坐标"0,0",单击"Apply"按钮,用同样的方法定义其余关键点。

注意：当输入最后一个关键点数据后,单击"OK"按钮,表示该命令执行结束。如果先单击"Apply"按钮,再单击"OK"按钮,就会将最后一个关键点定义两次。如果确实已经单击了"Apply"按钮,那么只需要单击"Cancel"按钮关闭对话框即可,如果单击了"Apply"按钮后紧接着又单击了"OK"按钮,则可以利用 ANSYS 的删除功能重复定义的关键点。

（2）生成直线。通过上述 7 个关键点生成直线。

[MainMenu]Preprocessor|Modeling|Create|Lines|Line|Straight Line

318

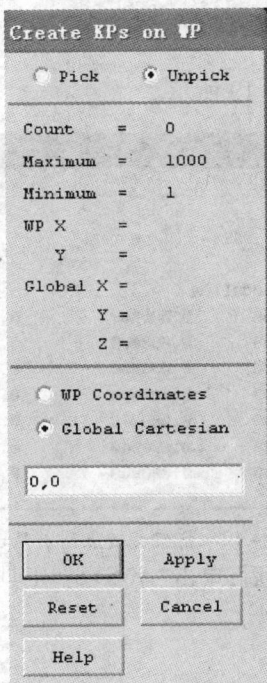

图 14-17　在工作平面上创建关键点

　　每次选择相邻两点,则自动连成直线,直到桁架杆件全部直线生成。

　　注意:操作过程中,已经创建的几何图元可能会"消失",可这并不代表它们已经被删除。如果出现这种情况,选择应用菜单中 Plot 下的相应菜单绘制,就可以将已经建好的图元显示出来。如:

[UtiulityMenu] Plot | Multi – Plots

（3）显示关键点及坐标。

① 显示关键点编号及直线编号。

[Utility Menu] PlotCtrls | Numbering

勾选"KP"复选框、"LINE"复选框,则显示关键点编号、直线编号如图 14-18 所示。

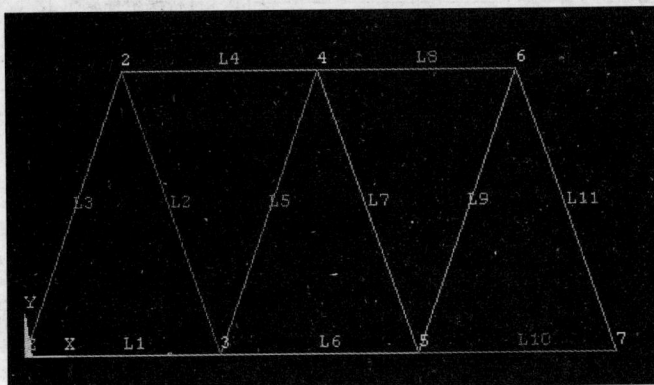

图 14-18　桁架关键点杆线显示

② 查看关键点坐标。

[Utility Menu] List | Keypoint

桁架关键点列表显示如图 14 – 19 所示。

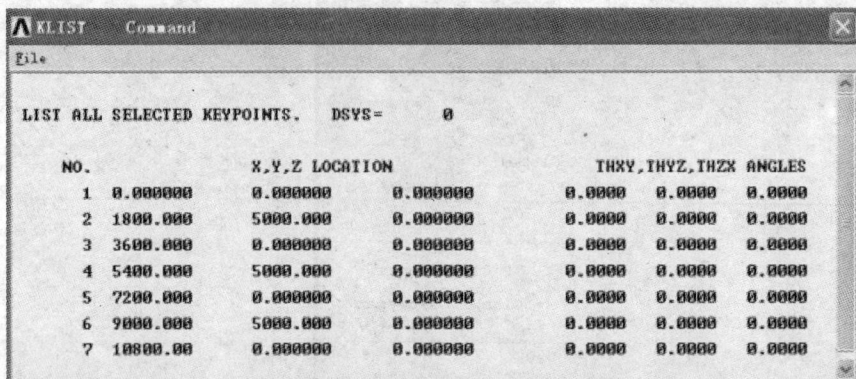

LIST ALL SELECTED KEYPOINTS.   DSYS=   0

NO.	X,Y,Z LOCATION			THXY,THYZ,THZX ANGLES		
1	0.000000	0.000000	0.000000	0.0000	0.0000	0.0000
2	1800.000	5000.000	0.000000	0.0000	0.0000	0.0000
3	3600.000	0.000000	0.000000	0.0000	0.0000	0.0000
4	5400.000	5000.000	0.000000	0.0000	0.0000	0.0000
5	7200.000	0.000000	0.000000	0.0000	0.0000	0.0000
6	9000.000	5000.000	0.000000	0.0000	0.0000	0.0000
7	10800.00	0.000000	0.000000	0.0000	0.0000	0.0000

图 14 – 19　桁架关键点列表显示

③ 检查关键点坐标,正确无误后,单击"ANSYS"工具栏"SAVE_ DB"存盘。

3. 创建网格模型

(1) 定义单元类型。

[MainMenu] Preprocessor | ElementType

选择二维弹性杆单元,即 LINK1 单元 。

(2) 定义材料特性。

[MainMenu] Preprocessor | Material Props | Material Model

本例有两种材料,依次选择结构线弹性各向同性,输入弹性模量200000,泊松比0.3,再点击 Material | New Modal,确认输入第二种材料输入,在文本框中输入弹性模量150000,泊松比0.3,则建立了由两种材料构成的材料特性表,如图 14 – 20 所示。对于没有剪切的问题泊松比可以忽略。

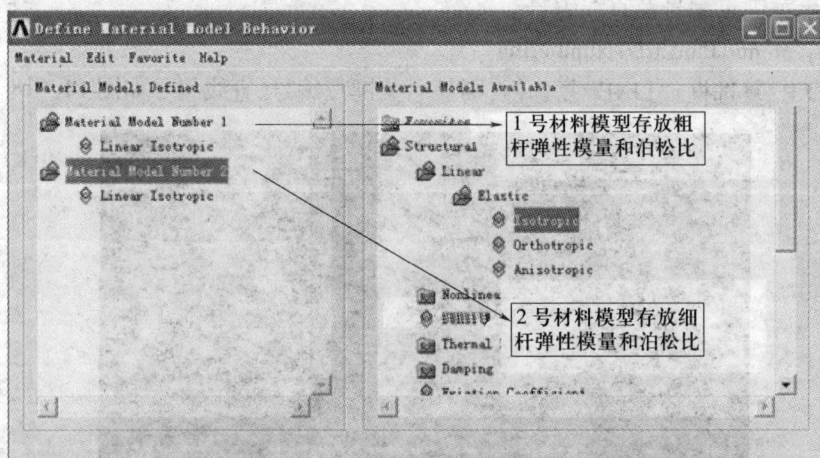

图 14 – 20　材料特性表

(3) 定义实常数。

[MainMenu] Preprocessor | Real Constants,输入桁架杆件的横截面积。本例中有两种

320

截面积,在对话框中输入1,3250,单击"Apply"按钮,再依次输入2,2500,单击"OK"按钮,则建立了两种截面构成的实常数表,如图14-21所示。实常数表如图14-22所示。

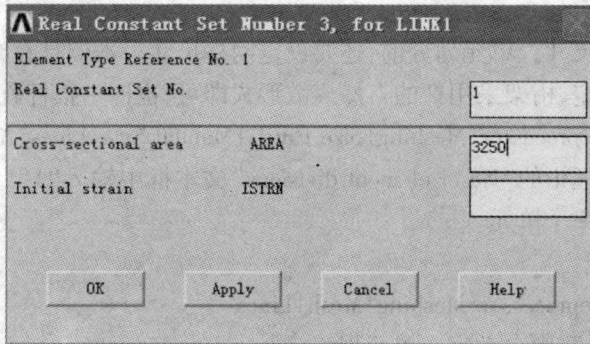

图14-21 实常数表定义

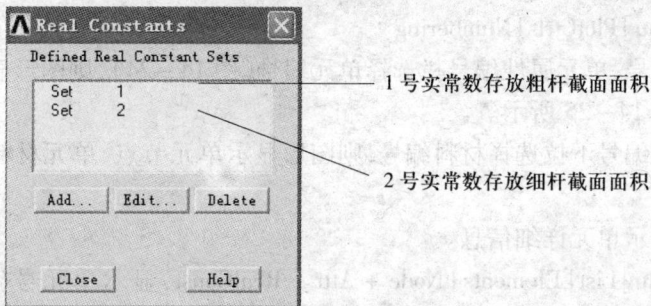

1号实常数存放粗杆截面面积

2号实常数存放细杆截面面积

图14-22 实常数表

4. 单元划分

(1)几何图元上网格属性指派。当存在多个单元类型、多个材料模型和多个实常数时,在对几何图元进行网格划分前必须分别指派具体的单元、具体的材料和具体的实常数。本例就是对表示杆件的线进行网格属性指派。

[MainMenu]Preprocessor|Meshing|Mesh Attributes|Pick Lines

选择L4、L8(见图14-18),单击"OK"按钮,弹出如14-23所示的对话框。下拉选

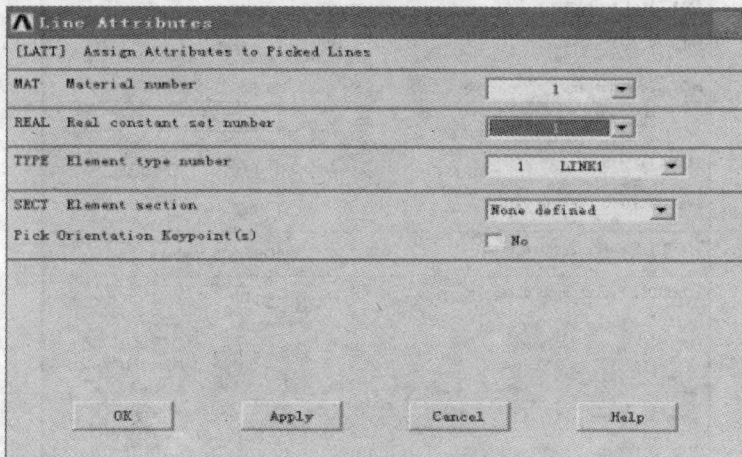

图14-23 网格属性指派对话框

321

择图中值,单击"Apply"按钮,再选择其他直线,单击"OK"按钮,又弹出上述线属性对话框,在材料号、实常数号中均选2的值,单击"OK"按钮,则对桁架中的全部线进行了属性指派。

(2)设定网格尺寸。单元划分前,还要设定网格尺寸。本例是在线上画单元,因此单元的尺寸在线上指定,桁架采用杆的自然离散形式即可,也即一根杆就是一个单元。

[MainMenu]Preprocessor|Meshing|Size Cntrls|Manual Size|Lines|All Lines

在弹出的对话框中的"No of element divisions"文本框中输入"1",单击"OK"按钮,表示每一根线上划分一个单元。

(3)划分网格。

[MainMenu]Preprocessor|Meshing|Mesh|Lines

点击"Pick ALL",则自动完成单元划分。

(4)图形显示单元编号、材料编号、实常数编号情况。

[Utility Menu]PlotCtrls|Numbering

勾选节点编号,单元属性编号栏选择单元编号(图14-24),则图形显示单元节点、单元编号情况如图14-25所示。

若单元属性编号下拉选择材料编号,则图形显示单元节点、单元材料编号情况,如图14-26所示。

(5)列表显示单元详细信息。

[Utility Menu]List|Elements|Node + Attr + RealConst,显示单元号(ELEM)、材料号(MAT)、单元类型号(TYPE)、实常数号(REL)、单元坐标系号(ESY)、截面类型(SEC)、单元节点组成(NODES)、截面面积(AREA)、惯性矩(ISTR),见表14-5所列。

以不同方式显示单元信息的目的,在于观察网格属性指派是否正确。

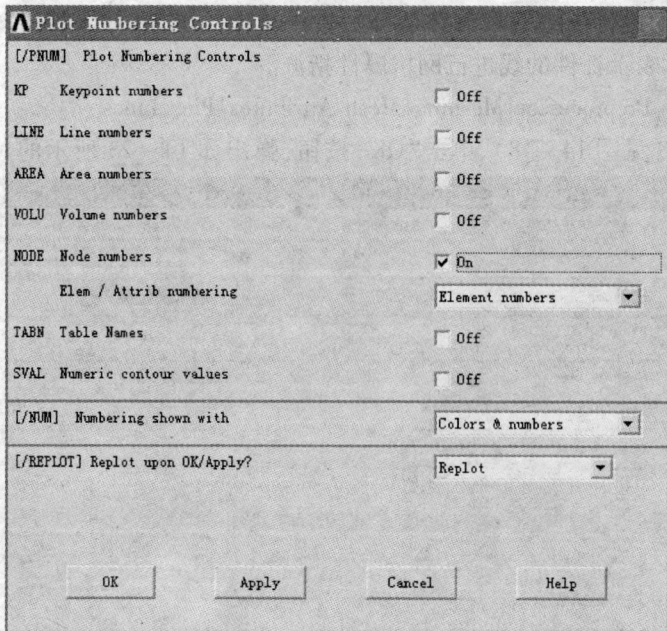

```
┌─────────────────────────────────────────────────────┐
│ ∧ Plot Numbering Controls                             │
│                                                       │
│ [/PNUM]  Plot Numbering Controls                      │
│                                                       │
│ KP     Keypoint numbers              □ Off            │
│                                                       │
│ LINE   Line numbers                  □ Off            │
│                                                       │
│ AREA   Area numbers                  □ Off            │
│                                                       │
│ VOLU   Volume numbers                □ Off            │
│                                                       │
│ NODE   Node numbers                  ☑ On             │
│                                                       │
│        Elem / Attrib numbering       Element numbers ▼│
│                                                       │
│ TABN   Table Names                   □ Off            │
│                                                       │
│ SVAL   Numeric contour values        □ Off            │
│                                                       │
│ [/NUM]  Numbering shown with         Colors & numbers▼│
│                                                       │
│ [/REPLOT] Replot upon OK/Apply?      Replot          ▼│
│                                                       │
│                                                       │
│    OK        Apply       Cancel        Help           │
└─────────────────────────────────────────────────────┘
```

图14-24 编号显示控制

322

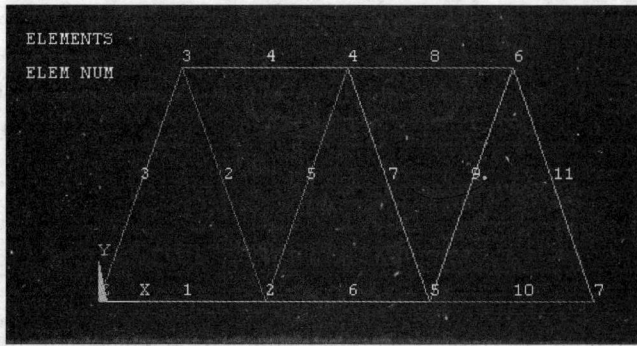

图 14 - 25　单元号节点号显示

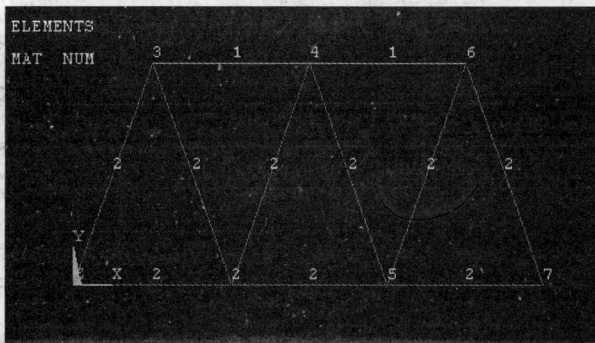

图 14 - 26　单元节点号材料号显示

表 14 - 5　单元信息表

ELEM	MAT	TYPE	REL	ESY	SEC	NODES		AREA	ISTR
1	2	1	2	0	1	1	2	2500.00	0.00000
2	2	1	2	0	1	2	3	2500.00	0.00000
3	2	1	2	0	1	1	3	2500.00	0.00000
4	1	1	1	0	1	3	4	3250.00	0.00000
5	2	1	2	0	1	4	2	2500.00	0.00000
6	2	1	2	0	1	2	5	2500.00	0.00000
7	2	1	2	0	1	5	4	2500.00	0.00000
8	1	1	1	0	1	4	6	3250.00	0.00000
9	2	1	2	0	1	6	5	2500.00	0.00000
10	2	1	2	0	1	5	7	2500.00	0.00000
11	2	1	2	0	1	7	6	2500.00	0.00000

（6）存盘：单击 ANSYS 工具栏"SAVE_ DB"。

5. 施加载荷

（1）定义分析类型。

［MainMenu］Preprocessor｜Loads｜Analysis Type｜New Analysis，勾选"Static"单选框，即静态分析。

（2）施加载荷。

① 给承载基础节点约束自由度。

[MainMenu]Preprocessor|Loads|Apply|Structral|Displacement|On Nodes

选择节点1，单击"OK"按钮弹出设置对话框，在"LAB2"框选择"ALL DOF"，在"VALUE"框输入"0"，则节点1被固定。单击"Apply"按钮，再选节点7，单击"OK"按钮弹出设置对话框，在"LAB2"框选择"UY"，在"VALUE"框输入"0"，则节点7在Y轴方向位移被固定。

② 给承载节点施加外力

[MainMenu]Preprocessor|Loads|Apply|Structral|Force/Momen|On Nodes

选择节点3、4、6，单击"OK"按钮，在"Lab"框选择"FY"，在"VALUE"框输入"−300000"的值，单击"OK"按钮完成载荷施加，得到如图14−27所示的图形。

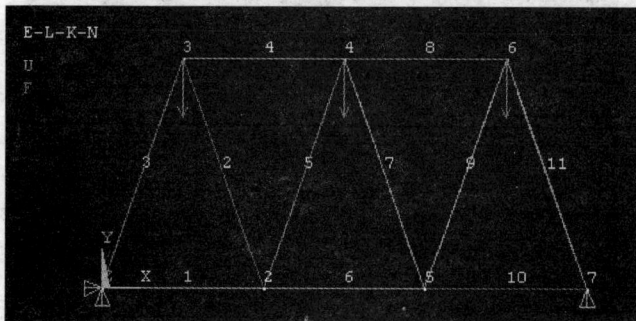

图14−27 约束、载荷图

（3）查看载荷信息。

① 查看节点约束图（14−28）。

[Utility Menu]List|Loads|DOF Constraints|On All Nodes

图14−28 列表显示全部节点约束

② 查看节点载荷（图14−29）。

[Utility Menu]List|Loads|Forces|On All Nodes

（4）存盘：单击ANSYS工具栏"SAVE_ DB"。

6. 求解

由于只有一个载荷步，因此就是当前载荷步。

[MainMenu]Solution|Solve|Current LS

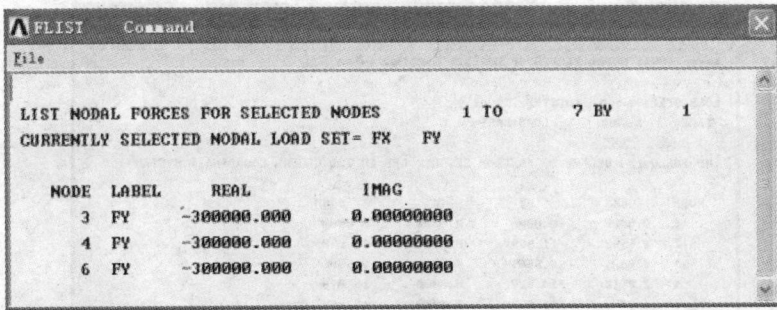

图 14 – 29 列表显示全部节点集中力载荷

7. POST1 后处理

此例后处理目的是图像表示杆件的变形和应力分布；找出杆件各杆应力值，以及桁架最大应力值及对应的杆号、最大位移值及对应的点。

(1) 查看变形。

[MainMenu] General Postproc | | Plot Results | Contour plot | Nodal solu

选择"NodalSolution"下的"Displacement Vector Sum"，在图形显示区的左上角可看到最大位移值 DMX = 15.098mm，图形上对应 MX 字样处节点，即节点4(图 14 – 30)。

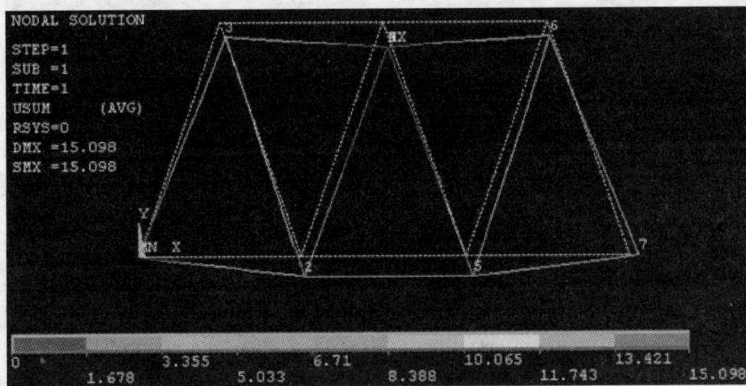

图 14 – 30 节点位移梯度图

(2) 列表显示最大节点位移(图 14 – 31)。

[MainMenu] General Postproc | | List Results | NodalSolution，选择"NodalSolution"下的 Displacement Vector Sum，得到如下节点解(位移)。其中最大位移节点是节点 4，UX = 2.8512mm，UY = – 14.827mm，矢量位移 USUM = 15.098mm。

(3) 查看轴向应力。为浏览其他结果，必须通过单元表的方式来实现。

① 定义单元表。对于 LINK1 单元，单元表的指令参数分别为：轴向应力名称 SAXL、项目 LS、序号1。

[MainMenu] General | Element Table | Define Table

用序号法建立如图 14 – 32 所示的单元表，ANSYS 则将这些结果映射到单元表中。

② 列表显示轴向力/轴向应力。

[MainMenu] General Postproc | | Element Table | List Elem Table

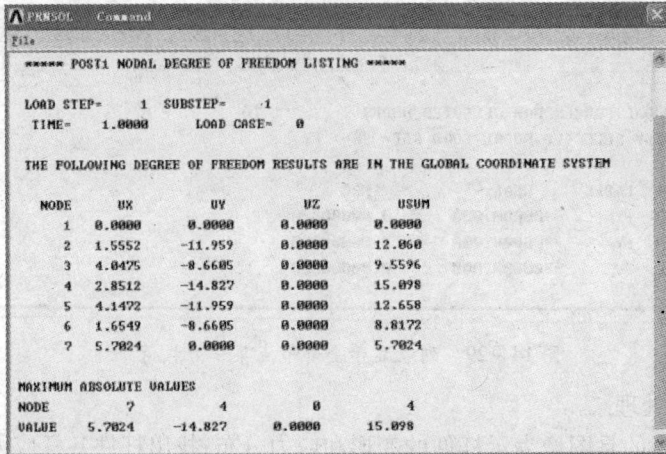

图14-31 列表显示节点放大位移

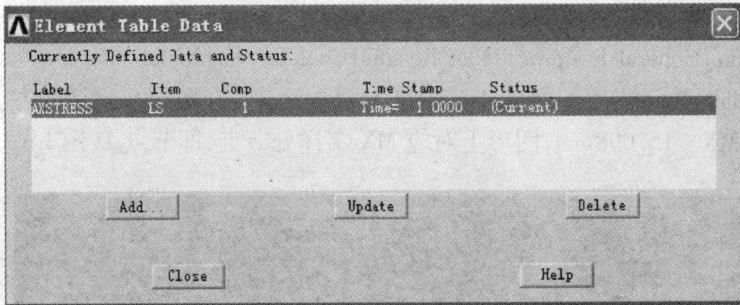

图14-32 单元表

从数据可以得出:11 号单元承受最大压应力 191MPa,6 号单元承受最大拉应力 108MPa。

③ 绘制轴向应力云图。

[MainMenu]General Postproc||Element Table|Plot Element Table

选择单元表中 AXStress 表项,则绘制轴向应力云图如图 14-33 所示。

注:杆件公共节点应力不能平均,因为杆件结构本身不是一个连续体,其公共节点除了位移外,其他量如力、应力均是独立的。

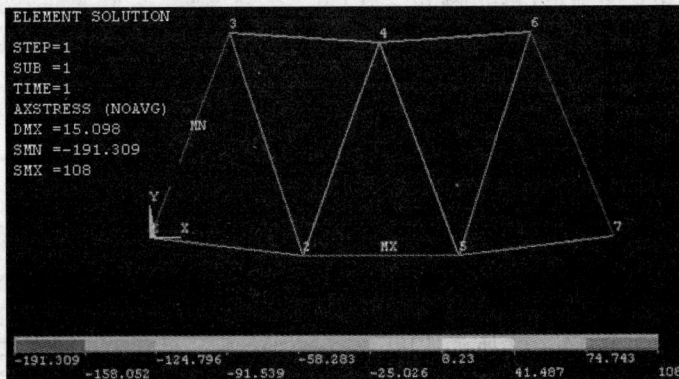

图14-33 各杆轴向应力云图

14.3 框架问题

梁可以承受集中力、分布载荷、弯矩,其位移有挠度、转角。应用 ANSYS 分析梁及其组成的组合构件时应注意以下几点:

(1) 梁上的分布载荷指的是线载荷。

(2) 平面梁及其组成的平面组合构件,模型建立在 XY 平面上

[实例3] 简支梁

超静定梁结构尺寸和受力情况如图 14 – 34 所示,其中 $L = 300\text{mm}$, $b = 20\text{mm}$, $h = 5\text{mm}$,材料弹性模量 $E = 2.07 \times 10^5 \text{N/mm}^2$, $q = 600\text{N/mm}$, $F = 1000\text{N}$。求梁的最大扰度和最大应力。

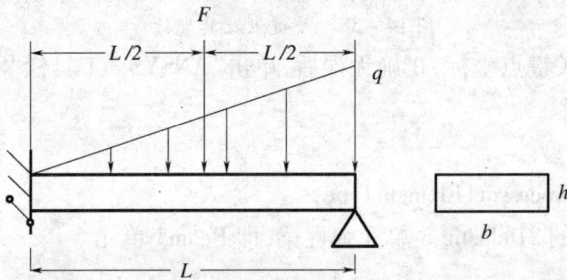

图 14 – 34 平面梁结构与力学模型

解:本例梁用来承受拉压、弯曲、剪切载荷,其变形在一个平面内发生,因此选用平面梁单元 BEAM3 来处理。

1. 工作环境设置

(1) 从 Windows 程序组:ANSYS11.0|ANSYS Product Launcher 进入 ANSYS 程序,设置对话框工作目录为 D:\APP\ex3,工作文件设为 BEAM,单击"Run"按钮进入 ANSYS 图形用户界面。

(2) 图形用户界面菜单过滤,即通过分析类型选择过滤掉不需要的菜单。

[MainMenu]Preference ,勾选"Structural"结构分析。

2. 创建几何模型

梁用关键点来生成,关键点是梁的端点。本例中,力的单位采用 N,长度单位采用 mm,则弹性模量的单位须采用 MPa,应力单位也是 MPa。

(1) 建立关键点。

[MainMenu]Preprocessor|Modeling|Create|Keypoints|On WorkPlane

用鼠标点选"unpick"单选框,在输入框中输入关键点 1 的坐标"0,0",单击"Apply"按钮,再输入关键点 2 的坐标"300,0",单击"OK"按钮。

(2) 生成直线。

[MainMenu]Preprocessor|Modeling|Create|Lines|Line|Straight Line

选择关键点 1、关键点 2,则自动连成直线,单击"OK"按钮。

(3) 建立加载集中载荷 F 的作用点,这里通过线上中点建立关键点来实现。

[MainMenu]Preprocessor|Modeling|Create|Keypoints| on line w/ ratio

选择刚建好的直线,单击"OK"按钮,弹出对话框中输入比例0.5,单击"OK"按钮,则在直线上中点位置建立了关键点3。

(4)列表显示关键点及其坐标(图14-35)。

[Utility Menu]List|Keypoint

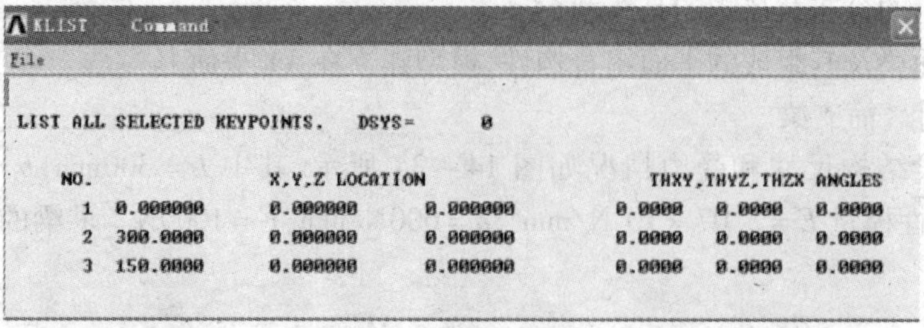

图14-35 关键点及其坐标

(5)存盘:检查关键点坐标,正确无误后,单击"ANSYS"工具栏"SAVE_DB"。

3. 定义单元属性

(1)定义单元类型。

[MainMenu]Preprocessor|ElementType,

选择 Beam 类中的2Delastic 3 单元弹性梁,即 Beam3 单元。

(2)定义材料特性。

[MainMenu]Preprocessor|Material Props| Material Model,选择结构线弹性各向同性,输入弹性模量2.07E5,泊松比0.3。

(3)定义实常数。

[MainMenu]Preprocessor|Real Constants|Add/Edit/Delete,弹出"Real Constants"对话框,单击"Add"按钮,弹出实常数选项对话框,可以看到已经定义的 Beam3 单元。

单击"OK"按钮,弹出实常数设置对话框,输入截面相关参数,AREA = 100, IYY = $bh^3/12 = 208.33$, HIGHT = 5。单击"OK"按钮,完成实常数设置。

4. 单元划分

(1)几何图元上网格属性指派。本例只有一种单元属性、一种材料属性和一种实常数,因此,采用默认指派。

(2)设定网格尺寸。单元划分前还要设定网格尺寸。本例是在线上画单元,因此单元的尺寸在线上指定。

[MainMenu]Preprocessor|Meshing|Size Cntrls|Manual Size|Lines|All Lines

在弹出的对话框中的"No of element divisions"文本框中输入"10",单击"OK"按钮。即线上每30mm一个单元,基本符合划分精度。

(3)划分网格。

[MainMenu]Preprocessor|Meshing|Mesh|Lines

单击"Pick ALL",自动完成单元划分。

(4)图形显示单元编号。

[UtilityMenu]PlotCtrls|Numbering

在"Elem/Attribnumbering"列表框上下拉选择"Element Numbers",单击"OK"按钮,则显示如图 14 - 36 所示的图形。

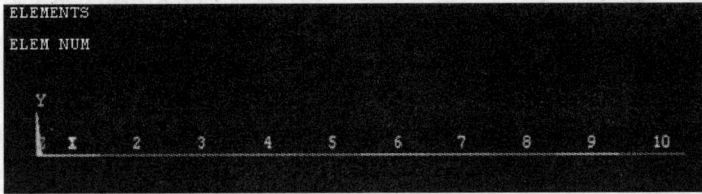

图 14 - 36   图形显示单元编号

(5) 存盘:单击 ANSYS 工具栏"SAVE_ DB"。

5. 施加载荷

(1) 定义分析类型。

[MainMenu]Preprocessor|Loads|Analysis Type|New Analysis,勾选"Static"单选框,即静态分析。

(2) 施加载荷。将载荷施加在几何图形上,具体就是将集中载荷施加在关键点 3 上,分布载荷施加在线上。

① 显示关键点和线。

[UtilityMenu]PlotCtrls|Numbering

仅勾选关键点复选框,以显示关键点及其编号,如图 14 - 37 所示。

图 14 - 37   关键点编号显示

② 给承载基础关键点约束自由度。

[MainMenu]Preprocessor|Loads|Apply|Structral|Displacement|On keypoints

选择关键点 1,单击"OK"按钮弹出设置对话框,在 LAB2 框选择"ALL DOF",在"VALUE"框输入"0",则关键点 1 被固定。单击"Apply"按钮,再选关键点 2,单击"OK"按钮弹出设置对话框,在 LAB2 框选择"UX"、"UY",在 VALUE 框输入"0",则关键点 2 在 X、Y 轴方向位移均被固定,但可以绕 Z 轴转动。

③ 给承载关键点 3 施加集中外力。

[MainMenu]Preprocessor|Loads|Apply|Structral|Force/Momen|On Keypoints

选择关键点 3,单击"OK"按钮,在"Lab"框选择"FY",在"VALUE"框输入" - 1000",单击"OK"按钮完成集中载荷施加。

④ 给梁施加分布力。

特别说明:对于梁,分布力只能用如下命令施加:

[MainMenu]Preprocessor|Loads|Apply|Structral|Pressure|On Beams

弹出单元选择对话框。选择单元"1",单击"Apply"按钮,如图 14 - 38 所示分别在"VALI"、"VALJ"对应的输入框中输入"0"和"60"。

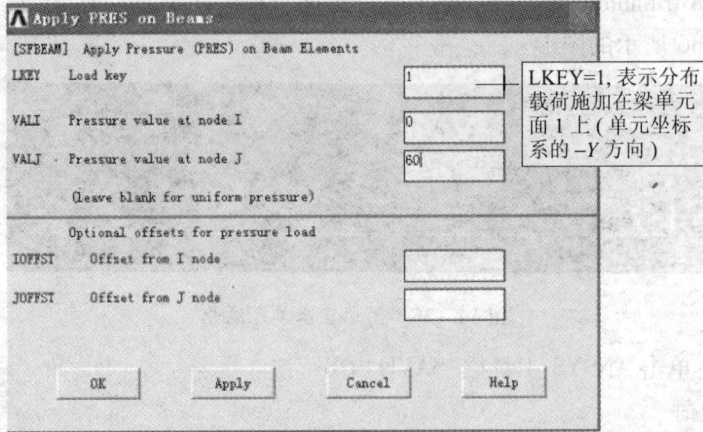

图 14 – 38　梁单元载荷施加对话框

单击"Apply"按钮,同样的办法依次施加 2 ~ 10 单元的分布载荷,10 个单元节点的值见表 14 – 6。

表 14 – 6　单元载荷数据

单元	1	2	3	4	5	6	7	8	9	10
I	0	60	120	180	240	300	360	420	480	540
J	60	120	180	240	300	360	420	480	540	600

最后得到的约束、载荷图剪辑如图 14 – 39 所示。

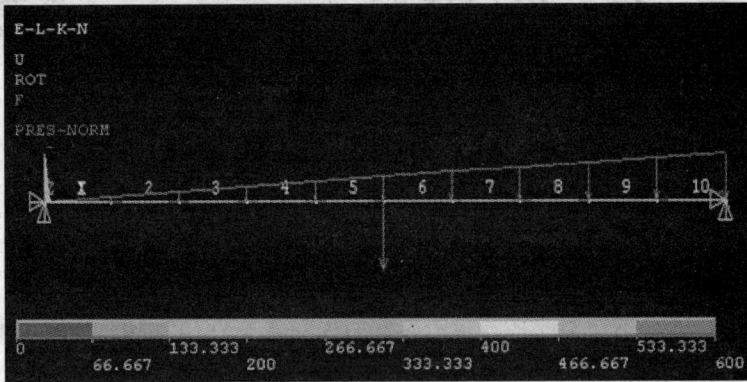

图 14 – 39　梁有限元分析模型图

(3) 单击 ANSYS 工具栏"SAVE_ DB"存盘。

6. 求解

由于只有一个载荷步,因此就是当前载荷步。

[MainMenu]Solution|Solve|Current LS

7. POST1 后处理

此例后处理目的是确定梁的最大扰度和最大弯曲应力、最大剪应力。

(1) 查看变形。

[MainMenu]General Postproc||Plot Results| Deformed Shape

330

弹出的对话框中选择"Def + undeformed",单击"OK"按钮,变形图如图 14 – 40 所示。

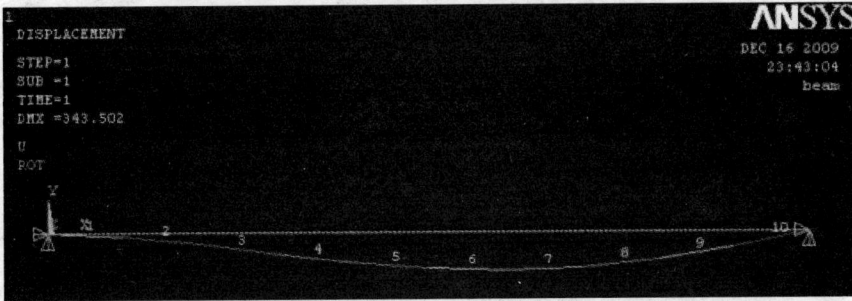

图 14 – 40 梁变形图

（2）列表显示最大节点位移。

[MainMenu] General Postproc | | List Results | Nodal Solution,选择 Nodal Solution 下的 "Displacement Vector Sum",得到如图 14 – 41 所示的节点解（位移）。其中最大位移节点是节点 8,UX = 0mm,UY = – 343.50mm,矢量位移 USUM = 343.50mm。可以查得 8 号节点的坐标为(180,0)。

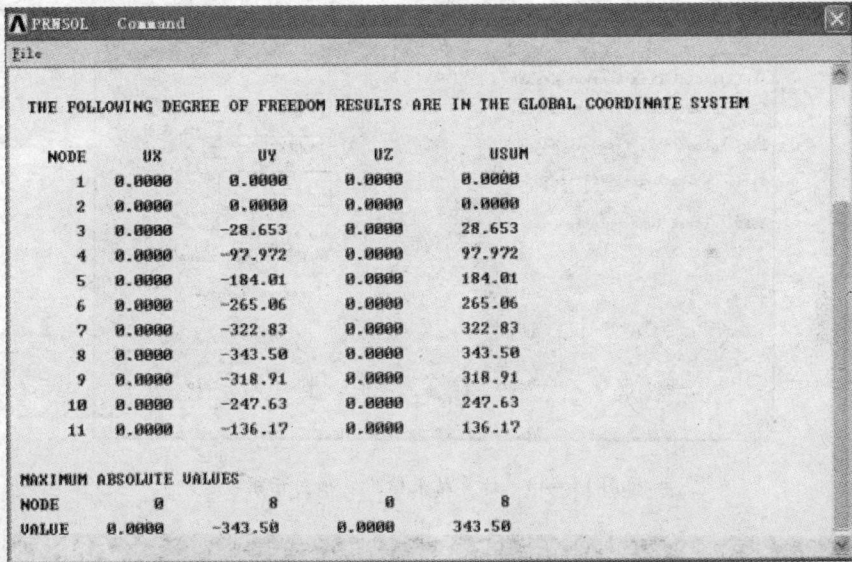

图 14 – 41 梁单元节点位移列表显示

（3）查看最大弯曲应力和最大剪切应力。为浏览其他结果,必须通过单元表的方式来实现。

① 定义单元表。

[MainMenu] General | Element Table | Define Table

用序号法建立如图 14 – 42 所示的单元表,ANSYS 则将这些结果映射到单元表中。

图 14 – 42 中:IMOMENT 表示单元 I 点的弯矩;JMOENT 表示 J 点弯矩;ISBYT 表示单元 I 点上部的弯曲应力;ISBYB 表示 I 点下部的弯曲应力;JSBYT 表示单元 J 点上部的弯曲应力;JSBYB 表示 J 点下部的弯曲应力。

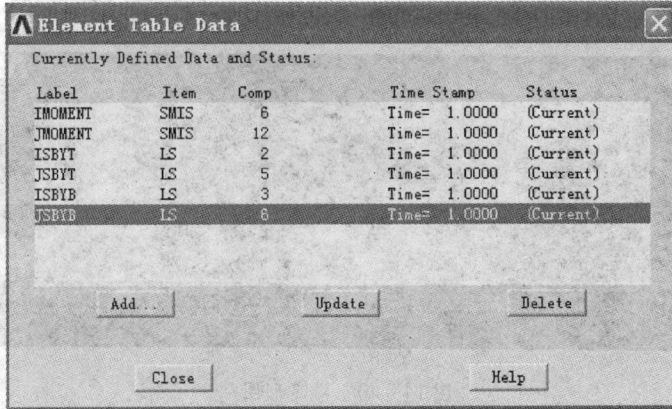

图 14 -42　梁单元表项定义

② 绘制梁弯矩图。

[MainMenu]General Postproc|Plot Results|Contour Plot|Line Element Res

弹出如图 14 -43 所示的对话框,按框中所示填入相应项,单击"OK"按钮则绘制弯矩图,如图 14 -44 所示。

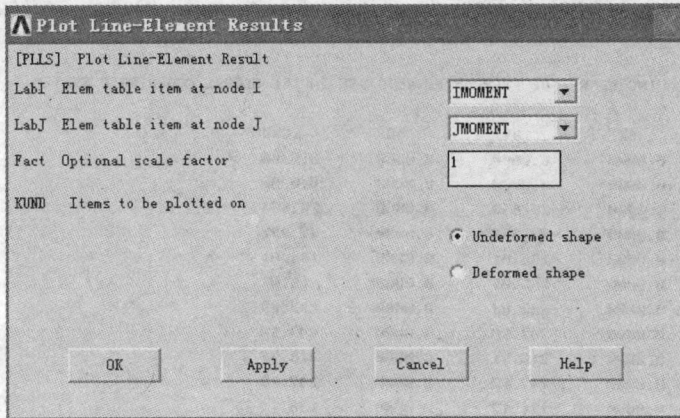

图 14 -43　计算结果输出表项对话框

图 14 -44　梁弯矩图

③ 绘制梁上部弯曲应力图。

[MainMenu] General Postproc | Plot Results | Contour Plot | Line Element Res

仿照上述操作,绘制弯曲应力图如图 14 – 45 所示。应力最大在 1 号单元 I 节点上,即 $X = 0$ 处,弯曲应力为 $37801\,N/mm^2$。

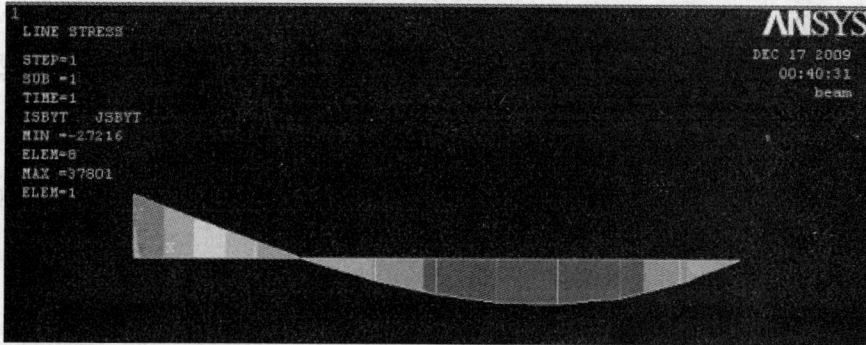

图 14 – 45 梁弯曲应力图

[实例 4] 铰接组合梁

如图 14 – 46 所示平面梁架,其中 2 号梁和 3 号梁是铰接的,求解各梁的最大应力和位置,画出梁的弯矩图和剪力图。已知弹性模量为 $2.1 \times 10^{11}\,Pa$,泊松比为 0.3,各个梁的横截面积为 $0.1\,m \times 0.1\,m$,集中力 $F = 10000\,N$,梁的长度尺寸标注如图。

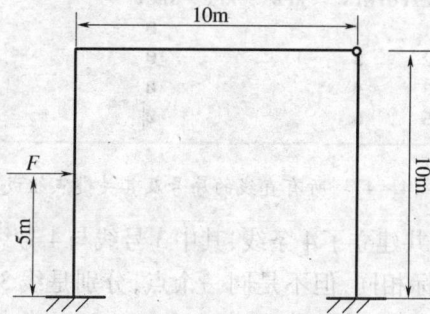

图 14 – 46

解:本例的关键是铰接的处理,铰接实际上就是节点位移的耦合,通过相互铰接的两个节点自由度的耦合来模拟实现。

1. 工作环境设置

(1) 从 Windows 程序组:ANSYS11.0 | ANSYS Product Launcher 进入 ANSYS 程序,设置对话框工作目录为 D:\APP\ex4,工作文件设为 BEAM,单击"Run"按钮进入 ANSYS 图形用户界面。

(2) 图形用户界面菜单过滤,即通过分析类型选择过滤掉不需要的菜单。

[MainMenu] Preference ,勾选 Structural 结构分析。

2. 创建几何模型

梁用关键点来生成,关键点是梁的端点。本例中,力的单位采用 N,长度单位采用 m,则弹性模量的单位须采用 Pa,应力单位也是 Pa。

（1）建立关键点。

[MainMenu]Preprocessor|Modeling|Create|Keypoints|In Active CS

依次完成表 14-7 所列的 6 个关键点的建立。

表 14-7　关键点序号及其坐标

关键点号	1	2	3	4	5	6
坐标	0,0	0,5	0,10	10,10	10,10	10,0

（2）生成直线。

[MainMenu]Preprocessor|Modeling|Create|Lines|Line|Straight Line

选择关键点 1、关键点 2，则自动连成直线，连续选择关键点 2 和 3、3 和 4、5 和 6，单击"OK"按钮，完成线的创建。

（3）列表显示关键点及其坐标。

[Utility Menu]List|Lines

在弹出的对话框中勾选"Orientation KP"项，单击"OK"按钮，则显示如图 14-47 所示图形。

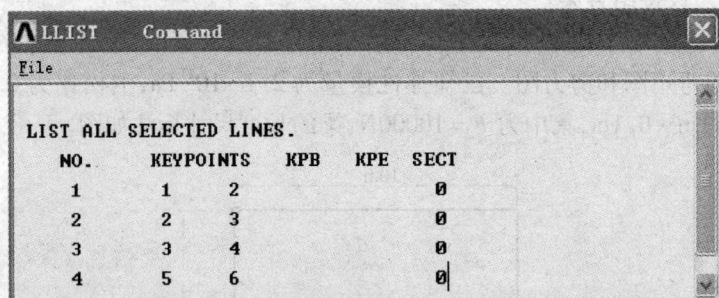

图 14-47　所有直线的序号及其关键点组成

从线的列表可以看出，共建立了 4 条线，其中 3 号线与 4 号线没有公共连接点，虽然 4 号关键点与 5 号关键点坐标相同，但不是同一个点，分别是线 3 上的末点和线 4 上的起点，这是后面需要耦合的两个位置节点。

（4）单击 ANSYS 工具栏"SAVE_ DB"存盘。

3. 定义单元属性

（1）定义单元类型。

[MainMenu]Preprocessor|ElementType 选择 Beam 类中的 2Delastic 3 单元弹性梁，即 Beam3 单元。

（2）定义材料特性。

[MainMenu]Preprocessor|Material Props| Material Model，选择结构线弹性各向同性，输入弹性模量 2.07E5，泊松比 0.3。

（3）定义实常数。

[MainMenu]Preprocessor|Real Constants|Add/Edit/Delete，弹出"Real Constants"对话框，单击"Add"按钮，弹出实常数选项对话框，可以看到已经定义的 Beam3 单元。

单击"OK"按钮，弹出实常数设置对话框，输入截面相关参数，AREA = 0.01，I = IZZ =

$bh^3/12 = 0.833333E - 5$，HIGHT $= 0.1$。单击"OK"按钮，完成实常数设置。

4. 单元划分

（1）几何图元上网格属性指派。本例只有一种单元属性、一种材料属性和一种实常数，因此，采用默认指派。

（2）设定网格尺寸。单元划分前，还要设定网格尺寸。本例是在线上画单元，因此单元的尺寸在线上指定。

[MainMenu]Preprocessor|Meshing|Size Cntrls|Manual Size|Global|Size

在弹出的对话框中的"Element edge length"文本框中输入"0.5"，单击"OK"按钮。即线上每0.5m一个单元，基本符合划分精度。

（3）划分网格。

[MainMenu]Preprocessor|Meshing|Mesh|Lines

单击"Pick ALL"，则自动完成单元划分。

（4）节点编号。

[UtilityMenu]PlotCtrls|Numbering

在弹出的对话框中勾选"Node numbers"复选框，单击"OK"按钮。

（5）图形显示节点。

[UtilityMenu]Plot|Nodes

显示如图14-48所示的图形。

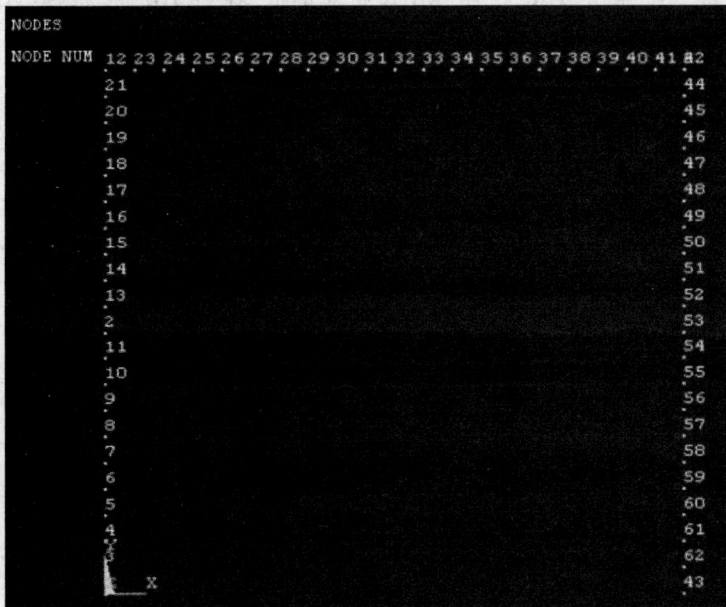

图 14-48 图形显示节点

（6）单击 ANSYS 工具栏"SAVE_DB"存盘。

5. 施加载荷

（1）耦合自由度，形成铰接点。将节点图中右上角两个节点 X、Y 方向的自由度耦合。

[MainMenu]Preprocessor|Coupling /Cegn|Couple DOFs

弹出"Define Coupled DOFs"对话框,输入"22,42",单击"OK"按钮,弹出耦合自由度设置对话框,在"NSET"后的输入框中输入编号"1",在"LAB"处选择"UX",单击"AP-PLY"按钮,在"NSET"后的输入框中输入编号"2",在"LAB"处选择"UY",单击"OK"按钮,完成耦合节点建立,耦合图形如图14-49所示。

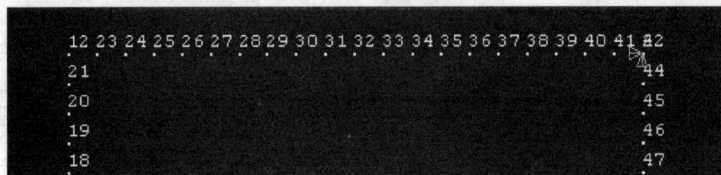

图14-49　节点自由度耦合图

（2）施加载荷。将载荷施加在几何图形上,具体就是将集中载荷施加在关键点3上,分布载荷施加在线上。

① 显示关键点。

[UtilityMenu]PlotCtrls|Numbering

仅勾选关键点复选框,以显示关键点及其编号。

② 给承载基础关键点约束自由度。

[MainMenu]Preprocessor|Loads|Apply|Structral|Displacement|On keypoints

选择关键点1、6,单击"OK"按钮弹出设置对话框,在"LAB2"框选择"ALL DOF",在"VALUE"框输入"0",则关键点1、6被固定。

③ 给承载关键点2施加集中外力。

[MainMenu]Preprocessor|Loads|Apply|Structral|Force/Momen|On Keypoints

选择关键点2,单击"OK"按钮,在"Lab"框选择"FX",在"VALUE"框输入"10000"的值,单击"OK"按钮完成集中载荷施加。施加耦合、约束、载荷的效果图如图14-50所示。

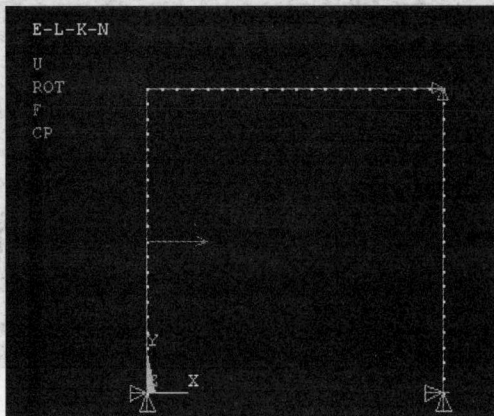

图14-50　耦合、约束、载荷效果图

（3）单击 ANSYS 工具栏"SAVE_ DB"保存。

6. 求解

由于只有一个载荷步,因此就是当前载荷步。

7. POST1 后处理

此例后处理目的是确定梁的最大扰度和最大弯曲应力、最大剪应力。

（1）查看变形。

〔MainMenu〕General Postproc | | Plot Results | Deformed Shape

弹出的对话框中选择"Def + undeformed"，单击"OK"按钮，变形图如图 14 - 51 所示。

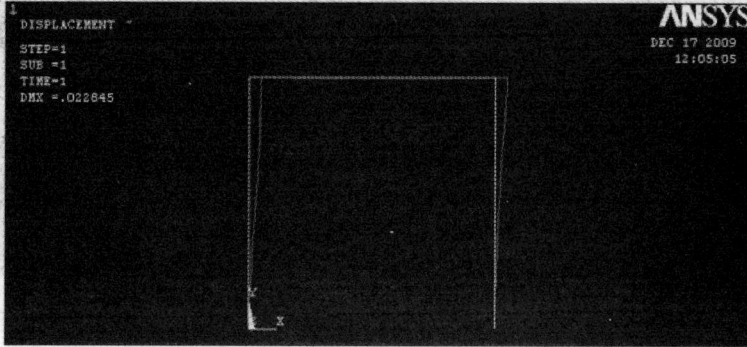

图 14 - 51　铰接梁变形图

最大位移 DMX = 0.22845m，列表可以查得最大位移在节点 30，对应坐标是（4,10）。

（2）绘制梁的弯矩图、剪力图、应力图。查看梁的弯矩、剪力、应力，必须通过单元表。

① 仿照前面实例方法建立单元表（图 14 - 52），其中：FY_I、FY_J 分别表示梁单元 I 点和 J 点的剪力；M_I、M_J 分别表示梁单元 I 点和 J 点的弯矩；SMAX_I、SMAX_J 分别表示梁单元轴向最大应力（直接轴向应力 + 弯曲应力）。

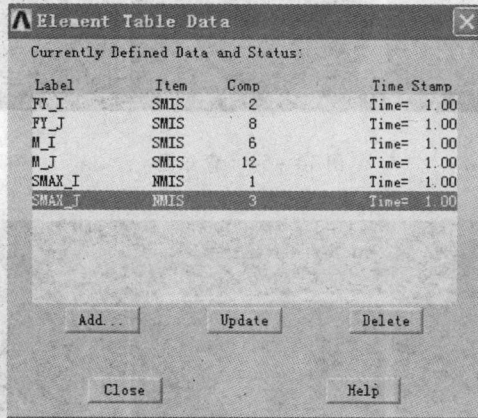

图 14 - 52　单元表创建

② 绘制剪力图、弯矩图、最大应力图。

〔MainMenu〕General Postproc | Plot Results | Contour Plot | Line Elem Res

弹出对话框，在"LabI"中选择"FY_I"，在"LabJ"中选择"FY_J"，单击"OK"按钮绘制剪力（图 14 - 53）。类似地，在"LabI"中选择"M_I"、在"LabJ"中选择"M_J"，单击"OK"按钮绘制弯矩图（图 14 - 54）。在"LabI"中选择"SAMX_I"、在"LabJ"中选择"SMAX_J"，

单击"OK"按钮绘制轴向应力图（图14-55）。从显示的数据可知，最大应力为199MPa，位置1号单元，即左边梁底部。

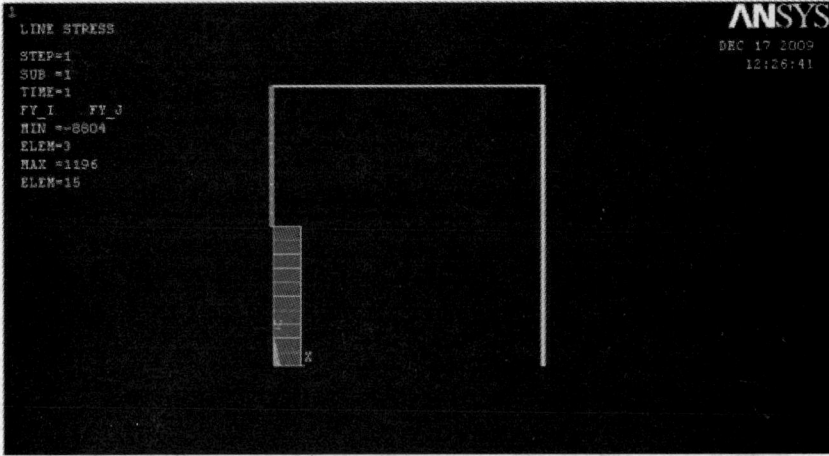

图14-53 剪力图

图14-54 弯矩图

图14-55 轴向应力图

14.4 平面问题

应用 ANSYS 进行平面问题分析时需注意以下问题：

（1）模型只能建立在坐标系 *OXYZ* 的 *XY* 坐标平面内。

（2）平面问题单元归类在 Solid 大类中，因此，选取单元时，到 Solid 类中寻找合适的平面单元。

（3）施加载荷时，presure 指的是单位面积上的压力，即压强，它是一个分布面载荷，而不是分布线载荷。

（4）若结构边界为直边，则选用平面普通单元合适；若结构边界为曲边，则选用平面等参单元合适。

［实例5］ 平面受力支架

如图 14-56 所示板件，其中心位置有一个小圆孔，尺寸（mm）如图所示。已知材料弹性模量 $E = 2 \times 10^5 \mathrm{N/mm^2}$，泊松比 $\upsilon = 0.3$，拉伸载荷 $q = 20\mathrm{N/mm}$，平板厚度 $t = 20\mathrm{mm}$。求平板最大应力及其位置、最大水平位移。

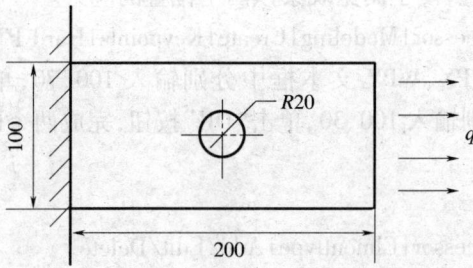

图 14-56

解：本实例属于平面应力问题，中心带孔，应选用高精度 8 节点四边形单元。单位：尺寸 mm，力 N，故应力 N/mm^2 即 MPa。最大变形约为 0.001mm 数量级，最大应力应在孔的顶部和底部，按弹性力学可计算得 3.9MPa。以此检验有限元结果误差。

1. 工作环境设置

（1）从 Windows 程序组：ANSYS11.0|ANSYS Product Launcher 进入 ANSYS 程序，设置对话框工作目录为 D:\APP\ex5，工作文件设为 PlaneBrack，单击"Run"按钮进入 ANSYS 图形用户界面。

（2）图形用户界面菜单过滤，即通过分析类型选择过滤掉不需要的菜单。

［MainMenu］Preference ，勾选 Structural 结构分析。

2. 建立实体几何模型

（1）在 *XY* 平面内建立一个矩形。

［MainMenu］Preprocessor|Modeling|Create|Areas|Rectangle|By 2 Corners

在弹出的对话框 WPX、WPY、Width、Height 文本框中分别输入 0、0、200、100。

（2）创建实体圆。

［MainMenu］Preprocessor|Modeling|Create|Areas|Circle|SolidCircle

339

在弹出的对话框 WPX、WPY、Radius 文本框中分别输入 100、50、20。

（3）布尔减得到平板几何模型。

［MainMenu］Preprocessor|Modeling|Operate|Booleans|Subtract|Areas

在弹出对话框后，鼠标点选矩形（被减项），单击"OK"按钮，再选圆（减项），单击"OK"按钮，则完成布尔减运算得到平板模型（图 14－57）。

图 14－57　平板几何图形

（4）在平板空上、下建立硬点，以备后面划分单元时，在空的上、下位置生成节点，因为这是应力最集中的位置，便于浏览观察该两个位置的应力。

［MainMenu］Preprocessor|Modeling|Create|Keypoints|Hard PT on Area

在弹出的对话框 WPX、WPY 文本框中分别输入 100、70，单击"Apply"按钮，再在 WPX、WPY 文本框中分别输入 100、30，单击"OK"按钮，完成两个硬点的创建。

3. 定义单元属性

（1）定义单元类型。

［MainMenu］Preprocessor|Elmenttype|Add/Edit/Delete

弹出对话框后单击"Add"按钮，在弹出的对话框单元类型框中选择"Structural Solid"，单元选项中选择"Quad 8node 82"单元，单击"OK"按钮得到单元类型为 PLANE82。它是 8 节点的四边形单元，是平面 4 节点单元 PLANE42 的高阶形式，更适合有曲线边界的模型。对于本问题，需要有厚度的平面应力单元，只需单击单元类型表中的"Options"按钮，弹出 PLANE82 选项设置窗口，如图 14－58 所示，在 K3 对应的方框中选择"Plane strs w/thk"，使得可以设置板的厚度。

（2）定义材料特性：EX = 200000，PRXY = 0.3。

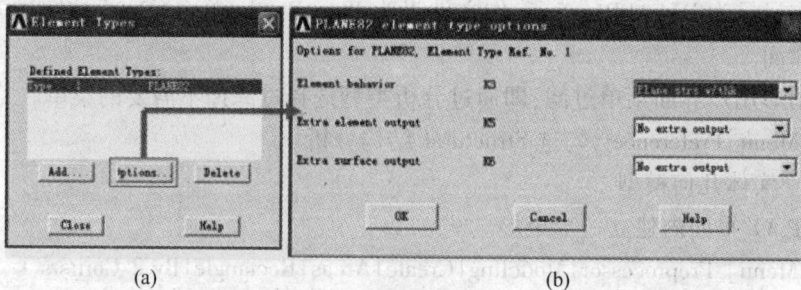

图 14－58　单元类型定义及其选项设置

(a) 单元类型；(b) 单元选项设置。

（3）定义实常数：Preprocessor｜Real Constants｜Add/Edit/Delete。弹出如图14-59所示的对话框，输入板的厚度"20"。

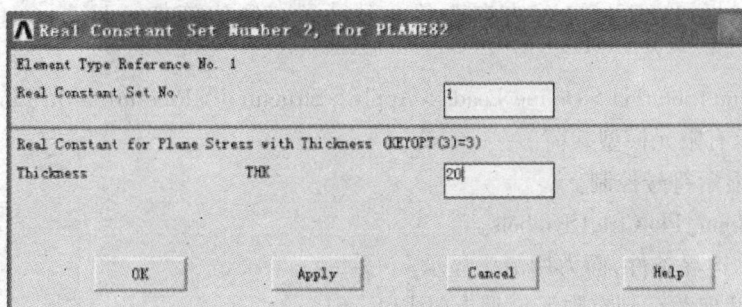

图14-59　实常数定义

4. 划分网格

（1）几何图元上网格属性指派。本例只有一种单元属性、一种材料属性和一种实常数，因此，采用默认指派。

（2）设定网格尺寸。单元划分前，还要设定网格尺寸。

［MainMenu］Preprocessor｜Meshing｜Size Cntrls｜Manual Size｜Global｜Size

根据结构尺寸，本例设定网格边长为5mm，网格粗细基本符合要求。在弹出的对话框中的"Element edge length"文本框中输入5，单击"OK"按钮。

（3）划分网格

［MainMenu］Preprocessor｜Meshing｜Mesh｜Areas｜Free

单击"Pick ALL"，自动完成自由网格单元划分（图14-60）。

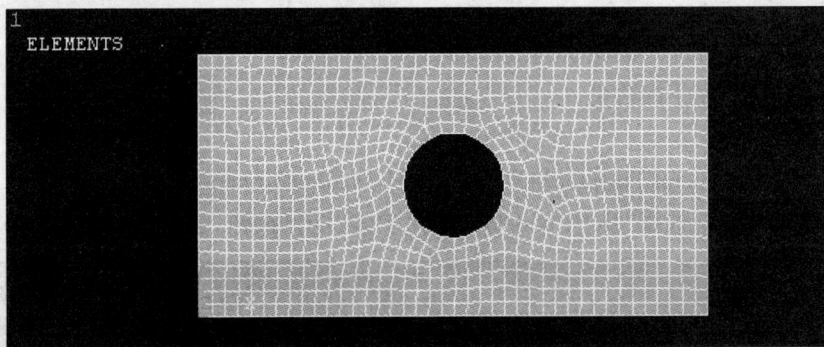

图14-60　平板单元网格划分

通过单元、节点列表可知，一共划分了734个单元、2350个节点。

（4）单击ANSYS工具栏中单击"SAVE_DB"保存。

5. 加载和求解

（1）定义分析类型。Solution｜Analysis Type｜New Analysis ，设为"Static"，即结构静态分析。

（2）施加约束。对左端直线施加固定约束。

［Mainmenu］Solution｜Define Loads｜Apply｜Structural｜Displacement｜on Lines

用鼠标点选模型最左侧边,并全部约束(All DOF)。

(3)施加载荷。板右侧边缘上有一个背离平板的20N/mm的均布线载荷,则均布压力 = 线载荷 ÷ 板厚 = 1N/mm^2,方向为负。对模型右侧边施加 - 1N/mm^2 的均布表面压力。

[Mainmenu]Solution > Define Loads > Apply > Structural > Pressure > On Lines

(4)显示有限元模型载荷。

① 调整显示符号控制。

[UtilityMenu]PlotCtrls|Symbols

设置显示边界条件,面力用箭头显示。

② 转换几何载荷到有限元模型上(图14-61)。

[MainMenu]Solution|Define Loads|Operate|Transfer to FE|All Solid Lds

图14-61　平板有限元模型图

(5)求解:Solution > Solve > Current LS。

6. 后处理.检查计算结果

(1)查看变形。

[MainMenu]General Postproc||Plot Results| Deformed Shape

弹出的对话框中选择"Def + undeformed",单击"OK"按钮,变形图如图14-62所示。

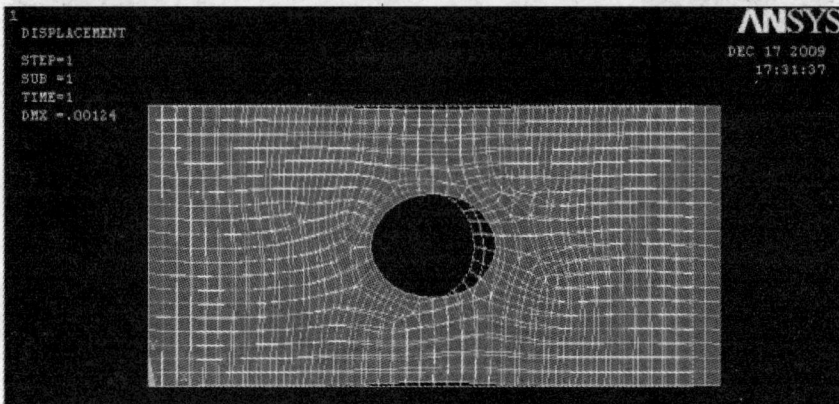

图14-62　平板变形图

最大位移 DMAX = 0.00124，对节点解列表可以查得最大位移为 102 号节点，坐标为（200,50），即板右边的中点，符合实际情况。

（2）绘制第一主应力等值线图。

[MainMenu] General Postproc | | Plot Results | Contour Plot | Nodal solu

弹出的对话框中，选择"Stress"中的"1ST Principal Stress"，单击"OK"按钮，显示如图 14-63 所示的第一主应力等值云图。从图中可以看出，空的上下位置应力最大，最大应力 SMX:3.758MPa，列表查得对应 241 号节点，坐标（100,70），刚好是前面建立的硬点位置。最大应力值与理论解 3.9MPa，误差 3.6%。

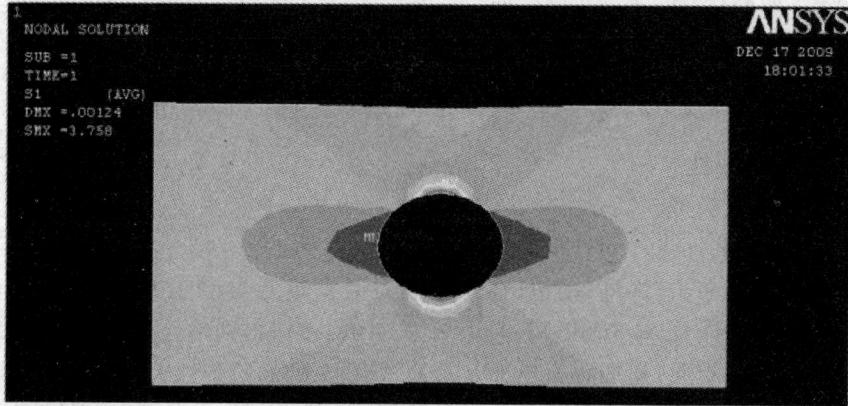

图 14-63 平板第一主应力等值云图

（3）观察解的收敛情况。由于载荷、约束均施加在几何实体上，因此单元的修改并不影响施加的载荷。现在通过重新设置网格尺寸来细化网格，观察求解结果。

[MainMenu] Preprocessor | Meshing | Size Cntrls | Manual Size | Global | Size

设置单元边长为 3，单击"OK"按钮。

[MainMenu] Preprocessor | Meshing | Mesh | Areas | Free

选择面重新划分网格，求解得到：最大位移 DMX = 0.0124；最大主应力 SMX = 3.77MPa。

若设置单元边长为 2mm，重新划分网格求解得：最大位移 DMX = 0.0124；最大主应力 SMX = 3.77MPa。

说明已经收敛，误差为 3.3%。

[**实例 6**]　高速回转光盘

标准光盘置于 52 倍速的光驱中，在读取数据时其转速约为 10000r/min。已知标准光盘的参数为：外径 120mm，内孔径 15mm，厚度 1.2mm，弹性模量 1.6×10^4 MPa，密度 2.2×10^3 kg/m³。求其应力分布和最大应力、最大径向变形。

解：本例从空间实体看是一个空间轴对称问题，但因为厚度薄，受力在一个平面内，全部是径向惯性载荷且同一半径上惯性载荷大小相等，因此可以简化成关于 Z 轴对称平面应力问题。简化后虽模型简单，但通过该列可以了解盘面问题中的轴对称平面问题的模型简化、映射网格划分、周向约束施加等技术方法。

1. 工作环境设置

(1) 从 Windows 程序组:ANSYS11.0 | ANSYS Product Launcher 进入 ANSYS 程序,设置对话框工作目录为 D:\APP\ex6,工作文件设为 CDiskette,单击"Run"按钮进入 ANSYS 图形用户界面。

(2) 图形用户界面菜单过滤,即通过分析类型选择过滤掉不需要的菜单。

[MainMenu]Preference ,勾选 Structural 结构分析。

2. 建立实体几何模型

根据模型对称性,取 1/4 来建模。

在 XY 平面内建立一个 1/4 圆环面。

[MainMenu] Preprocessor | Modeling | Create | Areas | Circle | Partial Annulus

在弹出的对话框中"WPX"输入"0","WPY"输入"0","Radius1"输入"60","Theta1"输入"0","Radius2"输入"7.5","Theta2"输入"90"。

3. 定义单元属性

(1) 定义单元类型。

[MainMenu] Preprocessor | Elmenttype | Add/Edit/Delete

弹出对话框后单击"Add"按钮,在弹出的对话框单元类型框中选择"Structural Solid",单元选项中选择 Quad 8node 82 单元,单击"OK"按钮得到单元类型为 PLANE82。它是 8 节点的四边形单元,是平面 4 节点单元 PLANE42 的高阶形式,更适合有曲线边界的模型。对于本问题,需要有厚度的平面应力单元,只需单击单元类型表中的"Options"按钮,弹出 PLANE82 选项设置窗口,如图 14 -64 所示,在 K3 对应的方框中选择"Plane strs w/thk",使得可以设置板的厚度。

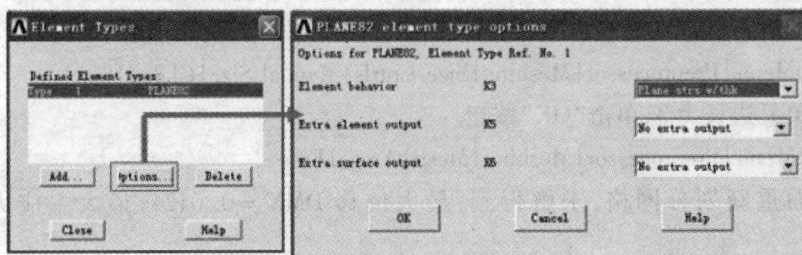

图 14 -64 单元类型定义及其选项设置
(a) 单元类型;(b) 单元选项设置。

(2) 定义材料特性。仿照前面实例输入:EX = 1.6E4,PRXY = 0.3 ,单击"OK"按钮。再单击"Density",在"DENS"文本框中输入密度数值"2.2e -9"(单位 t/mm^3)

(3) 定义实常数:Preprocessor | Real Constants | Add/Edit/Delete。在弹出的对话框中板的厚度"THK"输入"1.2"。

4. 划分网格

(1) 几何图元上网格属性指派。本例只有一种单元属性、一种材料属性和一种实常数,因此,采用默认指派。

(2) 设定网格尺寸。单元划分前,还要设定网格尺寸。

[MainMenu]Preprocessor|Meshing|Size Cntrls|Manual Size|Lines|All Lines

根据结构尺寸,本例设定网格数量10。在弹出的对话框中的"No of Element divisions"文本框中输入"10",单击"OK"按钮。

(3)划分网格。

[MainMenu]Preprocessor|Meshing|Mesh|Areas|Mapped|By Conners

弹出对话框后,用鼠标选择环面,单击"OK"按钮,再选择四个角关键点1、2、3、4,单击"OK"按钮自动完成映射网格单元划分(图14-65)。

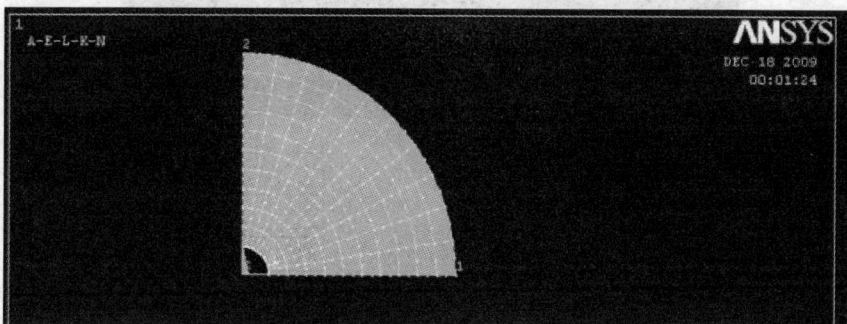

图14-65 光盘映射网格划分

(4)在 ANSYS 工具栏中单击"SAVE_DB"存量。

5. 加载和求解

(1)定义分析类型:[MainMenu]Solution|Analysis Type|New Analysis ,设为"Static",即结构静态分析;

(2)施加约束:本实例的位移边界条件为将全部节点的周向位移固定。为施加周向位移约束,需要将节点坐标系切换到到柱坐标系下来处理。

① 切换总体笛卡儿坐标系到柱坐标系下。

[UtilityMenu]WorkPlane|Change Active CS to |Global Cylindraical

② 改变全部节点坐标系到当今激活的总体柱坐标系下。

[MainMenu] Preprocessor|Modeling|Move/Modify|Rotate Node CS|To Active CS

弹出的对话框要求选择欲旋转坐标系的节点。单击"PickAll"按钮,则所有节点原先的笛卡儿坐标系均被改变到总体柱坐标系下。

③ 节点施加周向约束按钮。

[MainMenu] Solution|Define Loads|Apply|Structural|Displacement|on Nodes

弹出节点选择对话框,要求选择欲施加位移约束的节点。单击"Pick All"按钮,弹出"Apply U、Rot On Nodes"对话框,选择"UY"(周向),并在"VALLUE"框输入"0",单击"OK"按钮,完成位移约束施加(图14-66)。

(3)施加惯性载荷:

[MainMenu] Solution|Define Loads|Apply|Structural|Inertia|Angular|Angular
　　　　　　　　Velocity|Global

弹出如图14-67所示的对话框,填入绕 Z 轴的角速度:10000 ×2 ×3.14159/60 = 1047.2(rad/s),单击"OK"按钮。

图 14-66 1/4 光盘位移约束图

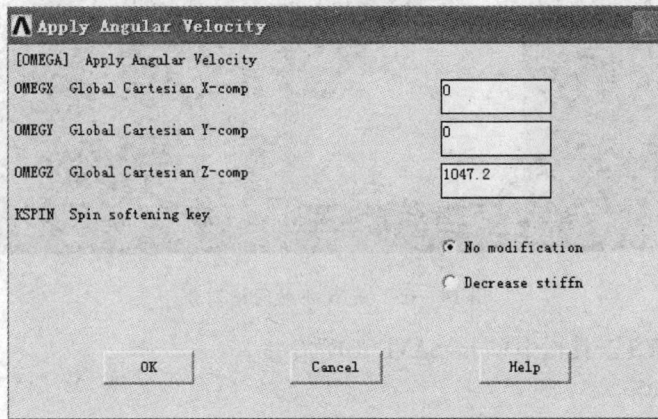

图 14-67 施加惯性载荷

（4）在 ANSYS 工具栏单击"SAVE_DB"按钮存盘。

（5）求解：

［MainMenu］Solution｜Solve｜Current LS

6. 后处理 检查计算结果

（1）查看变形：

［MainMenu］General Postproc｜｜Plot Results｜Deformed Shape

在弹出的对话框中选择"Def + undeformed"，单击"OK"按钮，变形图如图 14-68 所示。

最大位移 DMAX = 0.0062。

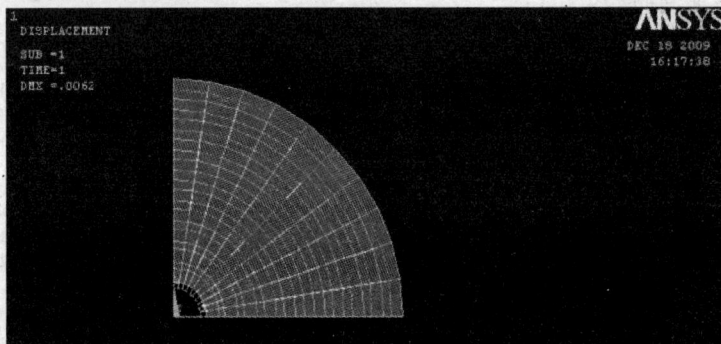

图 14-68 变形图

（2）绘制节点位移等值线云图：

[MainMenu] General Postproc | | Plot Results | Contour Plot | Nodal solu

选择"DOF Solution"中的"displacement Vector sum"，单击"OK"按钮，得到如图14－69所示的变形图。图中看出位移从内至外依次增大。

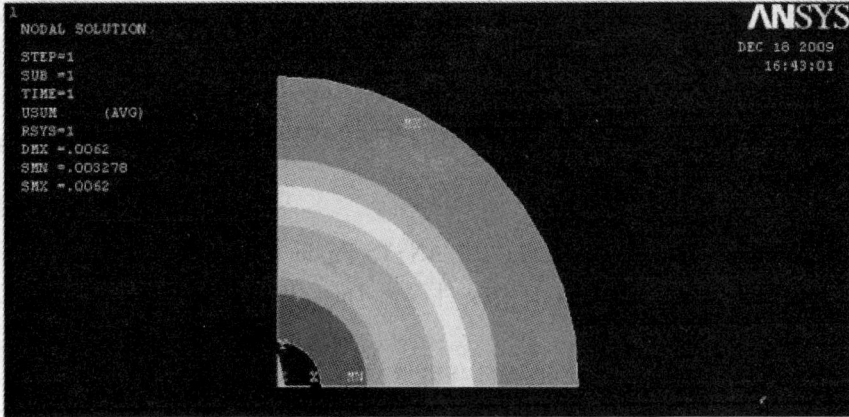

图14－69　变形等值线云图

（3）绘制应力云图：

[MainMenu] General Postproc | | Plot Results | Contour Plot | Nodal solu

在弹出的对话框中，选择"Stress"中的"von mises stress"，单击"OK"按钮，显示如图14－70所示的应力等值云图。从图中可以看出，孔上应力最大，最大应力 SMX ＝6.662MPa。

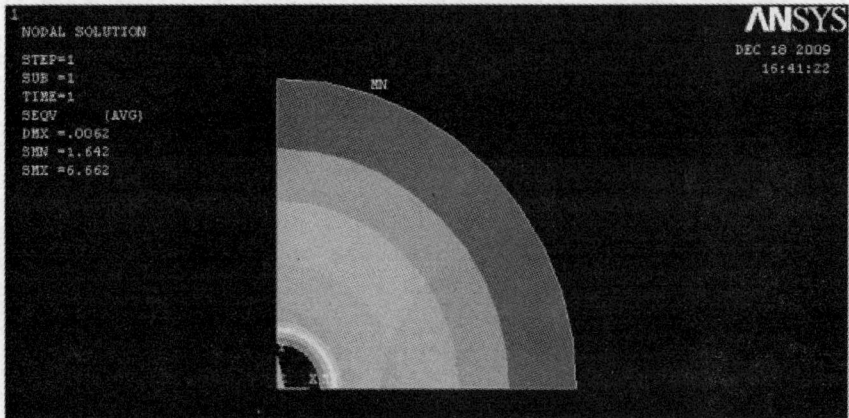

图14－70　应力等值线云图

（4）观察解的收敛情况。通过网格逐步细化计算可知，最大位移 DMX ＝0.0062，最大应力 SMX ＝7.025MPa。

[**实例7**]　厚壁无限长圆筒

如图14－71 所示的厚壁圆筒，内径 $r_1 = 50\text{mm}$，外径 $r_2 = 100\text{mm}$，作用在内孔上的压力 $p = 10\text{MPa}$，无轴向压力，轴向长度视为无穷。求厚壁圆筒的径向应力 σ_r 和轴向应力 σ_θ 沿半径 r 方向的分布。（$E = 2 \times 10^5 \text{MPa}, \mu = 0.3$）

解:本实例属于平面应变问题。因为沿厚壁圆筒的面力与横截面平行而且不沿筒体长度方向发生变化中心带孔,应选用高精度 8 节点四边形单元。单位:尺寸 mm,力 N,故应力 N/mm² 即 MPa。

根据弹性力学知识,得出最大径向应力和切向应力位于 $X = 50$mm 处,其值分别为 10MPa 和 16.6667MPa。以此检验有限元结果误差。

考虑到其结构的对称性,可取圆筒的 1/4,并施加垂直于对称面的约束进行计算。

图 14-71　厚壁圆筒

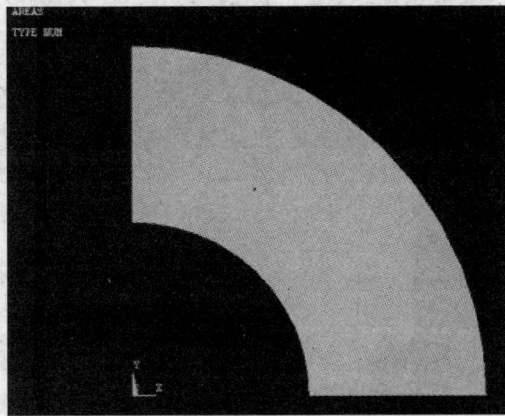

1. 工作环境设置

(1) 从 Windows 程序组:ANSYS11.0 | ANSYS Product Launcher 进入 ANSYS 程序,设置对话框工作目录为 D:\APP\ex7,工作文件设为 Thick Wall Cylinder,单击"Run"按钮进入 ANSYS 图形用户界面。

(2) 图形用户界面菜单过滤,即通过分析类型选择过滤掉不需要的菜单。

[Main Menu] Preferences,勾选 Structural 结构分析。

2. 建立实体几何模型

在 XY 平面内建立几何模型:

[Main Menu] Preprocessor | Modeling | Create | Areas | Circle | By Dimension

在弹出的对话框中,"RAD1"输入"100","RAD2"输入"50","THETA1"输入"0","THETA2"输入"90"。单击"OK"按钮生成如图 14-72 所示的圆筒 1/4 截面几何图形。

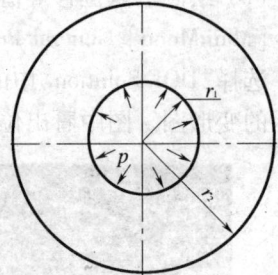

图 14-72　圆筒 1/4 截面几何图形

3. 定义单元属性

(1) 定义单元类型:

[Main Menu] Preprocessor | Element type | Add/Edit/Delete

弹出对话框后点选"Add"按钮,在弹出的对话框单元类型框中选择"Structural Solid",单元选项中选择 Quad 8node 82 单元,单击"OK"按钮得到单元类型为 PLANE82。它是 8 节点的四边形单元,是平面 4 节点单元 PLANE42 的高阶形式,更适合有曲线边界的模型。

由于此例题属于平面应变问题，因此，需单击如图 14-73(a)所示单元类型表中的"options"，弹出 PLANE82 选项设置窗口，如图 14-73(b)所示，在 K3 对应的方框中选择"Plane strain"。

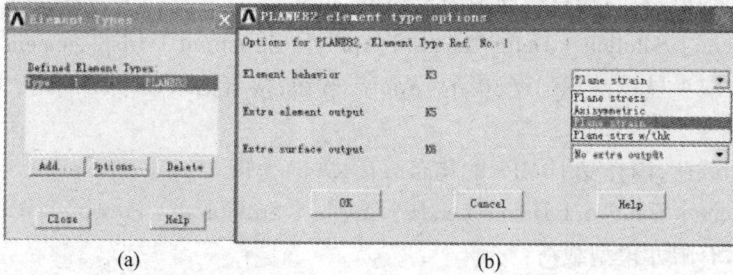

图 14-73　单元类型定义与选项设置
(a) 单元类型；(b) 单元选项设置。

(2) 定义材料特性：EX = 200000，PRXY = 0.3。

4. 划分网格

(1) 几何图元上网格属性指派。本例只有一种单元属性、一种材料属性和一种实常数，因此，采用默认指派。

(2) 设定网格尺寸。单元划分前，还要设定网格尺寸。

[Main Menu] Preprocessor | Meshing | Size Cntrls | Manual Size | Lines | Picked lines

如图 14-74 图形中，拾取 3 号线，单击"Apply"按钮，在弹出的对话框中的"NDIV"文本框中输入"8"；接着拾取 2 号线，单击"OK"按钮，在弹出的对话框中的"NDIV"文本框中输入"6"，单击"OK"按钮退出。

(3) 划分网格：

[Main Menu] Preprocessor | Meshing | Mesh | Areas | Mapped | 3or4 sided

单击"Pick ALL"按钮，则完成映射网格的划分（图 14-74）。

通过单元、节点列表可知，一共划分了 48 个单元，173 个节点。

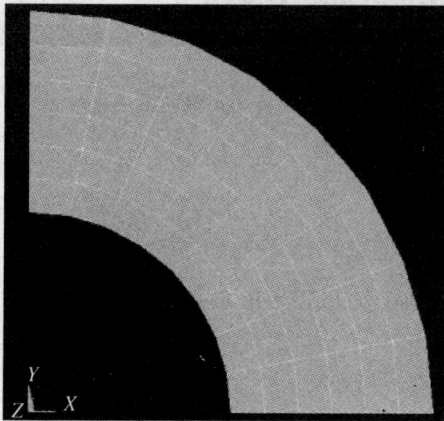

图 14-74

（4）单击 ANSYS 工具栏中"SAVE_DB"按钮存量。

5. 加载和求解

（1）定义分析类型：

［Main Menu］Solution ｜ Analysis Type ｜ New Analysis ，设为 Static，即结构静态分析；

（2）施加约束，对左端直线施加固定约束：

［Main Menu］Solution ｜ Define Loads ｜ Apply ｜ Structural ｜ Displacement ｜ on Lines

用鼠标拾取 4 号线，约束 UY，单击"Apply"按钮；接着拾取 2 号线，单击"OK"按钮，约束 UX。

（3）施加载荷，内孔受 10MPa 的均布载荷，方向为正。

［Main Menu］Solution ｜ Define Loads ｜ Apply ｜ Structural ｜ Pressure ｜ On Lines

（4）显示有限元模型载荷：

① 调整显示符号控制：

［Utility Menu］PlotCtrls ｜ Symbols

设置显示边界条件，面力用箭头显示。

② 转换几何载荷到有限元模型上（图 14 – 75）。

［Main Menu］Solution ｜ Define Loads ｜ Operate ｜ Transfer to FE ｜ All Solid Lds

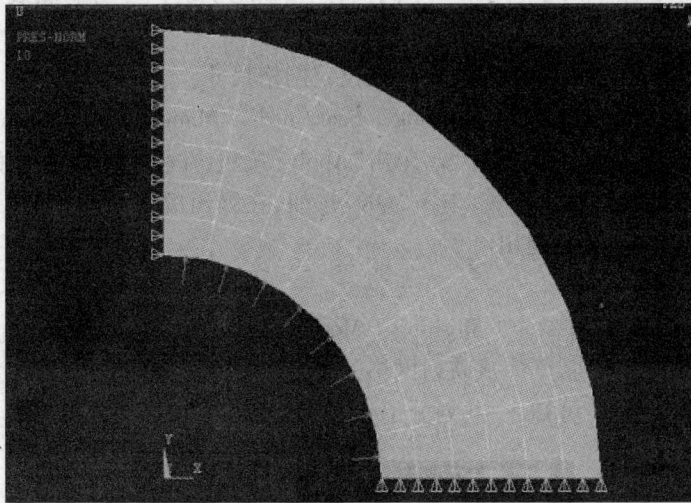

图 14 – 75 圆筒 1/4 截面有限元模型

（5）求解：Solution > Solve > Current LS。

6. 后处理 检查计算结果

（1）查看应力云图（图 14 – 76）。

［Main Menu］General Postproc ｜ Plot Results ｜ Contour Plot ｜ nodal solu ｜ stress ｜ Y – Component of Stress

（2）应力分布曲线图：

① 定义路径。通过［Utility Menu］Plot ｜ Nodes 显示出节点。

［Main Menu］｜ General Postproc ｜ Path Operations ｜ Define Path ｜ By Nodes

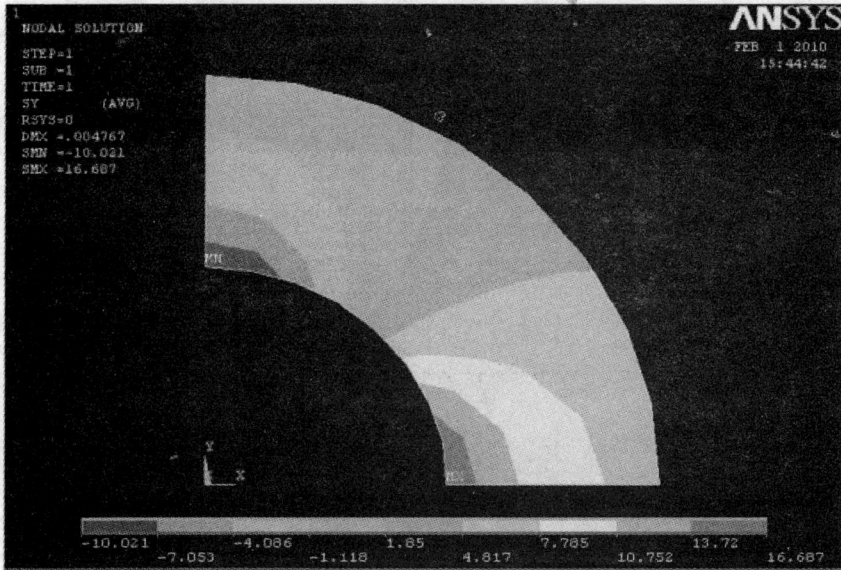

图 14 - 76　Y 向应力等值线云图

弹出对话框后,由内向外依次拾取与 $Y = 0$ 上所有节点,单击"OK"按钮,弹出如图 14 - 77 所示的对话框,在"Name"文本框中输入"P1",单击"OK"按钮退出。

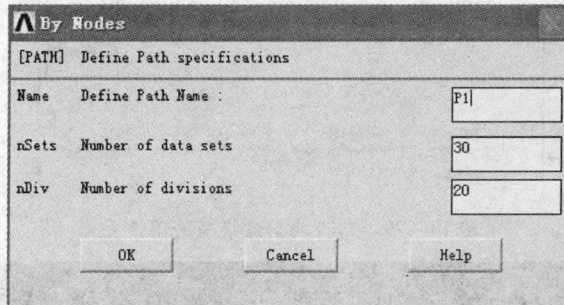

图 14 - 77　节点定义路径对话框

② 将数据映射到路径上:

[Main Menu] | General Postproc | Path Operations | Map onto Path

弹出如图 14 - 78 所示的对话框,在"Lab"中输入"SR",在"Item,Comp"的两个列表中分别选择"Stress"、"X - direction SX,单击"Apply"按钮;在"Lab"中输入"ST",在"Item,Comp"的两个列表中分别选择"Stress"、"Y - direction SY",单击"OK"按钮退出。

③ 作路径图:

[Main Menu] | General Postproc | Path Operations | Plot Path Item | On Graph

弹出如图 14 - 79 所示的对话框,在列表中选择"SR"、"ST",单击"OK"按钮退出。

单击"OK"按钮后,得到如图 14 - 80 所示的应力分布曲线图,图中:SR 为径向应力 σ_r;ST 为切向应力 σ_t。

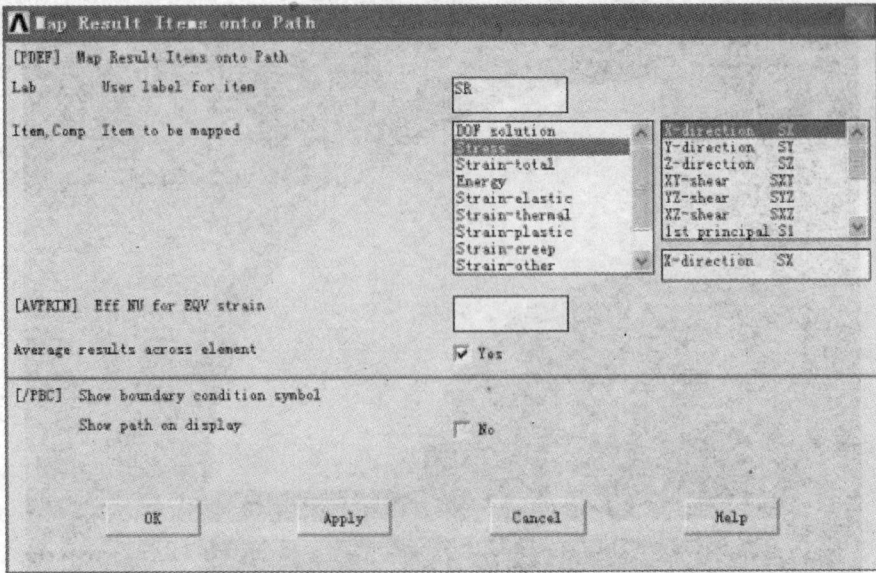

图 14 -78　结果项映射到路径对话框

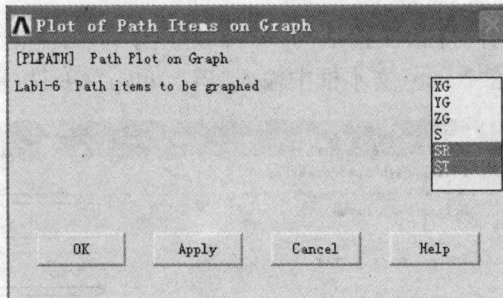

图 14 -79　路径映射结果项绘图设置

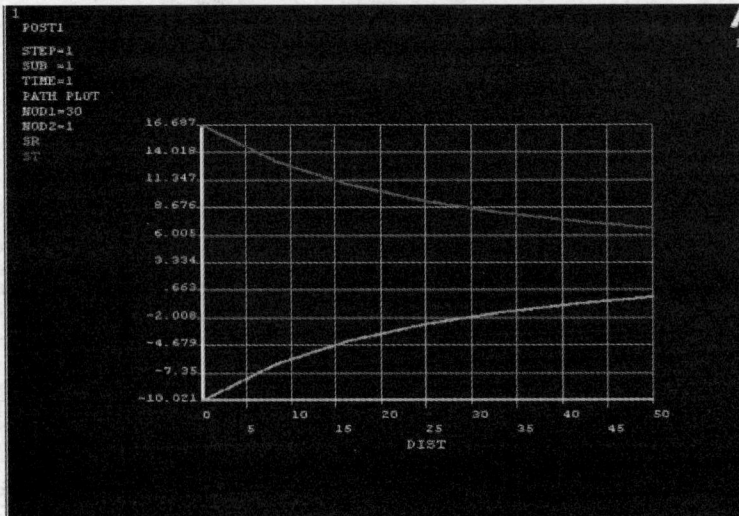

图 14 -80　径向应力 σ_r、切向应力 σ_t 沿路径分布曲线

14.5　轴对称问题

[**实例**8]　厚壁圆筒

如图 14 –81 所示的厚壁圆筒,该筒的内半径 $r_1 = 4\mathrm{m}$,外半径 $r_2 = 7\mathrm{m}$,高度 $h = 9\mathrm{m}$,弹性模量 $E = 10\mathrm{GPa}$,泊松比 $\mu = 0.2$,容重 $\gamma = 25\mathrm{kN/m^3}$,内外壁上承受的分布载荷的集度 $p = 90\mathrm{kN/m^2}$。试绘制出径向位移和轴向应力云图。

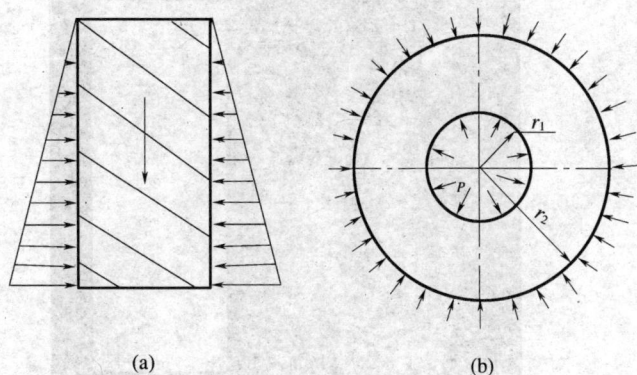

图 14 –81　厚壁圆筒
(a)轴截面图;(b)俯视图。

解:该厚壁圆筒是关于中心轴对称的回转体,属于轴对称问题。根据其约束及加载情况,可将其简化如图 14 –82 所示的力学分析模型。

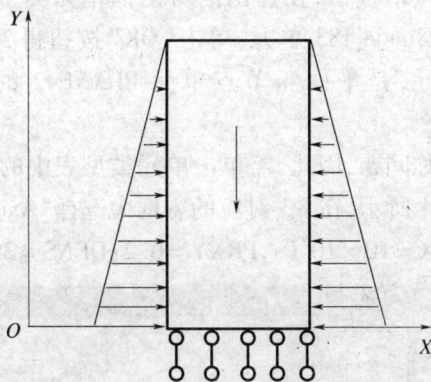

图 14 –82　厚壁圆筒轴对称问题力学分析模型

注意:在轴对称分析中,要求模型必须位于总体 XY 平面,而且结构的对称轴必须是 Y 轴;其中,总体 X 轴表示结构的径向,Y 轴表示轴向,Z 轴表示周向。

1. 工作环境设置

(1) 从 Windows 程序组:ANSYS11.0 | ANSYS Product Launcher 进入 ANSYS 程序,设置对话框工作目录为 D:\APP\ex8,工作文件设为 Thick Cylinder,单击“Run”按钮进入 ANSYS 图形用户界面;

（2）图形用户界面菜单过滤，即通过分析类型选择过滤掉不需要的菜单。

［Main Menu］Preferences，勾选 Structural 结构分析。

2. 建立实体几何模型

在 XY 平面内建立几何模型：

［Main Menu］Preprocessor｜Modeling｜Create｜Areas｜Rectangle｜By Dimension

在弹出的对话框中，X1，X2 输入 4，7；Y1，Y2 输入 0，9，生成如图 14 - 83 所示几何图形。

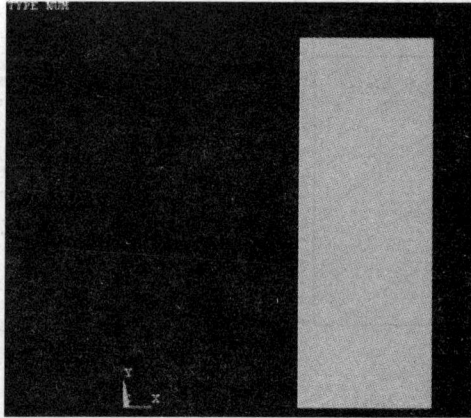

图 14 - 83　厚壁圆筒轴截面几何图形

3. 定义单元属性

（1）定义单元类型：

［Main Menu］Preprocessor｜Element type｜Add/Edit/Delete

弹出对话框后单击"Add"按钮，在弹出的对话框单元类型框中选择"Structural Solid"，单元选项中选择 Quad8node 183 单元，单击"OK"按钮得到单元类型为 PLANE183。它是 8 节点的四边形单元，是平面 4 节点单元 PLANE42 的高阶形式，其精度高于 PLANE42。

由于此例题属于轴对称问题，因此，需单击单元类型表中的"options"，弹出 PLANE42 选项设置窗口，如图 14 - 84 所示，在 K3 对应的方框中选择"Axisymmetric"。

（2）定义材料特性：EX = 10×10^9 Pa，PRXY = 0.2；DENS = 2551。

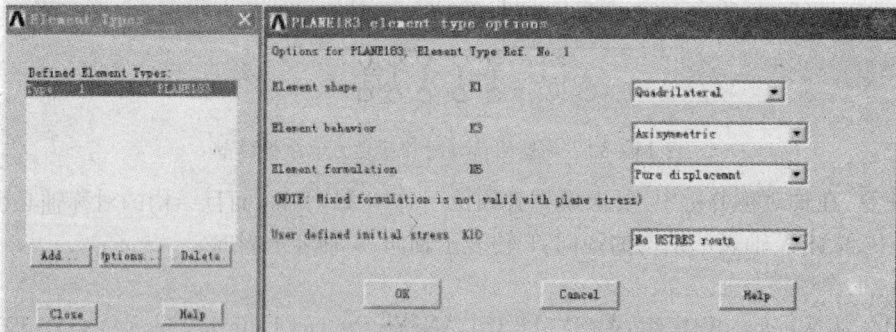

图 14 - 84　单元类型定义及选项设置

(a)单元类型；(b)单元选项设置。

354

4．划分网格

（1）几何图元上网格属性指定。本例只有一种单元属性、一种材料属性和一种实常数，因此，采用默认指定。

（2）设定网格尺寸。单元划分前，还要设定网格尺寸：

［Main Menu］Preprocessor｜Meshing｜Size Cntrls｜Manual Size｜Global｜Size

在"Size"的文本框中输入"0.5"，单击"OK"按钮退出。

（3）划分网格：

［Main Menu］Preprocessor｜Meshing｜Mesh｜Areas｜Mapped｜3or4 sided

单击"Pick ALL"，则完成映射网格的划分，如图 14－85 所示。

（4）单击 ANSYS 工具栏中"SAVE_DB"按钮存盘。

5．加载和求解

（1）定义分析类型：

［Main Menu］Solution｜Analysis Type｜New Analysis，设为 Static，即结构静态分析；

（2）施加约束，对 $Y=0$ 的直线施加 Y 向固定约束：

［Main Menu］Solution｜Define Loads｜Apply｜Structural｜Displacement｜on Lines

弹出对话框后，拾取 L1，约束 UY，点击"OK"按钮退出。

（3）施加载荷，左右两边均为线性过渡的分布载荷：

① 调整显示符号控制：

［Utility Menu］PlotCtrls｜Symbols

设置"LDIR"为"ON"。单击"OK"按钮，显示直线方向如图 14－86 所示。

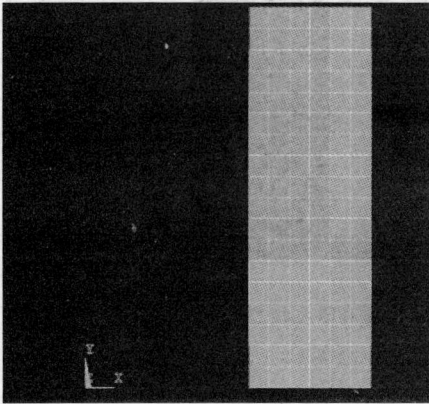

图 14－85　厚壁圆筒轴截面网格划分

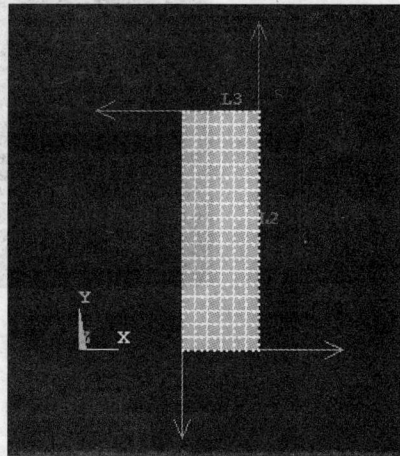

图 14－86　厚壁圆筒轴截面直线方向标识

② 加载：

［Main Menu］Solution｜Define Loads｜Apply｜Structural｜Pressure｜On Lines

根据起始点位置输入相应的载荷值。

注意： ANSYS 中的线是有方向的，若需施加线性载荷，则要找到线条的起点和终点。

（4）显示有限元模型载荷：

在线上施加分布力对话框如图 14－87 所示。

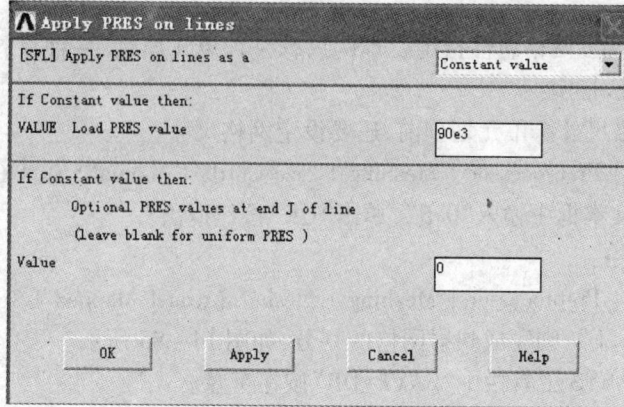

图 14-87　在线上施加分布力对话框

① 调整显示符号控制：

［Utility Menu］PlotCtrls | Symbols

设置显示边界条件，面力用箭头显示。

② 转换几何载荷到有限元模型上（图 14-88）：

［Main Menu］Solution | Define Loads | Operate | Transfer to FE | All Solid Lds

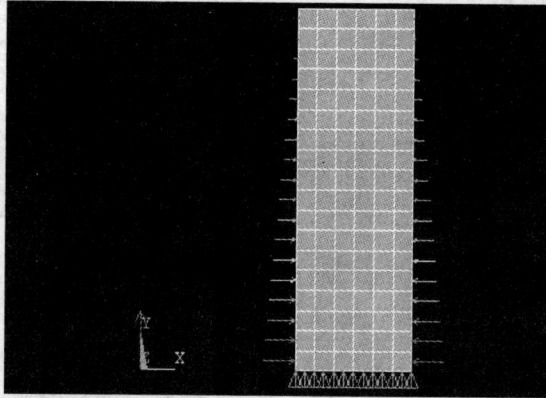

图 14-88　厚壁圆筒轴对称问题有限元模型

（5）求解：Solution > Solve > Current LS。

6. 后处理　检查计算结果

查看应力云图：

（1）径向位移云图（图 14-89）：

［Main Menu］General Postproc | Plot Results | Contour Plot | nodal solu |DOF Solution | X - Component of displacement

（2）轴向应力云图（图 14-90）：

［Main Menu］General Postproc | Plot Results | Contour Plot | nodal solu |Stress | Y - Component of stress

356

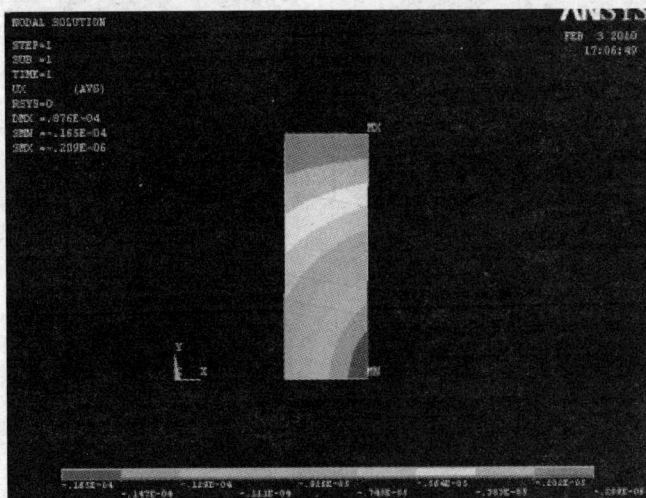

图 14 - 89　径向位移等值线云图

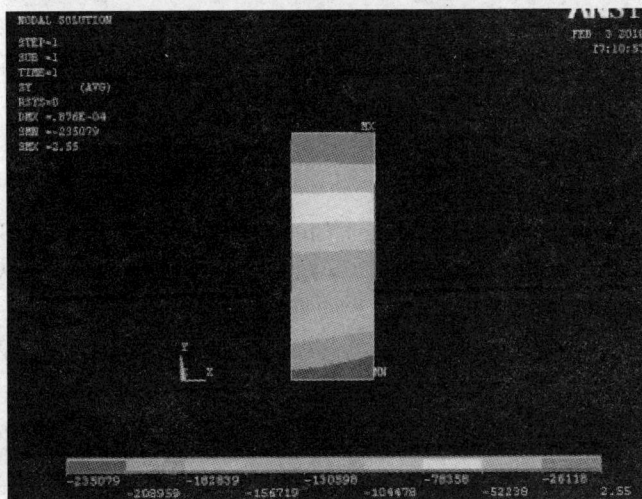

图 14 - 90　轴向应力等值线云图

14.6　空间问题

[实例 9]　钢架实体

如图 14 - 91 所示的钢架实体结构,其尺寸、形状如图所示,该结构的两个圆孔固定,材料的弹性模量为 $E = 200 \text{N/cm}^2$,泊松比 $\mu = 0.3$,试用 ANSYS 计算该支架的主应力,并画出其应力分布图。

解:本实例中尺寸单位不一致,应先统一单位。由于矩形块带有圆孔,划分网格时应该分几个部分划分。统一单位为:尺寸 mm,力 N,故应力 N/mm^2 即 MPa。

1. 工作环境设置

(1) 从 Windows 程序组:ANSYS11.0 | ANSYS Product Launcher 进入 ANSYS 程序,设置对话框工作目录为 D:\APP\ex9,工作文件设为 Steel Structure,单击"Run"按钮进入

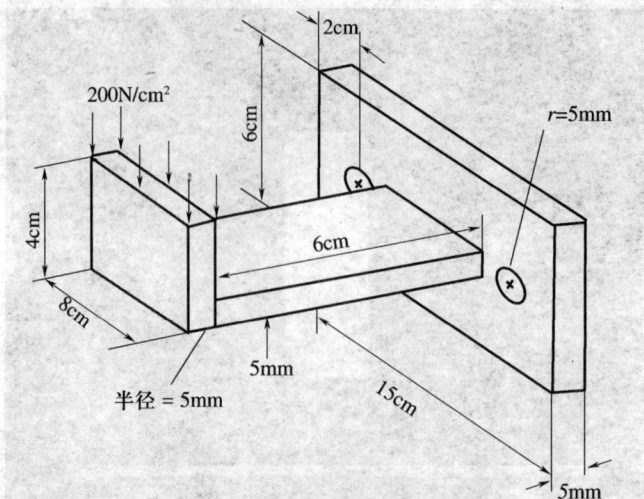

图 14 −91　钢架结构

ANSYS 图形用户界面；

（2）图形用户界面菜单过滤，即通过分析类型选择过滤掉不需要的菜单。

［Main Menu］Preferences，勾选 Structural 结构分析。

2. 建立实体几何模型

（1）创建长方体：

［Main Menu］Preprocessor | Modeling | Create | Volumes | Block | By Dimensions

在弹出的对话框中："X1"，"X2"输入" −75"，"75"；"Y1"，"Y2"输入" −30"，"30"；"Z1"，"Z2"输入"0"，"5"。

（2）平移工作平面：

［Utility Menu］Work Plane | Offset WP by Increment…

弹出如图 14 −92 所示的对话框，在"Snaps"中输入 55,0,0，即把工作平面沿 X 方向平移 55。

（3）创建圆柱体：

［Main Menu］Preprocessor | Modeling | Create | Volumes | Cylinder | Solid Cylinder

在弹出的对话框中："WP X"，"WP Y"输入"0"，"0"；"Radius"输入"5"；"Depth"输入"5"。

（4）沿 YZ 平面映射圆柱体：

［Main Menu］Preprocessor | Modeling | Reflect | Volumes

弹出对话框后，拾取圆柱体单击"OK"按钮完成映射退出。

（5）布尔操作减去圆柱体：

［Main Menu］Preprocessor | Modeling | Booleans | Subtract | Volumes

弹出对话框后，先拾取长方体，单击"OK"按钮；然后在拾取两圆柱体，单击"OK"按钮完成操作退出，得到如图 14 −93 所示图形。

（6）创建平面：

先平移工作平面至（0,0,5）；在工作平面内创建平面

［Main Menu］Preprocessor | Modeling | Create | Areas | Rectangle | By dimensions

358

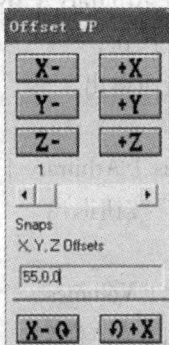

图 14-92　工作平面平移操作

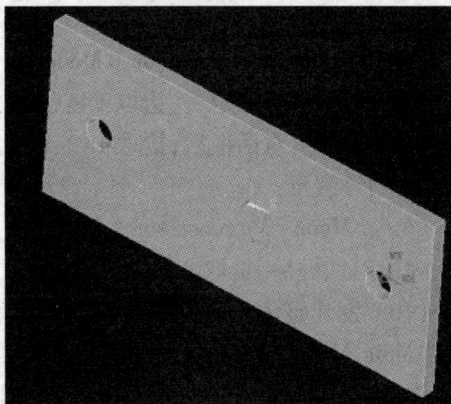

图 14-93　安装板实体模型

弹出对话框中:"X1","X2"分别输入"-40","40";"Y1","Y2"分别输入"-2.5","2.5"。

(7)延伸平面:

[Main Menu] Preprocessor | Modeling | Operate | Extrude | Areas | AlongNormal

弹出对话框后,拾取上个操作中创建的平面,单击"OK"按钮,在"DIST"文本框中输入"60"。

(8)创建4cm高的长方体:

[Main Menu] Preprocessor | Modeling | Create | Volumes | Block | By Dimensions

在弹出的对话框中:"X1","X2"分别输入"-40","40";"Y1","Y2"分别输入"-2.5","37.5";"Z1","Z2"分别输入"65","70"。

(9)倒圆角:

① 布尔切分操作:

[Main Menu] Preprocessor | Modeling | Booleans | Divide |Volume by Area

弹出对话框后,拾取 V2 单击"OK"按钮,再拾取 A11 单击"OK"按钮退出。

② 创建圆角面:

[Main Menu] Preprocessor | Modeling | Create | Areas | Area Fillet

弹出对话框后,拾取 A23、A11。得到如图 14-94 对话框,在"RAD"文本框中输入"5",单击"OK"按钮退出。

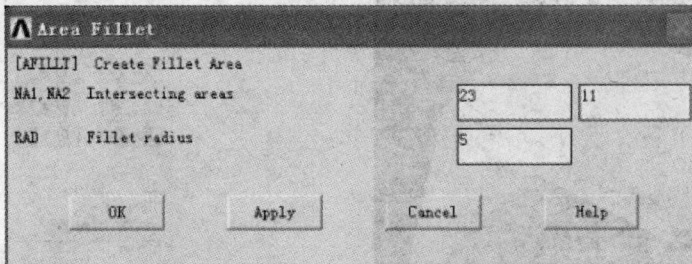

图 14-94　圆角面创建对话框

③ 创建圆角侧面：

［Main Menu］Preprocessor | Modeling | Create | Areas | Arbitrary | By lines

侧面1：弹出对话框后，拾取 L44、L68、L74，单击"Apply"按钮；

侧面2：弹出对话框后，拾取 L43、L69、L75，单击"OK"按钮退出。

④ 创建圆角：

［Main Menu］Preprocessor | Modeling | Create | Volumes | Arbitrary | By Areas

弹出对话框后，拾取 A32、A29、A21、A23、A11，单击"OK"按钮退出。

（10）创建整体几何模型：

［Main Menu］Preprocessor | Modeling | Booleans | Glue | Volumes

弹出对话框后，点击"Pick All"。得到如图 14 – 95 所示的整体模型。

3. 定义单元属性

（1）定义单元类型：

［Main Menu］Preprocessor | Element type | Add/Edit/Delete

弹出对话框后单击"Add"按钮，在弹出的对话框单元类型框中选择"Structural Solid"，单元选项中选择"Quad 4node 42"单元，单击"Apply"按钮得到单元类型为 PLANE42；接着选择 8node Solid 45 和 10nod Solid 187 单元，单击"OK"按钮完成选择。

（2）定义材料特性：EX = 2e5，PRXY = 0.3。

4. 划分网格

（1）切分几何体：

① 平移、旋转工作平面：

［Utility Menu］Work Plane | Offset WP by Increment…

弹出对话框后，在"Snaps"中输入"40,0,0"；"Degrees"中输入"0,0,90"单击"OK"按钮后退出，如图 14 – 96 所示。

② 体被工作平面切分：

［Main Menu］Preprocessor | Modeling | Booleans | Divide | Volume by WrkPlane

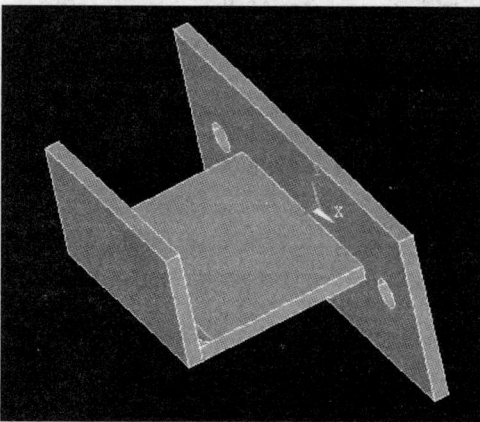

图 14 – 95　钢架实体几何模型

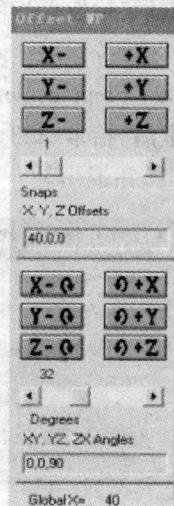

图 14 – 96　工作平面平移、旋转操作对话框

弹出对话框后,拾取 V4,点击"OK"按钮退出。

③ 同样的操作把工作平面移至(-40,0,0),对体 V4 进行切分操作。

④ 体相粘贴:

[Main Menu] Preprocessor | Modeling | Booleans | Glue | Volumes

弹出对话框后,单击"Pick All"按钮。

(2) 设定网格尺寸:单元划分前,还要设定网格尺寸。

[Main Menu] Preprocessor | Meshing | Size Cntrls | ManualSize | Global | Size

弹出如图 14 -97 所示的对话框,在"SIZE"文本框中输入"5",单击"OK"按钮退出。

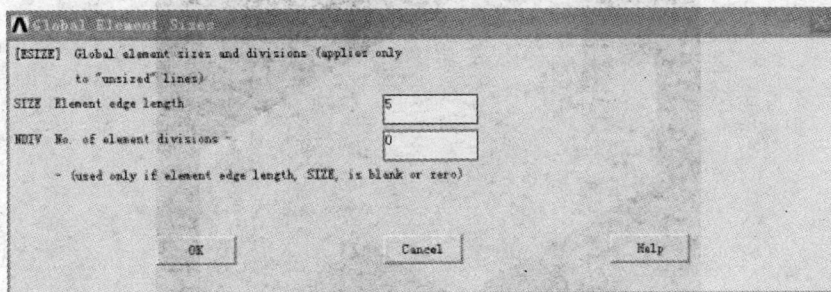

图 14 -97 网格尺寸设置对话框

(3) 划分网格:

① 定义单元属性:

[Main Menu] Preprocessor | Meshing | Mesh Attributes | Pick Volumes

弹出对话框后,拾取 V5,单击"OK"按钮,弹出如图 14 -98 所示的对话框,在"Type"下拉式菜单中选择"1 PLANE42",单击"OK"按钮完成设定。

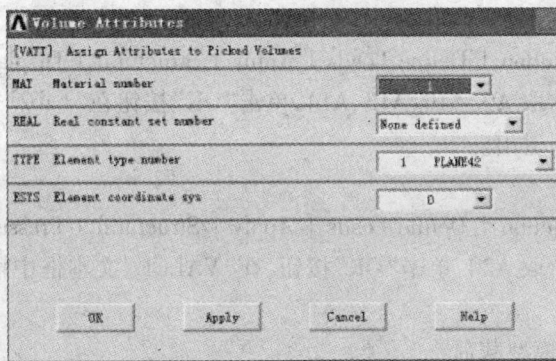

图 14 -98 定义单元属性

② 面网格的划分:

[Main Menu] Preprocessor | Meshing | Mesh | Areas | Mapped | 3or4 sided

弹出对话框后,拾取 A18,点击"OK"按钮,则完成映射网格的划分。

③ 体网格的划分:

[Main Menu] Preprocessor | Meshing | Mesh | Volume Sweep | Sweep

弹出对话框后,拾取 V5,单击"OK"按钮,完成体网格的划分。

④ 用同样的方法对 V1、V6 进行扫掠网格划分,步骤同 V5 的划分。

注意:对面网格划分时,选择的面需平行于 *XY* 面。

⑤ 自由网格划分:

[Main Menu] Preprocessor | Meshing | Mesh | Volume | Free

弹出对话框后,拾取 V2、V3、V7,点击"OK"按钮完成自由网格划分。

最后,得到如图 14 – 99 所示的网格。

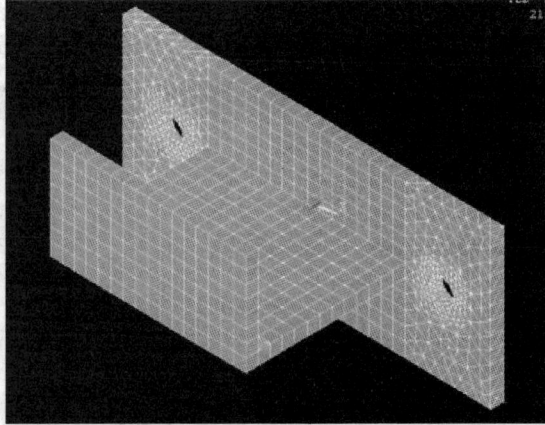

图 14 – 99　钢架网格划分

(4) 单击 ANSYS 工具栏"SAVE_DB"按钮存盘。

5. 加载和求解

(1) 定义分析类型:

[Main Menu] Solution | Analysis Type | New Analysis ,设为 Static,即结构静态分析;

(2)施加约束,固定两个圆孔:

[Main Menu] Solution | Define Loads | Apply | Structural | Displacement | onAreas

弹出对话框后,拾取 A9、A10、A13、A14,单击"OK"按钮在"Lab2"文本框中选择"ALL DOF",单击"OK"按钮退出。

(3) 施加载荷:

[Main Menu] Solution | Define Loads | Apply | Structural | Pressure | OnAreas

弹出对话框后,拾取 A20,单击"OK"按钮,在"VALUE"文本框中输入"2",单击"OK"按钮退出。

(4) 显示有限元模型载荷:

① 调整显示符号控制:

[Utility Menu] PlotCtrls | Symbols

设置显示边界条件,面力用箭头显示。

② 转换几何载荷到有限元模型上(图 14 – 100):

[Main Menu] Solution | Define Loads | Operate | Transfer to FE | All Solid Lds

(5) 求解:Solution > Solve > Current LS。

6. 后处理　检查计算结果

查看 Mises 应力云图:

362

[Main Menu] General Postproc | Plot Results | Contour Plot | nodal solu | stress | Von Mises Stress

钢架 Von Mises 应力等值线云图如图 14 – 101 所示。

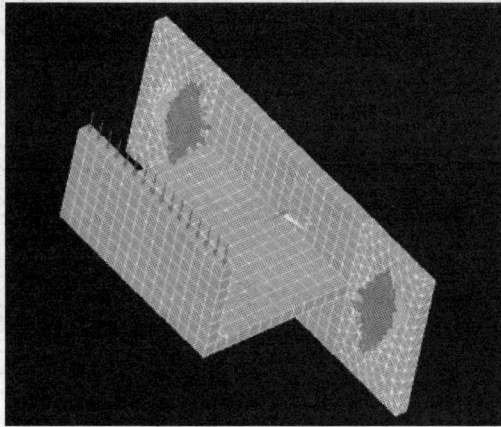

图 14 – 100　钢架有限元分析模型

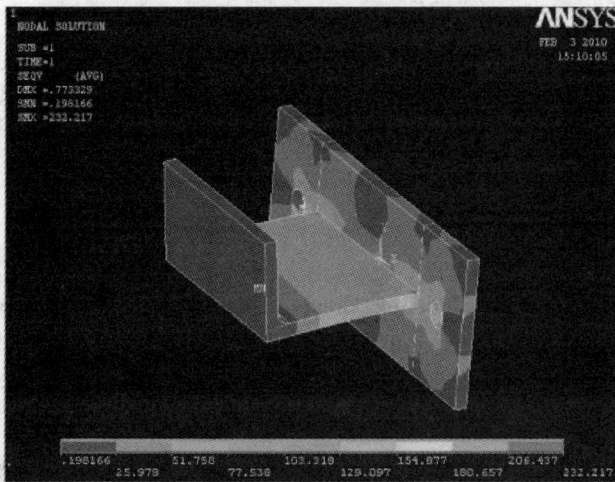

图 14 – 101　钢架 Von Mises 应力等值线云图

[实例 10]　回转实体轮子

轮子如图 14 – 102 所示(尺寸单位为 Inch),现要分析该轮仅承受绕其中心轴旋转角速度的作用下,轮的受力及其变形情况。

已知:角速度 $\omega = 525 \mathrm{rad/s}$,弹性模量 $E = 3 \times 10^7 \mathrm{psi}$,泊松比为 0.3 密度为 0.000731bf · $\mathrm{s}^2/\mathrm{in}^4$。

这是一个空间问题的静力学分析,由于结构的复杂性,不能采用由二维网格拖拉生成三维网格的方式,宜采用自由网格和映射网格相结合的网格生成方式,根据该轮的对称性,在分析式只要分析其中的一部分即可。具体操作思路:①先建立三维几何模型;②根据三维模型的特点,对三维模型进行分割,使其中一部分模型能够采用映射网格方式划分,其余部分则可以用自由网格划分。因此必须选用 20 节点六面体单元(Solid95),它可以进行映射网格划分,同时也可以变成 20 节点的四面体网格进行自由网格划分,因此能够实现不同网格形状的连接。③对划分网格的连接处进行网格转换。即将20节点的四面体自由网格转换为10节点四面体网格,以减少解题规模。④施加对称约束和角加速度。⑤求解分析,并显示结果。

分析步骤如下:

(1) 定义工作名"Wheel_Anal"和工作标题"The Stress calculating of Wheel by angular velocity"

[Main Menu] File | Change Jobname 在对话框内输入"Wheel_Anal"

[Main Menu] File | Change Title 在对话框内输入"The Stress calculating of Wheel by angular velocity"

(2) 定义单元类型和材料属性:

[Main Menu] Preprocessor | Element | Type | Add/Edit/Delete 单击"Add"按钮,选择"Structural Solid"类型的"Brick 20node 95",单击"OK"按钮。

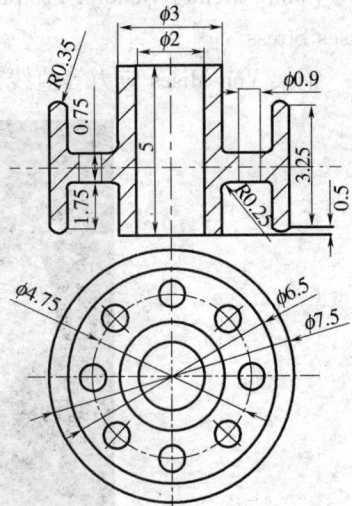

图 14-102 实体轮结构图

[Main Menu] Preprocessor | Material Props | Material Models

在弹出的对话框中单击"Structure",再单击"Density",在密度输入框内输入"0.00073",单击"OK"按钮。再依次单击"Linear"、"Elastic"、"Isotropic"在"EX"框输入"30e6","PRXY"框内输入"0.3",单击"OK"按钮并退出。

(3) 建立二维模型:

① 生成三个矩形面。

[Main Menu] Preprocessor | Modeling | Create | Areas | Rectangle | ByDimension

生成左边矩形面:X1 = 1.0, X2 = 1.5, Y1 = 0, Y2 = 5.0

生成右边矩形面:X1 = 3.25, X2 = 3.75, Y1 = 0.5, Y2 = 3.75

生成中间矩形面:X1 = 1.0, X2 = 3.75, Y1 = 1.75, Y2 = 2.5

② 面叠分操作。

[Main Menu] Preprocessor | Modeling | Operate | Booleans | Overlap | Areas

在弹出的对话框中单击"Pick all"按钮,执行面叠分操作后,单击"OK"按钮退出。打开线编号,生成如图 14-103 图形。

③ 轮腹板线倒圆角。

[Main Menu] Preprocessor | Modeling | Create | Lines | Line Fillet

用鼠标左键拾取"L16"和"L28",单击"Apply"按钮,弹出 Line Fillet 对话框,在"RAD Fillet radius"框内输入圆角半径"0.25",单击"Apply"按钮,按上述过程依次对线"L14,L27","L28,L23"、"L27,L19"倒角。Plot 绘制线如图 14-104(a) 所示。

④ 生成轮腹圆角面。

[Main Menu] Preprocessor | Modeling | Create | Areas | Arbitrary | By Lines

用鼠标拾取"L2,L4,L6",单击"Apply"按钮。用同样的方法生成另外三个圆弧面。关闭线编号,打开面编号,Plot 绘制面如图 14-104(b) 所示。

364

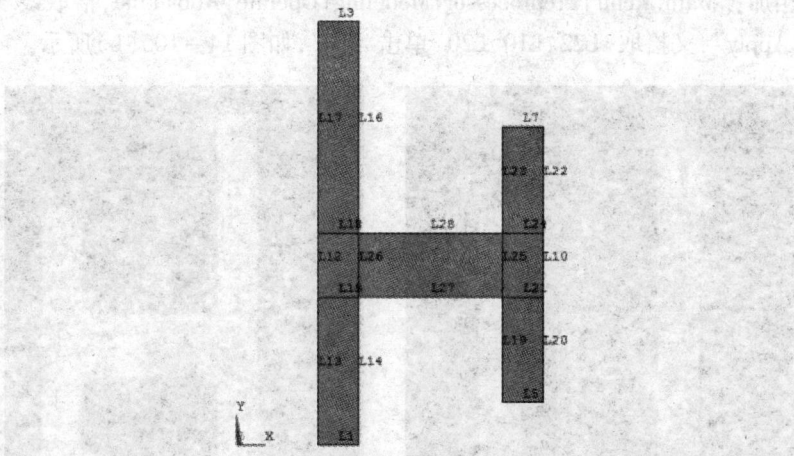

图 14 - 103　面叠分效果图

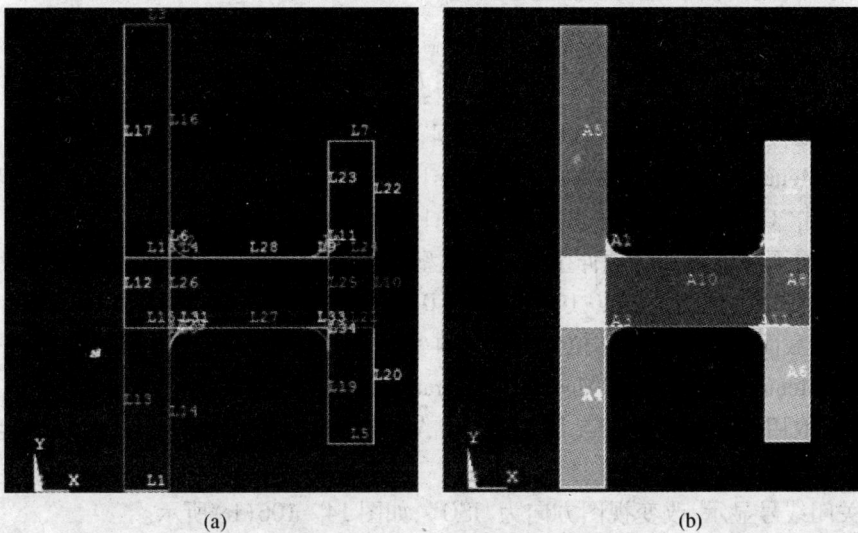

图 14 - 104　圆角面生成过程
(a) 线倒圆角；(b) 轮腹板圆角面。

⑤ 创建轮外缘圆弧中心关键点。

[Main Menu] Preprocessor | Modeling | Create | Keypoints | In Active CS

在对话框内输入"100,X = 3.5,Y = 0.745"、"101,X = 3.5,Y = 3.505"。

⑥ 生成轮外缘圆弧线：[Main Menu] Preprocessor | Modeling | Create | Lines | Arcs | By End KPs&Rad。

拾取关键点 100 两边矩形两角点单击"Apply"按钮，再拾取关键点 100，单击"Apply"按钮，在弹出的对话框"Radius of the arc"框内输入"0.35"，单击"Apply"。用同样方法生成另一圆弧。

⑦ 生成轮外缘圆弧面，同步骤①生成由线围成的面的方法，如图 14 - 105(a)所示。

⑧ 面相加：[Main Menu] Preprocessor | Modeling | Operate | Add | Area，单击"Pick All"。

365

⑨ 线相加：[Main Menu]Preprocessor|Modeling|Operate|Add|Line，拾取线"L17，L12，L13"单击"Apply"，又拾取"L22，L10，L20"单击"OK"，如图14-105（b）所示。

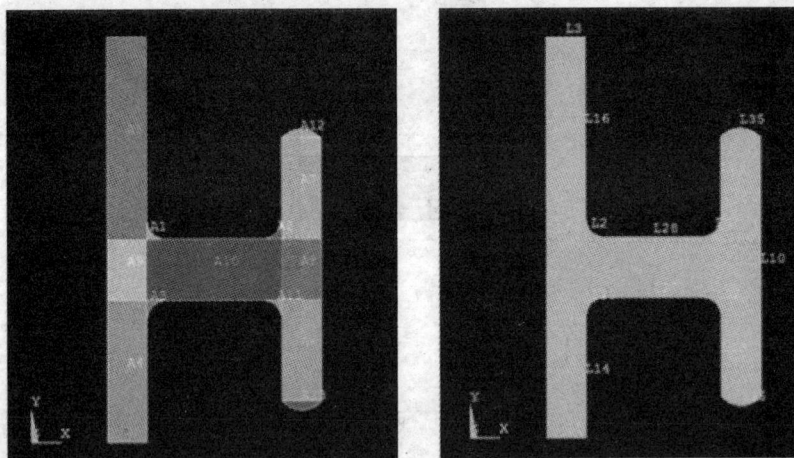

图14-105 回转轮轴截面
（a）轮外缘圆角面；（b）轮轴截面图。

⑩ 压缩编号，重新显示线，保存结果数据，存为"Wheel_Anal_2D"。

[Main Menu]Preprocessor|Numbring Ctrls|Numbering，在弹出的对话框下拉选项中选择"All"，单击"OK"；显示线：单击菜单栏 Plot|Areas，如图14-106所示。

（4）通过面绕轴线旋转拉伸生成三维模型：

① 创建回转轴线的关键点：102 坐标为（0,0）、103 坐标为（0,5）。

② 轮轴截面绕回转轴旋转拉伸生成三维实体轮。

[Main Menu]Preprocessor|Modeling|Operate|Extrude|AboutAxis

鼠标拾取用作轴线的关键点 102、103 在 Arc length in degree 框中输入 22.5 度，输入 NSEG=1，即生成的实体由一块体积组成。

③ 关闭线号显示，改变视图方向为"ISO"，如图14-106（b）所示。

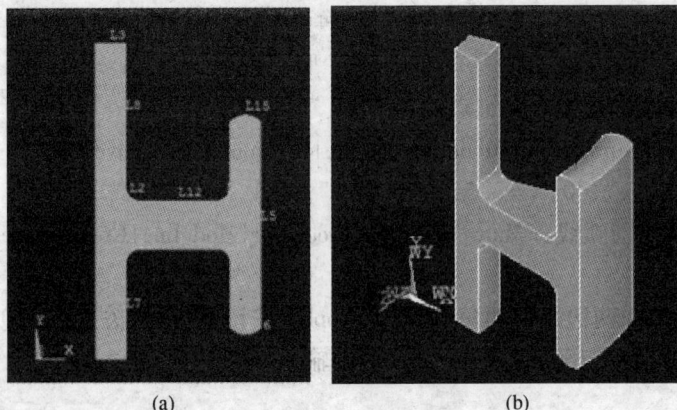

（a）   （b）

图14-106 面旋转拉伸
（a）压缩编号的轴截面轮廓图；（b）旋转拉伸的1/16轮。

（5）生成一个圆柱孔。

① 激活工作平面：WorkPlane | Display Working Plane

② 旋转工作平面：[Utility Menu] Work plane | Offset by increments，在"XY, YZ, ZX Angles"下面的输入栏中输入"0，-90"，工作平面的 WZ 将指向上方。

③ 生成一个圆柱体：[Main Menu] Preprocessor | Modeling | Create | Cylinder | Solid Cylinder，出现一个对话框，输入 WP X = 2.375，WP Y = 0，Radius = 0.45，Depth = 2.6（注：>2.5），单击"OK"按钮，生成如图 14 - 107（a）圆柱体。

④ 体相减：[Main Menu] Preprocessor | Modeling | Operate | Subtract | Volumes。在图形屏幕上拾取编号为"V1"的体，单击"OK"按钮，再拾取编号为"V2"的体，即圆柱体，单击"OK"按钮，生成如图 14 - 107（b）所示的体。

⑤ 另存盘为：Save as "Wheel_Anal_3D"。

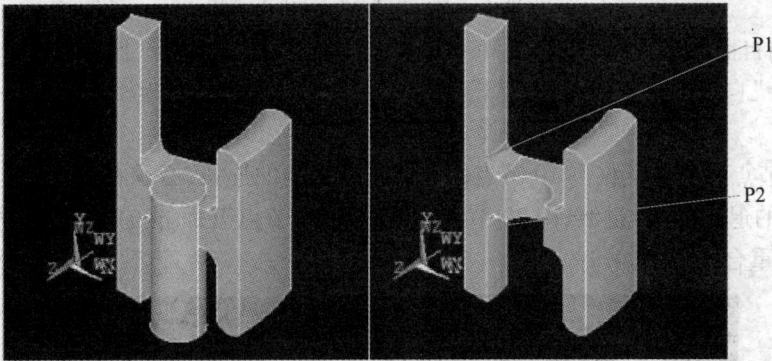

图 14 - 107　圆柱孔创建过程

（a）创建圆柱；（b）创建圆柱孔。

（6）划分网格。

① 平移工作平面到图 14 - 107（b）的标识位置 P1 关键点上

[Main Menu] WorkPlane | Offset WP to | Keypoints，拾取屏幕上 P1 位置的关键点。

用工作平面切分体：[Main Menu] Preprocessor | Modeling | Operate | Divide | Volu by WrkPlane，拾取"Pick All"。

② 同理，平移工作平面到图 14 - 107（b）的标识位置 P2 关键点上，用工作平面切分体。

③ 关闭工作平面。

[Utility　Menu] WorkPlane | Display Working Plane

④ 显示线和体（图 14 - 108）。

[Utility　Menu] Plot | Lines

[Utility　Menu] Plot | Volumes

⑤ 设置单元尺寸：[Main Menu] Preprocessor | Mesh Tool，单击 Size Control 下面 Global 上的 Set，输入 Size = 0.25。

⑥ 采用映射网格生成单元：在 MeshTool 工具条下的"Shape"下选择"Hex"六面体网格类型和"Mapped"映射生成方式，单击 Mesh，拾取 V1，V2，V3，V5。生成的网格单元如下图 14 - 109（a）所示。

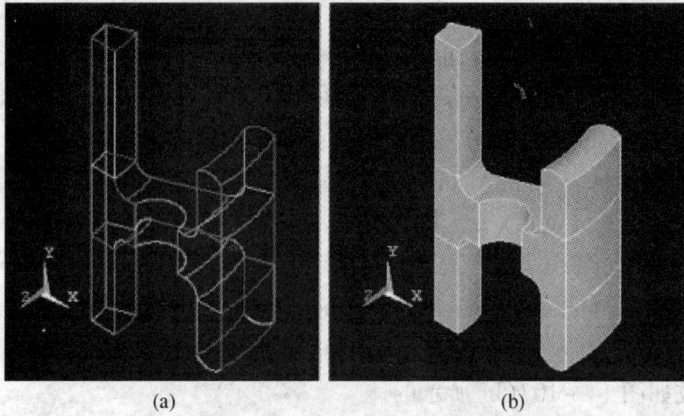

图 14 - 108   体被工作平面切分

(a) 切分后的轮廓线；(b) 切分后的轮廓体。

⑦ 采用自由网格划分单元：在 MeshTool 工具条上，选择 Shape 下的"Tet"四面体网格类型和"Free"自由网格生成方式，单击 Mesh，拾取 V6，则完成自由网格划分。如图 14 - 109(b)所示。

注: 20 节点六面体网格到 10 节点四面体网格之间的连接，必须在会合面上通过五面体(20 节点的退化形式)过渡，即 20 节点六面体→20 节点五面体→20 节点四面体，退化是通过节点重合实现的。

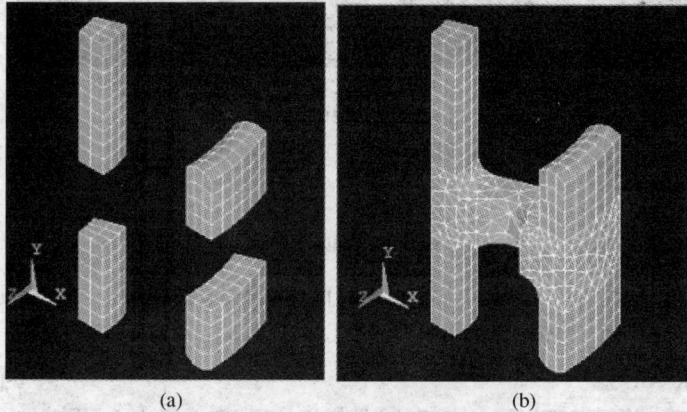

图 14 - 109   体网格划分

(a) 体映射网格划分；(b) 体自由网格划分。

⑧ 转变的单元类型：[Main Menu]Preprocessor|Meshing|ModifyMesh|Change Tets

出现一个对话框，在"Change from"后面的框中选择"95to92"。即 20 节点 95 退化四面体单元转换成 10 节点四面体单元，以降低求解规模。

⑨ 显示单元的过渡区域：通过建立选择集来局部观察，[Main Menu]Select|Entities 弹出对话框，选择 Elements 和 By Element name，输入 Soli95，再显示单元[Main Menu]plot|Element，得到如图左上所示图形；再选择全部实体[Main Menu]SelectEverything|Utility|Select|Entities 弹出对话框，选择 Elements 和 By Element name，输入 Soli92，再显示单元[Main Menu]plot|Element，得到如图 4 - 110(b)所示图形。可以清楚看到，六面体单元到四面体单元通过连接边界面附近的五面体单元过渡而成。

368

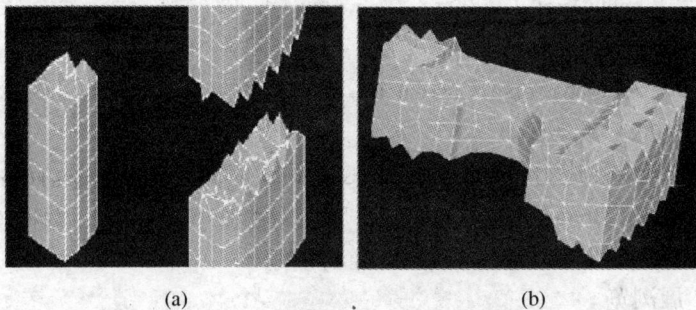

(a)　　　　　　　　　　　　　(b)

图 14 – 110

（a）映射网格到自由网格过渡区；（b）自由网格到映射网格的过渡区。

⑩ 另存为"Wheel_Anal_Mesh"。

（7）施加载荷并求解。

① 如图 14 – 111（a）所示，由于图中截面（A1 + A39 + A7 + A20 + A40 + A27）及其反面（A15 + A41 + A3 + A34 + A41）均不能沿面的法向移动，面也不能沿两个方向摆动，因此对这两个面施加对称约束。

[Main Menu] Preprocessor | Lodes | Apply | Dispalacement | On Areas

在弹出的对话框中输入"1,39,7,20,40,27"，单击"Apply"按钮，再输入"15,21,3,34,41"，单击"OK"按钮。这两个截面上的约束实际上是斜约束，即与总体坐标系成角度，因此无法用诸如 UX,UY,… 等来表示，只能通过对称约束实现。

② 在某一关键点上施加 UY 等于 0 的约束，原因是防止计算误差导致轴向合力近似等于 0，而这一较小的轴向力将造成 Y 向刚体位移。因此只要约束一个角点就足够了。约束效果如图 14 – 111（b）所示。

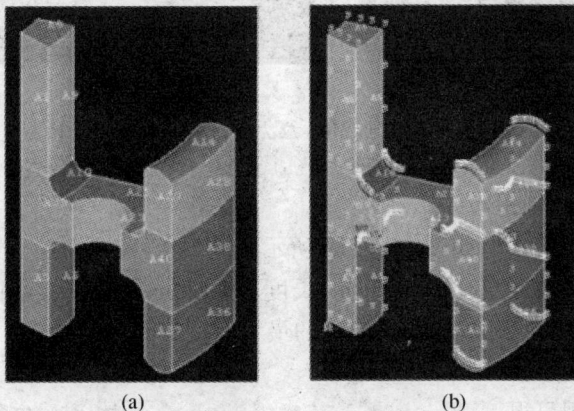

(a)　　　　　　　　　　　　　(b)

图 14 – 111　施加约束

（a）面号显示；（b）约束显示。

③ 施加旋转角速度：

[Main Menu] Apply | Structural | Intertia | Angular Veloc | Global，在弹出的对话框"OME-GY"框中输入"525"

369

④ 另存为"Wheel_Anal_Load"。

⑤ 求解运算

[Main Menu]Solution|Solve|Current LS。

(8) 浏览分析结果。

① 浏览 Von Mises 应力:[Main Menu]GeneralpostProc|PlotResults|Contour Plot|Nodal Solu,弹出对话框,在"Item to be contoured"后面左栏选择"Stress",右栏选择"Von Mises SEQV",单击"OK"按钮,结果如图 14 – 112(a)所示。

② 周向扩展浏览。

将工作平面平移到全局直角坐标系的原点。

[Main Menu]WorkPlane|Offset WP to|GlobalOrigin。

并在此工作平面的原点上定义局部柱坐标系:[Main Menu]WorkPlane|Local Coordinate Systems|Create Local CS|At WP。

绕局部坐标柱系的 Z 轴(轴向)扩展结果。

[Main Menu]|PlotCtrls|Style|Symmetry Expansion|User Specified Expansion

在对话框中分别输入和选择:NREPEAT = 16,TYPE = Local Polar,PATTERN = Alternate Symm,DY = 22.5。结果如图 14 – 112(b)所示。

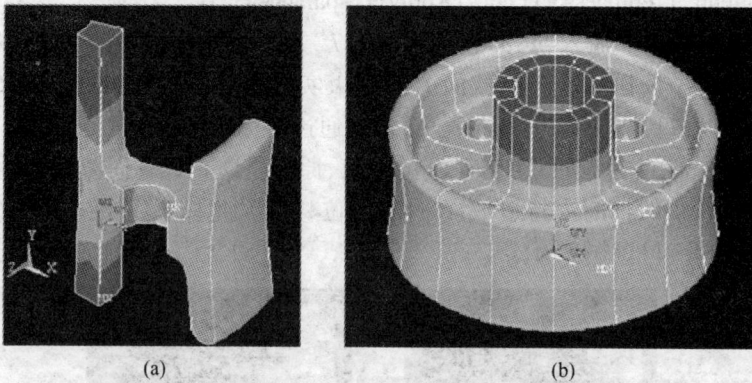

图 14 – 112　Von Miss 应力等值线图与应力云图

(a) Von Mises 应力等值线图;(b) 整个轮子 Von Mises 应力云图。

[实例 11]　实体轴扭转

实体轴结构及力学模型如图 14 – 113 所示。

设等直圆轴的圆截面直径 $D = 50$mm,长度 $L = 120$mm,圆周一端固定、另一端外圆周边缘作用转矩 $M = 1.5 \times 10^3$N · m,求圆柱的最大剪切应力和转角。

问题描述及解析解:

由材料力学知识可得:

圆截面对圆心的极惯性矩为

$$I_p = \frac{\pi D^4}{32} = \frac{\pi \times 0.05^4}{32} = 6.136 \times 10^{-7}(\text{m}^4)$$

圆截面的抗扭截面模量为

$$W_n = \frac{\pi D^3}{16} = \frac{\pi \times 0.05^3}{16} = 2.454 \times 10^{-5}(\text{m}^3)$$

370

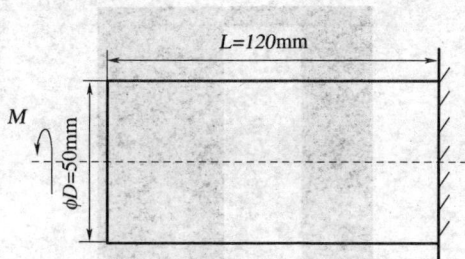

图 14-113 实体轴结构及力学模型

圆截面上任意一点的剪应力与该点半径成正比,在圆截面的边缘上为最大值

$$\tau_{max} = \frac{M_n}{W_n} = \frac{1.5 \times 10^3}{2.454 \times 10^{-5}} = 61\text{MPa}$$

等直圆轴两端面之间的相对转角为

$$\varphi = \frac{M_n L}{GI_p} = \frac{1.5 \times 10^3 \times 0.12}{80 \times 10^9 \times 6.316 \times 10^{-7}} = 3.67 \times 10^{-3}\text{rad}$$

1. 求解步骤

(1) 创建单元类型。

[Main Menu] Preprocessor | Element Type | Add/Edit/Delete

选择 Structural Solid 类的 Quad 4node 42 和 Brick 8node 45 单元。

(2) 定义材料特性。

[Main Menu] Preprocessor | Material Props | MaterialModels

输入 EX = 2e11(弹性模量),PRXY = 0.3 (泊松比)。

(3) 创建矩形面。

[Main Menu] | Preprocessor | Modeling | Create | Areas | Rectangle | By Dimensions

在 X1、X2 文本框中输入 0,0.025;在 Y1、Y2 文本框中输入 0,0.12。

(4) 划分单元。

[Main Menu] Preprocessor | Meshing | Mesh Tool

弹出"Mesh Tool"对话框,单击"Size Controls"区域中的"Line"后的"set"按钮,弹出拾取窗口,拾取矩形面的任一短边,单击"OK"按钮,在"NDIV"文本框中输入"4",单击"Apply"按钮,再次弹出拾取窗口,拾取矩形面的任一长边,再次弹出单元尺寸对话框,在"NDIV"文本框中输入"8",单击"OK"按钮。在"Mesh"区域,选择单元形状"Quad"(四边形),选择划分单元的方法为"Mapped",单击"Mesh"按钮,弹出拾取窗口,拾取面,单击"OK"按钮。单击"MeshTools"对话框中的"Close"按钮。生成如图 14-114 的面网格。

(5) 设定拉伸选项。

[Main Menu] Preprocessor | Modeling | Operate | Extrude | Elem_Ext opts

弹出如图 14-115 所示的对话框,在"VAL1"文本框中输入"3"(拉伸段数),选定"ACLEAR"为"Yes"(清除矩形面上的单元),单击"OK"按钮。

(6) 由面旋转拉伸成带网格的体。

[Main Menu] Preprocessor | Modeling | Operate | Extrude | Areas | About Axis

371

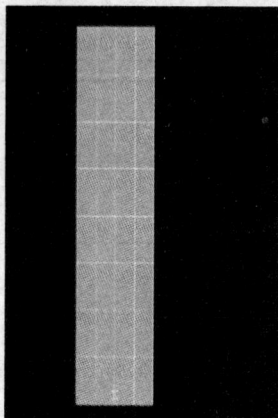

图 14 - 114　轴截面网格图

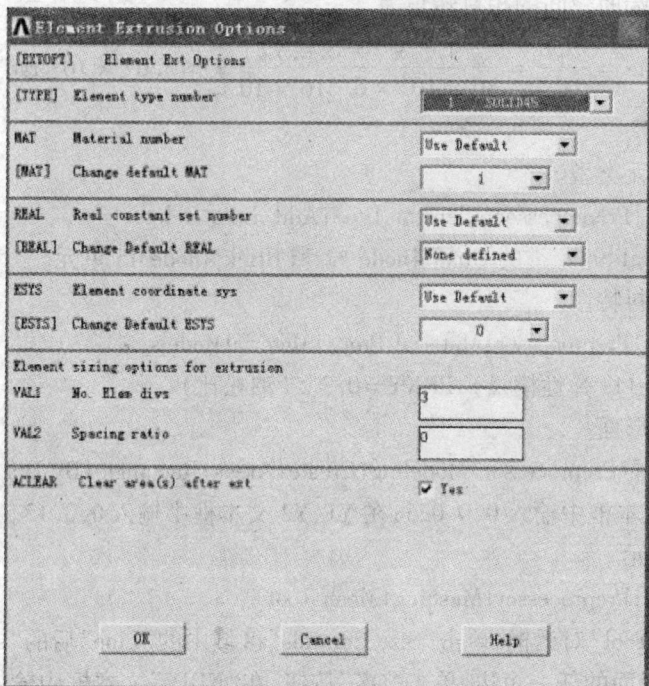

图 14 - 115　拉伸选项设置对话框

　　弹出拾取窗口,拾取矩形面,单击"OK"按钮;再次弹出拾取窗口,拾取矩形面在 Y 轴上两个关键点,单击"OK"按钮;在随后出现的对话框中的"ARC"文本框中输入"360",单击"OK"按钮。

　　(7) 显示单元。

　　[Utility Menu]Plot|Elements

　　(8) 改变视角。

　　[Utility Menu]Plot Ctrls|Pan zoom Rotate

　　在弹出的对话框中,依次单击"ISO"、"Fit"按钮,得到如图 14 - 116 所示体及网格图形。

372

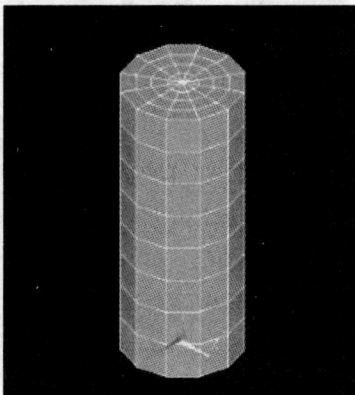

图 14-116 体及其网格

（9）旋转工作平面。

[Utility Menu]Work Plane|Offset WP By Increment

在弹出的对话框中，"XY、YZ、ZX Angles"文本框中输入"0,90"，单击"OK"按钮。

（10）创建局部坐标系。

[Utility Menu]Work Plane|Local Coordinate System|Create Local CS|At WP Origin

在"KCN"文本框中输入"11"，选择"KCS"为"Cylindrical 1"，单击"OK"按钮。即创建了一个代号为11、类型为圆柱坐标系的局部坐标系（隐含为当前激活坐标系）。

（11）旋转节点坐标系到当前坐标系。

[Main Menu]Preprocessor|Modeling|Move/Modify|RotateNode CS|To Active CS 弹出拾取窗口，单击"Pick All"按钮。

（12）在圆柱面上端面外圆周节点上施加周向载荷。

① 选中圆柱面上端面外圆周上的所有节点。

[Utility Menu]Select|Entity

在弹出图 14-117 所示的对话框的下拉列表框、文本框、单选按钮中依次选择或输入"Nodes"、"By Location"、"X Coordinates"、"0.025"、"From Full"，单击"Apply"按钮。再在弹出的对话框的下拉列表框、文本框、单选按钮中依次选择或输入"Nodes"、"By Location"、"Z Coordinates"、"-0.12"、"Reselect"，单击"OK"按钮。

② 施加载荷。

[Main Menu]Solution|Define Loads|Apply|Structural|Force/Moment|On Nodes

弹出拾取窗口，单击"Pick All"按钮。在弹出的对话框中的"Lab"下拉列表框中选择"FY"，在"VALUE"文本框中输入"5000"，单击"OK"按钮。这样在结构上一共施加了12个大小为 5000N 的集中力，它们对圆心的力矩和为 1500N.m。

图 14-117 选择集操作
对话框

373

③ 选择所有。

[Utility Menu] Select | Everything

（13）在轴固定端面施加约束。

① 选择固定端面。

[Main Menu] Solution | Define Loads | Apply | Structural | Displacement | On Areas

弹出拾取窗口,拾取圆柱体固定端面(由四部分组成),单击"OK"按钮。

② 给固定端面施加固定约束。

在弹出的对话框中的"Lab2"列表框中选择"All DOF",单"OK"按钮。

（14）显示有限元模型(单元、载荷)。

① 所有实体载约束转换到节点上。

[Main Menu] Solution | Define Loads | Apply | Operate | Transfer To FE | Constraints

② 显示控制,只显示约束边界和集中力载荷。

[Utility Menu] Plot Ctrls | Symbols

在弹出的对话框中边界条件符号项中,只勾选"All Applied Bcs",单击"OK"按钮。

③ 显示有限元模型。

[Utility Menu] Plot | Elements,显示如图 14 – 118 所示图形。

（15）求解。

[Main Menu] Solution | Solve | Current LS

单击"Solution Current Load Step"对话框"OK"按钮。出现"solution is done!"提示时,求解结束,即可查看求解结果。

2. 结果显示

（1）显示变形。

[Main Menu] General Postproc | Plot Results | Deformed Shape

在弹出的对话框中,选中"Def + undeformed"(变形 + 未变形的单元边界),单击"OK"按钮,显示如图 14 – 119 所示的变形图。

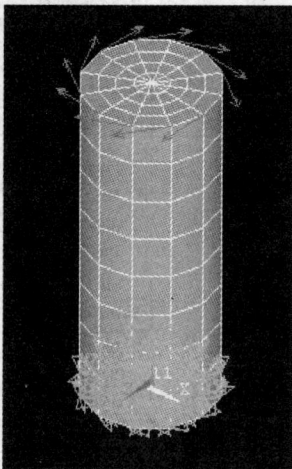

图 14 – 118　圆周扭转有限元模型

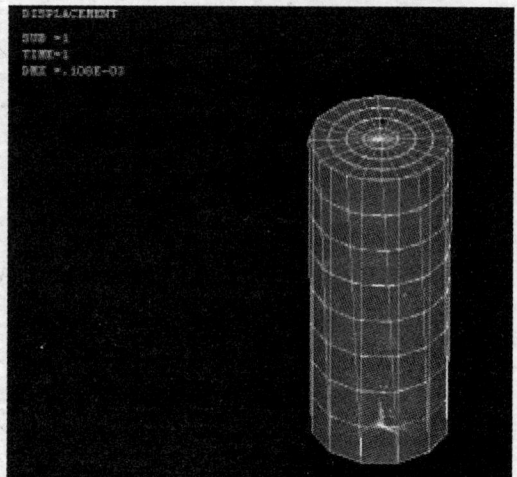

图 14 – 119　变形图

374

（2）改变结果坐标系为 11 号局部坐标系。

[Main Menu]General Postproc|Options for Outp

弹出如图 14-120 所示的对话框,在"RSYS"下拉列表框中选择"Local system",在"Local system Reference no"文本框中输入"11",单击"OK"按钮。

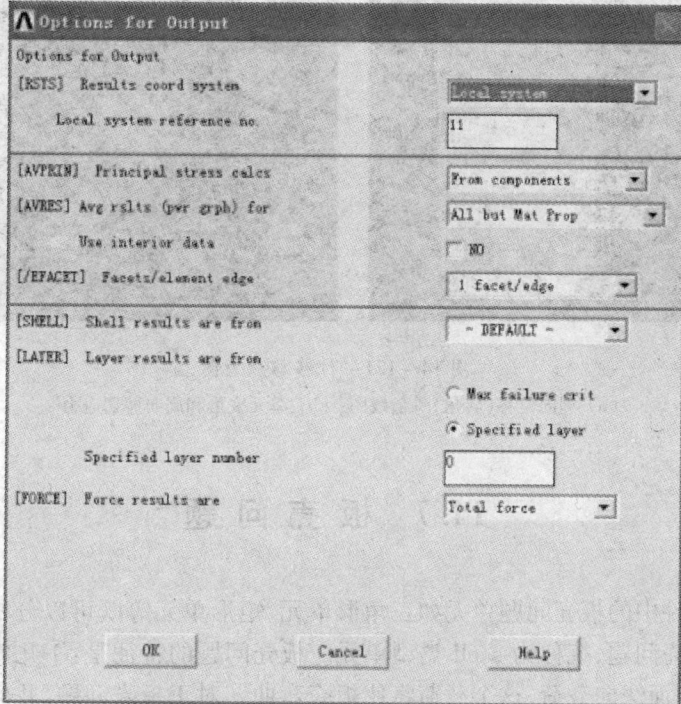

图 14-120　结果坐标系设置对话框

（3）列表显示节点位移。

[Main Menu]|GeneralPostproc|Plot Results|Contour Plot|Nodal Solution

在弹出的对话框左侧列表中选择"DOF Solution",在右侧列表中选择"UY",单击"OK"按钮,显示如图 14-121(a)所示的图形。

（4）选择单元。

[Utility Menu]Select|Entity

在弹出的对话框的下拉列表框、文本框、单选按钮中依次选择或输入"Nodes"、"By Location"、"Z Coordinates"、"-0.1,0"、"From Full",单击"Apply"按钮。再在下拉列表框、文本框、单选按钮中依次选择或输入"Elements"、"Attachedto"、"Nodes all"、"Reselect",单击"Apply"按钮。这样做的目的是,在下一步显示应力时,不包含集中力作用点附近的单元,以得到更好的计算结果。

（6）查看结果,用等高线显示剪应力。

[Main Menu]|General Postproc|Plot Results|Contour Plot|Elements Solu

在"Item,Comp"两个列表中分别选择"Stress"、"YZ-shear SYZ",单击"OK"按钮,显示如图 14-121(b)所示的图形,结果显示最大剪切应力为 67.5MPa。仿真分析结果与理论结果有一定误差,如果单元细化可逼近理论值(ANSYS 软件中剪应力 S_{YZ} 第一个角标表示应力方向,第二个角标表示作用面的法向)。

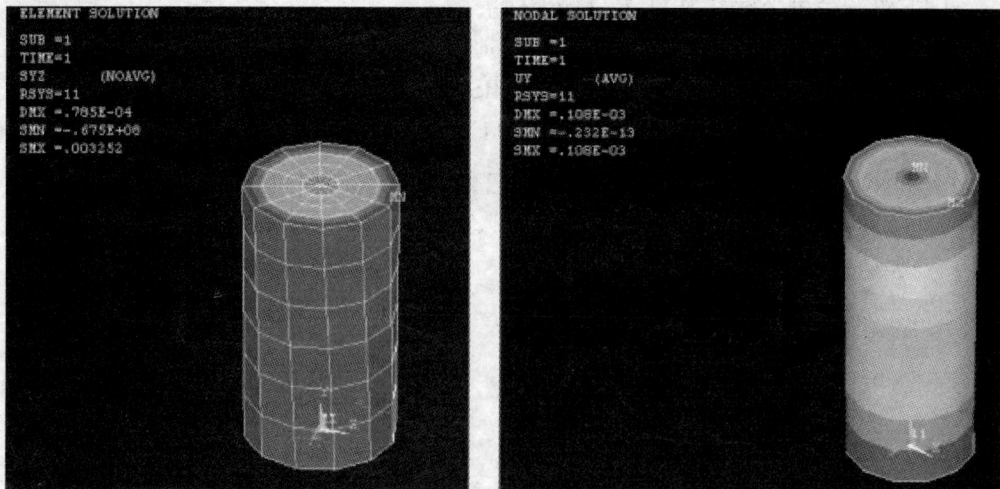

图 14-121　位移与应力图
(a) 周向位移(转角)等值线图；(b) 单元变形和周向剪切应力。

14.7　板　壳　问　题

有限元软件中的板壳问题单元如三角形单元、矩形单元等既可以分析薄板一般问题又可以分析薄壳问题，统称为 shell 类型单元。板壳问题的特征是：①几何结构是薄板或薄壳；②承受板面法向载荷，这个载荷将使板壳弯曲。对于板壳问题，几何建模只需建立平面(薄板)或空间曲面(壳)，选用壳单元进行结构离散。

[实例12]　薄板弯曲问题

如图 14-122 所示，长方形薄平板左端部约固定，右侧一个角点上施加有 $F = 100\text{N}$ 的集中力，求解平板受力后的最大变形、应力分布。已知：弹性模量为 $3 \times 10^{11}\text{Pa}$，泊松比 $\mu = 0.3$，板厚为 1m，其他尺寸见图 14-122。

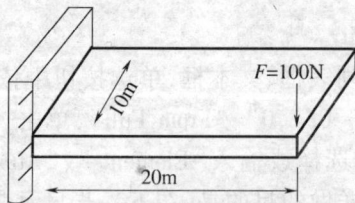

图 14-122　薄板结构及力学模型

本例属于薄板弯曲问题。在薄板中性面上建立如图所示坐标系 $OYXZ$，在 XY 平面内建立中性面的几何图形，选用 4 节点壳单元进行结构离散。

1. 工作环境设置

(1) 从 WINDOWS 程序组：ANSYS11.0 | ANSYS Product Launcher 进入 ANSYS 程序，设置对话框工作目录为 D:\APP\ex13，工作文件设为 Plane，单击 Run 按钮进入 ANSYS 图

形用户界面；

（2）图形用户界面菜单过滤，即通过分析类型选择过滤掉不需要的菜单。

［Main Menu］Preferences，勾选 Structural 结构分析

2．建立实体几何模型

（1）创建关键点。

［Main Menu］Preprocessor｜Modeling｜Create｜Keypoints｜On Working plane

在弹出的对话框中，点选"WP coordinates"，在框中输入："0，0"，单击"Apply"按钮，输入"0，10"，单击"Apply"按钮，输入"20，10"，单击"Apply"按钮，输入"20，0"，单击"OK"按钮，则建立四个关键点。

（2）创建板面。

［Main Menu］Preprocessor｜Modeling｜Create｜areas｜Arbitrary｜Through KPs 依次拾取：1、2、3、4 关键点，则生成面。

3．定义单元属性

（1）定义单元类型。

［Main Menu］Preprocessor｜Element type｜Add/Edit/Delete

弹出对话框后单击"Add"按钮，在弹出的对话框单元类型框中选择"Structural Shell"，单元选项中选择"Elastic 4 node63"单元，单击"OK"按钮得到单元类型为 SHELL63。

（2）定义实常数。

［Main Menu］Preprocessor｜Real Constants｜Add/Edit/Delete。

弹出如图 14 - 123 所示对话框后，在 TK（I）文本框中输入 1，单击"OK"按钮。

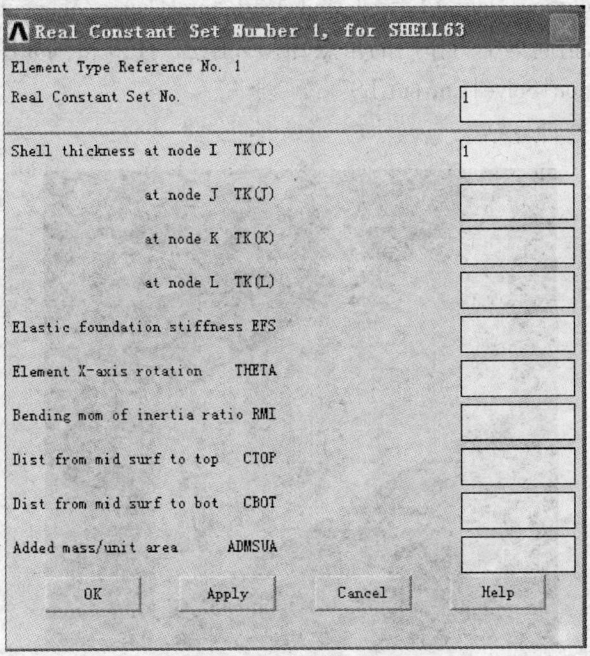

图 14 - 123 壳单元实常数设置对话框

（3）定义材料特性：EX = 3e11，PRXY = 0.3

4．划分网格

（1）几何图元上网格属性指派。

本例只有一种单元属性、一种材料属性和一种实常数，因此，采用默认指派。

（2）设定网格尺寸。

单元划分前，还要设定网格尺寸：

［Main Menu］Preprocessor | Meshing | Size Cntrls | ManualSize | Lines | Picked lines

拾取一根水平线，单击"Apply"，在弹出的对话框中的"NDIV"文本框中输入"20"；接着拾取一根竖线，单击"OK"按钮，在弹出的对话框中的"NDIV"文本框中输入"10"，单击"OK"按钮退出。

（3）划分网格。

［Main Menu］Preprocessor | Meshing | Mesh | Areas | Mapped | 3or4 sided

单击"Pick ALL"，则完成映射网格的划分。

（4）单击 ANSYS 工具栏上"SAVE_DB 按钮存盘。

5．加载和求解

（1）定义分析类型：

［Main Menu］Solution | Analysis Type | New Analysis，设为 Static，即结构静态分析。

（2）施加约束。

［Main Menu］Solution | Define Loads | Apply | Structural | Displacement | OnLines

弹出对话框后，拾起固定端直线，单击"OK"按钮，在"Lab2"里选择"All DOF"。

（3）施加载荷。

［Main Menu］Solution | Define Loads | Apply | Structural | Force/Moment | On Nodes

弹出对话框后，拾起集中力作用的角点，沿 FZ 施加 -100 得到如图 14 -124 图形。

（4）求解：Solution | Solve | Current LS

6．后处理　检查计算结果

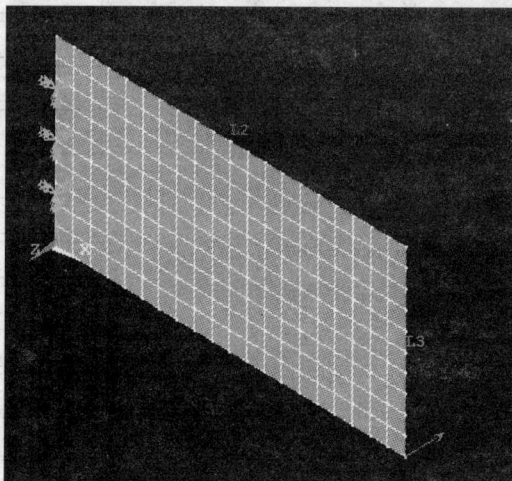

图 14 -124　薄板壳单元有限元模型

（1）查看节点 Mises 应力云图。

［Main Menu］General Postproc | Plot Results | Contour Plot | nodal solu | stress | Von Mises Stress

薄板 Von Mises 应力等值线云图如图 14 - 125 所示。

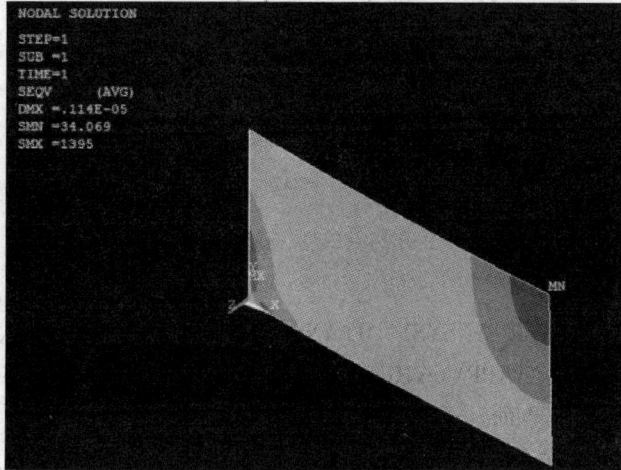

图 14 - 125　薄板 Von Mises 应力等值线云图

（2）查看节点位移图。

［Main Menu］General Postproc | Plot Results | Contour Plot | nodal solu | DOF Solutions | Displacement Vector sum

节点位移合成矢量等值线云图如图 14 - 126 所示。

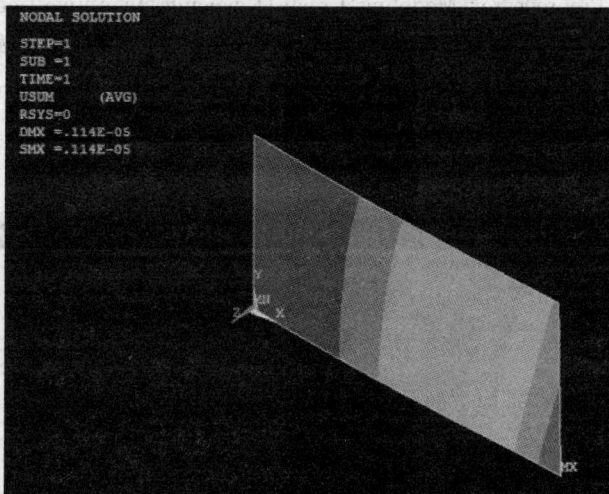

图 14 - 126　节点位移合成矢量等值线云图

［实例 13］　薄壳问题

如图 14 - 127 所示，一对边简支的圆柱壳，在其中心作用一个垂直的集中载荷 $P = 1000\text{N}$，圆柱半径 $R = 25\text{cm}$，圆柱长度 $L = 6\text{cm}$，壳体厚度 $t = 0.5\text{cm}$，转角 $\theta = 6°$。材料为钢材。试求 A、B 两点的位移。（$E = 2 \times 10^7 \text{N/cm}^2$，$\mu = 0.3$，$\rho = 7.8\text{g/cm}^3$）

在圆柱壳的有限元分析中，可选择壳体单元 SHELL63。

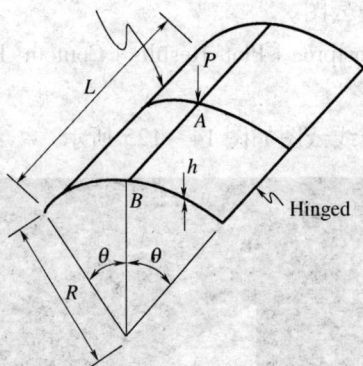

图 14 - 127 圆柱壳

1. 工作环境设置

（1）从 Windows 程序组：ANSYS11.0 | ANSYS Product Launcher 进入 ANSYS 程序，设置对话框工作目录为"D：\\APP\\ex10"，工作文件设为"Cylindrical Shell"，单击"Run"按钮进入 ANSYS 图形用户界面；

（2）图形用户界面菜单过滤，即通过分析类型选择过滤掉不需要的菜单。

［Main Menu］Preferences，勾选"Structural"结构分析。

2. 建立实体几何模型

（1）设定总体坐标系为柱坐标系。

［Utility Menu］WorkPlane | Change Active CS to | Global Cylindrical

（2）在壳体四个角点坐标位置创建关键点。

［Main Menu］Preprocessor | Modeling | Create | Keypoints | In Active Coord

在弹出的如图 14 - 128 所示对话框中，"NPT"输入"1"，"X，Y，Z"输入"25，84，0"，单击"Apply"按钮。"NPT"输入"2"，"X，Y，Z"输入"25，84，6"，单击"Apply"按钮。"NPT"输入"3"，"X，Y，Z"输入"25，96，0"，单击"Apply"按钮。"NPT"输入"4"，"X，Y，Z"输入"25，96，6"，单击"OK"按钮完成输入。

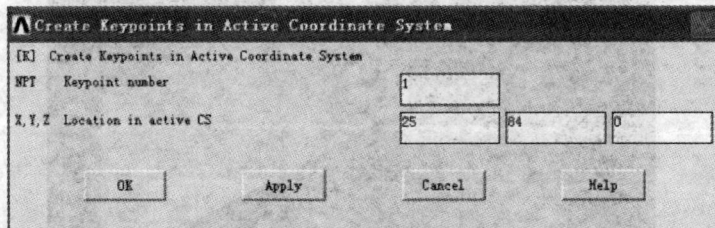

图 14 - 128 关键点创建对话框

（3）创建曲线。

［Main Menu］Preprocessor | Modeling | Create | Line | In Active Coord

依次拾取：1，2；2，4；4，3；3，1。

注：在柱坐标中，执行 Line 命令，对于角度不同的关键点，将沿角度方向生成柱面上的曲线。

380

（4）组成曲面。

[Main Menu]Preprocessor|Modeling|Create|Areas|Arbitrary|By lines

依次拾取4条线，得到如图14-129所示的曲面。

图14-129　薄壳空间曲面

3. 定义单元属性

（1）定义单元类型。

[Main Menu]Preprocessor|Element type|Add/Edit/Delete

弹出对话框后单击"Add"按钮，在弹出的对话框单元类型框中选择"Structural Shell"，单元选项中选择"Elastic 4 node63"单元，单击"OK"按钮得到单元类型为 SHELL63。

（2）定义实常数。

[Main Menu]Preprocessor|Real Constants|Add/Edit/Delete

在弹出的对话框中单击"Add"按钮，接着弹出如图14-130所示对话框后，在"TK（I）"文本框中输入"0.5"。

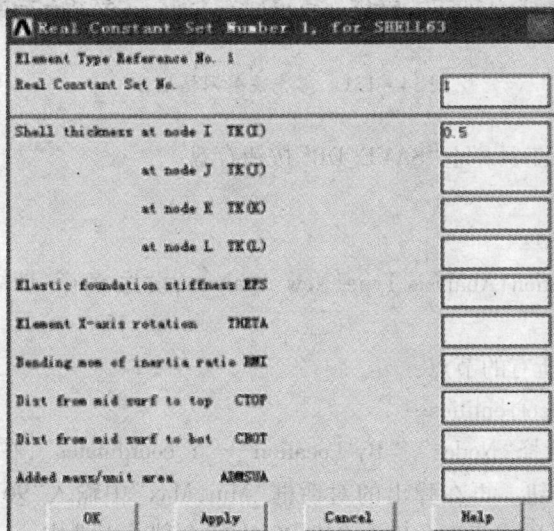

图14-130　壳单元实常数设置对话框

381

（3）定义材料特性：EX $= 2e7$，PRXY $= 0.3$；DENS $= 7.8e - 3$

4．划分网格

（1）几何图元上网格属性指派。

本例只有一种单元属性、一种材料属性和一种实常数，因此，采用默认指派。

（2）设定网格尺寸。

单元划分前，还要设定网格尺寸。

［Main Menu］Preprocessor｜Meshing｜Size Cntrls｜Manual Size｜Lines｜Picked lines

拾取 3 号线，单击"Apply"按钮，在弹出的对话框中的"NDIV"文本框中输入"10"；接着拾取 2 号线，单击"OK"按钮，在弹出的对话框中的"NDIV"文本框中输入"10"，单击"OK"按钮退出。

（3）划分网格。

［Main Menu］Preprocessor｜Meshing｜Mesh｜Areas｜Mapped｜3or4 sided

在弹出的对话框中，单击"Pick ALL"按钮，则完成映射网格的划分（图 14 - 131）。通过单元、节点列表可知，一共划分了 100 个单元，121 个节点。

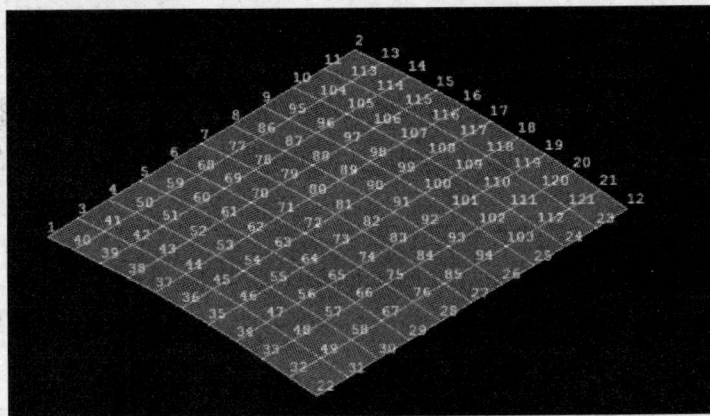

图 14 - 131　薄壳映射网格划分

（4）单击 ANSYS 工具栏上"SAVE_DB"按钮存盘。

5．加载和求解

（1）定义分析类型：

［Main Menu］Solution｜Analysis Type｜New Analysis，设为 Static，即结构静态分析；

（2）施加约束。

① 选出 Y $= 0$ 的所有的节点：

［Utility Menu］Select｜entities…

弹出对话框后，选择"Nodes"、"By Location"、"Y coordinates"，在"Min, Max"中输入"84"，单击"Apply"按钮。再在弹出的对话框"Min, Max"中输入"96"，并点选"Also Select"，单击"OK"按钮，则将壳面角度为 84°、96°上的全部节点选中。

② 对节点施加约束：

［Main Menu］Solution｜Define Loads｜Apply｜Structural｜Displacement｜On Nodes

382

弹出对话框后,单击"Pick All",在"Lab2"里选择"UX"、"UY"、"UZ"、"ROTX"、"RO-TY",如图 14 - 132 所示。

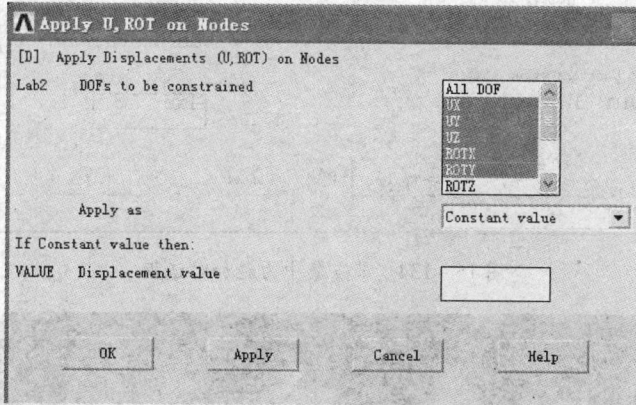

图 14 - 132 自由度约束设定对话框

③ 激活全部实体:

[Utility Menu] | Select | Everything

得到如图 14 - 133 所示的图形。

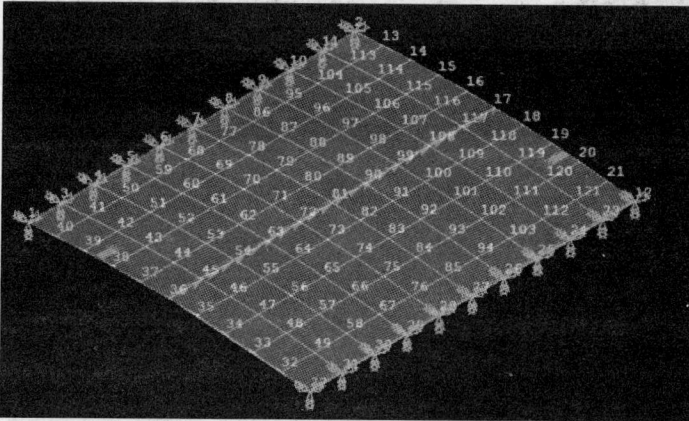

图 14 - 133 薄壳约束模型

(3) 施加载荷。

① 壳中心处作用有一垂直的集中载荷:

[Main Menu] Solution | Define Loads | Apply | Structural | Force/Moment | On Nodes

弹出如图 14 - 134 所示对话框后,拾取 81 号节点,选择"FY",并在"VALUE"框中输

入 - 1000。

② 惯性载荷:

[Main Menu] Solution | Define Loads | Apply | Structural | Inertia | Gravity | Global

弹出对话框后,在"ACELY"文本框中输入"980",单击"OK"按钮退出。

③ 显示单元、节点、载荷:

[Utility Menu] Plot | Multi_plots 得到如图 14 - 135 所示的有限元模型。

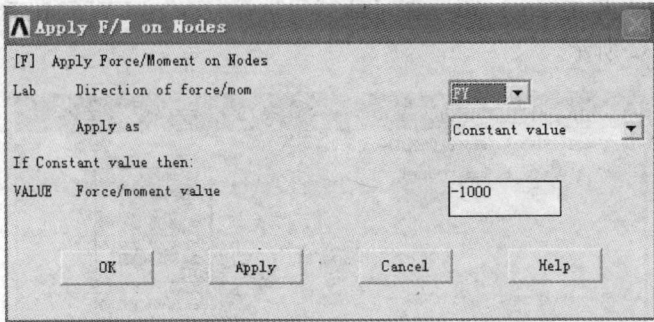

图 14 - 134　节点集中力施加对话框

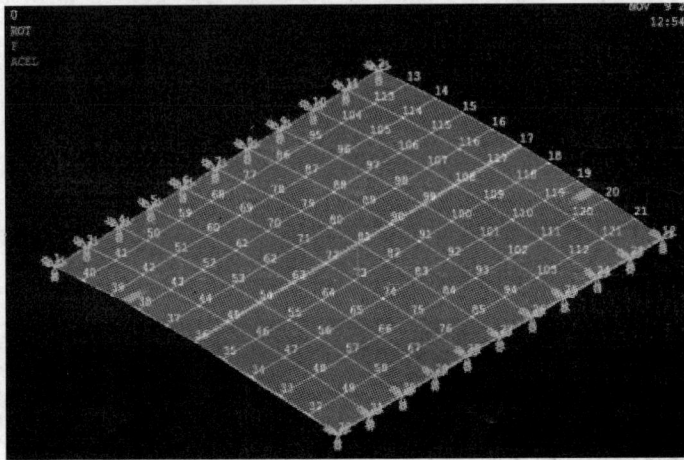

图 14 - 135　薄壳有限元模型

（4）求解：Solution > Solve > Current LS

6. 后处理，检查计算结果

（1）查看节点 Mises 应力云图（图 14 - 136）。

［Main Menu］General Postproc | Plot Results | Contour Plot | nodal_solu | stress | Von Mises Stress

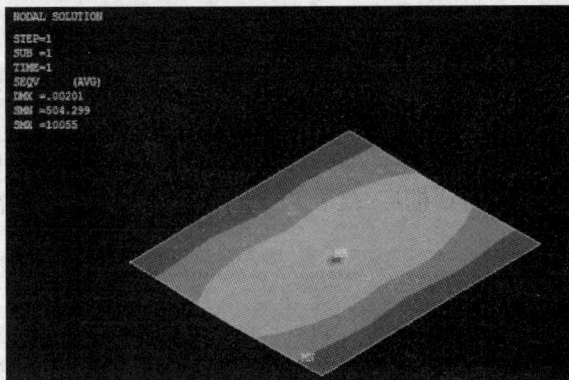

图 14 - 136　节点 VonMises 应力等值线云图

（2）查看节点位移图（图14－137）。

［Main Menu］General Postproc｜Plot Results｜Contour Plot｜nodal solu｜DOF Solutions｜Displacement Vector sum

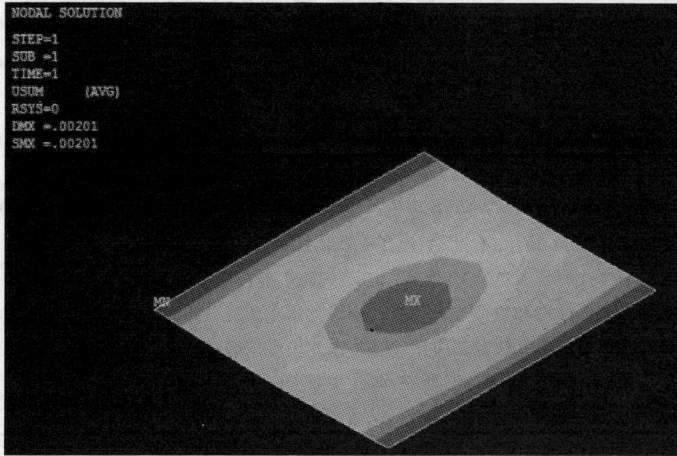

图14－137　节点位移合成矢量等值线云图

（3）列出 A、B 两点的位移值。

① 建立选择集：

［Utility Menu］｜Select｜Entities｜…

拾起节点36,81

② ［Utility Menu］｜List｜Results｜Node Solution…

从列表显示结果（图14－138）可以看出，在 A、B 两点，X、Z 方向位移几乎等于 0，而在 Y 方向，变形为负。

```
THE FOLLOWING DEGREE OF FREEDOM RESULTS ARE IN THE GLOBAL COORDINATE
SYSTEM

  NODE      UX          UY          UZ          USUM
    36   0.49452E-15-0.12929E-02 0.30886E-04 0.12933E-02
    81   0.28129E-13-0.20095E-02 0.14659E-15 0.20095E-02
```

图14－138　A、B 两点位移列表

参 考 文 献

[1] 王国强. 实用工程数值模拟技术及其在 ANSYS 上的实践. 西安：西北工业大学出版社,2000.

[2] 刘杨. 有限元分析及应用. 北京：中国电力出版社,2008.

[3] （美）Saeed moaveni. 有限元分析 – ANSYS 理论与应用. 第 3 版. 北京：电子工业出版社,2008.

[4] 高耀东. ANSYS 机械工程应用25例. 北京：电子工业出版社,2007.

[5] 江克斌. 结构分析有限元原理及 ANSYS 实现. 北京：国防工业出版社,2005.

[6] 王瑁成. 有限单元法基本原理和数值方法. 北京：清华大学出版社,1995.

[7] 颜云辉. 结构分析中的有限单元法及其应用. 沈阳：东北大学出版社,2006.

[8] 高德平. 机械工程中的有限单元法基础. 西安：西北工业大学出版社,1993.

[9] 叶先磊. ANSYS 工程分析软件应用实例. 北京：清华大学出版社,2003.

[10] 华东水利学院. 弹性力学问题的有限单元法. 北京：水利电力出版社,1978.

[11] 王仲仁. 弹性与塑性力学基础. 哈尔滨：哈尔滨工业大学出版社,2004.

[12] R. D. 库克. 有限元分析的概念和应用. 程功东, 等译. 北京科学出版社,1989.

[13] 高秀华. 结构力学与有限单元法原理. 长春：吉林科学技术出版社,1995.